Springer Collected Works in Mathematics

For further volumes:
http://www.springer.com/series/11104

Jean Leray

Jean Leray

Selected Papers - Oeuvres Scientifiques I

Topology and Fixed Point Theorems - Topologie et Théorème du Point Fixe

Introduction: Armand Borel

Editor

Paul Malliavin

Publié avec le concours du Ministère de l'Éducation Nationale,
de la Recherche et de la Technologie (D.I.S.T.N.B.)
et du Comité National Français de Mathématiciens

Reprint of the 1998 Edition

Springer

Société Mathématique de France

Author
Jean Leray (1906 – 1998)
Collège de France
Paris
France

Editor
Paul Malliavin (1925 – 2010)
Université Pierre-et-Marie-Curie
Paris
France

ISSN 2194-9875
ISBN 978-3-642-41847-1 (Softcover)
978-3-540-60949-0 (Hardcover)
DOI 10.1007/978-3-642-15069-2
Springer Heidelberg New York Dordrecht London

Library of Congress Control Number: 2012954381

Printed on acid-free paper

Springer is part of Springer Science+Business Media (www.springer.com)

Facsimilé d'un brouillon préparatoire sur le théorème du point fixe écrit dans les années trente ; ce facsimilé ne constitue pas une publication scientifique

<u>Lemme 1</u> Si $F(x)$ complètement continue est définie sur un ensemble fermé F, son champ de définition peut être étendu à tout l'espace en sorte que les valeurs prises par $F(x)$ appartiennent au plus petit ensemble ~~fermé~~ convexe qui contient $F(F)$ et que $F(x)$ ~~[illegible]~~ soit constant hors d'une sphère contenant F.

y_{n,i_n} réseaux d'ordre ε_n couvrant $F(F)$

F_{n,i_n} pts de F où $\|F - y_{n,i_n}\| < \varepsilon_n$.

$d_{n,i_n}(x)$ distance de x à F_{n,i_n} ; $d(x)$ distance à F de x

d_{n,i_n}	d	$2d$	$3d$
μ_{n,i_n}	1	linéaire →	0

$$F_n(x) = \frac{\sum \mu_{n,i_n}(x)\, y_{n,i_n}}{\sum \mu_{n,i_n}}$$

$\lambda_n(d)$

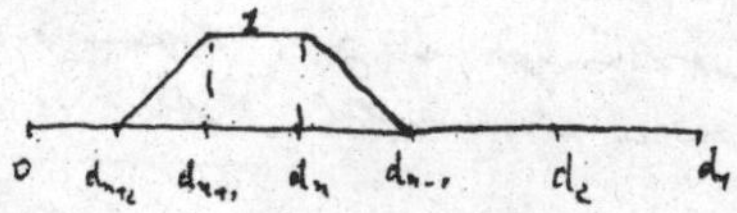

$$F(x) = \frac{\lambda_1(d(x))\, y_1 + \dots + \lambda_n(d(x))\, y_n + \dots}{\lambda_1(d(x)) + \dots + \lambda_n(d(x))}$$

<u>Théorème du point fixe.</u>

$x = F(x)$; $F(x)$ défini sur C convexe ; valeurs appartenant à C.

On étend le champ de définition ; les solutions restent les mêmes.

Or $y = x - F(x)$ est constant pour $\|x\| = M$:

donc un d° quelconque translation.

<u>Lemme 2</u> (Analogie au lemme 1) Même problème quand $F(x)$ a plusieurs déterminations, les valeurs prises ou le contour devant, à ε près, appartenir au plus petit ensemble convexe contenant les déterminations de $F(x)$

Th. Soit $\Phi(x)$ défini sur $\overline{\mathcal{D}}$. Si $\mathcal{D}$ contient un point a étranger aux divers ensembles convexes dont font partie les points de $\mathcal{D}'$, alors $\Phi(\mathcal{D}')$ détermine au moins un domaine borné dans $\mathcal{E}$.

[Si $\Phi(\mathcal{D})$ et $\Phi(\mathcal{D}')$ sont étrangers, $\Phi(\mathcal{D}'')$ ~~ne détermine un~~ est un domaine dont ~~la fr~~ $\Phi(\mathcal{D}')$ est la frontière ; le d° de Φ sur $\Phi(\mathcal{D})$ est $+1$ ou -1]

Th ~~Si F^* est le transformé de F (fini) par~~ S'il existe entre les ens. fermés F et F^* une correspondance univoque ($F \longrightarrow F^*$) s'il existe un domaine déterminé par F et contenant chacun un point étranger aux ensembles convexes associés aux divers points de F^*, alors F^* détermine au moins un domaine convexe.

Th (?) Soit $\Phi(x)$ défini sur $\overline{\mathcal{D}}$. Supposons $\Phi(\mathcal{D})$ et $\Phi(\mathcal{D}')$ étrangers. Supposons qu'à tout point y de $\Phi(\mathcal{D}')$ correspondent q ensembles convexes mutuellement étrangers, renfermant tous les points x de $\mathcal{D}'$ dont l'image est y. Supposons que $\mathcal{D}$ contienne un point étranger à tous ces ensembles. Alors le degré de Φ sur $\Phi(\mathcal{D})$ est multiple de q.

faux

Th (??) $\Phi(\mathcal{D})$ et $\Phi(\mathcal{D}')$ étrangers ; supposons que le degré de Φ ~~(…)~~ sur $\Phi(\mathcal{D})$ est nul. Étant donné un point a de $\mathcal{D}$ on peut trouver deux points x_1 et x_2 de $\mathcal{D}'$ alignés avec a (de part et d'autre) et ayant même image.

Biographie de Jean Leray

• Né le 7 novembre 1906 à Chantenay (Loire-Atlantique). Épouse en 1932 Marguerite Trumier ; ses parents ainsi que ceux de sa femme étaient tous les quatre instituteurs à l'école publique de Chantenay. Marguerite Leray, tout en menant une carrière complète de professeur de mathématiques dans les lycées, éduquera trois enfants : Jean-Claude (1933) ingénieur au Corps des Ponts ; Françoise (1947) directeur de recherches en biologie à l'Hôpital Henri Mondor de Créteil ; Denis (1949) médecin.

• Ecole normale supérieure (1926-1929) ; Docteur ès sciences (1933) ; Chargé de recherche (1933) ; Professeur : Université de Nancy (1938-1939) ; Université de Paris (1945-1947) ; Collège de France (1947-1978).

• Prix internationaux : Malaxa (Roumanie) 1938, partagé avec J. Schauder ; Prix Feltrinelli (Accademia dei Lincei) 1971 ; Prix Wolf (Israël) 1979 ; Médaille Lomonosov (Académie des Sciences d'U.R.S.S.) 1985.

• Académie des Sciences de Paris : présenté par Henri Lebesgue pour un poste de Correspondant en Mathématiques Pures (1938) ; élu Membre en section de Mécanique sur rapport de Henri Villat (1953).

• Académies étrangères : Accademia delle Scienze di Torino (1958) ; American Academy of Arts and Sciences (1959) ; American Philosophical Society (1959) ; Membre d'honneur de la Société Mathématique Suisse (1960) ; Académie Royale de Belgique (1962) ; Akademie der Wissenschaften in Göttingen (1963) ; National Academy of Sciences, Washington (1965) ; Académie des Sciences d'URSS (1966) ; Accademia di Scienze, Lettere e Arti di Palermo (1967) ; Istituto Lombardo, Accademia di Scienze e Lettere (1974) ; Accademia Nazionale delle Scienze Detta dei XL (1975) ; Académie Polonaise des Sciences (1977) ; Accademia Nazionale dei Lincei (1980) ; The Royal Society of London (1983).

• Officier de réserve, il rejoint à la mobilisation son affectation dans l'artillerie antiaérienne. Après avoir combattu jusqu'au bout dans la sanglante bataille de mai-juin 1940, il est fait prisonnier de guerre et restera interné dans un camp en Autriche jusqu'en avril 1945. Voulant éviter à tout prix de contribuer à l'effort industriel ennemi, il abandonne la mécanique des fluides pour se lancer dans la topologie algébrique, ceci malgré un environnement matériel très précaire. Il continue sa collaboration commencée avant guerre au Zentralblatt für Mathematik.
Commandeur de la Légion d'Honneur.

• Retrouve en 1945, dans un camp de réfugiés, la fille unique de son ami Juliusz Schauder, orpheline à neuf ans à la suite des massacres nazis ; la fait guérir dans un hôpital parisien de la grave affection pulmonaire qu'elle avait contractée en se cachant dans les égouts de Varsovie.

• Professeur à temps partiel à l'Institute for Advanced Study, Princeton, USA (1952-1961) ; propose pendant cette période à Marston Morse, Director of the School of Mathematics, de nombreuses invitations de jeunes mathématiciens français.

Paul Malliavin

Une autobiographie de Jean Leray a paru dans "Hommes de Science" Hermann ed., Paris 1990, pages 160–169.

Table of Contents

Volume I

Jean Leray and Algebraic Topology

by Armand Borel

I. 1933–1939

1. Leray's first contributions to mathematics belong to fluid dynamics. ([1931a] to [1933a]). The joint paper with Juliusz Schauder [1933b] marks his first involvement with algebraic topology. It follows the same pattern as earlier work of Schauder: proof of a theorem of algebraic topology in Banach spaces and applications to the existence of solutions of certain P.D.E. We first summarize briefly the parts of it most relevant here.

Schauder's results in algebraic topology pertain to a transformation of a Banach space B into itself of the form

$$\Phi(x) = x - F(x) \tag{1}$$

where F is a completely continuous map (i.e. transforms bounded sets into relatively compact ones) defined on B or sometimes only on a bounded subset. He extends to this situation two fundamental results of L.E.J. Brouwer in the finite dimensional case, namely

a) *A fixed point theorem:* if F is defined on, and maps into itself, the closure of an open non-empty bounded convex set, then it has a fixed point in it.

This is first proved in [13] (in a slightly different form) and used to show the existence of solutions for certain hyperbolic equations.

b) *Invariance of the domain:* if F is defined on B and Φ is bijective, then Φ maps any open set onto an open set, hence is bicontinuous.

It is applied to certain elliptic equations. The type of theorem obtained is roughly the following: if for some initial choice of data there is only one solution and if for nearby data there is at most one solution, then there is indeed one solution for data sufficiently close to the initial ones (*see* [14] for the precise statements).

In both cases, the proof of the topological theorem is a reduction to Brouwer's case by means of suitable finite-dimensional approximations.

2. The first part of the joint paper [1934c] with J. Schauder, announced in [1933b], is devoted to the definition and basic properties of a "topological degree" of Φ, again in analogy with Brouwer's work. Schauder had already used the Brouwer index, but here the goal is to have a definition valid in a Banach space, for a transformation of the type (1) above, when F is defined on the closure $\bar{\omega}$ of an open bounded set ω (but does not necessarily leave it stable). Given a point b not on the image of the boundary ω' of $\bar{\omega}$, they define a topological index $d(\Phi, \omega, b)$ with the following natural properties:

1) If $\omega = \omega_1 \bigcup \omega_2$ where ω_1 and ω_2 are two disjoint bounded open sets, then

$$d(\Phi, \omega, b) = d(\Phi, \omega_1, b) + d(\Phi, \omega_2, b).$$

(ii) If $d(\Phi, \omega, b) \neq 0$, then $b \in \Phi(\omega)$.

(iii) The degree remains constant when ω and F vary continuously in such a way that b never meets $\Phi(\omega')$.

They also introduce an index $i(\Phi, a)$ of Φ at a point a which is isolated in its fiber $\Phi^{-1}(b)$, where $b = \Phi(a)$. It is an integer which, under some further technical assumptions on F, is equal to ± 1. If $\Phi^{-1}(b)$ consists of finitely many points a_j, then $d(\Phi, \omega, b)$ is the sum of the $i(\Phi, a_j)$.

As in [13], [14], these results are proved by reduction to the finite-dimensional case. They are applied to a family of transformations

$$\Phi(x, k) = x - F(x, k) \tag{2}$$

depending on a parameter k varying in a closed interval K of the real line, where for each $k \in K$, the transformation $F(x, k)$ is as above, defined on $\overline{\omega(k)}$, and the union of the $\overline{\omega(k)}$ is assumed to be bounded in $B \times K$. The goal is to investigate the fixed points of $F(x, k)$, i.e. to find those x and k for which $\Phi(x, k) = 0$. To this end, the index $d(\Phi(x, k), \omega(k), 0)$ is examined. It is assumed that for some value k_0 of k in K, $F(x, k_0)$ has finitely many isolated fixed points, all in $\omega(k_0)$ and that $d(\Phi(x, k_0), \omega(k_0), 0)$ is not zero. If it is known on the other hand that $F(x, k)$ has at most finitely many fixed points, contained in some bounded set independently of k, then, under some further technical assumptions which I shall not state, it is shown that $F(x, k)$ has at least one fixed point for every $k \in K$, and that some of these fixed points form a family depending continuously on k. This result is then applied to a variety of functional or partial differential equations.

3. In [1935a] Leray brings a complement to the topological part of [1934c]. He gives a formula for the topological degree of the composition of two maps (of type (1)) and deduces from it first the invariance of domain, under assumptions somewhat more general than those of Schauder, and second a theorem about the number of bounded connected components of the complement of a bounded closed subset: it is the same for two closed bounded subsets F_1, F_2 if there exists a homeomorphism φ of F_1 onto F_2 such that the differences $\varphi(x) - x \, (x \in F)$ belong to some relatively compact subset.

The paper [1934c] reduces the proof of the existence of solutions to *a priori* majorations and also shows that, under suitable circumstances, local uniqueness implies global uniqueness. Leray's publications until 1939 provide many applications of these principles to fluid dynamics and P.D.E., for which I refer to Part II of these Selecta.

II. 1940–1945

4. The Second World War broke out in 1939 and J. Leray was made prisoner by the Germans in 1940. He spent the next five years in captivity in an officers' camp, Oflag XVIIA in Austria. With the help of some colleagues, he founded a university there, of which he became the Director ("recteur"). His major mathematical interests had been so far in analysis, on a variety of problems which, though theoretical, had their origins in, and potential applications to, technical problems in mechanics or fluid dynamics. Algebraic topology had been only a minor interest, geared to applications to analysis(1). Leray feared that if his competence as a "mechanic" ("mécanicien", his word) were known to the German authorities in the camp, he might be compelled to work for the German war machine, so he converted his minor interest to his major one, in fact to his essentially unique one, presented himself as a pure mathematician and devoted himself mainly to algebraic topology(2).

The first major outcome of this work is the series of three papers [1945a,b,c], the three parts of a "course in algebraic topology taught in captivity", announced in part in [1942a, b, c, d].

In describing them and subsequent work, I shall use the current terminology, which has been standard for the last 45 years or so, but also indicate the one proposed by Leray. This should not hide the fact that many of these concepts were completely new at the time and underwent some variations before the present formulations were arrived at.

As was pointed out, the theorems of algebraic topology used by Schauder and Leray-Schauder reviewed above were all proved by reduction to the finite-dimensional case by suitable approximations. The first main goal of Leray was to build up a theory of equations and transformations directly applicable to more general topological spaces. This required a new definition of homology. Leray was also keen not to use any subdivision of complexes, simplicial approximations, orientability assumptions and not to assume the spaces to be quasilinear ([1945a], p.97–98). Before getting to these papers, I shall first describe Leray's starting point, as outlined in *loc.cit.*

5. Until about 1935, the basic objects of algebraic topology were the homology groups, usually defined for simplicial complexes, though more general concepts had been introduced by Vietoris and E. Čech, mainly for compact spaces. Around 1935, it was discovered by several people (J. Alexander, E. Čech, Kolmogorov, H. Whitney) that a product adding degrees could be introduced on complexes dual to those defining homology, without assuming the underlying space to be a manifold (in which case a product could be defined by Poincaré duality from the intersection product in homology). The de Rham theorems, expressing the homology of compact smooth manifolds in terms of differential forms, had already shown that this product could be defined directly by means of the exterior product of differential forms. With this example in mind, Alexander realized that also in the general case these new complexes could be defined directly, not as duals to some pre-existing ones and that homology groups could in turn be viewed as dual objects to the new groups. His definitions of the new complex, boundary operator and product were indeed inspired by exterior differential calculus [1].

Leray adopted Alexander's point of view and minimized, almost suppressed from 1946 on, the use of the traditional homology groups. They occur mainly for comparison purposes or for the treatment of a generalization of manifolds and of Lefschetz numbers. He never lost sight of the analogy with E. Cartan's exterior differential calculus, of which he had acquired first-hand knowledge by writing up for publication the notes of a course given by E. Cartan [5]. In the introduction to [1945b], he points out that his "forms on a space" (*see* **6**) obey most of the rules of the calculus of Pfaffian forms and states that the main interest of that paper seems to him to be its treatment of a problem in topology, alien to any assumption of differentiability, by computations of that nature.

Early on, H. Whitney had proposed to call cohomology groups and cup product the new groups and the product [17], a suggestion which was soon rather widely adopted, but not by Leray until 1953. Prior to that, the word cohomology occurs only in two C.R. Notes. Leray kept to homology otherwise, prefacing several of his later papers, including the main ones, by stating that he would call homology what is usually referred to as cohomology since he will deal exclusively with the latter. I shall use cohomology.

Another requirement for the new cohomology ring to be defined was that it should allow one to carry over to more general spaces the proof of the theorem of H. Hopf, to the effect that a compact connected manifold endowed with a continuous product satisfying certain conditions (for instance, defining a group structure) has the same rational homology as a product of odd-dimensional spheres.

6. In [1945a] Leray first defines a notion of *abstract* complex over a ring L (either $\mathbb{Z}$, or $\mathbb{Z}/m\mathbb{Z}$ or $\mathbb{Q}$): a graded free finitely generated L-module, with a coboundary operator d increasing the degree by one (n° 7). It is called a simplex if it is acyclic. A *concrete* complex K on a space E (I shall simply say complex on E) is an abstract complex, to each basis element X of which is assigned a non-empty subset $|X|$ of E, its support. The support of a linear combination is then, by definition, the union of the supports of the basis elements occurring in it and it is required that $|dX| \subset |X|$. If F is a subspace of E, the intersection $F.K$ of F and K is the quotient of K by the submodule of elements with support not meeting F, the support of the image $F.X$ of X being $F \cap |X|$. Let K' be another complex on E. For $x \in E$ there is a natural homomorphism $r_x : K \otimes K' \to xK \otimes xK'$. The support of $Z \in K \otimes K'$ is then the set of $x \in E$

for which $r_x(Z) \neq 0$. The *intersection* $K \circ K'$ of K and K' is, by definition, the quotient of $K \otimes K'$ by the submodule of elements with empty support, endowed with the obvious supports.

Next, Leray introduces (the first version of) an important notion in all of his work in topology, that of "couverture": a complex K on E with *closed* supports such that xK is acyclic for all $x \in E$ and the sum of the basis elements of degree zero is a cocycle, called the unit cocycle of K. A linear combination of elements of K, with coefficients in L, as above, is a "form on E". I do not know of any translation of couverture in the mathematical literature. In later presentations of the theory, beyond Leray's work, it appears in such a disguised form that I shall neither need nor venture a translation, and simply use the French word [in sheaf theory, the sheaf associated to a couverture would be a resolution of the constant sheaf with stalk L].

The notion of couverture is stable under product, intersection, intersection with a closed subset and inverse image. The stability under product or intersection is a consequence of an algebraic argument we shall come to in **9**, which is fundamental for the whole paper and later developments.

Let E be a normal space. The union of the couvertures on E, with coefficients in L, is shown to be an L-algebra, with respect to sum and a product defined via the above intersection product. Its cohomology is, by definition, the cohomology ring of E, with coefficients in L, to be denoted here $H^*(E; L)$. It is not compared in this paper with the definitions of Alexander and Kolmogorov. [In [1945b], Leray states he cannot do so for lack of documentation.] It is mostly used for compact spaces (with an extension to differences of such, *see* **7**).

A *cover* of E is a collection of subsets, the union of which is E. To a finite closed cover of E is associated an abstract complex, its nerve, which is made into a complex on E by assigning to a simplex as support the intersection of the subsets represented by its vertices. This is a couverture, the couverture generated by the given cover. To compute $H^*(E; L)$ it suffices to consider a cofinal family of finite closed covers and all the couvertures obtained by iterated intersections from those defined by their nerves. More precisely, the constructions in n°s 16 to 18 present the cohomology ring as a direct limit of cohomology rings of couvertures associated to the nerves of suitable finite closed covers. They could be replaced by slightly bigger open finite open covers with the same nerves, so that, for compact spaces, the cohomology is essentially equivalent to Čech cohomology. For normal, not locally compact spaces, it does not seem to me that this type of cohomology has been considered elsewhere. It will also not occur later in Leray's work. Except on one point (*see* **9**) I shall not discuss technical details at all, since modifications of the definitions often led to simpler and more powerful arguments. Leray then establishes many properties of his cohomology ring. A first immediate consequence of the construction is Theorem 12, p. 122, according to which every cohomology class of strictly positive dimension is nilpotent. A compact space is said to be simple if it is acyclic. A fundamental result (Theorem 6, p. 126) asserts that a compact space which is a deformation retract of one of its points is simple. If a couverture has simple supports, then the cohomology groups of E are those of the underlying abstract complex (Theorem 12, p. 138). This shows in particular that the cohomology of a finite polyhedron is dual to the usual homology. If the non-empty intersections of the elements in a cover are simple, in which case the cover is said to be "convexoïd", then there is a finite procedure to determine the cohomology *ring* (n° 37).

§22 is devoted to a Künneth rule and §§23 to 25 to generalizations of the theorems of Hopf mentioned earlier and of Samelson. Theorem 2 quoted above allows one to adapt to compact connected spaces with a product the argument of Hopf's, to the effect that a homogeneous indecomposable element (Leray says "maximal cycle") has odd dimension.

Let E be a compact connected space endowed with a convexoïd finite cover by closed subsets, and ξ a continuous map of E into itself (a representation of E into itself in Leray's terminology). Chapter III associates to ξ a Lefschetz number Λ_ξ. It is defined simplicially, using the couverture defined by the given cover and its dual complex. It is the same for two homotopic continuous maps (Theorem 16, p. 162). The space E is said to be convexoïd if it has a fundamental set of closed neighborhoods which are simple as well as all their non-empty intersections [this is the definition given in [1953a], the one here is slightly different in formulation, but equivalent.] It is shown that if $\Lambda_\xi \neq 0$, then ξ has at least one fixed point (Theorem 17, p. 163). If E is moreover a topological group, then n° 44 generalizes a theorem of Hopf on the degree of the k-th power map.

7. The first part of [1945b], Chapter IV, is concerned with relations between the cohomology of a normal space E, a closed subspace F and the difference $U = E - F$. By definition, the latter is the "cohomology of the interior of U", i.e. the cohomology of the sub-complex of the complex defining $H^*(E; L)$ consisting of elements with support in U. It is not quite a topological invariant, since the supports are subsets of U which are closed in E. However, it is in the (main) case where E is compact, because these subspaces are just the compact subsets of U so they have an internal characterization. He then shows that $H^*(E; L)$, $H^*(F; L)$ and $H^*(U; L)$ are related by a long exact cohomology sequence (not in this language, but by proving three times that a kernel is an image). This leads to a generalization of Alexander duality, modulo an identification of the duals of Leray's cohomology groups with the usual homology groups, discussed in sections 35 of [1945a] and 66 of the present paper. Next, n°s 56–59 consider the case where E is the union of two closed subsets and establish the existence of a Mayer–Vietoris sequence.

For a locally compact space, the cohomology introduced by Leray will turn out to be equivalent to the Alexander–Spanier cohomology with compact supports. As Leray points out, it is non-trivial for the line and so it is not true that a non-compact space and a deformation retract have in general the same cohomology. To remedy this, he introduces in section IV another type of cohomology groups, based on the notion of "pseudo-cycle". As far as I know it plays a role in the 1945 paper but disappears from his later treatment, so, again, I shall just keep his terminology. A "pseudo-cycle" on the normal space E is an operator which assigns to each compact subset of B of E a cohomology class of B, the assignment being compatible with intersection by a closed subset. They can be added, intersected and form a graded L-algebra. [It is in fact the projective limit of the cohomology of the compact subsets of E, with respect to inclusions.] If any two elements of E are contained in a compact connected subset, then $H^0 \cong L$. Leray also defines the "pseudocycles in the interior of U", in case U is open in E and proves the existence of a long exact cohomology sequence. With respect to that cohomology, Euclidean space is acyclic and more generally E and a deformation retract have isomorphic cohomology rings.

Chapter V is devoted to manifolds, Poincaré duality, computes the cohomology of projective spaces and discusses the relations between the cohomology of a closed subset of the n-sphere and of its complement, in particular proves the Jordan–Brouwer theorem.

8. The first part of [1945c], Chapter VI, generalizes the Leray-Schauder theory in the framework of the cohomology theory developed in [1945, a, b].

Let E be a convexoïd space (*see* **6**), O an open subset of E and ξ a continuous map in E of a closed subset F of E. Leray defines an index $i(O)$, related to the fixed points of ξ contained in O. It is an integer, equal to the Lefschetz number Λ_ξ of ξ if $O = E$. It is defined if the closure $\overline{O}$ of O belongs to F and there is no fixed point in $\overline{O} - O$. It is zero if there is no fixed point in O and is invariant under continuous deformation (Theorem 22, p. 212). If E is moreover acyclic, it depends only on the restriction of ξ to $\overline{O} - O$. In fact, n° 88 provides a direct definition using only the restriction of ξ to $\overline{O} - O$.

Next the definition and properties of $i(O)$ are extended to different, or apparently different, situations, in particular to the following one: E is a topological space (not necessarily convexoïd), F a closed subspace, T a convexoïd space and $\xi = \varphi \circ \tau$ is a composition of continuous maps

$$\xi : F \xrightarrow{\tau} T \xrightarrow{\varphi} E.$$

The total index $i(O)$ of ξ is then by definition the index $i(\varphi^{-1}(O))$ of $\tau \circ \varphi$ (n°s 81, 82, pp. 223-225).

As is pointed out on p. 213, these results contain the Leray-Schauder theory, and the applications include the theorems of existence and/or uniqueness of solutions in [1934c] as well as in [1933c], [1936a], [1939].

Some of the main results on $i(O)$ and on its relation with the Lefschetz number were reproved and generalized in [1959c]. Notably, the assumption made several times in the present paper that the cohomology of F is finitely generated is dropped(3).

Chapters VII and VIII are devoted to algebraic topology. In particular, the following situation is considered: E and E' are topological spaces, T an acyclic convexoïd space of homeomorphisms of E into E', F a closed subspace of E and $\tau : F \to T$ a continuous map. Let F' be the set of points $\tau(x).x$ $(x \in F)$. Then it is shown that the group of pseudocycles of $E - F$ and $E' - F'$ are isomorphic (Theorem 35, p. 245). If $E = E'$ is euclidean space and $\tau(x)$ is the translation bringing x to $\tau(x).x$, this yields the Alexander theorem and the invariance of the domain. Finally, a generalization of the Fredholm alternative is also proved.

9. These three papers first of all fulfill Leray's initial main goals, namely, to set up a cohomology theory (Chapters I, II, IV) and use it as a framework for a theory of equations encompassing the one of Leray-Schauder (Chapters III, V, VI). In addition they prove and generalize a number of theorems in algebraic topology, mostly known in some form, though sometimes derived in quite novel ways and greater generality (chapters VII, VIII). However, Leray realized that he could go much further, as hinted in a footnote to [1945c] p. 201. This led to the work announced in [1946a, b], which broke entirely new ground.

The starting point is an argument which occurs repeatedly in [1945a]. Its first goal was to prove that the "forms on a space" (*see* **6**) obey some of the rules of exterior differential calculus (cf. the introductory remarks in [1945b] quoted above in **5**). According to [1950a] p. 9 or [1959c], p.10, it is the analysis of this argument which led Leray to the cohomological invariants of a continuous map, described initially in [1946b]. Its first occurrence is in lemma 2, n° 4: given two abstract complexes C and C', where C is acyclic and has a unit cocycle U, it asserts that the cohomology of the product is naturally isomorphic to that of C'. Let z be a cochain of degree $m > 0$. It is a sum of expressions $u^a \times v^b$, where u^a is a cochain of degree a of C and v^b a cochain of degree b of C' $(a + b = m)$. It is said to be of weight q if q is the maximum of a. Assume $q \geqq 1$. If z is a cocycle, then the sum of the terms of weight $q + 1$ in dz is zero, and it follows that z is cohomologous to a cocycle of weight $q - 1$ hence, by induction on q, to a cocycle of weight zero. As to those, it is easily seen that the map $c' \mapsto u \times c'$ induces an isomorphism of $H^*(C')$ onto the space of cocycles of weight zero modulo coboundaries, which proves the lemma. It is first used to prove that a product of couvertures is again one and then applied to more complicated situations ([1945a], n°s 17, 27, 32). Theorem 12, p. 138, quoted in **6**, is also an application of that principle, to be referred to as the fundamental argument or fundamental lemma.

Prop. 10.4 in [1950a] provides a translation in terms of spectral sequences and it is only in that form that it is used there[(4)]. For the reader familiar with the notion of filtration and spectral sequences, we sketch the proof of lemma 2 in those terms (*see* also remark 2, p. 8, 9 of Exp. VI in [3]).

Let $S = C \times C'$. Filter S by $S^{-p} = \bigoplus_{q \geq p} C^q \times C'$.

Then $E^p_{-1} = S^{-p}/S^{-p-1}$, the differential d_{-1} is the partial differential with respect to C. The induction on the weight shows that $E^p_0 = 0$ for $p \neq 0$, hence $E^*_0 = E^*_\infty = GH(S) = E^0_0 = H(C')$, and the second part.

III. 1946–1950

10. We now come to the two seminal Notes [1946a, b]. The first one introduces sheaves, cohomology with respect to a sheaf and the cohomology ring of a continuous closed map $\pi : E \to E^*$ of normal spaces. Leray wanted to associate to π a cohomology ring of E^* with respect to the "variable coefficients" $H^*(\pi^{-1}y)$, $(y \in E^*)^{(5)}$. This led formally to the notions just listed.

A *sheaf* $\mathcal{B}$ on E is a functor which associates to every *closed* subset F of E a module (or ring, as the case may be) $\mathcal{B}(F)$, which is zero if F is empty, and to each inclusion $F' \subset F$ a homomorphism $r_{F'F} : \mathcal{B}(F) \to \mathcal{B}(F')$ with the usual transitivity properties. It is called normal if $\mathcal{B}(F)$ is the inductive limit of the $\mathcal{B}(F')$ $(F \subset F')$.

Let $b \in \mathcal{B}(F)$. It is said to be reducible if there exists a finite cover $\{F_i\}_{i \in I}$ of F such that $r_{F_i,F} b = 0$ for $i \in I$. The reduced sheaf defined by $\mathcal{B}$ associates to F the quotient of $\mathcal{B}(F)$ by the module of reducible elements.

In a way, sheaves had already implicitly occured in [1945a]: let K be a complex on E. To a closed subspace F, there is associated the section $F.K$ of K by F (*see* **6**), i.e. the quotient of K by the submodule of elements with support not meeting F. Clearly, the map $F \mapsto F.K$ defines a sheaf, which is normal. The stalk $x.K$ at $x \in E$ already played a considerable role in the theory, as we saw. Another important example of a normal sheaf is the q-th cohomology sheaf $\mathcal{B}^q : F \mapsto H^q(F; L)$.

A form on E with coefficients in $\mathcal{B}$ is a finite linear combination $\sum_i b_i X_i$, where the X_i's are basis elements of some couverture and $b_i \in \mathcal{B}(|X_i|)$. If B is the constant sheaf $\mathcal{L} : B(F) = L$, these are the forms on E of [1945a] and it is asserted that the constructions and results there generalize, whence the definition of the cohomology group (or ring) $H^*(E; \mathcal{B})$ of E with respect to the normal sheaf $\mathcal{B}$ of modules (or rings).

These two examples show why it is natural in the present setup to view sheaves as functors from closed rather than open subspaces. Recall that the cohomology here is with compact supports, so that the assignment to open sets of their cohomology would lead to a "cosheaf", where the natural maps go in the same direction as the inclusions.

By definition the sheaf $\pi(\mathcal{B})$ on E^* associates $\mathcal{B}\pi^{-1}(F^*)$ to $F^* \subset E^*$.

The last part of [1946a] introduces the cohomology ring of π. Let again $\mathcal{B}^q$ be the q-th cohomology sheaf of E. The transform $\pi(\mathcal{B}^q)$ associates to F^* the q-th cohomology ring of $\pi^{-1}(F^*)$. Then the (p,q)-cohomology group of π is $H^p(E^*; \pi(\mathcal{B}^q))$ and the cohomology ring of π is the direct sum of these groups, endowed with the product inherited from those in the cohomology of E and of the closed subsets of $E^{(6)}$.

11. The Note [1946b] is devoted to the "structure of the cohomology ring of π". By that is meant a construction allowing one to relate it to the cohomology of E. It is a first version of what became later known as the spectral sequence of π. Not all the features of the latter appear explicitly, but several essential ingredients already do.

We let $P_1^{p,q} = H^p(E^*; \pi(\mathcal{B}^q))$, and P_1 be the direct sum of the $P_1^{p,q}$. We shall call p the base-degree. The structure in question is defined by a sequence of submodules

$$(1) \qquad 0 = Q_{-1}^{p,q} \subset Q_0^{p,q} \subset \ldots \subset Q_{p-1}^{p,q} \subset P_{p+1}^{p,q} \subset \cdots \subset P_2^{p,q} \subset P_1^{p,q}$$

of $P_1^{p,q}$, of submodules

$$(2) \qquad 0 = E^{-1,p+1} \subset E^{0,p} \subset \cdots \subset E^{p-1,1} \subset H^p(E;L) = E^{p,0}$$

of $H^p(E;L)$, and isomorphisms

$$(3) \qquad \Delta_r : P_r^{p,q} | P_{r+1}^{p,q} \tilde{\to} Q_r^{p-r,q+r+1} / Q_{r-1}^{p-r,q+r+1}$$

$$(4) \qquad \Gamma_{p,q} : P_{p+1}^{p,q} / Q_{q-1}^{p,q} \tilde{\to} E^{p,q} / E^{p-1,q+1}$$

allowing to get information on the successive quotients of the composition series (2) by successive approximations, starting from P_1.

These modules and Δ_r are defined in terms of couvertures and of the action of the coboundary operator on these. The construction is quite intricate, only sketched there and I can only try to give some idea of it.

Fix $r \in [2, p+1]$. Let $x \in P_1^{p,q}$ represented by a form on E^*, i.e. a finite sum $\sum_\alpha z^{p,\alpha} C^{q,\alpha}$ where $z^{p,\alpha}$ is a cocycle on $\pi^{-1}(|X^{q,\alpha}|)$. Assume there is a form $L^{p,q}$ on E which can be written

$$L^{p,q} = \sum_\alpha L'^{p,\alpha} \pi^{-1}(X^{q,\alpha}) + \sum_{s>0;\lambda} L^{p-s,\lambda} \pi^{-1}(X^{q+s,\alpha})$$

such that $L'^{p,\alpha}.\pi^{-1}(|X^{q,\alpha}|) \sim z^{p,\alpha}$ and that $dL^{p,q}$ can be written similarly, but with p replaced by $p-r$ and q by $q+r+1$, where the terms of base degree $p-r$ in $dL^{p,q}$ represent a class y in $P_1^{p-r,q+r+1}$. By definition, $P_r^{p,q}$ is generated by those x's, $Q_r^{p-r,q+r+1}$ by the y's and Δ_r associates y to x. By definition, Δ_r annihilates $P_{r+1}^{p,q}$. There is an ambiguity in the choice of $L^{p,q}$, which leads to view Δ_r as a map of $P_r^{p,q}/P_{r+1}^{p,q}$ onto $Q_r^{p-r,q+r+1}/Q_{r+1}^{p-r,q+r+1}$.

If $L^{p,q}$ can be chosen to be a cocycle, then $x \in P_{p+1}^{p,q}$ (and conversely), the class $[x]$ belongs to $E^{p,q}$ by definition and $\Gamma_{p,q}x$ is its image in $E^{p,q}/E^{p-1,q+1}$.

In short, $E^{p,q}/E^{p-1,p+1}$ is a subquotient of P_1. It is arrived at by successive approximations, by means of a descending induction on the base-degree. This is reminiscent of the fundamental lemma, of course, but going from the latter to this construction is obviously a "giant step". It is only sketched in this Note, was never described in more detail, so that it is hardly possible, at least for this writer, to see how it could effectively be used. The results announced in this and the following Note, proved before Leray arrived at the next, and final, formulation of his theory show that he did.

12. The last part of [1946b] gives some applications. First an analog in this context of a theorem of Vietoris: if E^* is compact and $\pi^{-1}(x)$ is acyclic for all $x \in E^*$, then π induces an isomorphism of $H^*(E^*; L)$ onto $H^*(E; L)$. If π is the projection of a locally trivial fiber bundle, with typical fiber F and E^* is simply connected, the Betti numbers of E are majorized by those of $E^* \times F$. Finally, if E is a compact simply connected Lie group, F a closed one-parameter subgroup, L a field of characteristic zero, then $H^*(E/F; L)$ is obtained from $H^*(E; L)$, which is an exterior algebra on odd degree generators, by replacing one factor $\wedge x_{2i+1}$ by $L[x]/(x^{i+1})$, where x has degree two. (In fact, $i = 1$, [11b]).

13. In the following year, the theory underwent a number of changes, partly under the influence of contributions by J-L. Koszul and H. Cartan. In [11a], Koszul gives a purely algebraic definition of the construction underlying [1946b], introducing what is now known as the spectral sequence of a filtered differential algebra A (in the case of a decreasing filtration). A (decreasing) filtration on an algebra A is defined by a sequence of two-sided ideals A^p ($p \in \mathbb{Z}$) such that

$$A^p \supset A^q \text{ if } p \leqq q,\ \cup_p A^p = A,\ \cap_p A^p = \{0\}. \tag{1}$$

$$A^p.A^q \subset A^{p+q} \tag{2}$$

and, if A is differential, $dA^p \subset A^p$ ($p \in \mathbb{Z}$). In that case, $H(A)$ is endowed with the filtration defined by the $H(A)^p$, where $H(A)^p$ denotes the subgroup of cohomology classes represented by a cocycle in A^p. The spectral sequence relates the grading ring $Gr A = \oplus_p A^p/A^{p+1}$ to $Gr\ H(A) = \oplus_p H(A)^p/H(A)^{p+1}$ by means of a sequence of graded algebras E_r ($r \geqq 0$), where $E_0 = Gr\ A$ and E_{r+1} is the cohomology of E_r with respect to a differential d_r. If A is graded and d increases the degree by one, then E_r is bigraded and d_r increases the filtration degree by r, decreases a complementary degree by $r-1$. Moreover E_r tends to $Gr\ H(A)$, and is equal to it if the filtration is bounded.(7)

In the notation of **11**, $E_r^{p,q} = P_{r-1}^{p,q}/Q_{r-2}^{p,q}$ [11b].

Early in 1947, H. Cartan noticed a formal similarity between the fundamental lemma of [1945a] and a proof of the de Rham theorems contained in a letter of A. Weil [15].(8) This was his starting point towards an axiomatic cohomology theory, quite different from his previous approach (Comm. Math. Helv. **18** (1945), 1–15) which was much more in the mainstream of algebraic topology at the time.

14. Cartan and Leray lectured at a Colloquium in Paris, June 26 – July 2, 1947, but the Proceedings, published in 1949 only, do not contain their original communications. The article of Leray [1949a] is "different in title and contents" from the oral lecture and summarizes a lecture given in November 1947 and a course given at the Collège de France in 1947-48 (*see* the footnote on p. 61). Cartan withdrew his communication and replaced it by a short text, written in 1949, stating that his views had changed considerably, partly under the influence of [1946a] and of Leray's lecture at the Colloquium and he was preparing a full-fledged exposition (the subject matter of [7]).

The theory outlined in [1949a] is basically the final form, as can be seen from the systematic exposition [1950a]. It starts with algebraic notions: differential algebra, filtered ring and spectral sequence attached to a differential filtered ring, essentially as introduced in [11a], or [6a] with some technical differences, though: the subgroups defining the filtration need not be two-sided ideals and, in the differential case, are not necessarily stable under the differential. The spectral sequence (E_r) may therefore have non-trivial terms with negative index, which in a sense tend to $Gr\ A$ as $r \to -\infty$. If the filtration and grading are bounded, then $E_r = Gr\ A$ (resp. $E_r = GrH(A)$) for r sufficiently small (resp. big). The fundamental lemma is now embedded in some spectral sequence statements. [Initially, Leray allows a filtration by the real numbers $\mathbb{R}$, but uses only $\mathbb{Z}$ when defining the spectral sequence and in his subsequent papers. Filtrations and spectral sequences indexed by $\mathbb{R}$ were considered later by R. Deheuvels (Annals of Math. **61** (1995), 13–72), upon Leray's suggestion, in connection with the calculus of variations.]

Spaces are always locally compact. The notion of sheaf is as in [1946a], except that the condition "normal" is replaced by "continuous". It is the same if the space X is compact, but stronger otherwise(9). For instance, given a ring L, the constant sheaf which assigns L to every closed subset F, the transition homomorphisms being the identity, is continuous if and only if X is compact. If it is not, the sheaf associating L to compact subsets, and zero to non-compact ones, is continuous; it is called the "sheaf identical to L". The notion of sheaf is further extended to that of differential filtered sheaf.

Next complexes are defined. The original definition (*see* **6**), in which the supports are now assumed to be closed, is modified in two ways, proposed by H. Cartan in his lecture: a complex is not necessarily a free module and is moreover assumed to be endowed with a product adding the degrees, i.e. it is a differential graded ring (with closed supports). The most important innovation however is the introduction of *fine* complexes. This was done at the Colloquium lecture already, while Cartan proposed a similar notion in his own (*see* the already quoted footnote on p. 61): a complex K on X is fine if , given a finite open cover $\{U_\alpha\}$ of X by subsets which are relatively compact or with compact complements, there exists endomorphisms r_α of K, for the additive structure only, such that $\operatorname{supp} r_\alpha k \subset U_\alpha$ for all $k \in K$ and the sum of the r_α is the identity. This then replaces a union of complexes with arbitrarily small supports (*see* **6**). The intersection $K \circ \mathcal{B}$ of a complex K with the sheaf $\mathcal{B}$ is defined. It is a complex, which is fine if K is so. Similarly, the intersection $K \circ K'$ of two complexes K, K' is fine if one of them is so. The sheaf is assumed to be continuous, which forces the elements of $K \circ \mathcal{B}$ to have compact supports. The cohomology ring $H^{\cdot}(K^{\cdot} \circ \mathcal{B})$ of X with respect to $\mathcal{B}$ is is by definition $H^{\cdot}(K^{\cdot} \circ \mathcal{B})$, where $K^{\cdot}$ is a fine couverture. It has of course to be shown to be independent of the choice of $K^{\cdot}$, up to natural isomorphisms. To this effect the fundamental lemma, or some variant, is used to show that if $K^{\cdot}$ and $M^{\cdot}$ are fine couvertures, then $K^{\cdot} \circ M^{\cdot}$ is also one and the natural maps

$$K^{\cdot} \circ \mathcal{B} \rightarrow K^{\cdot} \circ M^{\cdot} \circ \mathcal{B}, \quad M^{\cdot} \circ \mathcal{B} \rightarrow K^{\cdot} \circ M^{\cdot} \circ \mathcal{B}$$

induce isomorphisms in cohomology. The construction of Alexander, modified by Čech, the initial inspiration for Leray (*see* **5**) gives rise to a fine couverture, showing that when $\mathcal{B}$ is the "sheaf identical to a ring L" (*see* above), the cohomology $H^{\cdot}(X \circ \mathcal{B})$ is the Alexander-Čech, also called Alexander-Spanier, cohomology of X with compact supports, coefficients in L.

The case of a differential filtered sheaf is also considered (n° 23) and the homology sheaf $\mathcal{HB} : F \mapsto H(\mathcal{B}(F))$, denoted there $\mathcal{FB}$, is introduced. The group $H^{\cdot}(K^{\cdot} \circ \mathcal{B})$, computed with respect to a total differential (the "hypercohomology" with respect to $\mathcal{B}$ in case the filtration is associated to a grading), is naturally filtered and is the abutment of a spectral sequence in which one term is $H^{\cdot}(K^{\cdot} \circ \mathcal{HB})$. In the present set up, this is the *fundamental theorem of sheaf theory.* Again, the hypercohomology and the spectral sequence are independent of the fine couverture $\mathcal{K}^{\cdot}$ and define topological invariants.

A familiar consequence, not drawn here or in [1950a], but apparently in the original text[(10)], pertains to homomorphisms of differential filtered sheaves. Let $\mu : \mathcal{B} \rightarrow \mathcal{C}$ be one. If it induces an isomorphism of $H(\mathcal{B}(x))$ onto $H(\mathcal{C}(x))$ for all $x \in X$, then it induces an isomorphism of $H^{\cdot}(K^{\cdot} \circ \mathcal{B})$ onto $H^{\cdot}(K^{\cdot} \circ \mathcal{C})$.

All this is valid in fact only under suitable boundedness assumptions on the degrees and filtrations under consideration, which I have ignored (e.g., it suffices that they be bounded in both directions).

Let π: $X \longrightarrow Y$ be a continuous map and $K^{\cdot}_X$ (resp. $K^{\cdot}_Y$) a fine couverture of X (resp. Y). Then $\pi^{-1}K^{\cdot}_Y \circ K^{\cdot}_X$ is a fine couverture of X. The spectral sequence of $Z = \pi^{-1}K^{\cdot}_Y \circ K^{\cdot}_X \circ \mathcal{B}$ with respect to the filtration defined by the degree in $K^{\cdot}_Y$ is by definition the spectral sequence of π. It relates the (hyper)cohomology of Y with respect to $\pi_*(K^{\cdot}_X \circ \mathcal{B})$ to the cohomology of $H^{\cdot}(X \circ \mathcal{B})$. In fact, given integers ℓ, m, Leray defines a filtration of Z, using m-times the degree in $K^{\cdot}_Y$ and ℓ times the degree in $K^{\cdot}_X$, whence a spectral sequence for each choice of ℓ and m, but they are not essentially different. In studying fibre bundles Leray uses mostly the ones corresponding to $\ell = 0$, $m = 1$, or $\ell = -1$, $m = 0$. In the sequel, I shall always stick to the former. The r-th term of a spectral sequence is denoted $\mathcal{H}_r$ by Leray. The index depends on the filtration: $\mathcal{H}_r$ for the filtration $\ell = 0$, $m = 1$ is $\mathcal{H}_{r-1}$ for the filtration $\ell = -1$, $m = 0$. [The construction of [1946b], *see* **11**, is a precursor of the spectral sequence assigned to $\ell = -1$, $m = 0$.] As before, I shall use E_r.

The spectral sequence replaces the construction of [1946b]. The underlying idea is the same, but more easily described, notably because it starts with a complex on X, rather than the equivalent of the E_2-term. Let

$$Z^{p,q} = \pi^{-1}K_Y^p \circ K_X^q \circ \mathcal{B} \text{ and } F_pZ = \sum_{i \geqq p,\, q \geqq 0} Z^{i,q}.$$

The F_pZ define the filtration $\ell = 0$, $m = 1$. Let $z \in Z$. Its filtration degree is the biggest p such that $z \in F_pZ$. Cocycles are arrived at by successive approximations: one looks at $z \in F_pZ$ such that $dz \in F_{p+r}Z$ $(r \geqq 0)$. These elements form C_r^p. The latter contains C_{r-1}^{p+1} and $D_r^p := dC_r^{p-r}$; by definition

$$E_r = C_r^p / (C_{r-1}^{p+1} + D_r^p)$$

and d_r is induced by d. As r gets bigger, z is closer to a cocycle, and its actually one if r is greater than its total degree.

Except in [1950b], no groundring is specified and Leray speaks of filtered rings and spectral rings. He shifts to filtered algebras and spectral algebras in [1950c].

15. Assume now that a discrete group G acts freely and properly on X and that $Y = X/G$ is the quotient space. The map π has discrete fibres and the spectral sequence cannot give much information. However, Leray indicated in his lecture how to associate a spectral sequence to that situation when G is finite. This led to a joint paper with H. Cartan [1949b], which defines the spectral sequence of a finite regular covering of a locally compact space, relating Eilenberg-MacLane cohomology of G with coefficients in $H^{\cdot}(X; L)$ to the cohomology of Y, in cohomology with compact supports, and to two C. R. Notes of Cartan, where the restrictions that G be finite and the supports be compact are lifted [6].

16. The paper [1950a], based on courses given at the Collège de France in 1947-48 and 1949-50, provides a comprehensive exposition of the theory. The overall plan is the same as that of [1949a] with many technical refinements I shall not go into, depending for instance on various assumptions made on the complexes under consideration and on whether filtrations are bounded or not. I content myself to mention some items not occurring in [1949a]. If X has finite cohomological dimension, then it carries a fine couverture with degrees bounded by the dimension n°40. The Mayer-Vietoris sequence attached to a cover by two closed sets is established in n°49. n°67 considers the effect of retractions on cohomology and discusses homotopic maps. n°s.69 to 73 are devoted to locally constant systems in Steenrod's sense and their relations with the fundamental group. Determination of the cohomology when X has a finite convexoïd cover n°74, or is more particularly a finite polyhedron n°75, spectral sequence of a simplicial map between polyhedra n°77. The last two sections show that the spectral sequence of a map is not necessarily a homotopy invariant and give some indications on how to define homotopy invariants by means of these constructions.

This paper is the last one devoted by Leray to his theory of cohomology with compact supports of a locally compact space with respect to a sheaf and to the general properties of the spectral sequence of a continuous map. The former was considerably generalized by H. Cartan [9][(11)]. From the start, Leray applied the latter to fibre bundles, in particular to the study of the relations between the cohomology rings of a compact connected Lie group, a closed subgroup U and the quotient G/U. We now turn to these applications, backtracking a little since they began in 1946 already.

17. The work of Leray on fibre bundles and homogeneous spaces is contained in six C.R. Notes and two papers. Four of the C.R. Notes announce without proofs results established, often in greater generality, in one of the two papers. I shall therefore treat them rather briefly. The cohomology is usually with respect to a field C, of characteristic zero when homogeneous spaces are discussed.

Given a space with finitely generated cohomology, its Poincaré polynomial $P(E,t)$ (with respect to C) is, by definition

$$P(E,t) = \sum_{i \geq 0} \dim H^i(E;C).t^i$$

[1946c] considers first a map $\pi : E \to E^*$ as in [1946b] and describes some relations between Poincaré polynomials of E, E^* and the invariants of π defined in [1946b].

The remaining part of the Note is concerned with a locally trivial fibre bundle (E, B, F, p) with total space E, base B, typical fibre F and projection p. First some consequences of Poincaré duality are drawn when E, B, F are orientable compact connected manifolds. The last section gives sharper relations between the Poincaré polynomials of E, B, F when the cohomology rings of the fibres form a constant system. [1946d] describes the Poincaré polynomial of G/T, when G is a simple compact connected classical Lie group and T a maximal torus of G. This is pursued further in [1949e], where the rational cohomology of G/U is determined when G is locally isomorphic to a product of classical groups by a torus and U a closed subgroup of maximal rank. If U is connected $P(G/U, t)$ is given by a formula conjectured by G. Hirsch. If it is not and U^o is its identity component, then $H^{\cdot}(G/U;C)$ may be identified to the invariants of U/U^o in $H^{\cdot}(G/U;C)$, the operation of U/U^o being defined by right translations.

From 1949 on, the cohomology ring of a compact space X, with respect to coefficients which are clear from the context, is denoted $\mathcal{H}_X$. The Note [1949f] has three parts: the first one extends some of the results of the previous one to a compact space X which is a principal bundle for G. In particular, the projection $X/T \to X/G$ induces an isomorphism of $H^{\cdot}(X/G)$ onto the invariants of the Weyl group $\mathcal{N}T/T$ in $H^{\cdot}(X/T)$. If X is a group containing G as a subgroup, this reduces the study of $H^{\cdot}(X/G)$ to that of $H^{\cdot}(X/T)$. The second one (Theorem 2) determines the cohomology of G/S, where G is simple, classical, and S a singular subtorus of codimension one in a maximal torus T of G. It is the tensor product of an algebra of even dimensional elements by an exterior algebra with one generator of degree equal to the maximum of the degrees of the primitive generators of $H^{\cdot}(G;\mathbb{Q})$. The third part is devoted to sphere fibrations and describes how the Gysin exact sequence relates to the spectral sequence of the projection.

18. The two Notes [1949c] and [1949d] are somewhat apart and concerned with a topic Leray did not come back to (but is taken up again in [4]). There homology and cohomology (in characteristic zero) do occur and the standard terminology is used. By theorems of Hopf and Samelson, $H^{\cdot}(G)$ and the homology algebra $H_{\cdot}(G)$, where the product is the Pontrjagin product, are exterior algebras $\wedge P^{\cdot}$ and $\wedge P_{\cdot}$ over spaces of primitive elements, in natural duality. Assume G operates on a locally compact space X by means of a map $q : G \times X \to X$ and let $m : G \times G \to G$ be the product map. Then, by definition

$$q \circ m = q \circ q : G \times G \times X \to X.$$

By consideration of the corresponding maps in cohomology it is shown that a primitive homogeneous element $x \in P_a$ induces a differential δ_x of $H^{\cdot}(X)$ decreasing the degree by a and this assignment extends to a homomorphisms of $\wedge P_{\cdot}$ into the algebra of graded endomorphisms of $H^{\cdot}(X)$. If X is a compact orientable manifold and $c \in H^p(X)$ is dual to a submanifold of codimension p, then a submanifold dual to $\delta_x.c$ is described geometrically.

In the case $X = G/U$, where G is a compact connected Lie group, U a closed connected subgroup, $X = G/U$, this construction yields a new proof of a theorem of Samelson asserting that $\pi^* H^{\cdot}(G/U)$ is a subalgebra generated by primitive elements, where $\pi : G \to G/U$ is the canonical projection. If U is of maximal rank, the Euler-Poincaré characteristic $X(G/U)$ of U is $\neq 0$, according to a theorem of Hopf and Samelson, hence π^* annihilates $H^{\cdot}(G/U)$ for all $i > 0$.

The next Note considers more generally a projection $\pi : X \to Y$, where G acts on X and Y and commutes with π. Then the operations of $\wedge P_{\cdot}$ on X and Y extend to differentials of the terms E_r of the spectral sequence of π, commuting with the differentials. Various consequences are drawn.

Let G and U be as in the previous Note, but U not necessarily of maximal rank. Let $\mathcal{N}U$ be the normalisator of U in G and M its identity component. Then $\mathcal{N}U/M$ operates freely by right translations on G/U. The Lefschetz number of $n \in \mathcal{N}U$ is $\chi(G/U)$ if $n \in M$, and is zero if $n \notin M$. Therefore the representation of $\mathcal{N}U/M$ induced in $H^{\cdot}(G/U)$ is a multiple of the regular representation if the Betti numbers of G/U in odd degrees are all zero.

19. The paper [1950b] is devoted first to general properties of the spectral sequence of a fibre bundle (E, B, F, π): structure of E_2, case where the cohomology algebras of the fibres form a constant system, interpretation of π^* and of the restriction $r^{\cdot} : H^{\cdot}(E) \to H^{\cdot}(F)$ in the spectral sequence, triviality of the spectral sequence in case $r^{\cdot}$ is surjective (i.e. F is totally non-homologous to zero), various inequalities relating to Poincaré polynomials of E, B, F, etc. The last chapter discusses several special cases: F is a sphere, where generalizations of results of Gysin and of Chern-Spanier are obtained, B is a sphere, where the H.C. Wang exact sequence is proved, F is a product of even dimensional spheres and 2 is divisible in the coefficient ring, in which case F is totally non-homologous to zero, E, B, F are compact orientable manifolds.

20. The paper [1950c] uses the filtration $\ell = -1, m = 0$, for spectral sequences therefore E_r here stands for $\mathcal{H}_{r-1}$ there. Cohomology is always with respect to a field of characteristic zero. G, T and U are as before, and $W = \mathcal{N}T/T$ is the Weyl group of G.

In the first part, U has the same rank as G. Results stated earlier for classical groups are now proved in general. The new ingredients are the theorem of Chevalley on invariants of finite reflection groups and an argument, supplied by this writer, showing that the Betti numbers of G/T vanish in odd degrees. The Hirsch formula giving $P(G/U, t)$ when U is connected is established. Let $\mathcal{P}_T$ be the symmetric algebra over $H^1(T)$, where all the degrees are doubled. The group W operate on it. Let $\mathcal{R}_G$ be the ideal generated by the invariants of W without constant term. It is shown that $H^{\cdot}(G/T) = \mathcal{P}_T/\mathcal{R}_G$ and that $E_3 = E_\infty$ in the spectral sequence of the projection $G \to G/T$. The next section of the paper is devoted to the situation considered in [1949f] and establishes without restriction on G the theorems stated there. This reduces the study of $H^{\cdot}(G/U)$ to that of $H^{\cdot}(G/S)$, where S is a maximal torus of U. It may be assumed to be contained in T and the last section provides a theorem on the E_2-term of the spectral sequence of the projection $G/S \to G/T$, with fibre T/S. It is of course equal to $H^{\cdot}(G/T) \otimes H^{\cdot}(T/S)$. However, using the results of the first part, Leray shows that it is isomorphic, as a differential algebra, with $\mathcal{P}_S \otimes H^{\cdot}(G)$, endowed with an explicitly given differential d. Unpublished computations to prove Theorem 2 of [1949f] indicate that Leray had that picture in mind already then. Here it is particularly interesting because a theorem announced by Cartan in [8] implies that $H^{\cdot}(G/S) = H^{\cdot}(\mathcal{P}_S \otimes H^{\cdot}(G))$. As a consequence $E_3 = E_\infty$, a fact which is clear if $\dim T/S = 1$, but not otherwise.

This is the last paper devoted by Leray to algebraic topology, a topic which had played in his work a minor role in the thirties, a major one in the forties, occurred only incidentally in it after 1950 and was profoundly influenced by Leray's contributions.

Notes

(1) J. Schauder once wrote to Leray that he did not view himself as a topologist per se and commented in another letter: "I am, as you are, a man of the applications" ("Ich bin, so wie Sie, ein Mann der Anwendungen"), a remark quoted by Leray in [1979].

(2) The only exceptions where a course in analysis, based on the Notes of a Cours d'Analyse at the Ecole Polytechnique, brought by some prisoners who had been students there, and a course on special relativity (where "Einstein" became "Albert" whenever some member of the German staff was passing by during a lecture).

(3) In [10], A. Deleanu extends the theory to neighborhood retracts of convexoïd spaces (which are not always convexoïd), so that it also includes Lefschetz's fixed point theorem for absolute neighborhood retracts.

(4) In [3], this lemma (Exp. I, Théorème 6), the main argument of which is called induction on the weight, is also used to give a first proof, without spectral sequences, of a main uniqueness theorem of [1949a] or [1950a], and to compare Leray's cohomology ring with others (Exp. III, IV). It is also a main tool in Cartan's first two versions of the theory (*see* Note(11)).

(5) In the comments to [16], p. 526-27, Vol. II, of his Collected Papers, A. Weil recalls a short conversation in June 1945 with Leray, just back from captivity, in which Leray spoke of a homology theory with variable coefficients depending on the point, an idea he found quite striking and communicated shortly afterwards to H. Cartan.

(6) $\pi(\mathcal{B})$ and $\pi(\mathcal{B}^q)$ are the analogues of the direct image $\pi_*\mathcal{B}$ of $\mathcal{B}$ and of the q-th right derived functor $R^q\pi_*\mathcal{B}$ of the direct image functor in the now standard sheaf theory.

(7) The term filtration is not used there. It was proposed later by H. Cartan, in print for the first time in [6a]. As to the E_r's, Koszul speaks of a sequence of homologies, Leray of a spectral ring, from [1949a] on, and of a spectral algebra in [1950c]. I shall use spectral sequence.

(8) We try here to compare them. Let M be a smooth connected manifold, N the nerve of the open cover constructed in [15] (or [16]), such that all non-empty intersections U_σ (σ simplex of N) are contractible (the analog of a convexoïd cover in [1945a]). Let $A^{p,q}$ be the space of p-cochains of N which assign to a p-simplex σ the smooth differential q-forms on U_σ. The direct sum $A^{\cdot\cdot}$ of the $A^{p,q}$ is a bigraded algebra, endowed with two commuting differentials

$$d : A^{p,q} \to A^{p,q+1} \qquad \delta : A^{p,q} \to A^{p+1,q}$$

stemming from exterior differentiation and from the coboundary operator in N. Let $E^{p,q}$ (resp. $H^{p,q}$) be the subspace of $A^{p,q}$ spanned by the elements annihilated by $d\delta$ (resp. d or δ). (Weil's notation is different, his two superscripts are the total degree $m = p + q$ and q). Weil establishes isomorphisms

$$F^{0,m}/H^{0,m} = H^m_{DR}(M),\ F^{m,0}/H^{m,0} = H^m(N),$$

$$F^{p,q}/H^{p,q} = F^{p+1,q-1}/H^{p+1,q-1} \qquad (0 \leqq q \leqq m)$$

where $H^m_{DR}(M)$ refers to de Rham cohomology, which, by composition, yield an isomorphism of $H^m_{DR}(M)$ onto $H^m(N)$. Each step is quite similar to the key argument in the fundamental lemma, though there is no reason to believe that Weil was aware of it. On the other hand, it seems rather plausible (also to Weil) that the definition of the $A^{p,q}$ had been suggested in part by the idea of cohomology with variable coefficients. In fact, apart from the fact that Weil deals with an open rather than closed cover, $A^{p,q}$ is, in the framework of [1946a], the space of p-forms of the couverture N with coefficients in the sheaf of differential q-forms. However, the global strategy of the proof is different from that of Leray to establish uniqueness theorems, which amounts to compare the two objects under consideration to a third one, their intersection, rather than directly to one another. The algebra $A^{\cdot\cdot}$ admits a total differential $d - \delta$ (which Weil does not consider explicitly, but the sequences of coelements of total degree m satisfying (I) in [16] are cocycles with respect to it). Then a descending induction on p and q would show that $H^m(A^{\cdot\cdot})$ is isomorphic to $H^m_{DR}(M)$ and to $H^m(N)$. In [16], written later, the argument is further simplified by the use of homotopy operators, which even allow one to define directly maps in both directions between simplicial cochains and differential forms. Weil also shows in the same way that $H^m(N)$ is isomorphic to the m-th cohomology space of M in singular cohomology.

(9) Let X be not compact and $\overline{X}$ its one-point compactification. Given the sheaf $\mathcal{B}$ on X, define the sheaf $\overline{\mathcal{B}}$ on $\overline{X}$ by the rule $\overline{\mathcal{B}}(F) = \mathcal{B}(F \cap X)$, ($F$ closed in $\overline{X}$). Then, by definition $\mathcal{B}$ is continuous on X if $\overline{\mathcal{B}}$ is normal on $\overline{X}$.

(10) In [2], n° 2, I state this is so. I do not remember whether I had seen the original text or had only been informed by Leray.

(11) This is the third version of Cartan's work on this topic. The first one [12], which is likely to be rather close to the oral lecture at the 1947 Colloquium, is also based on the notion of complex with supports. The main change with respect to the definition in [1945a] is the introduction of differential graded complexes, called gratings in analogy with a terminology of J. Alexander, which are graded algebras and fine. There are no sheaves as such but, as in [1945a], given a complex K, the functor assigning to a closed subset F the complex $F.K$ plays an important role. There are no spectral sequences. The uniqueness theorem is established for compact spaces, by means of an analogue of the consequence

of the fundamental theorem of sheaf theory mentioned in **14**: a homomorphism $K^{\cdot} \to L^{\cdot}$ of fine differential graded gratings which induces an isomorphism of $H^{\cdot}(xK^{\cdot})$ onto $H^{\cdot}(xL^{\cdot})$ for all $x \in X$ induces an isomorphism in cohomology (again under suitable boundedness conditions), in the special case where $H^i(xK)$ and $H^i(xK')$ are zero for $i > 0$.

The main argument to establish it, p. 159–165, is patterned after the fundamental one of [1945a], outlined here in **9**. [No reference is indicated there, but this is acknowledged in the next version [7], Exp. XV, n° 7.] Applications to the de Rham theorems and the singular cohomology of HLC spaces are also given.

The second stage [7] is still devoted to locally compact spaces, but cohomology with closed supports is included (if the space is also paracompact). The basic notion in [7] is that of sheaf, defined as in [1946a], a condition similar to normality being embedded into the definition. Those sheaves correspond in fact to "presheaves" in current terminology. The distinction between presheaves and sheaves becomes important if cohomology with closed supports of non-compact spaces is to be included, and Cartan introduces the *completion* of the given sheaf, which would now be called the sheaf associated to, or defined by, a presheaf.

The notion "fine" is carried over to sheaves. A sheaf in which all transition homomorphisms are surjective (which is in fact the sheaf associated to the complex of sections on the whole space) is called a carapace, and the cohomology is defined by means of fine carapaces, in which $H^{\cdot}(B(x))$ is acyclic for all $x \in X$, the counterpart of a fine couverture. Numerous examples are given and, once the uniqueness theorem is proved, many consequences are drawn, including Poincaré duality on manifolds, for cohomology with closed supports or with compact supports.

In [9] the theory is developed in much greater generality, with a stronger use of homological algebra, which Cartan was developing at the time with S. Eilenberg. X is only assumed to be regular. A sheaf is now defined as a functor on open subsets and injective resolutions are introduced. Cohomology is defined with respect to a family Φ of supports and the spectral sequence of a continuous map is also defined in that context. The fundamental theorem of sheaf theory (XIX, Thm. 3) is proved in full generality.

This exposition and Cartan-Eilenberg's "Homological Algebra" (Princeton University Press, 1956) paved the way for the treatment of sheaf theory and spectral sequences in the framework of homological algebra by A. Grothendieck: *Sur quelques points d'algèbre homologique*, Tôhoku M. J. **9**, 1957, 119–221 and R. Godement: "Topologie algébrique et théorie des faisceaux", Hermann, Paris 1958.

References

The references to J. Leray's papers are to the bibliography at the end of this volume.

Further references

1. J. Alexander, *On the connectivity ring of an abstract space*, Annals of Math. **37** (1936), 698–708.

2. A. Borel, *Remarques sur l'homologie filtrée*, J.Math. Pures Appl. (9) **29**, (1950), 313–322; Collected Papers I, 57–66, Springer.

3. A. Borel, Cohomologie des espaces localement compacts, d'après J. Leray, mimeographed Notes, E.P.F. Zurich, 1951; 3rd edition: LNM **2**, 1964, Springer.

4. A. Borel, *Sur l'homologie et la cohomologie des groupes de Lie compacts connexes*, Amer. J. Math. **76** (1954), 273–342; Collected Papers I, 322–391, Springer.

5. E. Cartan, La méthode du repère mobile, la théorie des groupes continus et les espaces généralisés, Notes written by J. Leray, Hermann, Paris 1935; Oeuvres Complètes III_2, 1259–1320.

6. H. Cartan, *Sur la cohomologie des espaces où opère un groupe.* a) *Notions algébriques préliminaires*, C. R. Acad. Sciences Paris **226** (1948), 148–150; b) *Etude d'un anneau différentiel où opère un groupe*, **ibid**. 303–305; Oeuvres III, 1226–1228, 1229–1231, Springer.

7. H. Cartan, Séminaire de topologie algébrique de l'E.N.S. 1948-49, Exp. XII to XVII.

8. H. Cartan, *La transgression dans un groupe de Lie et dans un espace fibré principal*, Colloque de Topologie C.B.R.M. Bruxelles 1950, 57–71; Oeuvres III, 1268–1282, Springer.

9. H. Cartan, Séminaire de topologie algébrique de l'E.N.S. 1950-51, Exp. XVI to XX.

10. A. Deleanu, *Théorie des points fixes sur les rétractes de voisinages des espaces convexoïdes*, Bull. Soc. Math. France **87** (1959), 235–243.

11. J-L. Koszul, a) *Sur les opérateurs de dérivation dans un anneau*, C.R. Acad. Sciences Paris **225** (1947), 217–219; b) *Sur l'homologie des espaces homogènes*, **ibid**. 477–479.

12. H. Pollack and G. Springer, Algebraic topology, based upon lectures by H. Cartan at Harvard University, (Spring 1948), mimeographed Notes, Harvard University 1949.

13. J. Schauder, *Der Fixpunktsatz in Funktionalräumen*, Studia Mathematica **2** (1930), 170–179; Oeuvres, 168–176, Polish Scientific Publishers, Warsaw 1978.

14. J. Schauder, *Ueber den Zusammenhang zwischen der Eindeutigkeit und der Lösbarkeit partieller Differentialgleichungen zweiter Ordnung von elliptischen Typus*, Math. Annalen **106** (1932), 667–721; Oeuvres, 235–297.

15. A. Weil, *Lettre à Henri Cartan* (Jan. 1947), Collected Papers II, 45–47, Springer.

16. A. Weil, *Sur les théorèmes de de Rham*, Comm. Math. Helv. **26** (1952), 119–145; Collected Papers II, 17–43, Springer.

17. H. Whitney, *On products in a complex*, Annals of Math. **39** (1938), 397–432; Collected Papers II, 294–329, Birkhäuser.

INSTITUTE FOR ADVANCED STUDY, SCHOOL OF MATH., PRINCETON, NJ 08540, USA

[1934c]

(avec J. Schauder)

Topologie et équations fonctionnelles

Ann. Ec. Norm. Sup. 51 (1934) 45-78

Introduction.

I. Considérons l'équation très simple $P(x) = k$, où k est un paramètre, P un polynome de la variable réelle x; lorsque k varie, le nombre des solutions peut varier, mais sa parité reste constante; cette parité est un invariant de l'ensemble des solutions. Un résultat analogue vaut pour toutes les équations intégrales relevant de la méthode d'Arzelà-Schmidt ([2]). Nous établirons au cours de ce travail qu'on peut de même attacher à l'ensemble des solutions de certaines équations fonctionnelles *non linéaires* un entier positif, négatif ou nul, *l'indice total*, qui reste *invariant* quand l'équation varie continûment et que les solutions restent bornées dans leur ensemble; les équations en question sont du type

$$x - \mathcal{F}(x) = 0, \tag{1}$$

où $\mathcal{F}(x)$ est *complètement continue* (vollstetig); x et $\mathcal{F}$ appartiennent à un ensemble abstrait, linéaire, normé et complet (au sens de M. Banach).

D'où résulte un procédé très général permettant *d'obtenir des théorèmes d'existence :* soit une équation du type (1). Supposons qu'on la modifie continûment sans qu'elle cesse d'appartenir au type (1) et de telle sorte que l'ensemble de ses solutions reste borné (on effectuera

([1]) Ce travail a été résumé dans une Note parue aux *Comptes rendus de l'Académie des Sciences*, t. 197, 1933, p. 115.

([2]) Voir *Journal de Mathématiques*, t. 12, 1933, p. 1 à 7.

pratiquement cette opération en introduisant dans l'équation un paramètre variable k); supposons qu'on la transforme ainsi en une équation *résoluble* $x - \mathcal{F}_0(x) = 0$ et que l'on constate que l'indice total des solutions de cette *dernière* équation diffère de zéro. Alors l'indice total des solutions de l'équation primitive diffère aussi de zéro; elle admet donc *au moins une solution* (*voir* en particulier le théorème I). Les théorèmes d'existence établis par d'autres procédés font presque toujours appel à des hypothèses plus strictes entraînant par exemple l'unicité de la solution pour toute valeur de k. Nous croyons intéressant de signaler le superflu de telles restrictions.

En d'autres termes : Soit une famille d'équations du type (1), qui dépendent continûment du paramètre $k(k_1 \leqq k \leqq k_2)$

$$(1') \qquad x - \mathcal{F}(x, k) = 0.$$

L'une des conséquences de notre théorie est la suivante : il suffit de savoir majorer *a priori* toutes les solutions que possèdent ces équations et de vérifier, *pour une valeur particulière k_0 de k*, une certaine condition d'unicité pour avoir le droit d'affirmer que l'équation (1') possède au moins une solution quel que soit k. En pratique on choisit k_0 tel que cette condition d'unicité se vérifie sans peine; on peut ainsi comme applications obtenir *des théorèmes d'existence où ne figure plus aucune condition d'unicité* (*voir* p. 68, § 21, alinéa 1°; théorème du paragraphe 22, p. 70).

Nous abandonnons donc complètement le procédé au moyen duquel ce genre de problèmes fut en général attaqué jusqu'à présent : partir d'une valeur k_0 du paramètre pour laquelle la solution était connue, la construire de proche en proche pour toutes les valeurs de k en employant des théorèmes d'existence locaux tels qu'en fournit la méthode des approximations successives; on se limitait ainsi nécessairement aux cas où l'existence et l'unicité locales de la solution de (1') se trouvaient assurées.

Nous n'avons pas recouru non plus aux méthodes utilisées par M. Leray dans le travail déjà cité ([2]), on aurait dû supposer la fonctionnelle $\mathcal{F}(x)$ analytique; les démonstrations et les énoncés auraient été plus compliqués; le champ des applications se serait considérablement restreint; il est vrai que nous aurions obtenu des renseignements concernant l'ensemble des solutions (caractère analytique) ([3]). *Notre but a été au contraire de démontrer des théorèmes d'existence sous les hypothèses les plus simples et les plus commodes à vérifier :* nous avons réussi à ne faire intervenir que des hypothèses concernant la continuité des équations fonctionnelles données.

II. Indiquons maintenant comment nous définissons l'indice total des solutions d'une équation du type (1) : il est égal au degré topologique de la transformation

$$y = x - \mathcal{F}(x) \tag{2}$$

au point O. Les beaux travaux de M. Brouwer ([4]) définissent ce degré topologique dans le cas des transformations continues opérant sur des espaces à n dimensions; notre premier chapitre étend ces définitions aux transformations (2). Il emploie des méthodes intimement liées à un Mémoire récent de M. Schauder ([5]).

III. *L'application de notre méthode* présente d'abord la difficulté suivante : transformer un problème en sorte qu'il se réduise à une équation du type (1). Nous avons réussi à faire subir cette réduction au problème de Dirichlet, l'équation aux dérivées partielles du second ordre étudiée étant l'équation du type elliptique la plus générale. Et nous avons ainsi obtenu des théorèmes d'existence nouveaux généralisant divers théorèmes d'existence que contiennent les célèbres travaux de M. S. Bernstein ([6]). Nous prouvons par exemple que l'équation ([7])

$$a\left(x, y; z; \frac{\partial z}{\partial x}, \frac{\partial z}{\partial y}\right)\frac{\partial^2 z}{\partial x^2} + 2b\left(x, y; z; \frac{\partial z}{\partial x}, \frac{\partial z}{\partial y}\right)\frac{\partial^2 z}{\partial x\,\partial y} + c\left(x, y; z; \frac{\partial z}{\partial x}, \frac{\partial z}{\partial y}\right)\frac{\partial^2 z}{\partial y^2} = 0$$

$$(ac - b^2 > 0)$$

([3]) Mais l'éventualité n'aurait pas été exclue d'une équation possédant un faisceau de solutions; cette éventualité est une des difficultés notables du sujet.

([4]) Voir *Mathematische Annalen*, t. 71, 1911, p. 97-115.

([5]) Voir *Mathematische Annalen*, t. 106, 1932, p. 661-721.

([6]) Voir *Encyclopädie der mathematischen Wissenschaft*, III, 2, Chap. XII, p. 1327-1328.

([7]) M. S. Bernstein avait établi ce théorème dans le cas où z est absent de a, b, c. Nos méthodes nous permettent de nous dispenser de cette hypothèse qui entraînent l'unicité de la solution.

admet dans un cercle donné au moins une solution coïncidant sur la circonférence avec des valeurs données.

Il ne serait pas difficile de faire subir la même réduction à d'autres problèmes aux valeurs frontières, de les traiter selon le même principe.

Prochainement paraîtra une autre application de nos théorèmes d'existence; elle concernera la théorie du sillage.

I. — Degré topologique de certaines transformations fonctionnelles.

1. Soit *dans un espace à n dimensions* $\mathcal{E}_n$ un ensemble ouvert et borné ω; soit ω' sa frontière; soit $\overline{\omega} = \omega + \omega'$ son ensemble de fermeture. Envisageons une transformation continue Φ, définie sur $\overline{\omega}$; elle transforme $\overline{\omega}$ en un ensemble $\Phi(\overline{\omega})$ que nous supposons situé dans l'espace $\mathcal{E}_n$. Rappelons quelques résultats bien connus : la transformation Φ possède en tout point b étranger à l'image $\Phi(\omega')$ de ω', un degré $d[\Phi, \omega, b]$, qui jouit des *trois propriétés suivantes :*

1° Supposons que $\omega = \omega_1 + \omega_2$, ω_1 et ω_2 étant deux domaines sans point intérieur commun; supposons b étranger à $\Phi(\omega'_1)$ et à $\Phi(\omega'_2)$, alors

$$d[\Phi, \omega, b] = d[\Phi, \omega_1, b] + d[\Phi, \omega_2, b]$$

(propriété additive du degré).

2° Si le degré $d[\Phi, \omega, b]$ diffère de zéro, le point b appartient sûrement à l'image $\Phi(\omega)$ de ω.

3° Le degré $d[\Phi, \omega, b]$ reste constant quand le point b, la transformation Φ et le domaine ω varient continûment [8] sans que b atteigne jamais l'image $\Phi(\omega')$ de la frontière de ω.

Pour définir le degré de Φ en b, M. Brouwer opère comme suit : Il approche à ε près la transformation Φ par des transformations simpliciales Φ_ε; le nombre des simplexes positifs diminué du nombre des simplexes négatifs qui recouvrent b est le même pour toutes ces trans-

---

[8] Déplacer b équivaut à transformer continûment Φ et ω.

formations approchées dès que ε est suffisamment petit : c'est le degré $d[\Phi, \omega, b]$.

2. Premier lemme. — Considérons un ensemble ouvert et borné ω_{n+p} d'un espace linéaire à $n+p$ dimensions $\mathcal{E}_{n+p}$; un point b de cet espace, un sous-espace linéaire $\mathcal{E}_n$ (hyperplan à n dimensions) contenant b et des points de ω_{n+p}. L'intersection de ω_{n+p} et $\mathcal{E}_n$ constitue, dans $\mathcal{E}_n$, un domaine ω_n. La frontière ω'_n de ce domaine fait partie de ω'_{n+p}.

Soit une transformation continue Φ_{n+p} qui transforme $\overline{\omega}_{n+p}$ en un ensemble de points de $\mathcal{E}_{n+p}$; nous supposons que b est étranger à $\Phi_{n+p}(\omega'_{n+p})$ et que Φ_{n+p} possède la propriété suivante :

($\mathfrak{T}$) : Tout point de $\overline{\omega}_{n+p}$ subit un déplacement parallèle à l'hyperplan $\mathcal{E}_n$.

Dans ces conditions Φ_{n+p} transforme $\overline{\omega}_n$ (c'est-à-dire $\omega_n + \omega'_n$) en un ensemble qui appartient, comme $\overline{\omega}_n$, à $\mathcal{E}_n$. Nous désignerons par Φ_n la transformation Φ_{n+p} ainsi envisagée dans l'hyperplan $\mathcal{E}_n$. Puisque b n'appartient pas à $\Phi_n(\omega'_n)$, Φ_n a un degré au point b, $d[\Phi_n, \omega_n, b]$.

Nous disons que ce degré est égal à celui de Φ_{n+p} au point b

$$d[\Phi_n, \omega_n, b] = d[\Phi_{n+p}, \omega_{n+p}, b].$$

Ce lemme permet donc de *comparer les degrés de deux transformations opérant dans des espaces à nombres différents de dimensions.*

Il suffit de le prouver pour $p = 1$.

On le démontrera dans ce cas en construisant sur $\overline{\omega}_{n+1}$ des transformations simpliciales approchées, ayant la propriété ($\mathfrak{T}$), dont les simplexes posséderont tous une face parallèle à $\mathcal{E}_n$, et dont aucun simplexe n'aura de sommet situé dans $\mathcal{E}_n$.

3. Soit *un espace abstrait $\mathcal{E}$, linéaire, complet et normé*. Rappelons le sens de ces termes ([9]).

I. *Axiomes des espaces linéaires :*

a. On peut ajouter deux éléments de $\mathcal{E}$. Cette addition constitue un groupe commutatif, d'où résulte l'existence d'un élément zéro.

([9]) *Voir* S. Banach, *Fundamenta Mathematica*, t. 3, 1922, p. 133-181.

b. On peut multiplier tout élément e de $\mathcal{E}$ par tout nombre réel λ, le produit λe appartenant à $\mathcal{E}$. Cette opération est distributive

$$(\lambda + \mu)(e_1 + e_2) = \lambda e_1 + \mu e_1 + \lambda e_2 + \mu e_2.$$

De plus

$$1 . e = e.$$

II. *Axiomes des espaces normés :*

A tout élément e de $\mathcal{E}$ est attaché un nombre positif ou nul, $\|e\|$ sa norme, en sorte que

a. $\|e\| = 0$ entraine $e = 0$;
b. $\|e_1 + e_2\| \leqq \|e_1\| + \|e_2\|$;
c. $\|\lambda e\| = |\lambda| . \|e\|$.

III. *Axiome des espaces complets :*

La relation

$$\lim_{\substack{m \to \infty \\ n \to \infty}} \| e_m - e_n \| = 0$$

entraine l'existence d'un élément e tel que

$$\lim_{m \to \infty} \| e_m - e \| = 0.$$

4. Un ensemble d'éléments de $\mathcal{E}$, C, est par définition compact ([10]) quand toute suite infinie d'éléments de C a au moins un élément limite appartenant à $\mathcal{E}$. Étant donnés un nombre ε (> 0) et l'ensemble compact C, le fait suivant est bien connu : on peut trouver un nombre fini d'éléments de $\mathcal{E}$ $\eta_1, \eta_2, \ldots, \eta_p$ tels qu'à tout point x de C corresponde au moins un point η_i vérifiant l'inégalité $\|x - \eta_i\| \leqq \frac{1}{2}\varepsilon$ (lemme de Borel-Lebesgue).

On peut donc à l'aide d'une transformation continue $T[x]$, définie sur C, et telle que $\|T[x] - x\| \leqq \varepsilon$, transformer C en une figure située dans un sous-ensemble de $\mathcal{E}$, $\mathcal{E}_n$, qui soit linéaire et qui ait un nombre fini de dimensions : il suffit de choisir pour $\mathcal{E}_n$ l'ensemble

$$\sum_{1}^{p} \lambda_i \eta_i \qquad (\lambda_i : \text{nombres réels arbitraires});$$

([10]) Rappelons l'existence de critères pratiques permettant d'affirmer le caractère compact d'ensembles abstraits (théorème d'Arzelà, etc.).

pour $T[x]$ la transformation continue

$$\left[\sum_{i=1}^{p} \mu_i(x)\,\eta_i\right] \times \left[\sum_{i=1}^{p} \mu_i(x)\right]^{-1}$$

où

$$\mu_i(x) = \varepsilon - \| x - \eta_i \| \quad \text{pour } \| x - \eta_i \| \leqq \varepsilon,$$
$$\mu_i(x) = 0 \quad \text{pour } \| x - \eta_i \| \geqq \varepsilon.$$

Soit ω un sous-ensemble de $\mathcal{E}$ ouvert et borné; soit ω' sa frontière; soit $\mathcal{F}(x)$ une transformation fonctionnelle définie sur l'ensemble fermé $\overline{\omega} = \omega + \omega'$; le transformé $\mathcal{F}(\overline{\omega})$ de $\overline{\omega}$ est supposé appartenir à $\mathcal{E}$. Nous disons, avec M. F. Riesz, que $\mathcal{F}(x)$ est *complètement continue* (vollstetig) quand elle est continue et que $\mathcal{F}(\overline{\omega})$ est un ensemble compact C. Il suffit dans ces conditions de considérer la transformation fonctionnelle

$$\mathcal{F}_\varepsilon(x) = T[\mathcal{F}(x)]$$

pour obtenir le résultat suivant :

Second lemme. — Étant donnés l'ensemble ouvert et borné ω, $\mathcal{F}(x)$ complètement continue sur $\overline{\omega}$ et $\varepsilon(>0)$, on peut trouver une transformation fonctionnelle $\mathcal{F}_\varepsilon(x)$ satisfaisant les deux conditions suivantes :

1° $\mathcal{F}_\varepsilon(x)$ approche $\mathcal{F}(x)$ à ε près, c'est-à-dire

$$\| \mathcal{F}(x) - \mathcal{F}_\varepsilon(x) \| < \varepsilon$$

en tout point x de $\overline{\omega}$.

2° Toutes les valeurs prises par $\mathcal{F}_\varepsilon(x)$ font partie d'un même sous-ensemble linéaire de $\mathcal{E}$, $\mathcal{E}_n$, dont le nombre de dimensions est fini.

5. Définition du degré topologique de certaines transformations fonctionnelles. — $\mathcal{F}(x)$ étant une transformation fonctionnelle *complètement continue*, qui est définie sur l'ensemble de fermeture $\overline{\omega}$ d'un ensemble ouvert et borné ω, et dont toutes les valeurs appartiennent à $\mathcal{E}$, considérons la transformation fonctionnelle

$$y = x - \mathcal{F}(x) \equiv \Phi(x). \tag{1}$$

Nous nous proposons de définir son degré au point o (11), $d[\Phi, \omega, o]$, en sorte que ce degré possède les trois propriétés essentielles rappelées au paragraphe 1. Ceci n'est manifestement possible que si o est étranger à l'image de la frontière de ω, $\Phi(\omega')$. Nous supposerons qu'il en est ainsi. Dès lors o est à une distance positive de $\Phi(\omega')$:

Sinon il existerait sur ω' une suite infinie de points $x_1, x_2, \ldots$, tels que

$$x_n - \mathcal{F}(x_n) \to o;$$

les points $\mathcal{F}(x_n)$ appartenant à un ensemble compact, nous aurions le droit de supposer la suite infinie choisie en sorte que les points $\mathcal{F}(x_n)$ tendent vers une limite x_0; les points x_n tendraient également vers x_0; x_0 appartiendrait à ω' et vérifierait l'équation

$$x_0 - \mathcal{F}(x_0) = o,$$

contrairement aux hypothèses. C. Q. F. D.

Posons donc :

$$h = \text{plus courte distance de o à } \Phi(\omega') > o. \tag{2}$$

Soit une transformation fonctionnelle $\mathcal{F}_h(x)$, définie sur $\bar{\omega}$, telle que

$$\|\mathcal{F}(x) - \mathcal{F}_h(x)\| < h, \tag{3}$$

et dont toutes les valeurs appartiennent à un sous-ensemble de $\mathcal{E}$ linéaire dont le nombre de dimensions soit fini. [Le second lemme assure l'existence de telles transformations $\mathcal{F}_h(x)$.] Soit $\mathcal{E}_{n_h}$ un sous-ensemble de $\mathcal{E}$ linéaire ayant un nombre de dimensions n_h fini, qui contienne toutes les valeurs de $\mathcal{F}_h(x)$ et au moins un point de ω. L'intersection de ω par $\mathcal{E}_{n_h}$, n'étant pas vide, constitue dans $\mathcal{E}_{n_h}$ un ensemble ouvert et borné ω_{n_h}; sa frontière ω'_{n_h} appartient à ω'; $\Phi(\omega'_{n_h})$ est donc à une distance de o au moins égale à h. La transformation

$$\Phi_h(x) \equiv x - \mathcal{F}_h(x)$$

transforme $\bar{\omega}_{n_h} (= \omega_{n_h} + \omega'_{n_h})$ en un ensemble $\Phi_h(\bar{\omega}_{n_h})$ situé dans le même sous-ensemble linéaire $\mathcal{E}_{n_h}$; elle approche Φ à h près; donc

$$\text{Plus courte distance de o à } \Phi_h(\omega'_{n_h}) > o; \tag{4}$$

(11) Un changement de coordonnées : $x' = x - b$, permet de faire jouer le rôle du point o à un point b quelconque de $\mathcal{E}$.

ainsi Φ_h *considérée sur* $\overline{\omega}_{n_h}$ *a au point* o *un degré bien défini. C'est lui que nous nommerons le degré topologique de la transformation* Φ *au point* o. Autrement dit nous posons

$$d[\Phi, \omega, 0] = d[\Phi_h, \omega_{n_h}, 0].$$

6. **Justification de la définition précédente.** — Nous nous proposons d'établir que le degré topologique de Φ en o est indépendant du choix de $\mathcal{F}_h(x)$ et $\mathcal{E}_{n_h}$.

Traitons d'abord un cas particulier : celui où nous considérons deux transformations différentes Φ_h et Φ_h^*, mais où les deux sous-ensembles linéaires associés $\mathcal{E}_{n_h}$ et $\mathcal{E}_{n_h^*}$ sont confondus en un seul $\mathcal{E}_l$. Introduisons la transformation auxiliaire

$$\theta\Phi_h(x) + (1-\theta)\Phi_h^*(x), \tag{5}$$

où θ est un paramètre variant de o à 1. D'après (3)

$$\| \theta\Phi_h(x) + (1-\theta)\Phi_h^*(x) - \Phi(x) \| < h. \tag{6}$$

La transformation auxiliaire (5) permet donc de passer continûment de Φ_h à Φ_h^* sans que l'image de $\omega'_l (\equiv \omega'_{n_h} \equiv \omega'_{n_h^*})$ atteigne jamais le point o. Donc les dégrés de Φ_h et Φ_h^* sont égaux au point o.

Étudions maintenant le cas général : comparons deux choix différents $\mathcal{F}_h(x)$, $\mathcal{E}_{n_h}$ et $\mathcal{F}_h^*(x)$, $\mathcal{E}_{n_h^*}$. Nous voulons prouver que les transformations Φ_h et Φ_h^*, envisagées dans les espaces $\mathcal{E}_{n_h}$ et $\mathcal{E}_{n_h^*}$ ont au point o des degrés d et d^* égaux. Soit $\mathcal{E}_l$ un sous-ensemble de $\mathcal{E}$, linéaire à nombre fini de dimensions qui contienne $\mathcal{E}_{n_h}$ et $\mathcal{E}_{n_h^*}$; soit ω_l l'intersection de ω par $\mathcal{E}_l$. Les transformations Φ_h et Φ_h^* sont évidemment définies sur $\overline{\omega}_l$; considérées sur $\overline{\omega}_l$ elles possèdent chacune un degré au point o; ces deux degrés ont une même valeur δ, comme nous venons de le démontrer. Mais notre premier lemme affirme que $d = \delta$ et $d^* = \delta$. D'où $d = d^*$. C. Q. F. D.

7. A l'aide de la définition donnée au paragraphe 5 le lecteur prouvera sans difficulté que *les trois propriétés fondamentales du degré*, que nous avons énoncées au paragraphe 1, continuent à valoir pour les transformations fonctionnelles $\Phi(x)$ envisagées ci-dessus. Mais pré-

cisons le sens de l'expression : « varier continûment ». Soit k le paramètre variable que nous supposons figurer dans Φ; $\Phi(x, k)$ doit être *uniformément continue par rapport à* k; en d'autres termes quels que soient les nombres k_0 et $\varepsilon(>0)$ il doit exister un nombre $\eta(>0)$ tel que l'inégalité $|k - k_0| < \eta$ entraîne

$$\|\Phi(x, k) - \Phi(x, k_0)\| < \varepsilon.$$

$\overline{\omega}(k)$ doit être *pour chaque valeur de* k l'ensemble de fermeture d'un domaine ouvert et borné, $\omega(k)$. De plus, quels que soient k_0 et $\varepsilon(>0)$ il doit exister un nombre η tel que l'inégalité $|k - k_0| < \eta$ ait la conséquence suivante : $\overline{\omega}(k)$ et $\overline{\omega}(k_0)$ ne diffèrent que par des points situés à une distance de $\omega'(k_0)$ qui est inférieure à ε.

II. — Notion d'indice et détermination effective du degré.

Ce chapitre ne contient aucun point essentiel de notre théorie. Il n'est pas indispensable à la compréhension des chapitres ultérieurs.

8. **Indice d'un point a de ω.** — Soient un point a intérieur à ω, et son image : $b = a - \mathcal{F}(a) \equiv \Phi(a)$. Supposons qu'une sphère de rayon ρ suffisamment faible

$$\|x - a\| < \rho$$

contienne la seule solution $x = a$ de l'équation $x - \mathcal{F}(x) = b$; on dira que a est une solution isolée de cette équation.

Le degré $d[\Phi, \Sigma(\theta), b]$ au point b de la transformation Φ envisagée dans la sphère $\Sigma(\theta)$

$$\|x - a\| < \theta\rho$$

existe pour $0 < \theta < 1$ et est dans ces conditions indépendant de θ. Par analogie avec le cas d'un espace à nombre fini de dimensions nous nommerons « indice du point a » ce nombre : $i[\Phi, a]$.

Si un point b de $\mathcal{E}$ est l'image d'un nombre fini de points de $\overline{\omega}$: $a_1, a_2, \ldots, a_\mu$, s'il est l'image de ces seuls points, si aucun d'eux n'est sur la frontière ω', alors *son degré est la somme des indices* ([12])

([12]) *Voir* SCHAUDER, *Fundamenta Mathematica*, t. 12, *Ueber stetige Abbildungen*, Satz 3.

de $a_1, \ldots, a_\mu$

$$d[\Phi, \omega, b] = \sum_{l=1}^{\mu} i[\Phi, a_l].$$

Dans le cas envisagé le calcul effectif du degré se ramène ainsi à la détermination d'indices.

Remarque importante. — Si la transformation étudiée est l'identité ($\Phi \equiv x$, $\mathcal{F} \equiv 0$), alors l'indice de tout point de ω est $+1$.

9. **Indice d'un point de ω au voisinage duquel Φ est biunivoque.** — Utilisons un travail récent de M. Schauder ([3]). $\mathcal{E}$ sera supposé à cet effet faiblement compact; $\mathcal{F}(x)$ devra être non seulement complètement continue, mais aussi faiblement continue ([13]). Remarquons que la conclusion du « Hilfsatz 6 » de M. Schauder peut être complétée comme suit :

« L'indice de la transformation Φ au point O vaut ± 1 ($m_1 = \pm 1$). »

Appliquons ce Hilfsatz et les Hilfsatz 7 et 8 aux transformations approchées Φ_h et aux espaces $\mathcal{E}_{n_h}$ que nous avons considérés au paragraphe 5 du présent travail. Nous obtenons le résultat suivant qui équivaut au « Satz 1 » :

Si $\mathcal{E}$ est faiblement compact, si $\mathcal{F}$ est faiblement continue, et si la transformation $x - \mathcal{F}(x)$ est biunivoque au voisinage d'un point a de ω, alors l'indice de ce point a est ± 1.

10. *Supposons qu'au point a $\mathcal{F}(x)$ admette une différentielle de Fréchet* $A(x-a)$ *complètement continue;* en d'autres termes :

$$\mathcal{F}(x) = \mathcal{F}(a) + A(x-a) + R(x-a),$$

A étant linéaire et homogène, $\|R(x-a)\| \, \|x-a\|^{-1}$ tendant vers zéro avec $\|x-a\|$. Supposons de plus la transformation

$$y = (x-a) - A(x-a)$$

biunivoque. On voit facilement que a est une solution isolée de l'équa-

---

([13]) Nous ignorons si ces hypothèses supplémentaires sont essentielles.

tion

$$x - \mathcal{F}(x) = a - \mathcal{F}(a);$$

le point a possède donc un indice : C'est le degré au point O de la transformation

$$y = (x - a) - \mathrm{A}(x - a) - \mathrm{R}(x - a) \qquad \text{pour } \| x - a \| \leqq \varepsilon,$$

ε tendant vers zéro.

C'est donc, en posant $x' = \varepsilon(x - a)$, le degré de la transformation

$$y = x' - \mathrm{A}(x') - \frac{1}{\varepsilon}\mathrm{R}(\varepsilon x') \qquad \text{pour } \| x' \| < 1.$$

Puisque $\frac{1}{\varepsilon}\mathrm{R}(\varepsilon x')$ tend uniformément vers zéro, ce degré est celui de la transformation

$$y = x - \mathrm{A}(x).$$

Conclusion. — *Si* $\mathcal{F}(x)$ *admet au point a une différentielle de Fréchet complètement continue* $\mathrm{A}(x)$, *l'indice en a de la transformation* $y = x - \mathcal{F}(x)$ *existe et est égal à l'indice de la transformation* $y = x - \mathrm{A}(x)$ *quand existe ce second indice.*

Il est donc important de savoir déterminer l'indice d'une telle transformation linéaire : $y = x - \mathrm{A}(x)$.

11. Considérons l'équation $x - \lambda\mathrm{A}(x) = 0$ où $\mathrm{A}(x)$ est linéaire, homogène, complètement continue; supposons qu'elle admette la seule solution zéro pour toute valeur de λ comprise entre λ' et λ''; en d'autres termes l'intervalle (λ', λ'') ne contient pas de valeur fondamentale [14]; l'indice est alors le même en tous les points de $\mathcal{E}$ et pour toutes les valeurs de λ comprises entre λ' et λ'' (ceci résulte de la troisième des propriétés du degré qui sont énoncées au paragraphe 1). En particulier cet indice est $+1$ si l'intervalle (λ', λ'') contient la valeur $\lambda = 0$.

Pour compléter ce résultat nous utiliserons des théorèmes établis

(14) *Eigenwert.*

en premier lieu par M. Goursat [15] et que M. F. Riesz [16] a étendus aux cas les plus généraux. D'après M. Riesz les valeurs fondamentales sont isolées (théorème 11); nous allons maintenant supposer que λ en franchisse une; nous la supposerons égale à 1 pour simplifier les notations; notre but est de déterminer la modification que subit alors l'indice.

Le théorème nº 10 de M. Riesz définit deux opérations fonctionnelles linéaires complètement continues $A_1(x)$ et $A_2(x)$ dont nous allons rappeler quelques propriétés

a. $A(x) = A_1(x) + A_2(x)$.

b. $A_1[A_2(x)] \equiv 0$, $A_2[A_1(x)] \equiv 0$.

c. L'ensemble des valeurs prises par $A_2(x)$ constitue un espace linéaire $\mathcal{E}_m$ à nombre fini de dimensions, m. $\mathcal{E}_m$ est engendré par les combinaisons linéaires des solutions des équations [17]

$$\begin{aligned} B(x) &\equiv x - A(x) = 0, \\ B^{(2)}(x) &\equiv B[B(x)] = 0, \\ B^{(3)}(x) &\equiv B[B^{(2)}(x)] = 0, \\ &\ldots\ldots\ldots\ldots, \end{aligned}$$

m est identique au nombre que M. Goursat nomme le degré de la valeur singulière 1.

d. La définition de $\mathcal{E}_m$, les théorèmes 8 et 10 de M. Riesz prouvent que

$$A_2(\mathcal{E}_m) \equiv \mathcal{E}_m.$$

e. D'après les théorèmes 11 et 12 de M. Riesz la transformation $y(x)$

$$y = x + \lambda A_1(x)$$

est biunivoque quand le paramètre λ est intérieur à un certain intervalle de l'axe des λ, intervalle qui contient le point $\lambda = 1$.

D'après (b) la transformation

$$y = x - \lambda A(x) \equiv B(x, \lambda)$$

---

(15) *Voir* Goursat, *Traité d'Analyse*, t. III, Chap. XXXI, II, *Étude du noyau résolvant; résolvante canonique.*

(16) *Voir* F. Riesz, *Acta mathematica*, 41. 1918, p. 71-98.

(17) Ces solutions ont été nommées par M. Goursat *fonctions principales;* M. Riesz les désigne par l'expression *Nullelemente.*

est le produit des deux transformations

$$z = x - \lambda A_1(x) \equiv B_1(x, \lambda); \qquad y = z - \lambda A_2(z) \equiv B_2(z, \lambda).$$

L'indice $i(\lambda)$ de la transformation B est donc ([18]), sauf pour $\lambda = 1$, le produit des indices $i_1(\lambda)$ et $i_2(\lambda)$ des transformations B_1 et B_2 :

$$i(\lambda) = i_1(\lambda).i_2(\lambda).$$

En vertu de (e) et du début de ce paragraphe $i_1(\lambda)$ est constant au voisinage de la valeur $\lambda = 1$.

Il nous reste à étudier $i_2(\lambda)$. Reportons-nous à la définition du degré d'une transformation que nous avons donnée au paragraphe 5 : nous constatons que $i_2(\lambda)$ est l'indice de la transformation $B(x, \lambda)$ envisagée dans l'espace $\mathcal{E}_m$. Cette transformation est une substitution linéaire; son indice est donc en chaque point $+1$ ou -1 suivant que son déterminant est positif ou négatif.

Ce déterminant est un polynome en λ de degré au plus égal à m. Il est exactement de degré m en vertu de (d). Le théorème 13 de M. Riesz nous apprend d'autre part que la transformation $B_2(x, \lambda)$ n'a pas de valeur fondamentale, réelle ou complexe, autre que 1. Son déterminant est donc $(1-\lambda)^m$:

$$i_2(\lambda) = +1 \quad \text{pour} \quad \lambda < 1; \qquad i_2(\lambda) = (-1)^m \quad \text{pour} \quad \lambda > 1.$$

Conclusion. — Soit une transformation $y = x - A(x)$, linéaire, homogène, biunivoque, où $A(x)$ est complètement continue. Pour savoir si son indice i vaut $+1$ ou -1, on introduit un paramètre λ; on considère l'équation $x - \lambda A(x) = 0$; on cherche toutes les valeurs fondamentales λ_p comprises entre 0 et 1, puis leurs degrés (au sens de M. Goursat) m_p. *L'indice i vaut $+1$ ou -1 suivant que la somme de ces degrés m_p est paire ou impaire.*

Remarque. — Dans le cas où l'équation $x - \lambda A(x) = 0$ est une équation de Fredholm la règle précédente peut se formuler comme suit :

L'indice i de la transformation $y = x - A(x)$ vaut $+1$ ou -1 sui-

([18]) La démonstration de ce fait est aisée parce que les transformations B_1 et B_2 (qui sont linéaires et biunivoques) transforment des domaines en domaines.

vant que la fonction déterminante de Fredholm, $D(\lambda)$, *est positive ou négative pour* $\lambda = 1$.

III. — Théorie de certaines équations fonctionnelles.

12. Nous nous proposons d'étudier l'équation

$$x - \mathcal{F}(x, k) = 0, \tag{1}$$

les hypothèses suivantes étant réalisées :

(H)

L'inconnue x et toutes les valeurs de $\mathcal{F}$ appartiennent à un espace linéaire, normé et complet, $\mathcal{E}$.

L'ensemble des valeurs du paramètre k constitue un segment ([19]) K de l'axe des nombres réels ([20]).

Nous désignerons par $[\mathcal{E} \times K]$ l'espace abstrait qu'engendrent les couples d'éléments (x, k); nous nommerons distance de deux éléments (x, k) et (x', k') de $[\mathcal{E} \times k]$ la quantité $\|x - x'\| + |k - k'|$.

$\mathcal{F}(x, k)$ est supposée définie sur l'ensemble de fermeture $\overline{\Omega}$ d'un ensemble ouvert ([21]) et borné de $[\mathcal{E} \times K]$: Ω.

$\mathcal{F}(x, k)$ doit être *complètement continue* ([22]) sur $\overline{\Omega}$ et de plus *uniformément continue* ([23]) *en* k.

Nous supposons enfin que *la frontière* Ω' *de* Ω *ne contient aucune solution* (x, k) *de l'équation* (1).

Étant donnée une valeur k du paramètre, $\omega(k)$ désignera l'ensemble des points x tels que (x, k) soit intérieur à Ω. $\omega(k)$ ou bien est vide, ou bien est un ensemble ouvert et borné de l'espace $\mathcal{E}$. Sa fron-

---

(19) Un segment se compose d'un intervalle et de ses deux extrémités.

(20) Moyennant quelques légères complications de l'énoncé et du raisonnement, nous pourrions supposer que k est un point d'un espace abstrait K vérifiant les deux conditions suivantes : la distance de deux éléments de K est définie; K est un continu. Mais de telles considérations nous paraissent sans grand intérêt.

(21) Un ensemble ouvert de $[\mathcal{E} \times K]$ est un ensemble dont chaque point possède un voisinage ne contenant aucun point de $[\mathcal{E} \times K]$ étranger à cet ensemble. Par exemple, l'inégalité $\|x\| < 1$ définit un domaine de $[\mathcal{E} \times K]$ dont la frontière se compose des points de $[\mathcal{E} \times K]$ tels que $\|x\| = 1$.

(22) Ceci signifie que $\mathcal{F}(x, k)$ est continue en chaque point de $\overline{\Omega}$ et que l'ensemble des valeurs prises par $\mathcal{F}$ sur $\overline{\Omega}$ est un sous-ensemble compact de $\mathcal{E}$.

(23) *Cf.* § 7, p. 54.

tière $\omega'(k)$ est constituée par des points x tels que (x, k) appartienne à Ω'; $\omega'(k)$ ne contient aucune solution de l'équation (1) qui corresponde à la valeur k du paramètre.

13. Nous associerons à l'équation (1) la transformation suivante qui dépend du paramètre k :

$$y = x - \mathcal{F}(x, k). \tag{2}$$

Le premier chapitre définit un degré au point $y = 0$ pour la transformation (2) considérée sur l'ensemble $\omega(k)$. Nous nommerons désormais ce degré *indice total des solutions de* (1) qui correspondent à la valeur k du paramètre; ceci afin de ne plus avoir à parler de la transformation (2) et de ne plus considérer que l'équation (1) elle-même et ses solutions. Quand $\omega(k)$ sera vide, cet indice total sera par définition zéro.

De même, si parmi les solutions correspondant à une valeur k du paramètre il s'en trouve une isolée, a, l'indice [24] du point a relativement à la transformation (2) sera nommé *l'indice de la solution* (a, k).

Du premier chapitre résultent les conséquences suivantes :

Lemme 1. — Si l'ensemble des solutions correspondant à une valeur k du paramètre se compose d'un nombre fini de solutions, alors l'indice total est la somme des indices de ces solutions.

Lemme 2. — Si en un point k de K l'indice total diffère de zéro, alors l'équation (1) admet, pour cette valeur k du paramètre, au moins une solution.

Lemme 3. — L'indice total est le même en tous les points de K.

Les deux premiers lemmes sont évidents.

14. Pour *démontrer le lemme* 3 il suffit d'établir la proposition suivante :

($\mathfrak{T}$) On peut attacher à tout point χ de K un voisinage $|k - \chi| < \varepsilon$ dans lequel l'indice total est constant.

---

[24] *Cf.* § 8, p. 54.

Nous distinguerons deux cas :

a. Supposons que l'équation $x - \mathcal{F}(x, \chi) = 0$ n'admette aucune solution. La propriété ($\mathfrak{T}$) résulte alors du fait suivant :

Il existe un intervalle $|k - \chi| < \varepsilon$ aux points duquel ne correspond aucune solution de l'équation (1).

En effet si cette dernière affirmation était fausse il existerait une suite de valeurs $k_1, k_2, \ldots$, tendant vers k, auxquelles correspondraient des solutions de (1), $x_1, x_2, \ldots$:

$$x_n - \mathcal{F}(x_n, k_n) = 0.$$

Nous pourrions supposer cette suite choisie en sorte que les quantités $\mathcal{F}(x_n, k_n)$ tendent vers une limite x_0; x_n tendrait vers x_0; (x_0, χ) appartiendrait à $\overline{\Omega}$ et constituerait une solution de (1) contrairement aux hypothèses.

b. Démontrons maintenant la proposition ($\mathfrak{T}$) dans le cas où l'équation $x - \mathcal{F}(x, \chi) = 0$ possède au moins une solution; $\omega(\chi)$ ne peut être vide. Un raisonnement par l'absurde, bien aisé et que nous n'expliciterons pas, prouve l'existence d'un sous-ensemble ϖ de $\mathcal{E}$ et d'un intervalle K_0 de K qui jouissent des propriétés suivantes :

K_0 contient le point χ; ϖ est l'ensemble de fermeture d'un ensemble ouvert de l'espace $\mathcal{E}$; ϖ contient en son intérieur toutes les solutions de (1) pour lesquelles k appartient à K_0; si x appartient à ϖ et si k appartient à K_0, le point (x, k) est sûrement intérieur à Ω.

En tout point K_0 l'indice total des solutions de (1) est égal au degré au point 0 de la transformation (2) envisagée sur ϖ; cet indice total est donc constant sur K_0. C. Q. F. D.

15. (H') Supposons qu'en un point k_0 de K l'équation (1) admette un nombre fini de solutions : $a_1, a_2, \ldots, a_\mu$ et que nous les connaissions toutes. Le Chapitre II nous permet d'étudier leurs indices. Supposons que cette étude nous apprenne que *l'indice total diffère de zéro au point* k_0.

D'après le lemme 3 l'indice total n'est nul en aucun point de K. D'après le lemme 2 à chaque point de K correspond une solution au moins de l'équation (1). Cette proposition est manifestement *un théorème d'existence*. [Ce théorème fournit d'ailleurs des renseignements sur la structure de Ω : moyennant les hypothèses faites $\omega(k)$

n'est vide en aucun point de K.] Nous allons compléter ce théorème d'existence par des renseignements concernant *la continuité des solutions :* le résultat obtenu constituera notre théorème fondamental.

A cet effet supposons encore vérifiées les hypothèses (H) et (H'). Considérons dans l'espace $[\mathcal{E} \times K]$ le plus grand continu de solutions ([25]) contenant a_1, le plus grand continu de solutions contenant a_2, ... Soient c_1, c_2, ... c_ν les continus distincts que nous obtenons ainsi ($\nu \leqq \mu$). Il existe un nombre δ tel qu'il est impossible de trouver dans $[\mathcal{E} \times k]$ une suite finie de solutions (x_1, k_1), (x_2, k_2), ..., qui possèdent les deux propriétés suivantes :

Les deux solutions extrêmes de cette suite appartiennent à deux continus c_l et c_m distincts; la distance de deux solutions consécutives de cette suite reste inférieure à δ.

Soit λ une grandeur positive quelconque inférieure à δ et inférieure à la plus courte distance de Ω' à l'ensemble de toutes les solutions que contient Ω. Considérons l'ensemble des points de $[\mathcal{E} \times K]$ qui sont situés à une distance moindre que λ de l'une au moins des solutions de (1) : c'est un ensemble ouvert qui se compose de domaines. Soit $\mathcal{D}_l$ celui de ces domaines qui contient le continu $c_l (l = 1, 2, \ldots, \nu)$; les domaines $\mathcal{D}_l$ sont distincts; ils sont deux à deux sans point commun; ils sont intérieurs à Ω; quand λ tend vers zéro chacun d'eux se réduit au continu c_l qui lui correspond. *Nous avons le droit d'appliquer les lemmes* 1, 2, 3 *en substituant* $\mathcal{D}_l$ à Ω : l'indice total des solutions contenues dans $\mathcal{D}_l$ est le même en tous les points de K; il est égal à la somme des indices des points (a_p, k_0) qui font partie de c_l; c'est donc un nombre indépendant de λ. Nous le nommerons l'indice i_l du continu c_l. Il a deux propriétés essentielles :

1° Si (comme vraisemblablement cela a lieu « en général ») les points de c_p correspondant au point k de K sont en nombre fini, alors la somme de leurs indices est l'indice i_p de c_p;

2° Si l'indice i_p de c_p diffère de zéro, à tout point de K correspond au moins un point de c_p.

---

(25) Une solution est l'ensemble d'un point x de $\mathcal{E}$ et d'un point k de K qui vérifient (1).

16. (H') a pour conséquence que l'un au moins des indices i_1, $i_2, \ldots, i_\nu$ diffère de zéro. D'où :

THÉORÈME FONDAMENTAL. — *Soit l'équation* :

$$x - \mathcal{F}(x, k) = 0. \tag{1}$$

Supposons vérifiées les hypothèses H (§ 12, p. 59) *et* H' (§ 15, p. 61). *Alors* IL EXISTE SUREMENT *dans l'espace* $[\mathcal{E} \times K]$ *un continu de solutions le long duquel k prend toutes les valeurs* ([26]) *de* K.

N. B. — Ce théorème fondamental n'exprime pas toutes les conséquences qu'entrainent les deux propriétés des indices i_ρ. Citons par exemple la conséquence suivante : la solution (a_1, k_0), si son indice diffère de zéro, ou bien ([27]) appartient à un continu de solutions contenant l'une des autres solutions $(a_2, k_0), \ldots, (a_\mu, k_0)$; ou bien ([27]) appartient à un continu de solutions le long duquel k prend toutes les valeurs de K.

Remarques concernant les hypothèses (H'). — Signalons un cas fréquent et particulièrement simple où les conditions (H') sont satisfaites : celui où, en un point k_0 de K, $\mathcal{F}(x, k_0)$ est identiquement nulle ([28]).

Un autre cas important est le suivant : on connait un point k_0 de K où l'équation (1) admet *un nombre impair de solutions*, au voisinage desquelles *la transformation* (2) *est biunivoque*.

IV. — Applications.

Signalons en premier lieu que les théorèmes d'existence établis par la méthode d'Arzelà-Schmidt ([2]) sont tous des cas particuliers du théorème fondamental énoncé ci-dessus.

17. Le présent chapitre est consacré à l'application d'un corollaire du théorème fondamental; ce corollaire s'obtient en supposant Ω

([26]) Une même valeur de K peut être prise plusieurs fois.

([27]) Rien n'empêche ces deux éventualités de se présenter simultanément.

([28]) *Cf.* § 8, p. 55, « Remarque importante ».

défini par une inégalité $\|x\| < M$, M étant une constante; il s'énonce comme suit :

THÉORÈME I. — Soit l'équation

$$x - \mathcal{F}(x, k) = 0. \qquad (1)$$

Faisons les trois séries d'hypothèses :

(H₁) L'inconnue x et toutes les valeurs de $\mathcal{F}$ appartiennent à un espace linéaire, normé et complet, $\mathcal{E}$.
L'ensemble des valeurs du paramètre k constitue un segment K de l'axe des nombres réels.
$\mathcal{F}(x, k)$ est définie pour tous les couples (x, k) où x est un élément quelconque de $\mathcal{E}$, k un élément quelconque de K.
En chaque point k de K, $\mathcal{F}(x, k)$ est *complètement continue*; ceci signifie que $\mathcal{F}(x, k)$ transforme tout ensemble borné de points x de $\mathcal{E}$ en un ensemble compact.
Sur tout sous-ensemble de $\mathcal{E}$ borné, $\mathcal{F}(x, k)$ est *uniformément continue par rapport à* k.

(H_2) En un point particulier k_0 de K toutes les solutions sont connues et l'on peut étudier leurs indices par l'intermédiaire du Chapitre II; nous supposons *la somme de ces indices non nulle*.

(H_3) Enfin nous supposons démontré par un procédé quelconque que les solutions de (1) sont bornées dans leur ensemble. (*Limitation a priori* indépendante de k.)

CONCLUSION. — Alors *il existe* sûrement dans l'espace $[\mathcal{E} \times K]$ un continu de solutions le long duquel k prend toutes les valeurs de K.

18. Nous allons maintenant montrer comment des systèmes de relations, au premier abord très différents de (1), équivalent à des équations de ce type (1), pour lesquelles les hypothèses (H_1) sont vérifiées. Il serait d'ailleurs facile de multiplier ces exemples.

Soit d'abord une *équation aux dérivées partielles, du second ordre, elliptique et de forme normale*,

$$\frac{\partial^2 z}{\partial x_1^2} + \frac{\partial^2 z}{\partial x_2^2} = f\left[x_1, x_2; z; \frac{\partial z}{\partial x_1}, \frac{\partial z}{\partial x_2}; k\right]; \qquad (3)$$

f est une fonction continue par rapport à l'ensemble de ses arguments. Nous nous proposons, par exemple, de trouver les solutions de (3) qui sont définies dans un domaine régulier Δ du plan (x_1, x_2) et qui s'annulent à la frontière de ce domaine. Soit $G(x_1, x_2; y_1, y_2)$ la fonction de Green de Δ. Transformons notre problème en choisissant pour inconnue $\frac{\partial^2 z}{\partial x_1^2} + \frac{\partial^2 z}{\partial x_2^2} = \rho$, l'équation (3) prend la forme

$$(4) \quad \rho(x_1, x_2) = f\left[x_1, x_2; \iint_\Delta G(x_1, x_2; y_1, y_2)\rho(y_1, y_2)\,dy_1\,dy_2;\right.$$
$$\left.\frac{\partial}{\partial x_1}\iint_\Delta G\rho\,dy_1\,dy_2, \frac{\partial}{\partial x_2}\iint_\Delta G\rho\,dy_1\,dy_2;\ k\right].$$

Cette équation est du type (1). Choisissons pour espace $\mathcal{E}$ l'espace des fonctions $\rho(x_1, x_2)$ qui sont définies sur Δ et qui sont mesurables et bornées; posons $\|\rho\| =$ maximum de $|\rho(x_1, x_2)|$.

Les conditons (H_1) sont réalisées : en effet à des fonctions $\rho(x_1, x_2)$ bornées dans leur ensemble correspondent des fonctions

$$f\left[x_1, x_2; \iint_\Delta G(x_1, x_2; y_1, y_2)\rho(y_1, y_2)\,dy_1\,dy_2;\right.$$
$$\left.\frac{\partial}{\partial x_1}\iint_\Delta G\rho\,dy_1\,dy_2, \frac{\partial}{\partial x_2}\iint_\Delta G\rho\,dy_1\,dy_2;\ k\right]$$

qui possèdent une égale continuité.

Abordons un problème plus général.

19. **Problème de Dirichlet pour une équation quasi linéaire du type elliptique.** — Soit un domaine borné Δ d'un espace à n dimensions : $x_1, x_2, \ldots, x_n$. La frontière Δ' de Δ est supposée régulière. Une fonction z définie sur $\overline{\Delta}(= \Delta + \Delta')$ sera dite appartenir à l'espace abstrait E_α quand elle satisfera une condition de Hölder d'exposant α; à l'espace $E_{\alpha,m}$ quand ses dérivées d'ordre m existeront et appartiendront à E_α. Une fonction φ définie sur Δ' sera dite appartenir à l'espace $e_{\alpha,m}$ quand ses dérivées d'ordre m existeront et vérifieront une condition de Hölder d'exposant α. Les normes dans ces différents espaces E_α, $E_{\alpha,m}$, $e_{\alpha,m}$ seront celles qu'a définies M. Schauder [5] : $\|z\|_\alpha$, $\|z\|_{\alpha,m}$, $\|\varphi\|_{\alpha,m}$. k sera un paramètre variant sur un segment K de l'axe réel. Nous supposons données $\frac{n(n+1)}{2} + 1$ transformations fonc-

tionnelles : $A_{ij}(z, k) \equiv A_{ij}(z, k)$; $D(z, k)$; elles dépendent du paramètre k; elles sont définies en tout point z de l'espace $E_{\alpha,2}$; elles transforment continûment ces points z en points d'un espace $E_{\alpha+2\beta}(0 < \alpha < \alpha + 2\beta < 1)$, tout en étant uniformément continues par rapport à k quand z reste dans un domaine borné de $E_{\alpha,2}$; enfin les formes $\sum\limits_{\substack{i=1,\dots,n\\ j=1,\dots,n}} A_{ij}(z, k) u_i u_j$ sont supposées définies quelles que soient la fonction z et les valeurs de x_1, x_2, k.

Nous supposons également donné un élément $\varphi(k)$ de $e_{\alpha+\beta,2}$, qui dépend continûment du paramètre k.

Le problème que nous envisageons est le suivant :

Trouver pour chaque valeur de k un élément de $E_{\alpha,2}$, $z(x_1, \dots, x_n; k)$, qui vaille $\varphi(k)$ sur Δ' et qui vérifie l'équation fonctionnelle

$$\sum_{\substack{i=1,\dots,n\\ j=1,\dots,n}} A_{ij}(z, k) \frac{\partial^2 z}{\partial x_i \partial x_j} = D(z, k). \tag{5}$$

— L'équation classique du type elliptique

$$\sum_{\substack{i=1,\dots,n\\ j=1,\dots,n}} a_{ij}\left(x_1, \dots, x_n; z; \frac{\partial z}{\partial x_1}, \dots, \frac{\partial z}{\partial x_n}; k\right) \frac{\partial^2 z}{\partial x_i \partial x_j} = d\left(x_1, \dots, x_n; z; \frac{\partial z}{\partial x_1}, \dots, \frac{\partial z}{\partial x_n}; k\right) \tag{6}$$

est un cas particulier de (5); quelques hypothèses évidentes doivent être faites sur la continuité de a_{ij} et d, qui sont simplement des fonctions des arguments : $x_1, \dots, x_n; z; \frac{\partial z}{\partial x_1}, \dots, \frac{\partial z}{\partial x_n}; k$.

20. **Nous nous proposons de ramener l'étude de ce problème de Dirichlet à l'étude d'une équation du type (1) vérifiant les hypothèses (H_1).** — Nous utiliserons à cet effet un procédé essentiellement différent de celui qu'emploie le paragraphe 18; nous croyons ce *procédé nouveau*. Soit l'équation

$$\sum_{\substack{i=1,\dots,n\\ j=1,\dots,n}} A_{ij}(z, k) \frac{\partial^2 Z}{\partial x_i \partial x_j} = D(z, k). \tag{7}$$

Choisissons un point z quelconque dans $E_{\alpha,2}$ et un point k quelconque dans K. D'après un théorème de M. Gevrey ([29]), (7) admet une solution et une seule, $Z(z, k)$, qui soit égale à $\varphi(k)$ sur Δ'. Un théorème plus récent ([30]) affirme que cette solution appartient à $E_{\alpha+\beta,2}$; et il permet d'établir bien aisément que $Z(z, k)$ transforme continûment les points z de $E_{\alpha,2}$ en points de $E_{\alpha+\beta,2}$, tout en étant uniformément continue par rapport à k sur tout domaine borné de $E_{\alpha,2}$. Or tout sous-ensemble borné de $E_{\alpha+\beta,2}$ est un sous-ensemble compact de $E_{\alpha,2}$; donc $Z(z, k)$, envisagée dans $E_{\alpha,2}$, est complètement continue pour chaque valeur de k.

Par suite il suffit de poser $\mathcal{E} \equiv E_{\alpha,2}$ et de remarquer que notre problème équivaut à la recherche des points de $\mathcal{E}$ qui satisfont l'équation $z = Z(z, k)$, pour avoir ramené ce problème à la résolution d'une équation du type (1) vérifiant les hypothèses (H_1).

N. B. — Le procédé employé ci-dessus est le suivant : nous avons constaté que l'équation fonctionnelle proposée se présentait sous la forme

$$\mathcal{G}(x, x, k) = 0.$$

([29]) *Voir* E. Picard, *Journal de Mathématiques*, 1890; *Journal de l'École Polytechnique*, 1890; *Journal de Mathématiques*, 1900; *Acta mathematica*, 1902; *Annales de l'École Normale*, 1906; E. Gevrey, *Détermination et emploi des fonctions de Green* (*Journal de Mathématiques*, t. 9, 1930, p. 1-80).

([30]) *Voir*, par exemple, un travail de M. Schauder dans la *Mathematische Zeitschrift*, t. 38, 1934, p. 257, et une Note le résumant dans les *Comptes rendus de l'Académie des Sciences*, t. 196, 1933, p. 89. Donnons l'énoncé de ce théorème, que ne peut suppléer dans le procédé ci-dessus aucune majoration moins précise :

« Soit à trouver un élément $Z(x_1, \ldots, x_n)$ de $E_{\gamma,2}$ qui coïncide sur Δ' avec un élément donné φ de $e_{\gamma,2}$ et qui vérifie dans Δ l'équation

$$\sum_{\substack{i=1,\ldots,n\\ j=1,\ldots,n}} a_{ij}(x_1, \ldots, x_n) \frac{\partial^2 Z}{\partial x_i \partial x_j} = d(x_1, \ldots, x_n),$$

les circonstances suivantes étant réalisées : d est un élément donné de E_γ; les a_{ij} sont des éléments donnés de $E_{\gamma+\delta}$; la forme $\sum_{\substack{i=1,\ldots,n\\ j=1,\ldots,n}} a_{ij}(x_1, \ldots, x_n) u_i u_j$ est définie en tout point de Δ; le déterminant des a_{ij} est supérieur à $1. (0 < \gamma < \gamma + \delta < 1)$.

Ce problème de Dirichlet admet une solution et une seule; cette solution vérifie l'inégalité

$$\| z \|_{\gamma,2} < C \left\{ \| d \|_\gamma + \| \varphi \|_{\gamma,2} \right\},$$

C étant une fonction continue des $\| a_{ij} \|_{\gamma+\delta}$, qui dépend de la forme du domaine Δ et du choix des constantes γ et δ. »

Nous l'avons remplacée par le système

$$x = X; \qquad \mathcal{G}(x, X, k) = 0.$$

Et il s'est trouvé que cette dernière équation définissait univoquement une transformation fonctionnelle

$$X = \mathcal{F}(x, k),$$

telle que les hypothèses (H_1) fussent vérifiées. Ce procédé est évidemment susceptible d'autres applications. Il sera généralisé au cours du Chapitre V.

21. Suite de l'étude du problème de Dirichlet : Remarques concernant les hypothèses (H_2). — 1° Un cas très simple où les hypothèses (H_2) sont vérifiées est celui où l'on a en un point k_0 de K $\varphi(k_0) = 0$ et $D(z, k_0) \equiv 0$: en effet, $Z(z, k_0) = 0$.

2° Supposons maintenant connues toutes les solutions du problème correspondant à une valeur k_0 et cherchons à appliquer les conclusions des paragraphes 10 et 11 ; l'équation $x - A(x) = 0$ du paragraphe 10 se réduit à l'équation de Jacobi ; dans le cas où l'équation donnée est l'équation

$$(6) \quad \sum_{\substack{i=1,\ldots,n \\ j=1,\ldots,n}} a_{ij}(x_1, \ldots, x_n; z; p_1, \ldots, p_n; k) r_{ij} = d(x_1, \ldots, x_n; z; p_1, \ldots, p_n; k)$$

$$\left(p_i = \frac{\partial z}{\partial x_i}; \; r_{ij} = \frac{\partial^2 z}{\partial x_i \partial x_j}\right),$$

cette équation de Jacobi s'écrit :

$$\sum_{\substack{i=1,\ldots,n \\ j=1,\ldots,n}} a_{ij}(x_1, \ldots, x_n; z; p_1, \ldots, p_n; k) \frac{\partial^2 u}{\partial x_i \partial x_j}$$
$$+ \sum_{\substack{i=1,\ldots,n \\ j=1,\ldots,n}} \left[\frac{\partial a_{ij}}{\partial z} u + \frac{\partial a_{ij}}{\partial p_1} \frac{\partial u}{\partial x_1} + \ldots + \frac{\partial a_{ij}}{\partial p_n} \frac{\partial u}{\partial x_n}\right] r_{ij}$$
$$= \frac{\partial d}{\partial z} u + \frac{\partial d}{\partial p_1} \frac{\partial u}{\partial x_1} + \ldots + \frac{\partial d}{\partial p_n} \frac{\partial u}{\partial x_n}.$$

En particulier les hypothèses (H_2) sont réalisées quand les circonstances suivantes se présentent : pour la valeur particulière $k_0 = k$ le nombre des solutions de (6) est impair ; et aucune des équations de Jacobi correspondant à ces diverses solutions n'est singulière [nous entendons par là que chacune d'elles admet une seule solution : $u(x_1, \ldots, x_n)$ nulle sur Δ', à savoir $u \equiv 0$]. Par exemple les hypothèses (H_2) sont vérifiées si l'on connaît une valeur particulière k_0 de K pour laquelle les fonctions a_{ij} et d sont indépendantes de z et si l'on sait qu'à cette valeur k_0 correspond au moins une solution de (6). (Cette solution est nécessairement unique; l'équation de Jacobi correspondante ne peut être singulière.)

22. Un problème de Dirichlet particulier pour lequel les hypothèses (H_3) sont vérifiées. — Nous allons étudier le cas suivant : Δ est plan et convexe; l'équation à résoudre est l'équation du type elliptique

$$(8)\quad a\left(x_1, x_2; z; \frac{\partial z}{\partial x_1}, \frac{\partial z}{\partial x_2}; k\right)\frac{\partial^2 z}{\partial x_1^2} + 2b(\ldots)\frac{\partial^2 z}{\partial x_1\, \partial x_2} + c(\ldots)\frac{\partial^2 z}{\partial x_2^2} = 0.$$

Soit une solution de (8), $z(x_1, x_2; k)$ (appartenant à $E_{\alpha,2}$). C'est, au sens de M. Radó, une « Sattelfunktion » ([31]) de x_1 et x_2. En d'autres termes, considérons sa surface représentative dans l'espace z, x_1, x_2; la plus grande inclinaison des plans tangents à cette surface est au plus égale à la plus grande inclinaison des plans qui rencontrent trois points de sa frontière; cette frontière est une courbe donnée sur le cylindre droit de base Δ'; nous supposons les données assez régulières pour que l'inclinaison de ces plans reste inférieure à une borne indépendante de k. Les quantités z, $\frac{\partial z}{\partial x_1}$ et $\frac{\partial z}{\partial x_2}$ possèdent alors des bornes indépendantes de k.

Un théorème important de M. S. Bernstein, précisé et adapté au cas présent par M. Schauder ([32]), permet d'en déduire que les solutions z de (8) qui appartiennent à $E_{\alpha,2}$ ont des normes $\| z \|_{\alpha,2}$ bornées dans leur ensemble. (Nous devons faire les nouvelles hypothèses suivantes : les valeurs frontières φ appartiennent à $e_{\alpha,3}$; a, b, c sont des fonctions des arguments x_1, x_2, z, p, q dérivables deux fois et dont

---

([31]) Radó, *Acta litt. ac. scient.*, t. 4, 1924-1926; Von Neuman, *Abhandlungen des mathematischen Seminares*, Hambourg, t. 8, 1931, p. 28-31.

([32]) *Ueber das Dirichletsche Problem im Grossen für nicht lineare elliptische Differential-gleichungen*, *Mathematische Zeitschrift*, t. 37, 1933 (*voir* en particulier le paragraphe 4).

La méthode de M. Bernstein suppose la solution $z(x_1, x_2)$ analytique : ceci conduit

les dérivées secondes satisfont une condition de Hölder.) L'hypothèse (H_3) se trouve donc vérifiée.

CONCLUSION. — Supposons que a, b, c soient indépendants de k, que $\varphi(k)$ se présente sous la forme $k.\varphi$; ce qui précède établit que le problème de Dirichlet considéré peut être ramené à une équation du type (1) pour laquelle les hypothèses (H_1), (H_2) et (H_3) sont vérifiées. D'après le théorème I il admet au moins une solution quel que soit k. D'où le théorème :

Toute équation [33] :

$$a\left(x_1, x_2; z; \frac{\partial z}{\partial x_1}, \frac{\partial z}{\partial x_2}\right)\frac{\partial^2 z}{\partial x_1^2} + 2b\left(x_1, x_2; z; \frac{\partial z}{\partial x_1}, \frac{\partial z}{\partial x_2}\right)\frac{\partial^2 z}{\partial x_1 \partial x_2} + c\left(x_1, x_2; z; \frac{\partial z}{\partial x_1}, \frac{\partial z}{\partial x_2}\right)\frac{\partial^2 z}{\partial x_2^2} = 0$$

du type elliptique admet au moins une solution qui soit définie dans un domaine convexe donné, Δ, et qui prenne des valeurs données sur sa frontière Δ'. (Rappelons que nous avons dû faire des hypothèses concernant la régularité de la courbe Δ', des valeurs frontières et des fonctions a, b, c.)

V. — Applications (*suite*).

23. Sommaire. — Nous nous proposons de signaler de nouvelles équations fonctionnelles dont on peut effectuer l'étude par l'intermédiaire d'une équation du type

$$x - \mathcal{F}(x, k) = 0, \tag{1}$$

vérifiant les hypothèses (H) (§ 12, p. 59).

à la formation de « Normalreihen »; il faut établir l'existence de toutes les dérivées de z et les majorer toutes.

Au contraire, nous avons actuellement besoin, comme c'est souvent le cas, de nous borner à la considération de fonctions appartenant à $E_{\alpha,2}$.

[33] z peut figurer dans les fonctions a, b, c; le cas où z en est absent et où ces fonctions sont analytiques a été traité depuis longtemps par M. S. Bernstein; dans ce cas, l'unicité de la solution est assurée. Au contraire le problème de Dirichlet étudié ci-dessus peut admettre plusieurs solutions, peut-être même des faisceaux de solutions; quand on fait varier les données, des « bifurcations » peuvent se produire.

Reportons-nous au N. B. du paragraphe 20 (p. 68) : nous y avons considéré une équation

$$\mathcal{G}(x, x, k) = 0, \tag{2}$$

telle que l'équation

$$\mathcal{G}(x, X, k) = 0, \tag{3}$$

attache à tout système de valeur (x, k) un point X et un seul, la transformation fonctionnelle $X(x, k)$ se trouvant être complètement continue. Nous allons maintenant étudier une catégorie d'équations du type (2), caractérisée par un nouveau système d'hypothèses et pour lesquelles d'autres circonstances se présenteront : nos hypothèses concerneront la continuité de l'opération fonctionnelle $\mathcal{G}(x, X, k)$ et de sa différentielle de Fréchet; le caractère compact de l'ensemble des solutions de (2); des particularités qui devront se présenter pour une valeur particulière k_0 de k. Nous envisagerons l'ensemble des solutions de (2) et nous nous proposerons d'en préciser les propriétés. A cet effet nous utiliserons la transformation fonctionnelle (complètement continue), $X(x, k)$, qui est définie par (3); c'est alors que nous nous trouverons en face de nouvelles circonstances : la construction de $X(x, k)$ s'opère en partant de l'ensemble des solutions de (2); et *l'existence de cette transformation fonctionnelle n'est assurée qu'à l'intérieur d'un domaine étroit entourant l'ensemble des points (x, k) qui satisfont la relation* (2). Toutefois l'ensemble des solutions de (2) coïncide encore avec l'ensemble des solutions de l'équation $x - X(x, k) = 0$; cette équation est du type (1); ceci nous permet d'appliquer le théorème fondamental aux solutions de (2). Nous obtiendrons ainsi le théorème II dont la proposition essentielle est la suivante : les hypothèses faites entraînent que, quel que soit k, l'équation (2) admet au moins une solution.

L'exemple que nous avons choisi pour donner une application de ce théorème II est le problème de Dirichlet relatif à l'équation la plus générale du second ordre.

24. Commençons par énoncer *une première série d'hypothèses* concernant l'équation (2) :

($\mathcal{H}$)

1° Nous supposons donnés trois espaces linéaires, normés et complets $\mathcal{E}$, $\mathcal{E}_0$ et E. $\mathcal{E}_0$ est un sous-ensemble de $\mathcal{E}$ et tout sous-ensemble borné de $\mathcal{E}$ constitue un ensemble compact de $\mathcal{E}$.

$\mathcal{G}(x, X, k)$ est un élément de E qui dépend du point x de $\mathcal{E}$, du point X de $\mathcal{E}_0$ et du paramètre k; ce dernier varie sur un segment K de l'axe des nombres.

2° Les solutions [34] x de (2) qui correspondent aux divers points de K constituent un sous-ensemble borné de $\mathcal{E}_0$. (Nous supposons donc que ce sous-ensemble n'est pas vide. Il forme un sous-ensemble compact de $\mathcal{E}$.)

3° En chaque point (x_1, x_1, k_1) de l'espace $[\mathcal{E} \times \mathcal{E}_0 \times K]$ tel que $\mathcal{G}(x_1, x_1, k_1) = 0$ l'opération fonctionnelle $\mathcal{G}(x, X, k)$ possède une différentielle de Fréchet, $L_1(\xi, \Xi, \chi)$; L_1 dépend évidemment de la solution (x_1, k_1) considérée; L_1 appartient à E, est linéaire et homogène par rapport à ses arguments qui sont respectivement un point ξ de $\mathcal{E}$, un point Ξ de $\mathcal{E}_0$, un nombre réel χ.

Plus précisément posons :

$$R_1(\xi, \Xi, \chi) = \mathcal{G}(x_1 + \xi, x_1 + \Xi, k_1 + \chi) - L_1(\xi, \Xi, \chi). \tag{4}$$

Nous supposons [35] :

$$\begin{aligned} \|R_1(\xi, \Xi, \chi) - R_1(\xi', \Xi', \chi')\| & \\ < M_1 \{\|\xi\| + \|\Xi\| + |\chi| + \|\xi'\| + \|\Xi'\| + |\chi'|\}& \\ \times \{\|\xi - \xi'\| + \|\Xi - \Xi'\| + |\chi - \chi'|\}&, \end{aligned} \tag{5}$$

M_1 étant une fonction continue de $\|\xi\|$, $\|\Xi\|$, $|\chi|$, $\|\xi'\|$, $\|\Xi'\|$, $|\chi'|$.

Enfin les formules

$$x = y; \qquad L(x, X, k) = Y; \qquad k = l \tag{6}$$

sont supposées établir une correspondance biunivoque et bicontinue entre l'espace produit $[\mathcal{E} \times \mathcal{E}_0 \times K]$ et l'espace produit $[\mathcal{E} \times E \times K]$.

---

(34) On pourrait étudier de même l'ensemble des solutions (x, k) de (2) qui sont contenues dans un domaine de l'espace $[\mathcal{E} \times K]$, à condition qu'aucun point frontière de ce domaine ne vérifie l'équation (2).

(35) Les normes sont prises bien entendu dans les divers espaces $\mathcal{E}$, $\mathcal{E}_0$, E.

25. Introduction d'une équation du type (1). — Considérons la transformation auxiliaire

$$(7) \qquad x = y; \qquad \mathcal{G}(x, X, k) = Y; \qquad k = l,$$

où x et y sont des points de $\mathcal{E}$, X un point de $\mathcal{E}_0$, Y un point de E, k et l des nombres réels. Cette transformation (7) représente donc l'espace $[\mathcal{E} \times \mathcal{E}_0 \times K]$ sur une portion de l'espace $[\mathcal{E} \times E \times K]$. Grâce à la troisième des hypothèses ($\mathcal{H}$) la méthode des approximations successives, maniée comme l'ont fait MM. Graves et Hildebrandt ([36]), permet d'étudier localement la transformation inverse de (7) : considérons dans l'espace $[\mathcal{E} \times E \times K]$ l'ensemble des points $(x_1, 0, k_1)$ qui satisfont la condition

$$(2) \qquad \mathcal{G}(x_1, x_1, k_1) = 0;$$

chaque point de cet ensemble peut être entouré dans l'espace $[\mathcal{E} \times E \times K]$ d'une petite sphère à l'intérieur de laquelle la transformation (7) admet une seule transformation inverse uniformément continue

$$(8) \qquad x = y; \qquad X = \mathcal{F}(y, Y, l); \qquad k = l,$$

telle que $\mathcal{F}(x_1, 0, k_1) = x_1$.

Nous supposerons même chacune de ces sphères choisie assez petite pour que $X = \mathcal{F}(y, Y, l)$ soit de toutes les solutions éventuelles de (7) celle qui est la plus proche ([37]) de y.

Remarquons d'autre part que l'ensemble des points $(x_1, 0, k_1)$ satisfaisant l'équation (2) est un sous-ensemble compact de l'espace $[\mathcal{E} \times E \times K]$. On peut donc, en réunissant un nombre fini des sphères précédentes, obtenir un ensemble ouvert Π de cet espace $[\mathcal{E} \times E \times K]$ qui contient en son intérieur tous ces points $(x_1, 0, k_1)$. Sur Π et sur sa frontière la transformation inverse (8) est définie, est uniforme et est uniformément continue par rapport à l'ensemble des variables (y, Y, l).

([36]) *Voir :* 1° HILDEBRANDT and GRAVES, *Implicit functions and their differentials in general Analysis* (*Trans. of the Math. Amer. Society*, t. XXIX, 1927); 2° GRAVES, *Implicit functions and differential equations in general Analysis* (idem).

([37]) La notion de distance utilisée ici est celle qui règne dans l'espace $\mathcal{E}$.

Soit Ω l'ensemble des points (y, l) de $[\mathcal{E} \times K]$ tels que (y, o, l) appartienne à Π. Ω est un ensemble ouvert et borné de $[\mathcal{E} \times K]$ qui contient en son intérieur toutes les solutions (x_1, k_1) de (2).

$\mathcal{F}(y, o, l)$ est une transformation fonctionnelle définie sur Ω, uniformément continue par rapport à (y, l), et dont toutes les valeurs appartiennent à $\mathcal{E}_0$. (Les valeurs prises par $\mathcal{F}(y, o, l)$ sur Ω constituent donc un sous-ensemble compact de $\mathcal{E}$.) *L'ensemble des solutions de* (2) *est identique à l'ensemble des solutions de l'équation*

$$x - \mathcal{F}(x, o, k) = o; \tag{9}$$

et cette équation est du type (1), *les hypothèses* H (§ 12, p. 59) *étant vérifiées.*

26. Supposons donc vérifiées les hypothèses (H′) (§ 15, p. 61). Autrement dit faisons *les nouvelles hypothèses :*

($\mathcal{H}'$) En un point k_0 de K l'équation (2) admet un nombre fini de solutions; nous les connaissons toutes; on peut, grâce au Chapitre II, étudier leurs indices relativement à la transformation

$$y = x - \mathcal{F}(x, o, k); \tag{10}$$

la somme de ces indices diffère de zéro.

Le théorème fondamental (p. 63) s'applique directement; il fournit le théorème suivant :

THÉORÈME II. — *Soit l'équation* (2). *Supposons vérifiées les hypothèses* ($\mathcal{H}$) *et* ($\mathcal{H}'$). *Alors* IL EXISTE SUREMENT *dans l'espace* $[\mathcal{E} \times K]$ *un continu de solutions le long duquel k prend toutes les valeurs de* K.

27. Soient un domaine Δ d'un espace à n dimensions : $(x_1, \ldots, x_n)$ et une équation aux dérivées partielles du second ordre dépendant d'un paramètre k :

$$f(x_1, \ldots, x_n; z; p_1, \ldots, p_n; r_{11}, r_{12}, \ldots, r_{nn}; k) = 0 \tag{11}$$

$$\left(p_i = \frac{\partial z}{\partial x_i};\ r_{ij} = \frac{\partial^2 z}{\partial x_i \partial x_j}\right).$$

Nous supposons la frontière Δ' de Δ suffisamment régulière et la fonction f dérivable un nombre suffisant de fois par rapport à ses divers arguments; le paramètre k décrit un segment K de l'axe des nombres réels. Considérons le problème de Dirichlet qui consiste à trouver pour chaque valeur de k une solution de (11), $z(x_1, \ldots, x_n)$, dont les dérivées secondes satisfont sur Δ une condition de Hölder indéterminée et qui prend elle-même, le long de la frontière Δ' de Δ, des valeurs données à l'avance; nous supposerons ces valeurs nulles : ceci ne restreint pas la généralité. Nous nous proposons d'appliquer le théorème II à ce problème de Dirichlet. Nous ferons à cet effet deux hypothèses :

1° L'équation (11) est du type elliptique au voisinage de chacune de ses solutions; ceci signifie que la forme quadratique

$$\sum_{\substack{i=1,\ldots,n\\ j=1,\ldots,n}} \frac{\partial f\left(x_1, \ldots, x_n; z; \dfrac{\partial z}{\partial x_1}, \ldots, \dfrac{\partial z}{\partial x_n}; \dfrac{\partial^2 z}{\partial x_1^2}, \dfrac{\partial^2 z}{\partial x_1 \partial x_2}, \ldots, \dfrac{\partial^2 z}{\partial x_n^2}; k\right)}{\partial r_{ij}} u_i u_j$$

est définie quand (z, k) est l'une quelconque des solutions.

2° Les dérivées secondes r_{ij} des solutions ([38]) du problème sont bornées dans leur ensemble et satisfont dans leur ensemble une même condition de Hölder ([39]), d'exposant α.

Si Δ est un domaine plan (c'est-à-dire si $n = 2$), il suffit de supposer que l'on connaît *a priori* une borne supérieure des dérivées secondes r_{ij} : il résulte ([40]) alors des hypothèses faites que ces dérivées secondes satisfont dans leur ensemble une même condition de Hölder.

([38]) Nous supposons que, pour une valeur de k au moins, l'existence d'au moins une solution est assurée.

([39]) En d'autres termes : on peut trouver trois constantes α, C_1 et C_2 telles que les dérivées secondes r_{ij} de toutes les solutions du problème vérifient les inégalités :

$$|r_{ij}(x_1, \ldots, x_n)| < C_1,$$
$$|r_{ij}(x_1, \ldots, x_n) - r_{ij}(x'_1, \ldots, x'_n)| < C_2 \{ |x_1 - x'_1| + \ldots + |x_n - x'_n| \}^{\alpha}.$$

([40]) Se reporter au travail cité dans la note ([32]).

Nous allons prouver au cours du paragraphe suivant que *l'équation* (11) *est alors une équation du type* (2) *vérifiant les hypothèses* ($\mathcal{H}$).

28. Nous choisirons ([41]) dans ce cas pour équation (3) la suivante :

$$(12)\qquad f\left(x_1, \ldots, x_n; z; \frac{\partial z}{\partial x_1}, \ldots, \frac{\partial z}{\partial x_n}; \frac{\partial^2 Z}{\partial x_1^2}, \frac{\partial^2 Z}{\partial x_1 \partial x_2}, \ldots, \frac{\partial^2 Z}{\partial x_n^2}; k\right) = 0.$$

L'espace $\mathcal{E}$ sera l'espace des fonctions z, définies sur Δ, nulles sur Δ', dont les dérivées premières existent et satisfont une condition de Hölder d'exposant $\gamma < \alpha$; l'espace $\mathcal{E}_0$ sera l'espace des fonctions Z définies sur Δ, nulles sur Δ', dont les dérivées secondes satisfont une condition de Hölder d'exposant γ; l'espace E sera l'espace des fonctions ψ définies sur Δ, qui satisfont une condition de Hölder d'exposant γ. Les normes $\|z\|_{\gamma,1}$, $\|Z\|_{\gamma,2}$, $\|\psi\|_\gamma$ seront celles qu'a introduites M. Schauder.

Les hypothèses ($\mathcal{H}$) n°s 1 et 2 sont manifestement satisfaites; (z_1, k_1) étant une solution du problème, nous poserons

$$L_1(\xi, \Xi, \chi) = \sum_{\substack{i=1,\ldots,n \\ j=1,\ldots,n}} \frac{\partial f\left(x_1, \ldots x_n; z_1; \frac{\partial z_1}{\partial x_1}, \ldots, \frac{\partial z_1}{\partial x_n}; \frac{\partial^2 z_1}{\partial x_1^2}, \frac{\partial^2 z_1}{\partial x_1 \partial x_2}, \ldots, \frac{\partial^2 z_1}{\partial x_n^2}\right)}{\partial r_{ij}} \frac{\partial^2 \Xi}{\partial x_i \partial x_j}$$

$$\sum_{i=1,\ldots,n} \frac{\partial f(\ldots)}{\partial p_i} \frac{\partial \xi}{\partial x_i} + \frac{\partial f(\ldots)}{\partial z} \xi + \frac{\partial f}{\partial k} \chi.$$

Un théorème déjà cité ([30]) nous assure que les formules (6) établissent bien une correspondance biunivoque et bicontinue. Pour prouver ([42]) l'inégalité (5) nous remarquerons tout d'abord que :

$$R_1(\xi, \Xi, \chi) = \int_0^1 (1-t) \frac{d^2}{dt^2} f\left(x_1, \ldots; z_1 + t\xi; \frac{\partial z_1}{\partial x_1} + t\frac{\partial \xi}{\partial x_1}, \ldots; \frac{\partial^2 z_1}{\partial x_1^2} + t\frac{\partial^2 \Xi}{\partial x_1^2}, \ldots; k_1 + t\chi\right) dt.$$

([41]) Ce choix est assez arbitraire : on pourrait dans (12) substituer à quelques dérivées $\frac{\partial z}{\partial x_i}$ les dérivées $\frac{\partial Z}{\partial x_i}$ correspondantes.

([42]) Nous employons un procédé déjà utilisé : *voir* les pages 697-701 du Mémoire que cite la note ([5]).

La quantité sous le signe $\int$ est de la forme

$$(1-t)Q_1\left[\xi;\frac{\partial\xi}{\partial x_1};\ldots,\frac{\partial\xi}{\partial x_n};\frac{\partial^2\Xi}{\partial x_1^2},\frac{\partial^2\Xi}{\partial x_1\partial x_2},\ldots,\frac{\partial^2\Xi}{\partial x_n^2};\right.$$
$$\left.\chi\mid x_1,\ldots;z_1+t\xi;\frac{\partial z_1}{\partial x_1}+t\frac{\partial\xi}{\partial x_1},\ldots;\frac{\partial^2 z_1}{\partial x_1^2}+t\frac{\partial^2\Xi}{\partial x_1^2};\ldots;k_1+t\chi\right],$$

Q_1 étant une forme quadratique par rapport aux variables $\xi, \ldots, \chi$; les coefficients, J, de cette forme dépendant des variables $x_1, \ldots, k_1+t\chi$. Par exemple le coefficient de ξ^2 est

$$\frac{\partial^2}{\partial z^2}f\left(x_1,\ldots;z+t\xi;\frac{\partial z_1}{\partial x_1}+t\frac{\partial\xi}{\partial x_1},\ldots;\frac{\partial^2 z_1}{\partial x_1^2}+t\frac{\partial^2\Xi}{\partial x_1^2},\ldots;k_1+t\chi\right).$$

Pour justifier l'inégalité (5) il suffit d'établir que chacun de ces coefficients J vérifie une inégalité

$$\begin{aligned}&\|J(t\xi,t\Xi,t\chi)-J(t\xi',t\Xi',t\chi')\|\\&\quad< N_1\{\|\xi\|+\|\Xi\|+|\chi|+\|\xi'\|+\|\Xi'\|+|\chi'|\}\\&\quad\times\{\|\xi-\xi'\|+\|\Xi-\Xi'\|+|\chi-\chi'|\};\end{aligned}$$

N_1 y représente une fonction continue de $\|\xi\|, \|\Xi\|, |\chi|, \|\xi'\|, \|\Xi'\|, |\chi'|$, dont l'expression peut varier suivant la solution (z_1, k_1) de (10) que nous envisageons. Or cette dernière inégalité est une conséquence immédiate de l'identité

$$\begin{aligned}&J(t\xi,t\Xi,t\chi)-J(t\xi',t\Xi',t\chi')\\&=\int_0^1\frac{d}{d\theta}J\left[x_1,\ldots;z_1+t\xi'+t\theta(\xi-\xi');\frac{\partial z_1}{\partial x_1}+t\frac{\partial\xi'}{\partial x_1}+t\theta\left(\frac{\partial\xi'}{\partial x_1}-\frac{\partial\xi}{\partial x_1}\right),\ldots;\right.\\&\qquad\left.\frac{\partial^2 z_1}{\partial x_1^2}+t\frac{\partial^2\xi'}{\partial x_1^2}+t\theta\left(\frac{\partial^2\xi'}{\partial x_1^2}-\frac{\partial^2\xi}{\partial x_1^2}\right),\ldots;k_1+t\chi'+t\theta(\chi'-\chi)\right]d\theta.\end{aligned}$$

Toutes les hypothèses $(\mathcal{H})$ sont donc satisfaites.

29. Remarques concernant les hypothèses $(\mathcal{H}')$. — Supposons maintenant connues toutes les solutions du problème qui correspondent à une valeur particulière k_0 de k; et cherchons à appliquer les conclusions des paragraphes 10 et 11; l'équation $x - A(x) = 0$ du paragraphe 10 se réduit à l'équation de Jacobi ([43]). En particulier les

([43]) Voir *Encyclopädie der mathematischen Wissenschaft*, *Analysis*, t. III, p. 1325.

hypothèses ($\mathcal{H}'$) sont réalisées quand les circonstances suivantes se présentent : pour $k_0 = k$ le nombre des solutions est impair et aucune des équations de Jacobi correspondant à ces diverses solutions n'est singulière.

Les résultats acquis nous permettent d'énoncer par exemple la proposition suivante :

Soit à trouver une solution $z(x_1, \ldots, x_n)$ de l'équation du deuxième ordre,

$$f\left(x_1, \ldots, x_n; kz; \frac{\partial z}{\partial x_1}, \ldots, \frac{\partial z}{\partial x_n}; \frac{\partial^2 z}{\partial x_1^2}, \frac{\partial^2 z}{\partial x_1 \partial x_2}, \ldots, \frac{\partial^2 z}{\partial x_n^2}; k\right) = 0, \tag{13}$$

qui soit définie à l'intérieur d'un domaine donné et qui s'annule sur sa frontière. Supposons que, pour $k = 0$, (13) soit du type elliptique et possède une solution dont les dérivées secondes satisfont une condition de Hölder. Faisons varier k continûment : le problème *ne peut cesser d'admettre de solution tant que l'une des deux éventualités suivantes ne s'est pas pas produite :*

a. Il est apparu une solution au voisinage de laquelle (12) *n'est pas du type elliptique :*

b. A des valeurs du paramètre comprises entre 0 et k correspondent des solutions, dont les dérivées secondes vérifient chacune une condition de Hölder, sans qu'il existe *une même condition de Hölder* qu'elles vérifient toutes simultanément.

Quand $n = 2$ on peut même affirmer que si l'éventualité (*a*) ne se présente pas la suivante se réalise :

b. A des valeurs du paramètre comprise entre 0 et k correspondent des solutions dont les dérivées secondes ne sont pas bornées dans leur ensemble, bien que chacune de ces dérivées secondes soit bornée et vérifie une condition de Hölder, particulière à chacune d'elles.

[1935a]

Topologie des espaces abstraits de M. Banach

C. R. Acad. Sci., Paris 200 (1935) 1082–1084

CORRESPONDANCE.

M. le Secrétaire perpétuel signale parmi les pièces imprimées de la Correspondance :

1° *Les prix Nobel en* 1935.

2° F. H. van den Dungen. *Acoustique des salles.*

3° Raymond Defay. *Étude thermodynamique de la tension superficielle.* Préface de Th. De Donder.

4° Robert Lévi. *Étude relative au contact des roues sur le rail.* (Présenté par M. Maurice d'Ocagne.)

M. le Général commandant l'École Polytechnique adresse un Rapport sur l'emploi qui a été fait de la subvention accordée sur la *Fondation Loutreuil* en 1934.

ANALYSE MATHÉMATIQUE. — *Topologie des espaces abstraits de M. Banach.* Note [1] de M. Jean Leray, présentée par M. Henri Villat.

On peut apporter les compléments ci-dessous à notre travail fait en commun avec M. J. Schauder [2].

Notations. — Les transformations dont il s'agira opèrent sur un espace linéaire, normé et complet $\mathcal{E}$; elles sont du type $y = x + \mathcal{F}(x)$, $\mathcal{F}(x)$ étant complètement continue. ω désignera un sous-ensemble ouvert et borné de $\mathcal{E}$; ω' sa frontière, $\overline{\omega} = \omega + \omega'$ son ensemble de fermeture. Soit une transformation $y = \Phi(x)$, dont ω est le champ de définition; soit e un point ou un ensemble connexe étranger à $\Phi(\omega')$; $[\Phi, \omega, e]$ désignera le degré topologique de Φ sur e.

1. Degré topologique du produit de deux transformations Φ et Ψ. — Φ est définie sur $\overline{\omega}$, Ψ sur [3] $\Phi(\overline{\omega})$; soient d les domaines bornés que $\Phi(\omega')$

---

[1] Séance du 18 mars 1935.

[2] *Annales scient. de l'École Normale supérieure*, 51, 1934, p. 45.

[3] Nous étendons à tout l'espace le champ de définition de Ψ. Si d n'appartient pas à $\Phi(\overline{\omega})$, le terme correspondant dans (1) est nul.

détermine dans $\mathcal{E}$. *On a en tout point c étranger à* $\Psi\Phi(\omega')$.

$$(1)\qquad [\Psi\Phi, \omega, c] = \sum_{(d)} [\Phi, \omega, d].[\Psi, d, c],$$

les termes non nuls de cette somme étant en nombre fini.

La formule (1) se vérifie aisément quand $\mathcal{E}$ est euclidien, et que Φ et Ψ sont simpliciales. On peut donc la déduire du lemme que voici.

LEMME. — *Soient* Φ^* *et* Ψ^* *deux suites de transformations qui convergent uniformément vers* Φ *et* Ψ, *le champ de définition de* Φ^* *étant* $\overline{\omega}$. *Je dis que* (1) *est vérifiée lorsque la formule analogue* (1^*), *qui concerne* Φ^* *et* Ψ^*, *est vérifiée.*

Bien que $\Psi^*\Phi^*(x)$ ne converge pas uniformément vers $\Psi\Phi(x)$ les premiers membres de (1^*) et (1) sont égaux à partir d'un certain rang.

Les points b tels que $\Psi(b) = c$ constituent un ensemble compact B; soit $2l$ la distance de B à $\Phi(\omega')$; les points dont la distance à B est inférieure à l constituent des domaines V_i, en nombre fini. Pour $\|\Phi^*(x) - \Phi(x)\| < l$, les V_i sont étrangers à $\Phi^*(\omega')$; on prouve par l'absurde qu'à partir d'un certain rang les V_i contiennent tous les points b^* tels que $\Psi^*(b^*) = c$. Les seconds membres de (1^*) et (1) valent alors respectivement

$$\sum_i [\Phi^*, \omega, V_i].[\Psi^*, V_i, c] \quad \text{et} \quad \sum_i [\Phi, \omega, V_i].[\Psi, V_i, c];$$

ils sont donc égaux à partir d'un certain rang.

2. INVARIANCE DU DOMAINE [1]. — *Si* D *est un domaine borné, si* Φ *est biunivoque sur* $\overline{D}$, *alors le degré de* Φ *est constant sur* $\Phi(D)$, *il vaut* ± 1, $\Phi(D)$ *est un domaine*, $\Phi(D')$ *en est frontière.*

Démonstration. — Soit Ψ l'inverse de Φ; soit d le domaine déterminé par $\Phi(D')$ qui contient $\Phi(D)$; (1) se réduit à

$$1 = [\Phi, D, d].[\Psi, d, D];$$

donc $[\Phi, D, d] = \pm 1$. Par suite $\Phi(D) \equiv d$. D'autre part tout point de $\Phi(D')$ est limite de points de $\Phi(D)$.

3. INVARIANCE DU NOMBRE DES DOMAINES QUE DÉLIMITE UN ENSEMBLE FERMÉ. —

---

[1] M. Schauder a établi ce théorème sous des hypothèses un peu plus strictes (*Math. Ann.*, **106**, 1932, p. 667); la démonstration que j'expose ici a les rapports les plus étroits avec la sienne. M. Schauder a en outre montré comment ce théorème trouvait des applications intéressantes dans la théorie des équations aux dérivées partielles.

Soient deux ensembles fermés et bornés F *et* f *entre lesquels existe une homéomorphie telle que, si* x *et* y *sont les points homologues de cette homéomorphie, l'ensemble des vecteurs* $y-x$ *soit compact* ([1]). *Soient* D *et* d *les domaines bornés que* F *et* f *déterminent dans* $\mathcal{E}$. *Le nombre* ([2]) *des domaines* D *est égal à celui domaines* d.

Étendons à tout l'espace $\mathcal{E}$ les champs de définition respectifs des correspondances $y(x)$ et $x(y)$; soient $y=\Phi(x)$ et $x=\Psi(y)$ les transformations obtenues ([3]), qui en général ne sont pas inverses l'une de l'autre. Si D_i et D_j sont deux domaines D, nous avons ([4]), d'après (1),

$$(2) \qquad \delta_{ij}=\sum_{(d)}[\Phi, D_i, d].[\Psi, d, D_j] \qquad (\delta_{ii}=1; \quad \delta_{ij}=0 \text{ si } i\neq j).$$

Considérons m domaines $D: D_1 \ldots D_m$; les domaines d tels qu'on n'ait pas $[\Psi, d, D_j]=0$ pour $j=1, \ldots, m$ sont en nombre au moins égal à m; sinon les relations (2) seraient impossibles : en particulier le nombre total des domaines d ne peut pas être inférieur à celui des domaines D. C. Q. F. D.

4. Généralisation. — On peut étendre cette étude à des espaces abstraits $\mathcal{E}$ non linéaires : il suffit de substituer aux translations les homéomorphies de $\mathcal{E}$. Quelques hypothèses, concernant le groupe de ces homéomorphies, sont nécessaires; nous les expliciterons ultérieurement.

ANALYSE MATHÉMATIQUE. — *Sur l'application d'un principe général de développement des fonctions d'une variable, aux séries de fonctions de Bessel.* Note de M. Jean Delsarte, présentée par M. Henri Villat.

Nous avons indiqué ([5]) une méthode générale de développement des fonctions de variable réelle en série de fonctions entières, et nous en

---

([1]) Du paragraphe 2 résulte que les points intérieurs de F et f sont homologues, de même que ceux de leurs points frontières qui sont limites de points intérieurs, de même que ceux de leurs points frontières qui ne sont pas limites de points intérieurs.

([2]) Ce nombre est fini ou infini. On peut même établir que l'ensemble des domaines D et celui des domaines d sont simultanément dénombrables.

([3]) Les quantités $[\Phi, D, d]$ et $[\Psi, d, D]$ sont indépendantes de la façon particulière dont on a étendu les champs de définition des correspondances $y(x)$ et $x(y)$ pour définir les transformations $\Phi(x)$ et $\Psi(y)$.

([4]) En effet, $\Psi\Phi(x)$ se confond avec l'identité sur F; or, deux transformations définies sur un même ensemble $\bar{\omega}$ et identiques sur ω' ont même degré en tout point.

([5]) *Comptes rendus*, 200, 1935, p. 625.

[1945a]

Sur la forme des espaces topologiques et sur les points fixes des représentations

J. Math. Pures Appl. 24 (1945) 95–167

Préface.

L'exposé rédigé par M. J. Leray « Sur la forme des espaces topologiques et sur les points fixes des représentations », est la première partie d'un Cours de Topologie algébrique, appelé à faire quelque bruit dans le monde mathématique. Le sujet est neuf et de grande actualité. Mais en dehors d'un livre de MM. Alexandroff et Hopf, il n'existe encore aucun traité didactique sur ces sortes de questions. Les prolongements de ces nouvelles théories, qui englobent la théorie des équations, vont beaucoup plus loin que cette dernière : elles comprennent toutes les transformations s'appliquant aux espaces topologiques, moyennant une définition nouvelle des anneaux d'homologie.

M. J. Leray fait ici œuvre de grand précurseur; presque tout, dans son exposé, est dû à son propre fonds; les procédés classiques étant en général inopérants, il fait usage de méthodes personnelles, nouvelles et fécondes; il parvient à éliminer, comme trop restrictives, la notion de groupes d'homologie continue et celle des groupes de Betti, — groupes dont il retrouve d'ailleurs incidemment les propriétés, comme cas très particuliers de ses propositions.

La brièveté et la généralité des propositions qu'il obtient justifient amplement l'intérêt des notions qu'il introduit dans son beau travail, dont la publication constituera pour la Science française un événement d'importance.

Il est presque superflu d'insister sur l'opportunité d'une telle publication : on sait le renom de l'auteur, dont les nouvelles méthodes concernant les équations différentielles ou aux dérivées partielles, et les équations intégro-différentielles, ont eu immédiatement un retentissement mondial. Ajoutons que M. J. Leray, professeur à la Sorbonne, a écrit le présent travail en captivité (il est encore prisonnier, détenu à l'Oflag XVII). Le travail actuel a reçu de M. Hopf, professeur à l'Université de Zurich (savant d'une compétence notoire sur le sujet,) une adhésion enthousiaste.

H. Villat.

11 janvier 1944.

Introduction.

Historique. — La topologie est la branche des mathématiques qui étudie la continuité : elle ne consiste pas seulement en l'étude de celles des propriétés des figures qui sont invariantes par les représentations topologiques (¹) : les travaux de MM. Brouwer, H. Hopf, Lefschetz lui ont aussi (²) assigné pour but l'étude des représentations (c'est-à-dire des transformations univoques et continues) et des équations. Elle débute par la définition des espaces topologiques; ce sont les espaces abstraits dans lesquels les notions suivantes ont un sens : ensembles de points ouverts et fermés, représentations. Elle se poursuit par l'introduction de nouveaux êtres algébrico-géométriques : complexes, groupes et anneaux. On nomme topologie ensembliste la partie de la topologie qui n'utilise que les opérations suivantes : réunion, intersection et fermeture d'ensembles de points; nous supposerons connu l'exposé qu'en donnent les deux premiers chapitres de l'excellent Traité de MM. Alexandroff et Hopf (³). On nomme topologie algébrique (ou topologie combinatoire) la partie de la topologie qui utilise des notions algébrico-géométriques; notre objet est la topologie algébrique, plus précisément la théorie de l'homologie et ses applications à la théorie des équations et à celle des transformations.

La théorie de l'homologie a fait depuis quelques années un double progrès, dont l'origine est le procédé de détermination des nombres de Betti des espaces de groupes clos qu'a indiqué M. E. Cartan (⁴) :

D'une part M. De Rham (⁵), en développant ce procédé, a identifié les caractères des groupes de Betti à certaines classes de formes de Pfaff; du fait que les formes de Pfaff constituent un anneau résulte que ces caractères constituent eux-même un anneau : l'anneau d'homologie. MM. Alexander,

(¹) Une représentation topologique est une transformation biunivoque qui est continue dans les deux sens.

(²) *Voir* la conférence de M. H. Hopf, *Quelques problèmes de la théorie des représentations continues* (*L'Enseignement math.*, 35, 1936, p. 334).

(³) Alexandroff et Hopf, *Topologie*, I, Springer, 1935. Nous nous référerons fréquemment à ce Traité, que nous désignerons par l'abréviation A.-H. Il expose toutes les notions dont nous aurons à faire usage.

(⁴) *Sur les nombres de Betti des espaces de groupes clos* (*C. R. Acad. Sc.*, 187, 1928, p. 196-198); *Sur les invariants intégraux de certains espaces homogènes* (*Annales Soc. polon. math.*, 8, 1929, p. 181-225); *La topologie des espaces représentatifs de groupes de Lie* (*L'Enseignement math.*, 35, 1936, p. 177).

(⁵) *Sur l'analysis situs des variétés à n dimensions* (*J. Math., pures et appl.*, 10, 1931, p. 115); *Sur la théorie des intersections et les intégrales multiples* (*Commentarii Math. Helv.*, 4, p. 151); *Relations entre la topologie et la théorie des intégrales multiples* (*L'Enseignement math.*, 35, 1936, p. 213); *Ueber mehrfache Integrale* (*Abhandlungen Math. Seminar Hansischen Universität*, 12, 1938).

Kolmogoroff, Čech, Alexandroff ([6]) ont réussi à étendre la définition de cet anneau d'homologie aux espaces localement bicompacts, puis aux espaces normaux; si MM. Kolmogoroff et Alexandroff ont étudié simultanément l'anneau d'homologie et le groupe de Betti, M. Alexander, par contre, a remarqué qu'il suffisait d'étudier les propriétés de l'anneau d'homologie, celles du groupe de Betti en résultant par dualité. Ce dernier point de vue sera le nôtre; il a entre autres avantages celui de s'apparenter aux conceptions géométriques de M. E. Cartan : on sait que l'anneau des formes de Pfaff ([7]) y joue un rôle presque exclusif.

D'autre part les résultats que fournit la détermination des nombres de Betti des quatre grandes classes de groupes simples suggéra à M. H. Hopf une étude ([8]) extrêmement originale de l'anneau d'homologie d'espaces possédant des représentations en eux-mêmes d'un certain type; M. Hopf n'a appliqué ses raisonnements qu'aux multiplicités orientables et fermées, espaces dans lesquels le groupe de Betti s'identifie à l'anneau d'homologie.

Rappelons par ailleurs le développement de la théorie des équations et des transformations : Les travaux fondamentaux sont ceux de M. Brouwer (*voir* A.-H.); ils sont basés sur la notion d'approximation simpliciale et concernent les pseudo-multiplicités. L'essentiel des résultats de M. Brouwer a été étendu, par passages à la limite, aux espaces abstraits linéaires ([9]).

Mon dessein initial fut d'imaginer une théorie des équations et des transformations s'appliquant directement aux espaces topologiques. J'ai dû recourir à des procédés nouveaux, renoncer à des procédés classiques, et il m'est impossible d'exposer cette théorie des équations et des transformations, sans, d'une part, donner une nouvelle définition de l'anneau d'homologie et, d'autre part, adapter les raisonnements cités de M. Hopf à des hypothèses plus générales que les siennes.

Sommaire. — J'introduis, à côté de la notion classique de recouvrement, qui appartient à la topologie ensembliste, une notion beaucoup plus maniable,

---

([6]) Alexander, *Ann. of Math.*, 37, 1936, p. 698; *Proc. Nat. Acad. U. S. A.*, 22, 1936; Kolmogoroff, *C. R. Acad. Sc.*, 202, 1936, p. 1144, 1325, 1558, 1641; Čech, *Ann. of Math.*, 37, 1936, p. 681; Alexandroff, *Trans. Amer. Math. Soc.*, 49, 1941, p. 41.

([7]) Notons que la théorie des formes de Pfaff permet à M. E. Cartan de résoudre des problèmes d'équivalence, c'est-à-dire de trouver des conditions *nécessaires et suffisantes* pour qu'existent certaines représentations topologiques, tandis que la topologie, dans son état actuel, ne réussit qu'à établir des conditions *nécessaires* pour que deux figures soient homéomorphes.

([8]) *Üeber die Topologie der Gruppen-Mannigfaltigkeiten und ihrer Verallgemeinerungen* (*Annals of Math.*, 42. 1941, p. 22-52).

([9]) Birkhoff-Kellog, *Trans. Amer. Math. Soc.*, 23, 1922; Schauder, *Studia math.*, 1, 1929, p. 123; *Math. Ann.*, 106, 1932, p. 661; Leray-Schauder, *Ann. École norm. sup.*, 51, 1934, p. 45; Leray, *C. R. Acad. Sc.*, 200, 1935, p. 1082; Tychonoff, *Math. Ann.*, 1935.

celle de couverture, qui appartient à la topologie algébrique; cette notion et celle d'intersection de complexes, que je crois originales, fournissent une définition ([10]) de l'anneau d'homologie extrêmement directe et appropriée à l'étude des représentations (Chap. I). Par contre, je n'effectuerai aucune subdivision de complexes, je ne ferai aucune hypothèse d'orientabilité et je n'emploierai aucune approximation simpliciale : je ne supposerai jamais l'espace localement linéaire ([11]). Quand j'ai besoin de particulariser l'espace, j'énonce des hypothèses concernant seulement les propriétés de ses représentations en lui-même; et c'est alors qu'entrent en jeu les raisonnements de M. Hopf (Chap. I, § VI) ou des raisonnements apparentés (Chap. I, § V). J'avais initialement utilisé « le groupe d'homologie continue » de l'espace, comme en témoignent les quatre Notes que j'ai publiées aux *Comptes rendus de l'Académie* en 1942, avant que mes idées n'aient pris leur forme actuelle. J'ai réussi depuis à éliminer cette notion; partageant l'opinion de M. Alexander, déjà citée, je crois superflu, donc nuisible, d'introduire les groupes de Betti d'un espace topologique : le $p^{\text{ième}}$ groupe de Betti n'a d'autre propriété que d'être le groupe des caractères du groupe que constituent les classes d'homologie de dimension p.

Toutefois les groupes de Betti de l'espace jouent un rôle essentiel et les théorèmes de dualité de M. Pontrjagin (A.-H., *Anhang*, I, § V) un rôle important dans l'étude, qui constitue le Chapitre II, des espaces de Hausdorff bicompacts possédant un recouvrement « convexoïde »; je prouve que ces espaces ont les mêmes propriétés d'homologie que les polyèdres. J'ignore si le procédé de détermination de leur anneau d'homologie que je décris est apparenté à quelque procédé connu.

Le Chapitre III, consacré aux points fixes des représentations, amorce ma théorie des équations. Sa brièveté et la généralité des propositions qu'il énonce justifient l'intérêt des notions précédemment introduites, qui y trouvent chacune une application.

Cette première partie de mon Cours de topologie algébrique se borne donc aux problèmes dans lesquels on ne fait jouer de rôle spécial à aucun sous-espace de l'espace étudié, c'est-à-dire aux problèmes liés à la forme de l'espace. Au contraire, la suite s'intitulera : *Sur la position d'un ensemble fermé de points d'un espace topologique; sur les équations et les transformations*. Son

---

([10]) Cette définition diffère considérablement des définitions citées ci-dessus ([6]) et ne leur est pas confrontée.

([11]) La tendance actuelle est d'éviter de formuler a priori les conditions qu'un espace est localement linéaire ou homéomorphe à un sous-ensemble d'un espace linéaire et de chercher au contraire à établir a posteriori que de telles conditions résultent d'hypothèses très générales (*Cf.* : la théorie des représentations linéaires des groupes abstraits: A.-H., *Einbettungssatz von Urysohn, von Menger-Nöbling*).

intérêt essentiel sera la théorie des équations qu'elle exposera. Elle débutera par une extension aux espaces normaux du théorème de dualité d'Alexander; de telles extensions ont déjà été données, dans le cas des espaces localement bicompacts, par MM. Alexandroff, Pontrjagin, Kolmogoroff et Alexander : elles constituent d'ailleurs la seule application que ces Auteurs aient donnée de leur définition de l'anneau d'homologie.

Je n'aurais pas réussi à effectuer ces recherches, dans les conditions où nous nous trouvions, sans l'aide très généreuse de M. Henri Villat, de M. Gaston Julia et de M. Heinz Hopf; je suis heureux de pouvoir leur exprimer ici ma gratitude.

Notations.

J'adopte les notations de *topologie ensembliste* de A.-H. (Chap. I et II). Par exemple : Étant donnés des ensembles de points $E_1, E_2, \ldots E_\alpha \ldots$, leur réunion est désignée par $E_1 + E_2 + \ldots = \sum_\alpha E_\alpha$, leur intersection par $E_1 . E_2 \ldots = \prod_\alpha E_\alpha$, leur produit (A.-H., I, § 1, 10) par $E_1 \times E_2 \times \ldots$; $\Phi(x)$ étant une transformation ponctuelle (univoque ou multivoque), le « transformé par Φ de l'ensemble E de points x » est l'ensemble $\Phi(E) = \sum_{x \in E} \Phi(x)$. Rappelons qu'on nomme représentations les transformations univoques et continues.

J'ai dû, par contre, m'écarter considérablement des notations usuelles de la *topologie algébrique*. Je me suis par exemple permis de donner des « simplexes » une définition duale de celle que A.-H. donne des « Homologie-Simplexe ». L'index qui suit indique à quel numéro se trouve définie chacune des notions de topologie algébrique que nous utiliserons.

CHAPITRE I.

L'ANNEAU D'HOMOLOGIE D'UN ESPACE TOPOLOGIQUE.

I. — Complexes abstraits.

La topologie algébrique utilise un formalisme algébrique, que ce paragraphe I expose indépendamment de la notion d'espace topologique.

1. Définition d'un complexe abstrait. — Un complexe abstrait est constitué par :

1° un nombre fini de variables indépendantes, $X^{p,\alpha}$, nommées *éléments* — le premier, *p*, des deux indices, *p* et α, qui les dénombrent est nommé *dimension* de $X^{p,\alpha}$ —;

2° une *loi de dérivation* qui associe à chaque $X^{p,\alpha}$ une dérivée

$$\dot{X}^{p,\alpha} = \sum_{\beta} C\begin{bmatrix}\alpha\\ p\\ \beta\end{bmatrix} X^{p+1,\beta}$$

qui est une forme linéaire des $X^{p+1,\beta}$ à coefficients $C\begin{bmatrix}\alpha\\ p\\ \beta\end{bmatrix}$ entiers, positifs, négatifs ou nuls.

Nous assujettissons cette loi de dérivation à la condition suivante : *Toute dérivée seconde est nulle*, ceci signifiant que

$$(\dot{X}^{p,\alpha})^{\cdot} = \sum_{\beta} C\begin{bmatrix}\alpha\\ p\\ \beta\end{bmatrix} \dot{X}^{p+1,\beta} = \sum_{\beta,\gamma} C\begin{bmatrix}\alpha\\ p\\ \beta\end{bmatrix} C\begin{bmatrix}\beta\\ p+1\\ \gamma\end{bmatrix} X^{p+2,\gamma} = 0,$$

c'est-à-dire se traduisant par les conditions

$$\sum_{\beta} C\begin{bmatrix}\alpha\\ p\\ \beta\end{bmatrix} C\begin{bmatrix}\beta\\ p+1\\ \gamma\end{bmatrix} = 0.$$

Deux complexes C et C′, d'éléments $X^{p,\alpha}$ et $X'^{q,\beta}$, seront dits *isomorphes* lorsqu'on pourra établir entre leurs éléments de même dimension une correspondance biunivoque ($X^{p,\alpha} \leftrightarrow X'^{p,\alpha}$) et trouver un système de coefficients $\varepsilon(p, \alpha)$ valant tantôt $+1$ et tantôt -1, en sorte que la substitution $X^{p,\alpha} = \varepsilon(p, \alpha) X'^{p,\alpha}$ transforme la loi de dérivation de C en celle de C′.

2. Produit de deux complexes abstraits. — Soient deux complexes abstraits C et C′ *indépendants*, c'est-à-dire dont les éléments $X^{p,\alpha}$ et $X'^{q,\beta}$ sont indépendants. Nous nommerons produit $C \times C'$ de ces deux complexes le complexe abstrait qui a la structure suivante :

1° les éléments de $C \times C'$ sont les symboles $X^{p,\alpha} \times X'^{q,\beta}$, la dimension d'un tel élément étant $p+q$;

2° la dérivation est définie par la formule

$$(1)\qquad (X^{p,\alpha} \times X'^{q,\beta})^{\cdot} = \dot{X}^{p,\alpha} \times X'^{q,\beta} + (-1)^p X^{p,\alpha} \times \dot{X}'^{q,\beta},$$

c'est-à-dire
$$= \sum_{\gamma} C\begin{bmatrix}\alpha\\ p\\ \gamma\end{bmatrix} X^{p+1,\gamma} \times X'^{q,\beta} + (-1)^p \sum_{\delta} C'\begin{bmatrix}\beta\\ q\\ \delta\end{bmatrix} X^{p,\alpha} \times X'^{q+1,\delta}.$$

La dérivée seconde de $X^{p,\alpha} \times X'^{q,\beta}$ est $(-1)^{p+1} \dot{X}^{p,\alpha} \times \dot{X}'^{q,\beta} + (-1)^p \dot{X}^{p,\alpha} \times \dot{X}'^{q,\beta}$, expression effectivement nulle.

Nous conviendrons d'identifier les complexes $C \times C'$ et $C' \times C$ en posant

$$(2)\qquad X^{p,\alpha} \times X'^{q,\beta} = (-1)^{pq} X'^{q,\beta} \times X^{p,\alpha};$$

on vérifie aisément que cette relation définit un isomorphisme, c'est-à-dire transforme la loi de dérivation de $C \times C'$ en celle de $C' \times C$.

3. Homologie. — Rappelons sommairement des définitions classiques (A.-H., Chap. IV et V) : soient un complexe abstrait C et un groupe abélien A choisi parmi les suivants :

a. l'anneau des entiers;

b. l'anneau des entiers calculés mod m (cet anneau est un corps si m est premier);

c. le corps des nombres rationnels.

Considérons les *formes* linéaires dont les *coefficients* appartiennent à A et dont les arguments [1] sont les éléments à p dimensions de C : soient $\sum_\alpha A_\alpha X^{p,\alpha}$, où $A_\alpha \in A$; on les nomme formes à p dimensions. La dérivée d'une telle forme sera $\left(\sum_\alpha A_\alpha X^{p,\alpha}\right)^{\bullet} = \sum_\alpha A_\alpha \dot{X}^{p,\alpha}$. On nomme *cycles* les formes dont la dérivée est nulle. On dit que deux formes à p dimensions sont *homologues* entre elles lorsque leur différence est la dérivée d'une forme. L'homologie étant une relation transitive, répartit les cycles en classes de cycles homologues; ces classes sont nommées *classes d'homologie*. Les formes, les cycles, les cycles homologues à zéro et les classes d'homologie à p dimensions constituent respectivement les éléments de quatre groupes abéliens; le groupe des classes d'homologie à p dimensions sera nommé $p^{\text{ième}}$ *groupe de Betti* de C, relativement à A; il sera désigné par B^p. On peut résumer comme suit sa définition : il est le quotient du groupe des cycles par le groupe des cycles homologues à zéro. La relation $Z^{p,1} \sim Z^{p,2}$ exprimera tantôt l'homologie de deux formes $Z^{p,1}$ et $Z^{p,2}$, tantôt l'identité de deux classes d'homologie $Z^{p,1}$ et $Z^{p,2}$, tantôt l'appartenance d'un cycle $Z^{p,1}$ à une classe $Z^{p,2}$.

A.-H. (Chap. V, § 4) établit les rapports qui existent entre les divers groupes de Betti d'un même complexe, correspondant aux divers choix possibles de A; il montre que pour déterminer l'ensemble de ces groupes, il suffit de connaître l'un des deux systèmes suivants de groupes :

α. le groupe de Betti à coefficients entiers;

β. les groupes de Betti dont les coefficients sont les entiers calculés mod m, m valant successivement : 2, 3, 4, 5, ...

D'autre part le *théorème de Künneth* (A.-H., Chap. VII, § 3) permet de déduire des groupes de Betti de C et C′ ceux de $C \times C'$.

4. Simplexes. — Nous dirons qu'un complexe C possède un *cycle unité* lorsqu'il ne contient pas d'élément de dimension négative, qu'il contient au

---

(1) Les calculs se font en considérant que ces arguments sont des variables indépendantes.

moins un élément de dimension nulle et que la somme $C^0 = \sum_\alpha X^{0,\alpha}$ de ses éléments de dimension nulle est un cycle, que nous nommerons cycle unité.

Nous dirons qu'un complexe est *connexe* (le lemme 4, n° **15**, justifiera cette terminologie), lorsqu'il possède, outre les propriétés précédentes, la suivante : tous ses cycles à zéro dimension sont du type $A_\alpha C^0$ (où $A_\alpha \in A$).

Nous dirons qu'un complexe C est un *simplexe* lorsqu'il est connexe et qu'en outre ses cycles de dimensions positives sont tous homologues à zéro.

Les passages de A.-H. cités à la fin du n° **3** ont les conséquences que voici :

LEMME 1. — *Pour qu'un complexe connexe soit un simplexe, il suffit que ses cycles de dimensions positives soient homologues à zéro quand les coefficients constituent l'un des deux systèmes de groupes a ou b du n°* **3**.

LEMME 2. — *Le produit d'un complexe arbitraire par un simplexe a mêmes groupes de Betti que ce complexe arbitraire;* en particulier le produit de deux simplexes est un simplexe.

Démontrons ce lemme 2, qui jouera un rôle important (n° **9**); le procédé de démonstration que nous allons employer est fondamental : il pourrait servir à établir le théorème de Künneth; il sera utilisé à nouveau, aux n°s **17**, **27** et **32**. Soient C le simplexe, C′ le complexe arbitraire. Soient $X'^{q,\beta}$ les éléments de C′; $L^{r,\gamma}$ et $L'^{s,\delta}$ désigneront respectivement des formes de C et C′; C^0 sera le cycle unité de C. Nommons $C^0 \times C'$ l'ensemble des formes $C^0 \times L'^{s,\delta}$. Proposons-nous d'étudier une forme de $C \times C'$,

$$M^p = \sum_{\beta,\, 0 \leqq q} L^{q,\beta} \times X'^{p-q,\beta}, \qquad \text{telle que } \dot{M}^p \in C^0 \times C'$$

(les divers $X'^{p-q,\beta}$ étant distincts).

Nommons poids Q de M^p la plus grande des valeurs prises par q; les termes de poids maximum de $\dot{M}^p$ sont $\sum_\beta \dot{L}^{Q,\beta} \times X'^{p-Q,\beta}$; ils sont nuls; par suite

$$\dot{L}^{Q,\beta} = 0.$$

Supposons $Q > 0$; puisque C est un simplexe, il existe des formes $L^{Q-1,\beta}$ telles que $L^{Q,\beta} = \dot{L}^{Q-1,\beta}$; d'où, les ... désignant des termes de poids inférieurs à Q,

$$M^p = \sum_\beta \dot{L}^{Q-1,\beta} \times X'^{p-Q,\beta} + \ldots = \Big(\sum_\beta L^{Q-1,\beta} \times X'^{p-Q,\beta}\Big)^{\cdot} + \ldots \sim \ldots;$$

ainsi M^p est homologue à une forme de poids inférieur à Q; donc à une forme de poids $Q = 0$ (ce raisonnement par récurrence vaut puisque deux formes homologues ont même dérivée).

Supposons donc que M^p soit une telle forme de poids $Q = 0$:

$$M^p = \sum_\beta L^{0,\beta} \times X'^{p,\beta}.$$

La relation $\dot{L}^{0,\beta} = 0$, jointe à l'hypothèse que C est un simplexe, exige l'existence d'un coefficient A_β tel que

$$L^{0,\beta} = A_\beta C^0, \qquad \text{donc } M^p = C^0 \times \sum_\beta A_\beta X'^{p,\beta} \in C^0 \times C'.$$

Ainsi toute forme de $C \times C'$ dont la dérivée appartient à $C^0 \times C'$ est elle-même homologue à une forme appartenant à $C^0 \times C'$. Il en résulte d'abord que tout cycle de $C \times C'$ est homologue à un cycle $C^0 \times Z'^p$, Z'^p devant évidemment être un cycle de C'. Il en résulte ensuite que si $C^0 \times Z'^p \sim 0$, c'est que $C^0 \times Z'^p = C^0 \times \dot{L}'^{p-1}$, c'est-à-dire que $Z'^p \sim 0$; la réciproque est évidente. La correspondance $Z'^p \leftrightarrow C^0 \times Z'^p$ est donc un isomorphisme des groupes de Betti de C' sur ceux de $C \times C'$. Nous conviendrons d'identifier les classes d'homologie Z'^p et $C^0 \times Z'^p$, afin de pouvoir conclure en ces termes : C' et $C \times C'$ ont mêmes groupes de Betti.

5. Simplexe engendré par les produits extérieurs d'un nombre fini d'éléments. — (Le présent numéro n'a pas pour seul but de donner un exemple de complexe abstrait : il nous servira au n° **10** à définir une notion fondamentale.) Envisageons un nombre fini ω de symboles $X^{0,1}, X^{0,2}, \ldots, X^{0,\omega}$; les formes linéaires à coefficients A_α entiers : $L^{0,\alpha} = A_{\alpha_1} X^{0,1} + A_{\alpha_2} X^{0,2} + \ldots + A_{\alpha_\omega} X^{0,\omega}$; enfin une opération, nommée produit extérieur, qui a les caractères suivants (¹) : le produit extérieur $L^{0,\alpha} \wedge L^{0,\beta} \wedge \ldots \wedge L^{0,\lambda}$ est une fonction linéaire et homogène de chacun de ses facteurs; il est associatif; il change de signe quand on permute deux facteurs (il est donc nul quand un même facteur y figure deux fois).

Nous nommerons « simplexe engendré par le produit extérieur des $X^{0,1}$, $X^{0,2}, \ldots, X^{0,\omega}$ » le complexe C qui a la structure suivante : ses éléments à zéro dimension sont $X^{0,1}, X^{0,2}, \ldots, X^{0,\omega}$; ses éléments à p dimensions sont les produits extérieurs

$$X^{p,\alpha} = X^{0,\alpha_0} \wedge X^{0,\alpha_1} \wedge \ldots \wedge X^{0,\alpha_p} \quad (\text{pour tous les choix possibles } \alpha_0 < \alpha_1 < \ldots < \alpha_p);$$

la loi de dérivation est

$$\dot{L}^{p,\alpha} = C^0 \wedge L^{p,\alpha}, \qquad \text{où } C^0 = X^{0,1} + X^{0,2} + \ldots + X^{0,\omega}.$$

(¹) La notion de produit extérieur est due à Grassmann; elle joue un rôle fondamental dans la théorie des formes de Pfaff; *voir* par exemple E. Cartan, *Leçons sur les invariants intégraux* (Paris, Hermann, 1922).

C est bien un complexe, puisque la loi de dérivation est telle que toute dérivée seconde est nulle. Prouvons que ce complexe est un simplexe. C^0 est bien un cycle. Soit Z^p un quelconque des cycles de C; la relation $\dot{Z}^p = 0$ signifie que $C^0 \wedge Z^p = 0$; on en déduit, en exprimant Z^p en fonction des quantités indépendantes C^0, $X^{0,2}$, $X^{0,3}$, ..., $X^{0,\omega}$, que C^0 peut être mis en facteur dans Z^p :

si $p > 0$, nous avons donc $$Z^p = C^0 \wedge L^{p-1},$$

c'est-à-dire $$Z^p = \dot{L}^{p-1}, \quad \text{donc } Z^p \sim 0;$$

si $p = 0$, nous avons $$Z^0 = A_\alpha C^0, \quad \text{où } A_\alpha \in A.$$

6. Sous-complexes. — Soit L^p une forme d'un complexe C; soient $X^{p,\alpha}$ ceux des éléments de C qui figurent dans L^p (avec un coefficient non nul); soient $X^{p+1,\beta}$ ceux des éléments de C qui figurent dans l'un au moins des $\dot{X}^{p,\alpha}$; soient $X^{p+2,\gamma}$ ceux des éléments de C qui figurent dans l'un au moins des $\dot{X}^{p+1,\beta}$, etc. Nous dirons que chacun de ces éléments $X^{p,\alpha}$, $X^{p+1,\beta}$, $X^{p+2,\gamma}$ *adhère* à L^p; nous désignerons leur ensemble par $\overline{L^p}$; nous écrirons $X^{p,\alpha} \in \overline{L^p}$, $X^{p+1,\beta} \in \overline{L^p}$, etc.

Un ensemble F d'éléments d'un complexe C sera dit fermé quand tout élément de C qui adhère à un élément de F appartient lui-même à F. Un ensemble G d'éléments de C sera dit ouvert quand tout élément de C auquel adhère un élément de G appartient lui-même à G. Les éléments de C étrangers à un ensemble ouvert G d'éléments de C constituent un ensemble fermé, dit complémentaire de G et vice versa. (En d'autres termes : C sera un espace topologique, la fermeture de $X^{p,\alpha}$ étant $\overline{X^{p,\alpha}}$; *voir* A.-H., Chap. III, § 1, 8.)

Nous nommerons *sous-complexe fermé* de C tout complexe F ayant la structure suivante : les éléments de F constituent un ensemble fermé d'éléments de C; la loi de dérivation qui règne dans F est celle qui règne dans C. (Toute égalité, toute homologie qui vaut dans F entre des formes et leurs dérivées vaut *a fortiori* dans C.)

Nous nommerons *sous-complexe ouvert* de C tout complexe G ayant la structure suivante : les éléments de G constituent un ensemble ouvert d'éléments de C; soit F le complémentaire de G; la loi de dérivation qui règne dans G se déduit de celle qui règne dans C en y supprimant tous les éléments de F (toute dérivée seconde reste effectivement nulle, puisque F est fermé). Nous dirons que G se déduit de C en *annulant* les éléments de F. La proposition que voici est évidente :

Lemme 3. — *De toute égalité, de toute homologie qui vaut dans* C *entre des formes et leurs dérivées on déduit une relation valant dans* G *en annulant les éléments de* F.

Exemple : Les éléments de C auxquels adhère un élément donné $X^{p,\alpha}$ constituent un sous-complexe ouvert de C, que nous désignerons par $\underline{X^{p,\alpha}}$.

Remarque. — Un sous-complexe ouvert d'un simplexe n'est pas, en général, un simplexe, même s'il est connexe (sinon la remarque terminant le n° **8** serait fausse).

Homogénéité des formules. — La somme des dimensions et du nombre de points signes de dérivation est la même pour tous les « monomes » d'une même formule; la barre supérieure, signe d'adhérence, équivaut à un nombre indéterminé, positif ou nul, de points signes de dérivation; au contraire $\underline{X^{p,\alpha}}$ représente des termes de dimensions au plus égales à p.

II. — Les complexes concrets, leur intersection, les couvertures.

7. Complexes concrets. — *Définition.* — Un complexe concret est constitué par :

1° un complexe abstrait, dit complexe abstrait de C;

2° un espace $|C|$, nommé support de C;

3° une loi qui associe à chaque élément $X^{p,\alpha}$ du complexe abstrait de C un ensemble *non vide* de points de $|C|$, nommé support de $X^{p,\alpha}$ et représenté par $|X^{p,\alpha}|$.

Cette loi doit vérifier les deux conditions suivantes :

$$\text{si } X^{q,\beta} \in \overline{X}^{p,\alpha}, \text{ alors} \quad |X^{q,\beta}| \in |X^{p,\alpha}|; \quad |C| = \sum_{p,\alpha} |X^{p,\alpha}|.$$

Nota. — Nous abrégerons l'expression « les supports des éléments de C » en la suivante : « les supports de C ».

Pratiquement le complexe concret C sera défini par la donnée d'un complexe abstrait C′ et d'une loi associant à chaque élément $X^{p,\alpha}$ de C′ un support $|X^{p,\alpha}|$, qui sera un ensemble de points d'un espace E; cette loi vérifiera la condition :

$$\text{si } X^{q,\beta} \in \overline{X}^{p,\alpha}, \text{ alors} \qquad |X^{q,\beta}| \in |X^{p,\alpha}|;$$

mais $|X^{p,\alpha}|$ pourra être l'ensemble vide. Le complexe abstrait de C sera le sous-complexe ouvert de C′ qu'on obtient en annulant dans C′ les éléments dont le support est vide. Nous dirons que C est le sous-complexe concret de C′ que définit la loi associant $|X^{p,\alpha}|$ à $X^{p,\alpha}$. De toute égalité, de toute homologie valant dans C′, on déduit une relation valant dans C en annulant les éléments à supports vides (en vertu du lemme 3).

Support d'une forme. — Soit $L^p = \sum_\alpha A_\alpha X^{p,\alpha}$ (où $A_\alpha \neq 0$) une forme de C; nous nommerons support de cette forme l'ensemble $|L^p| = \sum_\alpha |X^{p,\alpha}|$. Nous avons évidemment : $|A_\beta L^p| = |L^p|$ si A_β n'est pas diviseur de zéro :

$$\left|\sum_\alpha A_\alpha L^{p,\alpha}\right| \subset \sum_\alpha |L^{p,\alpha}|, \qquad |\dot{L}^p| \subset |L^p|.$$

8. Opérations sur les complexes concrets. — *Produit* $C \times C'$ *de deux complexes concrets* C *et* C'. — (Soient $X^{p,\alpha}$ les éléments de C et $X'^{q,\beta}$ ceux de C'.) Le complexe concret de $C \times C'$ sera le produit des complexes abstraits de C et C'. La loi définissant les supports sera

$$|X^{p,\alpha} \times X'^{q,\beta}| = |X^{p,\alpha}| \times |X'^{q,\beta}|.$$

Intersection C.E' *d'un complexe concret* C *par un ensemble de points* E'. — Soient $X^{p,\alpha}$ les éléments de C; ceux de C.E' seront les symboles $X^{p,\alpha}.E'$; et C.E' sera le sous-complexe concret du complexe abstrait de C que définit la loi

$$|X^{p,\alpha}.E'| = |X^{p,\alpha}|.E'$$

(donc $X^{p,\alpha}.E' = 0$ quand $X^{p,\alpha}$ et E' sont disjoints).

Transformé $\Phi(C)$ *d'un complexe* C *par une transformation* Φ. — Φ est une transformation ponctuelle, univoque ou multivoque. Soient $X^{p,\alpha}$ les éléments de C; ceux de $\Phi(C)$ seront les symboles $\Phi(X^{p,\alpha})$; et $\Phi(C)$ sera le sous-complexe concret du complexe abstrait de C que définit la loi

$$|\Phi(X^{p,\alpha})| = \Phi(|X^{p,\alpha}|).$$

(Donc $\Phi(X^{p,\alpha}) = 0$ quand $|X^{p,\alpha}|$ et le champ de définition E' de Φ sont disjoints : les deux complexes $\Phi(C)$ et C.E' ont le même complexe abstrait).

Intersection C.C' *de deux complexes concrets* C et C'. — (Soient $X^{p,\alpha}$ les éléments de C et $X'^{q,\beta}$ ceux de C'). C.C' sera un sous-complexe concret du produit des complexes abstraits de C et C'; à l'élément $X^{p,\alpha} \times X'^{q,\beta} = (-1)^{pq} X'^{q,\beta} \times X^{p,\alpha}$ de ce produit correspondra dans C.C' un élément que nous nommerons $X^{p,\alpha}.X'^{q,\beta} = (-1)^{pq} X'^{q,\beta}.X^{p,\alpha}$ et dont le support sera

$$|X^{p,\alpha}.X'^{q,\beta}| = |X^{p,\alpha}|.|X'^{q,\beta}|.$$

Notons l'identité de C.C' avec C'.C; explicitons la loi de dérivation dans C.C' : d'après (1) (n° **2**) et le lemme 3 nous avons

$$(X^{p,\alpha}.X'^{q,\beta})^{\cdot} = \dot{X}^{p,\alpha}.X'^{q,\beta} + (-1)^p X^{p,\alpha}.\dot{X}'^{q,\beta}. \tag{3}$$

La représentation $\pi(x)$. — Soit $\pi(x)$ la représentation associant au point x le point $x \times x$; son inverse $\overset{-1}{\pi}(x \times x')$ est égal à x si $x' = x$ et sinon n'est pas définie. Cette transformation établit le lien suivant entre les notions que nous venons de définir : C.C′ est identique à $\overset{-1}{\pi}(C \times C')$; en particulier

$$X^{p,\alpha}.X'^{q,\beta} = \overset{-1}{\pi}(X^{p,\alpha} \times X'^{q,\beta}). \tag{4}$$

Remarque. — L'intersection d'un simplexe par un ensemble, l'intersection de deux simplexes, même si elle est connexe, n'est pas en général un simplexe, comme le prouve le n° **11**, figure 2.

9. Les couvertures. — *Définition.* — Nous nommons *couverture d'un espace topologique* E tout complexe concret K ayant les propriétés suivantes :

1° le support $|X^{p,\alpha}|$ de chaque élément de K est un ensemble *fermé* de points de E;

2° l'intersection de K par un point de E est un *simplexe*, quel que soit ce point;

3° la somme des éléments à o dimension de K, $K^0 = \sum_\beta X^{0,\beta}$, est un cycle, nommé *cycle unité* de K.

Intérêt de cette définition. — Jusqu'à présent la théorie de l'homologie a étudié la forme d'un espace topologique en analysant les propriétés de ses recouvrements par un nombre fini d'ensembles fermés; nous allons effectuer cette étude en analysant les propriétés des couvertures de l'espace; nous y gagnons de substituer à une notion de topologie ensembliste une notion bien plus maniable de topologie algébrique.

Propriétés des couvertures. — Les propriétés suivantes sont immédiates : $E = |K^0| = |K|$ (car tout simplexe contient par définition au moins un élément de dimension nulle).

Le produit de deux couvertures est une couverture (la démonstration utilise le lemme 2).

L'intersection d'une couverture par un ensemble de points est une couverture.

La transformée d'une couverture par la transformation inverse d'une représentation est une couverture (on nomme représentations, les transformations univoques et continues).

L'intersection de deux couvertures est une couverture.

10. Couverture engendrée par un recouvrement fermé fini. — (Le présent numéro n'a pas pour seul but de donner un exemple de couverture : les couvertures qu'engendrent les recouvrements jouent un rôle fondamental aux n° **16** (lemme 7), **19**, **22**, **37** et **43**).

Soient un espace topologique E et un nombre fini d'ensembles fermés F_α de points de E; supposons $\sum_\alpha F_\alpha = E$: on dit que les F_α constituent un recouvrement fermé et fini de E (A.-H. Uberdeckung). Envisageons le complexe abstrait qu'engendrent les produits extérieurs des symboles F_α (n° **6**) et le sous-complexe concret K de ce simplexe que défini la loi

$$|F_{\beta_0} \wedge F_{\beta_1} \wedge \ldots \wedge F_{\beta_p}| = F_{\beta_0}.F_{\beta_1}\ldots F_{\beta_p}$$

(K n'est pas en général un simplexe : la couverture nommée K.K' au n° **11**, figure 2, peut être engendrée par ce procédé et n'est pas un simplexe).

K est une couverture de E : l'intersection de K par un point de E est le simplexe même qu'engendrent les produits extérieurs de ceux des F_α qui contiennent ce point. Nous donnerons à K le nom de « couverture engendrée par le recouvrement F_α ».

Remarques. — Soit $X^{p,\beta} = F_{\beta_0} \wedge F_{\beta_1} \wedge \ldots F_{\beta_p}$ un élément non nul de K (on a $F_{\beta_0}.F_{\beta_1}\ldots.F_{\beta_p} \neq 0$); cet élément à p dimensions adhère exactement à $(p+1)$ éléments à $(p-1)$ dimensions (dont aucun n'est nul), à savoir

$$F_{\beta_1} \wedge F_{\beta_2} \wedge \ldots \wedge F_{\beta_p}; \quad F_{\beta_0} \wedge F_{\beta_2} \wedge F_{\beta_3} \wedge \ldots \wedge F_{\beta_p}; \quad F_{\beta_0} \wedge F_{\beta_1} \wedge F_{\beta_3} \wedge \ldots \wedge F_{\beta_p}, \quad \text{etc.}$$

Chacun des coefficients $C\begin{bmatrix}\alpha\\ p\\ \beta\end{bmatrix}$ qui figurent dans la loi de dérivation de K vaut ± 1.

Le sous-complexe ([1]) $\underline{X^{p,\beta}}$ de K est un *simplexe*, qui est la *couverture* engendrée par le recouvrement de $|\underline{X^{p,\beta}}|$ que constituent $F_{\beta_0}, F_{\beta_1}, \ldots F_{\beta_p}$.

Digression sur les produits et sur les intersections de recouvrements. — Soient E un espace topologique et ρ un recouvrement fermé et fini de cet espace, se composant des ensembles F_α. Soient de même E', ρ', F'_β. Les ensembles $F_\alpha \times F'_\beta$ constituent un recouvrement fini fermé de $E \times E'$; nous nommerons ce recouvrement produit $\rho \times \rho'$ des recouvrements ρ et ρ'. Les $F_\alpha.F'_\beta$ constituent un recouvrement fermé fini de E.E'; nous le nommerons intersection $\rho.\rho'$ de ρ et ρ'. Nous désignerons par K(ρ) la couverture engendrée par le recouvrement ρ. Les faits suivants soulignent les différences qui existent entre les propriétés des couvertures et des recouvrements : $K(\rho \times \rho')$ et $K(\rho) \times K(\rho')$ sont des complexes différents; c'est le premier qui a la structure la plus compliquée. De même $K(\rho.\rho')$ a, en général, une structure plus compliquée que $K(\rho).K(\rho')$.

Démonstration. — Nommons dimension d'un complexe la dimension maximum de ses éléments. Rappelons que l'ordre du recouvrement ρ est le plus

([1]) Défini au n° **6**, exemple.

grand nombre λ tel qu'on puisse trouver λ ensembles F_α dont l'intersection ne soit pas vide. Soient p et p' les dimensions de $K(\rho)$ et $K(\rho')$; les ordres de ρ et ρ' sont donc $p+1$ et $p'+1$; par suite l'ordre de $\rho\times\rho'$ est $(p+1)(p'+1)$ et la dimension de $K(\rho\times\rho')$ est donc $pp'+p+p'$; or celle de $K(\rho)\times K(\rho')$ est seulement $p+p'$.

Les couvertures qu'engendrent les produits et les intersections de recouvrements ne nous seront d'aucune utilité.

11. Exemples de couvertures. — *Figure* 1. — E est le segment $0\leqq x\leqq 2$ de l'axe réel; le recouvrement de E que constituent les deux segments $0\leqq x\leqq 1$ et

Fig. 1.

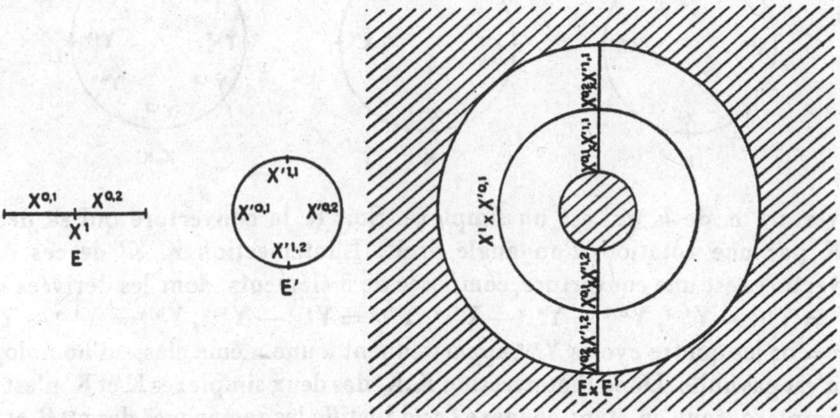

$1\leqq x\leqq 2$ définit une couverture de E, composée de 3 éléments $X^{0,1}$, $X^{0,2}$ et X^1 qui vérifient les relations suivantes : $\dot{X}^{0,1}=X^1=-\dot{X}^{0,2}$, $\dot{X}^1=0$, $|X^{0,1}|$ est le segment $0\leqq x\leqq 1$, $|X^{0,2}|$ est le segment $1\leqq x\leqq 2$, $|X^1|$ est le point $x=1$. Cette couverture est un simplexe.

La circonférence E' a pour couverture le complexe constitué par quatre éléments $X'^{0,1}$, $X'^{0,2}$, $X'^{1,1}$ et $X'^{1,2}$ qui vérifient les relations suivantes :

$$\dot{X}'^{0,1}=X'^{1,1}-X'^{1,2}=-\dot{X}'^{0,2},\qquad \dot{X}'^{1,1}=\dot{X}'^{1,2}=0,$$

$|X'^{1,1}|$ et $|X'^{1,2}|$ sont deux points distincts; $|X'^{0,1}|$ et $|X'^{0,2}|$ sont les deux arcs distincts qui ont pour extrémités ces deux points. Cette couverture ne peut pas être engendrée par un recouvrement. Cette couverture n'est pas un simplexe : $X'^{1,1}\sim X'^{1,2}\not\sim 0$.

Le produit de ces deux couvertures de E et de E' est une couverture de $E\times E'$, qui se compose de 12 éléments et qui a, d'après le lemme 2, mêmes groupes de Betti que la couverture E' : la classe d'homologie de E' qui contient les cycles $X'^{1,1}$ et $X'^{1,2}$ est identifiée à la classe d'homologie de $E\times E'$ qui contient les cycles $(X^{0,1}+X^{0,2})\times X'^{1,1}$ et $(X^{0,1}+X^{0,2})\times X'^{1,2}$; indiquons un autre cycle de cette classe, par exemple le cycle

$$X^{0,1}\times X'^{1,1}+X^{1}\times X'^{0,1}+X^{0,2}\times X'^{1,2};$$

notons que les supports de ces trois cycles sont des courbes allant de l'un à l'autre des cercles délimitant la couronne $E\times E'$.

Figure 2. — E est une circonférence; le recouvrement de E que constituent deux demi-circonférences distinctes ayant mêmes extrémités engendre une

Fig. 2.

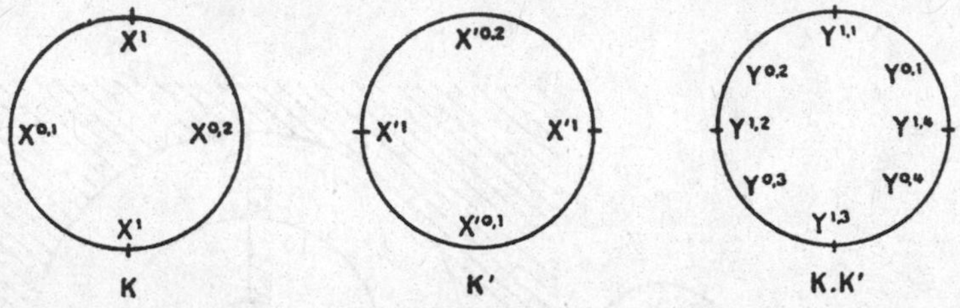

couverture K de E qui est un simplexe. Soit K′ la couverture qui se déduit de K par une rotation d'un angle droit. L'intersection K.K′ de ces deux couvertures est une couverture, composée de 8 éléments, dont les dérivées sont $\dot{Y}^{0,1}=Y^{1,1}-Y^{1,4}$, $\dot{Y}^{0,2}=Y^{1,2}-Y^{1,1}$, $\dot{Y}^{0,3}=Y^{1,3}-Y^{1,2}$, $\dot{Y}^{0,4}=Y^{1,4}-Y^{1,3}$, $\dot{Y}^{1,\alpha}=0$; les quatre cycles $Y^{1,\alpha}$ appartiennent à une même classe d'homologie, qui n'est pas nulle. Donc l'intersection K.K′ des deux simplexes K et K′ n'est pas un simplexe, tout en étant connexe (ceci justifie les remarques des nos **6** et **8**).

Figure 3. — Soit E la demi-droite $x\geqq 0$. Soit K la couverture de E qui a la structure suivante : ses éléments sont $X^{0,1}$, $X^{0,2}$, $X^{1,1}$ et $X^{1,2}$; leur loi de dérivation est $\dot{X}^{0,1}=X^{1,1}-X^{1,2}=-\dot{X}^{0,2}$, $\dot{X}^{1,1}=\dot{X}^{1,2}=0$; $|X^{1,1}|$ est l'ensemble

Fig. 3.

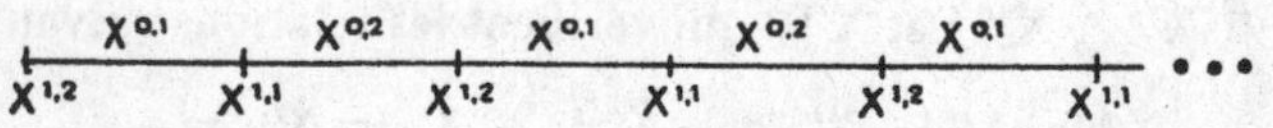

des points d'abscisses impaires, $x=2l+1$; $|X^{1,2}|$ est l'ensemble des points d'abscisses paires $x=2l$; $|X^{0,1}|$ est la réunion des intervalles $2l\leqq x\leqq 2l+1$ et $|X^{0,2}|$ est la réunion des intervalles $2l-1\leqq x\leqq 2l$. Cette couverture n'est pas un simplexe : elle a même complexe abstrait que la couverture de E′, figure 1.

Si nous adjoignons à E un point à l'infini et si nous adjoignons ce point à chacun des supports $|X^{p,\alpha}|$ afin qu'il soit fermé, la couverture K devient un complexe concret C qui n'est pas une couverture, car son intersection par le point à l'infini n'est pas un simplexe.

III. — Formes, cycles et anneau d'homologie d'un espace topologique.

12. Définitions. — Soient un espace topologique E et un groupe [1] A de coefficients.

Nommons *forme* de E toute forme L^p d'une *couverture* K de E, les coefficients utilisés étant ceux de A. Soit K′ une couverture de E indépendante de K; soit K'^0 son cycle unité; convenons que L^p et $L^p.K'^0$ constituent la même forme de E. Convenons de n'envisager sur E que des couvertures deux à deux indépendantes et des intersections de couvertures deux à deux indépendantes. Ces conventions permettent d'additionner deux formes à p dimensions de E : si L'^p et L''^p sont deux formes de E, appartenant respectivement aux couvertures K.K′ et K.K″, leur somme sera la forme $L'^p.K''^0 + L''^p.K'^0$ de la couverture K.K′.K″; cette addition est commutative et associative. Plus généralement on peut effectuer les combinaisons linéaires, à coefficients pris dans A, de formes de E ayant même dimension. D'autre part l'intersection de deux formes de E, L^p et L'^q, appartenant à deux couvertures indépendantes, est définie; c'est une forme de E à $p+q$ dimensions, $L^p.L'^q = (-1)^{pq} L'^q.L^p$. Enfin, puisque $\dot{K}'^0 = 0$, L^p et $L^p.K'^0$ ont pour dérivées la même forme de E, $\dot{L}^p = \dot{L}^p.K'^0$; on peut donc définir la dérivée d'une forme de E comme étant une forme de E; on a pour de telles formes [*cf.* n° **8**, (3)] :

$$\left(\sum_\alpha A_\alpha L^{p,\alpha}\right)^{\cdot} = \sum_\alpha A_\alpha \dot{L}^{p,\alpha} \quad \text{et} \quad (L^p.L'^q)^{\cdot} = \dot{L}^p.L'^q + (-1)^p L^p.\dot{L}'^q.$$

Nous nommerons *cycles* de E les formes de E dont la dérivée est nulle.

Nous dirons que deux formes de E sont *homologues* entre elles lorsque leur différence est la dérivée d'une forme de E. En d'autres termes, si K est la couverture à laquelle appartient un cycle Z^p, la relation

$$Z^p \sim 0 \quad \text{dans E}$$

signifiera qu'il existe une couverture K′ de E telle que

$$Z^p.K'^0 \sim 0 \quad \text{dans K.K}'.$$

L'homologie dans E, étant une relation transitive, répartit les cycles de E en classes de cycles homologues; ces classes sont nommées *classes d'homologie*. Étant donnés deux cycles à p dimensions de E, Z^p et Z'^p, si l'un d'eux décrit une classe d'homologie de E, $Z^p + Z'^p$ reste dans la même classe d'homologie de E : ceci permet de définir la somme de deux classes d'homologie de E. Soient Z^p et Z'^q deux cycles de E, appartenant à deux couvertures indé-

---

[1] Ce groupe appartient à l'un des types *a*, *b*, *c* du n° **3** et constitue donc un anneau.

pendantes; leur intersection $Z^p.Z'^q$ reste dans la même classe d'homologie de E quand Z^p ou Z'^q varie, en restant dans une même classe d'homologie de E : ceci permet de définir l'intersection de deux classes d'homologie de E, quand on peut trouver deux cycles de ces deux classes appartenant à deux couvertures indépendantes, ce qui est toujours possible d'après le théorème 1 (n° **18**), quand E est normal. Nous résumerons ces propriétés de l'addition et de l'intersection des classes d'homologie d'un espace normal en disant que ces classes constituent un *anneau hétérogène* — l'adjectif hétérogène devant rappeler qu'on ne peut additionner que des éléments de même dimension —; nous nommerons cet anneau hétérogène *anneau d'homologie de* E.

Nota. — Nous analyserons ces définitions de façon plus détaillée au cours d'un article intitulé : Les modules d'homologie d'une représentation.

13. Exemples. — C'est seulement le Chapitre II qui nous mettra en mesure de déterminer par un processus fini les anneaux d'homologie des espaces les plus élémentaires : les polyèdres. Pour l'instant donnons deux exemples des rapports qui peuvent exister entre les cycles de deux couvertures, K et K', et ceux de leur intersection K.K'.

Tout d'abord la *figure* 2 (n° **11**) nous montre deux couvertures K et K' d'une circonférence qui sont des simplexes, alors que K.K' possède des cycles à une dimension qui ne sont pas homologues à zéro.

La *figure* 4 nous montre le cas opposé : K et K' sont deux couvertures d'un même segment E de l'axe réel : $0 \leqq x \leqq 4$. La structure de K est définie par les relations $\dot{X}^{0,1} = X^1 = -\dot{X}^{0,2}$; $|X^1|$ est le point $x = 2$; $|X^{0,1}|$ est le segment

Fig. 4.

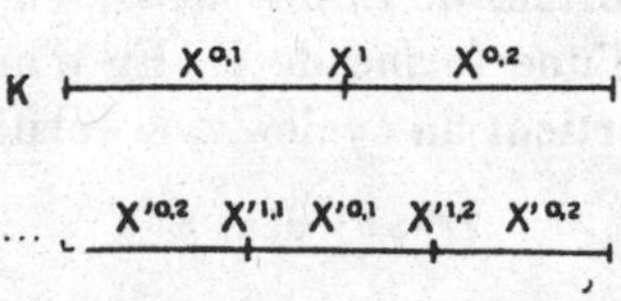

$0 \leqq x \leqq 2$; $|X^{0,2}|$ est le segment $2 \leqq x \leqq 4$. La structure de K' est définie par les relations $\dot{X}'^{0,1} = X'^{1,1} - X'^{1,2} = -\dot{X}'^{0,2}$; $|X'^{1,1}|$ est le point $x = 1$; $|X'^{1,2}|$ est le point $x = 3$; $|X'^{0,1}|$ est le segment $1 \leqq x \leqq 3$, tandis que $|X'^{0,2}|$ est la réunion des deux segments $0 \leqq x \leqq 1$ et $3 \leqq x \leqq 4$. Les cycles $X'^{1,1}$ et $X'^{1,2}$ appartiennent à une même classe d'homologie non nulle de K', tandis que dans K.K' les cycles correspondants $(X^{0,1} + X^{0,2}).X'^{1,1} = X^{0,1}.X'^{1,1}$ et $X^{0,2}.X'^{1,2}$ sont homologues à zéro.

14. Opérations sur les formes et les classes d'homologie d'un espace topologique. — Comme nous l'avons déjà constaté au n° 9, le produit de deux couvertures, l'intersection de deux couvertures, l'intersection d'une couverture par un ensemble de points, la transformée d'une couverture par l'inverse d'une représentation continue est une couverture, dont le cycle unité est le produit, l'intersection, le transformé des cycles unités des couvertures données. On en déduit sans peine la définition des opérations que voici :

Soient deux espaces topologiques E et E', dans lesquels nous utilisons un même anneau de coefficients A; soient L^p et L'^q deux formes de E et E';

leur *produit* $L^p \times L'^q = (-1)^{pq} L'^q \times L^p$ est une forme de l'espace $E \times E'$;
leur *intersection* $L^p . L'^q = (-1)^{pq} L'^q . L^p$ est une forme de l'espace $E.E'$;
l'*intersection* $L^p . E'$ est une forme de l'espace $E.E'$.

Soit φ une représentation, dont le champ de définition est identique à E' et dont le champ des valeurs appartient à E; soit $\overset{-1}{\varphi}$ la transformation inverse de φ; ($\overset{-1}{\varphi}$ est en général multivoque); la *transformée* $\overset{-1}{\varphi}(L^p)$ est une forme de l'espace E'.

Ces diverses opérations sont des homomorphismes; en d'autres termes nous avons les formules

$$\Big(\sum_\alpha A_\alpha L^{p,\alpha}\Big) \times \Big(\sum_\beta A_\beta L'^{q,\beta}\Big) = \sum_{\alpha,\beta} A_\alpha A_\beta L^{p,\alpha} \times L'^{q,\beta},$$

$$\Big(\sum_\alpha A_\alpha L^{p,\alpha}\Big) . \Big(\sum_\beta A_\beta L'^{q,\beta}\Big) = \sum_{\alpha,\beta} A_\alpha A_\beta L^{p,\alpha} . L'^{q,\beta},$$

$$\Big(\sum_\alpha A_\alpha L^{p,\alpha}\Big) . E' = \sum_\alpha A_\alpha (L^{p,\alpha} . E'),$$

$$\overset{-1}{\varphi}\Big(\sum_\alpha A_\alpha L^{p,\alpha}\Big) = \sum_\alpha A_\alpha \overset{-1}{\varphi}(L^{p,\alpha}),$$

$$(L^p . L^q) \times (L'^r . L'^s) = (-1)^{qr} (L^p \times L'^r) . (L^q \times L'^s),$$

$$(L^p . E') . (L^q . E') = (L^p . L^q) . E',$$

$$\overset{-1}{\varphi}(L^p . L^q) = \overset{-1}{\varphi}(L^p) . \overset{-1}{\varphi}(L^q).$$

En outre :

$$(L^p \times L'^q)^{\cdot} = \dot{L}^p \times L'^q + (-1)^p L^p \times \dot{L}'^q,$$

$$(L^p . L^q)^{\cdot} = \dot{L}^p . L^q + (-1)^p L^p . \dot{L}^q,$$

$$(L^p . E)^{\cdot} = \dot{L}^p . E,$$

$$\big(\overset{-1}{\varphi}(L^p)\big)^{\cdot} = \overset{-1}{\varphi}(\dot{L}^p).$$

La représentation π utilisée au n° 8 dans (4) établit le lien suivant entre les notions d'intersection, de produit et de transormée

$$L^p . L^q = \overset{-1}{\pi}(L^p \times L^q).$$

Ce qui précède permet de définir les opérations suivantes sur les classes d'homologie Z^p et Z'^q de E et E' :

leur *produit* $Z^p \times Z'^q \sim (-1)^{pq} Z'^q \times Z^p$ est une classe d'homologie de $E \times E'$;
leur *intersection* $Z^p . Z'^q \sim (-1)^{pq} Z'^q . Z^p$ est une classe d'homologie de $E . E'$;
l'intersection $Z^p . E'$ est une classe d'homologie de $E . E'$;

la *transformée* $\overset{-1}{\varphi}(Z^p)$, φ étant une représentation de E' dans E, est une classe d'homologie de E'.

Ces diverses opérations sont des homomorphismes d'anneaux : on a

$$\left(\sum_\alpha A_\alpha Z^{p,\alpha}\right) \times \left(\sum_\beta A_\beta Z'^{q,\beta}\right) \sim \sum_{\alpha,\beta} A_\alpha A_\beta Z^{p,\alpha} \times Z'^{q,\beta},$$

$$\left(\sum_\alpha A_\alpha Z^{p,\alpha}\right) . \left(\sum_\beta A_\beta Z'^{q,\beta}\right) \sim \sum_{\alpha,\beta} A_\alpha A_\beta Z^{p,\alpha} . Z'^{q,\beta},$$

$$\left(\sum_\alpha A_\alpha Z^{p,\alpha}\right) . E' \sim \sum_\alpha A_\alpha (Z^{p,\alpha} . E'),$$

$$\overset{-1}{\varphi}\left(\sum_\alpha A_\alpha Z^{p,\alpha}\right) \sim \sum_\alpha A_\alpha \overset{-1}{\varphi}(Z^{p,\alpha}),$$

$$(Z^p . Z^q) \times (Z'^r . Z'^s) \sim (-1)^{qr} (Z^p \times Z'^r) . (Z^q \times Z'^s),$$

$$(Z^p . E') . (Z^q . E') \sim (Z^p . Z^q) . E',$$

$$\overset{-1}{\varphi}(Z^p . Z^q) \sim \overset{-1}{\varphi}(Z^p) . \overset{-1}{\varphi}(Z^q),$$

$$Z^p . Z^q \sim (-1)^{pq} Z^q . Z^p,$$

$$2 Z^p . Z^p \sim 0, \quad \text{quand } p \text{ est impair},$$

$$Z^p . Z^q \sim \overset{-1}{\pi}(Z^p \times Z^q).$$

Complétons ces formules par deux remarques :

Remarque 1. — Soit $\Phi(x')$ une représentation de E' dans E; soit $\varphi(x')$ la représentation qui est définie sur l'ensemble e' de points de E' et qui y prend les valeurs $\varphi(x') = \Phi(x')$; soient L^p une forme et Z^p une classe d'homologie de E; on a

$$\overset{-1}{\varphi}(L^p) = \overset{-1}{\Phi}(L^p) . e' \quad \text{et} \quad \overset{-1}{\varphi}(Z^p) \sim \overset{-1}{\Phi}(Z^p) . e'.$$

Remarque 2. — Soit $\varphi(x')$ une représentation de E' dans E; soit e un ensemble de points de E contenant toutes les valeurs prises par $\varphi(x')$; on a

$$\overset{-1}{\varphi}(Z^p) \sim \overset{-1}{\varphi}(Z^p . e).$$

15. Compléments. — *Classe d'homologie unité.* — Les cycles unités des couvertures de E constituent une classe d'homologie de E; nous la nommerons classe unité de E et nous la désignerons par le symbole E^0 ; nous avons

$$A_\alpha E^0 \neq 0 \quad \text{si } A_\alpha \neq 0; \qquad Z^p.E^0 \sim Z^p; \qquad Z^p.E'^0 \sim Z^p.E';$$

$$E^0 \times E'^0 \sim (E \times E')^0; \qquad E^0.E'^0 \sim E^0.E' \sim (E.E')^0; \qquad \overset{-1}{\varphi}(E^0) \sim E'^0.$$

Espace simple. — Nous dirons qu'un espace topologique est simple lorsque son anneau d'homologie se réduit à l'ensemble des classes $A_\alpha E^0$. (Un ensemble de points d'un espace topologique sera dit simple quand le sous-espace que constitue cet ensemble est simple.)

Tout espace se composant d'un seul point est simple. — C'est une conséquence immédiate de la condition que l'intersection d'une couverture par un point de son support est toujours un simplexe; c'est même à cette fin que nous avons posé cette condition. Si donc Z^p est un cycle quelconque et si x est un point quelconque,

$$(5) \qquad Z^p.x \sim 0 \quad \text{pour } p > 0; \qquad Z^0.x \sim A_\alpha x^0 \quad (\text{où } A_\alpha \in A).$$

Représentation constante. — Soit $\varphi(x')$ une représentation constante de E' dans E : $\varphi(x') = x$, x étant un point invariable de E; on a, d'après la remarque 2 du n° **14**,

$$\overset{-1}{\varphi}(Z^p) \sim \overset{-1}{\varphi}(Z^p.x);$$

d'où, en tenant compte de la formule (5),

$$(6) \qquad \overset{-1}{\varphi}(Z^p) \sim 0 \quad \text{pour } p > 0; \qquad \overset{-1}{\varphi}(Z^0) \sim A_\alpha E'^0 \quad (\text{où } A_\alpha \in A).$$

Espaces connexes ([1]). — Soit Z^0 un cycle à zéro dimension d'une couverture K d'un espace E. Soit x un point particulier de E; il existe, d'après (5), un coefficient A_α tel que $(Z^0 - A_\alpha K^0).x = 0$. L'ensemble des points x qui ne vérifient pas cette relation est $f_\alpha = |Z^0 - A_\alpha K^0|$; cet ensemble est fermé. L'ensemble des points x qui la vérifient est $F_\alpha = \prod_{A_\beta \neq A_\alpha} f_\beta$. Ainsi E est la réunion de deux ensembles fermés et disjoints f_α et F_α; F_α n'est pas vide, donc si E est connexe, f_α est vide, c'est-à-dire $Z^0 = A_\alpha K^0$. En d'autres termes :

LEMME 4. — *Toute couverture d'un espace connexe est elle-même connexe.*

Espaces non connexes. — Supposons que $E = E_1 + E_2 + \ldots + E_\omega$, les ensembles E_α étant fermés et deux à deux disjoints : E n'est pas connexe. Soit K la couverture de E que constituent ω éléments à zéro dimension, ayant tous une dérivée nulle, et dont les supports respectifs sont $E_1, E_2, \ldots, E_\omega$. Soit K' une couverture arbitraire de E. On constate aisément que K.K' est la

([1]) Pour la définition de la connexité, *voir* A.-H., Chap. I, § **2**, 14 : *Zusammenhang*.

réunion de ω couvertures des ω ensembles $E_1, E_2, \ldots, E_\omega$ et que par suite *l'anneau d'homologie de* E *est la somme directe des anneaux d'homologie de* $E_1, E_2, \ldots, E_\omega$. Nous ne pousserons pas plus loin l'étude des espaces non connexes.

Mais considérons plus particulièrement un espace E muni d'une topologie telle que tout ensemble de points de E soit fermé (les composantes connexes de E sont ses points); l'étude de l'anneau d'homologie d'un tel espace est banale (soit K' une couverture arbitraire de E; soient $E_1, E_2, \ldots, E_\omega$ des ensembles deux à deux disjoints tels que les supports de K' soient des réunions de E_α; soit, comme ci-dessus, K la couverture qu'engendre le recouvrement $E_1, E_2, \ldots, E_\omega$; K.K' est la réunion de ω simplexes). Or munir E d'une telle topologie revient à abandonner les conditions suivantes dans la définition des couvertures : E *est un espace topologique; chacun des éléments d'une couverture a un support fermé.* Ainsi *l'abandon de ces conditions ferait perdre tout intérêt aux notions de couverture et d'anneau d'homologie.*

IV. — Propriétés des espaces normaux.

Pour poursuivre notre étude des couvertures, supposons normaux les espaces topologiques envisagés.

16. Élargissements. — *Définition.* — Soit un nombre fini d'ensembles E_α de points d'un espace E; nommons S le système d'ensembles qu'ils constituent; soit de même S*, constitué par les E^*_α. Nous dirons que S* est un *élargissement* de S lorsqu'il est possible de faire se correspondre biunivoquement E_α et E^*_α de telle sorte que

1° $E_\alpha \subset E^*_\alpha$;
2° $E^*_\alpha \subset E^*_\beta$ chaque fois que $E_\alpha \subset E_\beta$.

(Exemple : E^*_α est la fermeture $\overline{E_\alpha}$ de E_α.)

Lemme 5 (sur les espaces normaux). — (Ce lemme généralise A.-H., Chap. I, § 6, 8, théor. VI.) *Soit* S *un système constitué par un nombre fini d'ensembles fermés* F_α *de points d'un espace normal* E; *on peut construire un élargissement* S* *de* S, *constitué par des ensembles ouverts* G_α *qui possèdent les propriétés suivantes :*

a. $\overline{G_\alpha}$ *est « arbitrairement voisin » de* F_α;

b. à tout ensemble « suffisamment petit » e de points de E *on peut associer un point* $x(e)$ *de* E *tel que* $\overline{G_\alpha}.e = 0$ *si et seulement si* $F_\alpha . x(e) = 0$.

Nota. — Dire que $\overline{G_\alpha}$ est « arbitrairement voisin » de F_α, c'est dire que $\overline{G_\alpha}$ peut être pris dans un voisinage de F_α donné à l'avance. Dire que *e* est « suffisamment petit », c'est dire que *e* doit appartenir à l'un des éléments d'un certain recouvrement fini ouvert de E, qui dépend des données et des constructions opérées.

Démonstration. — Il est toujours possible de décomposer le système S des F_α en deux sous-systèmes constitués l'un par des F_β, l'autre par des F_γ, tels que

$$\prod_\beta F_\beta \neq 0, \qquad F_\gamma . \prod_\beta F_\beta = 0.$$

Soit G un voisinage de $\prod_\beta F_\beta$ tel que $\overline{G}.F_\gamma = 0$ quel que soit γ. Soit $F = E - G$. Le système des $F.F_\alpha$ a une structure plus simple que le système des F_α, puisque $\prod_\beta F.F_\beta = 0$; nous pouvons donc, en raisonnant par récurrence [1], supposer le lemme vrai pour le système des $F.F_\alpha$: soient G'_α les éléments de

Fig. 5.

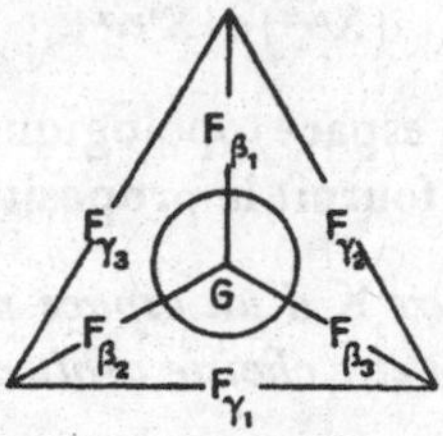

l'un de ses élargissements vérifiant la condition *b*; nous supposerons $\overline{G'_\gamma}$ assez voisin de $F_\gamma = F.F_\gamma$ pour que $\overline{G}.\overline{G'_\gamma} = 0$. Choisissons $G_\beta = G + G'_\beta$ et $G_\gamma = G'_\gamma$. Le fait que le système des G'_α est un élargissement du système de $F.F_\alpha$ entraîne que le système des G_α est un élargissement du système des F_α.

Cet élargissement possède la propriété *a*, car en choisissant $\overline{G}$ arbitrairement voisin de $\prod_\beta F_\beta$, puis les $\overline{G'_\alpha}$ arbitrairement voisins des $F.F_\alpha$, on obtient des $\overline{G_\alpha}$ arbitrairement voisins des F_α.

Cet élargissement possède la propriété *b* : supposons d'abord $e.\overline{G} \neq 0$; nous pouvons supposer que la condition imposée à *e* d'être suffisamment petit entraîne que $e.\overline{G_\gamma} = 0$ (car $\overline{G}.\overline{G_\gamma} = 0$); puisque $e.\overline{G_\beta} \neq 0$ et que $e.\overline{G_\gamma} = 0$, nous pouvons choisir pour $x(e)$ un point quelconque de $\prod_\beta F_\beta$. Supposons au contraire $e.\overline{G} = 0$; alors la relation $e.\overline{G_\alpha} = 0$ équivaut à la relation $e.\overline{G'_\alpha} = 0$, c'est-à-dire ($x'$ étant un point de E qui existe puisque le système des G'_α satis-

---

[1] Récurrence relative au nombre des combinaisons de F_α dont l'intersection n'est pas vide.

fait à b) à la relation $x'.F.F_\alpha = 0$; nous pouvons donc prendre $x(e) = x'$ si $x' \in F$. Sinon $e.\overline{G_\alpha} = 0$ quel que soit α; *a fortiori* $e.F_\alpha = 0$; nous pouvons donc prendre pour $x(e)$ un point arbitraire de e.

Définitions. — Une couverture K^* d'un espace topologique E sera dite *normale* lorsque son intersection par tout ensemble suffisamment petit de points de E est un simplexe. En d'autres termes :

Une couverture K^* d'un espace topologique E sera dite *normale* lorsque E admet un recouvrement fini ouvert ρ tel que l'intersection de K^* par un ensemble e de points de E est un simplexe dès que e appartient à l'un des ensembles ouverts constituant ρ.

Un complexe concret C^* sera dit être un *élargissement d'un complexe concret* C (et C sera dit être un *rétrécissement* de C^*) lorsque

1° C et C^* ont le même complexe abstrait;

2° les éléments correspondants $X^{p,\alpha}$ et $X^{*p,\alpha}$ de C et C^* vérifient la relation

$$|X^{p,\alpha}| \subset |X^{*p,\alpha}|.$$

Soit K une couverture d'un espace topologique; l'application (¹) du lemme 5 au système des supports de K fournit la proposition suivante :

Lemme 6. — *Toute couverture* K *d'un espace normal peut être élargie en une couverture normale* K^*; K^* *peut être choisie arbitrairement voisine de* K.

Exemple. — Figure 6, K n'est pas normale, puisque l'intersection de K par l'ensemble des deux points arbitrairement voisins a et b n'est pas un simplexe.

Fig. 6.

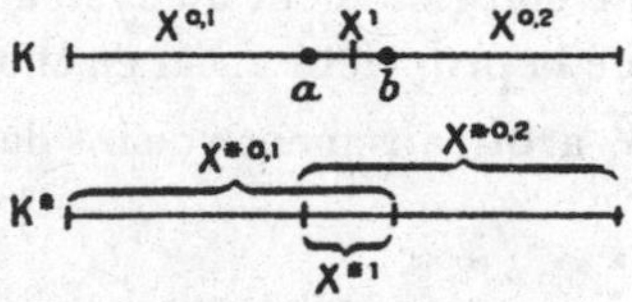

Au contraire, l'élargissement K^* de K est une couverture normale : son intersection par tout ensemble de diamètre inférieur à celui de $|X^{*1}|$ est un simplexe.

Soit ρ le recouvrement ouvert de E qui est associé à une couverture normale K^*. Nous pouvons rétrécir ρ en un recouvrement fermé ρ' de E (cela en vertu de A.-H., Chap. I, § 6, 8, th. VII; ou, ce qui revient au même, en

(¹) Cette application ne serait plus possible si nous envisagions des couvertures pouvant avoir une infinité d'éléments.

vertu de notre lemme 5 appliqué aux ensembles fermés complémentaires des éléments de ρ). Soit K' la couverture de ρ qu'engendre ρ'. L'intersection de K^* par tout ensemble de points de l'un des supports de K' est un simplexe. Nous pouvons donc compléter le lemme 6 par la proposition suivante :

LEMME 7. — *Étant donnée une couverture normale* K^* *de l'espace normal* E, *on peut construire une couverture* K' *de* E *telle que l'intersection de* K^* *par tout ensemble de points appartenant à l'un* ([1]) *des supports de* K' *soit un simplexe — la couverture* K' *est engendrée par un recouvrement de* E.

17. ÉTUDE DE $K^*.C'$ QUAND L'INTERSECTION DE LA COUVERTURE ([2]) K^* PAR CHACUN DES SUPPORTS ([1]) DU COMPLEXE CONCRET C' EST UN SIMPLEXE. — (Cette étude généralise mot à mot celle que nous avons faite au n° **4** du produit d'un simplexe par un complexe; elle sera elle-même calquée à deux reprises, au cours du Chapitre II, au n° **27** et au n° **32**.) Soient $X'^{q,\beta}$ les éléments de C'; $L^{r,\gamma}$ et $L'^{s,\delta}$ désigneront respectivement des formes de K^* et de C'; K^{*0} sera le cycle unité de K^*. Nommons $K^{*0}.C'$ l'ensemble des formes $K^{*0}.L'^{s,\delta}$. Proposons-nous d'étudier une forme de $K^*.C'$

$$M^p = \sum_{\beta,\, 0\leqq q} L^{q,\beta}.X'^{p-q,\beta}, \qquad \text{telle que } \dot{M}^p \in K^{*0}.C' \quad (\text{les divers } X'^{p-q,\beta} \text{ étant distincts}).$$

Nommons poids Q de M^p la plus grande des valeurs prises par q; les termes de poids maximum de $\dot{M}^p$ sont $\sum_\beta \dot{L}^{Q,\beta}.X'^{p-Q,\beta}$; chacun d'eux est nul; par suite

$$\dot{L}^{Q,\beta}.|X'^{p-Q,\beta}| = 0.$$

Supposons $Q > 0$; puisque l'intersection de K^* par $|X'^{p-Q,\beta}|$ est un simplexe, il existe une forme $L^{Q-1,\beta}$ telle que

$$L^{Q,\beta}.|X'^{p-Q,\beta}| = \dot{L}^{Q-1,\beta}.|X'^{p-Q,\beta}|, \qquad \text{c'est-à-dire que } L^{Q,\beta}.X'^{p-Q,\beta} = \dot{L}^{Q-1,\beta}.X'^{p-Q,\beta};$$

d'où, les ... désignant des termes de poids inférieur à Q,

$$M^p = \sum_\beta \dot{L}^{Q-1,\beta}.X'^{p-Q,\beta} + \ldots = \Big(\sum_\beta L^{Q-1,\beta}.X'^{p-Q,\beta}\Big)^{\cdot} + \ldots \sim \ldots;$$

ainsi M^p est homologue à une forme de poids inférieur à Q; donc à une forme de poids $Q = 0$ (ce raisonnement par récurrence vaut parce que deux formes homologues ont même dérivée).

Supposons donc que M^p soit une telle forme de poids $Q = 0$:

$$M^p = \sum_\beta L^{0,\beta}.X'^{p,\beta}.$$

([1]) L'expression « les supports de K' » signifie « les supports des éléments de K' ».
([2]) Cette étude utilisera seulement le fait que K^* possède un cycle unité.

La relation $\dot{L}^{0,\beta}.|X'^{p,\beta}| = 0$, jointe à l'hypothèse que l'intersection de K^* par $|X'^{p,\beta}|$ est un simplexe, exige l'existence d'un coefficient A_β tel que

$$L^{0,\beta}.|X'^{p,\beta}| = A_\beta K^{*0}.|X'^{p,\beta}|;$$

donc

$$M^p = K^{*0}.\sum_\beta A_\beta X'^{p,\beta} \in K^{*0}.C'.$$

Ainsi toute forme de $K^*.C'$ dont la dérivée appartient à $K^{*0}.C'$ est elle-même homologue à une forme appartenant à $K^{*0}.C'$. Il en résulte d'abord que tout cycle de $K^*.C'$ est homologue à un cycle $K^{*0}.Z'^p$, Z'^p devant évidemment être un cycle de C'. Il en résulte ensuite que si $K^{*0}.Z'^p \sim 0$, c'est que

$$K^{*0}.Z'^p = K^{*0}.\dot{L}^{p-1},$$

c'est-à-dire que $Z'^p \sim 0$; la réciproque est évidente. La correspondance

$$Z'^p \leftrightarrow K^{*0}.Z'^p$$

est donc un isomorphisme des groupes de Betti de C' sur ceux de $K^*.C'$. Nous conviendrons d'identifier les classes d'homologie Z'^p et $K^{*0}.Z'^p$, afin de pouvoir conclure en ces termes :

Lemme 8. — *Si l'intersection de la couverture* K^* *par le support de chaque élément du complexe concret* C' *est un simplexe, alors* $K^*.C'$ *et* C' *ont mêmes groupes de Betti.*

18. Conclusions. — 1° Soient k et K deux couvertures d'un espace E normal, K étant un élargissement de k. Élargissons K en une couverture normale K^*, ce qui est possible d'après le lemme 6; soit K' la couverture de E que le lemme 7 associe à K^*. Les complexes abstraits de k, de K et de K^* sont isomorphes; soient z^p, Z^p et Z^{*p} trois cycles correspondants de ces complexes. Le lemme 8, appliqué à K^* et à $C' = K'$, prouve l'existence d'un cycle Z'^p de K' tel que $Z^{*p} \sim Z'^p$ dans $K^*.K'$. Or $K.K'$ et $k.K'$ sont des sous-complexes ouverts de $K^*.K'$; donc, en vertu du lemme 3,

$$Z^p \sim Z'^p \quad \text{dans } K.K', \qquad z^p \sim Z'^p \quad \text{dans } k.K';$$

d'où

$$z^p \sim Z^p \quad \text{dans } E;$$

en résumé :

Théorème 1. — *Quand on élargit une couverture d'un espace en une couverture de ce même espace, chaque cycle reste dans la même classe d'homologie de l'espace.*

2° Soit K^* une couverture normale d'un espace normal E. Envisageons maintenant l'intersection $(K^*)^n$ de n couvertures isomorphes à K^*. Soit K' la couverture de E que le lemme 7 associe à K^*. L'application du lemme 8 à K^* et à $C' = (K^*)^{n-1}.K'$ prouve que tout cycle de $(K^*)^n.K'$ est homologue à un cycle de $(K^*)^{n-1}.K'$, donc, par récurrence, à un cycle de K'. Soit en particulier Z^{*p} un cycle de K^*; désignons par $(Z^{*p})^n$ l'intersection de n cycles isomorphes à Z^{*p}; cette intersection est de dimension np; elle doit être homologue à un cycle de K'; si $p > 0$, dès que n est assez grand pour que np dépasse la dimension maximum des cycles de K', elle est donc homologue à zéro. Nous exprimerons ce fait :

$$(Z^{*p})^n \sim 0 \quad \text{pour } n \text{ assez grand},$$

en disant que la classe d'homologie de Z^{*p} est *nilpotente*. Puisque, d'après le lemme 7 et le théorème 1, tout cycle de E est homologue à un cycle d'une couverture normale, nous pouvons affirmer ceci :

THÉORÈME 2. — *Toute classe d'homologie d'un espace normal est nilpotente, si sa dimension est positive.* (Cette proposition sera utilisée au n° **24** par le raisonnement de M. Hopf que reproduit le paragraphe VI.)

3° Soit Φ une famille de couvertures K' d'un espace normal E qui possèdent les propriétés suivantes :

a. On peut trouver une couverture K' de la famille Φ dont les éléments aient des supports arbitrairement petits (c'est-à-dire qui appartiennent chacun à un élément d'un recouvrement fini ouvert ρ de E, ρ étant donné à l'avance);

b. l'intersection de deux couvertures K' de la famille Φ appartient à la famille Φ.

Soit Z^p un cycle de E; il appartient à une certaine couverture K; élargissons K en une couverture normale K^*; d'après l'hypothèse *a*, il existe une couverture K' de la famille Φ telle que le lemme 8 s'applique à K^* et à $C' = K'$; donc Z^p est homologue à un cycle de K'. Ainsi tout cycle de E est homologue à un cycle appartenant à l'une des couvertures K' de la famille Φ.

Envisageons maintenant un tel cycle Z'^p appartenant à la couverture K' de la famille Φ, et supposons Z'^p homologue à zéro dans E : il existe une couverture K de E telle que $Z'^p \sim 0$ dans $K.K'$. Élargissons K en une couverture normale K^*, suffisamment voisine de K pour que $K.K'$ et $K^*.K'$ soient isomorphes : $Z'^p \sim 0$ dans $K^*.K'$. D'après l'hypothèse *a*, il existe une couverture K'' de la famille Φ telle que le lemme 8 s'applique à K^* et à $C' = K'.K''$; du fait que $Z'^p \sim 0$ dans $K^*.K'.K''$ résulte dès lors que $Z'^p \sim 0$ dans $K'.K''$. Ainsi donc : si un cycle Z'^p d'une couverture K' de la famille Φ est homologue à zéro dans E, on peut trouver une couverture K'' de la famille Φ telle que $Z'^p \sim 0$ dans $K'.K''$. Nous avons ainsi établi le théorème suivant :

THÉORÈME 3. — *On ne modifie pas l'anneau d'homologie d'un espace normal* E *quand, au lieu d'utiliser dans les définitions du n°* 12 *la famille de toutes les couvertures de* E, *on fait entrer en jeu une famille particulière de couvertures de* E, *possédant les propriétés a et b.*

Les paragraphes V et VI reposent sur ce théorème. Faisons d'autre part à son sujet les remarques suivantes.

Les couvertures normales de E ne constituent pas une famille Φ (l'intersection de deux couvertures normales n'est pas nécessairement une couverture normale, puisque l'intersection de deux simplexes n'est pas nécessairement un simplexe : *cf.* n° **11**, *fig.* 2). La famille des couvertures engendrées par les recouvrements fermés finis de E n'est pas non plus une famille Φ : elle non plus ne possède pas la propriété *b* (*cf* n° **10**, *Digression*); c'est précisément pourquoi la notion de recouvrement est moins maniable que celle de couverture. Mais, considérons la famille Φ_0, constituée par les couvertures qu'engendrent les recouvrements fermés finis de E et par les intersections mutuelles de ces couvertures : c'est une famille Φ. On obtient d'autres familles Φ, qui contiennent toutes Φ_0, vu les remarques du n° **10**, en considérant les couvertures K de E qui possèdent une ou plusieurs des propriétés ci-dessous :

1. Chaque élément $X^{p,\alpha}$ de K adhère à au moins $(p+1)$ éléments $X^{p-1,\beta}$.
2. Chaque $X^{1,\alpha}$ adhère à deux éléments $X^{0,\beta}$.
3. Les coefficients $C\begin{bmatrix}\alpha\\ p\\ \beta\end{bmatrix}$ de la loi de dérivation valent 0, $+1$ ou -1.
4. Parmi tous les coefficients $C\begin{bmatrix}\alpha\\ p\\ \beta\end{bmatrix}$ qui correspondent à deux valeurs fixes de p et de β, il en est au moins un qui vaut $+1$ ou -1.
5. Les coefficients $C\begin{bmatrix}\alpha\\ p\\ \beta\end{bmatrix}$ qui correspondent à deux valeurs fixes de p et de β et à toutes les valeurs possibles de α sont premiers entre eux dans leur ensemble.
6. Chaque sous-complexe $\underline{X}^{p,\alpha}$ de K doit être un simplexe.
7. Chaque sous-complexe $\underline{X}^{p,\alpha}$ de K doit être une couverture de son support.

Par ailleurs des considérations analogues à celles que nous avons développées dans ce paragraphe-ci permettent de prouver que l'anneau d'homologie d'un espace *normal* n'est pas altéré quand, dans la définition des couvertures, on substitue à la condition « chaque élément a pour support un ensemble fermé » la condition : « chaque élément a pour support un ensemble ouvert ».

L'application du théorème 3 à ces diverses familles Φ nous donne, tout compte fait, 86 définitions de l'anneau d'homologie; elles sont équivalentes parce que l'espace est normal, sinon elles définiraient peut-être des anneaux d'homologie distincts.

V. — Homotopie; espaces simples.

Le but de ce paragraphe-ci est de donner une démonstration [1] complète et aussi directe que possible du théorème **6**, dont le rôle est fondamental : c'est lui

---

[1] L'annexe qui termine l'article améliore cette démonstration.

qui permet d'utiliser effectivement les résultats des Chapitres II et III. Les raisonnements de ce paragraphe-ci seront certes généralisés au paragraphe VI; mais ce paragraphe VI fait usage de divers résultats longs à établir, pour la démonstration desquels nous renvoyons à A.-H.

19. Propriétés du segment de droite fermé. — Soit E le segment rectiligne fermé $0 \leqq x \leqq 1$ de l'axe des x.

Soit K′ la couverture de E qui a la structure suivante : elle se compose de n éléments $X^{0,\alpha}(\alpha = 1, \ldots, n)$ et de $(n-1)$ éléments $X^{1,\beta}(\beta = 1, \ldots, n-1)$;

$$\dot{X}^{0,1} = X^{1,1}; \qquad \dot{X}^{0,\alpha} = X^{1,\alpha} - X^{1,\alpha-1} \quad \text{pour } 1 < \alpha < n;$$
$$\dot{X}^{0,n} = -X^{1,n-1}; \qquad \dot{X}^{1,\beta} = 0;$$

$|X^{0,\alpha}|$ est l'intervalle $\frac{\alpha-1}{n} \leqq x \leqq \frac{\alpha}{n}$; $|X^{0,\beta}|$ est le point $x = \frac{\beta}{n}$, Cette couverture est un simplexe.

Soit K une couverture arbitraire de E; élargissons K en une couverture normale K^*; choisissons n assez grand pour que le lemme 8 s'applique à K^* et à $C' = K'$; d'après ce lemme, $K^*.K'$ est un simplexe. Donc :

Lemme 9. — *Toute couverture d'un segment rectiligne fermé* E *peut être changée en un simplexe par élargissement et intersection avec une autre couverture de* E. (*Il en résulte que le segment rectiligne fermé est un espace simple; cela n'est qu'un cas très particulier du théorème* 6.)

Soit maintenant E′ un espace de Hausdorff bicompact arbitraire, E étant toujours un segment rectiligne fermé. Du fait que E et E′ sont bicompacts résulte aisément ceci (¹) : les produits $K \times K'$ des couvertures K de E et K′ de E′ constituent une famille Φ de couvertures de $E \times E'$. Appliquons à Φ le théorème 3; notons que le lemme 9 nous permet de nous ramener au cas où K est un simplexe; d'après le lemme 2, $K \times K'$ a mêmes groupes de Betti que K′; nous obtenons la conclusion que voici :

Théorème 4. — *Tout espace de Hausdorff bicompact* E′ *a même anneau d'homologie que son produit par un segment rectiligne fermé* E. (Cet énoncé signifie ceci : quand on associe à chaque classe d'homologie Z'^p de E′ la classe $E^0 \times Z'^p$ de $E \times E'$, on définit un isomorphisme de l'anneau d'homologie de E′ sur l'anneau d'homologie de $E \times E'$.)

Exemple. — Voir nº **11**, figure 1.

20. Homotopie. — Soient un espace topologique E, un espace de Hausdorff bicompact E′ et un segment rectiligne fermé E″. Soit $x = \varphi(x', x'')$ une

(¹) Pour le détail de la démonstration, voir le nº **22**.

représentation de $E' \times E''$ dans E. Soit enfin Z^p une classe d'homologie de E. D'après le théorème 4

$$\overset{-1}{\varphi}(Z^p) \sim Z'^p \times E''^0 \quad \text{(où } Z'^p \text{ est une classe d'homologie de } E'\text{).} \tag{7}$$

Soit $\varphi'(x')$ ce que devient la représentation $\varphi(x', x'')$ quand on donne à x'' une valeur fixe; d'après la remarque 1 du n° **14**

$$\overset{-1}{\varphi'}(Z^p) \times x''^0 \sim \overset{-1}{\varphi}(Z^p).(E' \times x''),$$

c'est-à-dire, en tenant compte de (7),

$$\overset{-1}{\varphi'}(Z^p) \times x''^0 \sim (Z'^p \times E''^0).(E'^0 \times x''^0),$$

d'où, en tenant compte des formules du n° **14**,

$$\overset{-1}{\varphi'}(Z^p) \times x''^0 \sim Z'^p \times x''^0, \qquad \text{c'est-à-dire } \overset{-1}{\varphi'}(Z^p) \sim Z'^p;$$

la formule (7) devient donc finalement

$$\overset{-1}{\varphi}(Z^p) \sim \overset{-1}{\varphi'}(Z^p) \times E''^0. \tag{8}$$

Or le premier membre de cette relation (8) est, par définition, indépendant de la valeur fixe attribuée à x'' dans le second; donc ce second membre, et par suite $\overset{-1}{\varphi'}(Z^p)$ sont indépendants du choix de cette valeur. Pour énoncer cette conclusion, rappelons que les représentations $\varphi'(x')$ qui correspondent aux diverses valeurs de x'' sont dites homotopes entre elles dans E. Il vient :

Théorème 5. — *Si deux représentations* $x = \psi(x')$ *et* $x = \theta(x')$ *de l'espace de Hausdorff bicompact* E' *dans l'espace topologique* E *sont homotopes entre elles dans* E, *alors on a pour tout cycle* Z^p *de* E

$$\overset{-1}{\psi}(Z^p) \sim \overset{-1}{\theta}(Z^p).$$

On en déduit, en tenant compte de (6) (n° **15**), le corollaire suivant :

Corollaire 5_1. — *Si la représentation* $\varphi(x')$ *de l'espace de Hausdorff bicompact* E' *dans l'espace topologique* E *est homotope dans* E *à une représentation constante, alors, quel que soit le cycle* Z^p *de* E, *on a*

$$\overset{-1}{\varphi}(Z^p) \sim 0 \quad \text{si } p > 0, \qquad \overset{-1}{\varphi}(Z^0) \sim A_\alpha E'^0 \quad (\text{où } A_\alpha \in A).$$

On déduit immédiatement du théorème 5 ceci :

Corollaire 5_2. — *Soit* $\varphi(x)$ *une représentation en lui-même de l'espace de Hausdorff bicompact* E; *si* $\varphi(x)$ *est homotope dans* E *à la représentation identique de* E *en lui-même, on a pour tout cycle* Z^p *de* E

$$\overset{-1}{\varphi}(Z^p) \sim Z^p.$$

Plus généralement, en utilisant la remarque 1 du n° **14** :

Corollaire 5_3. — *Soit $\varphi(x)$ une représentation de l'espace de Hausdorff bicompact* E *dans un espace topologique* E' *contenant* E; *si φ est homotope dans* E' *à la représentation identique de* E *en lui-même, on a, pour tout cycle* Z'^p *de* E',

$$\overset{-1}{\varphi}(Z'^p) \sim Z'^p.E.$$

21. Espaces simples. — Soit E un espace de Hausdorff bicompact, qui soit homotope en lui-même à l'un de ses points, c'est-à-dire dans lequel la représentation identique soit homotope à une représentation constante; les corollaires 5_1 et 5_2 ont la conséquence suivante :

$$Z^p \sim 0 \quad \text{si } p > 0; \qquad Z^0 \sim A_\alpha E^0 \quad (\text{où } A_\alpha \in A);$$

nous avons nommé au n° **15** « simples » les espaces dans lesquels ces relations avaient lieu. Donc

Théorème 6. — *Tout espace de Hausdorff bicompact et homotope en lui-même à l'un de ses points est simple.*

L'importance de ce théorème est la suivante : au cours des chapitres II et III nous ferons constamment l'hypothèse que certains ensembles de points sont simples, c'est-à-dire qu'ils constituent des espaces simples; or le théorème 6 sera (avec sa généralisation n° **23**) le seul critère qui nous permettra de reconnaître qu'un espace est simple.

Contre-exemple. — L'hypothèse, énoncée par le théorème 6, que l'espace envisagé est bicompact, est essentielle : on peut prouver que le segment rectiligne non fermé $0 \leqq x < +\infty$ a des cycles de dimension 1 non homologues à zéro (la démonstration utilise la figure 3 du n° **11**).

Exemples. — L'ensemble des points d'un espace euclidien qui sont à une distance de l'origine au plus égale à 1 (c'est-à-dire la boule) est un espace simple. Il en est de même dans l'espace de Hilbert, sous réserve d'utiliser non la topologie forte, mais la topologie faible (cet ensemble n'est pas bicompact en topologie forte, c'est-à-dire dans la topologie qu'induit la distance; mais il est bicompact au sens de la topologie faible).

VI. — Les espaces de Hausdorff bicompacts, d'après un Mémoire de M. H. Hopf.

M. H. Hopf a découvert récemment [1] de très belles propriétés de l'anneau d'homologie de certaines multiplicités orientables fermées; la définition de l'anneau d'homologie qu'il utilise est la définition classique. L'objet

(1) *Voir :* Introduction, *loc. cit.* (8). Nous désignerons ce Mémoire par H.

principal de ce paragraphe-ci est de transposer l'essentiel des raisonnements de M. Hopf à l'anneau d'homologie d'un espace de Hausdorff bicompact, la définition de cet anneau étant celle que nous avons donnée ci-dessus. L'aisance de cette transposition est l'une des meilleures preuves que nous puissions fournir de l'intérêt de notre définition. L'anneau d'homologie d'un espace de Hausdorff bicompact ne présente pas toutes les particularités de l'anneau d'homologie d'une multiplicité orientable fermée, qui a une base finie (n° **28**, *rem.* 2) et qui satisfait au théorème de dualité de Poincaré (n° **39**, *rem.* 2); la disparition de ces particularités n'a d'autre effet que de simplifier notre exposé. De nombreuses différences de point de vue, nous empêchant de renvoyer commodément le lecteur au Mémoire cité, nous ont contraint à faire cet exposé, qui est sommaire, très incomplet et qui ne saurait dispenser d'étudier le Mémoire original de M. H. Hopf.

Les conclusions de ce paragraphe-ci seront complétées à la fin du Chapitre II et trouveront une application au Chapitre III, paragraphe II. Avant d'aborder les raisonnements de M. Hopf, nous étendrons au produit d'espaces bicompacts le théorème de Künneth (n° **5**; A.-H., Chap. VII, § 3).

22. Anneau d'homologie du produit de deux espaces de Hausdorff bicompacts (théorème de Künneth). — Soient E' et E'' deux espaces de Hausdorff bicompacts. Les produits $K'\times K''$ des couvertures K' de E' et K'' de E'' constituent une famille Φ de couvertures de l'espace $E'\times E''$, famille à laquelle s'applique [1] le théorème 3. (Prouvons que Φ vérifie bien l'hypothèse que l'énoncé de ce théorème 3 nomme *a* : Puisque E' et E'' sont bicompacts, on peut trouver un recouvrement fermé fini ρ' de E' et un recouvrement fermé fini ρ'' de E'' tels que les éléments de $\rho'\times\rho''$ soient arbitrairement petits; soient K' et K'' les couvertures qu'engendrent ρ' et ρ''; $K'\times K''$ a des supports arbitrairement petits.)

Soit Z^p un cycle de $E'\times E''$; d'après le théorème 3, Z^p est homologue à un cycle d'une couverture du type $K'\times K''$; donc, d'après le théorème de Künneth (n° 3), si nous choisissons des coefficients constituant un corps,

$$Z^p \sim \sum_{q,\alpha} Z'^{q,\alpha}\times Z''^{p-q,\alpha},$$

$Z'^{q,\alpha}$ et $Z''^{p-q,\alpha}$ étant recpectivement des cycles de E' et E''.

Supposons réalisées les circonstances suivantes :

les cycles $Z'^{q,\alpha}$ de E' ne sont liés par aucune homologie;
les cycles $Z''^{p-q,\alpha}$ de E'' ne sont liés par aucune homologie;

on a :

$$\sum_{q,\alpha} Z'^{q,\alpha}\times Z''^{p-q,\alpha}\sim 0 \qquad \text{dans } E'\times E''.$$

(1) $E'\times E''$ est normal en tant qu'espace de Hausdorff bicompact (A.-H., Chap. II, § 1, 7, th. XIII).

D'après le théorème 3 il existe une couverture K′ de E′ et une couverture K″ de E″ telles que les circonstances énoncées ci-dessus se trouvent réalisées dans K′, K″ et K′× K″. Or elles sont alors irréalisables d'après le théorème de Künneth (n° 3). Les circonstances énoncées étaient donc irréalisables.

En résumé toute classe d'homologie de $E' \times E''$ est combinaison linéaire de classes $Z'^p \times Z''^q$; et entre ces classes $Z'^p \times Z''^q$ il n'y a d'autres relations que les relations générales énoncées au n° 14.

Nous exprimerons cette conclusion en les termes suivants :

THÉORÈME 7. — *Soient deux espaces de Hausdorff bicompacts* E′ *et* E″. *L'anneau d'homologie de* $E' \times E''$ *est le produit direct des anneaux d'homologie de* E′ *et de* E″, *lorsque les coefficients utilisés constituent un corps* (le corps des rationnels; le corps des entiers mod. *m*, *m* étant premier).

Généralisation du théorème 4. — Tout espace de Hausdorff bicompact a même anneau d'homologie que son produit par un espace bicompact et simple. [Démonstration : le théorème 7, convenablement modifié, vaut quand les coefficients sont les entiers; il a alors pour corollaire cette généralisation du théorème 4, compte tenu du lemme 1 (n° 3).]

23. REPRÉSENTATION DU PRODUIT DE DEUX ESPACES DE HAUSDORFF BICOMPACTS : FORMULE DE M. H. HOPF. (H. n° 27.) — Posons, avec M. Hopf, les définitions suivantes :

Nous nommerons « *idéal* $\mathcal{J}$ engendré par un système de classes d'homologie $Z^{p,\alpha}$ d'un espace topologique E » l'ensemble des combinaisons linéaires des intersections $Z^{p,\alpha}.Z^{q,\beta}$ de ces classes $Z^{p,\alpha}$ par les diverses classes $Z^{q,\beta}$ de E; pour exprimer que $Z^{r,1} - Z^{r,2} \in \mathcal{J}$, nous écrirons $Z^{r,1} \sim Z^{r,2} \bmod \mathcal{J}$.

Nous nommerons produit $\mathcal{J}' \times \mathcal{J}''$ des idéaux $\mathcal{J}'$ et $\mathcal{J}''$ de deux espaces E′ et E″ l'idéal qu'engendrent les classes $Z'^{p,\alpha} \times Z''^{q,\beta}$ telles que $Z'^{p,\alpha} \in \mathcal{J}'$ et $Z''^{q,\beta} \in \mathcal{J}''$.

$\mathcal{J}'_p$ désignera en particulier l'idéal engendré par les classes d'homologie Z'_q de E′ dont la dimension est comprise entre o et p : $0 < q < p$.

Ceci posé, soient E′ et E″ deux *espaces de Hausdorff bicompacts et connexes;* soit E un espace topologique; soit $x = \varphi(x', x'')$ une représentation de $E' \times E''$ dans E. Utilisons des coefficients constituant un *corps*. Pour tout cycle Z^p de E dont la dimension p est *positive* nous avons, d'après le théorème 7 (n° 22) et le lemme 4 (n° 15),

$$(9) \qquad \overset{-1}{\varphi}(Z^p) \sim Z'^p \times E''^0 + E'^0 \times Z''^p \quad \bmod \mathcal{J}'_p \times \mathcal{J}''_p.$$

Soit $\varphi'(x')$ ce que devient la représentation $\varphi(x', x'')$ quand on donne à x'' une valeur fixe; d'après la remarque 1 du n° 14

$$\overset{-1}{\varphi'}(Z^p) \times x''^0 \sim \overset{-1}{\varphi}(Z^p).(E'^0 \times x''^0);$$

or, d'après (5) n° **15**,

$$(Z'^q \times Z''^r).(E'^0 \times x''^0) \sim 0, \qquad \text{si } r > 0;$$

la formule précédente se réduit donc à

$$\overset{-1}{\varphi'}(Z^p) \times x''^0 \sim Z'^p \times x'', \qquad \text{c'est-à-dire à } \overset{-1}{\varphi'}(Z^p) \sim Z'^p.$$

En définissant de même $\varphi''(x'')$, nous avons $\overset{-1}{\varphi''}(Z^p) \sim Z''^p$.

Portons ces deux dernières expressions dans (9); nous obtenons *la formule de M. Hopf : lorsque* E' *et* E'' *sont des espaces de Hausdorff bicompacts et connexes, que les coefficients constituent un corps et que* $p > 0$

$$(10) \qquad \boxed{\overset{-1}{\varphi}(Z^p) \sim \overset{-1}{\varphi'}(Z^p) \times E''^0 + E'^0 \times \overset{-1}{\varphi''}(Z^p) \quad \text{mod } \mathfrak{I}'_p \times \mathfrak{I}''_p.}$$

Digression : Généralisation des théorèmes sur l'homotopie des nos **20** *et* **21**. — Le premier membre de la formule de M. Hopf est indépendant de la valeur particulière attribuée à x'' dans la définition de $\varphi'(x')$; donc $\overset{-1}{\varphi'}(Z^p)$ est indépendant de cette valeur. Il en résulte que les raisonnements des nos **20** et **21** resteraient exacts si l'on généralisait comme suit la définition de l'homotopie : les représentations $\varphi(x', x'')$ de E' dans E qui s'obtiennent en donnant à x'' des valeurs fixes seraient dites homotopes entre elles dans E, lorsque $\varphi(x', x'')$ est une représentation de $E' \times E''$ dans E et lorsque E'' est, non plus un segment rectiligne fermé, mais un espace de Hausdorff bicompact et connexe. (Les démonstrations que nous venons de donner supposent que les coefficients constituent un corps; mais on peut les compléter dans le cas où les coefficients sont les entiers, ce qui suffit à la justification des généralisations énoncées.)

24. Espaces dans lesquels une multiplication est définie : théorème de M. H. Hopf. — Conservons les notations du théorème précédent. On établit sans peine ceci (H., nos 20, 21, 22) :

Corollaire du théorème 7. — La relation

$$Z'^p \times Z''^q \sim 0 \qquad \text{mod } \mathfrak{I}' \times \mathfrak{I}''$$

exige qu'on ait

$$\text{soit } Z'^p \sim 0 \quad \text{mod } \mathfrak{I}', \qquad \text{soit } Z''^q \sim 0.$$

Posons deux nouvelles définitions (H., nos 13 et 14) :

Nous nommerons *maximal* tout cycle Z^p tel que $Z^p \not\sim 0$ mod $\mathfrak{I}_p$, $p > 0$. Soit un système constitué par un nombre fini de cycles d'un même espace; il sera dit *irréductible* lorsque chacun de ses cycles est maximal et que, plus généralement, chaque combinaison linéaire des cycles de même dimension de ce système est un cycle maximal.

L'intérêt que présentent les systèmes irréductibles résulte de la proposition suivante, dont la démonstration est aisée :

Lemme 10. — *Étant donnée une famille finie de cycles, on peut toujours construire un système irréductible tel que tout cycle de la famille soit homologue à une combinaison linéaire d'intersections de cycles du système.*

Nous allons maintenant condenser les deux raisonnements essentiels de M. Hopf (H., n°s 28 et 29) en le suivant : Soient un système irréductible de cycles, $Z^{q,\alpha}$, de E et une homologie entre ces cycles

$$P[Z^{q,\alpha}] \sim 0, \tag{11}$$

P étant un « polynome » dont les arguments $Z^{q,\alpha}$ obéissent à la loi de commutativité (l'intersection jouant le rôle de multiplication)

$$Z^{q_1,\alpha_1}.Z^{q_2,\alpha_2} \sim (-1)^{q_1 q_2} Z^{q_2,\alpha_2}.Z^{q_1,\alpha_1}. \tag{12}$$

De (11) résulte.

$$\overset{-1}{\varphi}[P(Z^{q,\alpha})] \sim 0, \qquad \text{c'est-à-dire } P\left[\overset{-1}{\varphi}(Z^{q,\alpha})\right] \sim 0;$$

d'où, en tenant compte de la formule de M. Hopf (10) et en nommant p la dimension maximum des $Z^{q,\alpha}$,

$$P\left[\overset{-1}{\varphi'}(Z^{q,\alpha}) \times E''^0 + E'^0 \times \overset{-1}{\varphi''}(Z^{q,\alpha})\right] \sim 0 \quad \text{mod } \mathfrak{I}'_p \times \mathfrak{I}''_p.$$

Soit Z^p l'un de ceux des $Z^{q,\alpha}$ qui ont la dimension maximum p; soit $Z^{r,\beta}$ ceux des $Z^{q,\alpha}$ qui diffèrent de Z^p; soit $\mathfrak{I}'$ l'idéal engendré par les $\overset{-1}{\varphi'}(Z^{r,\beta})$ et par tous les cycles de E' dont la dimension diffère de 0 et p; soit $\mathcal{E}''$ l'anneau d'homologie de E''; nous tirons de la dernière relation écrite

$$P\left[\overset{-1}{\varphi'}(Z^p) \times E''^0 + E'^0 \times \overset{-1}{\varphi''}(Z^p), \quad E'^0 \times \overset{-1}{\varphi''}(Z^{r,\beta})\right] \sim 0 \quad \text{mod } \mathfrak{I}' \times \mathcal{E}''.$$

Ordonnons P par rapport aux puissances de $\overset{-1}{\varphi'}(Z^p) \times E''^0$; remarquons que ces puissances appartiennent à $\mathfrak{I}' \times \mathcal{E}''$ dès que leur exposant dépasse 1; il reste

$$\begin{aligned} &P[E'^0 \times \overset{-1}{\varphi''}(Z^p), E'^0 \times \overset{-1}{\varphi''}(Z^{r,\beta})] \\ &+ [\overset{-1}{\varphi'}(Z^p) \times E''^0].P'[E'^0 \times \overset{-1}{\varphi''}(Z^p), E'^0 \times \overset{-1}{\varphi''}(Z^{r,\beta})] \sim 0 \quad \text{mod } \mathfrak{I}' \times \mathcal{E}''; \end{aligned}$$

cette relation s'écrit plus simplement

$$E'^0 \times \overset{-1}{\varphi''}(P[Z^{q,\alpha}]) + \overset{-1}{\varphi'}(Z^p) \times \overset{-1}{\varphi''}(P'[Z^{q,\alpha}]) \sim 0 \quad \text{mod } \mathfrak{I}' \times \mathcal{E}'';$$

d'où, en tenant compte de (11),

$$\overset{-1}{\varphi'}(Z^p) \times \overset{-1}{\varphi''}(P'[Z^{q,\alpha}]) \sim 0 \quad \text{mod } \mathfrak{I}' \times \mathcal{E}''.$$

Si $\overset{-1}{\varphi}(Z^p) \sim 0 \bmod \mathfrak{J}'$, le système constitué par les $\overset{-1}{\varphi'}(Z^{q,\alpha})$ est réductible; or cela est impossible, puisque le système des $Z^{q,\alpha}$ est irréductible, lorsque $\overset{-1}{\varphi'}$ définit un isomorphisme de l'anneau d'homologie de E sur celui de E', ce que nous supposerons. Donc, d'après le corollaire du théorème 7 énoncé au début de ce numéro,

$$\overset{-1}{\varphi''}(P'[Z^{q,\alpha}]) \sim 0.$$

Nous supposerons que $\overset{-1}{\varphi''}$ soit tel que cette relation entraîne

$$P'[Z^{q,\alpha}] \sim 0.$$

Nous obtenons l'énoncé que voici :

LEMME 11. — *Complétons les conventions du n° 23 par les hypothèses suivantes : $\overset{-1}{\varphi'}$ définit un isomorphisme de l'anneau d'homologie de* E *sur celui de* E'; $\overset{-1}{\varphi''}$ *définit un isomorphisme de l'anneau d'homologie de* E *dans celui de* E'' (*c'est-à-dire sur un sous-anneau de l'anneau de* E''). *Soient* $Z^{q,\alpha}$ *des cycles de* E *constituant un système irréductible; s'ils vérifient une relation* $P[Z^{q,\alpha}] \sim 0$, *alors ils vérifient aussi la relation* $P'[Z^{q,\alpha}] \sim 0$, *où* P' *est la dérivée* ([1]) *de* P *par rapport à l'un quelconque de ses arguments de dimension maximum.*

Digression : En appliquant à des anneaux, extensions de corps, les conventions qui sont classiques dans la théorie des corps, extensions de corps ([2]), on peut résumer comme suit cet énoncé et le théorème 2 (n° 18) : L'anneau que constituent les combinaisons linéaires des intersections des cycles d'un système irréductible de cycles de E est une extension du corps des coefficients; *cette extension est algébrique* (th. 2) et *inséparable* (lemme 11).

L'application répétée du lemme 11 à une relation $P[Z^{q,\alpha}] \sim 0$, où P est un polynome ordonné et non nul, fournit finalement une relation $l A_\alpha = 0$, où l et A_α sont un entier et un coefficient non nuls. Cela est impossible quand le corps de coefficients utilisé est celui des rationnels. Donc, dans ce cas, toute homologie $P[Z^{q,\alpha}] \sim 0$ liant les éléments $Z^{q,\alpha}$ d'un système irréductible est conséquence des relations (12). Soit en particulier le système irréductible que constitue un élément maximal unique Z^p; d'après le théorème 2 (n° 18) sa classe d'homologie est nilpotente : $(Z^p)^n$ désignant l'intersection de n cycles homologues à Z^p, on a $(Z^p)^n \sim 0$ pour une valeur convenahle de n; or cette homologie ne résulte de (12) que si p est impair; donc, quand les coefficients sont les nombres rationnels, tout cycle maximal a une dimension impaire.

---

(1) Nous nommons dérivée de $P[Z^p, Z^{r,\beta}]$ par rapport à Z^p le coefficient de $Z^{p,1}$ dans $P[Z^p + Z^{p,1}, Z^{r,\beta}]$ ordonné suivant les puissances de $Z^{p,1}$.

(2) VAN DER WAERDEN, *Moderne Algebra* I (Springer, 1937), chap. V, § 38; *Separable und inseparable Erweiterungen* (*Erweiterungen erster und zweiter Art*).

M. Hopf énonce ces résultats en choisissant $E = E' = E''$. Il vient :

THÉORÈME 8. — *Supposons qu'une « multiplication continue » soit définie dans l'espace de Hausdorff bicompact et connexe* E : *ceci signifie qu'à chaque couple de points de* E, (x', x''), *l'ordre de ces points entrant en jeu, est associé un troisième point de* E, $x = x'x''$, *qui dépend continûment du couple* (x', x''). *Construisons l'anneau d'homologie de* E *en utilisant comme coefficients les nombres rationnels. Soit a un point particulier de* E; *les transformations inverses des deux représentations ax et xa définissent deux homomorphismes de l'anneau d'homologie de* E *en lui-même, qui sont indépendants du choix de a. Faisons l'hypothèse suivante :*

(h) : *chacun de ces homomorphismes est un isomorphisme de l'anneau de* E *sur lui-même (c'est-à-dire un automorphisme);*

Alors : tout cycle maximal de E *est de dimension impaire; toute relation entre les éléments d'une famille finie de cycles de* E *est conséquence des relations générales* $Z^{p,\alpha}.Z^{q,\beta} \sim (-1)^{pq} Z^{q,\beta}.Z^{p,\alpha}$, *appliquées aux cycles d'un système irréductible tel que tout cycle de la famille soit homologue à une combinaison linéaire d'intersections de cycles du système.*

Remarque. — L'hypothèse (h) est vérifiée quand, par exemple, la suivante l'est :

(h') : *Il existe deux points a et b de* E *tels que* $ax = xb = x$ *quel que soit* x.

En effet $\overset{-1}{\varphi'}$ et $\overset{-1}{\varphi''}$ définissent alors la transformation identique de l'anneau d'homologie de E sur lui-même.

25. LES DEMI-GROUPES, D'APRÈS MM. HOPF ET H. SAMELSON. — (Ce numéro-ci est en relation avec H., n° 37, et avec le Mémoire de M. Samelson qu'annonce M. Hopf.)

Définitions. — Nous nommerons *demi-groupe* toute multiplication continue, $x = x'x''$, définie sur un espace de Hausdorff bicompact et connexe, qui vérifie l'hypothèse (h') et qui est associative :

$$x'(x''x''') = (x'x'')x'''.$$

E′ et E″ étant deux espaces homéomorphes à E, Z'^p et Z''^p étant les cycles de E′ et E″ qui s'identifient au cycle Z^p de E quand on identifie E′, E″ et E, la formule de M. Hopf s'écrit, en posant

$$\varphi(x', x'') = x'x'',$$

$$\overset{-1}{\varphi}(Z^p) \sim Z'^p \times E''^0 + E'^0 \times Z''^p \quad \text{mod } \mathfrak{F}'_p \times \mathfrak{F}''_p \qquad (p > 0). \tag{14}$$

Nous nommerons *hypermaximal* tout cycle Z^p de E tel que

$$\overset{-1}{\varphi}(Z^p) \sim Z'^p \times E''^0 + E'^0 \times Z''^p, \qquad Z^p \not\sim 0 \qquad (p > 0), \tag{15}$$

les coefficients utilisés étant les nombres *rationnels*.

(Toute combinaison linéaire de cycles hypermaximaux de même dimension est donc ou bien hypermaximale ou bien homologue à zéro.) Les propositions qui suivent montrent l'intérêt de cette notion.

THÉORÈME 9. — *Tout cycle maximal Z^p est homologue mod $\mathcal{J}_p$ à un cycle hypermaximal.*

COROLLAIRE 9. — *Étant donnée une famille finie de cycles de* E, *on peut trouver un système irréductible de cycles hypermaximaux, tel que tout cycle de la famille soit homologue à une combinaison linéaire d'intersections de cycles du système.*

Supposons le théorème 9 vrai pour les cycles maximaux Z^q de dimension $q < p$; d'après le lemme 10 (numéro précédent), le corollaire 9 est vrai pour les familles de cycles de dimensions inférieures à p; prouvons que dès lors le théorème 9 s'applique au cycle maximal Z^p.

Explicitons tout d'abord la formule (14) de M. Hopf

$$\overset{-1}{\varphi}(Z^p) \sim Z'^p \times E''^0 + E'^0 \times Z''^p + P[Z'^{q,\alpha}, Z''^{q,\alpha}], \tag{16}$$

où $q < p$ et où P est un polynome dans lequel le produit joue le rôle de multiplication; le corollaire 9 nous permet de supposer que les $Z^{q,\alpha}$ constituent un système irréductible de cycles hypermaximaux :

$$\overset{-1}{\varphi}(Z^{q,\alpha}) \sim Z'^{q,\alpha} \times E''^0 + E'^0 \times Z''^{q,\alpha}.$$

Nous abrégerons l'écriture en posant

$$Y'^r = Z'^r \times E''^0 \quad \text{et} \quad Y''^s = E'^0 \times Z''^s, \quad \text{d'où } Y'^r . Y''^s = Z'^r \times Z''^s;$$

il vient, l'intersection jouant désormais le rôle de multiplication dans P,

$$\left\{\begin{aligned} &\overset{-1}{\varphi}(Z^p) \sim Y'^p + Y''^p + P[Y'^{q,\alpha}, Y''^{q,\alpha}], \\ &\overset{-1}{\varphi}(Z^{q,\alpha}) \sim Y'^{q,\alpha} + Y''^{q,\alpha}. \end{aligned}\right. \tag{17}$$

Soit $\psi(x', x'', x''')$ la représentation que définissent les deux formules, équivalentes puisque $\varphi(x', x'')$ est une multiplication associative,

$$\psi(x', x'', x''') = \varphi[\varphi(x', x''), x'''], \tag{18}$$

$$\psi(x', x'', x''') = \varphi[x', \varphi(x'', x''')]. \tag{19}$$

Introduisons un quatrième espace E''' homéomorphe à E; posons

$$X'^r = Z'^r \times E''^0 \times E'''^0, \qquad X''^r = E'^0 \times Z''^r \times E'''^0, \qquad X'''^r = E'^0 \times E''^0 \times X'''^r;$$

les formules (17) et (18) nous donnent

$$\overset{-1}{\psi}(Z^p) \sim X'^p + X''^p + X'''^p + P[X'^{q,\alpha} + X''^{q,\alpha}, X'''^{q,\alpha}] + P[X'^{q,\alpha}, X''^{q,\alpha}], \tag{20}$$

tandis que les formules (17) et (19) nous donnent

$$\overset{-1}{\psi}(Z^p) \sim X'^p + X''^p + X'''^p + P[X'^{q,\alpha}, X''^{q,\alpha} + X'''^{q,\alpha}] + P[X''^{q,\alpha}, X'''^{q,\alpha}]. \tag{21}$$

En ordonnant les seconds membres de (20) et (21) nous obtenons, d'après les théorèmes 7 et 8, un même polynome, dont le monome

$$AX'^{q_1,\alpha_1}.X'^{q_2,\alpha_2}\ldots.X'^{q_{\lambda-1},\alpha_{\lambda-1}}.X''^{q_\lambda,\alpha_\lambda}.X'''^{q_{\lambda+1},\alpha_{\lambda+1}}\ldots.X'''^{q_\omega,\alpha_\omega}$$

a un coefficient A égal au coefficient d'un monome de $P[X'^{q,\alpha}, X'''^{q,\alpha}]$ qui est d'après (20)

$$AX'^{q_1,\alpha_1}\ldots.X'^{q_{\lambda-1},\alpha_{\lambda-1}}.X'^{q_\lambda,\alpha_\lambda}.X'''^{q_{\lambda+1},\alpha_{\lambda+1}}\ldots.X'''^{q_\omega,\alpha_\omega},$$

d'après (21)

$$AX'^{q_1,\alpha_1}\ldots.X'^{q_{\lambda-1},\alpha_{\lambda-1}}.X'''^{q_\lambda,\alpha_\lambda}.X'''^{q_{\lambda+1},\alpha_{\lambda+1}}\ldots.X'''^{q_\omega,\alpha_\omega};$$

ainsi tous les monomes de $P[X'^{q,\alpha}, X'''^{q,\alpha}]$, qui engendrent un même monome de $P[X'^{q,\alpha}, X'^{q,\alpha}]$, quand on pose

$$X'^{q,\alpha} = X'''^{q,\alpha},$$

ont un même coefficient A — à l'exception suivante près : $P[X'^{q,\alpha}, X'''^{q,\alpha}]$ ne contient aucun monome des types $X'^{q_1,\alpha_1}\ldots.X'^{q_\omega,\alpha_\omega}$ et $X'''^{q_1,\alpha_1}\ldots.X'''^{q_\omega,\alpha_\omega}$ — ; la somme de ces monomes de $P[X'^{q,\alpha}, X'''^{q,\alpha}]$ est donc

$$A(X'^{q_1,\alpha_1} + X'''^{q_1,\alpha_1})\ldots.(X'^{q_\omega,\alpha_\omega} + X'''^{q_\omega,\alpha_\omega}) - AX'^{q_1,\alpha_1}\ldots.X'^{q_\omega,\alpha_\omega} - AX'''^{q_1,\alpha_1}\ldots.X'''^{q_\omega,\alpha_\omega}.$$

Par suite, P est du type

$$P[X'^{q,\alpha}, X'''^{q,\alpha}] = Q[X'^{q,\alpha} + X'''^{q,\alpha}] - Q[X'^{q,\alpha}] - Q[X'''^{q,\alpha}]$$

et la formule (16) de M. Hopf s'écrit

$$\overset{-1}{\varphi}(Z^p) \sim Z'^p \times E''^0 + E'^0 \times Z''^p$$
$$+ Q[Z'^{q,\alpha} \times E''^0 + E'^0 \times Z''^{q,\alpha}] - Q[Z'^{q,\alpha} \times E''^0] - Q[E'^0 \times Z''^{q,\alpha}],$$

c'est-à-dire

$$\overset{-1}{\varphi}(Z^p - Q[Z^{q,\alpha}]) \sim (Z'^p - Q[Z'^{q,\alpha}]) \times E''^0 + E'^0 \times (Z''^p - Q[Z''^{q,\alpha}]);$$

cette formule exprime que $Z^p - Q[Z^{q,\alpha}]$ est hypermaximal.

C. Q. F. D.

Théorème 10. — *Tout cycle hypermaximal est maximal.* Soit Z^p un cycle non maximal; d'après le corollaire 9 nous avons $Z^p \sim P[Z^{q,\alpha}]$, où les arguments $Z^{q,\alpha}$ du polynome P constituent un système irréductible de cycles hypermaximaux dont les dimensions q sont toutes inférieures à p. D'où

$$\overset{-1}{\varphi}(Z^p) \sim P[Z'^{q,\alpha} \times E''^0 + E'^0 \times Z''^{q,\alpha}];$$

d'où, puisque P n'est pas linéaire, compte tenu des théorèmes 7 et 8,

$$\overset{-1}{\varphi}(Z^p) \not\sim Z'^p \times E''^0 + E'^0 \times Z''^p,$$

donc Z^p n'est pas hypermaximal. C. Q. F. D.

Puissances. — Posons $\theta_2(x) = x^2$, c'est-à-dire $\theta_2(x) = \varphi(x, x)$. Utilisons la représentation $\pi(x)$ que définit le n° 8; nous avons

$$\theta_2(x) = \varphi[\pi(x)], \quad \text{d'où } \overset{-1}{\theta_2}(Z^p) \sim \overset{-1}{\pi}\left[\overset{-1}{\varphi}(Z^p)\right];$$

d'où, en tenant compte de (15) et de la relation $\overset{-1}{\pi}(Z'^q \times Z''^r) \sim Z^q . Z^r$ (n° 14),

$$\overset{-1}{\theta_2}(Z^p) \sim 2Z^p, \quad \text{quand } Z^p \text{ est hypermaximal.} \tag{22}$$

Remarque 1. — Nous avons donc $\overset{-1}{\theta_2}(Z^p) \sim 2^n Z^p$, quand Z^p est l'intersection de *n* cycles hypermaximaux.

Remarque 2. — La formule (22) peut servir de définition aux cycles hypermaximaux. Cette définition reste utilisable quand la multiplication $x'x''$ vérifie l'hypothèse (h') sans être associative : le théorème 9, son corollaire et le théorème 10 restent exacts. Mais, la formule (15) et le théorème 11 ne valant plus, la notion de cycle hypermaximal a néanmoins perdu l'essentiel de son intérêt.

Revenons au cas des demi-groupes; posons $\theta_3(x) = x^3$; la formule (20), où P est nul, nous donne

$$\overset{-1}{\theta_3}(Z^p) \sim 3Z^p, \quad \text{quand } Z^p \text{ est hypermaximal.}$$

Plus généralement :

THÉORÈME 11. — *Soit* $\theta_k(x) = x^k$, *k étant un entier* $\geqq 0$; *soit* Z^p *un cycle hypermaximal; nous avons*

$$\overset{-1}{\theta_k}(Z^p) \sim kZ^p. \tag{23}$$

Soient

$$\theta(x', x'', x''') = \xi'_1(x')\xi''_1(x'')\xi'''_1(x''')\xi'_2(x')\xi''_2(x'')\xi'''_3(x''')\ldots\xi'''_\omega(x''') \quad \textit{et} \quad Z^p \sim P[Z^{q,\alpha}],$$

les $Z^{q,\alpha}$ *étant hypermaximaux, nous avons*

$$\overset{-1}{\theta}(Z^p) \sim P\Big[\sum_\beta \overset{-1}{\xi'_\beta}(Z^{q,\alpha}) \times E''^0 \times E'''^0 + E'^0 \times \sum_\beta \overset{-1}{\xi''_\beta}(Z^{q,\alpha}) \times E'''^0 + E'^0 \times E''^0 \times \sum_\beta \overset{-1}{\xi'''_\beta}(Z^{q,\alpha})\Big]. \tag{24}$$

Si le demi-groupe est un groupe, la formule (23) *vaut encore lorsque* k *est un entier négatif.*

Problèmes. — 1° Comparer l'anneau d'homologie d'un espace et d'un de ses espaces de recouvrement.

2° Étudier l'anneau d'homologie d'un espace de Hausdorff bicompact et symétrique (*cf.* E. Cartan, *Mémorial*, fasc. 42, chap. IV).

CHAPITRE II.

ESPACE DE HAUSDORFF BICOMPACT POSSÉDANT UN RECOUVREMENT FINI CONVEXOÏDE.

Tous les théorèmes de ce Chapitre supposeront *simples* certains ensembles de points. Pour appliquer ces théorèmes, il nous faudra donc utiliser le seul critère qui nous permette d'affirmer qu'un ensemble est simple : le théorème 6 (n° **21**), ou sa généralisation (n° **23**). Les notions qu'introduit ce Chapitre nous permettront de déterminer par un nombre *fini* d'opérations les anneaux d'homologie de certains espaces, en particulier des polyèdres; elles seront d'autre part la base de la théorie des points fixes (Chap. III) et plus généralement de *la théorie des équations et des transformations.*

I. — Complexe concret dont chaque élément a un support simple.

Ce paragraphe est étroitement apparenté aux n^{os} **16** et **17** (Chap. I, § IV).

26. Couverture d'un sous-ensemble fermé. — Nous savons que l'intersection d'une couverture par un ensemble de points est une couverture de cet ensemble. Réciproquement soit F un ensemble fermé de points d'un espace topologique E et soit K une couverture de F; proposons-nous de construire une couverture de E qui soit en rapport aussi simple que possible avec K. (Cette construction nous servira ailleurs à étudier la position de F dans E.)

Prolongement de K *à* E. — Soit $\mathcal{C}$ le complexe concret dont la structure est la suivante : il se compose de deux éléments U^0 et U^1; $\dot{U}^0 = U^1$ et $\dot{U}^1 = 0$; $|U^0| = F$ et $|U^1|$ est l'ensemble des points frontière de F. Soit K' le complexe qui se compose de tous les éléments de K.$\mathcal{C}$ (leurs supports et leur loi de dérivation restant les mêmes) et en outre d'un élément V^0 tel que $\dot{V}^0 = - U^1 . K^0$ et que $|V^0|$ soit la fermeture de E — F. On vérifie aisément que K' est une couverture de E et que les intersections de K et K' par l'intérieur de F sont les mêmes. Nous nommerons la couverture K' « prolongement à E de la couverture K de F ».

Élargissement de la couverture K *de* F. — Supposons que E soit un espace normal. L'application du lemme 5 (n° **16**) au système des supports des éléments de K fournit immédiatement la généralisation que voici du lemme 6 (nº **16**) : On peut construire un élargissement K^* de la couverture K de F qui soit arbitrairement voisin de K et qui soit une couverture de la fermeture d'un voisinage de F.

Soit K' l'extension à E de cet élargissement K^* de la couverture K de F; $K'.F$ est un élargissement de K et est arbitrairement voisin de K. Donc :

Lemme 12. — *Étant donnés un sous-ensemble fermé* F *de points d'un espace normal* E *et une couverture* K *de* F, *on peut construire une couverture* K' *de* E *telle que* $K'.F$ *soit un élargissement de* K *arbitrairement voisin de* K.

Ce lemme nous servira à prouver le suivant :

Lemme 13. — *Soient un espace normal, un ensemble fermé* F *de points de* E, *une forme* L^p *de* E. *Supposons que* F *soit simple et que* $\dot{L}^p.F = 0$. *Si* $p > 0$, *je dis qu'il existe une forme* L^{p-1} *de* E *telle que* $L^p.F = \dot{L}^{p-1}.F$. *Si* $p = 0$, *je dis qu'il existe une couverture* K *de* E *et un coefficient* A_α *tels que* $L^0.F = A_\alpha K^0.F$.

Démonstration. — Supposons $p > 0$. Soit K la couverture de E à laquelle L^p appartient; $L^p.F$ appartient à la couverture K.F de F; puisque F est simple et que $(L^p.F)^\bullet = 0$, il existe une couverture K' de F et une forme L'^{p-1} de $K'.(K.F)$ telle que $L^p.F = \dot{L}'^{p-1}$. D'après le lemme 12 on peut trouver une couverture K'' de E telle que $K'.(K.F)$ soit isomorphe à $K''.(K.F)$; à L'^{p-1} correspond dans $K''.(K.F)$ une forme que nous nommerons L''^{p-1}; on a $L^p.F = \dot{L}''^{p-1}$; or L''^{p-1} est du type $L^{p-1}.F$, L^{p-1} étant une forme de E. Cela établit la proposition énoncée.

Supposons $p = 0$. Soit K la couverture de E à laquelle L^0 appartient; d'après le lemme 4 (nº **15**) K.F est connexe; donc $L^0.F = A_\alpha K^0.F$, où $A_\alpha \in A$.

27. Complexe concret dont chaque élément a un support simple. — Nous allons commencer par généraliser les définitions du nº **12** (Chap. I, § III).

Définitions. — Soit C' un complexe concret arbitraire de l'espace topologique E. Nommons forme de $E.C'$ toute forme d'un complexe $K.C'$, où K est une couverture quelconque de E : si nous désignons par $X'^{p,\alpha}$ les éléments de C' et par $L^{q,\beta}$ les formes de E, alors les formes de $E.C'$ sont les expressions

$$M^p = \sum_{\beta,\, 0 \leqq q} L^{q,\beta}.X'^{p-q,\beta}.$$

Soit K'' une seconde couverture arbitraire de E; soit K''^0 son cycle unité, convenons que M^p et $K''^0.M^p$ constituent la même forme de $E.C'$. Grâce à cette convention les combinaisons linéaires homogènes des formes de $E.C'$ sont des formes de $E.C'$. La dérivée d'une forme de $E.C'$ est une forme de $E.C'$. Nous nommerons cycles de $E.C'$ les formes de $E.C'$ dont la dérivée est nulle; nous dirons que deux formes de E.C′ sont homologues entre elles lorsque leur différence est la dérivée d'une forme de E.C′. L'homologie répartit les cycles de E.C′ en classes d'homologie de E.C′. Les classes d'homologie à p dimensions de E.C′ constitueront les éléments du « $p^{\text{ième}}$ groupe de Betti de E.C′ ».

Lorsque E est un espace normal et que les supports (¹) de C′ sont simples, les définitions précédentes et le lemme 13 permettent d'appliquer à E.C′ les raisonnements que le n° **17** applique à K*.C′; on obtient ainsi les conclusions suivantes : tout cycle de E.C′ est homologue à un cycle $K^0.Z'^p$ où Z'^p est un cycle de C′ et où K^0 est le cycle unité d'une couverture K de E; les relations $K^0.Z'^p \sim 0$ dans E.C′ et $Z'^p \sim 0$ dans C′ sont équivalentes : la correspondance $Z'^p \leftrightarrow E^0.Z'^p$ est donc un isomorphisme des groupes de Betti de C′ sur ceux de E.C′. Nous exprimerons ces faits en les termes suivants (*cf.* lemme 8) :

Lemme 14. — *Si les supports* (¹) *d'un complexe* C′ *sont des ensembles simples de points d'un espace normal* E, *alors* E.C′ *et* C′ *ont mêmes groupes de Betti.*

Ce Chapitre consiste essentiellement à donner de ce lemme deux applications, de natures très différentes, à l'analyse de la structure de l'anneau d'homologie de certains espaces : l'une constitue le n° **28**, l'autre le n° **36**, dont le paragraphe III n'est que le développement.

Nous aurons à faire usage de la proposition suivante, qui se déduit aisément du lemme 3.

Lemme 15. — *Soit* C″ *un sous-complexe ouvert ou un rétrécissement de* C′. *Si une égalité ou une homologie vaut dans* E.C′ *entre des formes et leurs dérivées, la relation analogue vaut entre les formes correspondantes de* E.C″.

28. Couverture dont chaque élément a pour support un ensemble simple. — Lorsque C′ est une couverture K′ de E, le $p^{\text{ième}}$ groupe de Betti de E.C′ est évidemment identique au groupe que constituent les classes d'homologie de E dont la dimension est p; et le lemme 14 s'énonce comme suit :

Théorème 12. — *Soit* E *un espace de Hausdorff bicompact, possédant une couverture* K′ *à supports simples* (²). *Les classes d'homologie de* E *s'identifient alors aux classes d'homologie de* K′.

Remarque 1. — La démonstration suppose E normal; mais nous ne savons justifier l'hypothèse « les supports de K′ sont simples » qu'en appliquant le théorème 6 qui, lui, suppose que E est un espace de Hausdorff bicompact; c'est pourquoi nous avons restreint l'énoncé à ce cas.

(¹) C'est-à-dire une couverture dont chaque élément a pour support un ensemble simple.

(²) C'est-à-dire une couverture dont chaque élément a pour support un ensemble simple.

Remarque 2. — Lorsque le théorème 12 est applicable, les dimensions des classes d'homologie de E sont bornées, et il existe un système fini de classes dont toute autre est combinaison linéaire : on dit que *l'anneau d'homologie de* E *possède une base finie*.

Remarque 3. — Nous nommerons *recouvrement convexoïde* tout recouvrement dont les éléments ont les deux propriétés que voici :

1° chacun de ces éléments est fermé et simple;
2° l'intersection d'un nombre fini de ces éléments est vide ou simple.

Si un espace de Hausdorff bicompact E possède un recouvrement fini convexoïde, alors le théorème 12 est applicable à la couverture de E qu'engendre ce recouvrement; l'anneau d'homologie de E a donc une base finie.

On peut déduire plus généralement du lemme 14 les deux théorèmes suivants, dont le théorème 12 n'est qu'une conséquence :

Théorème 13. — *Soit* E *un espace de Hausdorff bicompact possédant une couverture* K′ *qui puisse être élargie en un complexe concret* C′ *à supports simples appartenant à* E. *Tout cycle de* E *est homologue à un cycle de* K′.

Démonstration. — D'après le lemme 14 tout cycle de E.C′ est homologue à un cycle de C′. Tout cycle de E.K′ est donc homologue à un cycle de K′ (en vertu du lemme 15). Or les cycles de E.K′ ne sont autres que les cycles de E.

Théorème 14. — *Soit* E *un espace normal possédant une couverture* K′ *qui soit un élargissement d'un complexe concret* C′ *à supports simples. Si un cycle de* K′ *est homologue à zéro dans* E, *il est homologue à zéro dans* K′.

Démonstration. — Soit Z'^p un cycle de K′ homologue à zéro dans E; Z'^p est homologue à zéro dans E.K′; d'après le lemme 15, le cycle correspondant de C′ est homologue à zéro dans E.C′; donc, d'après le lemme 14, ce cycle est homologue à zéro dans C′; par suite, puisque C′ et K′ sont isomorphes, Z'^p est homologue à zéro dans K′.

Exemples. — Les figures 1, 2, 4 (n°s **11** et **13**) illustrent ces trois théorèmes.

29. Applications. — Le théorème 12 a les corollaires suivants :

Corollaire 12_1. — *Si un espace de Hausdorff bicompact possède une couverture qui est un simplexe et dont chaque élément a pour support un ensemble simple, alors cet espace est simple*.

Corollaire 12_2. — *La réunion* $F_1 + F_2 + \ldots + F_\omega$ *d'un nombre fini d'ensembles bicompacts de points d'un espace de Hausdorff est simple lorsque chacun de ces ensembles et chacune de leurs intersections mutuelles*

$$F_\alpha,\quad F_\alpha.F_\beta,\quad F_\alpha.F_\beta.F_\gamma,\quad \ldots,\quad F_1.F_2.\ldots.F_\omega$$

est simple (Cf. : *théorème de Helly*, A.-H., Chap. VII, § 2, p. 10).

Nota. — L'ensemble vide n'est pas simple; aucune de ces intersections ne doit donc être vide.

Démonstration. — Le corollaire 12, s'applique à la couverture de

$$F_1 + F_2 + \ldots + F_\omega$$

qu'engendre le recouvrement $F_1, F_2, \ldots, F_\omega$; cette couverture est un simplexe, d'après le n° 5, puisque $F_1.F_2.\ldots.F_\omega \neq 0$.

Anneau d'homologie de la sphère. — La sphère à n dimensions, S, d'équation cartésienne $x_0^2 + x_1^2 + \ldots + x_n^2 = 1$, possède, outre la classe d'homologie unité S^0, une classe d'homologie S^n à n dimensions et à coefficients entiers; quels que soient les coefficients utilisés, son anneau d'homologie se compose des classes $A_\alpha S^0$ et $A_\alpha S^n$ ($A_\alpha \in A$), dont aucune n'est nulle. On a donc $S^n.S^n \sim 0$.

Démonstration. — S possède la couverture suivante : ses éléments sont :

$$X^{0,1},\quad X^{0,2},\quad X^{1,1},\quad X^{1,2},\quad \ldots,\quad X^{n,1},\quad X^{n,2};$$

on a

$$\dot{X}^{p,1} = -\dot{X}^{p,2} = X^{p+1,1} + X^{p+1,2} \quad \text{si } p < n; \qquad \dot{X}^{n,1} = \dot{X}^{n,2} = 0;$$

$|X^{0,1}|$ est l'ensemble des points de S tels que : $x_0 \geqq 0$;
$|X^{0,2}|$ est l'ensemble des points de S tels que : $x_0 \leqq 0$;
$|X^{1,1}|$ est l'ensemble : $x_0 = 0,\ x_1 \geqq 0$;
$|X^{1,2}|$ est l'ensemble : $x_0 = 0,\ x_1 \leqq 0$;
$|X^{2,1}|$ est l'ensemble : $x_0 = x_1 = 0,\ x_2 \geqq 0$;
$|X^{2,2}|$ est l'ensemble : $x_0 = x_1 = 0,\ x_2 \leqq 0$;
....;
$|X^{n,1}|$ est l'ensemble : $x_0 = x_1 = \ldots = x_{n-1} = 0,\ x_n = 1$;
$|X^{n,2}|$ est l'ensemble : $x_0 = x_1 = \ldots = x_{n-1} = 0,\ x_n = -1$.

Chacun de ces supports est simple, d'après le théorème 6 (n° **21**). On a

$$S^0 \sim X^{0,1} + X^{0,2} \quad \text{et} \quad S^n \sim X^{n,1}.$$

Notons que cette couverture, d'un emploi si commode, n'est pas engendrée par un recouvrement.

Le théorème du pavage de Lebesgue. — S étant toujours la sphère à n dimensions, toute couverture de S qui peut être élargie en un complexe à supports simples appartenant à S a au moins un élément de dimension n : sinon, d'après le théorème 13, S n'aurait pas de classe d'homologie de dimension n. En particulier tout recouvrement fermé de S qui peut être élargi en un recouvrement convexoïde est d'ordre supérieur à n; (la notion de recouvrement convexoïde a été introduite au n° **28**, remarque 3; rappelons que l'ordre d'un recouvrement est le plus grand entier λ tel qu'on puisse trouver λ éléments du recouvrement dont l'intersection ne soit pas vide). Plus particulièrement encore, l'ordre d'un recouvrement fermé de S est plus grand que n, lorsque chaque élément de ce recouvrement appartient à une demi-sphère ouverte de S. En projetant la figure sur le plan diamétral $x_0 = 0$, il vient : un recouvrement de la boule à n dimensions, $x_1^2 + x_2^2 + \ldots + x_n^2 \leq 1$, est d'ordre supérieur à n lorsque chaque élément de ce recouvrement ou bien est intérieur à la boule, ou bien appartient à une demi-boule ouverte (une demi-boule ouverte est l'ensemble des points de la boule qui vérifient une inégalité $a_1 x_1 + \ldots + a_n x_n > 0$). Cette dernière proposition est le théorème du pavage de Lebesgue (A.-H., Chap. IX, § 3, 1).

La bande de Möbius a même anneau d'homologie que la circonférence; (on déduit aisément cette proposition du théorème 12).

II. — Dual d'un complexe.

Les six premiers numéros de ce paragraphe concernent les complexes abstraits : ils constituent un complément au Chapitre I, paragraphe I. Les notions qu'ils introduisent trouveront leur application au n° **36**, au paragraphe III et au Chapitre III.

30. Notation inférieure. — A côté de la notation utilisée jusqu'à présent, il nous sera désormais commode d'utiliser la suivante, que nous nommerons notation inférieure : le complexe C, ses éléments $X^{p,\alpha}$, leurs dérivées $\dot{X}^{p,\alpha}$, la forme linéaire L^p, sa dérivée $\dot{L}^p$, les sous-complexes $\overline{L^p}$ et $\underline{X^{p,\alpha}}$ seront respectivement désignés en notation inférieure par c, $x_{n-p,\alpha}$, $\dot{x}_{n-p,\alpha}$, $\overline{l_{n-p}}$, $\dot{l}_{n-p}$, $\overline{l_{n-p}}$, $\underline{x_{n-p,\alpha}}$, n étant un entier fixe; $n-p$ est la « dimension inférieure » de $x_{n-p,\alpha}$ et de l_{n-p}. Alors que la dérivation augmente d'une unité la dimension supérieure, elle diminue d'une unité la dimension inférieure.

Nous adopterons la convention suivante quant au produit par un complexe inférieur : $X^{p,\alpha} \times x'_{q,\beta} = (-1)^{pq} x'_{q,\beta} \times X^{p,\alpha}$ est un élément de dimension inférieure $q-p$, dont la dérivée est

$$(X^{p,\alpha} \times x'_{q,\beta})^{\cdot} = \dot{X}^{p,\alpha} \times x'_{q,\beta} + (-1)^p X^{p,\alpha} \times \dot{x}'_{q,\beta}.$$

Homogénéité des formules. — La somme des dimensions supérieures et du nombre de points signes de dérivation diminuée de la somme des dimensions inférieures est nécessairement la même dans les divers « monomes » de chaque formule; la barre supérieure (inférieure) équivaut à un nombre indéterminé positif ou nul (négatif ou nul) de points signes de dérivation.

31. Dual d'un complexe abstrait. — Nous nommerons dual d'un complexe abstrait C le complexe abstrait c qui a la structure suivante : nous utilisons pour c la notation inférieure; les éléments $x_{p,\alpha}$ de c correspondent biunivoquement aux éléments $X^{p,\alpha}$ de C; la loi de dérivation dans c est telle qu'on ait

(25) $$\Big(\sum_{p,\alpha} X^{p,\alpha}\times x_{p,\alpha}\Big)^{\bullet}=0,$$

c'est-à-dire

(26) $$\sum_{p,\alpha}\dot{X}^{p,\alpha}\times x_{p,\alpha}+\sum_{p,\alpha}(-1)^{p}X^{p,\alpha}\times\dot{x}_{p,\alpha}=0;$$

en d'autres termes, si nous posons

(27) $$\dot{X}^{p,\alpha}=\sum_{\beta} C\begin{bmatrix}\alpha\\ p\\ \beta\end{bmatrix}X^{p+1,\beta}\qquad\text{et}\qquad \dot{x}_{p+1,\alpha}=\sum_{\beta} c\begin{pmatrix}\beta\\ p\\ \alpha\end{pmatrix}x_{p,\beta},$$

la loi de dérivation de c est définie par les relations

(28) $$c\begin{pmatrix}\alpha\\ p\\ \beta\end{pmatrix}=(-1)^{p}\,C\begin{bmatrix}\alpha\\ p\\ \beta\end{bmatrix}.$$

On déduit aisément des formules (27) et (28) ceci :

Lemme 16. — *Les relations* $X^{p,\alpha}\in\underline{X}^{q,\beta}$ *et* $x_{p,\alpha}\in\overline{x}_{q,\beta}$ *sont équivalentes.* (Rappelons que $\underline{X}^{q,\beta}$ est le sous-complexe ouvert que constituent les éléments de C auxquels $X^{q,\beta}$ adhère; *cf.* n° **6**, *rem.*)

Lemme 17. — *A tout sous-complexe ouvert (fermé) de* C *correspond dans* c *un sous-complexe fermé (ouvert), qui est dual du précédent.* (Par exemple $\overline{x}_{p,\alpha}$ est dual de $\underline{X}^{p,\alpha}$.)

Dual d'un complexe possédant un cycle unité. — Les propositions qui suivent sont équivalentes entre elles : C possède un cycle unité

$$-\bullet\sum_{\alpha}\dot{X}^{0,\alpha}=0-\bullet\sum_{\alpha}C\begin{bmatrix}\alpha\\ 0\\ \beta\end{bmatrix}=0,$$

quel que soit β — $\bullet\sum_{\alpha}c\begin{pmatrix}\alpha\\ 0\\ \beta\end{pmatrix}=0$ quel que soit β — •. Les relations $\sum_{\beta}b^{\beta}c\begin{pmatrix}\alpha\\ 0\\ \beta\end{pmatrix}=a^{\alpha}$ entraînent que $\sum_{\alpha}a^{\alpha}=0$ — •. La relation $\Big(\sum_{\beta}b^{\beta}x_{1,\beta}\Big)^{\bullet}=\sum_{\alpha}a^{\alpha}x_{0,\alpha}$ entraîne que $\sum_{\alpha}a^{\alpha}=0$ — •. L'homologie $\sum_{\alpha}a^{\alpha}x_{0,\alpha}\sim 0$ entraîne que $\sum_{\alpha}a^{\alpha}=0$ — •. Donc : pour que C possède un cycle unité, il faut et suffit que son dual c possède la propriété suivante : on a $\sum_{\alpha}a^{\alpha}=0$ chaque fois $\sum_{\alpha}a^{\alpha}x_{0,\alpha}\sim 0$.

Dual d'un complexe connexe C. — Lorsque C possède un cycle unité, les propriétés suivantes sont équivalentes entre elles : C est connexe —•. Quels que soient les coefficients utilisés, les relations $\sum_\alpha A_\alpha \dot{X}^{0,\alpha} = 0$, c'est-à-dire $\sum_\alpha A_\alpha c\binom{\alpha}{\overset{0}{\beta}} = 0$, exigent que les A_α soient tous égaux —. Le système $\sum_\beta b^\beta c\binom{\alpha}{\overset{0}{\beta}} = a^\alpha$, où les inconnues b^β et les paramètres a^α sont des entiers, a pour seule condition de compatibilité $\sum_\alpha a^\alpha = 0$ (l'équivalence de cette propriété et de la précédente est un théorème classique d'arithmétique : *voir* Van der Waerden, *Moderne Algebra*, II, Springer, 1940, Chap. XV, § 108, Aufgabe 5) —. Si $\sum_\alpha a^\alpha = 0$, on a $\sum_\alpha a^\alpha x_{0,\alpha} \sim 0$ —•. Donc : pour que C soit connexe, il faut et il suffit que son dual c possède la propriété que voici : les relations $\sum_\alpha a^\alpha x_{0,\alpha} \sim 0$ et $\sum_\alpha a^\alpha = 0$ sont équivalentes. Dans ces conditions les divers $x_{0,\alpha}$ appartiennent à une même classe d'homologie, que nous désignerons par 1 ; nous écrirons

$$\sum_\alpha a^\alpha x_{0,\alpha} \sim \sum_\alpha a^\alpha; \qquad a^\alpha \sim 0 \text{ équivaut à } a^\alpha = 0. \tag{29}$$

32. Intersection dualistique d'un complexe simplicial et de son dual. — Soit c le dual d'un complexe C. Nommons éléments diagonaux de $C \times c$ les éléments $X^{p,\alpha} \times x_{p,\alpha}$. *L'intersection dualistique* C,c *sera* par définition *le plus petit sous-complexe ouvert de* $C \times c$ *qui contienne tous les éléments diagonaux de* $C \times c$. Nous nommerons $X^{p,\alpha}, x_{q,\beta}$ l'élément de C,c qui correspond à l'élément $X^{p,\alpha} \times x_{q,\beta}$ de $C \times c$.

Lemme 18. — *Les relations* $X^{p,\alpha}, x_{q,\beta} \neq 0$ *et* $X^{p,\alpha} \in \underline{X}^{q,\beta}$ *sont équivalentes.*

Nota. — La définition de $\underline{X}^{q,\beta}$ se trouve au n° 6, exemple.

Démonstration. — La relation $X^{p,\alpha}, x_{q,\beta} \neq 0$ exprime que $X^{p,\alpha} \times x_{q,\beta}$ appartient au sous-complexe C, c de $C \times c$, c'est-à-dire qu'il existe r et γ tels que

$$X^{p,\alpha} \times x_{q,\beta} \in \underline{X^{r,\gamma} \times x_{r,\gamma}},$$

c'est-à-dire que

$$X^{p,\alpha} \in \underline{X}^{r,\gamma} \quad \text{et} \quad x_{q,\beta} \in \underline{x}_{r,\gamma},$$

c'est-à-dire, en tenant compte du lemme 16,

$$X^{p,\alpha} \in \underline{X}^{r,\gamma} \quad \text{et} \quad X^{r,\gamma} \in \underline{X}^{q,\beta};$$

elle équivaut donc bien à la relation $X^{p,\alpha} \in \underline{X}^{q,\beta}$.

Le lemme 18 a les conséquences suivantes :

(30) $$X^{p,\alpha},\ x_{q,\beta}=0 \quad \text{si } p>q$$

(c'est-à-dire : tout élément de C, c a une dimension inférieure positive ou nulle)

(31) $$X^{p,\alpha},\ x_{p,\beta}=0 \quad \text{si } \alpha\neq\beta,$$

(32) $$X^{p,\alpha},\ x_{p,\alpha} \text{ est un cycle.}$$

Définition. — Nous dirons qu'un complexe C, d'éléments $X^{p,\alpha}$, est *simplicial* lorsqu'il est connexe et que chacun de ses sous-complexes $\overline{X^{p,\alpha}}$ est un simplexe. (Rappelons à ce propos le lemme 4 : toute couverture d'un espace connexe est connexe.)

Lemme 19. — *Soient un complexe simplicial* C, *son dual c et leur intersection dualistique* C, *c. Je dis que :*

1° *le complexe* C, *c et le complexe c ont les mêmes groupes de Betti;*

2° *en particulier le cycle* $X^{p,\alpha}, x_{p,\alpha}$ *de* C, *c est homologue à la classe* $(-1)^p$ *de c :*

(33) $$X^{p,\alpha},\ x_{p,\alpha}\sim(-1)^p.$$

Démonstration du 1°. — Les raisonnements que le n° **17** (Chap. I, § 4) applique à $K^*.C'$ et que le n° **27** (Chap. II, § 1) réutilise une première fois s'appliquent à C, *c*, le complexe C jouant le rôle de K^* et son dual *c* le rôle de C'; il en résulte que la correspondance qui associe à chaque classe d'homologie z_p de *c* la classe de C, *c* qui contient C^0, z_p est un isomorphisme des groupes de Betti de *c* sur ceux de C, *c*. Nous convenons d'identifier les classes d'homologie qui se correspondent ainsi.

Démonstration de la formule (33) *quand* $p=0$. — D'après (31) nous avons $X^{0,\alpha}, x_{0,\alpha}=C^0, x_{0,\alpha}$; or nous avons convenu d'identifier la classe d'homologie de $C^0, x_{0,\alpha}$ avec celle de $x_{0,\alpha}$ et de désigner cette dernière par 1.

Démonstration récurrente de la formule (33). — Supposons la formule (33) établie pour une valeur particulière de *p*. Donnons-nous arbitrairement un élément $x_{p+1,\alpha}$ et une forme $\sum_\beta a_\beta X^{p,\beta}$ à coefficients a_β entiers; nous avons

$$\left(\sum_\beta a_\beta X^{p,\beta},\ x_{p+1,\alpha}\right)^{\bullet}=\sum_{\beta,\gamma} a_\beta C\begin{bmatrix}\beta\\p\\\gamma\end{bmatrix} X^{p+1,\gamma},\ x_{p+1,\alpha}+\sum_{\beta,\gamma}(-1)^p a_\beta c\begin{pmatrix}\gamma\\p\\\alpha\end{pmatrix} X^{p,\beta},\ x_{p,\gamma},$$

d'où puisque $X^{p+1,\gamma}, x_{p+1,\alpha}=0$ si $\alpha\neq\gamma$, que $X^{p,\beta}, x_{p,\gamma}=0$ si $\beta\neq\gamma$ et que $X^{p,\beta}, x_{p,\beta}\sim(-1)^p$,

$$0\sim a[X^{p+1,\alpha},\ x_{p+1,\alpha}+(-1)^p], \qquad \text{où } a=\sum_\beta a_\beta C\begin{bmatrix}\beta\\p\\\alpha\end{bmatrix}=(-1)^p\sum_\beta a_\beta c\begin{pmatrix}\beta\\p\\\alpha\end{pmatrix} \quad [cf.\ (28)].$$

Pour déduire de cette relation la conclusion cherchée : $X^{p+1,\alpha}$, $x_{p+1,\alpha} \sim (-1)^{p+1}$, il suffit de prouver qu'on peut choisir les entiers a_β tels que $a = 1$. Ceci revient à prouver que les divers $C\begin{bmatrix}\beta\\p\\\alpha\end{bmatrix}$ correspondant aux valeurs choisies pour p et α et aux diverses valeurs de β sont premiers dans leur ensemble. S'il n'en était pas ainsi, il existerait un entier $m > 1$ tel que $C\begin{bmatrix}\beta\\p\\\alpha\end{bmatrix} = 0 \bmod. m$, c'est-à-dire tel que $X^{p+1,\alpha}$ ne figure dans les divers $\dot{X}^{p,\beta}$ qu'avec un coefficient multiple de m; donc $X^{p+1,\alpha}$ serait un cycle de $\underline{X^{p+1,\alpha}}$ non homologue à zéro mod. m; or cela n'est pas possible, puisque $X^{p+1,\alpha}$ est un simplexe.

33. Groupes de Betti d'un complexe simplicial C et de son dual *c*, lorsque les coefficients constituent un corps (rationnels; entiers mod. m, m étant premier). — Nous nommerons *base d'un complexe* C tout système de formes de C (à coefficients pris dans le corps de coefficients donné) tel que chaque forme de C soit égale à une et à une seule combinaison linéaire de formes du système : les formes

$$L^{p,\alpha} = \sum_\beta A\begin{bmatrix}\alpha\\p\\\beta\end{bmatrix} X^{p,\beta}$$

constituent une base si et seulement si, pour chaque valeur de p, la matrice $A\begin{bmatrix}\alpha\\p\\\beta\end{bmatrix}$ a une inverse.

Nous nommerons *base d'homologie* de C tout système de classes d'homologie de C tel que chaque cycle de C appartienne à une et une seule combinaison linéaire de classes de ce système ([1]). Nous nommerons $p^{\text{ième}}$ *nombre de Betti* de C le nombre de classes d'homologie à p dimensions que comporte chacune des bases d'homologie de C (ce nombre est indépendant du choix de cette base).

Nous nommerons base du groupe des cycles homologues à zéro tout système de cycles de C tel que chaque cycle de C homologue à zéro soit égal à une et à une seule combinaison linéaire de cycles de ce système.

Soit une base d'homologie de C; choisissons un cycle $Z^{p,\lambda}$ dans chacune des classes de cette base; soit $U^{p,\mu}$ une base des cycles homologues à zéro; soient $V^{p-1,\mu}$ des formes telles que $\dot{V}^{p-1,\mu} = U^{p,\mu}$. Envisageons une forme quelconque L^p de C. Il existe un système unique de coefficients $A_\gamma \in A$ tels que

$$\dot{L}^p - \sum_\nu A_\nu U^{p+1,\nu} = 0,$$

([1]) L'hypothèse que les coefficients constituent un corps sert à prouver l'existence de tels systèmes. Pour plus de détails sur les notions de bases, bases d'homologie, bases canoniques, *voir* A.-H., Chap. V, § 2, 6.

c'est-à-dire tels que $L^p - \sum_\nu A_\nu V^{p,\nu}$ soit un cycle; ce cycle est homologue à un cycle $\sum_\lambda A_\lambda Z^{p,\lambda}$, les A_λ étant parfaitement déterminés;

$$L^p - \sum_\nu A_\gamma Z^{p,\gamma} - \sum_\lambda A_\lambda Z^{p,\lambda},$$

étant un cycle homologue à zéro, est égal à une expression $\sum_\mu A_\mu U^{p,\mu}$ dont les coefficients A_μ sont parfaitement déterminés. En résumé

$$L^p = \sum_\lambda A_\lambda Z^{p,\lambda} + \sum_\mu A_\mu U^{p,\mu} + \sum_\nu A_\nu V^{p,\nu},$$

les coefficients A_λ, A_μ et A_ν étant déterminés sans ambiguïté. Les formes $Z^{p,\lambda}$, $U^{p,\mu}$ et $V^{p,\nu}$ constituent donc une base de C. Une telle base sera nommée *base canonique*.

On définit de même les bases, bases d'homologie et bases canoniques du dual *c* de C.

Supposons C simplicial. Deux bases de C et *c*

$$L^{p,\alpha} = \sum_\beta A\begin{bmatrix}\alpha\\ p\\ \beta\end{bmatrix} X^{p,\beta} \qquad \text{et} \qquad l_{p,\alpha} = \sum_\gamma a\begin{pmatrix}\gamma\\ p\\ \alpha\end{pmatrix} x_{p,\gamma}$$

seront dites *duales* l'une de l'autre lorsque, pour chaque valeur de p, les deux matrices $A\begin{bmatrix}\alpha\\ p\\ \beta\end{bmatrix}$ et $a\begin{pmatrix}\alpha\\ p\\ \beta\end{pmatrix}$ sont inverses l'une de l'autre; pour qu'il en soit ainsi, il faut et suffit : ou bien qu'on ait

(34) $$L^{p,\alpha},\ l_{p,\alpha} \sim (-1)^p \qquad \text{et} \qquad L^{p,\alpha},\ l_{p,\beta} \sim 0 \qquad \text{si } \alpha \neq \beta;$$

ou bien qu'on ait

(35) $$\sum_{p,\alpha} L^{p,\alpha} \times l_{p,\alpha} = \sum_{p,\alpha} X^{p,\alpha} \times x_{p,\alpha}.$$

La relation de définition des complexes duals, $\left(\sum_{p,\alpha} X^{p,\alpha} \times x_{p,\alpha}\right)^{\bullet} = 0$, peut donc prendre la forme plus générale que voici

(36) $$\left(\sum_{p,\alpha} L^{p,\alpha} \times l_{p,\alpha}\right)^{\bullet} = 0,$$

quand $L^{p,\alpha}$ et $l_{p,\alpha}$ constituent deux bases duales.

Soit $Z^{p,\lambda}$, $U^{p,\mu}$ et $V^{p,\nu}$ une base canonique de C; soit $z_{p,\lambda}$, $v_{p,\mu}$ et $u_{p,\nu}$ la base duale; (36) devient

$$\left(\sum_{p,\lambda} Z^{p,\lambda} \times z_{p,\lambda} + \sum_{p,\mu} U^{p,\mu} \times v_{p,\mu} + \sum_{p,\nu} V^{p,\nu} \times u_{p,\nu}\right)^{\bullet} = 0;$$

développons cette relation en tenant compte des relations

$$\dot{Z}^{p,\lambda} = 0, \qquad \dot{U}^{p,\mu} = 0, \qquad \dot{V}^{p-1,\mu} = U^{p,\mu};$$

il vient

$$\sum_{p,\lambda} Z^{p,\lambda} \times \dot{z}_{p,\lambda} + \sum_{p,\mu} U^{p,\mu} \times [(-1)^p \dot{v}_{p,\mu} + u_{p-1,\mu}] + \sum_{p,\nu} (-1)^p V^{p,\nu} \times \dot{u}_{p,\nu} = 0;$$

d'où, puisque $Z^{p,\lambda}$, $U^{p,\mu}$ et $V^{p,\nu}$ sont indépendants,

$$\dot{z}_{p,\lambda} = 0, \qquad \dot{u}_{p,\nu} = 0, \qquad \dot{v}_{p,\mu} = (-1)^{p-1} u_{p-1,\mu}.$$

Ces relations prouvent que le $p^{\text{ième}}$ nombre de Betti de c est au plus égal à celui de C; or on peut permuter les rôles de C et c dans le calcul ci-dessus; donc *les nombres de Betti de* C *et c sont égaux.* Les classes d'homologie des $z_{p,\lambda}$ constituent donc une base d'homologie de c : la base canonique de c que constituent les $z_{p,\lambda}$, $v_{p,\mu}$ et $u_{p,\nu}$ sera dite *base canonique duale* de la base canonique que constituent les $Z^{p,\lambda}$, $U^{p,\mu}$ et $V^{p,\nu}$.

La relation (35), appliquée à deux bases canoniques duales, donne

$$\begin{aligned}\sum_{p,\alpha} X^{p,\alpha} \times x_{p,\alpha} &= \sum_{p,\lambda} Z^{p,\lambda} \times z_{p,\lambda} + \sum_{p,\mu} U^{p,\mu} \times v_{p,\mu} + \sum_{p,\mu} V^{p-1,\mu} \times u_{p-1,\mu} \\ &= \sum_{p,\lambda} Z^{p,\lambda} \times z_{p,\lambda} + \sum_{p,\mu} \dot{V}^{p-1,\mu} \times v_{p,\mu} + \sum_{p,\mu} (-1)^{p-1} V^{p-1,\mu} \times \dot{v}_{p,\mu} \\ &= \sum_{p,\lambda} Z^{p,\lambda} \times z_{p,\lambda} + \left(\sum_{p,\mu} V^{p-1,\mu} \times v_{p,\mu}\right)^{\bullet},\end{aligned}$$

donc

$$(37) \qquad \boxed{\sum_{p,\alpha} X^{p,\alpha} \times x_{p,\alpha} \sim \sum_{p,\lambda} Z^{p,\lambda} \times z_{p,\lambda}.}$$

Les formules (34) appliquées à ces deux mêmes bases canoniques duales donnent

$$(38) \qquad \boxed{Z^{p,\lambda},\ z_{p,\lambda} \sim (-1)^p \quad \text{et} \quad Z^{p,\lambda},\ z_{p,\mu} \sim 0 \quad \text{si} \quad \lambda \neq \mu.}$$

La condition nécessaire et suffisante pour que les transformées de $Z^{p,\lambda}$ et $z_{p,\lambda}$ par deux substitutions linéaires vérifient encore soit (37) soit (38) est que ces deux substitutions soient inverses l'une de l'autre. Donc :

LEMME 20. — *Soient des classes d'homologie,* $Z^{p,\lambda}$ *et* $z_{p,\lambda}$, *en nombres égaux aux nombres de Betti* β_p *de* C *et c* ($1 \leq \lambda \leq \beta_p$); *si ces classes satisfont à* (38), *elles satisfont à* (37) *et vice versa; elles constituent alors deux bases d'homologie de* C *et c, que nous dirons duales l'une de l'autre. Toute base d'homologie de* C *possède une base duale et vice versa.*

[Ce lemme fournira la cinquième partie du théorème 15, qui est la base du Chapitre III (n° 41)].

Remarque. — Puisque C, c est sous-complexe ouvert de $C \times c$, d'après le lemme 3, (37) a pour conséquence la relation

$$\sum_{p,\alpha} X^{p,\alpha},\ x_{p,\alpha} \sim \sum_{p,\lambda} Z^{p,\lambda},\ z_{p,\lambda};$$

d'où, compte tenu de (33) et (38), *la formule d'Euler-Poincaré* (¹)

$$\sum_p (-1)^p \nu_p = \sum_p (-1)^p \beta_p, \tag{39}$$

où ν_p est le nombre des éléments à p dimensions de C et où β_p est le $p^{\text{ième}}$ nombre de Betti de C.

34. Groupes de Betti d'un complexe C et de son dual c, quand les coefficients sont les entiers mod. m ou les rationnels. — Soient B^p et b_p les $p^{\text{ièmes}}$ groupes de Betti de C et c, les coefficients utilisés étant les entiers mod. m ou les nombres rationnels. Les résultats du numéro précédent ne valent plus quand m n'est pas premier. Mais des résultats très simples peuvent encore être obtenus à l'aide des raisonnements qu'expose le Chapitre XI de A.-H. et qui utilisent la théorie des *caractères* des groupes abéliens (A.-H., Anhang I, § 5).

Toutes les formes et tous les cycles envisagés seront construits avec les coefficients donnés. Tous les caractères que nous envisagerons seront des fonctions (linéaires et homogènes), dont les valeurs appartiendront au groupe des coefficients. A chaque forme $l_{p,\chi}$ de c associons un caractère $\chi(L^p)$ du groupe des formes L^p de C en posant, compte tenu de (31) et (33),

$$L^p,\ l_{p,\chi} \sim \chi(L^p). \tag{40}$$

Réciproquement : soit $\chi(L^p)$ un caractère du groupe des formes à p dimensions de C; posons $a^\alpha = \chi(X^{p,\alpha})$; nous avons

$$\chi\left(\sum_\alpha A_\alpha X^{p,\alpha}\right) = \sum_\alpha A_\alpha a^\alpha \sim \left(\sum_\alpha A_\alpha X^{p,\alpha}\right),\ \left(\sum_\beta a^\beta x_{p,\beta}\right);$$

la relation (40) est donc vérifiée, en posant

$$l_{p,\chi} = \sum_\beta a^\beta x_{p,\beta}, \qquad \text{c'est-à-dire} \qquad l_{p,\chi} = \sum_\beta \chi(X^{p,\beta}) x_{p,\beta}.$$

(La correspondance entre χ et $l_{p,\chi}$ est donc un isomorphisme; par suite nous pouvons convenir d'identifier χ et $l_{p,\chi}$, c'est-à-dire d'identifier le groupe des caractères des formes L^p au groupe des formes l_p).

(¹) Notre démonstration établit (39) quand les coefficients sont les nombres rationnels. Il est possible d'en déduire que (39) vaut plus généralement quand les coefficients sont les entiers calculés mod. un nombre premier m (A.-H. Chap. V, § 3, 9); dans ce cas notre démonstration établit seulement l'égalité mod. m des deux membres de (39).

A chaque classe d'homologie $z_{p,\chi}$ de c, associons un caractère $\chi(Z^p)$ du groupe B^p en posant

$$Z^p,\ z_{p,\chi} = \chi(Z^p). \tag{41}$$

Réciproquement : soit $\chi(Z^p)$ un caractère du groupe B^p; il constitue un caractère du groupe des cycles à p dimensions de C; il peut être prolongé en un caractère du groupe des formes à p dimensions de C (A.-H., Anhang I, § 5, n°s 67 et 70); il existe donc une forme $l_{p,\chi}$ telle que $Z^p,\ l_{p,\chi} \sim \chi(Z^p)$, quel que soit le cycle Z^p; choisissons $Z^p = \dot{L}^{p-1}$; il vient $\dot{L}^{p-1},\ l_{p,\chi} \sim \chi(\dot{L}^{p-1}) = 0$; c'est-à-dire $L^{p-1},\ \dot{l}_{p,\chi} \sim 0$ quel que soit L^{p-1}; donc $\dot{l}_{p,\chi} = 0$; $l_{p,\chi}$ est un cycle; nommons-le $z_{p,\chi}$; la relation (41) est vérifiée.

De même à tout caractère $\varkappa$ du groupe b_p correspond au moins un cycle $Z^{p,\varkappa}$ tel que

$$Z^{p,\varkappa},\ z_p \sim \varkappa(z_p). \tag{42}$$

La correspondance entre les classes d'homologie $z_{p,\chi}$ et les caractères χ de B^p est un homomorphisme du groupe b_p *sur* le groupe des caractères de B^p. Prouvons que cet homomorphisme est un isomorphisme en prouvant ceci : l'hypothèse que $z_{p,\chi}$ n'est pas la classe nulle de b_p entraîne que χ n'est pas identiquement nul. Cette hypothèse entraîne l'existence d'un caractère $\varkappa$ de b_p tel que $\varkappa(z_{p,\chi}) \neq 0$ (A.-H., Anhang I, § 5, n° 60); à ce caractère $\varkappa$ correspond, conformément à (42), au moins une classe d'homologie $Z^{p,\varkappa}$; $Z^{p,\varkappa},\ z_{p,\chi} \not\sim 0$; donc, en tenant compte de (41), $\chi(Z^{p,\varkappa}) \neq 0$. C. Q. F. D.

Cet isomorphisme de b_p et du groupe des caractères de B^p nous permet d'identifier ces deux groupes. *Vice versa* : le groupe B^p peut être identifié au groupe des caractères de b_p. Ainsi se trouve établi le lemme suivant :

LEMME 21. — *Soient* B^p *et* b_p *les* $p^{\text{ièmes}}$ *groupes de Betti d'un complexe simplicial* C *et de son dual* c, *les coefficients utilisés étant les entiers mod.* m *ou les nombres rationnels. Chaque élément* $z_{p,\chi}$ *de* b_p *constitue un caractère* χ *de* B^p *en vertu de la relation*

$$Z^p,\ z_{p,\chi} \sim \chi(Z^p);$$

b_p *est identique au groupe des caractères de* B^p. *De même* B^p *est identique au groupe des caractères de* b_p.

35. DIGRESSION : THÉORÈMES DE DUALITÉ PLUS GÉNÉRAUX. — Le numéro précédent prouve que la structure des groupes de Betti B^p d'un complexe simplicial C détermine celle des groupes de Betti b_p de son dual, et *vice versa*. On peut compléter les résultats énoncés :

D'une part lorsque les coefficients sont les entiers mod. m (ou les rationnels) B^p est isomorphe au groupe de ses caractères (A.-H., Anhang I, § 5, 63), c'est-à-dire à b_p.

D'autre part il est possible d'adapter à C et c les raisonnements de A.-H. (Chap. XI, § 3, n°s 10 et 11, § 4, n° 11) et d'obtenir ainsi un renseignement sur « les groupes de torsion » de C et c. Récapitulons :

THÉORÈME DE DUALITÉ : *Soient un complexe simplicial* C *et son dual* c :

1° *Les* $p^{\text{ièmes}}$ *nombres de Betti de* C *et* c *sont égaux.*

2° *Les* $p^{\text{ièmes}}$ *groupes de Betti de* C *et* c, *construits avec les entiers* mod m, *sont isomorphes.*

3° *Le* $p^{\text{ième}}$ *groupe de torsion de* C *est isomorphe au* $(p-1)^{\text{ième}}$ *groupe de torsion de* c.

Complément. — L'hypothèse que C est simplicial est inutilement restrictive; la démonstration (n^{os} **31**, **32** et **34**) utilise seulement les hypothèses qui permettent de légitimer (33); ce sont : C est connexe; les coefficients $C\begin{bmatrix}\beta\\p\\\alpha\end{bmatrix}$ de la loi de dérivation qui correspondent à des valeurs fixes de p et α et à des valeurs arbitraires de β sont premiers entre eux dans leur ensemble. Cette seconde hypothèse équivaut d'après (28) à la suivante : on ne peut pas trouver un élément $x_{p+1,\alpha}$ de c et un entier m tels que $\dot{x}_{p+1,\alpha} \equiv 0$ mod. m.

Le théorème de dualité ainsi complété a le corollaire que voici :

COROLLAIRE. — *Pour qu'un complexe* C *soit simplicial, il suffit que son dual* c *ait les propriétés que voici :*

1° *On a* $\sum_\alpha a^\alpha = 0$ *chaque fois que* $\sum_\alpha a^\alpha x_{0,\alpha} \sim 0$ *dans* c;

2° *Dans* c *et dans chacun des sous-complexes fermés* $\overline{x_{q,\beta}}$, *deux éléments quelconques à* 0 *dimension sont homologues entre eux;*

3° *Dans chacun des* $\overline{x_{q,\beta}}$ *les cycles de dimensions positives sont homologues à zéro.*

Démonstration. — D'après les lemmes 16 et 17, $\overline{x_{q,\beta}}$ est le complexe dual de $\underline{X^{q,\beta}}$. En vertu de la condition (29) (n° **31**), 1° et 2° expriment que C et chacun des $\underline{X^{q,\beta}}$ sont connexes. Supposons C simplicial; alors $\underline{X^{q,\beta}}$ est simplicial; le théorème de dualité appliqué à $\underline{X^{q,\beta}}$ et $\overline{x_{q,\beta}}$ prouve que les cycles de dimensions positives de $\overline{x_{q,\beta}}$ sont homologues à zéro, quand les coefficients sont les entiers mod. m, donc (A.-H., Chap. V, § 4) quels que soient les coefficients : la condition 3° est vérifiée. Réciproquement supposons vérifiées les conditions 1°, 2° et 3°; le complément au théorème de dualité s'applique à $\underline{X^{q,\beta}}$ et $\overline{x_{q,\beta}}$ et prouve que les cycles de dimensions positives de $\underline{X^{q,\beta}}$ sont homologues à zéro quand les coefficients sont les entiers mod m; $\underline{X^{q,\beta}}$ est donc un simplexe (lemme 2) : C est simplicial.

36. Couverture simpliciale possédant un rétrécissement a supports simples. — Soit C un complexe concret, d'éléments $X^{p,\alpha}$; nommons *dual* de C le complexe concret c qui a pour complexe abstrait le dual du complexe abstrait de C et dont les supports sont définis par la loi $|x_{p,\alpha}| = |\underline{X^{p,\alpha}}|$; cette loi est légitime : on a $|x_{p,\alpha}| \subset |x_{q,\beta}|$ si $x_{p,\alpha} \underline{\in} x_{q,\beta}$, d'après le lemme 16.

Nommons *intersection dualistique* C, c de C et c le complexe concret qui a pour complexe abstrait l'intersection dualistique des complexes abstraits de C et c et dont les supports sont définis par la loi suivante : si $X^{q,\beta}$, $x_{p,\alpha} \neq 0$, c'est-à-dire si $X^{q,\beta} \in \underline{X^{p,\alpha}}$, on pose

$$|X^{q,\beta}, x_{p,\alpha}| = |X^{q,\beta}|;$$

notons que $|X^{q,\beta}| \subset |\underline{X^{p,\alpha}}| = |x_{p,\alpha}|$; donc C, c est un sous-complexe ouvert de C.c.

Supposons que |C| soit un sous-espace bicompact d'un espace normal E. Supposons que les éléments de C aient pour supports des ensembles simples; il en est de même pour les supports de C, c; donc C, c et E.(C, c) ont mêmes groupes de Betti (lemme 14, n° **27**).

Supposons en outre que C soit un rétrécissement d'une couverture K de E et envisageons une homologie entre des formes de K.c, valant dans E.c; elle vaut dans E.K.c; l'homologie correspondante vaut dans E.C.c [puisque C est un rétrécissement de K : lemme 15, n° **27**], donc dans E.(C, c) [puisque C, c est un sous-complexe ouvert de C.c : lemme 15, n° **27**], donc dans C, c [puisque C, c et E.(C, c) ont mêmes groupes de Betti]. Finalement nous avons la proposition suivante :

(π) Si une homologie entre des formes de K.c vaut dans E.c, alors l'homologie correspondante vaut dans le complexe abstrait C, c.

Supposons enfin que C soit simplicial et que les intersections des supports des éléments de C soient simples ou vides; alors les supports des éléments de c sont simples (en vertu du corollaire 12, n° **29**). Envisageons un cycle Z^p de E et un cycle z_q de c; d'après le lemme 14 (n° **27**), il existe une classe d'holomologie unique z_{q-p} de c telle qu'on ait

(43) $$Z^p . z_q \sim z_{q-p} \quad \text{dans E}.c.$$

Supposons que Z^p appartienne à K; d'après la proposition (π), la relation correspondant à (43) vaut dans C, c ;

(44) $$Z^p, z_q \sim z_{q-p} \quad \text{dans C}, c.$$

Cette relation (44) définit d'ailleurs d'une façon univoque la classe d'homologie de z_{q-p} (lemme 19, n° **32**). Cette équivalence des relations (43) et (44) constitue le 1° du théorème suivant, qui récapitule tous les résultats acquis au cours de ce paragraphe II :

THÉORÈME 15. — *Supposons qu'une couverture* K *d'un espace connexe et normal* E *soit simpliciale et possède un rétrécissement* C *à supports simples; soit c le dual de* C. *Supposons les intersections des éléments de* C *simples ou vides.*

1° *Nommons loi d'intersection dans* K.*c la loi qui associe à un cycle* Z^p *de* K *et à un cycle* z_q *de c la classe d'homologie unique* z_{q-p} *de c qui vérifie l'homologie* $Z^p.z_q \sim z_{q-p}$ *dans* E.*c. Nommons de même loi d'intersection dans* K, *c la loi qui associe à* Z^p *et à* z_q *la classe d'homologie unique* z_{q-p} *de c qui vérifie l'homologie* $Z^p, z_q \sim z_{q-p}$ *dans le complexe abstrait* K, *c. Ces deux lois d'intersection sont identiques.*

2° *En vertu de la convention* (29) *chaque cycle* Z^p *de* E *définit un caractère* $\varkappa$ *du* $p^{ième}$ *groupe de Betti* b_p *de c par la relation*

$$Z^p.z_p \sim \varkappa(z_p).$$

Supposons que les coefficients soient les entiers mod. m *ou les nombres rationnels; alors, d'après le lemme* 21 :

3° *On peut identifier le groupe des caractères de* b_p *avec le* $p^{ième}$ *groupe de Betti* B^p *de* K;

4° *On peut identifier le groupe* b_p *avec le groupe des caractères de* B^p.

5° *Supposons que les coefficients utilisés soient le corps des nombres rationnels ou le corps des entiers mod.* m, m *étant premier; alors, d'après le lemme* 20, *chaque base de* B^p *et de* b_p *se compose d'un même nombre de classes* β_p; β_p *est nommé* $p^{ième}$ *nombre de Betti de* K *et de c. Si des classes* $Z^{p,\lambda}$ *et* $z_{p,\lambda}$ *en nombres égaux à* β_p $(1 \leqq \lambda \leqq \beta_p)$ *vérifient* (45) *elles vérifient* (44) et vice versa

$$\sum_{p,\alpha} X^{p,\alpha} \times x_{p,\alpha} \sim \sum_{p,\lambda} Z^{p,\lambda} \times z_{p,\lambda} \qquad (X^{p,\alpha} \text{ et } x_{p,\alpha} : \text{éléments de K et } c), \tag{44}$$

$$Z^{p,\lambda}.z_{p,\lambda} \sim (-1)^p \quad \text{et} \quad Z^{p,\lambda}.z_{p,\mu} \sim 0 \quad \text{si } \lambda \neq \mu. \tag{45}$$

Elles constituent alors deux bases d'homologie de K *et c que nous dirons duales l'une de l'autre. Toute base d'homologie de* K *possède une base duale* et vice versa.

6° *Enfin, en vertu de l'associativité de l'intersection,*

$$(Z^p.Z^q).z_r \sim Z^p.(Z^q.z_r) \sim (-1)^{pq} Z^q.(Z^p.z_r). \tag{46}$$

Compléments au théorème 15. — Utilisons des coefficients qui soient les rationnels ou les entiers mod. *m*. L'ensemble des classes d'homologie Z^p de E qui sont telles que $Z^p.z_q \sim 0$, quel que soit le cycle z_q de *c*, est un *idéal* de l'anneau d'homologie de E (*cf.* n° **25**), idéal que nous nommerons $\mathfrak{J}$.

Pour qu'une classe Z^p *appartienne à* $\mathfrak{J}$, *il suffit que* $Z^p.z_p \sim 0$ *quel que soit* z_p. — *Démonstration.* — Soit z_q un cycle arbitraire de c; nous avons $Z^p.z_q \sim z_{q-p}$; il s'agit de prouver que $z_{q-p} \sim o$. Soit Z^{q-p} un cycle arbitraire de E à $(q-p)$ dimensions; nous avons

$$Z^{q-p}.z_{q-p} \sim (-1)^{p(q-p)} Z^p.(Z^{q-p}.z_q) \quad \text{(en vertu de 6°)};$$

d'où, puisque $Z^{q-p}.z_q \sim z_p$ et que $Z^p.z_p \sim o$, $Z^{q-p}.z_{q-p} \sim o$; z_{q-p} est donc le caractère nul de B^{q-p}; par suite, en vertu de 4°, $z_{q-p} \sim o$. C. Q. F. D.

Soit Z^p une classe d'homologie arbitraire de E; soit $\varkappa$ le caractère de b_p qu'elle définit (2°); soit $Z^{p,\varkappa}$ la classe d'homologie de K qui est identifiée à $\varkappa$ (3°); on a $(Z^p - Z^{p,\varkappa}).z_p \sim o$ quel que soit z_p; donc $Z^p - Z^{p,\varkappa} \in \mathfrak{J}$. Ainsi toute classe d'homologie de E est la somme d'une classe d'homologie de K et d'une classe d'homologie de $\mathfrak{J}$ bien déterminées. Nous exprimerons comme suit ce fait : *l'anneau d'homologie de* E *est la somme directe des groupes de Betti de* K *et de l'idéal* $\mathfrak{J}$.

Application. — Supposons donné le complexe abstrait de K; des opérations en nombre fini permettent d'en déduire la loi d'intersection dans K, *c*, qui vaut dans K.*c*. Cette loi permet, étant donnés les cycles Z^p et Z^q de E, de calculer, quel que soit z_{p+q}, la classe d'homologie de $Z^p.Z^q.z_{p+q}$, donc de déterminer le cycle Z^{p+q} de K qui est homologue à $Z^p.Z^q$ mod. $\mathfrak{J}$. Nous exprimerons cette conclusion en ces termes : *On peut déduire de la connaissance du complexe abstrait de* K, *grâce au théorème* 15, *par un nombre fini d'opérations, la loi qui, étant donnés* Z^p et Z^q mod. $\mathfrak{J}$, *détermine* $Z^p.Z^q$ mod. $\mathfrak{J}$ (les coefficients étant les rationnels ou les entiers mod. *m*).

Remarque 1. — Si un cycle Z^p de K est tel que $Z^p.z_p \sim o$ quel que soit z_p, le caractère de b_p que constitue Z^p est nul, donc, d'après le théorème 15 3°, $Z^p \sim o$ dans K : cette affirmation englobe le théorème 14, qui est donc un corollaire du théorème 15.

Remarque 2. — Une couverture engendrée par un recouvrement d'un espace connexe est simpliciale (n° **10**, rem. et n° **15** lemme 4).

III. — Détermination effective de l'anneau d'homologie d'un espace possédant un recouvrement fini convexoïde.

37. Généralités. — Soit E un espace de Hausdorff bicompact, possédant une couverture simpliciale K à supports simples. D'après le théorème 12 les classes d'homologie de E sont identiques à celles de K.

Il en résulte d'abord que l'anneau d'homologie de E a une base finie (n° **28**, rem. 2). Quand les coefficients constituent le corps des rationnels ou celui des entiers mod. *m*. *m* étant premier, nous nommerons *nombres de Betti de* E les nombres de Betti β_p de K (ils sont indépendants du choix de K), et *caractéristique d'Euler de* E le nombre $\sum_p (-1)^p \beta_p = \sum_p (-1)^p \nu_p$ (ν_p = nombre des éléments à p dimensions de K; *cf. formule d'Euler-Poincaré*, n° **33**, rem.); ce nombre est indépendant du choix de K et du choix du corps des coefficients.

L'identité des classes d'homologie de E et de K a ensuite la conséquence suivante : l'idéal $\mathfrak{J}$ que définit le numéro précédent est nul; l'application que fait ce numéro du théorème 15 fournit donc, à partir de la donnée du complexe abstrait de K, la loi d'intersection mutuelle des classes d'homologie de E (c'est-à-dire la loi qui, étant donnés deux cycles Z^p et Z^q, indique la classe d'homologie de leur intersection $Z^p.Z^q$).

L'hypothèse précédente « E possède une couverture K dont chaque élément a un support simple » implique que E possède un recouvrement fini par des ensembles fermés et simples. Réciproquement, soit E un espace de Hausdorff bicompact, connexe, possédant un recouvrement fini *convexoïde* (c'est-à-dire constitué par des ensembles fermés qui sont simples et dont les intersections mutuelles sont simples ou vides); la couverture K qu'engendre ce recouvrement est à supports simples et est simpliciale (n° **36**, rem. 2); la connaissance de son complexe abstrait détermine donc celle de l'anneau d'homologie de E. En résumé : *Lorsqu'on connaît un recouvrement fini convexoïde d'un espace de Hausdorff bicompact* E, *l'application des théorèmes* 12 *et* 15 *permet de déterminer, au moyen d'un nombre fini d'opérations, la structure de l'anneau d'homologie de* E; *cet anneau a une base finie; la caractéristique d'Euler de* E *est définie et peut être calculée par la formule d'Euler-Poincaré.*

Le numéro suivant va déterminer par cette méthode l'anneau d'homologie du plan projectif, la couverture utilisée étant d'un usage particulièrement commode; néanmoins les calculs sont longs. La seconde partie de ce cours effectuera une détermination beaucoup plus rapide de la structure de cet anneau; cette détermination utilisera les propriétés de certaines représentations en lui-même de l'espace projectif. D'une façon générale, le procédé de détermination de l'anneau d'homologie d'un espace E que fournissent les théorèmes 12 et 15 a également recours au théorème 6 (n° **21**), c'est-à-dire utilise les propriétés des représentations de sous-ensembles de E dans E; un emploi, approprié à chaque cas, des propriétés de ces représentations permet de déterminer la structure de l'anneau d'homologie plus élégamment que ne le permettent les théorèmes généraux 12 et 15.

38. Exemple : le plan projectif. — Utilisons dans le plan projectif E les coordonnées homogènes (x, y, z). Soit K le complexe qui a la structure suivante : il possède trois éléments à zéro dimension : A, B, D; six éléments à une dimension : L, M, N, P, Q, R; quatre éléments à deux dimensions : T, U, V, W. La loi de dérivation est

$$\dot{A} = L + M - N - P; \quad \dot{L} = T + U; \quad \dot{M} = V + W;$$
$$\dot{B} = Q + R - L - M; \quad \dot{N} = U + V; \quad \dot{P} = T + W;$$
$$\dot{D} = N + P - Q - R; \quad \dot{Q} = V + T; \quad \dot{R} = U + W;$$
$$\dot{U} = \dot{V} = \dot{W} = \dot{T} = 0.$$

Les supports sont définis par les systèmes de relations suivants (*fig.* 7) :

$$|A| : |z| \geqq |x| \text{ et } |z| \geqq |y|; \quad |B| : |x| \geqq |y| \text{ et } |x| \geqq |z|;$$
$$|D| : |y| \geqq |x| \text{ et } |y| \geqq |z|;$$
$$|L| : x = z \text{ et } |x| = |z| \geqq |y|; \quad |M| : x = -z \text{ et } |x| = |z| \geqq |y|;$$
$$|N| : y = z \text{ et } |y| = |z| \geqq |x|; \quad |P| : y = -z \text{ et } |y| = |z| \geqq |x|;$$
$$|R| : x = y \text{ et } |x| = |y| \geqq |z|; \quad |Q| : x = -y \text{ et } |x| = |y| \geqq |z|;$$
$$|U| : x = y = z; \quad |V| : -x = y = z; \quad |W| : x = y = -z; \quad |T| : x = -y = z.$$

En étudiant l'intersection de K par un point arbitraire de E, on constate que K est une couverture de E (connexe conformément au lemme 4). K est

Fig. 7.

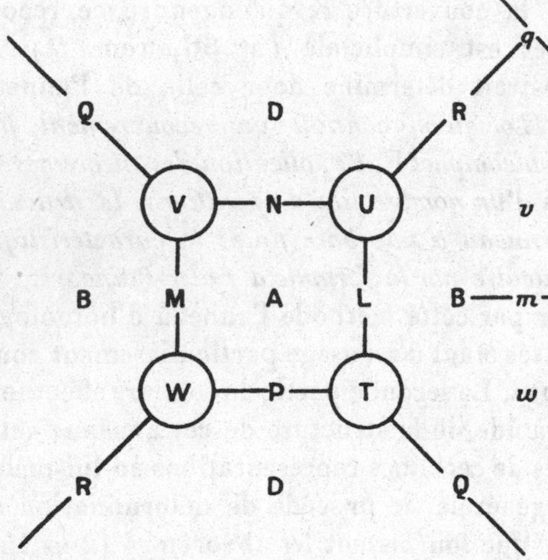

Fig. 8.

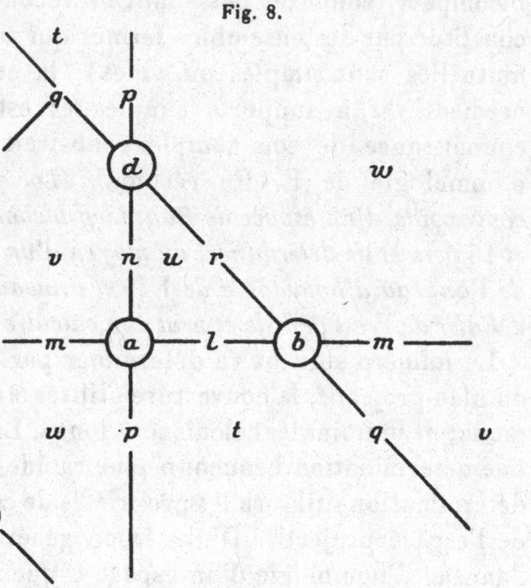

une couverture simpliciale à supports simples; appliquons-lui les théorèmes 12 et 15 :

La caractéristique d'Euler de E est $\nu_0 - \nu_1 + \nu_2 = 1$.

Détermination des groupes de Betti de K. — On peut ajouter à toute forme à une dimension de K une combinaison linéaire de $\dot{B}$ et $\dot{C}$ qui annule les coefficients de M et P. Toute forme de dimension 1 est donc homologue à une forme unique du type $\alpha L + \beta N + \gamma Q + \delta R$ (les lettres grecques étant des coefficients). La dérivée d'une forme de ce type contient le terme δW; donc $\delta = 0$ si la forme est un cycle : tout cycle à une dimension est homologue à un cycle bien déterminé du type $\alpha L + \beta N + \gamma Q$. La relation $(\alpha L + \beta N + \gamma Q)^{\bullet} = 0$ s'écrit $\alpha(T + U) + \beta(U + V) + \gamma(V + T) = 0$, c'est-à-dire $(\alpha + \beta)U + (\beta + \gamma)V + (\alpha + \gamma)T = 0$, c'est-à-dire $\alpha = \beta = \gamma$, $2\alpha = 0$.

En résumé toute classe d'homologie à une dimension Z^1 contient un seul cycle du type $\alpha(L+N+Q)$, une forme de ce type n'étant effectivement un cycle que si $2\alpha=0$.

Par ailleurs la seule classe d'homologie à deux dimensions de K qui puisse différer de zéro est la classe Z^2 qui vérifie les relations

$$Z^2 \sim T \sim U \sim V \sim W; \quad 2Z^2 \sim 0.$$

D'où, par application du théorème 12, les conclusions partielles suivantes :

Cas où les coefficients sont des entiers. — L'anneau d'homologie du plan projectif E se compose des classes βE^0 et de la classe Z^2 qui vérifie les relations $2Z^2 \sim 0$; $Z^2.Z^2 \sim 0$.

Cas où les coefficients sont les nombres rationnels, ou bien les entiers mod μ, μ *étant impair.* — L'anneau d'homologie de E se compose des seules classes βE^0 (car $2\alpha=0$ entraîne $\alpha=0$ et $2Z^2\sim 0$ entraîne $Z^2\sim 0$).

Cas où les coefficients sont les entiers mod. 2ν. — L'anneau d'homologie de E se compose des classes βE^0, de la classe $Z^1\sim\nu(L+N+Q)$ et de la classe $Z^2\sim T$, qui vérifient les relations

$$(47) \qquad 2Z^1\sim 0; \quad 2Z^2\sim 0; \quad Z^1.Z^1\sim\gamma Z^2; \quad Z^1.Z^2\sim 0; \quad Z^2.Z^2\sim 0,$$

où γ est un coeffcient, que le théorème 15 va nous permettre de déterminer.

A cet effet étudions le dual c de K, les coefficients étant désormais les entiers mod. 2ν. (La figure 8 représente non c lui-même, mais l'un de ses rétrécissements.)

Le dual c de K possède trois éléments à zéro dimension a, b, d; six éléments à une dimension l, m, n, p, q, r; quatre éléments à deux dimensions t, u, v, w. La loi de dérivation est

$$\dot a=\dot b=\dot d=0;$$
$$\dot l=\dot m=a-b; \quad \dot n=\dot p=d-a; \quad \dot q=\dot r=b-d;$$
$$\dot t=-l-p-q; \quad \dot u=-l-n-r; \quad \dot v=-m-n-q; \quad \dot w=-m-p-r.$$

On en déduit aisément qu'il existe dans c une classe d'homologie à une dimension, z_1, vérifiant les relations

$$z_1\sim l-m\sim n-p\sim r-q; \quad 2z_1\sim 0$$

et une classe d'homologie à deux dimensions z_2 vérifiant les relations

$$z_2\sim\nu(t+u+v+w); \qquad 2z_2\sim 0,$$

ce qui est conforme au théorème de dualité (n° 35).

Loi d'intersection dans K, *c*. — Les formules (31) et (33) (n° 32) nous donnent

$$(L+N+Q), (l-m)=L, \; l\sim -1, \qquad \text{d'où } Z^1, z_1\sim\nu;$$
$$T, (t+u+v+w)=T, \; t\sim 1, \qquad \text{d'où } Z^2, z_2\sim\nu.$$

D'autre part un calcul, calqué sur le calcul général du n° **17**, va nous permettre de déterminer à quelle classe d'homologie de c est homologue le cycle $\nu(L+N+Q), (t+u+v+w)$ de K, c :

$$\nu(L+N+Q), (t+u+v+w) = \nu(L+Q), t + \nu(L+N), u + \nu(N+Q), v;$$

or

$$\nu(L+Q), \quad t = \nu(Q+R-L-M), \quad t = \nu\dot{B}, \quad t \sim \nu B, \dot{t},$$

de même

$$\nu(L+N), \quad u \sim \nu A, \dot{u} \quad \text{et} \quad \nu(N+Q), \quad v \sim \nu D, \dot{v};$$

donc

$$\nu(L+N+Q), (t+u+v+w) \sim \nu[A, \dot{u}+B, \dot{t}+D, \dot{v}]$$
$$= \nu[A, (l+n)+B, (l+q)+D, (n+q)] = \nu[(A+B), l+(A+D), n+(B+D), q]$$
$$= \nu(A+B+D), (l+n+q) \sim \nu(l+n+q) \sim \nu z_1$$

d'où finalement la formule

$$\nu(L+N+Q), (t+u+v+w) \sim \nu z_1,$$

qui a pour corollaire

$$Z^1, z_2 \sim \nu^2 z_1$$

(c'est-à-dire $Z^1, z_2 \sim 0$ si ν est pair; $Z^1, z_2 \sim z_1$ si ν est impair).

Calcul de $Z^1.Z^1$. — D'après le théorème 15 la loi d'intersection qui vaut dans $K.c$ est celle qui vaut dans K, c; c'est donc

$$Z^1.z_1 \sim Z^2.z_2 \sim \nu; \qquad Z^1.z_2 \sim \nu^2 z_1.$$

On en tire

$$Z^1.Z^1.z_2 \sim \nu^2 Z^1.z_1 \sim \nu^3,$$

c'est-à-dire

$$Z^1.Z^1.z_2 \sim \nu^3.$$

Faisons dans cette dernière relation la substitution $Z^1.Z^1 \sim \gamma Z^2$; il vient

$$\gamma\nu \sim \nu^3, \quad \text{c'est-à-dire } \gamma\nu = \nu^3 \mod. 2\nu, \quad \text{c'est-à-dire } \gamma = \nu^2 \mod. 2.$$

Celle des formules (47) qu'il nous restait à préciser pour connaître complètement la structure de l'anneau d'homologie du plan projectif, quand les coefficients sont les entiers mod. 2ν, est donc

(48) $$Z^1.Z^1 \sim 0 \text{ quand } \nu \text{ est pair}; \quad Z^1.Z^1 \sim Z^2 \text{ quand } \nu \text{ est impair}.$$

39. Les polyèdres. — Tout polyèdre (connexe) E est le support d'un complexe k dont les éléments $x_{p,\alpha}$, écrits en notation inférieure, ont les propriétés suivantes (A.-H., Zellenkomplex) :

a. $p \geqq 0$; la dérivée de chaque $x_{1,\alpha}$ est du type

(49) $$\dot{x}_{1,\alpha} = x_{0,\beta} - x_{0,\gamma};$$

b. dans chacun des sous-complexes fermés $\overline{x_{p,\alpha}}$ tout cycle de dimension positive est homologue à zéro et

(50) $$x_{0,\alpha} \sim x_{0,\beta}, \quad \text{quels que soient } \alpha \text{ et } \beta;$$

c. $|x_{p,\alpha}|$ est une « cellule convexe » (A.-H., Konvexe Zelle);

d. l'ensemble $|x_{p,\alpha}| - |\dot{x}_{p,\alpha}|$ n'est pas vide (nous nommerons centre de $x_{p,\alpha}$ un point choisi arbitrairement dans cet ensemble).

A partir d'un tel complexe *k* nous allons construire une couverture K de E, qui sera simpliciale et à supports simples [par exemple : si E est le plan projectif et si *k* est le complexe (¹) que représente la figure 8, K sera la couverture que représente la figure 7].

Le complexe abstrait de K aura pour dual le complexe abstrait de *k*; K est simplicial en vertu du corollaire du théorème de dualité qu'énonce le n° **35**.

Nous construirons les supports des éléments de K par le procédé récurrent que voici : Soit $x_{p,\alpha}$ un élément de *k* de dimension *p* maximum; soit K′ le complexe qui se déduit de K en annulant $X^{p,\alpha}$; soit $E' = (E - |x_{p,\alpha}|) + |\dot{x}_{p,\alpha}|$; supposons définis les supports $|X'^{q,\beta}|$ des éléments $X'^{q,\beta}$ de E′ de telle façon que :

α′. K′ soit une couverture du polyèdre E′;

β′. $|X'^{q,\beta}|$ soit une pyramide ayant pour sommet le centre de $x_{q,\beta}$.

Posons les définitions suivantes :

$$|X^{q,\beta}| = |X'^{q,\beta}|, \qquad \text{sauf si } x_{q,\beta} \in \overline{x_{p,\alpha}};$$

$|X^{p,\alpha}|$ est le centre de $x_{p,\alpha}$;

si $x_{q,\beta} \in \overline{x_{p,\alpha}}$ et si $x_{q,\beta} \neq x_{p,\alpha}$, alors $|X^{q,\beta}|$ est la réunion de $|X'^{q,\beta}|$ et de la pyramide qui a pour base $|X'^{q,\beta}|.|\dot{x}_{p,\alpha}|$ et pour sommet $|X^{p,\alpha}|$.

On constate sans peine que :

α. K est une couverture de E (en effet, l'intersection de K par $|X^{p,\alpha}|$ est $\overline{X^{p,\alpha}}$, qui est un simplexe; l'intersection de K par un autre point de E est isomorphe à l'intersection de K′ par un point de E′ convenablement choisi, intersection qui est un simplexe).

β. $|X^{q,\beta}|$ est une pyramide dont le sommet est le centre de $x_{q,\beta}$. Or une pyramide est un ensemble simple, d'après le théorème 6 (n° **21**). Donc K est bien une couverture simpliciale de E et ses éléments ont bien des supports simples.

(¹) A.-H. (Anhang zu Kap. IV, V, VI, n° **20**) affirme que cette figure 8 ne définit pas un complexe; A.-H. s'astreint en effet à n'envisager que des complexes satisfaisant à des conditions plus strictes que les conditions que nous venons de nommer *a*, *b*, *c*, *d*; cela oblige à remplacer notre figure 8 par une figure plus compliquée, par exemple par la suivante : A.-H., Chap. IV, § 2, n° 8, fig. 14.

Grâce aux théorèmes 12 et 15 on peut donc, *de la connaissance du complexe abstrait de k, déduire la structure de l'anneau d'homologie du polyèdre* E, *par un nombre fini d'opérations*. En particulier, cet anneau d'homologie a une base finie; la caractéristique d'Euler du polyèdre est $\sum_p (-1)^p \nu_p$, où ν_p est le nombre d'éléments à p dimensions de k.

Remarque 1. — Soit B^p le groupe que constituent les classes d'homologie à p dimensions de E et soit b_p le groupe de ses caractères, les coefficients étant les nombres rationnels ou les entiers mod. m. Le théorème 15, 3°, identifie b_p au $p^{\text{ième}}$ groupe de Betti de k, qui, une fois choisi le polyèdre E, est donc le même pour tous les complexes k : c'est là le théorème d'invariance sur lequel MM. Alexandroff et Hopf (Chap. VI, § 2, n° 5 et chap. VIII, § 4, n° 4) font reposer la définition du « $p^{\text{ième}}$ *groupe de Betti de* E », qui n'est autre que b_p.

Remarque 2. — Il est fréquent qu'on obtienne une couverture de E en écrivant k en notation supérieure, c'est-à-dire en posant $x_{p,\alpha} = X''^{P-p,\alpha}$; on dit alors que E est un polyèdre *orientable et fermé* de dimension P; le $p^{\text{ième}}$ groupe de Betti de cette couverture est b_{P-p}, qui est donc identique à B^p, en vertu du théorème 12; par suite, B^p est identique au groupe des caractères de B^{P-p}, lorsque les coefficients sont les nombres rationnels ou les entiers mod. m : c'est *le théorème de dualité de Poincaré*.

Il est également fréquent que, ayant écrit k en notation supérieure, on obtienne une couverture de E en annulant les éléments d'un sous-complexe fermé de k, sous-complexe de support e. On dit alors que E est *un polyèdre orientable, dont e est le bord* (¹) et dont la dimension est P. Le théorème 12 identifie B^p au $p^{\text{ième}}$ groupe de Betti de cette couverture, qui est le groupe qu'on a coutume de nommer « $(P-p)^{\text{ième}}$ groupe de Betti de E mod. e » (ou relativement à e : *cf.* A.-H., *Relativzyklus*).

40. Espaces dans lesquels une multiplication est définie (d'après le Mémoire de M. H. Hopf cité au Chap. I, § 6). — Soit E un espace qui possède un recouvrement convexoïde fini et auquel s'applique le théorème 8 (n° **24**). Le fait que l'anneau d'homologie de E a une base finie permet de préciser comme suit les conclusions de ce théorème : *Il existe un système irréductible, composé d'un nombre fini de cycles maximaux* Z^{p_i,α_i} (*et même hypermaximaux quand la multiplication est un demi-groupe*), *tel que tout cycle de* E *est homologue à une combinaison linéaire d'intersections de* Z^{p_i,α_i}. *Rappelons que toute homologie liant les* Z^{p_i,α_i} *est conséquence des suivantes :*

$$Z^{p_i,\alpha_i}.Z^{p_j,\alpha_j} \sim -Z^{p_j,\alpha_j}.Z^{p_i,\alpha_i};$$

chaque Z^{p_i,α_i} *a une dimension* p_i *impaire.*

(¹) A.-H., *Rand einer Pseudomannigfaltigkeit.*

Un tel système s'appellera *système générateur irréductible.*

En d'autres termes : *Quand une multiplication vérifiant l'hypothèse* (h) *du théorème* 8, *ou plus particulièrement l'hypothèse* (h'), *est définie dans* E, *quand* E *possède un recouvrement convexoïde fini et quand les coefficients utilisés sont les nombres rationnels, alors l'anneau d'homologie de* E *est isomorphe à celui du produit d'un nombre fini de sphères, de dimensions impaires; le nombre et les dimensions de ces sphères sont ceux des cycles d'un système générateur irréductible* (H., n° 2).

Cycles de dimension maximum. — Le maximum des dimensions des cycles de E est alors $P = \sum p_i$; tout cycle de dimension P est homologue à un cycle $A_\alpha Z^P$, où A_α est un coefficient et où

(51) $$Z^P \sim \prod_i Z^{p_i, \alpha_i}, \qquad \text{c'est-à-dire } Z^P \sim Z^{p_1,\alpha_1}.Z^{p_2,\alpha_2}.Z^{p_3,\alpha_3}.\ldots.$$

Base de B^q. — Nommons B^q le groupe que constituent les classes d'homologie de E de dimension q. Les cycles

(52) $$Z^{q,\lambda} \sim \prod_j Z^{p_j, \alpha_j} \qquad \left(\text{où } \sum_j p_j = q\right)$$

sont tels que tout cycle Z^q de E est homologue à une combinaison linéaire unique des $Z^{q,\lambda}$. Ces cycles constituent donc une base de B^q.

Bases duales de B^q *et* B^{P-q}. — Désignons par $Z^{P-q,\lambda}$ l'intersection de ceux des Z^{p_i,α_i} qui ne figurent pas dans le second membre de (52); les $Z^{P-q,\lambda}$ constituent une base de B^{P-q}; on a

(53) $$Z^{q,\lambda}.Z^{P-q,\lambda} \sim Z^P \qquad \text{et} \qquad Z^{q,\lambda}.Z^{P-q,\mu} \sim 0 \qquad \text{si } \lambda \neq \mu;$$

nous exprimerons le fait que deux bases B^q et B^{P-q} vérifient les relations (53) en disant qu'elles sont duales.

Rapport (¹) *entre* b_q *et* B^{P-q}. — Z^P une fois choisi, chaque $Z^{P-q,\chi}$ de E définit un caractère $\chi(Z^q)$ du groupe B^q par la relation

(54) $$Z^q.Z^{P-q,\chi} \sim \chi(Z^q) Z^P.$$

Réciproquement, étant donné le caractère $\chi(Z^q)$, il lui correspond une seule classe d'homologie $Z^{P-q,\chi}$ vérifiant (54) : on a, d'après (53),

$$Z^{P-q,\chi} \sim \sum_\lambda Z^{P-q,\lambda} \chi(Z^{q,\lambda}).$$

(¹) Les résultats que nous allons obtenir présentent une analogie formelle avec le théorème de dualité de Poincaré (n° **39**, remarque 2).

Soit k le dual d'une couverture simpliciale, à supports simples, de E; nous avons convenu d'identifier le caractère $\chi(Z^q)$ à une classe d'homologie $z_{q,\chi}$ de k. La relation qui existe entre $Z^{p-q,\chi}$ et $z_{q,\chi}$ est la suivante [où le crochet représente le coefficient égal à $Z^q . z_{q,\chi}$] :

$$(55)\qquad [Z^q . z_{q,\chi}] Z^p \sim Z^q . Z^{p-q,\chi}, \qquad \text{quel que soit } Z^q;$$

convenons d'exprimer cette relation par le symbole

$$(56)\qquad z_{q,\chi} \sim \frac{Z^{p-q,\chi}}{Z^p}, \qquad \text{par exemple } 1 \sim \frac{Z^p}{Z^p}.$$

La relation (55) a les conséquences suivantes :
d'une part $z_{q,\chi}$ dépend linéairement de $Z^{p-q,\chi}$;
d'autre part

$$[Z^r . (Z^{q-r} . z_{q,\chi})] Z^p \sim Z^r . (Z^{q-r} . Z^{p-q,\chi}), \qquad \text{quel que soit } Z^r,$$

c'est-à-dire

$$Z^{q-r} . z_{q,\chi} \sim \frac{Z^{q-r} . Z^{p-q,\chi}}{Z^p}.$$

Les formules régissant l'emploi de notre nouveau symbole sont donc

$$(57)\qquad \boxed{\sum_\beta A_\beta \frac{Z^{q,\beta}}{Z^p} \sim \frac{\sum_\beta A_\beta Z^{q,\beta}}{Z^p}; \quad Z^r . \frac{Z^q}{Z^p} \sim \frac{Z^r . Z^q}{Z^p}; \quad \frac{Z^p}{Z^p} \sim 1.}$$

Problème. — Construire, si possible, un polyèdre dont l'anneau d'homologie est donné arbitrairement (*cf.* A.-H., *Anhang* zu Kap. IV, V, VI, n° 9).

CHAPITRE III.

POINTS FIXES DES REPRÉSENTATIONS.

Ce Chapitre III amorce la théorie des équations qu'exposera la troisième partie de notre Cours. Le paragraphe I généralise la théorie des points fixes [*voir* A.-H., Chap. XIV et certains des Mémoires cités dans l'Introduction (⁹)]. Le paragraphe II étudie spécialement le cas des espaces de groupes. Quant aux applications aux polyèdres, renvoyons le lecteur à A.-H.

I. — Le nombre de Lefschetz.

41. Définitions du nombre de Lefschetz. — Soit E un espace de Hausdorff, bicompact, connexe, possédant un recouvrement fini convexoïde. Soit $\xi(x)$ une représentation de E en lui-même. Construisons une couverture simpliciale à supports simples de E; nommons-la K; soit c son dual; nommons $X^{q,\beta}$ et $x_{q,\beta}$ les éléments de K et c. La relation (25) $\left(\sum_{q,\beta} X^{q,\beta}\times x_{q,\beta}\right)^{\cdot}=0$ et le lemme 3 prouvent que $\left(\sum_{q,\beta}\overset{-1}{\xi}(X^{q,\beta}).x_{q,\beta}\right)^{\cdot}=0$; $\sum_{q,\beta}\overset{-1}{\xi}(X^{q,\beta}).x_{q,\beta}$ est donc un cycle de E.c; or c est à supports simples (coroll. **12**, n° **29**); d'après le lemme **14** (n° **27**) ce cycle est donc homologue à un cycle de c, c'est-à-dire à un entier positif, négatif ou nul [en vertu de la convention (29), n° **31**]; nous nommerons cet entier nombre de Lefschetz de ξ; nous le désignerons par Λ_ξ :

$$\boxed{\Lambda_\xi\sim\sum_{q,\beta}\overset{-1}{\xi}(X^{q,\beta}).x_{q,\beta}.}\tag{58}$$

La relation (44) du théorème **15** et le lemme 3 prouvent que, si nous utilisons des coefficients constituant un corps et si nous désignons par $Z^{q,\lambda}$ et $z_{q,\lambda}$ deux bases d'homologie duales de K et c, nous avons

$$\Lambda_\xi\sim\sum_{q,\lambda}\overset{-1}{\xi}(Z^{q,\lambda}).z_{q,\lambda}.\tag{59}$$

Tenons compte des relations (45) du théorème **15**; il vient

$$\boxed{\text{en posant}\quad \overset{-1}{\xi}(Z^{q,\lambda})\sim\sum_{\mu}\Xi\binom{\lambda}{q\;\;\mu}Z^{q,\mu},\qquad \Lambda_\xi=\sum_{q,\lambda}(-1)^q\,\Xi\binom{\lambda}{q\;\;\lambda}.}\tag{60}$$

Les $Z^{q,\lambda}$ constituent une base d'homologie arbitraire de E; les relations (60) sont donc indépendantes du choix de K : le nombre de Lefschetz Λ_ξ *est indépendant du choix de* K; il ne dépend que de E et de ξ.

Remarque. — Si les nombres de Betti de E sont tous nuls sauf β_0 (en particulier si E est simple), la formule (60) se réduit à $\Lambda_\xi=1$.

42. Représentations ξ homotopes. — Nous avons vu (th. **5**, n° **20**) que

$$\overset{-1}{\xi}(Z^{p,\lambda})\sim\overset{-1}{\eta}(Z^{p,\lambda})$$

si $\xi(x)$ et $\eta(x)$ sont deux représentations de E en lui-même et si elles sont homotopes entre elles dans E (la notion d'homotopie pouvant être généralisée comme l'indique le n° **23**). Donc :

Théorème **16**. — *Si $\xi(x)$ et $\eta(x)$ sont deux transformations de* E *en lui-même et si elles sont homotopes entre elles dans* E, *alors* $\Lambda_\xi=\Lambda_\eta$.

Remarque. — Les corollaires 5_1 et 5_2 (n° **20**) ont pour conséquences les deux propositions suivantes, qui sont des cas particuliers du théorème 16 :

Si $\xi(x)$ est homotope dans E à une représentation constante, alors $\Lambda_\xi = 1$.

Si $\xi(x)$ est homotope dans E à la représentation identique de E en lui-même, alors Λ_ξ est égal à la caractéristique d'Euler de E.

43. Existence de points fixes. — *Définition.* — Nous nommerons *convexoïde* tout espace de Hausdorff bicompact, connexe, possédant un recouvrement dont les éléments U ont les propriétés suivantes :

a. Chaque ensemble U est fermé et simple;

b. L'intersection d'un nombre fini d'ensembles U est vide ou simple;

c. Étant donnés un point x de E et un voisinage V de x, on peut trouver un ensemble U qui appartienne à V et auquel x soit intérieur.

Nota. — *a* et *b* expriment que ce recouvrement est convexoïde; *c* implique que les intérieurs des ensembles U constituent une base de E (A.-H., Chap. I, § 2, 8); tout espace convexoïde possède évidemment un recouvrement convexoïde fini.

Théorème 17. — *Soit $\xi(x)$ une représentation en lui-même d'un espace convexoïde* E. *Si $\Lambda_\xi \neq 0$, l'équation*

$$x = \xi(x) \tag{61}$$

possède au moins une solution.

Nota. — On nomme *points fixes de la représentation* ξ les solutions de l'équation (61).

Démonstration. — Nous allons supposer que $x \neq \xi(x)$ quel que soit x et en déduire que $\Lambda_\xi = 0$. Cette hypothèse $x \neq \xi(x)$ entraîne qu'à chaque point x on peut ([1]) associer U_x ayant les propriétés que voici : U_x est un élément d'un recouvrement de E qui possède les propriétés *a*, *b* et *c*; x est intérieur à U_x; enfin $U_x . \overset{-1}{\xi}(U_x) = 0$. On peut constituer un recouvrement fini de l'espace bicompact E au moyen d'un nombre fini de U_x. On obtient ainsi un recouvrement convexoïde fini de E, dont les éléments U_γ satisfont à la condition

$$U_\gamma . \overset{-1}{\xi}(U_\gamma) = 0. \tag{62}$$

([1]) x étant donné, on construit un voisinage V_x de x et un voisinage V_ξ de $\xi(x)$ qui soient disjoints; on choisit $U_x \subset V_x . \overset{-1}{\xi}(V_\xi)$; on a $U_x . \xi(U_x) = 0$; d'où $U_x . \overset{-1}{\xi}(U_x) = 0$.

Utilisons la couverture K qu'engendre ce recouvrement : si $X^{q,\beta}$ est le produit extérieur de $U_{\gamma_0}, U_{\gamma_1}, \ldots, U_{\gamma_p}$, on a

$$|X^{q,\beta}| = U_{\gamma_0}.U_{\gamma_1}.\ldots.U_{\gamma_p} \quad \text{et} \quad |x_{q,\beta}| = U_{\gamma_0} + U_{\gamma_1} + \ldots + U_{\gamma_p};$$

d'où, en tenant compte de (62),

$$\left|\overset{-1}{\xi}(X^{q,\beta})\right|.|x_{q,\beta}| = 0;$$

la relation (58) se réduit donc à $\Lambda_\xi = 0$. C. Q. F. D.

Exemples. — Le théorème 17, vu les remarques des n^{os} **41** et **42**, a les corollaires suivants (*cf.* A.-H., Chap. XIV, § 1, n° 4) : Soit E un espace convexoïde; une représentation de E en lui-même possède au moins un point fixe dans chacun des trois cas suivants :

1° Tous les nombres de Betti de E de dimensions positives sont nuls (en particulier : E est simple);

2° La représentation envisagée est homotope dans E à une représentation constante;

3° La représentation envisagée est homotope dans E à la représentation identique de E sur lui-même et la caractéristique d'Euler de E diffère de zéro.

II. — Cas des espaces de groupes.

44. Adoptons les mêmes hypothèses et les mêmes notations qu'au n° **40**. Introduisons deux bases duales $Z^{q,\lambda}$ et $Z^{p-q,\lambda}$

$$(53) \qquad Z^{q,\lambda}.Z^{p-q,\lambda} \sim Z^p \quad \text{et} \quad Z^{q,\lambda}.Z^{p-q,\mu} \sim 0 \quad \text{si } \lambda \neq \mu.$$

Posons $z_{q,\lambda} \sim (-1)^q \dfrac{Z^{p-q,\lambda}}{Z^p}$; en vertu de (53) et (57) les relations (45) du théorème 15 (n° **36**) sont vérifiées : $z_{q,\lambda}$ est la base duale de la base $Z^{q,\lambda}$. La formule (59) peut donc s'écrire

$$\Lambda_\xi \sim \sum_{q,\lambda} (-1)^q \overset{-1}{\xi}(Z^{q,\lambda}).\frac{Z^{p-q,\lambda}}{Z^p},$$

c'est-à-dire, en tenant compte de (57),

$$(63) \qquad \Lambda_\xi Z^p \sim \sum_{q,\lambda} (-1)^q \overset{-1}{\xi}(Z^{q,\lambda}).Z^{p-q,\lambda}.$$

Choisissons en particulier

$$(52) \qquad Z^{q,\lambda} \sim \prod_j Z^{p_j,\alpha_j} \quad \left(\text{où } \sum_j p_j = q\right);$$

$Z^{p-q,\lambda}$ est, rappelons-le, l'intersection de ceux des Z^{p_i,α_i} qui ne figurent pas dans le second membre de (52). La formule (63) devient

(64) $$\Lambda_\xi Z^p \sim \prod \left[Z^{p_i,\alpha_i} - \overset{-1}{\xi}(Z^{p_i,\alpha_i})\right].$$

Supposons que E soit un espace de groupe et que les Z^{p_i,α_i} soient hypermaximaux; posons

(65) $$\boxed{\theta(x) = x[\xi(x)]^{-1}}$$

— où $[\xi(x)]^{-1}$ est l'inverse de $\xi(x)$ au sens de la théorie des groupes : (61) s'écrit $\theta(x) = 1$ —. Nous avons, d'après le théorème **11** (n° **25**),

$$\overset{-1}{\theta}(Z^{p_i,\alpha_i}) \sim Z^{p_i,\alpha_i} - \overset{-1}{\xi}(Z^{p_i,\alpha_i}); \quad \overset{-1}{\theta}(Z_p) \sim \prod_i \left[Z^{p_i,\alpha_i} - \overset{-1}{\xi}(Z^{p_i,\alpha_i})\right];$$

(64) s'écrit donc

(66) $$\boxed{\Lambda_\xi Z^p \sim \overset{-1}{\theta}(Z^p).}$$

Cette formule (66) établit l'identité des notions suivantes : « nombre de Lefschetz de ξ », « *Abbildungsgrad im Grossen der Abbildung* θ (A.-H., XII, § 1, 4) ».

Exemple. — Soient $\xi(x) = x^{1-k}$ et $\theta(x) = x^k$, k étant un entier positif, négatif ou nul; nous avons, d'après (23) (n° **25**), $\overset{-1}{\theta}(Z^{p_i,\alpha_i}) \sim k Z^{p_i,\alpha_i}$; d'où

(67) $$\overset{-1}{\theta}(Z^p) \sim k^\lambda Z^p$$

et par suite

(68) $$\Lambda_\xi = k^\lambda,$$

λ étant le rang (¹) du groupe, c'est-à-dire le nombre de cycles dont se compose un système générateur irréductible.

Les théorèmes **16** et **17** nous permettent de déduire de (68) la proposition suivante :

Si l'espace d'un groupe est convexoïde et si la multiplication du groupe est continue, alors l'équation, dont l'inconnue x est un élément du groupe,

$$x^k = y$$

possède au moins une solution, quels que soient l'entier positif ou négatif k et l'élément y du groupe. (La démonstration suppose non nul le rang d'un tel groupe; s'il était nul, d'après le n° **43**, exemples 1°, l'équation $x = yx$ posséderait une solution quel que soit y : le groupe se réduirait à la transformation identique.)

(¹) *Voir* H. Hopf, *Über den Rang geschlossener Liescher Gruppen* (*Commentarii Math. Helvetici*, t. **13**, 1940). La formule (67) est la formule fondamentale de ce Mémoire.

ANNEXE.

Il est avantageux de substituer aux n[os] **19** et **20** les n[os] **19** *bis* et **20** *bis* suivants : ils établissent le théorème 5 sous des hypothèses plus larges, par des raisonnements que la troisième partie réutilisera (n° **75**, lemme 38).

19 *bis*. Représentations dépendant continûment d'un paramètre. — Soit $\varphi_{x''}(x')$ une représentation d'un *espace de Hausdorff bicompact* E' (*cf.* : A.-H., chap. II, § 1, th. XIII) dans un espace topologique E, cette représentation dépendant continûment d'un paramètre x'', qui est un point d'un espace topologique E'' [autrement dit : $\varphi_{x''}(x')$ est une représentation de $E' \times E''$ dans E].

Lemme. — *Soient un point* a'' *de* E'', *un ensemble fermé* F *de points de* E *et un voisinage* V' *de* $\overset{-1}{\varphi}_{x''}(F)$; *je dis que* $\overset{-1}{\varphi}_{x''}(F) \subset V'$ *quand* x'' *appartient à un certain voisinage* V'' *de* a''.

Démonstration. — Quel que soit $x' \in E' - V'$, $\varphi_{x''}(x')$ est étranger à F; on peut donc trouver un voisinage $V'_{x'}$ de x' et un voisinage $V''_{x'}$ de x'' tels que $\varphi_{x''}(V'_{x'})$ soit étranger à F quand $x'' \in V''_{x'}$. On peut recouvrir $E' - V'$, qui est bicompact, par un nombre fini de $V'_{x'}$, les $V'_{x'_\alpha}$; soit V'' l'intersection des $V''_{x'_\alpha}$ correspondants; $\varphi_{x''}(E' - V')$ est étranger à F quand $x'' \in V''$; c'est-à-dire $\overset{-1}{\varphi}_{x''}(F) \subset V'$ quand $x'' \in V''$. C. Q. F. D.

Ce lemme a pour corollaire immédiat le suivant :

Lemme 9 *bis*. — *Soit* K *une couverture de* E; *soit* K' *un élargissement de* $\overset{-1}{\varphi}_{x''}(K)$ *tel que le support de chaque élément de* K' *contienne un voisinage du support de l'élément correspondant de* $\overset{-1}{\varphi}_{x''}(K)$ [*l'existence d'un tel élargissement est assurée par le lemme* 6 ([1])]; *je dis que* $\overset{-1}{\varphi}_{x''}(K)$ *est un rétrécissement* ([2]) *de* K' *quand* x'' *appartient à un certain voisinage* V'' *de* a''.

Soit Z^p un cycle de K; soit Z'^p le cycle de K' qui correspond au cycle $\overset{-1}{\varphi}_{a''}(Z^p)$ de $\overset{-1}{\varphi}_{a''}(K)$; d'après le théorème 1 ([3]) $\overset{-1}{\varphi}_{x''}(Z^p) \sim Z'^p$ quand x'' appartient au voisinage V'' de a'' que définit le lemme 9 *bis*.

([1]) Car on peut compléter comme suit l'énoncé de ce lemme : « *et telle que le support de chaque élément de* K* *contient un voisinage du support de l'élément correspondant de* K ».

([2]) Nous dirons que K est un rétrécissement de K* lorsqu'il existe un sous-complexe ouvert de K* qui est un élargissement de K.

([3]) Compte tenu du sens plus général que nous venons de donner au terme rétrécissement, nous énoncerons comme suit le théorème 1 : *Si l'on rétrécit une couverture d'un espace en une couverture de ce même espace, chaque cycle reste dans la même classe d'homologie de l'espace.*

Autrement dit, la classe d'homologie de E qui contient $\overset{-1}{\varphi}_{x''}(Z^p)$ est une fonction de x'' qui est constante au voisinage de chaque point de E''. Si nous supposons E'' connexe, cette classe est donc indépendante de x''. Cette conclusion va constituer notre théorème 5 :

20 *bis*. Homotopie. — Théorème 5. — *Si* $\varphi_{x''}(x')$ *est une représentation de l'espace de Hausdorff bicompact* E' *dans l'espace topologique* E, *représentation dépendant continûment du paramètre* x'', *qui est un point de l'espace topologique connexe* E'', *et si* Z^p *est un cycle de* E, *alors* $\overset{-1}{\varphi}_{x''}(Z^p)$ *appartient à une classe d'homologie de* E' *indépendante de* x''.

Quand E'' est un segment de droite, cette proposition peut s'énoncer comme suit : *Si les deux représentations* $x = \psi(x')$, $x = \theta(x')$ *de l'espace de Hausdorff bicompact* E' *dans l'espace topologique* E *sont homotopes entre elles dans* E, *alors on a pour tout cycle* Z^p *de* E

$$\overset{-1}{\psi}(Z^p) \sim \overset{-1}{\theta}(Z^p).$$

On en déduit, en tenant compte de (6) (n° **15**), le corollaire suivant : Corollaires 5_1, 5_2, 5_3 : sans changement.

(*A suivre.*)

[1945b]

Sur la position d'un ensemble fermé de points d'un espace topologique

J. Math. Pures Appl. 24 (1945) 169–199

Introduction.

Cette deuxième Partie de mon cours de topologie suppose connus les paragraphes I à V du Chapitre I et le paragraphe I du Chapitre II de ce cours. Cette deuxième Partie n'est pas indispensable à la compréhension de la troisième Partie, intitulée : *Sur les équations et les transformations*, bien que cette troisième Partie doive elle aussi apporter une contribution à l'étude des problèmes de position (Chap. VIII). La numérotation des chapitres, théorèmes et lemmes fait suite à celle de la première Partie.

On dit que deux ensembles homéomorphes F et F′ de points d'un espace topologique E *occupent la même position dans* E quand il existe une représentation topologique de E sur lui-même qui transforme F en F′. L'un des problèmes essentiels de la topologie est d'attacher à la figure que constituent E et F des *invariants topologiques*, c'est-à-dire des êtres algébriques qui soient les mêmes pour la figure (E, F) et pour la figure (E, F′). Le cas des espaces euclidiens à deux ou trois dimensions mis à part, ce problème n'a reçu que des solutions très incomplètes, toutes apparentées au théorème de dualité de M. Alexander (¹). Le *Chapitre IV* étudie ce problème, à l'aide de l'anneau d'homologie et à l'aide de l'anneau des pseudocycles (qui jouera un grand rôle dans les Chapitres VII et VIII de la troisième Partie) sans recourir à la notion de groupe dual (Pontrjagin) quelque indispensable qu'ait pu paraître cette notion à l'étude de cette question. Nos énoncés, s'ils sont voisins de propositions antérieurement établies par MM. Alexander, Kolmogoroff et Alexandroff (¹) dans le cas des

---

(¹) *Voir* les travaux de MM. Pontrjagin, Kolmogoroff, Alexander et Alexandroff déjà cités dans la première Partie; A.-H., Chap. XI (en particulier le n° 7 du § 4); Gordon, *Ann. of Math.*, 37, 1936, p. 519-525; Freudenthal, *Ann. of Math.*, 38, p. 647-655; Komatu, *Tohoku Math. Journal*, 43, 1937, p. 414-420.

espaces localement bicompacts, ont l'avantage de valoir dans le cas des espaces normaux. Nos raisonnements consistent essentiellement à manier les formes d'un espace topologique, telles que nous les avons définies au Chapitre I; ces formes obéissent à *la plupart des règles du calcul qui régissent les formes de Pfaff*, dont M. É. Cartan a tiré un si grand profit en Théorie des groupes et en Géométrie différentielle; l'intérêt principal de ce Chapitre IV nous paraît être de *traiter une question de Topologie*, étrangère à toute hypothèse de différentiabilité, *par des calculs de cette nature*.

Le *Chapitre V*, en appliquant aux multiplicités les conclusions du paragraphe I du Chapitre II, permet de leur appliquer les conclusions du Chapitre IV. Le paragraphe I du Chapitre V montre avec quelle commodité la notion de couverture et, par suite, l'ensemble de nos définitions s'appliquent aux multiplicités; il utilise certaines couvertures particulières, les dallages, dont chaque élément est constitué par *une cellule convexe et une orientation de la variété plane qui est complètement orthogonale à cette cellule* [rappelons que les complexes qu'il est classique d'employer (A.-H.) pour construire les groupes de Betti d'une multiplicité ou d'un polyèdre ont des éléments constitués chacun par une cellule convexe et une orientation de la variété plane qui *contient* cette cellule]; la loi d'intersection des classes d'homologie d'une multiplicité s'obtient ainsi par une construction analogue à celle qu'il est classique d'effectuer pour déterminer la loi d'intersection des éléments du groupe de Betti (intersection que nous n'utilisons pas) (n° **62**, rem. 2); mais notre construction a sur cette construction classique l'avantage d'être indépendante de toute hypothèse d'orientabilité de la variété, quels que soient les coefficients utilisés. A titre d'exemple le paragraphe II détermine l'anneau d'homologie des espaces projectifs, en précisant la position de leurs hyperplans, et le paragraphe III reproduit un raisonnement de M. H. Hopf en y supprimant la restriction que les coefficients utilisés soient les entiers mod. 2.

CHAPITRE IV.

SUR LA POSITION D'UN ENSEMBLE FERMÉ DE POINTS.

I. — Cas général.

45. Énoncé des résultats. — A la figure que constituent un espace topologique *normal* E, un ensemble fermé F de points de E et l'ensemble complémentaire O = E — F, nous attacherons *les invariants topologiques* (1) suivants :

l'*anneau* d'homologie $\mathcal{E}$ de E;
l'*anneau* d'homologie $\mathcal{F}$ de E;

(1) *Voir* l'Introduction.

un *anneau* $\mathcal{O}$, que nous nommerons « anneau d'homologie de l'intérieur de O »;

un *homomorphisme* de $\mathcal{E}$ dans $\mathcal{F}$ (l'image de $\mathcal{E}$ est un sous-anneau $\mathcal{F}_E$ de $\mathcal{F}$) (nº **46**);

un *homomorphisme* de $\mathcal{O}$ dans $\mathcal{E}$ (l'image de $\mathcal{O}$ est un idéal $\mathcal{E}_0$ de $\mathcal{E}$) (nº **47**);

un *homomorphisme* de $\mathcal{F}$ dans $\mathcal{O}$ (l'image de $\mathcal{F}$ est un idéal $\mathcal{G}$ de $\mathcal{O}$) (nº **48**), ce troisième homomorphisme augmentant la dimension d'une unité et ne respectant pas la loi d'intersection.

Les noyaux respectifs de ces trois homomorphismes seront $\mathcal{E}_0$, $\mathcal{G}$ et $\mathcal{F}_E$; nous aurons donc les trois isomorphismes [1]

$$(1)\quad \mathcal{E}/\mathcal{E}_0 \cong \mathcal{F}_E; \qquad (2)\quad \mathcal{O}/\mathcal{G} \cong \mathcal{E}_0; \qquad (3)\quad \mathcal{F}/\mathcal{F}_E \simeq \mathcal{G}.$$

Remarque. — Alors que (1) et (2) sont des isomorphismes d'anneaux, (3) est un isomorphisme entre le groupe abélien hétérogène [2] $\mathcal{F}/\mathcal{F}_E$ et l'anneau $\mathcal{G}$; il respecte les relations linéaires, mais il ne respecte pas la dimension [3]. Lorsque, les éléments de dimension nulle mis à part, $\mathcal{F}_E$ se trouve être un idéal de $\mathcal{F}$, alors $\mathcal{F}/\mathcal{F}_E$ est un anneau et l'isomorphisme (3) définit dans $\mathcal{G}$ une loi de multiplication autre que la loi d'intersection : c'est la multiplication de M. Gordon (*voir* nº **51**, rem. 1) (toute intersection dans $\mathcal{G}$ est d'ailleurs nulle : *voir* nº **47**, rem. 1).

Nota. — Chacun de ces anneaux et de ces homomorphismes sera un invariant topologique de la figure, que constituent E et F, d'une façon si évidente que nous ne l'expliciterons pas.

46. Intersection par F d'une classe d'homologie de E. — Associons à chaque classe d'homologie Z^p de E son intersection $Z^p.F$ par F; nous définissons ainsi *un homomorphisme* de $\mathcal{E}$ dans $\mathcal{F}$. Nous nommerons $\mathcal{F}_E$ le transformé de $\mathcal{E}$ par cet homomorphisme; c'est un sous-anneau de $\mathcal{F}$. Nous nommerons $\mathcal{E}_0$ le noyau de cet homomorphisme : *$\mathcal{E}_0$ est l'idéal que constituent les classes d'homologie Z^p de* E *telles que $Z^p.F \sim 0$ dans* F.

Les hypothèses que E est normal et que F est fermé permettent d'établir le lemme suivant; son énoncé est très voisin de celui du lemme 13 (nº **26**); il en est de même pour sa démonstration, que nous n'expliciterons pas :

Lemme 22. — *Si une forme L^p de* E *est telle que $L^p.F$ soit un cycle de* F *homologue à zéro dans* F, *alors il existe une forme L^{p-1} de* E *telle que $\dot{L}^p.F = L^{p-1}.F$.*

---

[1] *Voir* Van der Waerden, *Moderne Algebra*, T. I (Springer, 1937), Chap. III, § 16; A.-H., *Anhang*, I, § 1, nº 9.

[2] Un groupe abélien hétérogène est un ensemble d'éléments de dimensions diverses dont les combinaisons linéaires homogènes sont définies et appartiennent au groupe.

[3] D'où l'emploi du symbole $\simeq$ au lieu du symbole $\cong$.

Ce lemme 22 permet de donner la *deuxième définition* de $\mathcal{E}_0$ que voici : *$\mathcal{E}_0$ est l'idéal que constituent les classes d'homologie de* E *contenant chacune un cycle* Z^p *tel que* $|Z^p| \subset O$.

Démonstration. — Il s'agit de prouver l'équivalence des deux propriétés suivantes :

α. $Z^p.F \sim o$ dans F;

β. Z^p est homologue dans E à un cycle dont le support appartient à O.

Il est évident que β entraîne α. Soit réciproquement Z^p un cycle de E tel que $Z^p.F \sim o$; il existe d'après le lemme 22 une forme L^{p-1} de E telle que $Z^p.F = \dot{L}^{p-1}.F$; $Z^p - \dot{L}^{p-1}$ est un cycle de E qui est homologue à Z^p et dont le support appartient à O. C. Q. F. D.

47. Appartenance de chaque classe d'homologie de l'intérieur de O a une classe d'homologie de E. — Envisageons les cycles de E dont les supports appartiennent à O; deux d'entre eux, $Z^{p,1}$ et $Z^{p,2}$, seront dits homologues à l'intérieur de O quand il existera une forme L^{p-1} de E vérifiant les relations

$$Z^{p,1} - Z^{p,2} = \dot{L}^{p-1}, \qquad |L^{p-1}| \subset O.$$

Cette homologie répartit ces cycles en classes, dites *classes d'homologie de* l'intérieur de O, qui constituent un anneau $\mathcal{O}$, dit *anneau d'homologie de l'intérieur de* O.

Les cycles de E constituant une même classe d'homologie de l'intérieur de O appartiennent à une même classe d'homologie de E; nous dirons que la première de ces deux classes appartient à la seconde, cette appartenance est *un homomorphisme* de $\mathcal{O}$ dans $\mathcal{E}$; plus précisément, vu la deuxième définition de $\mathcal{E}_0$, c'est un homomorphisme de $\mathcal{O}$ sur $\mathcal{E}_0$; son noyau $\mathcal{G}$ *est l'idéal que constituent les classes d'homologie de l'intérieur de* O *dont les cycles sont homologues à zéro dans* E.

Remarque 1. — L'intersection d'un élément de $\mathcal{O}$ par un élément de $\mathcal{G}$ est toujours nulle : soit Z^p un cycle de E tel que $|Z^p| \subset O$; un élément de $\mathcal{G}$ est un ensemble de cycles de E du type $\dot{L}^q$; or $\dot{L}^q.Z^p = (L^q.Z^p)^{\cdot}$ et $|L^q.Z^p| \subset O$; $L^q.Z^p$ est donc bien homologue à zéro à l'intérieur de O.

Remarque 2. — L'hypothèse que E est normal et la notion de prolongement d'une couverture (n° **26**) permettent d'identifier les formes de E dont le support appartient à O et les formes de O dont le support est un ensemble fermé de points de E. D'où la proposition suivante : soient O′ et O″ deux ensembles ouverts de points de deux espaces normaux E′ et E″; faisons l'hypothèse :

(*h*) il existe une représentation topologique de O′ sur O″ qui transforme les ensembles de points de O′ qui sont fermés dans E′ en ensembles fermés dans E″, et *vice versa*;

alors les anneaux d'homologie $\mathcal{O}'$ et $\mathcal{O}''$ de l'intérieur de O' et de l'intérieur de O'' sont isomorphes. L'hypothèse (*h*) est vérifiée par exemple dans les deux cas suivants :

a. il existe une représentation topologique de la fermeture $\overline{O'}$ de O' sur la fermeture $\overline{O''}$ de O'' qui représente O' sur O'' (1);

b. E' et E'' sont bicompacts; O' et O'' sont homéomorphes.

48. Dérivée dans E d'une classe d'homologie de F. — Le lemme 12 (n° **26**) et le théorème 1 (n° **18**) ont pour corollaire immédiat le lemme suivant :

Lemme 23. — *Étant donnée une classe d'homologie* z^p *de* F, *il existe une forme* L^p *de* E *telle que* $z^p \sim L^p.F$.

Ceci dit, supposons que nous ayons

$$z^p \sim L^{p,1}.F \sim L^{p,2}.F;$$

d'après le lemme 22, il existe deux formes $L^{p,0}$ et L^{p-1} de E telles que

$$L^{p,2} = L^{p,1} + \dot{L}^{p-1} + L^{p,0}, \qquad |L^{p,0}| \subset O;$$

d'où

$$\dot{L}^{p,2} = \dot{L}^{p,1} + \dot{L}^{p,0}, \qquad |\dot{L}^{p,1}| + |\dot{L}^{p,2}| + |L^{p,0}| \subset O.$$

$\dot{L}^{p,1}$ et $\dot{L}^{p,2}$ appartiennent donc à une même classe d'homologie de l'intérieur de O ; cette classe est d'ailleurs un élément de $\mathcal{G}$; nous la nommerons *dérivée dans* E *de la classe* z^p.

Cette dérivation est *un homomorphisme de* $\mathcal{F}$ *sur* $\mathcal{G}$ qui respecte les relations linéaires, mais qui augmente la dimension d'une unité et ne peut donc pas respecter la loi d'intersection. Son noyau est constitué par les classes d'homologie z^p de F telles qu'il existe un cycle Z^p de E vérifiant la relation $z^p \sim Z^p.F$; ce noyau est donc $\mathcal{F}_E$.

Tous les résultats qu'énonce le n° **45** sont maintenant établis.

49. Cas où les coefficients constituent un corps. — Supposons que les coefficients soient les nombres rationnels ou les entiers mod$m$, m étant premier. $\mathcal{A}$ étant l'un quelconque des six anneaux $\mathcal{E}$, $\mathcal{O}$, $\mathcal{F}$, $\mathcal{E}_0$, $\mathcal{G}$, $\mathcal{F}_E$, soit $\rho_p(\mathcal{A})$ le rang du groupe additif que constituent les éléments de dimension p de cet anneau; posons

$$\varepsilon_p = \rho_p(\mathcal{E}), \qquad \varphi_p = \rho_p(\mathcal{F}), \qquad \omega_p = \rho_p(\mathcal{O}) \quad \text{et} \quad \gamma_p = \rho_p(\mathcal{G});$$

(1) Nous rencontrerons de telles circonstances en étudiant l'invariance du domaine (3e partie, n° **95**).

ε_p et φ_p sont donc les $p^{\text{ièmes}}$ nombres de Betti de E et de F. Les relations (1), (2), (3) nous donnent

$$\varepsilon_p = \rho_p(\mathcal{F}_E) + \rho_p(\mathcal{E}_0), \qquad \rho_p(\mathcal{E}_0) = \omega_p - \gamma_p. \qquad \rho_p(\mathcal{F}_E) = \varphi_p - \gamma_{p+1},$$

c'est-à-dire

$$(4) \qquad \boxed{\varepsilon_p = \varphi_p + \omega_p - \gamma_p - \gamma_{p+1}, \quad 0 \leqq \gamma_p, \quad \gamma_p \leqq \omega_p, \quad \gamma_p \leqq \varphi_{p-1}.}$$

Les relations (4) peuvent servir de base à la théorie du calcul des variations de M. Maston Morse [1] et permettent même d'élargir cette théorie.

Remarque. — On déduit de (4) la relation

$$\sum_p (-1)^p \varepsilon_p = \sum_p (-1)^p \varphi_p + \sum_p (-1)^p \omega_p$$

qui permet de comparer les caractéristiques d'Euler de E et F, quand elles existent.

50. Cas où F décompose E en plusieurs domaines. — Supposons que O soit la réunion de deux ensembles ouverts disjoints O′ et O″; $\mathcal{O}$ est alors la somme directe des anneaux d'homologie $\mathcal{O}'$ et $\mathcal{O}''$ de l'intérieur de O′ et de O″; l'intersection d'un élément de $\mathcal{O}'$ par un élément de $\mathcal{O}''$ est toujours nulle. Les éléments de $\mathcal{G}$ qui font partie de $\mathcal{O}'$ constituent un idéal $\mathcal{G}'$ de $\mathcal{O}'$. Les éléments de $\mathcal{F}$ dont la dérivée dans E est un élément de $\mathcal{G}'$ sont les classes d'homologie de F contenant un cycle du type $L^p . F$, $|\dot{L}^p| \subset O'$; ils constituent *un sous-anneau* $\mathcal{F}'$ *de* $\mathcal{F}$: en effet l'hypothèse $|\dot{L}^p| + |\dot{L}^q| \subset O'$ entraîne $|(L^p . L^q)^{\cdot}| \subset O'$.

Remarque. — Les composantes de O sont des domaines D_α; soit $\mathcal{D}_\alpha$ l'anneau d'homologie de D_α. Supposons E *bicompact* : tout ensemble de points de O qui est fermé dans E appartient à un nombre fini de D_α; tout élément Z^p de $\mathcal{O}$ peut donc être mis d'une manière et d'une seule sous la forme $Z^p \sim \sum_\alpha Z^{p,\alpha}$, où $Z^{p,\alpha} \subset \mathcal{D}_\alpha$, cette somme ne contenant qu'un nombre fini de termes non nuls. En d'autres termes $\mathcal{O}$ *est la somme directe des* $\mathcal{D}_\alpha$.

II. — Cas particuliers remarquables.

51. E est simple ($F \neq E$). — D'après les définitions posées au n° **46**, $\mathcal{E}_0$ est vide, $\mathcal{F}_E$ est l'ensemble des classes AF^0 (A : coefficient quelconque; F^0 : classe unité de F). D'après (2) $\mathcal{O}$ et $\mathcal{G}$ sont identiques. Donc la relation (3) s'écrit

$$(5) \qquad \mathcal{F}/\mathcal{F}_E \simeq \mathcal{O}, \qquad \text{où } \mathcal{F}_E \text{ est l'ensemble des classes } AF^0.$$

[1] *Mémorial des Sciences mathématiques*, t. 92.

Cette relation permet :

1° étant donné $\mathcal{F}$, d'en déduire la structure de $\mathcal{O}$ (vu que, d'après la remarque 1 du n° **47**, l'intersection de deux éléments de $\mathcal{O}$ est toujours nulle);

2° étant donné $\mathcal{O}$, d'en déduire la structure de $\mathcal{F}$, hormis la loi d'intersection des éléments de cet anneau.

Remarque 1. — Les éléments de dimension nulle mis à part, $\mathcal{F}/\mathcal{F}_E$ est alors un anneau; il est possible de définir, dans $\mathcal{O}$, une loi de multiplication telle que $\mathcal{F}/\mathcal{F}_E$ et $\mathcal{O}$ soient isomorphes : c'est la multiplication de M. Gordon (*cf.* : n° **45**, rem.).

Remarque 2. — La relation (5) constitue une généralisation du *théorème de dualité d'Alexander* (A.-H., chap. XI) : ce théorème suppose que E est une boule et que F est un polyèdre; $\mathcal{O}$ est alors identique au groupe de Betti de O (n° **66**), tandis que le groupe de Betti de F est le groupe des caractères de $\mathcal{F}$ (n° **35**); d'où, par l'intermédiaire de (5), la relation de dualité entre les groupes de Betti de O et de F qu'exprime le théorème de dualité d'Alexander.

52. F EST SIMPLE. — $\mathcal{F}$ et $\mathcal{F}_E$ sont tous deux identiques à l'ensemble des classes AF^0; donc, d'après (3), $\mathcal{G}$ est nul; d'après (2) $\mathcal{O} \cong \mathcal{E}_0$; d'après (1) $\mathcal{E}/\mathcal{E}_0$ est isomorphe à l'anneau que constituent les classes AF^0; la structure de $\mathcal{O}$ détermine celle de $\mathcal{E}$ et *vice versa*.

Application. — Les conclusions des n°s **51** et **52** et la remarque 2 du n° **47** permettent de déterminer par récurrence l'anneau d'homologie de la *sphère* [1] à n dimensions $S^{(n)}$ (d'équation $x_0^2 + x_1^2 + \ldots + x_n^2 = 1$) et de *l'intérieur* $O^{(n)}$ *de la boule* $B^{(n)}$ à n dimensions (équation de $O^{(n)}$: $x_1^2 + x_2^2 + \ldots + x_n^2 < 1$; de $B^{(n)}$: $x_1^2 + x_2^2 + \ldots + x_n^2 \leq 1$). Supposons prouvé, par récurrence, que l'anneau d'homologie de $S^{(n-1)}$ se compose des classes AZ^0 et AZ^{n-1}; puisque (*fig.* 9)

Fig. 9.

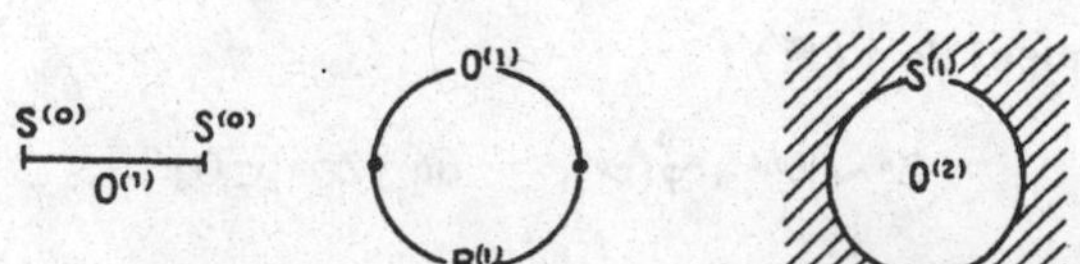

$B^{(n)} = S^{(n-1)} + O^{(n)}$ et que $B^{(n)}$ est simple (th. 6), d'après le n° **51** l'anneau d'homologie de $O^{(n)}$ se compose des classes AZ^n. D'autre part $S^{(n)} = B^{(n)} + O^{(n)}$, donc, d'après le n° **52**, l'anneau d'homologie de $S^{(n)}$ se compose des classes AZ^0 et AZ^n. C. Q. F. D.

(1) Le n° **29** a déterminé, par un autre procédé, l'anneau d'homologie de la sphère.

53. F EST UN RÉTRACTE DE E (*fig.* 10).

THÉORÈME 18. — *Supposons qu'il existe une représentation* $\varphi(x)$ *de* E *sur* F *qui soit l'identité sur* F; *alors* $\mathcal{E}$ *est la somme directe de l'idéal* $\mathcal{E}_0$, *qui est isomorphe à* $\mathcal{O}$, *et d'un sous-anneau* $\overset{-1}{\varphi}(\mathcal{F})$, *qui est isomorphe à* $\mathcal{F}$; $\mathcal{F}_E$ *est identique à* $\mathcal{F}$.

Fig. 10.

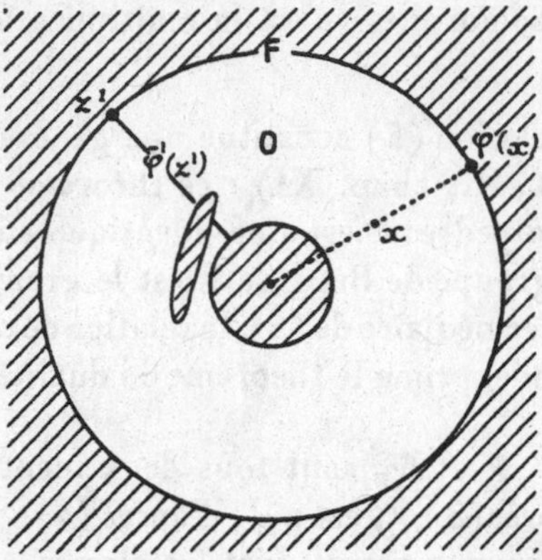

Démonstration. — Soit z^p une classe d'homologie arbitraire de F; d'après la remarque 1 du n° **14**, on a

$$\overset{-1}{\varphi}(z^p).\mathrm{F} \sim z^p; \tag{6}$$

(6) prouve que $\mathcal{F}_E$ est identique à $\mathcal{F}$; donc, d'après (3), $\mathcal{G}$ est nul; et, d'après (2), $\mathcal{O} \cong \mathcal{E}_0$. En outre (6) prouve que $\overset{-1}{\varphi}$ transforme $\mathcal{F}$ en un sous-anneau de $\mathcal{E}$, $\overset{-1}{\varphi}(\mathcal{F})$, qui est isomorphe à $\mathcal{F}$.

Soit maintenant Z^p une classe d'homologie de E qui soit somme d'un élément de $\mathcal{E}_0$ et d'un élément de $\overset{-1}{\varphi}(\mathcal{F})$:

$$Z^p \sim Z^{p,0} + \overset{-1}{\varphi}(z^p), \qquad \text{où } |Z^{p,0}| \subset \mathrm{O}; \tag{7}$$

alors $Z^p.\mathrm{F} \sim \overset{-1}{\varphi}(z^p).\mathrm{F}$, c'est-à-dire, compte tenu de (6), $Z^p.\mathrm{F} \sim z^p$; d'où, vu la remarque 2 du n° **14**, $\overset{-1}{\varphi}(z^p) \sim \overset{-1}{\varphi}(Z^p)$; en résumé, toute décomposition du type (7) est nécessairement du type

$$Z^p \sim \left[Z^p - \overset{-1}{\varphi}(Z^p)\right] + \overset{-1}{\varphi}(Z^p). \tag{8}$$

Réciproquement soit Z^p une classe d'homologie arbitraire de E.

D'une part $\overset{-1}{\varphi}(Z^p) \sim \overset{-1}{\varphi}(z^p)$, où $z^p \sim Z^p.\mathrm{F}$, est un élément de $\overset{-1}{\varphi}(\mathcal{F})$.

D'une part $[Z^p - \overset{-1}{\varphi}(Z^p)].F \sim z^p - \overset{-1}{\varphi}(z^p).F \sim 0$, vu (6); donc $Z^p - \overset{-1}{\varphi}(Z^p)$ est un élément de $\mathcal{E}_0$.

$\mathcal{E}$ est donc bien la somme directe de $\mathcal{E}_0$ et $\overset{-1}{\varphi}(\mathcal{F})$.

54. E EST BICOMPACT ET HOMOTOPE A F DANS E. — Supposons en outre que E soit bicompact et que φ soit homotope à la transformation identique de E en lui-même; alors, d'après le corollaire 5_2 (n° **20**), $\overset{-1}{\varphi}(Z^p) \sim Z^p$; donc $\mathcal{E}_0$ est nul, $\mathcal{E}$ et $\mathcal{F}$ sont isomorphes. Nous énoncerons comme suit cette conclusion :

Définition. — On dit que E est homotope à F dans E quand il existe une représentation $\varphi(x)$ de E sur F qui possède les propriétés suivantes :

$\varphi(x) = x$ quand $x \in F$;

$\varphi(x)$ est homotope dans E à la représentation identique de E en lui-même.

THÉORÈME 19. — *Si* E *est normal, bicompact et homotope à* F *dans* E, *alors* $\mathcal{E}$ *et* $\mathcal{F}$ *sont isomorphes,* $\mathcal{E}_0$, $\mathcal{O}$ *et* $\mathcal{G}$ *sont nuls, l'intersection par* F *et* $\overset{-1}{\varphi}$ *sont deux isomorphismes inverses l'un de l'autre de* $\mathcal{E}$ *sur* $\mathcal{F}$ *et de* $\mathcal{F}$ *sur* $\mathcal{E}$.

55. COMPARAISON DES NOMBRES DE LEFSCHETZ DE E ET F. — [Le théorème 25, (n° **78**) utilise les conclusions de ce numéro-ci]. Soit $\xi(x)$ une représentation de E dans E telle que $\xi(F) \subset F$. Les coefficients utilisés étant les *nombres rationnels*, supposons que $\mathcal{E}$ *et* $\mathcal{F}$ *ont des bases finies*; désignons par $\mathcal{A}^p$ le groupe additif que constituent les éléments de dimension p d'un anneau hétérogène $\mathcal{A}$; $\mathcal{E}^p$ et $\mathcal{F}^p$ sont donc, par hypothèse, des modules (A.-H., *Anhang* I, § 2; nous utilisons les coefficients rationnels, tandis que A.-H. utilise des coefficients entiers); les relations (1), (2), (3) prouvent que $\mathcal{E}_0^p$, $\mathcal{F}_E^p$, $\mathcal{G}^p$ et $\mathcal{O}^p$ sont de même des modules, nuls à partir d'une certaine valeur de p. De l'hypothèse $\xi(F) \subset F$ résulte aisément que $\overset{-1}{\xi}$ définit un automorphisme de chacun des modules $\mathcal{E}^p$, $\mathcal{F}^p$, $\mathcal{O}^p$, $\mathcal{E}_0^p$, $\mathcal{F}_E^p$ et $\mathcal{G}^p$; nommons $T(\mathcal{E}^p)$, $T(\mathcal{F}^p)$, ... les traces respectives de ces automorphismes; un théorème classique (A.-H., *Anhang* I, § 2, n° **27**) permet de déduire de (1), (2), (3) les relations

$$T(\mathcal{E}^p) = T(\mathcal{F}_E^p) + T(\mathcal{E}_0^p); \qquad T(\mathcal{E}_0^p) = T(\mathcal{O}^p) - T(\mathcal{G}^p); \qquad T(\mathcal{F}_E^p) = T(\mathcal{F}^p) - T(\mathcal{G}^{p+1}),$$

d'où résultent les relations analogues à (4), qui s'identifient à (4) quand $\xi(x)$ est la transformation identique

$$T(\mathcal{E}^p) = T(\mathcal{F}^p) + T(\mathcal{O}^p) - T(\mathcal{G}^p) - T(\mathcal{G}^{p+1}). \tag{9}$$

Par définition [1] le nombre de Lefschetz $\Lambda_\xi(E)$ de la transformation $\xi(x)$

---

[1] *Cf.* n° **41**, formule (60); les autres définitions du nombre de Lefschetz qu'indique le n° **41** ne sont utilisables que moyennant des hypothèses plus étroites que celles que nous faisons ici.

envisagée sur E est $\sum_p (-1)^p T(\mathcal{E}^p)$; $\sum_p (-1)^p T(\mathcal{F}^p)$ est le nombre de Lefschetz $\Lambda_\xi(F)$ de la transformation $\xi(x)$ envisagée sur F; d'où

$$(10) \qquad \Lambda_\xi(E) = \Lambda_\xi(F) + \sum_p (-1)^p T(\mathcal{O}^p).$$

Posons

$$\overset{2}{\xi}(x) = \xi(\xi(x)), \quad \ldots, \quad \overset{n}{\xi}(x) = \overset{n-1}{\xi}(\xi(x));$$

soit $\overset{-n}{\xi}(x)$ la transformation inverse de $\overset{n}{\xi}(x)$; on a

$$\overset{n-1}{\xi}(E) \supset \overset{n}{\xi}(E);$$

posons

$$f = \prod_n \overset{n}{\xi}(E);$$

on a

$$f = \overset{\pm n}{\xi}(f).$$

Supposons que E soit un espace de Hausdorff *bicompact*; alors f est fermé (A.-H., chap. I, § 2, th. II); $f = \lim_{n \to +\infty} \overset{n}{\xi}(E)$ (A.-H., chap. II, § 5, th. II); si V est un voisinage de f, $\overset{n}{\xi}(E) \subset V$ à partir d'une certaine valeur de n (A.-H., chap. II, § 1, th. II). Supposons enfin $f \subset F$. Soit Z^p un cycle de E tel que $|Z^p| \subset O$; on a $|Z^p|.f = 0$; il existe donc un entier positif n tel que $|Z^p|.\overset{n}{\xi}(E) = 0$; donc $\overset{-n}{\xi}(|Z^p|) = 0$, donc $\overset{-n}{\xi}(Z^p) \sim 0$. Il en résulte que $T(\mathcal{O}^p) = 0$; [on le prouve en utilisant dans $\mathcal{O}^p$ une base constituée par un nombre maximum d'éléments $Z^{p,\alpha}$ tels que $\overset{-1}{\xi}(Z^{p,\alpha}) \sim 0$, un nombre maximum d'éléments $Z^{p,\beta}$ tels que $\overset{-1}{\xi}(Z^{p,\beta}) \sim Z^{p,\alpha}, \ldots$; $\overset{-1}{\xi}$ transforme les $Z^{p,\alpha}$ en 0, les $Z^{p,\beta}$ en les $Z^{p,\alpha}, \ldots$]. De même $T(\mathcal{G}^p) = 0$ et $T(\mathcal{E}^p_0) = 0$. Les relations (9) et (10) se réduisent à $T(\mathcal{E}^p) = T(\mathcal{F}^p)$, $\Lambda_\xi(E) = \Lambda_\xi(F)$. En résumé :

Théorème 20. — *Soit un espace de Hausdorff bicompact* E; *soit* $\xi(x)$ *une représentation en lui-même de* E; *soit* $f = \prod_n \overset{n}{\xi}(E) = \lim_{n \to +\infty} \overset{n}{\xi}(E)$; *soit* F *un ensemble fermé de points de* E *tel que*

$$f + \xi(F) \subset F.$$

Utilisons les coefficients rationnels; supposons que les anneaux d'homologie de E *et* F *aient des bases finies. Soient* $T(\mathcal{E}^p)$ *et* $T(\mathcal{F}^p)$ *les traces des automorphismes de* $\mathcal{E}^p$ *et* $\mathcal{F}^p$ *que définit* $\overset{-1}{\xi}$; *soient* $\Lambda_\xi(E)$ *et* $\Lambda_\xi(F)$ *les nombres de Lefschetz de* ξ *envisagé sur* E, *puis sur* F.

On a

$$(11_1) \qquad T(\mathcal{E}^p) = T(\mathcal{F}^p);$$

$$(11_2) \qquad \Lambda_\xi(E) = \Lambda_\xi(F).$$

Remarque. — Quand F vérifie la relation $f + \xi(F) \subset F$ (par exemple quand $F = f$) mais n'a pas de base d'homologie finie, il est donc naturel de *définir* $T(\mathcal{F}^p)$ et $\Lambda_\xi(F)$ comme étant égaux à $T(\mathcal{E}^p)$ et $\Lambda_\xi(E)$. (*Cf.* théorème 25, rem. 2, n° **78**).

COROLLAIRE 20. — *Si* $\overset{n}{\xi}(E)$ *converge vers un point quand* $n \rightarrow +\infty$, *alors* $T(\mathcal{E}^p) = 0$ *pour* $p > 0$ *et* $\Lambda_\xi(E) = 1$.

III. — L'anneau d'homologie de la réunion de deux ensembles fermés.

Soient deux ensembles fermés F′ et F″ de points d'un espace *normal* E, tels que $F' + F'' = E$. Ce paragraphe III est une *digression* ayant pour objet la comparaison des anneaux d'homologie $\mathcal{E}$, $\mathcal{F}'$, $\mathcal{F}''$ et $\mathcal{F}$ et des nombres de Betti ε_p, φ'_p, φ''_p et φ_p de E, F′, F″ et $F = F'.F''$.

Fig. 11.

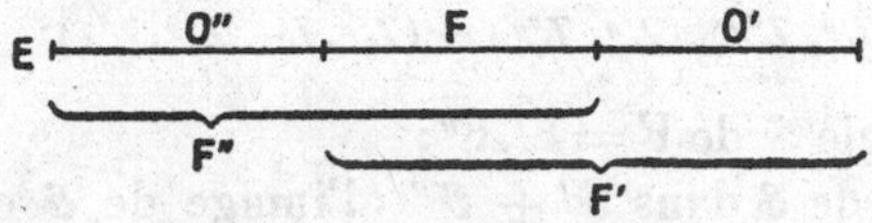

56. UNE PREMIÈRE DÉMONSTRATION DE LA FORMULE DE MAYER-VICTORIS. — L'application de la relation (4) à la figure (E, F″) puis à la figure (F′, F) donne

$$\varepsilon_p = \varphi''_p + \omega_p - \gamma_p - \gamma_{p+1},$$
$$\varphi'_p = \varphi_p + \omega'_p - \Gamma_p - \Gamma_{p+1}$$

(ω'_p a la même valeur dans ces deux relations en vertu de la remarque 2 du n° **47**); d'où, en retranchant membre à membre ces deux relations et en posant $\nu_p = \Gamma_p - \gamma_p$,

$$(12) \qquad \varepsilon_p = \varphi'_p + \varphi''_p - \varphi_p + \nu_p + \nu_{p+1};$$

nous verrons qu'on peut compléter cette relation par les trois inégalités

$$(13) \qquad 0 \leqq \nu_p, \qquad \nu_p \leqq \varphi_{p-1}, \qquad \nu_p \leqq \varepsilon_p,$$

dont les deux premières résultent d'ailleurs aisément du paragraphe I.

La relation (12), ainsi complétée par les inégalités (13), constitue la formule de Mayer-Victoris : le paragraphe II du Chapitre VII de A.-H. établit cette formule dans le cas où F′ et F″ sont des polyèdres [1]; notre démonstration suppose seulement que E est un espace topologique normal.

On peut plus généralement appliquer les conclusions du paragraphe I aux cinq figures (E, F), (E, F′), (E, F″), (F′, F), (F″, F). Mais on n'obtient pas ainsi toutes les relations existant entre les anneaux d'homologie des ensembles entrant en jeu. L'objet de ce paragraphe III est de définir trois homomorphismes, qui sont duals des trois homomorphismes que A.-H. utilise pour démontrer la formule de Mayer-Victoris et qui jouissent de propriétés analogues à celles des trois homomorphismes qu'utilise le paragraphe I; nous désignerons chacun des anneaux que nous utiliserons par la lettre qui désigne dans A.-H. son dual.

57. Énoncé des résultats. — Nous envisagerons les invariants topologiques suivants de la figure que constituent F′ et F″ :

l'*anneau* d'homologie $\mathcal{E}$ de E;

la *somme directe* $\mathcal{F}' + \mathcal{F}''$ *des anneaux* d'homologie $\mathcal{F}'$ et $\mathcal{F}''$ de F′ et F″; un élément (Z'^p, Z''^p) de $\mathcal{F}' + \mathcal{F}''$ est constitué par un élément de $\mathcal{F}'$ et un élément de $\mathcal{F}''$ de même dimension; on pose

$$A(Z'^p, Z''^p) \sim (AZ'^p, AZ''^p),$$
$$(Z'^{p,1}, Z''^{p,1}) + (Z'^{p,2}, Z''^{p,2}) \sim (Z'^{p,1} + Z'^{p,2}, Z''^{p,1} + Z''^{p,2}),$$
$$(Z'^p, Z''^p).(Z'^q, Z''^q) \sim (Z'^p.Z'^q, Z''^p.Z''^q);$$

l'*anneau* d'homologie $\mathcal{F}$ de $F = F'.F''$;

un *homomorphisme* de $\mathcal{E}$ dans $\mathcal{F}' + \mathcal{F}''$ (l'image de $\mathcal{E}$ est le sous-anneau $\mathcal{S}$ de $\mathcal{F}' + \mathcal{F}''$) (n° **57**);

un *homomorphisme* de $\mathcal{F}' + \mathcal{F}''$ dans $\mathcal{F}$ (l'image de $\mathcal{F}' + \mathcal{F}''$ est le sous-groupe $\mathcal{V}$ de $\mathcal{F}$) (n° **58**);

un *homomorphisme* de $\mathcal{F}$ dans $\mathcal{E}$ (l'image de $\mathcal{F}$ est l'idéal $\mathcal{N}$ de $\mathcal{E}$) (n° **59**);

les 2ᵉ et 3ᵉ homomorphismes ne respectent pas la loi d'intersection;

le 3ᵉ augmente la dimension d'une unité.

Les noyaux respectifs de ces trois homomorphismes sont $\mathcal{N}$, $\mathcal{V}$ et $\mathcal{S}$; nous avons donc les trois isomorphismes

(14) $\mathcal{E}/\mathcal{N} \cong \mathcal{S}$;	(15) $\mathcal{F}' + \mathcal{F}''/\mathcal{S} \simeq \mathcal{V}$;	(16) $\mathcal{F}/\mathcal{V} \simeq \mathcal{N}$;

(14) est un isomorphisme d'anneaux, alors que les premiers membres de (15) et (16) ne sont que des groupes hétérogènes.

Une seconde démonstration de la formule de Mayer-Victoris résulte des relations (14), (15) et (16) : supposons que les coefficients constituent un corps;

---

[1] *Voir* aussi A.-H., *Anhang zum* 11ten *Kapitel.*

nommons $\rho_p(\mathcal{A})$ le rang du groupe que forment les éléments à p dimensions de $\mathcal{A}$; posons $\nu_p = \rho_p(\mathcal{N})$; nous déduisons de ces trois relations les trois formules

$$\varepsilon_p = \nu_p + \rho_p(\mathcal{S}); \qquad \rho_p(\mathcal{S}) = \varphi'_p + \varphi''_p - \rho_p(\mathcal{V}); \qquad \rho_p(\mathcal{V}) = \varphi_p - \nu_{p+1},$$

qui équivalent à l'ensemble des relations (12) et (13).

Nota. — Utilisons les notations du paragraphe I : par exemple $\mathcal{E}_{0'}$ sera l'idéal que constituent les classes d'homologie de E contenant chacune un cycle Z^p tel que $|Z^p| \subset O' = F' - F = E - F''$. Utilisons les symboles $\cap$ et $\cup$ pour l'intersection et la somme de deux sous-groupes ([1]); nous aurons

$$\mathcal{N} = \mathcal{E}_{0'} \cap \mathcal{E}_{0''}; \qquad \mathcal{E}_0 = \mathcal{E}_{0'} \cup \mathcal{E}_{0''}; \qquad \mathcal{F}_E = \mathcal{F}_{F'} \cap \mathcal{F}_{F''}; \qquad \mathcal{V} = \mathcal{F}_{F'} \cup \mathcal{F}_{F''}.$$

38. Intersection par F′ et par F″ d'une classe d'homologie de E. — Associons à chaque classe d'homologie Z^p de E l'élément $(Z^p.F', Z^p.F'')$ de $\mathcal{F}' + \mathcal{F}''$; nous définissons ainsi *un homomorphisme* de $\mathcal{E}$ dans $\mathcal{F}' + \mathcal{F}''$. Le noyau de cet homomorphisme est évidemment l'idéal $\mathcal{N} = \mathcal{E}_{0'} \cap \mathcal{E}_{0''}$. Nous nommerons $\mathcal{S}$ le transformé de $\mathcal{E}$ par cet homomorphisme : *$\mathcal{S}$ est le sous-anneau de $\mathcal{F}' + \mathcal{F}''$ que constituent les éléments* $(Z^p.F', Z^p.F'')$.

L'hypothèse que E est normal et que F′ et F″ sont fermés permet d'établir le lemme suivant :

Lemme 24. — *Étant donnés un cycle Z'^p de* F′ *et un cycle Z''^p de* F″, *pour qu'il existe un cycle Z^p de* E *tel que*

$$(17) \qquad Z'^p \sim Z^p.F' \quad \text{dans } F' \qquad \text{et} \qquad Z''^p \sim Z^p.F'' \quad \text{dans } F'',$$

il faut et il suffit que

$$(18) \qquad Z'^p.F \sim Z''^p.F \quad \text{dans } F.$$

Nota. — Ce lemme a pour corollaire immédiat la formule

$$\mathcal{F}_E = \mathcal{F}_{F'} \cap \mathcal{F}_{F''}.$$

Démonstration. — Les relations (17) entraînent les relations

$$Z'^p.F \sim Z^p.F \qquad \text{et} \qquad Z''^p.F \sim Z^p.F,$$

donc la relation (18).

Réciproquement soient un cycle Z'^p de F′ et un cycle Z''^p de F″ vérifiant (18). D'après le lemme 23 il existe des formes de E, L'^p et L''^p, telles que

$$Z'^p \sim L'^p.F \qquad \text{et} \qquad Z''^p \sim L''^p.F;$$

(1) La somme de deux sous-groupes d'un groupe abélien est le plus petit sous-groupe les contenant.

(18) s'écrit $L'^p.F \sim L''^p.F$; donc, d'après le lemme 22, il existe des formes L^{p-1} et M^p de E telles que

$$L'^p - L''^p = \dot{L}^{p-1} + M^p, \qquad \text{où } |M^p| \subset O' + O'';$$

on peut effectuer une décomposition $M^p = M'^p - M''^p$, $|M'^p| \subset O'$, $|M''^p| \subset O''$; on a

$$L'^p + M''^p \sim L''^p + M'^p \quad \text{dans E.}$$

Fig. 12.

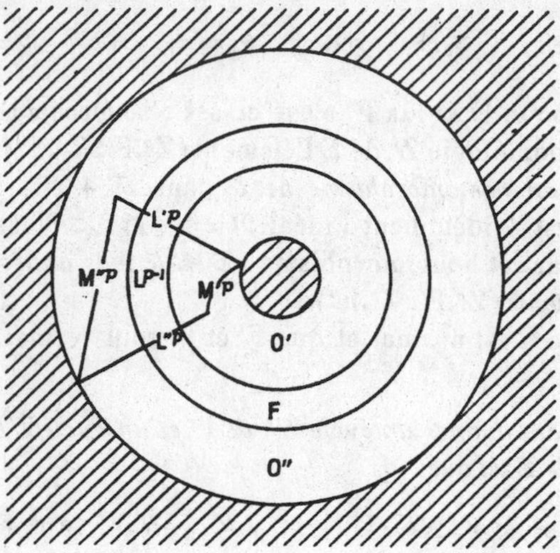

La forme $Z^p = L'^p + M''^p$ vérifie les relations

$$Z^p.F' \sim L'^p.F' \sim Z'^p \qquad \text{et} \qquad Z^p.F'' \sim (L''^p + M'^p).F'' \sim L''^p.F'' \sim Z''^p,$$

c'est-à-dire les relations (17); ces relations exigent que $\dot{Z}^p.F' = 0$ et que $\dot{Z}^p.F'' = 0$, donc que $\dot{Z}^p = 0$: Z^p est un cycle de E vérifiant les relations (17).

C. Q. F. D.

Ce lemme 24 permet de donner *la deuxième définition de* $\mathfrak{S}$ que voici : *$\mathfrak{S}$ est le sous-anneau de $\mathfrak{F}' + \mathfrak{F}''$ que constituent les éléments* (Z'^p, Z''^p) *tels que* $Z'^p.F \sim Z''^p.F$ dans F.

59. Intersection par F d'un élément de $\mathfrak{F}' + \mathfrak{F}''$. — Associons à chaque élément (Z'^p, Z''^p) de $\mathfrak{F}' + \mathfrak{F}''$ l'élément $Z'^p.F - Z''^p.F$ de $\mathfrak{F}$; nous définissons ainsi *un homomorphisme* de $\mathfrak{F}' + \mathfrak{F}''$ dans $\mathfrak{F}$ qui respecte la dimension et les relations linéaires, mais qui ne respecte pas la loi d'intersection. Son noyau est $\mathfrak{S}$ (*cf.* 2ᵉ définition de $\mathfrak{S}$). Le transformé de $\mathfrak{F}' + \mathfrak{F}''$ par cet homomorphisme est le sous-groupe $\mathcal{V}$ de $\mathcal{F}$ que constituent les éléments

$$Z'^p.F + Z''^p.F \qquad (Z'^p \in \mathcal{F}', Z''^p \in \mathcal{F}'');$$

$\mathcal{V}$ est la somme de $\mathcal{F}_{F'}$ et $\mathcal{F}_{F''}$.

60. Dérivée dans E des classes d'homologie de F. — Soit z^p une classe d'homologie de F; sa dérivée dans E est la somme d'une classe d'homologie Z'^{p+1} de l'intérieur de O' et d'une classe d'homologie Z''^{p+1} de l'intérieur de O''; Z'^{p+1} et $-Z''^{p+1}$ appartiennent à un même élément de l'idéal $\mathcal{N} = \mathcal{E}_{0'} \cap \mathcal{E}_{0''}$; la correspondance entre z^p et cet élément de $\mathcal{N}$ est *un homomorphisme* de $\mathcal{F}$ sur $\mathcal{N}$ qui respecte les relations linéaires, mais qui, augmentant la dimension d'une unité, ne peut respecter la loi d'intersection. Prouvons que son noyau est $\mathcal{V}$.

Il est évident qu'à z^p correspond l'élément nul de $\mathcal{N}$ lorsque $z^p \in \mathcal{F}_{F'}$ ou lorsque $z^p \in \mathcal{F}_{F''}$, donc lorsque $z^p \in \mathcal{V} = \mathcal{F}_{F'} \cup \mathcal{F}_{F''}$.

Réciproquement, si à un élément z^p de $\mathcal{F}$ correspond l'élément nul de $\mathcal{V}$, c'est qu'il existe des formes L^p, L'^p et L''^p de E telles que

$$z^p \sim L^p.\dot{F}; \qquad L^p = L'^p + L''^p; \qquad |\dot{L}'^p| \subset O'; \qquad |\dot{L}''^p| \subset O'';$$

$L''^p.F'$ est un cycle de F' que nous nommerons Z'^p et $L'^p.F''$ est un cycle de F'' que nous nommerons Z''^p; on a

$$z^p \sim Z'^p.F + Z''^p.F \in \mathcal{V}.$$

Tous les résultats qu'énonce le n° 57 sont établis.

IV. — Les pseudocycles.

Pour déterminer effectivement l'anneau d'homologie d'un espace, on utilise les théorèmes 4, 5, 6, 7, 12 et 19, qui supposent cet espace normal et bicompact. La structure des anneaux d'homologie des espaces non bicompacts les plus élémentaires est sans doute compliquée : un segment de droite ouvert possède des cycles non homologues à zéro de dimension 1. L'anneau des pseudocycles d'un espace ne présentera pas ces inconvénients; il jouera par ailleurs aux Chapitres VII et VIII un rôle fondamental.

Nota. — L'anneau des pseudocycles est vraisemblablement identique au « groupe de Betti supérieur, interne » de M. Alexandroff.

61. Les pseudocycles d'un espace topologique. — *Définition.* — Nous nommerons *pseudocycle* à p dimensions d'un espace topologique E tout opérateur Z^p qui associe à chaque ensemble normal et bicompact B de points de E une classe d'homologie de B, que nous nommerons $Z^p.B$, en sorte que la condition suivante soit vérifiée : si b est un ensemble fermé de points de B, on a $Z^p.b \sim (Z^p.B).b$ dans b. Pour exprimer que $Z^p.B \sim o$ quel que soit B nous écrirons $Z^p \sim o$.

Exemples. — Si E est normal et bicompact, le pseudocycle Z^p sera identifié à la classe d'homologie $Z^p.E$ de E. Sinon, toute classe d'homologie $Z^{p,c}$ de E définit un pseudocycle $Z^{p,\psi}$ de E tel que $Z^{p,\psi}.B \sim Z^{p,c}.B$ quel que soit B; (cette correspondance entre $Z^{p,c}$ et $Z^{p,\psi}$ constitue un homomorphisme de l'anneau d'homologie de E dans « l'anneau des pseudocycles de E »); mais on peut avoir $Z^{p,c} \not\sim o$ et $Z^{p,\psi} \sim o$ (par exemple quand E est un segment de droite ouvert) et tout pseudocycle $Z^{p,\psi}$ ne correspond pas nécessairement à une classe d'homologie $Z^{p,c}$.

La détermination des pseudocycles à o dimension est aisée : E est la réunion d'ensembles e_α deux à deux disjoints ayant la propriété suivante : pour que deux points de E fassent partie d'un même e_α il faut et il suffit qu'ils fassent partie d'un même ensemble normal, bicompact et connexe de points de E; soit $Z^{0,\alpha}$ le pseudocycle à o dimension qui est défini comme suit : $Z^{0,\alpha}.B \sim B^0$ si $B \subset e_\alpha$; $Z^{0,\alpha}.B \sim o$ si $B.e_\alpha = o$; le pseudocycle de E à o dimension le plus général est $\sum_\alpha A_\alpha Z^{0,\alpha}$.

Opérations sur les pseudocycles. — $Z^{p,1}$ et $Z^{p,2}$ étant deux pseudocycles de E, A_1 et A_2 étant deux coefficients, $A_1 Z^{p,1} + A_2 Z^{p,2}$ sera le pseudocycle de E que définit la relation

$$(A_1 Z^{p,1} + A_2 Z^{p,2}).B \sim A_1 Z^{p,1}.B + A_2 Z^{p,2}.B.$$

Soient Z^p et Z'^q deux pseudocycles de deux espaces de Hausdorff E et E'; nous définirons le pseudocycle $Z^p \times Z'^q$ de $E \times E'$ par la relation

$$(Z^p \times Z'^q).B \sim [(Z^p.b) \times (Z'^p.b')].B,$$

où b et b' sont les projections respectives de B sur E et sur E'.

Soient Z^p et Z'^q des pseudocycles de deux espaces topologiques E et E'; nous définirons les pseudocycles $Z^p.Z'^q$ et $Z^q.E'$ de E.E' par les relations

$$(Z^p.Z'^q).b \sim (Z^p.b).(Z'^q.b),$$
$$(Z^p.E').b \sim Z^p.b,$$

où b est un ensemble normal et bicompact arbitraire de points de E.E'. Les pseudocycles d'un espace topologique constituent donc un anneau hétérogène.

φ étant une représentation d'un espace topologique E' dans un espace de Hausdorff E et Z^p étant un pseudocycle de E, soit b' un ensemble normal et bicompact quelconque de points de E'; $\varphi(b')$ est bicompact (A.-H., Chap. II, § 2, n° 1, théor. I) et normal (A.-H., Chap. II, § 1, théor. XIII); $Z^p.\varphi(b')$ est donc une classe d'homologie de $\varphi(b')$; $\overset{-1}{\varphi}[Z^p.\varphi(b')].b'$ est une classe d'homologie de b';

nous définirons un pseudocycle $\overset{-1}{\varphi}(Z^p)$ de E' en posant

$$\overset{-1}{\varphi}(Z^p).b' \sim \overset{-1}{\varphi}[Z^p.\varphi(b')].b'.$$

En résumé les opérations sur l'anneau d'homologie que définit le n° **14** s'appliquent aussi à l'anneau des pseudocycles des espaces de Hausdorff.

Propriétés de l'anneau des pseudocycles. — La notion de pseudocycle permet de généraliser très aisément aux espaces de Hausdorff les théorèmes 4, 5, 6 et 7, qui ne sont applicables qu'aux espaces de Hausdorff bicompacts :

THÉORÈME 5 *bis*. — *Si* $\varphi_{x''}(x')$ *est une représentation de l'espace topologique* E' *dans l'espace de Hausdorff* E, *représentation dépendant continûment du paramètre* x'', *qui est un point d'un espace normal, bicompact et connexe* E'', *et si* Z^p *est un pseudocycle de* E, *alors le pseudocycle* $\overset{-1}{\varphi}_{x''}(Z^p)$ *est indépendant de* x''.

Démonstration. — Soit b' un ensemble normal et bicompact de points de E'; $B = \sum_{x''\in E''} \varphi_{x''}(b')$ est un ensemble normal et bicompact de points de E; $Z^p.B$ est un cycle de B; d'après le théorème 5 (n° **19** *bis*) $\overset{-1}{\varphi}_{x''}(Z^p.B).b'$ est une classe d'homologie de b' indépendante de x''; or $\overset{-1}{\varphi}_{x''}(Z^p).b' \sim \overset{-1}{\varphi}_{x''}(Z^p.B).b'$; donc $\overset{-1}{\varphi}_{x''}(Z^p)$ est indépendant de x''.

Ce théorème a pour corollaire le théorème 6 *bis*.

Définition. — Nous nommerons *pseudosimples* les espaces dont tous les pseudocycles sont nuls, sauf ceux que définissent la classe d'homologie unité Z^0 et ses multiples AZ^0.

THÉORÈME 6 *bis*. — *Tout espace de Hausdorff homotope en lui-même à l'un de ses points est pseudosimple.*

Exemple. — L'intérieur de la boule est pseudosimple.

De même on obtient aisément les propositions suivantes :

THÉORÈME 4 *bis*. — *Tout espace de Hausdorff a mêmes pseudocyles que son produit par un espace de Hausdorff pseudosimple.*

THÉORÈME 7 *bis*. — *L'anneau des pseudocyles de* E' $\times$ E'' *est le produit direct de ceux de* E' *et de* E'', *lorsque* E' *et* E'' *sont deux espaces de Hausdorff et que les coefficients sont les nombres rationnels.*

Soit k un complexe dont les supports sont des ensembles normaux, bicompacts et simples de points d'un espace topologique E. Soit Z^p un pseudocyle de E; $Z^p.|k|$ est un cycle de $|k|$; son intersection par un cycle z_q de k appartient (lemme 14) à une classe d'homologie de k bien déterminée, que nous représenterons par le symbole $Z^p . z_q$.

Nous verrons que le théorème 19 peut être généralisé aux pseudocyles des espaces topologiques (n° **62**). Mais ni le théorème 12, ni le théorème 2, ni par suite les théorèmes 8, 9, 10, 11, ne semblent pouvoir être généralisés de la sorte.

62. Variante aux paragraphes I, II et III de ce chapitre. — Soit F un ensemble fermé de points d'un espace topologique E; posons $O = E - F$. Désignons par $\mathcal{E}$ l'anneau des pseudocyles de E, par $\mathcal{F}$ celui des pseudocyles de F; l'intersection par F des éléments de $\mathcal{E}$ constitue *un homomorphisme* de $\mathcal{E}$ dans $\mathcal{F}$; son noyau $\mathcal{E}_0$ est l'ensemble des pseudocyles Z^p de E tels que $Z^p . B$ soit homologue dans B à un cycle étranger à F.B (B étant un ensemble normal et bicompact quelconque de points de E); soit $\mathcal{F}_E$ l'image de $\mathcal{E}$ dans $\mathcal{F}$ par cet homomorphisme. Nommons « pseudocyle de l'intérieur de O » tout opérateur Z^p qui associe à tout ensemble normal et bicompact B de points de E une classe d'homologie $Z^p . B$ de l'intérieur de B.O (B.O étant considéré comme un sous-ensemble ouvert de B), la condition $(Z^p . B) . b \sim Z^p . b$, si $b \subset B$, étant vérifiée; tout pseudocyle de l'intérieur de O appartient à un pseudocyle de E; cette appartenance est *un homomorphisme* dans $\mathcal{E}$ de l'anneau $\mathcal{O}$ des pseudocyles de l'intérieur de O; plus précisément, c'est un homomorphisme de $\mathcal{O}$ sur $\mathcal{E}_0$; son noyau $\mathcal{G}$ est l'ensemble des éléments de $\mathcal{O}$ qui appartiennent à l'élément nul de $\mathcal{E}$. Soit enfin z^p un pseudocyle de F; soit B un ensemble normal et bicompact quelconque de points de E; la classe d'homologie $z^p . B$ de F.B a pour dérivée dans B une classe d'homologie de l'intérieur de B.O; cette classe est l'intersection par B d'un pseudocyle de l'intérieur de O que nous nommerons « dérivée de z^p dans E »; cette dérivation est *un homomorphisme* de $\mathcal{F}$ sur $\mathcal{G}$; son noyau est $\mathcal{F}_E$.

De l'existence de ces trois homomorphismes découlent des conclusions analogues à celles qu'énoncent les paragraphes I et II : par exemple les relations (1), (2) et (3) existent entre les anneaux de pseudocyles que nous venons de définir; lorsque E est pseudosimple on a la relation (5), qui est une généralisation du *théorème d'Alexander*, sans doute équivalente à celle que M. Alexandroff nomme théorème de Kolmogoroff; le théorème 19 devient le théorème suivant :

Théorème 19 *bis*. — *Soient un espace de Hausdorff* E *et un ensemble fermé* F *de points de* E. *Supposons* E *homologue à* F *dans* E. [Ou plus généralement supposons qu'il existe une représentation $\varphi_{x''}(x)$ de E dans E qui possède les propriétés suivantes : $\varphi_{x''}(x)$ dépend continûment du paramètre x'' qui est un point d'un espace normal, bicompact et connexe E''; pour une valeur particulière de x'', $\varphi_{x''}(x)$ est la représentation identique de E sur E; pour une autre valeur de x'', $\varphi_{x''}(x)$ est une représentation de E dans F]. *Alors l'intersection par* F *définit un isomorphisme de l'anneau des pseudocycles de* E *sur l'anneau des pseudocycles de* F.

Remarque 1. — Ce théorème permet de déterminer effectivement l'anneau des pseudocyles de E lorsqu'on peut choisir F convexoïde, car alors les théorèmes 12 et 15 permettent de déterminer l'anneau d'homologie de F, qui est l'anneau des pseudocyles de F (exemple : E est l'intérieur d'une couronne, d'un tore; F sera un cercle).

Remarque 2. — Quand E est normal et bicompact, l'anneau des pseudocycles de E, de F, de l'intérieur de O..., est identique à l'anneau d'homologie de E, de F, de l'intérieur de O....

Remarque 3. — Le paragraphe III peut de même être transposé aux anneaux de pseudocyles.

CHAPITRE V.

LES MULTIPLICITÉS.

I. — Généralité sur les multiplicités.

63. Définitions. — Soit M *une multiplicité à* N *dimensions de bord* $\dot{M}$: ceci signifie que M et $\dot{M}$ sont deux polyèdres, $\dot{M}$ appartenant à M; que chaque point de M — $\dot{M}$ possède dans M un voisinage homéomorphe à l'intérieur de la boule à N dimensions $(x_1^2+x_2^2+\ldots x_N^2<1)$; et que chaque point de $\dot{M}$ possède dans M un voisinage homéomorphe à l'ensemble défini par les relations $x_1^2+x_2^2+\ldots x_N^2<1$, $x_1\geqq 0$, les points de $\dot{M}$ situés dans ce voisinage ayant pour images les points de cet ensemble qui vérifient la relation $x_1=0$.

Supposons M *différentiable :* il est possible de définir dans M l'angle de deux directions issues d'un même point, en sorte que cet angle soit une fonction continue de ce point et de ces directions.

Envisageons une subdivision [1] du polyèdre M en cellules convexes, à au plus N dimensions, telle que l'intersection de deux de ces cellules soit vide ou soit une cellule convexe à moins de N dimensions; nous nommerons $|X^{p,\alpha}|$ celles des cellules convexes à N-p dimensions qui entrent en jeu dans cette subdivision et qui n'appartiennent pas entièrement à $\dot{M}$. Introduisons des éléments $X^{p,\alpha}$ constitués chacun par l'une des cellules $|X^{p,\alpha}|$ et par un sens d'orientation d'un élément de variété à p dimensions complètement orthogonal à $|X^{p,\alpha}|$: cette orientation sera pratiquement définie par la donnée, dans un certain ordre, de p vecteurs orthogonaux à $|X^{p,\alpha}|$ et linéairement indépen-

[1] A.-H., Chap. III, § 2, Unterteilung.

dants; $-X^{p,\alpha}$ sera l'élément qui se déduit de $X^{p,\alpha}$ en remplaçant cette orientation par l'orientation opposée. Soient $|X^{p+1,\lambda}|$ ceux des $|X^{p+1,\beta}|$ qui font partie de la frontière de la cellule convexe $|X^{p,\alpha}|$; convenons de définir l'orientation de $X^{p+1,\lambda}$ par la donnée d'un vecteur orthogonal à $|X^{p+1,\lambda}|$, situé dans $|X^{p,\alpha}|$ (donc orienté vers l'intérieur de cette cellule) et des p vecteurs attachés à $X^{p,\alpha}$; nous appellerons dérivée de l'élément $X^{p,\alpha}$ la forme linéaire

$$\dot{X}^{p,\alpha} = \sum_{\lambda} X^{p+1,\lambda};$$

on vérifie aisément que $(\dot{X}^{p,\alpha})^{\cdot} = 0$: les $X^{p,\alpha}$ constituent un complexe concret (n° **7**). Tout complexe ayant une telle structure sera nommé *dallage de* M.

Nous dirons que deux dallages de M, K et K′, d'éléments $X^{p,\alpha}$ et $X'^{q,\beta}$, sont *en position générale* l'un par rapport à l'autre lorsque chacun des ensembles $|X^{p,\alpha}|.|X'^{q,\beta}|$ ou bien est vide, ou bien est une cellule convexe à $N-p-q$ dimensions, n'appartenant pas entièrement à $\dot{M}$. Introduisons des éléments $X^{p,\alpha}.X^{q,\beta}$ constitués chacun par l'une de ces cellules $|X^{p,\alpha}|.|X'^{q,\beta}|$ et par celle des orientations de l'élément de variété complètement orthogonal à cette cellule que définissent les p vecteurs attachés à $X^{p,\alpha}$ et les q vecteurs attachés à $X'^{q,\beta}$. Ces éléments $X^{p,\alpha}.X'^{q,\beta}$ constituent un dallage; on vérifie aisément que

$$X^{p,\alpha}.X'^{q,\beta} = (-1)^{pq} X'^{q,\beta}.X^{p,\alpha}; \qquad (X^{p,\alpha}.X'^{q,\beta})^{\cdot} = \dot{X}^{p,\alpha}.X'^{q,\beta} + (-1)^{p} X^{p,\alpha}.\dot{X}'^{q,\beta};$$

ce dallage est donc l'intersection des deux dallages K et K′, au sens de la définition générale de l'intersection des complexes concrets (n° **8**).

Soit m une multiplicité à n dimensions, appartenant à M et de bord $\dot{m}$. Soit K un dallage de M d'éléments $X^{p,\alpha}$. Nous dirons que K et m sont en position générale l'un par rapport à l'autre lorsque chacun des ensembles $|X^{p,\alpha}|.m$ ou bien est vide, ou bien est une cellule convexe à $n-p$ dimensions, n'appartenant pas entièrement à $\dot{m}$. Introduisons des éléments $X^{p,\alpha}.m$ constitués chacun par l'une de ces cellules convexes et par celle des orientations de l'élément de variété de m, complètement orthogonal à $|X^{p,\alpha}|.m$, que définissent les projections sur m des p vecteurs attachés à $X^{p,\alpha}$. Les $X^{p,\alpha}.m$ constituent un dallage de m : c'est *l'intersection par m du dallage* K, vu la définition générale de l'intersection d'un complexe concret par un ensemble (n° **8**).

64. Les dallages sont des couvertures. — L'objet de ce numéro est d'établir la proposition suivante : *Tout dallage* K *d'une multiplicité différentiable* M *est une couverture de* M. D'après le théorème 12 (n° **28**) cette proposition a pour corollaire la suivante : *les classes d'homologie de* M *sont identiques à celles de* K. Soit N la dimension de M; nous ferons l'hypothèse que ces deux propositions sont applicables aux multiplicités m à $N-1$ dimensions. Tout dallage possède manifestement un cycle unité; il s'agit donc de prouver que l'intersection de K par chaque point x de M est un simplexe; nous distinguerons trois cas.

a. Cas où x est étranger à $\dot{M}$ et aux divers $|X^{N,\alpha}|$. — Nous pouvons tracer dans M une multiplicité m à N — 1 dimensions qui contienne x et qui soit en position générale par rapport à K; K.x est identique à K.m.x. Or K.m est un dallage, donc une couverture de m; par suite K.m.x est un simplexe. Donc K.x est un simplexe.

b. Cas où x est l'un des points $|X^{N,\alpha}|$. — Soit v un voisinage de $x = |X^{N,1}|$ ayant les propriétés que voici : v est homéomorphe à une boule à N dimensions; la frontière m de v est homéomorphe à une sphère à N — 1 dimensions; m est une multiplicité de M, en position générale par rapport à K; v et m sont étrangers à tous les $|X^{p,\alpha}|$ qui ne contiennent pas x; m rencontre tous les $|X^{p,\alpha}|$ qui contiennent x, sauf $|X^{N,1}|$. Par hypothèse K.m a les mêmes classes d'homologie, AZ^0 et AZ^{N-1}, que la sphère m; or le complexe abstrait de K.x s'obtient en adjoignant aux éléments du complexe abstrait de K.m un élément à N dimensions, qui est la dérivée de chacune des formes de K.m qui constituent la classe Z^{N-1}; donc K.x est un simplexe.

c. Cas où x est un point de $\dot{M}$. — Soit v un voisinage de x ayant les propriétés que voici : la frontière m de v est homéomorphe à une boule à N — 1 dimensions; m est une multiplicité de M, en position générale par rapport à K; les $|X^{p,\alpha}|$ que m rencontre sont ceux auxquels x appartient. Puisque m est simple, K.m est par hypothèse un simplexe. K.x, qui est isomorphe à K.m, est donc un simplexe.

65. Anneau d'homologie d'une multiplicité M a N dimensions. — Puisque tout dallage d'une multiplicité constitue une couverture à supports simples de cette multiplicité, la connaissance d'un dallage d'une multiplicité permet de construire l'anneau d'homologie de cette multiplicité, par application du théorème 15 (nos **36** et **37**). En pratique, il sera souvent plus commode d'utiliser seulement le théorème 12 (n° **28**) : d'après ce théorème *les classes d'homologie d'une multiplicité s'identifient aux classes d'homologie d'un quelconque des dallages de cette multiplicité; on déterminera la loi d'intersection de ces classes en construisant deux dallages de la multiplicité, en position générale l'un par rapport à l'autre, et l'intersection de ces deux dallages.*

De cette construction résultent les propositions suivantes :

a. Cycles de M *de dimensions supérieures ou égales à* N. — Tout cycle de M à plus de N dimensions est homologue à zéro. Si $\dot{M} \neq 0$, tout cycle de M à N dimensions est homologue à zéro. Si $\dot{M} = 0$ et si M n'est pas orientable, M possède une classe d'homologie non nulle à N dimensions Z^N; on a $2Z^N \sim 0$.

Si $\dot{M} = 0$ et si M est orientable, M possède des classes d'homologie à N dimensions, qui sont les multiples AZ^N d'une classe Z^N; $AZ^N \not\sim 0$ si $A \neq 0$.

b. Identité du groupe d'homologie B^p *et du groupe de Betti* ([1]) b_{N-p} *de* M, *quand* $\dot{M} = 0$ (*cf.* n° **39**, remarque 2). Supposons $\dot{M} = 0$. Supposons ou bien que M est *orientable*, ou bien que les coefficients utilisés sont les *entiers mod* 2. Soit K un dallage de M; notons le complexe K en notation inférieure (n° **30**), c'est-à-dire écrivons $x_{N-p,\alpha}$ au lieu de $X^{p,\alpha}$; K devient un complexe k qui vérifie les conditions a, b, c, d du n° **39**; les cycles d'une classe d'homologie $Z^{p,\alpha}$ de K deviennent les cycles d'une classe d'homologie $z_{N-p,\alpha}$ de k; or les $Z^{p,\alpha}$ sont les éléments du groupe d'homologie B^p de M, les $z_{N-p,\alpha}$ sont les éléments du groupe de Betti b_{N-p} de M; nous venons donc de construire un isomorphisme de ces deux groupes; pour exprimer que $Z^{p,\alpha}$ et $z_{N-p,\alpha}$ se correspondent par cet isomorphisme, nous écrirons (en utilisant une notation utilisée au n° **40** dans un cas analogue)

$$z_{N-p,\alpha} \sim \frac{Z^{p,\alpha}}{Z^N},$$

Z^N étant celle des deux classes $\pm Z^N$ de B^N qui correspond à la classe 1 de b_0. On établit aisément les formules analogues à (57) (n° **40**)

$$(19)\qquad \boxed{\sum_\beta A_\beta \frac{Z^{p,\beta}}{Z^N} \sim \frac{\sum_\beta A_\beta Z^{p,\beta}}{Z^N}; \qquad Z^r.\frac{Z^q}{Z^N} \sim \frac{Z^r.Z^q}{Z^N}; \qquad \frac{Z^N}{Z^N} \sim 1.}$$

c. Dualité de B^p *et* b_p. — D'après la remarque 1 du n° **39**, b_p est le groupe des caractères de B^p. Donc, en vertu des théorèmes de dualité de M. Pontrjagin (A.-H., *Anhang.*, *I.*, § 5, n° **66**, cas α et γ), B^p et b_p sont isomorphes, quand les coefficients utilisés sont les rationnels ou les entiers mod m. D'où :

Théorème de dualité de Poincaré. — *Si* M *est une multiplicité orientable et close* ($\dot{M} = 0$), *alors*

1° *les* $p^{\text{ièmes}}$ *et* $(N-p)^{\text{ièmes}}$ *nombres de Betti de* M *sont égaux;*

2° *les* $p^{\text{ièmes}}$ *et* $(N-p)^{\text{ièmes}}$ *groupes d'homologie de* M *sont isomorphes, quand les coefficients sont les entiers mod m.*

Si M *est une multiplicité close (orientable ou non) et si les coefficients sont les entiers mod* 2, *alors les* $p^{\text{ièmes}}$ *et* $(N-p)^{\text{ièmes}}$ *groupes d'homologie de* M *sont isomorphes.*

([1]) Notre définition des groupes de Betti des polyèdres (n° **39**, remarque 1) équivaut à celle qu'utilise A.-H.

Remarque 1. — Supposons $\dot{M} \neq 0$. On peut définir de même un isomorphisme $z_{N-p} \sim \frac{Z^p}{Z^N}$ entre les classes d'homologie Z^p de M et les éléments z_{N-p} du « groupe de Betti de M mod $\dot{M}$ » (ou relativement à $\dot{M}$: *cf* A.-H., *Relativzyklus*). Le théorème de Poincaré ne vaut plus. Mais d'après le théorème 19 *bis* l'anneau d'homologie de M est identique à l'anneau des pseudocycles de l'ensemble ouvert $O = M - \dot{M}$, auquel s'applique la généralisation du théorème de Poincaré qu'établit le numéro suivant.

Remarque 2. — La construction de l'intersection de deux classes d'homologie de M au moyen de deux dallages en position générale (début de ce numéro), quand on écrit ces dallages en notation inférieure, s'identifie à la définition classique de l'intersection de deux éléments du groupe de Betti (A.-H., Chap. XI, § I) dans les deux cas où il est possible de définir l'intersection des éléments du groupe de Betti : le cas où les coefficients sont les entiers mod 2 et le cas où la multiplicité est orientable. Il en résulte que l'intersection des deux éléments du groupe de Betti $z_p \sim \frac{Z^{N-p}}{Z^N}$ et $z_q \sim \frac{Z^{N-q}}{Z^N}$ est $z_{p+q-N} \sim \frac{Z^{N-p}.Z^{N-q}}{Z^N}$.

66. Domaine D d'une multiplicité M a N dimensions. — Indiquons sommairement comment les conclusions du numéro précédent peuvent être étendues à un domaine D de M.

En précisant convenablement le lemme 8 (n° **17**), on établit les propositions suivantes : Toute classe d'homologie de l'intérieur de D contient des cycles appartenant à des dallages de M. Étant donnés deux tels cycles, $Z^{p,1}$ et $Z^{p,2}$, appartenant à une même classe d'homologie de l'intérieur de D, on peut trouver une forme L^{p-1} dont le support est intérieur à D, qui appartient à un dallage de M et qui vérifie la condition $\dot{L}^{p-1} \sim Z^{p,1} - Z^{p,2}$.

On tire de ces propositions les conclusions suivantes :

a. Cycles de l'intérieur de D *de dimensions supérieures ou égales à* N. — Tout cycle de l'intérieur de D à plus de N dimensions est homologue à zéro. Si D contient des points de $\dot{M}$, tout cycle de l'intérieur de D à N dimensions est homologue à zéro.

Si D ne contient pas de point de $\dot{M}$ et si D n'est pas orientable, l'intérieur de D possède une seule classe d'homologie à N dimensions non nulle, Z^N; on a $2Z^N \sim 0$.

Si D ne contient pas de point de $\dot{M}$ et si D est orientable, l'intérieur de D possède des classes d'homologie à N dimensions, qui sont les multiples AZ^N d'une classe Z^N; $AZ^N \not\sim 0$ si $A \neq 0$.

b. Identité du groupe d'homologie B^p *de l'intérieur de* D *et du groupe de Betti* b_{N-p} *de* D, *quand* $\dot{M}.D = 0$. — Supposons que D est orientable, ou bien que les coefficients sont les entiers mod 2. En écrivant les dallages K de M en notation inférieure on obtient des complexes k vérifiant les conditions a, b, c, d du n° **39**; on transforme ainsi les classes d'homologie de l'intérieur de D en éléments du groupe de Betti de D (pour la définition du groupe de Betti de D, *voir* A.-H., Chap. IV, § 1, n° **9**); cette transformation constitue un iso morphisme du groupe d'homologie B^p de l'intérieur de D et du groupe de Betti b_{N-p} de D; pour exprimer que les éléments Z^p de B^p et z_{N-p} de b_{N-p} se correspondent, nous conviendrons, comme au numéro précédent, d'écrire

$$z_{N-p} \sim \frac{Z^p}{Z^N};$$

les formules (19) valent à nouveau.

c. Dualité du groupe $\mathcal{B}^p$ *des pseudocycles à p dimensions de* D *et du groupe de Betti* b_p *de* D, *lorsque les coefficients sont les rationnels ou les entiers mod m.* Dire que ces deux groupes sont duals (A.-H., *Anhang* I, § 5, n° **64**), c'est affirmer les deux propositions suivantes :

α. Si Z^p est un pseudocycle de D tel que $Z^p \not\sim 0$, il existe un élément z^p de b_p tel que $Z^p . z_p \not\sim 0$;

β. Si z_p est un élément de b_p tel que $z_p \not\sim 0$, il existe un pseudocycle Z^p de D tel que $Z^p . z_p \not\sim 0$.

Démonstration de α. — Puisque $Z^p \not\sim 0$, on peut trouver un ensemble bicompact $\mathcal{B}$ de points de D tel que $Z^p . B \not\sim 0$; il existe un polyèdre P tel que $B \subset P \subset D$; on a $Z^p . P \not\sim 0$; d'après la remarque 1 du n° **39**, il existe un élément z_p du groupe de Betti de P tel que $Z^p . z_p \not\sim 0$; z_p constitue *a fortiori* un élément du groupe de Betti de D; la proposition α est donc exacte.

Démonstration de β. — Soit z_p un élément non nul de b_p; soit $P_{(\nu)}$ une suite de polyèdres possédant les propriétés suivantes :

z_p appartient au groupe de Betti de $P_{(\nu)}$; $P_{(\nu-1)} \subset P_{(\nu)}$; $\lim\limits_{\nu \to \infty} P_{(\nu)} = D$. D'après la remarque 1 du n° **39**, puisque $z_p \not\sim 0$, il existe des classes d'homologie $Z^{p;\nu,\alpha}$ de $P_{(\nu)}$ telles que $Z^{p;\nu,\alpha} . z_p \not\sim 0$; on en déduit aisément qu'on peut trouver une classe d'homologie $Z^{p,\nu}$ de $P_{(\nu)}$ possédant les propriétés suivantes :

$$Z^{p,\nu} . z_p \not\sim 0; \qquad Z^{p,\nu-1} \sim Z^{p,\nu} . P_{(\nu-1)}.$$

Ces $Z^{p,\nu}$ définissent un pseudocycle Z^p de D; $Z^p . z_p \not\sim 0$: la proposition β est établie.

Les résultats obtenus, complétés par le théorème de dualité de Pontrjagin (A.-H., *Anhang* I, § 5, n° **66**) fournissent la conclusion suivante :

Généralisation du théorème de dualité de Poincaré. — *Supposons* $\dot{M}.D$ *vide. Choisissons comme coefficients les entiers mod 2 ou bien, quand* D *est orientable, les entiers mod m ou les nombres rationnels. Alors le* p[ième] *groupe d'homologie* B^p

de l'intérieur de D *et le groupe* $\mathcal{B}^{N-p}$ *des pseudocycles à p dimensions de* D *sont duals; ils sont donc isomorphes quand l'un d'eux a une base finie.*

Remarque 1. — Quand $D = M$, B^p et $\mathcal{B}^p$ s'identifient au $p^{\text{ième}}$ groupe d'homologie de M et le théorème précédent s'identifie donc au théorème de dualité de Poincaré.

Remarque 2. — Un autre théorème de dualité de M. Pontrjagin [*The theory of topological commutative groups* (*Annals of Math.*, t. 35, 1934, p. 361-388, th. 5)] permettrait, sans supposer que B^p ou $\mathcal{B}^{N-p}$ a une base finie, d'affirmer que B^p est le groupe des caractères de $\mathcal{B}^{N-p}$ et vice versa, à condition toutefois d'employer des coefficients convenables, qui ne constituent plus un anneau, ce qui nous empêcherait de définir l'intersection des cycles et celle des pseudocycles.

d. Cas où $D = M - m$, *m étant une multiplicité à* $N-1$ *dimensions.* — Supposons M close. Soient Az^{N-1} et AZ^N les classes d'homologie de dimensions $N-1$ et N de *m* et de l'intérieur de D. Soit $A_0 Z^N$ la dérivée de z^{N-1} dans M. On constate aisément que le groupe des classes d'homologie à N dimensions de M s'obtient en assujettissant celui de l'intérieur de D à la relation $A_0 Z^N \sim 0$; donc $A_0 = 0$ si M est orientable; $A_0 = \pm 2$ si M n'est pas orientable. En d'autres termes : *la dérivée de* z^{N-1} *dans* M *est nulle quand* M *est orientable, est* $\pm 2Z^N$ *quand* M *n'est pas orientable.*

Exemples. — 1° D est l'intérieur d'un anneau circulaire (*fig.* 13). D est orientable. En vertu du théorème 19 *bis* (remarque), les pseudocycles de D

Fig. 13.

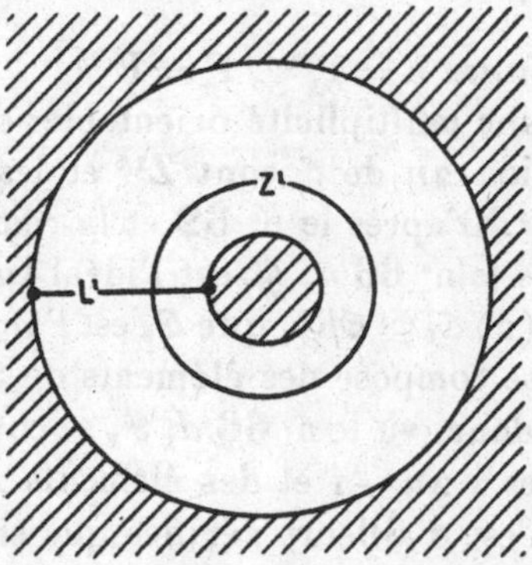

sont les multiples $A\mathfrak{Z}^0$ du pseudocycle $\mathfrak{Z}^0$ que définit un cycle unité et les multiples $A\mathfrak{Z}^1$ du pseudocycle $\mathfrak{Z}^1 \sim L^1 . D$, L^1 étant la forme de $\overline{D}$ dont le support est représenté ci-contre ($|\dot{L}^1| \subset \dot{D}$); $A\mathfrak{Z}^0 \not\sim 0$ et $A\mathfrak{Z}^1 \not\sim 0$ si $A \neq 0$.

Les classes d'homologie de l'intérieur de D sont les multiples AZ^2 et AZ^1 de la classe Z^2 et de la classe Z^1 qui contient le cycle représenté ci-contre; $AZ^2 \not\sim 0$ et $AZ^1 \not\sim 0$ si $A \neq 0$; $\mathfrak{Z}^1 . Z^1 \sim Z^2$.

2° D est l'intérieur d'une bande de Möbius : conclusions analogues aux différences près que voici : D n'est plus orientable; la classe Z^1 ne diffère de zéro que si les coefficients sont les entiers mod 2ν; $2Z^1 \sim 0$; $2Z^2 \sim 0$; $\mathfrak{Z}^1 . Z^1 \sim Z^2$ si ν est impair; $\mathfrak{Z}^1 . Z^1 \sim 0$ si ν est pair.

II. — Exemple des espaces projectifs.

Soit $P^{(N)}$ l'espace projectif à N dimensions; soit $P^{(N-1)}$ un hyperplan à $N-1$ dimensions de $P^{(N)}$; nous allons, par un procédé récurrent, déterminer l'anneau d'homologie de $P^{(N)}$, tout en précisant la position de $P^{(N-1)}$ dans $P^{(N)}$.

Notations. — Nous définirons la structure d'un anneau d'homologie par l'énumération de ses éléments et l'énoncé des relations ne résultant pas d'elles-mêmes de cette énumération : par exemple, pour désigner l'anneau dont les éléments sont Z^2 et AZ^3, vérifiant les relations $2Z^2 \sim 0$, $AZ^3 \not\sim 0$ si $A \neq 0$, $Z^2 . Z^2 \sim 0$, $Z^3 . Z^3 \sim 0$, $Z^2 . Z^3 \sim 0$, nous nous contenterons de dire : l'anneau $\{Z^2, AZ^3\}$.

67. Application des conclusions du paragraphe I du chapitre IV. — Les deux numéros précédents permettent d'appliquer le paragraphe I du Chapitre IV à la figure que constituent un espace projectif à N dimensions $E = P^{(N)}$ et un hyperplan à $N-1$ dimensions $F = P^{(N-1)}$ de cet espace; $O = E - F$ est homéomorphe à l'intérieur de la boule à N dimensions. Nous distinguerons le cas N pair et le cas N impair.

a. La figure que constituent $E = P^{(2n)}$, $F = P^{(2n-1)}$. — E est une multiplicité non orientable et F est une multiplicité orientable; donc, d'après le n° **65** *a*, les éléments de dimension $2n$ de $\mathcal{E}$ sont Z^{2n} et les éléments de dimension $2n-1$ de $\mathcal{F}$ sont Az^{2n-1}. D'après le n° **52** et la remarque 2 du n° **47**, $\mathcal{O}$ est l'anneau $\{A\zeta^{2n}\}$; d'après le n° **66** *d*, $\mathcal{G}$ est l'idéal $\{2A\zeta^{2n}\}$. Il résulte de ces faits, d'après la relation (2) $\mathcal{E}_0 \cong \mathcal{O}/\mathcal{G}$, que $\mathcal{E}_0$ est l'anneau $\{Z^{2n}\}$.

D'après le n° **48**, $\mathcal{F}_E$ se compose des éléments de $\mathcal{F}$ dont la dérivée dans E est l'élément nul de $\mathcal{G}$; donc, vu le n° **66** *d*, $\mathcal{F}_E$ se compose des éléments de $\mathcal{F}$ de dimensions inférieures à $2n-1$ et des éléments Az^{2n-1} tels que $2A = 0$; cette relation $2A = 0$ n'est d'ailleurs vérifiée que si les coefficients sont les entiers mod 2ν et si $A = \nu$.

De cette structure de $\mathcal{E}_0$ et de $\mathcal{F}_E$ le n° **46** nous permet de déduire que $\mathcal{E}$ se compose des éléments suivants :

1° un élément Z^{2n} (vérifiant les relations $2Z^{2n} \sim 0$ et $Z^{2n} . F \sim 0$);

2° si les coefficients sont les entiers mod 2ν un élément Z^{2n-1} (vérifiant les relations $2Z^{2n-1}\sim 0$ et $Z^{2n-1}.F\sim \nu z^{2n-1}$);

3° enfin des éléments $Z^{q,\beta}$ de dimensions $q\leqq 2n-2$, tels que les $Z^{q,\beta}.F$ soient les divers éléments de $\mathcal{F}$ de dimensions $q\leqq 2n-2$.

b. La figure que constituent $E=P^{(2n+1)}$ et $F=P^{(2n)}$. — E est une multiplicité orientable, F est une multiplicité non orientable, donc, d'après le n° **65** *a*, les éléments de dimensions $2n+1$ de $\mathcal{E}$ sont AZ^{2n+1} et les éléments de dimension $2n$ de $\mathcal{F}$ sont z^{2n}.

D'après le n° **52** et la remarque 2 du n° **47**, $\mathcal{O}$ est l'anneau $\{A\zeta^{2n+1}\}$. D'après le n° **66** *d*, $\mathcal{G}$ est vide; (3) s'écrit donc $\mathcal{F}=\mathcal{F}_E$ et (2) s'écrit $\mathcal{O}\cong\mathcal{E}_0$: $\mathcal{E}_0$ est l'anneau $\{AZ^{2n+1}\}$. D'après (1) $\mathcal{E}$ se compose donc des éléments suivants :

1° AZ^{2n+1}; 2° des éléments $Z^{q,\beta}$ de dimensions $q\leqq 2n$ tels que les $Z^{q,\beta}.F$ soient les divers éléments de $\mathcal{F}$.

On déduit par récurrence de ces résultats les conclusions suivantes :

α. Classes d'homologie de dimensions paires. — $P^{(N)}$ ne possède pas de classe d'homologie Z^{2p} (autre que Z^0) quand les coefficients sont les rationnels ou les entiers mod $2\nu+1$. Si les coefficients sont les entiers ou les entiers mod 2ν, $P^{(N)}$ possède, quel que soit $2p\leqq N$, une classe d'homologie unique Z^{2p}; $2Z^{2p}\sim 0$; Z^{2p} contient des cycles qui sont chacun la somme d'éléments distincts d'un dallage de $P^{(N)}$, les supports de ces éléments constituant un hyperplan à $N-2p$ dimensions; si $F=P^{(N)}$ est un hyperplan quelconque de $P^{(N)}$, sa classe d'homologie de dimension $2p\leqq n$ est $Z^{2p}.F$.

β. Classes d'homologie de dimensions impaires. — D'une part les classes d'homologie de $P^{(2n+1)}$ de dimension $2n+1$ sont AZ^{2n+1}. D'autre part $P^{(N)}$ ne peut posséder de classe d'homologie Z^{2p+1} telle que $2p+1<N$ que si les coefficients sont les entiers mod 2ν. Dans ce cas $P^{(N)}$ possède quel que soit $2p+1<N$ une classe d'homologie unique Z^{2p+1}; $2Z^{2p+1}\sim 0$; Z^{2p+1} contient des cycles qui sont chacun ν fois la somme d'éléments distincts d'un dallage de $P^{(N)}$, les supports de ces éléments constituant un hyperplan à $N-2p-1$ dimensions; si $F=P^{(N)}$ est un hyperplan quelconque de $P^{(N)}$ sa classe d'homologie de dimension $2p+1<n$ est $Z^{2p+1}.F$; si $F=P^{(2n+1)}$ est un hyperplan quelconque de $P^{(N)}$ et si ses classes d'homologie de dimension $2n+1$ sont Az^{2n+1}, on a $Z^{2n+1}.F\sim \nu z^{2n+1}$.

68. Application des conclusions du paragraphe I du chapitre V. — Le n° **67** permet de déduire de la loi d'intersection qui règne dans l'anneau d'homologie de $P^{(N-1)}$ la loi d'intersection qui règne dans l'anneau d'homologie de $P^{(N)}$, exception faite de la loi qui permet de calculer les intersections $Z^p . Z^{N-p}$. Or le n° **67** a montré que la classe Z^p (et la classe Z^{N-p}) contient un cycle constitué par λ fois (μ fois) la somme d'éléments distincts d'un dallage, les supports de ces éléments constituant un hyperplan à $N-p$ (à p) dimensions ; nous pouvons supposer que ces deux cycles appartiennent à deux dallages en position générale l'un par rapport à l'autre; il suffit d'envisager comme au n° **65**, l'intersection de ces deux dallages pour conclure $Z^p . Z^{N-p} \sim \lambda\mu Z^N$.

D'où, par un raisonnement de récurrence, les résultats suivants :

Si les coefficients sont les entiers ou les entiers mod 2ν, $Z^{2p} \sim (Z^2)^p$ [où $(Z^2)^p$ est l'intersection de p classes identiques à Z^2].

Si les coefficients sont les entiers mod 2ν :

$$Z^{2p+1}.Z^{2q} \sim \nu Z^N, \qquad \text{quand } 2p+2q+1 = N,$$
$$Z^{2p+1}.Z^{2q} \sim Z^{2p+2q+1}, \qquad \text{quand } 2p+2q+1 < N,$$

enfin

$$Z^{2p+1}.Z^{2q+1} \sim \nu^2 (Z^2)^{p+q+1} ;$$

en tenant compte de la relation $2Z^2 \sim 0$ on donne à cette dernière relation la forme suivante :

$$\text{si } \nu \text{ est pair,} \qquad Z^{2p+1}.Z^{2q+1} \sim 0,$$
$$\text{si } \nu \text{ est impair,} \qquad Z^{2p+1}.Z^{2q+1} \sim (Z^2)^{p+q+1}.$$

69. Conclusions. — *Cas où les coefficients sont les rationnels ou les entiers* mod $2\nu+1$:

L'anneau d'homologie de $P^{(2n)}$ est $\{ AZ^0 \}$.

L'anneau d'homologie de $P^{2(n+1)}$ est $\{ AZ^0, AZ^{2n+1} \}$.

Cas où les coefficients sont les entiers :

L'anneau d'homologie de $P^{(2n)}$ est $\{ AZ^0, Z^2, (Z^2)^2, (Z^2)^3, \ldots, (Z^2)^n \}$.

L'anneau d'homologie de $P^{(2n+1)}$ est $\{ AZ^0, Z^2, (Z^2)^2, (Z^2)^3 \ldots, (Z^2)^n, AZ^{2n+1} \}$.

Soient Z^2 et z^2 les classes d'homologie de dimension 2 de $P^{(N)}$ et de son hyperplan F; on a $z^2 \sim Z^2 . F$.

Cas où les coefficients sont les entiers mod 2ν, ν *étant impair :*

L'anneau d'homologie de $P^{(2n)}$ est $\{AZ^0, Z^1, (Z^1)^2, (Z^1)^3, \ldots, (Z^1)^{2n-1}, (Z^1)^{2n}\}$.
L'anneau d'homologie de $P^{(2n+1)}$ est $\{AZ^0, Z^1, (Z^1)^2, (Z^1)^3, \ldots, (Z^1)^{2n}, AZ^{2n+1}\}$, où $(Z^1)^{2n+1} \sim \nu Z^{2n+1}$.

Soient Z^1 et z^1 les classes d'homologie de dimension 1 de $P^{(N)}$ et de son hyperplan F, on a $z^1 \sim Z^1.F$.

Cas où les coefficients sont les entiers mod 2ν, ν *étant pair :*

L'anneau d'homologie de $P^{(2n)}$ est

$$\{AZ^0, Z^1, Z^2, Z^1.Z^2, (Z^2)^2, Z^1.(Z^2)^2, (Z^2)^3, \ldots, Z^1.(Z^2)^{n-1}, (Z^2)^n\},$$

où

$$(Z^1)^2 \sim 0.$$

L'anneau d'homologie de $P^{(2n+1)}$ est

$$\{AZ^0, Z^1, Z^2, Z^1.Z^2, (Z^2)^2, Z^1.(Z^2)^2, (Z^2)^3, \ldots, Z^1.(Z^2)^{n-1}, (Z^2)^n, AZ^{2n+1}\},$$

où

$$(Z^1)^2 \sim 0, \qquad Z^1.(Z^2)^n \sim \nu Z^{2n+1}.$$

Soient Z^1 et Z^2, z^1 et z^2 les classes d'homologie de dimensions 1 et 2 de $P^{(n)}$ et de son hyperplan F; on a

$$z^1 \sim Z^1.F, \qquad z^2 \sim Z^2.F.$$

III. — Nombre des domaines en lesquels un ensemble fermé de points d'une sphère décompose cette sphère, d'après un Mémoire de M. H. Hopf (1).

70. Soit $E = S^{(N)}$ la sphère à N dimensions; soit F un ensemble de points de $S^{(N)}$; $D = E - F$ se compose de d domaines disjoints D_α, d pouvant être infini. Soit $\mathcal{D}_\alpha$ l'anneau d'homologie de l'intérieur de D_α; $\mathcal{O}$ est la somme directe des $\mathcal{D}_\alpha$ (n° **50**, rem.). D'après le n° **66** *a*, le groupe des éléments de dimension N de $\mathcal{D}_\alpha$ est $\{A\zeta^{N,\alpha}\}$; tout élément de dimension N de $\mathcal{O}$ peut donc être mis d'une et d'une seule façon sous la forme $\sum_\alpha A_\alpha \zeta^{N,\alpha}$, le nombre des A_α non nuls étant fini; les éléments de dimension N de $\mathcal{G}$ sont ceux de ces éléments qui vérifient la condition $\sum_\alpha A_\alpha = 0$; enfin $\mathcal{E}_0$ est l'anneau $\{AZ^N\}$.

(1) *Systeme symmetrischer Bilineaformen und euklidische Modelle der projektiven Räume*, Satz II' (*Vierteljahrsschrift der Naturforschenden Gesellschaft in Zürich*, t. 85, 1940, pp. 165-177).

Donc, d'après (3), le groupe des éléments de dimension $N-1$ de $\mathcal{F}$ est la somme directe de $d-1$ groupes isomorphes à celui des coefficients; l'élément général de ce groupe peut être représenté par une expression $\sum_\alpha A_\alpha z^{N-1,\alpha}$, où $\sum_\alpha A_\alpha = 0$; d'autre part, d'après (2) et (3), il existe un isomorphisme entre le groupe des éléments de $\mathcal{F}$ de dimension p et le groupe des éléments de $\mathcal{O}$ de dimension $p+1$, pour $1 \leqq p \leqq N-2$; or $\mathcal{O}$ est la somme directe des $\mathcal{O}_\alpha$; donc le groupe des éléments de $\mathcal{F}$ de dimensions p comprises entre 1 et $N-2$ $(1 \leqq p \leqq N-2)$ est la somme directe de d groupes $\mathcal{F}_\alpha$; $\mathcal{F}_\alpha$ se compose de ceux des éléments de $\mathcal{F}$ qui ont une dimension positive et dont la dérivée dans E appartient à $\mathcal{O}_\alpha$; donc, d'après le n° **50**, $\mathcal{F}_\alpha$ est un *sous-anneau* de $\mathcal{F}$; l'intersection d'un élément de $\mathcal{F}_\alpha$ et d'un élément de $\mathcal{F}_\beta$ appartient à la somme $\mathcal{F}_\alpha \cup \mathcal{F}_\beta$ de $\mathcal{F}_\alpha$ et $\mathcal{F}_\beta$ si la dimension de cette intersection est inférieure à $N-1$; si cette dimension est $N-1$, cette intersection est un élément du type $A(z^{N-1,\alpha} - z^{N-1,\beta})$.

En résumé nous obtenons le théorème suivant, que M. H. Hopf avait prouvé dans le cas où les coefficients sont les entiers mod 2 et dans le cas où F est une multiplicité orientable.

Théorème 20. — *Soit* F *un ensemble fermé de points d'une sphère à* N *dimensions, qui décompose cette sphère en d domaines: l'anneau d'homologie* $\mathcal{F}$ *de* F *est la somme directe des groupes suivants :*

1° *le groupe des éléments de dimension nulle de* F;

2° *d sous-anneaux* $\mathcal{F}_\alpha$ *de* $\mathcal{F}$, *dont les éléments ont des dimensions p comprises entre* 1 *et* $N-2$ $(1 \leqq p \leqq N-2)$;

3° *le groupe des éléments de dimension* $N-1$ *de* $\mathcal{F}$, *qui est constitué par des éléments du type* $\sum_\alpha A_\alpha z^{N-1,\alpha}$, *où* $\sum_\alpha A_\alpha = 0$, *et qui est donc la somme directe de* $d-1$ *groupes identiques à celui des coefficients,*

L'intersection d'un élément de $\mathcal{F}_\alpha$ *par un élément de* $\mathcal{F}_\beta$ *appartient à* $\mathcal{F}_\alpha \cup \mathcal{F}_\beta$ *si sa dimension est inférieure à* $N-1$, *est du type* $A(z^{N-1,\alpha} - z^{N-1,\beta})$ *si sa dimension est* $N-1$.

Corollaire 20_1. — *Si* F *n'a pas de classe d'homologie de dimension* $N-1$, *alors* $O = E - F$ *est connexe.*

Corollaire 20_2. — *Si* F *est homéomorphe à une sphère à* $N-1$ *dimensions, alors* $O = S^{(N)} - F$ *se compose de* 2 *domaines* (théorème de Jordan-Brouwer, *voir* A.-H.).

Corollaire 20₃. — F *ne peut être homéomorphe au plan projectif à* N — 1 *dimensions* $P^{(N-1)}$ (H. Hopf).

Démonstration. — Choisissons comme coefficients les entiers mod 2; $P^{(N-1)}$ possède un cycle unique à une dimension z^1; si $P^{(N-1)}$ était homéomorphe à un ensemble de points de $S^{(N)}$, z^1 devrait appartenir à l'un des $\mathcal{F}_\alpha$, ce qui est impossible puisque $(z^1)^{N-1} \not\sim 0$.

[1945c]

Sur les équations et les transformations

J. Math. Pures Appl. 24 (1945) 201–248

Introduction.

Cette troisième et dernière Partie([1]) de mon cours est la plus originale : c'est l'étude des questions qu'elle traite qui m'amena à poser les définitions que les deux premières Parties ont appliquées à l'étude de questions relativement plus classiques. La connaissance de la deuxième Partie, celle du paragraphe VI du Chapitre I et celle de la fin du Chapitre II (à partir du n° **34**) sont superflues. Mais les procédés qu'utilise le paragraphe I du Chapitre III [la définition (58) du nombre de Lefschetz Λ_ξ d'une représentation $\xi(x)$, le fait que deux représentations homotopes ont même nombre de Lefschetz, la preuve que l'équation $x=\xi(x)$ possède au moins une solution quand $\Lambda_\xi \neq 0$] joueront un rôle essentiel : le Chapitre VI n'est que le développement de ces procédés; le Chapitre VII est calqué sur le Chapitre VI (*cf.* début du n° **85**); le Chapitre VIII n'est qu'une application immédiate du Chapitre VII, montrant l'intérêt des résultats qu'établit ce Chapitre VII.

Le *Chapitre VI* définit et étudie « *l'indice total* » $i(O)$ des solutions d'une équation $x=\xi(x)$ qui appartiennent à un ensemble ouvert O. Malgré la généralité des hypothèses, les conclusions se rattachent très directement à des notions et à des propositions très élémentaires et très classiques, comme le prouvent les exemples du n° **74** et ceux qui suivent les énoncés des théorèmes 26 et 27. Lorsque l'espace E auquel appartiennent O, x, $\xi(x)$ est un groupe clos, l'indice total $i(O)$ peut être identifié au degré topologique (A.-H., *Abbildungsgrad*) au point 1 de la transformation $x\xi(x)^{-1}$ envisagée sur O : cela résulte immédiatement de la comparaison des propriétés de l'indice total et du degré topologique [*voir* aussi la formule (66) du n° **44**]. Mais en général la notion d'indice total n'a aucun rapport avec celle de degré topologique : la

([1]) Dans un travail ultérieur, intitulé « Les modules d'homologie d'une représentation », nous étudierons la topologie des représentations par des méthodes étroitement apparentées à celles que ce Cours de topologie applique à l'étude de la topologie des espaces.

définition du degré topologique, qui est due à M. Brouwer, s'applique à toute représentation d'une pseudomultiplicité dans une pseudomultiplicité de même dimension; si ces pseudomultiplicités ne sont pas orientables, le degré topologique ne peut être défini que mod 2; si elles sont orientables, le signe du degré dépend des conventions d'orientation; or aucune de ces particularités n'apparaît dans la définition de $i(O)$; par contre la valeur de $i(O)$ est altérée quand, sans changer l'ensemble des solutions de $x = \xi(x)$, on modifie le choix de $\xi(x)$. Notre indice total est sûrement moins approprié à l'étude des multiplicités que le degré topologique de M. Brouwer; il convient peut-être à l'étude des groupes topologiques; il est sûrement approprié à l'étude des espaces fonctionnels : les conclusions du Chapitre VII englobent la théorie des équations fonctionnelles que M. J. Schauder et moi avons déduite de notre définition du degré topologique de certaines représentations en lui-même d'un espace de Banach; on peut donc considérer les diverses applications de cette théorie comme des applications du Chapitre VI (*voir* la fin du n° **76**). De telles applications peuvent être multipliées : de nombreux problèmes de la théorie des équations aux dérivées partielles et de la physique mathématique ont été ramenés à des équations du type $x = \xi(x)$, depuis que E. Picard a révélé l'intérêt de ce type d'équations, en créant la Méthode des approximations successives, qui n'en épuise d'ailleurs pas l'étude; le corollaire 25 relie nos considérations et cette Méthode.

Le *Chapitre VII* associe à l'équation $x = \xi(x, x')$, qui dépend du paramètre x', un certain homomorphisme d'anneau de pseudocycles; le paragraphe IV en déduit la définition d'un homomorphisme dont l'analogie avec l'homomorphisme inverse de M. H. Hopf (ou plutôt avec la généralisation qu'en a donnée M. Freudenthal dans la *Compositio math.*, t. 2, p. 163) est la même que celle de l'indice total avec le degré topologique.

Le *Chapitre VII* applique cet homomorphisme à l'étude de certaines homéomorphies. Nous obtenons ainsi (th. 35) une généralisation du *théorème d'Alexander* différente de celles de la deuxième partie (n^{os} **51** et **62**); (toutefois, dans le cas des multiplicités, la généralisation du théorème de dualité de Poincaré que signale le n° **60** relie ces deux généralisations du théorème d'Alexander). Enfin nous donnons une extension (th. 36) du *théorème de l'invariance du domaine* de M. Brouwer, d'où résulte (corol. 36) que l'*alternative de Fredholm* (ou bien l'équation de Fredholm a toujours une solution unique, ou bien l'équation homogène a une solution non nulle) vaut dans les espaces topologiques, linéaires à voisinages convexes. C'est M. J. Schauder (*Math. Annalen*, t. 106, 1932, p. 661-721), rappelons-le, qui le premier généralisa le théorème de l'invariance du domaine à des espaces non euclidiens, les espaces de Banach, et y rattacha l'alternative de Fredholm. M. F. Riesz (*Acta math.*, t. 41, p. 71-98) avait antérieurement étendu les théorèmes de Fredholm aux espaces de Banach. C'est M. Tychonoff (*Math. Annalen*, t. 111, p. 767) qui le premier généralisa à des espaces topologiques, linéaires, à voisinages convexes un théorème de topologie algébrique; il s'agissait du théorème du point fixe de M. Brouwer (A.-H., Chap. IX, *Anhang*; n° 43, ex. 1) que MM. Birkhoff et Kellog (*Trans. of Amer. Math. Soc.*, t. 23, 1922), puis M. J. Schauder (*Studia math.*, t. 2, 1930) avaient déjà étendu aux espaces de Banach.

Remarque. — La notion d'espace *convexoïde* (n° **45**) interviendra sans cesse dans nos hypothèses; nos exemples, pour être élémentaires, ne considèreront pas d'autre espace convexoïde que les polyèdres; mais le lemme 48 signale une catégorie étendue d'espaces convexoïdes et simples : les ensembles normaux, bicompacts et convexes de points d'un espace topologique, linéaire à voisinages convexes.

CHAPITRE VI.

ÉQUATIONS.

I. — Préliminaires.

Les trois numéros de ce paragraphe I sont indépendants.

71. Généralisation de la définition des formes de E (n° **12**) et de celle des formes de E.c (n° **27**).

Lemme 25. — *Si* E *est un espace normal, si* E′ *est un ensemble fermé de points de* E *et si* c *est un complexe concret dont les supports sont des ensembles fermés de points de* E′ ($|k| \subset E' \subset E$), *alors l'intersection par* E′ *constitue un isomorphisme des groupes de Betti de* E.c *sur ceux de* E′.c.

Démontrer ce lemme, c'est démontrer les deux propositions que voici :

a. Toute classe d'homologie de E′.c est l'intersection par E′ d'une classe d'homologie de E.c.

b. Si une classe d'homologie de E.c a pour intersection par E′ la classe nulle, alors cette classe de E.c est elle-même nulle.

Nous utiliserons la proposition suivante, dont la démonstration est analogue à celle du théorème 1.

Généralisation du théorème 1. — Si l'on rétrécit une couverture K′ de E′ en une couverture de E′, alors chaque cycle de K′.c reste dans la même classe d'homologie de E′.c.

Démonstration de a. — Soit Z'^p un cycle de E′.c; on a $Z'^p = \sum_{q,\alpha} A_\alpha X'^{p+q,\alpha}.x_{q,\alpha}$, les $X'^{p+q,\alpha}$ étant les éléments d'une couverture K′ de E′, les $x_{q,\alpha}$ étant les éléments de c. D'après le lemme 12 (n° **24**) il existe une couverture K de E telle que

K.E' soit un élargissement de K' et que K.c ait même complexe abstrait que K'.c; soit $X^{p+q,\alpha}$ l'élément de K qui correspond à $X'^{p+q,\alpha}$; $Z^p = \sum_{q,\alpha} A_\alpha X^{p+q,\alpha} . x_{q,\alpha}$ est un cycle; d'après la généralisation du théorème 1 on a $Z^p.E' \sim Z'^p$.

C. Q. F. D.

Démonstration de b. — (Cette démonstration est apparentée à celle des lemmes 13 et 22). Soit Z^p un cycle de E.c tel que Z^p.E' ~ o dans E'.c : il existe une couverture K de E telle que Z^p appartienne à K.c et une couverture K' de E' telle que $Z^p \sim$ o dans K'.K.c. D'après le lemme 12 on peut supposer K' du type K' = K*.E', K* étant une couverture de E; or K'.K.c est identique à K*.K.c; donc $Z^p \sim$ o dans K*.K.c; donc $Z^p \sim$ o dans E.c.

C. Q. F. D.

Le lemme 25 identifie les groupes de Betti de E.c et E'.c. Il peut également s'énoncer comme suit, en convenant d'identifier une forme de E.c avec son intersection par un cycle unité de E'.

LEMME 26. — *Toute forme de* E'.E.c *ayant pour dérivée une forme de* E.c *est homologue à une forme de* E.c.

Appliquons les lemmes 25 et 26 aux cycles généraux de E.c, que nous définirons comme suit :

Définition. — Toute forme de c constitue une *forme générale* de E.c; si L^p est une forme générale de E.c, son intersection par une forme d'un ensemble fermé E' de points de E contenant $|L^p|$ est encore une forme générale de E.c; si K'^0 est un cycle unité d'un tel ensemble E', L^p et $L^p.K'^0$ sont identifiés; toute combinaison linéaire homogène d'un nombre fini de formes générales est une forme générale. Un cycle général est une forme générale dont la dérivée est nulle.

Nous obtenons la proposition que voici :

Tout cycle général de E.c *appartient à une classe d'homologie bien déterminée de* E.c. (Autrement dit : il n'y a pas lieu de définir de classes d'homologie générales : elles se confondraient avec les classes d'homologie.)

Quand c est une couverture de E, cette conclusion s'énonce comme suit :

Définition. — Toute forme de E constitue une *forme générale* de E; si L^p est une forme générale de E son intersection par une forme d'un ensemble fermé E' de points de E contenant $|L^p|$ sera encore une forme générale de E; si K'^0 est un cycle unité d'un tel ensemble E, L^p et $L^p.K'^0$ seront identifiés; toute combinaison linéaire homogène d'un nombre fini de formes générales est une forme générale. Un cycle général est une forme générale dont la dérivée est nulle.

Nous avons prouvé que :

Tout cycle général de l'espace normal E *appartient à une classe d'homologie bien déterminée de* E.

72. Couvertures simpliciales. — Rappelons qu'un complexe K d'éléments $X^{q,\beta}$ est simplicial quand il est connexe et que chacun des sous-complexes ouverts $\underline{X^{q,\beta}}$ est un simplexe.

Le lemme 2 (n° **4**) a pour conséquence immédiate la proposition suivante :

Lemme 27. — *Le produit de deux complexes simpliciaux est simplicial.*

Lemme 28. — *Si* K *est une couverture simpliciale de* E *et si e est un ensemble connexe de points de* E, *alors* K.*e est simplicial.*

Démonstration. — K.*e* étant une couverture de *e*, qui est connexe, est connexe d'après le lemme 4 (n° **15**). Si $X^{q,\beta}.e \neq 0$, alors $\underline{X^{q,\beta}.e}$ a même complexe abstrait que $\underline{X^{q,\beta}}$, qui est un simplexe.

Lemme 29. — *Si* K *et* K* *sont deux couvertures simpliciales d'un même espace connexe* E, *alors* K.K* *est simplicial.*

Démonstration. — La formule $K.K^* = \overset{-1}{\pi}(K \times K^*)$ du n° **8** exprime que K.K* a même complexe abstrait que l'intersection de K × K* par l'ensemble *e* des points $(x \times x)$; K × K* est simplicial d'après le lemme 27; *e*, étant homéomorphe à E, est connexe; cette intersection est donc simpliciale en vertu du lemme 28.

73. Dual de l'intersection de deux complexes. — Soient deux complexes K et K* (d'éléments $X^{q,\beta}$ et $X^{*r,\gamma}$); soient *k* et *k** (d'éléments $x_{q,\beta}$ et $x^*_{r,\gamma}$) leurs duals.

Lemme 30. — *Le dual de* K×K* *est k* × *k**, *l'élément dual de* $X^{q,\beta} \times X^{*r,\gamma}$ *étant* $x^*_{r,\gamma} \times x_{q,\beta}$.

Démonstration :

$$\left(\sum_{q,\beta,r,\gamma} X^{q,\beta} \times X^{*r,\gamma} \times x^*_{r,\gamma} \times x_{q,\beta}\right)^{\bullet}$$
$$= \left[\left(\sum_{q,\beta} X^{q,\beta} \times x_{q,\beta}\right) \times \left(\sum_{r,\gamma} X^{*r,\gamma} \times x^*_{r,\gamma}\right)\right]^{\bullet}$$
$$= \left(\sum_{q,\beta} X^{q,\beta} \times x_{q,\beta}\right)^{\bullet} \times \left(\sum_{r,\gamma} X^{*r,\gamma} \times x^*_{r,\gamma}\right)$$
$$+ \left(\sum_{q,\beta} X^{q,\beta} \times x_{q,\beta}\right) \times \left(\sum_{r,\gamma} X^{*r,\gamma} \times x^*_{r,\gamma}\right)^{\bullet} = 0.$$

Le lemme 30 et le lemme 17 (n° **31**) ont pour conséquence immédiate le suivant :

LEMME 31. — *Le dual de* K.K* *est un sous-complexe fermé de* $k \times k^*$.

Explicitons cette proposition : soit $x_{r,\gamma;q,\beta}$ l'élément dual de $X^{q,\beta}.X^{*r,\gamma}$; on a les mêmes coefficients c et c^* dans les formules

$$\dot{x}_{q,\beta} = \sum_{\mu} c\begin{pmatrix}\mu\\ q-1\\ \beta\end{pmatrix} x_{q-1,\beta}, \tag{1}$$

$$\dot{x}^*_{r,\gamma} = \sum_{\nu} c^*\begin{pmatrix}\nu\\ r-1\\ \gamma\end{pmatrix} x_{r-1,\nu}, \tag{2}$$

$$\dot{x}_{r,\gamma;q,\beta} = \sum_{\nu} c^*\begin{pmatrix}\nu\\ r-1\\ \gamma\end{pmatrix} x_{r-1,\nu;q,\beta} + (-1)^r \sum_{\mu} c\begin{pmatrix}\mu\\ q-1\\ \beta\end{pmatrix} x_{r,\gamma;q-1,\mu}. \tag{3}$$

On a en particulier

$$\dot{x}_{0,\gamma;q,\beta} = \sum_{\mu} c\begin{pmatrix}\mu\\ q-1\\ \beta\end{pmatrix} x_{0,\gamma;q-1,\mu}. \tag{4}$$

Et si K* possède un cycle unité, d'après le n° **31** (dual d'un complexe possédant un cycle unité), dans la formule

$$\dot{x}_{1,\gamma;q,\beta} = \sum_{\nu} c^*\begin{pmatrix}\nu\\ 0\\ \gamma\end{pmatrix} x_{0,\nu;q,\beta} - \sum_{\mu} c\begin{pmatrix}\mu\\ q-1\\ \beta\end{pmatrix} x_{1,\gamma;q-1,\mu}, \tag{5}$$

on a

$$\sum_{\nu} c^*\begin{pmatrix}\nu\\ 0\\ \gamma\end{pmatrix} = 0.$$

Définition. — Soit h un élargissement du dual de K.K*; soit $y_{r,\gamma;q,\beta}$ l'élément de h qui correspond à $X^{q,\beta}.X^{*r,\gamma}$; supposons $|x_{q,\beta}| \subset |y_{0,\gamma;q,\beta}|$; supposons que K* possède un cycle unité. Nous nommerons *projection* de h sur le dual k de K l'ensemble des deux opérations suivantes :

Nous identifions à $x_{q,\beta}$ tous les $y_{0,\gamma;q,\beta}$ correspondant aux diverses valeurs de γ [la formule (4) s'identifiant donc avec la formule (1)]; puis nous annulons les éléments $y_{r,\gamma;q,\beta}$ d'indice r positif [ces éléments constituent un sous-complexe fermé du fait de la première opération, vu les formules (3) et (5)].

La comparaison de (1) et (3) prouve que cette projection transforme les relations et homologies qui existent entre les formes de h en des relations et homologies qui valent dans k.

Nota. — Cette projection, dont M. Alexandroff fait un usage si fréquent, ne nous servira que deux fois : au n° **74** *b* (lemme 33) et au n° **86** *c*.

II. — L'indice total des solutions d'une équation.

Soit E un espace convexoïde; soit $\xi(x)$ une représentation dans E d'un ensemble fermé de points de E; ce chapitre-ci étudie, par les procédés de la topologie algébrique, celles des solutions de l'équation

$$x = \xi(x), \tag{6}$$

qui appartiennent à un ensemble ouvert O de points de E, O faisant partie du champ de définition de $\xi(x)$. Le cas particulier $O = E$ a déjà été traité au Chapitre III.

Remarque I. — Les coefficients employés dans toutes les homologies de ce chapitre-ci seront des *entiers*.

Remarque II. — Les solutions de (6) constituent un ensemble *fermé* (donc bicompact) de points de E : si $a \neq \xi(x)$, on peut évidemment construire un voisinage de a en tout point x duquel $x \neq \xi(x)$.

74. Définition de $i(L^0)$. — Au cours des nos **74** et **75** nous supposerons seulement que E est un espace de Hausdorff bicompact et connexe et que E possède un recouvrement convexoïde, constitué par des ensembles U :

chaque U est un ensemble fermé et simple;
l'intersection d'un nombre fini d'ensembles U est vide ou est un ensemble U.

Soit L^0 une forme à o dimension de E, telle que $\xi(x)$ soit définie sur $|L^0|$.

a. Définition de $i(L^0, K)$. — Soit K une couverture simpliciale de E dont les éléments $X^{q,\beta}$ aient pour supports des ensembles U; soit k le dual de K : l'élément $x_{q,\beta}$ de K a pour support $|x_{q,\beta}| = |\underline{X^{q,\beta}}|$, qui est simple en vertu du corollaire 12 (n° **29**). Les expressions $L^0.\overset{-1}{\xi}(X^{q,\beta})$ sont des formes générales de E (n° **71**); l'expression $\sum_{q,\beta} L^0.\overset{-1}{\xi}(X^{q,\beta}).x_{q,\beta}$ est donc une forme générale de E.k; d'après le lemme 3 et la formule de définition des complexes duals $\left(\sum_{q,\beta} X^{q,\beta}\times x_{q,\beta}\right)^{\cdot} = 0$, la dérivée de cette forme est $\sum_{q,\beta} \dot{L}^0.\overset{-1}{\xi}(X^{q,\beta}).x_{q,\alpha}$, qui est nulle lorsque $|\dot{L}^0|.\overset{-1}{\xi}(|X^{q,\beta}|).|x_{q,\beta}| = 0$ quels que soient q et β, c'est-à-dire lorsque

$$|\dot{L}^0|.\overset{-1}{\xi}(|X^{0,\gamma}|).|X^{0,\gamma}| = 0, \qquad \text{quel que soit } \gamma, \tag{7}$$

ce que nous supposerons. $\sum_{q,\beta} L^0.\overset{-1}{\xi}(X^{q,\beta}).x_{q,\beta}$ est donc un cycle général à o dimension de $E.k$. Or le n° **71**, le lemme 14 (n° **27**) et la convention (29) du n° **31** ont la conséquence suivante :

LEMME 32. — *Si k est dual d'un complexe à cycle unité, si ses supports sont simples et appartiennent à un espace normal* E, *alors tout cycle général à* o *dimension de* $E.k$ *est homologue à un entier positif, négatif ou nul; cet entier est défini sans ambiguïté.*

Ce lemme nous permet donc de définir un entier $i(L^0, K)$ par la relation

$$(8)\qquad i(L^0, K) \sim \sum_{q,\beta} L^0.\overset{-1}{\xi}(X^{q,\beta}).x_{q,\beta},$$

chaque fois que K est une couverture simpliciale dont les supports sont des ensembles U vérifiant (7).

Remarque a. — La valeur de $i(L^0)$ n'est pas altérée quand on réduit à $|L^0|$ le champ de définition de $\xi(x)$ (vu le lemme 15, n° **27**).

b. Définition de $i(L^0)$. — Nous allons prouver que l'entier $i(L^0, K)$ est indépendant du choix de K, ce qui nous permettra de désigner cet entier par le symbole $i(L^0)$. Soit K^* une seconde couverture simpliciale de E, dont les supports sont des ensembles U : il s'agit de prouver que $i(L^0, K) = i(L^0, K^*)$, chaque fois que les deux membres sont définis; cela résulte évidemment du lemme suivant :

LEMME 33. — *$i(L^0, K.K^*)$ est défini et égal à $i(L^0, K)$ quand $i(L^0, K)$ est défini.*

Démonstration. — $K.K^*$ est une couverture simpliciale de E en vertu du lemme 29; $K.K^*$ a pour supports des ensembles U. Construisons le complexe dual de $K.K^*$: un élément non nul $X^{q,\beta}.X^{*r,\gamma}$ de $K.K^*$ a pour dual l'élément $x_{r,\gamma;q,\beta}$ dont le support est $|x_{r,\gamma;q,\beta}| = |\underline{X^{q,\beta}.X^{*r,\gamma}}| = |\underline{X^{q,\beta}}|.|\underline{X^{*r,\gamma}}| = |x_{q,\beta}|.|x^*_{r,\gamma}|$; envisageons l'élargissement h du dual de $K.K^*$ dont l'élément $y_{r,\gamma;q,\beta}$ correspondant à $x_{r,\gamma;q,\beta}$ a pour support $|y_{r,\gamma;q,\beta}| = |x_{q,\beta}|$. Puisque K satisfait (7), le lemme 32 prouve l'existence d'un entier ι tel que

$$(9)\qquad \iota \sim \sum_{q,\beta,r,\gamma} L^0.\overset{-1}{\xi}(X^{q,\beta}.X^{*r,\gamma}).y_{r,\gamma;q,\beta}.$$

D'une part, puisque $|x_{r,\gamma;q,\beta}| \subset |y_{r,\gamma;q,\beta}|$, en vertu du lemme 15 (n° **27**), on déduit de (9) la relation

$$\iota \sim \sum_{q,\beta,r,\gamma} L^0.\overset{-1}{\xi}(X^{q,\beta}.X^{*r,\gamma}).x_{r,\gamma;q,\beta},$$

c'est-à-dire

$$(10)\qquad \iota = i(L^0, K.K^*).$$

D'autre part projetons (n° **73**) h sur le dual k de K, l'homologie (9) devient

$$\iota \sim \sum_{q,\beta,\gamma} L^0 . \overset{-1}{\xi}(X^{q,\beta} . X^{*0,\gamma}) . x_{q,\beta},$$

c'est-à-dire, puisque $L^0 . \sum_{\gamma} \overset{-1}{\xi}(X^{*0,\gamma}) = L^0$,

$$\iota \sim \sum_{q,\beta} L^0 . \overset{-1}{\xi}(X^{q,\beta}) . x_{q,\beta},$$

c'est-à-dire

(11) $$\iota = i(L^0, K).$$

De (10) et (11) résulte la relation annoncée,

$$i(L^0, K) = i(L^0, K . K^*).$$

Remarque b. — On peut prouver que $i(L^0)$ est indépendant du choix des ensembles U. A cet effet on a recours à la définition plus générale de $i(L^0)$ que voici : soit K une couverture simpliciale de E possédant un élargissement dont les supports sont des ensembles U; on ne suppose pas que cet élargissement soit une couverture; soit $X^{q,\beta}$ un élément de K; soit $U^{q,\beta}$ l'élément correspondant de cet élargissement; soit $u_{q,\beta}$ le dual de $U^{q,\beta}$; $|u_{q,\beta}| = |\underline{U^{q,\beta}}|$ est simple en vertu du corollaire **12**; supposons $|L^0| . \overset{-1}{\xi}(|X^{0,\gamma}|) . |U^{0,\gamma}| = 0$ quel que soit γ; d'après le lemme 32 $\sum_{q,\beta} L^0 . \overset{-1}{\xi}(X^{q,\beta}) . u_{q,\beta}$ est homologue a un entier; cet entier est $i(L^0)$.

75. Propriétés de $i(L^0)$.

Lemme 34. — *Pour que $i(L^0)$ soit défini, il faut et il suffit que $|L^0|$ appartienne au champ de définition de $\xi(x)$ et qu'il existe un recouvrement fini de* E *constitué par des ensembles* U, *les* U_γ, *qui vérifient la condition*

(12) $$|L^0| . \overset{-1}{\xi}(U_\gamma) . U_\gamma = 0, \quad \text{quel que soit } \gamma.$$

Démonstration. — Si (7) est vérifiée, les $|X^{0,\gamma}|$ constituent un tel recouvrement. Réciproquement si l'on connaît un tel recouvrement, la couverture de E qu'il engendre est simpliciale (n° **10**, remarque), ses supports sont des ensembles U et la condition (7) est vérifiée.

Lemme 30. — $i(L^0) = 0$ *lorsqu'il existe un recouvrement fini de* E *constitué par des ensembles* U, *les* U_γ *qui vérifient la condition*

$$|L^0| . \overset{-1}{\xi}(U_\gamma) . U_\gamma = 0, \quad \text{quel que soit } \gamma.$$

Démonstration. — Le deuxième membre de (8) est nul quand on utilise la couverture K qu'engendre ce recouvrement.

Lemme 36. — *On a* $i\left(\sum_\alpha L^{0,\alpha}\right) = \sum_\alpha i\,L^{0,\alpha}$*), lorsque chacun des* $i(L^{0,\alpha})$ *est défini.*

Démonstration. — A chaque α correspond une couverture K_α de E telle que $i(L^{0,\alpha}, K_\alpha)$ soit définie; construisons l'intersection K des K_α; d'après le lemme 33 $i(L^{0,\alpha}, K)$ est défini quel que soit α; on a $i\left(\sum_\alpha L^{0,\alpha}, K\right) = \sum_\alpha i(L^{0,\alpha}, K)$, puisque le second membre de (8) est une fonction linéaire et homogène de L^0.

Lemme 37. — *Supposons* $\xi(x)$ *défini sur* E *tout entier; soit* Λ_ξ *le nombre de Lipschitz de* $\xi(x)$*; soit* E^0 *un cycle unité de* E; *je dis que* $i(E^0) = \Lambda_\xi$.

Démonstration. — La formule (8) s'identifie à la formule (58) du n° **41**.

Lemme 38. — $i(L^0)$ *est invariant relativement aux homotopies. Plus précisément : envisageons l'équation* $x = \xi_{x'}(x)$*, la représentation* $\xi_{x'}(x)$ *dépendant continûment du paramètre* x'*, qui est un point de l'espace topologique* E'; L^0 *est fixe; si l'entier correspondant* $i_{x'}(L^0)$ *est défini quel que soit* x' *et si* E' *est connexe, alors* $i_{x'}(L^0)$ *est indépendant de* x'.

Démonstration. — (*Voir* la démonstration analogue qui constitue l'Annexe à la première Partie). Soit a' un point quelconque de E'. Envisageons K tel que $i_{a'}(L^0, K)$ soit défini. Le lemme 6 permet de construire un élargissement de $\overset{-1}{\xi}_{a'}(K)$ qui possède les deux propriétés suivantes : le support de chaque élément $Y^{q,\beta}$ de cet élargissement contient un voisinage du support de l'élément $\overset{-1}{\xi}_{a'}(X^{q,\beta})$ correspondant; on a

$$|\dot{L}^0|.|Y^{q,\beta}|.|x_{q,\beta}|, \qquad \text{quels que soient } q \text{ et } \beta.$$

$\sum_{q,\beta} L^0 . Y^{q,\beta} . x_{q,\beta}$ est donc un cycle; d'après le lemme 32 il existe un entier ι tel que

$$\sum_{q,\beta} L^0 . Y^{q,\beta} . x_{q,\beta} \sim \iota.$$

D'après le lemme 9 *bis* (Annexe à la première Partie), $\overset{-1}{\xi}_{x'}(K)$ est un rétrécissement du complexe d'éléments $Y^{q,\beta}$ quand x' appartient à un certain voisinage V' de a'; on a donc, d'après le lemme 15 (n° **27**)

$$\sum_{q,\beta} L^0 . \overset{-1}{\xi}_{x'}(X^{q,\beta}) . x_{q,\beta} \sim \iota, \qquad \text{quel que soit } x' \in V'.$$

Autrement dit $i_{x'}(L^0)$ est constant au voisinage de chaque point de E'. Puisque E' est connexe, $i_{x'}(L^0)$ est donc indépendant de x'.

76. Conclusions. — Supposons E *convexoïde* (¹) : E est un espace de Hausdorff, bicompact, connexe, possédant un recouvrement dont les éléments U ont les propriétés suivantes :

a. Chaque ensemble U est fermé et simple ;

b. L'intersection d'un nombre fini d'ensembles U ou bien est vide, ou bien est un ensemble U ;

c. Étant donnés un point x de E et un voisinage V de x, on peut trouver un nombre fini d'ensembles U dont la réunion W possède les propriétés : x est intérieur à W; $W \subset V$.

Le lemme suivant complète les lemmes 34 et 35.

Lemme 39. — *Soit* F *un ensemble fermé de points de* E. *Pour qu'on puisse construire un recouvrement fini de* E, *constitué par des ensembles* U, *les* U_γ, *qui vérifient la condition* $F.\overset{-1}{\xi}(U_\gamma).U_\gamma = 0$ *quel que soit* γ, *il faut et il suffit que* F *ne contienne aucune solution de l'équation* $x = \xi(x)$.

Démonstration. — Cette condition est manifestement nécessaire. Réciproquement supposons-la vérifiée; attachons à tout point x de E un ensemble W_x ayant les propriétés suivantes : W_x est la réunion d'un nombre fini d'ensembles U; x est intérieur à W_x; si $x \in F$, $\overset{-1}{\xi}(W_x).W_x = 0$; sinon $F.W_x = 0$. Puisque E est bicompact, on peut recouvrir E avec un nombre fini de W_x; soient U_γ les ensembles constituant ces W_x; les U_γ constituent un recouvrement de E_x; pour chaque valeur de γ on a ou bien $\overset{-1}{\xi}(U_\gamma).U_\gamma = 0$, ou bien $F.U_\gamma = 0$.

Les lemmes 34, 35 et 39 nous fournissent les propositions suivantes :

Lemme 34 *bis*. — *Pour que* $i(L^0)$ *soit défini, il faut et il suffit que* $|\dot{L}^0|$ *ne contienne aucune solution de l'équation* $x = \xi(x)$.

Lemme 35 *bis*. — $i(L^0) = 0$ *quand* $|L^0|$ *ne contient aucune solution de l'équation* $x = \xi(x)$.

Définition de $i\{x = \xi(x) \in O\}$. — Soit O un ensemble ouvert non vide de points de E, dont la fermeture $\overline{O}$ appartient au champ de définition de $\xi(x)$ et dont la frontière $\dot{O} = \overline{O} - O$ ne contient aucune solution de l'équation $x = \xi(x)$. Soit L^0 une forme de E possédant les deux propriétés suivantes :

α. $L^0.O$ est un cycle unité de O;

β. $|L^0| - O$ ne contient aucune solution de l'équation $x = \xi(x)$.

(¹) Nous adoptons cette définition-ci des espaces convexoïdes et nous renonçons à la définition plus restreinte qu'énonce le n° **43** : aucun des résultats antérieurement énoncés ne cesse de valoir et la propriété suivante, qui nous sera utile au n° **78**, devient exacte : La réunion W d'un nombre fini d'ensembles U est convexoïde (si elle est connexe).

[Par exemple on envisagera la couverture de E qui est constituée par trois éléments L^0, M^0 et $\dot{L}^0 = -\dot{M}^0$ de supports $|L^0| = \overline{O}$, $|M^0| = E - O$, $|\dot{L}^0| = \dot{O}$].

Je dis que $i(L^0)$ est un entier indépendant du choix de L^0; nous le représenterons par le symbole $i\{x = \xi(x) \in O\}$ ou plus brièvement par $i(O)$ et nous le nommerons « *indice total des solutions intérieures à* O *de l'équation* $x = \xi(x)$ ».

Justification. — $i(L^0)$ est défini, d'après le lemme 34 *bis* et β. Soit L^{*0} un second choix de L^0; d'après α, $|L^0 - L^{*0}| \subset (|L^0| - O) + (|L^{*0}| - O)$; donc, vu le lemme 35 *bis* et β, $i(L^0 - L^{*0}) = 0$; d'où, d'après le lemme 36, $i(L^0) = i(L^{*0})$.

Nota. — Par définition $i(O)$ sera nul quand O sera vide.

Le théorème suivant récapitule les résultats acquis.

Théorème 22. — *Soit un espace convexoïde* E; *soit* $\xi(x)$ *une représentation dans* E *d'un ensemble fermé de points de* E. *Envisageons l'équation*

$$x = \xi(x). \tag{6}$$

L'ensemble de ses solutions est fermé et bicompact. L'indice total $i(O)$ *des solutions de* (6) *intérieures à un ensemble ouvert* O *de points de* E *est un entier, positif, négatif ou nul, qui est défini chaque fois que* $\overline{O}$ *appartient au champ de définition de* $\xi(x)$ *et que* $\dot{O}$ *est étranger à l'ensemble des solutions de* (6). *Cet indice reste constant, tant qu'il reste défini, lorsque* $\xi(x)$ *varie continûment en fonction d'un paramètre décrivant un espace topologique connexe. Si* $\xi(x)$ *est défini sur* E *tout entier,* $i(E) = \Lambda_\xi$, Λ_ξ *étant le nombre de Lefschetz de* $\xi(x)$. *Si* $\overline{O}$ *appartient au champ de définition de* $\xi(x)$ *et ne contient aucune solution de l'équation* $x = \xi(x)$, *alors* $i(O) = 0$. *Plus généralement : si les* O_α *sont des ensembles ouverts et deux à deux disjoints de points de* E *appartenant à l'ensemble ouvert* O, *si* $\overline{O}$ *appartient au champ de définition de* $\xi(x)$ *et si* $\overline{O} - \sum_\alpha O_\alpha$ *ne contient aucune solution de l'équation* $x = \xi(x)$, *alors* $i(O) = \sum_\alpha i(O_\alpha)$.

Remarque 1. — Le nombre des O_α peut être infini; on se ramène aisément au cas où il est fini : seuls entrent en jeu les O_α contenant des solutions de (6); il sont en nombre fini, puisque l'ensemble des solutions de (6) est bicompact.

Remarque 2. — La valeur de $i(O)$ n'est pas altérée quand on modifie la définition de $\xi(x)$ hors de $\overline{O}$ (vu la remarque *a* du n° **74**).

Remarque 3. — La valeur de $i(O)$ est indépendante du choix des ensembles U (vu la remarque *b* du n° **74**).

Définition. — Soit x une solution de l'équation $x = \xi(x)$; supposons x isolée et intérieure au champ de définition de $\xi(x)$; soit V un voisinage de x, ne contenant pas d'autre solution et intérieur au champ de définition de $\xi(x)$; $i(V)$ est indépendant du choix de V; nous le nommerons *indice de la solution isolée* x. Si O ne contient que des solutions isolées, alors $i(O)$ est la somme de leurs indices; d'où le nom d'indice total donné à $i(O)$.

Applications du théorème 22 : *théorèmes d'existence; théorèmes d'unicité.* — Le théorème 22 englobe la théorie des équations fonctionnelles que j'ai faite en collaboration avec M. J. Schauder ([1]) et, *a fortiori*, la théorie des équations intégrales non linéaires que contient ma Thèse ([2]). Rappelons les applications que j'ai données de ces deux théories, puisqu'elles peuvent être envisagées comme étant des applications du théorème 22 : j'ai prouvé que le problème de Dirichlet posé par l'étude des *régimes permanents des liquides visqueux* ([2]) possède toujours une solution au moins, j'ai établi l'existence des *sillages* ([3]) et j'ai discuté *le problème de Dirichlet* ([4]) posé pour l'équation

$$f(z''_{x^2}, z''_{xy}, z''_{y^2}, z'_x, z'_y, x, y, z) = 0,$$

en opérant comme suit : j'ai ramené chacun de ces problèmes à une équation du type (6) [ou, plus exactement, du type équivalent (24) qu'étudie le paragraphe 4 de ce chapitre]; puis j'ai prouvé que l'indice total des solutions de cette équation était 1, ce qui, vu le théorème 22, établit l'existence d'au moins une solution. En théorie du sillage, pour les obstacles « de grande résistance au courant », j'ai pu montrer que toute solution était isolée et avait l'indice 1, ce qui établit que la solution est unique (antérieurement et par d'autres méthodes, d'autres auteurs — MM. Weinstein, H. Weyl, Friedrichs — avaient établi ce théorème d'unicité, mais pour des catégories d'obstacles beaucoup plus restreintes).

77. Exemples élémentaires. — *a.* $\xi(x)$ *est constant sur* $\overline{O}$. — Supposons que, quel que soit $x \in \overline{O}$ on ait $\xi(x) = c$, c étant un point invariable de E. Alors, $i(O) = 0$ si $c \in E - \overline{O}$; $i(O)$ n'est pas défini si $c \in \dot{O}$; $i(O) = 1$ si $c \in O$.

Les deux premiers cas sont évidents. Pour traiter le troisième, considérons une couverture simpliciale K de E dont les éléments $X^{q,\beta}$ aient les propriétés

---

([1]) *Ann. École Norm. sup.*, t. 51, 1934, p. 45.

([2]) *Journal de Math.*, t. 12, 1933, p. 1.

([3]) *Commentarii Math. Helvetici*, t. 8, 1936, p. 250; M. Kravtchenko, a étudié dans sa Thèse (*Journ. de Math.*, t. 20, 1941, p. 35), des cas plus compliqués que ceux auxquels je m'étais borné.

([4]) *Journal de Math.*, t. 18. 1939, p. 249.

suivantes : chaque $|X^{q,\beta}|$ est une réunion de U; $|X^{q,\beta}|.c = 0$, sauf si $q=\beta=0$; $|X^{0,0}|\subset O$. Donc tous les $\overset{-1}{\xi}(X^{q,\beta})$ sont nuls sauf $\overset{-1}{\xi}(X^{0,0})$; $L^0.\overset{-1}{\xi}(X^{0,0}) = L^0$; la relation (8) se réduit à $i(L^0) \sim L^0.x_{0,0}$, qui donne $i(O)=1$.

Nota. — Le corollaire 25 énoncera un résultat plus général.

b. E *est un segment de droite réel.* ab désignant l'intervalle $a<x<b$, proposons-nous de calculer $i(ab)$.

α. Supposons $\xi(a)>a$ et $\xi(b)<b$; on peut, en conservant ces deux inégalités, modifier continûment $\xi(x)$ de manière à se ramener au cas où $\xi(x)$ a une valeur constante c sur ab; $a<c<b$; d'où $i(ab)=1$.

β. Supposons $\xi(a)>a$ et $\xi(b)>b$; on peut, en conservant ces deux inégalités, modifier continûment $\xi(x)$ de manière à se ramener au cas où $\xi(x)$ a une valeur constante c sur ab; $a<b<c$; d'où $i(ab)=0$.

γ. Supposons $\xi(a)<a$ et $\xi(b)<b$; on se ramène au cas où $\xi(x)=c<a<b$; d'où $i(ab)=0$.

δ. Supposons enfin $\xi(a)<a$ et $\xi(b)>b$; soit $c>b$; modifions si nécessaire la définition de $\xi(x)$ sur bc en sorte que $\xi(c)<c$; on a, d'après γ, $i(ac)=0$ et d'après α, $i(bc)=1$; or

$$i(ac)=i(ab)+i(bc), \qquad \text{d'où} \qquad i(ab)=-1.$$

En résumé, si nous posons signe $[x]=1$ si $x>0$, -1 si $x<0$,

$$\boxed{i(ab)=\frac{1}{2}\,\text{signe}[b-\xi(b)]-\frac{1}{2}\,\text{signe}[a-\xi(a)].}$$

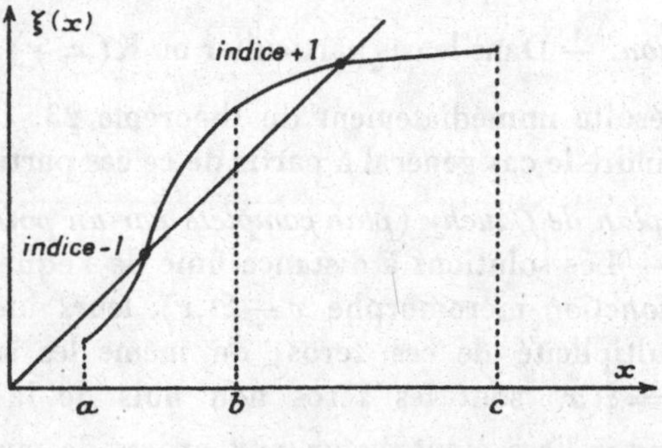

Fig. 14.

En particulier, si x est une solution de l'équation $x=\xi(x)$ en laquelle $\frac{d}{dx}\xi(x)$ existe et diffère de 1, cette solution, qui est évidemment isolée, a pour indice : signe $\frac{d}{dx}[x-\xi(x)]$.

c. E *est un espace euclidien.* — Pour exprimer que le point x a les coordonnées $x_1, x_2, \ldots x_n$, nous écrivons $x=x_1\times x_2\times\ldots\times x_n$; nous avons $\xi(x)=\xi_1(x)\times\xi_2(x)\times\ldots\times\xi_n(x)$. Nous allons prouver la proposition suivante :

THÉORÈME 23. — *Si* E *est euclidien et si* x *est une solution de l'équation*

$$x_1 \times x_2 \times \ldots \times x_n = \xi_1(x_1, \ldots, x_n) \times \xi_2(x_1, \ldots, x_n) \times \ldots \times \xi_n(x_1, \ldots, x_n)$$

en laquelle le déterminant fonctionnel

$$\frac{D(x_1 - \xi_1, x_2 - \xi_2, \ldots, x_n - \xi_n)}{D(x_1, x_2, \ldots, x_n)},$$

existe et diffère de zéro, alors cette solution, qui est évidemment isolée, a un indice égal au signe de ce déterminant. En d'autres termes cet indice est $+1$ *ou* -1 *suivant que la transformation* $x - \xi(x)$ *conserve ou non l'orientation de l'espace au voisinage de cette solution.*

Démonstration. — Nous venons de prouver ce théorème quand $n = 1$; une démonstration analogue vaut, quel que soit n, dans le cas particulier où $\xi_\alpha(x)$ ne dépend que de x_α. On peut ramener le cas général à ce cas particulier en modifiant continûment $\xi(x)$ tout en respectant l'hypothèse que x est une solution et que le déterminant fonctionnel y diffère de zéro; cette modification respecte le signe de ce déterminant, le fait que x est une solution isolée et l'indice de cette solution; cet indice est donc toujours égal au signe de ce déterminant.

d. COROLLAIRE 23₁. — *L'indice de la solution de l'équation de Fredholm*

$$\varphi(x) = \lambda \int_a^b K(x, s)\,\varphi(s)\,ds + f(x) \quad \text{est signe } [D(\lambda)], \qquad \text{quand } D(\lambda) \neq 0.$$

[Les notations sont celles de Goursat (*Traite d'Analyse*, t. III, Chap. 31); notre démonstration s'appuie sur le nº **571** de ce chapitre : *Étude des noyaux* $\sum X_i Y_i$].

Démonstration. — Dans le cas particulier où $K(x, y) = \sum_i X_i(x) Y_i(y)$ cette proposition résulte immédiatement du théorème 23. Un passage à la limite permet d'atteindre le cas général à partir de ce cas particulier.

e. E *est le plan de Cauchy (plan complété par un point à l'infini) et* $\xi(x)$ *est méromorphe.* — Les solutions à distance finie de l'équation $x = \xi(x)$ sont les zéros de la fonction méromorphe $x - \xi(x)$, leurs indices étant égaux aux ordres de multiplicité de ces zéros; de même les solutions non nulles de l'équation $x = \xi(x)$ sont les zéros non nuls de la fonction méromorphe $\frac{1}{x} - \frac{1}{\xi(x)}$, leurs indices étant égaux aux ordres de multiplicité de ces zéros. Donc toutes les solutions de l'équation $x = \xi(x)$ sont isolées et tous leurs indices sont positifs.

III. — Équations dont les solutions ont même indice total.

78. RÉTRÉCISSEMENT DE E. — *Définition.* — Soit E un espace convexoïde, les ensembles U de points de E ayant les propriétés *a*, *b*, *c* (nº **76**); soit *e* un ensemble fermé de points de E; supposons *e* convexoïde, les ensembles *u* de points de *e* ayant les propriétés *a*, *b*, *c*. Lorsque chaque U . *u* non vide est un *u*, nous dirons que *e* est un « *sous-espace convexoïde* » de E.

Exemples. — 1° La réunion $W = \sum_\alpha U_\alpha$ d'un nombre fini d'ensembles U, si elle est connexe, est un sous-espace convexoïde de E (les u sont les $U . U_\alpha$ non vides).

2°. L'ensemble e des points $x \times x$ est un sous-espace convexoïde de l'espace $(E \times E)$; [les u sont les $(U_\lambda \times U_\mu) . e$ non vides].

Définition. — Soit e un sous-espace convexoïde de E; *rétrécir* E *en* e sera, par définition, faire jouer à e et à $O . e$ les rôles que E et O ont joués au paragraphe II : on définit ainsi « l'indice total $i(O . e)$ des solutions de $x = \xi(x)$ intérieures à $O . e$ ».

La démonstration du lemme 33 reste valable quand K^*, au lieu d'être une une couverture simpliciale de E dont les supports sont des U, est une couverture simpliciale de e dont les supports sont des u, si du moins $\xi(|L^0|) \subset e$; la relation $i(L^0, K) = i(L^0, K.K^*)$ signifie que, dans ces conditions, $i(O) = i(O . e)$. En d'autres termes :

Théorème 24. — *Le rétrécissement de* E *en* e *ne modifie pas la valeur de l'indice total des solutions appartenant à* O, *si* $\xi(e) + \xi(\overline{O}) \subset e$.

Exemple. — Supposons que $\xi(x)$ ait sur $\overline{O}$ une valeur constante a et que $a \in O$; je dis que $i(O) = 1$.

Démonstration. — On rétrécit E en a.

[Cette proposition a déjà été démontrée, par un autre procédé, au n° 77 *a*; le corollaire 25 la généralise].

Notations. — Considérons $\overline{O}$ comme étant le champ de définition de $\xi(x)$; posons

$$\overset{2}{\xi}(x) = \xi[\xi(x)], \quad \ldots, \quad \overset{n}{\xi}(x) = \overset{n-1}{\xi}[\xi(x)];$$

soit $\overset{-n}{\xi}$ la transformation inverse de $\overset{n}{\xi}(x)$. Nous avons $\xi(\overline{O}) \subset \xi(\overline{O})$, donc $\overset{n+1}{\xi}(\overline{O}) \subset \overset{n}{\xi}(\overline{O})$; $\overset{n}{\xi}(\overline{O})$ est fermé (A.-H., Chap. II, § 2, th. II); posons

$$f = \prod_{n>0} \overset{n}{\xi}(\overline{O}) = \lim_{n \to +\infty} \overset{n}{\xi}(\overline{O})$$

(A.-H., Chap. II, § 5, th. II); f est fermé; si f est vide, c'est qu'il existe un entier N tel que $\overset{n}{\xi}(\overline{O})$ soit vide quand $n > N$ (A.-H., Chap. II, § 1, th. II). On a $f = \overset{\pm n}{\xi}(f)$. Toutes les solutions de l'équation $x = \xi(x)$ appartiennent à f; en effet $x = \overset{n}{\xi}(x) \in \overset{n}{\xi}(\overline{O})$; donc $i(O)$ est défini quand $f \subset O$.

Théorème 25. — *Supposons que* $f = \prod_n \overset{n}{\xi}(\overline{O}) = \lim_{n \to +\infty} \overset{n}{\xi}(\overline{O})$ *appartiennent à* O.

Je dis qu'il existe des ensembles fermés F *de points de* E *satisfaisant à la fois les deux conditions :*

(13) $$f + \xi(F) \subset F \subset O;$$

(14) *l'anneau d'homologie de* F *a une base finie.*

Soit $\Lambda_\xi(F)$ *le nombre de Lefschetz* [1] *de* $\xi(x)$ *envisagé sur l'un de ces ensembles* F; *je dis que*

$$i(O) = \Lambda_\xi(F). \tag{15}$$

Remarque I. — $F = f$ vérifie la condition (13).

Remarque II. — Quand F vérifie (13) mais non (14), il est donc naturel de *définir* $\Lambda_\xi(F)$ comme étant égal à $i(O)$. (*Cf.* n° **55**, remarque).

Remarque III. — Le théorème 17 (n° **45**) peut donc être appliqué à F, même quand F n'est pas convexoïde : l'hypothèse $\Lambda_\xi(F) \neq 0$ entraîne $i(O) \neq 0$; O contient donc au moins une solution de l'équation $x = \xi(x)$; or cette solution appartient nécessairement à f, donc à F.

Démonstration du théorème 25. — Il existe un entier positif n tel que $\overset{n}{\xi}(\overline{O}) \subset O$ (A.-H., Chap. II, § 1, th. II); construisons $n-1$ ensembles ouverts $O_1, O_2, \ldots, O_{n-1}$ vérifiant les conditions

$$O \supset \overline{O_1} \supset O_1 \supset \overline{O_2} \supset O_2 \supset \ldots \supset \overline{O_{n-1}} \supset O_{n-1} \supset \overset{n}{\xi}(\overline{O}) + F$$

et posons

$$V = O . \overset{-1}{\xi}(O_1) . \overset{-2}{\xi}(O_2) . \ldots . \overset{-n+1}{\xi}(O_{n-1});$$

V est ouvert et appartient à O. Puisque $\xi(F) \subset F \subset O_\alpha$ nous avons

$$\overset{\alpha}{\xi}(F) \subset O_\alpha, \quad \text{donc} \quad F \subset \overset{-\alpha}{\xi}(O_\alpha);$$

d'où

$$F \subset V.$$

Puisque toutes les solutions de l'équation $x = \xi(x)$ appartiennent à f et que $f \subset F \subset V \subset O$, nous avons

$$i(O) = i(V).$$

D'autre part

$$\begin{aligned}\overset{-1}{\xi}(V) &= \overset{-1}{\xi}(O) . \overset{-2}{\xi}(O_1) . \overset{-3}{\xi}(O_2) . \ldots . \overset{-n}{\xi}(O_{n-1}) \supset \overset{-1}{\xi}(\overline{O_1}) . \overset{-2}{\xi}(\overline{O_2}) . \overset{-3}{\xi}(\overline{O_3}) . \ldots . \overset{-n}{\xi}(\overset{n}{\xi}(\overline{O})) \\ &= \overset{-1}{\xi}(\overline{O_1}) . \overset{-2}{\xi}(\overline{O_2}) . \overset{-3}{\xi}(\overline{O_3}) . \ldots . \overset{-n+1}{\xi}(\overline{O_{n-1}}) \supset \overline{V},\end{aligned}$$

d'où

$$\xi(\overline{V}) \subset V.$$

Il existe donc un nombre fini d'ensembles U dont la réunion W vérifie la condition $F + \xi(\overline{V}) \subset W \subset V$; W est un sous-espace convexoïde de E (n° **78**, en 1). Le rétrécissement de E en W (th. 24) montre que

$$i(V) = \Lambda_\xi(W).$$

---

[1] Nous utilisons la définition du nombre de Lefschetz qu'énonce le n° **55**.

Le théorème 20 (nº **55**) établit par ailleurs que

$$\Lambda_\xi(W) = \Lambda_\xi(F).$$

En résumé nous avons prouvé que

$$i(O) = i(V) = \Lambda_\xi(W) = \Lambda_\xi(F). \qquad \text{C. Q. F. D.}$$

Corollaire 25. — *Si pour $n \to +\infty$, $\overset{n}{\xi}(\overline{O})$ converge vers un point de* O, *ce point est une solution isolée d'indice* $+1$.

Démonstration. — $\Lambda_\xi(f) = 1$ quand f est un point (nº **41**, remarque).

En particulier : si une solution a de l'équation $x = \xi(x)$ est telle que ses *approximations successives* $\overset{n}{\xi}(x)$ convergent uniformément vers a quand la premième approximation x appartient à un certain voisinage de a, alors a est une solution isolée d'indice 1.

79. L'équation $x \times x' = \xi(x, x') \times \xi'(x, x')$. — Démontrons le lemme suivant, qui nous sera utile également au Chapitre VII :

Lemme 40. — *Soient un espace convexoïde* E *et un espace de Hausdorff bicompact* E'; *soit* $\xi(x, x')$ *une représentation dans* E *d'un ensemble fermé de points de* $E \times E'$; *soit* S *l'ensemble des solutions de l'équation* $x = \xi(x, x')$, *c'est-à-dire l'ensemble des points* $x \times x'$ *en lesquels* $x = \xi(x, x')$. *Soit* V *un voisinage de* S. *Je dis qu'on peut construire une couverture simpliciale* K *de* E *dont les éléments* $X^{q,\beta}$ *aient pour supports des ensembles* U *vérifiant la condition*

$$(16) \qquad \overset{-1}{\xi}(|X^{q,\beta}|).(|x_{q,\beta}| \times E') \subset V, \qquad x_{q,\beta} \text{ étant le dual de } X^{q,\beta}.$$

Démonstration. — Étant donné un point x' de E', le lemme 39 fournit un recouvrement fini de E dont les éléments $U_{\gamma,x'}$, vérifient la condition

$$\overset{-1}{\xi}(U_{\gamma,x'}).(U_{\gamma,x'} \times x') \subset V.$$

Ce recouvrement engendre une couverture $K_{x'}$ de E dont les élements $X^{q,\beta}_{x'}$ vérifient la condition

$$\overset{-1}{\xi}(|X^{0,\beta}_{x'}|).(|X^{0,\beta}_{x'}| \times x') \subset V;$$

soit $V'_{x'}$ un voisinage de x' tel que

$$\overset{-1}{\xi}(|X^{0,\beta}_{x'}|).(|X^{0,\beta}_{x'}| \times V'_{x'}) \subset V.$$

On peut recouvrir E' au moyen d'un nombre fini de $V'_{x'}$. L'intersection K des $K_{x'}$ correspondants a les propriétés énoncées.

Théorème 26. — *Soient deux espaces convexoïdes* E *et* E'; *soient* $\xi(x, x')$ *et* $\xi'(x, x')$ *deux représentations, dans* E *et dans* E', *d'un ensemble fermé de points de* $E \times E'$. *Soit* O *un ensemble ouvert de points de* $E \times E'$. *Je dis que*

$i\{x\times x'=\xi(x,x')\times\xi'(x,x')\in O\}$ ne change pas quand on remplace $\xi'(x,x')$ par une autre représentation de $\overline{O}$ dans E' qui est égale à $\xi'(x,x')$ en tous les points de $\overline{O}$ où $x=\xi(x,x')$.

Exemple. — E est l'espace euclidien de coordonnées $x_1, \ldots, x_l$; E' est l'espace euclidien de coordonnées $x_{l+1}, \ldots, x_m$; $\xi(x, x')$ transforme le point $(x_1 \ldots, x_l, x_{l+1}, \ldots, x_m)$ en le point de coordonnées $\xi_1(x_1, \ldots, x_m), \ldots, \xi_l(x_1, \ldots, x_m)$; $\xi'(x, x')$ transforme le point $(x_1, \ldots, x_l, x_{l+1}, \ldots, x_m)$ en le point de coordonnées $\xi_{l+1}(x_1, \ldots, x_m), \ldots, \xi_m(x_1, \ldots, x_m)$. Supposons que les $\xi_\alpha(x_1, \ldots, x_m)$ sont des fonctions linéaires homogènes. D'après le théorème 23 l'indice de la solution $x_1 = \ldots = x_l = x_{l+1} = \ldots = x_m = 0$ est le signe du déterminant de la substitution $x_\alpha - \xi_\alpha(x_1, \ldots, x_m)$, quand ce déterminant diffère de zéro, ce que nous supposerons; si le théorème 26 est exact ce signe ne doit pas changer quand on ajoute à chacun de $\xi_1, \ldots, \xi_l$ une combinaison linéaire des $x_{l+1} - \xi_{l+1}, \ldots, x_m - \xi_m$. Or l'effet de cette opération est d'ajouter aux l premières lignes de ce déterminant des combinaisons linéaires des suivantes, ce qui n'altère pas sa valeur : le théorème 26 nous fournit donc, dans ce cas particulier, une conclusion exacte.

Démonstration du théorème 26. — $i(O)$ est défini par une relation

$$i(O) \sim \sum_{q,\beta,r,\gamma} L^0.\overset{-1}{\xi'}(X'^{r,\gamma}).\overset{-1}{\xi}(X^{q,\beta}).(x_{q,\beta}\times x'_{r,\gamma});$$

$X^{q,\beta}$ et $X'^{r,\gamma}$ étant les éléments de couvertures convenablement choisies K et K' de E et E', $x_{q,\beta}$ et $x'_{r,\gamma}$ étant les éléments des duals de K et K'. Soit S l'ensemble des points en lesquels $x = \xi(x, x')$; construisons un élargissement C' de $S.\overline{O}.\overset{-1}{\xi}(K')$ qui soit une couverture de la fermeture $\overline{V}$ d'un voisinage V de $S.\overline{O}$; soient $Y'^{r,\gamma}$ les éléments de C'; utilisons la couverture K que décrit le lemme 40; je dis que

$$i(O) \sim \sum_{q,\beta,r,\gamma} L^0.Y'^{r,\gamma}.\overset{-1}{\xi}(X^{q,\beta}).(x_{q,\beta}\times x'_{r,\gamma}). \tag{17}$$

En effet le second membre de (17) est, en vertu de (16), un cycle général de $(E\times E').(k\times k')$; le lemme 15 (n° **27**) permet de démontrer aisément que ce cycle est homologue à un entier indépendant du choix de C' et que cet entier est $i(O)$. Cette homologie (17) définit $i(O)$ sans utiliser la définition de ξ' hors de $S.\overline{O}$.

C. Q. F. D.

Théorème 27. — *Soient* E *et* E' *deux espaces convexoïdes. Soit* O *un ensemble ouvert de points de* E; *soit* D' *un domaine* (¹) *de* E'. *Soit* $\xi(x, x')$ *une représentation de* $\overline{O}\times\overline{D'}$ *dans* E; *soit* $\xi'(x')$ *une représentation de* $\overline{D'}$ *dans* E'. *Supposons*

(¹) Un domaine est un ensemble ouvert et connexe (A.-H. Gebiet).

que $\dot{\mathrm{O}} \times \overline{\mathrm{D}}'$ *ne contienne aucune solution de l'équation* $x = \xi(x, x')$ *et que* $\dot{\mathrm{D}}'$ *ne contienne aucune solution de l'équation* $x' = \xi'(x')$. *Je dis que*

$$(18) \qquad i\{x \times x' = \xi(x, x') \times \xi'(x')\} = i\{x = \xi(x, x') \in \mathrm{O}\}\, i\{x' = \xi'(x') \in \mathrm{D}'\},$$

le calcul de $i\{x = \xi(x, x') \in \mathrm{O}\}$ *étant fait en supposant que* x' *est un point quelconque de* $\overline{\mathrm{D}}'$.

Exemple. — E est l'espace euclidien de coordonnées $(x_1, x_2, \ldots, x_l)$; E′ est l'espace euclidien de coordonnées $(x_{l+1}, \ldots, x_m)$; $\xi(x, x')$ transforme le point $(x_1, \ldots, x_l, x_{l+1}, \ldots, x_m)$ en le point de coordonnées $\xi_1(x_1, \ldots, x_m), \ldots, \xi_l(x_1, \ldots, x_m)$; $\xi'(x')$ transforme le point $(x_{l+1}, \ldots, x_m)$ en le point de coordonnées $\xi_{l+1}(x_{l+1}, \ldots, x_m), \ldots, \xi_m(x_{l+1}, \ldots, x_m)$. Supposons que les ξ_α sont des fonctions linéaires et homogènes. D'après le théorème 23 l'indice de la solution $x_1 = \ldots = x_l = x_{l+1} = \ldots = x_m = 0$ de l'équation $x \times x' = \xi(x, x') \times \xi'(x')$ est le signe du déterminant D de la substitution

$$x_1 - \xi_1(x_1, \ldots, x_m), \quad \ldots, \quad x_l - \xi_l(x_1, \ldots, x_m),$$
$$x_{l+1} - \xi_{l+1}(x_{l+1}, \ldots, x_m), \quad \ldots, \quad x_m - \xi_m(x_{l+1}, \ldots, x_m)$$

(nous supposerons $\mathrm{D} \neq 0$); l'indice de la solution $x_1 = \ldots = x_l = 0$ de l'équation $x = \xi(x, x')$, quand les coordonnées de x' sont nulles, est le signe du déterminant d de la substitution

$$x_1 - \xi_1(x_1, \ldots, x_l, 0, \ldots, 0), \quad \ldots, \quad x_m - \xi_m(x_1, \ldots, x_l, 0, \ldots, 0);$$

enfin l'indice de la solution $x_{l+1} = \ldots = x_m = 0$ de l'équation $x' = \xi'(x')$ est le signe du déterminant d' de la substitution

$$x_{l+1} - \xi_{l+1}(x_{l+1}, \ldots, x_m), \quad \ldots, \quad x_m - \xi_m(x_{l+1}, \ldots, x_m).$$

Si le théorème 27 est exact nous devons avoir

$$\text{signe } \mathrm{D} = \text{signe } d \times \text{signe } d'.$$

Or nous avons effectivement $\mathrm{D} = dd'$. Le théorème 27 nous fournit donc, dans ce cas particulier, une conclusion exacte.

Démonstration du théorème 27.

$$i\{x \times x' = \xi \times \xi' \in \mathrm{O} \times \mathrm{D}'\} \sim \sum_{q,\beta,r,\gamma} (\mathrm{L}^0 \times \mathrm{L}'^0).\big(\mathrm{E}^0 \times \overset{-1}{\xi'}(\mathrm{X}'^{r,\gamma})\big).\overset{-1}{\xi}(\mathrm{X}^{q,\beta}).(x_{q,\beta} \times x'_{r,\gamma}),$$

$\mathrm{X}^{q,\beta}$ et $\mathrm{X}'^{r,\gamma}$ étant les éléments de couvertures convenablement choisis de E et E′. Écrivons cette relation sous la forme

$$(19) \qquad i\{x \times x' = \xi \times \xi' \in \mathrm{O} \times \mathrm{D}'\} \sim \Big[\sum_{q,\beta} (\mathrm{L}^0 \times \mathrm{E}'^0).\overset{-1}{\xi}(\mathrm{X}^{q,\beta}).(x_{q,\beta} \times \mathrm{E}'^0)\Big] \times \Big[\mathrm{E}^0 \times \sum_{r,\gamma} \mathrm{L}'^0.\overset{-1}{\xi'}(\mathrm{X}'^{r,\gamma}).x'_{r,\gamma}\Big].$$

Faisons l'hypothèse

$$(h) : \xi(x, x') \text{ est défini sur } \overline{O}\times E'; \quad x'\neq\xi(x, x') \text{ sur } \dot{O}\times E'.$$

Le lemme 40 nous permet de supposer K choisi tel que

$$\sum_{q,\beta}\overset{-1}{\xi}(|X^{q,\beta}|).(|x_{q,\beta}|\times E') \text{ soit étranger à } \dot{O}=|\dot{L}^0|;$$

le premier crochet du second membre de (19) est donc un cycle général de $(E\times E').(k\times E')$; le second crochet est homologue à $(E^0\times x'_{0,1})i\{x'=\xi'\in D'\}$; (19) s'écrit donc

$$i\{x\times x'=\xi\times\xi'\in O\times D'\}\sim\left[\sum_{q,\beta}(L^0\times E'^0).\overset{-1}{\xi}(X^{q,\beta}).(x_{q,\beta}\times x'_{0,1})\right]i\{x'=\xi'\in D'\}.$$

Le crochet est homologue à un entier ι *indépendant du choix de* ξ'; donc

$$i\{x\times x'=\xi\times\xi'\in O\times D'\}=\iota\, i\{x'=\xi'\in D'\}.$$

Appliquons cette formule au cas où $\xi'(x')$ a une valeur constante $x'\in D'$; nous ne modifions pas les valeurs de $i\{x\times x'=\xi\times\xi'\in O\times D'\}$ et $i\{x'=\xi'\in D'\}$, si nous rétrécissons E' en a'; or pour $E'=a'$,

$$i\{x\times x'=\xi\times\xi'\in O\times D'\}=i\{x=\xi\in O\} \quad\text{et}\quad i\{x'=\xi'\in D'\}=1;$$

d'où

$$\iota=i\{x=\xi\in O\},$$

ce qui établit la relation (18), moyennant l'hypothèse supplémentaire (h).

La formule (18) est encore exacte quand on fait l'hypothèse suivante :

(H) $\xi(x, x')$ est définie sur $\overline{O}\times V'$, V' étant un voisinage de $\xi'(\overline{D'})$; $x\neq\xi(x, x')$ sur $\dot{O}\times V'$.

En effet un rétrécissement de E' en e' tel que $\xi'(\overline{D'})\subset e'\subset V'$ transforme (H) en (h). Sous les seules hypothèses de l'énoncé, on a donc

$$(20)\qquad i\{x\times x'=\xi\times\xi'\in O\times D'_\alpha\}=i\{x=\xi\in O\}\,i\{x'=\xi'\in D'_\alpha\}$$

pour tout domaine D'_α de E' tel que $D'_\alpha+\xi'(\overline{D'_\alpha})\subset D'$; or on peut trouver un nombre fini de tels domaines D'_α dont la réunion contienne toutes les solutions de l'équation $x'=\xi'(x')$ qui appartiennent à D'; on a

$$i\{x\times x'=\xi\times\xi'\in O\times D'\}=\sum_\alpha i\{x\times x'=\xi\times\xi'\in O\times D'_\alpha\}$$

et

$$i\{x'=\xi'\in D'\}=\sum_\alpha i\{x'=\xi'\in D'_\alpha\};$$

ces relations jointes à (20) établissent (18).

Corollaire 26-27. — *Soient* E *et* E′ *deux espaces convexoïdes; soit* $\xi'(x)$ *une représentation dans* E′ *d'un ensemble fermé de points de* E; *soit* $\xi(x')$ *une représentation dans* E *d'un ensemble fermé de points de* E′. *Soit* O *un ensemble ouvert de points de* E *en lesquels* $\xi(\xi'(x))$ *est défini. Je dis que*

$$(21)\qquad i\{x=\xi(\xi'(x))\in O\}=i\{x'=\xi'(\xi(x'))\in \overset{-1}{\xi}(O)\}.$$

Démonstration. — D'après le théorème 27 et le n° **77** *a*

$$i\{x=\xi(\xi'(x))\in O\}=i\{x\times x'=\xi(\xi'(x))\times\xi'(x)\in O\times\overset{-1}{\xi}(O)\};$$

d'après le théorème 26

$$i\{x\times x'=\xi(\xi'(x))\times\xi'(x)\in O\times\overset{-1}{\xi}(O)\}=i\{x\times x'=\xi(x')\times\xi'(x)\in O\times\overset{-1}{\xi}(O)\},$$

d'où

$$(22)\qquad i\{x=\xi(\xi'(x))\in O\}=i\{x\times x'=\xi(x')\times\xi'(x)\in O\times\overset{-1}{\xi}(O)\}.$$

La condition

$$x\times x'=\xi(x')\times\xi'(x)\in E\times\overset{-1}{\xi}(O)$$

équivaut d'une part à la condition

$$x\times x'=\xi(x')\times\xi'(x)\in O\times\overset{-1}{\xi}(O)$$

et d'autre part, en posant $O'=\overset{-1}{\xi}(O)$, à la condition

$$x\times x'=\xi(x')\times\xi'(x)\in\overset{-1}{\xi'}(O')\times O';$$

donc

$$(23)\qquad i\{x\times x'=\xi(x')\times\xi'(x)\in O\times\overset{-1}{\xi}(O)\}=i\{x\times x'=\xi(x')\times\xi'(x)\in\overset{-1}{\xi'}(O')\times O'\}.$$

Enfin on a, par analogie avec (22),

$$(24)\qquad i\{x'=\xi'(\xi(x))\in O'\}=i\{x\times x'=\xi(x')\times\xi'(x)\in\overset{-1}{\xi'}(O')\times O'\}.$$

(21) résulte de (22), (23), (24).

80. Cas ou E est simple. — Lemme 41. — *Soient un simplexe simplicial* K *et son dual* k, *d'éléments respectifs* $X^{q,\beta}$ et $x_{q,\beta}$. *On peut associer à chaque élément* $X^{q,\beta}$ *de* K *une forme à* $q+1$ *dimensions de* k, *que nous désignerons par le symbole* $f_1(x_{q,\beta})$, *telle que*

$$(25)\qquad \Big[\sum_{q,\beta}X^{q,\beta}\times f_1(x_{q,\beta})\Big]^{\bullet}=\sum_{q,\beta}X^{q,\beta}\times x_{q,\beta}-K^0\times x_{0,0};$$

$K^0=\sum_{\beta}X^{0,\beta}$ *est le cycle unité de* K.

Démonstration. — $\sum_{q,\beta} X^{q,\beta} \times x_{q,\beta}$ est un cycle de $K \times k$, d'après la définition des complexes duals [n° **31**, formule (25)]; d'après le lemme 2 (n° **3**), ce cycle est homologue à un cycle de k : il existe un entier A tel que

$$\sum_{q,\beta} X^{q,\beta} \times x_{q,\beta} \sim AK^0 \times x_{0,0};$$

cette homologie vaut *a fortiori* quand on utilise les coefficients rationnels; puisque dans ce cas la formule (37) du n° **33** vaut, on a nécessairement $A = 1$,

$$\sum_{q,\beta} X^{q,\beta} \times x_{q,\beta} \sim K^0 \times x_{0,0}. \qquad \text{C. Q. F. D.}$$

Supposons que E soit un espace convexoïde simple; d'après le théorème 12 toute couverture K de E ayant pour supports des ensembles U est un simplexe; le lemme 41 nous permet donc de mettre la définition (8) de $i(L^0)$ sous la forme

$$i(L^0) \sim L^0.x_{0,0} + \sum_{q,\beta} L^0.\left[\overset{-1}{\xi}(X^{q,\beta}).f_1(x_{q,\beta})\right]^{\cdot},$$

donc sous la forme

$$(26) \qquad i(L^0) \sim L^0.x_{0,0} - \sum_{q,\beta} \dot{L}^0.\overset{-1}{\xi}(X^{q,\beta}).f_1(x_{q,\beta}).$$

Or cette formule n'utilise pas la définition de ξ hors de $|\dot{L}^0|$; donc :

Théorème 28. — *Lorsque* E *est simple, l'indice total des solutions appartenant à* O *de l'équation* $x = \xi(x)$ *ne change pas quand on remplace* $\xi(x)$ *par une autre représentation de* $\overline{O}$ *dans* E *qui est égale à* $\xi(x)$ *sur* $\dot{O}$.

Exemple (*voir* le n° **77** *a*). — Supposons que E soit simple et que $\xi(x)$ garde une valeur constante c sur $\dot{O}$; alors $i(O) = 0$ si $c \in E - \overline{O}$; $i(O)$ n'est pas défini si $c \in \dot{O}$; $i(O) = 1$ si $c \in O$.

IV. — Un type d'équation en apparence plus général.

81. Définitions. — Les applications signalées à la fin du n° **76** utilisent non pas des équations du type (6), mais des équations du type suivant

$$(27) \qquad x = \varphi(\tau(x));$$

l'inconnue x est un point d'un espace topologique E; $\tau(x)$ est une représentation d'un ensemble fermé de points de E dans un espace convexoïde T; $\varphi(t)$ est une représentation de T dans E. Nous ramènerons l'étude de l'équation (27) à l'étude de l'équation

$$(28) \qquad t = \tau(\varphi(t))$$

où $t \in T$: (28) est une équation du type (6). Nous définirons *l'indice total* $i\{x=\varphi(\tau(x))\in O\}$ *des solutions de* (27) *appartenant à un ensemble ouvert* O *de points de* E comme étant égal à $i\{t=\tau(\varphi(t))\in \overset{-1}{\varphi}(O)\}$.

Remarque 1. — Soient un espace topologique E, une représentation $\tau(x)$ d'un ensemble fermé de points de E dans un espace convexoïde T, une représentation $\tau'(t)$ de T dans un second espace convexoïde T' et une représentation $\varphi(t')$ de T' dans E; envisageons l'équation

$$x=\varphi[\tau'(\tau(x))].$$

La définition de l'indice de ses solutions est, au premier aspect, ambigu on peut poser : soit

$$i\{x=\varphi[\tau'(\tau(x))]\in O\}=i\{t'=\tau'[\tau(\varphi(t'))]\in \overset{-1}{\varphi}(O)\},$$

soit

$$i\{x=\varphi[\tau'(\tau(x))]\in O\}=i\{t=\tau[\varphi(\tau'(t))]\in \overset{-1}{\tau'}\overset{-1}{\varphi}(O)\}.$$

Mais cette ambiguité n'existe pas, car, d'après le corollaire 26-27 [formule (21)] on a

$$i\{t'=\tau'[\tau(\varphi(t'))]\in \overset{-1}{\varphi}(O)\}=i\{t=\tau[\varphi(\tau'(t))]\in \overset{-1}{\tau'}\overset{-1}{\varphi}(O)\}.$$

Remarque 2. — Il est clair que si l'on a $\varphi'(\tau'(x))=\varphi(\tau(x))$ sans avoir $\tau'(x)=\tau(x)$, $\varphi'(t)=\varphi(t)$, alors les solutions des deux équations $x=\varphi'(\tau'(x))$ et $x=\varphi(\tau(x))$ n'ont aucune raison d'avoir les mêmes indices.

82. Propriétés de l'indice total. — Les théorèmes 22, 24 et 28 fournissent l'énoncé suivant :

Théorème 22 *bis*. — *L'indice total* $i(O)$ *est un entier positif, négatif ou nul, qui est défini quand* $\overline{O}.\varphi(T)$ *appartient au champ de définition de* $\tau(x)$ *et que* $\dot{O}$ *est étranger à l'ensemble des solutions de* (27) — *ensemble qui est bicompact* —; $i(O)$ *ne dépend pas des valeurs prises par* $\tau(x)$ *hors de* $\overline{O}$, *et même, si* T *est simple,* $i(O)$ *ne dépend pas des valeurs prises par* $\tau(x)$ *hors de* $\dot{O}$; $i(O)$ *ne change pas quand on rétrécit* T *en un sous-espace convexoïde contenant* $\tau(\overline{O})$; $i(O)$ *reste constant, tant qu'il reste défini, lorsqu'on modifie continûment* $\varphi(t)$ *et* $\tau(x)$. *Soient* O_α *des ensembles ouverts, deux à deux disjoints, de points de* E *appartenant à un ensemble ouvert* O; *si* $\tau(x)$ *est défini sur* $\overline{O}.\varphi(T)$ *et si* $\overline{O}-\sum_\alpha O_\alpha$ *ne contient aucune solution de* (27), *alors* $i(O)=\sum_\alpha i(O_\alpha)$; *en particulier* $i(O)=0$ *si* $\tau(x)$ *est défini sur* $\overline{O}.\varphi(T)$ *et si* $\overline{O}$ *ne contient aucune solution de* (27). *Si* $\tau(x)$ *est défini sur* $\varphi(T)$ *et si* E — O *ne contient aucune solution de* (27), *alors* $i(O)$ *est égal au nombre de Lefschetz* $\Lambda_{\tau(\varphi(t))}$ *de la représentation* $\tau(\varphi(t))$ *de* T *est lui-même.*

Le théorème 25 permet de généraliser comme suit la proposition qui termine le théorème 22 *bis*.

Théorème 25 *bis*. — *Considérons* $\overline{O}.\varphi(T)$ *comme étant le champ de définition de* $\tau(x)$; *soit f la limite de la suite décroissante d'ensembles*

$$\tau(\overline{O}),\quad \tau\varphi\tau(\overline{O}),\quad \tau\varphi\tau\varphi\tau(\overline{O}),\quad \ldots,\quad \tau\varphi\tau\varphi\ldots\tau(\overline{O}),\quad \ldots;$$

f est fermé; $f = \overset{-1}{\varphi}\,\overset{-1}{\tau}(f)$. *Supposons* $\varphi(f)\subset O$; *il existe des ensembles fermés* F *de points de* T *qui vérifient les deux conditions*

$$f + \tau\varphi(F)\subset F\subset \overset{-1}{\varphi}(O); \quad F \textit{ a une base d'homologie finie.}$$

On a

$$i(O) = \Lambda_{\tau\varphi(t)}(F).$$

D'où :

Corollaire 25 *bis*. — *Si les ensembles* $\overline{O}$, $\varphi\tau(\overline{O})$, $\varphi\tau\varphi\tau(\overline{O})$, ..., $\varphi\tau$, ... $\varphi\tau(\overline{O})$, ... *convergent vers un point de* O, *ce point est une solution isolée d'indice* 1.

83. L'équation $x = \varphi[\tau(x),\ \tau'(x)]$. — Soient un espace topologique E, deux espaces convexoïdes T et T′, une représentation $\varphi[t, t']$ de $T\times T'$ dans E et deux représentations $\tau(x)$ et $\tau'(x)$ d'un ensemble fermé de points de E dans T et T′. Soit O un ensemble ouvert de points de E; d'après la définition du n° **81**,

$$i\{x = \varphi[\tau(x), \tau'(x)]\in O\} = i\{t\times t' = \tau(\varphi[t, t'])\times\tau'(\varphi[t, t'])\}.$$

On déduit aisément des théorèmes 26 et 27 les propositions suivantes :

Corollaire 26. — $i\{x = \varphi[\tau(x), \tau'(x)]\in O\}$ *ne change pas quand on remplace* $\tau'(x)$ *par une autre représentation de* $\overline{O}$ *dans* T′ *qui lui est égale en tout point x de* $\overline{O}$ *auquel on peut associer un point t′ de* T′ *tel que* $x = \varphi[\tau(x), t']$.

Corollaire 27_1. — *On a.*

$$\begin{aligned}(29)\qquad & i\{x = \varphi[\tau(x, x'), x']\in O\}\, i\{x' = \varphi'(\tau'(x'))\in D'\}\\ &= i\{x\times x' = \varphi[\tau(x, x'), \varphi'(\tau'(x'))]\times\varphi'(\tau'(x'))\in O\times D'\}.\end{aligned}$$

Remarque 1. — Le corollaire 26 permet de remplacer dans le second membre de (29) $\tau(x, x')$ par $\tau^*(x, x')$ quand $\tau(x, x') = \tau^*(x, x')$ chaque fois que $x' = \varphi'(\tau'(x'))$.

Remarque 2. — Le corollaire 26 permet de même de remplacer dans le second membre de (29) $\tau'(x')$ par $\tau^*(x, x')$ quand $\tau'(x') = \tau^*(x, x')$ chaque fois que $x = \varphi[\tau(x, x'), x']$; d'où, en particulier, la proposition suivante :

Corollaire 27_2. — *Supposons qu'il existe une représentation* $\tau^*(x)$ *telle qu'on ait* $\tau^*(x) = \tau'(x')$ *chaque fois que* $x = \varphi[\tau(x), x']$; *alors.*

$$\begin{aligned}(30)\qquad & i\{x = \varphi[\tau(x), x']\in O\}\, i\{x' = \varphi'(\tau'(x'))\in D'\}\\ &= i\{x = \varphi[\tau(x), \varphi'(\tau^*(x))]\in O.\overset{-1}{\tau^*}(\overset{-1}{\varphi'}(D'))\}.\end{aligned}$$

Cette formule (30) permet d'établir une partie — la partie la moins intéressante — du théorème 36 (invariance du domaine), par un raisonnement d'ailleurs analogue à celui qui prouvera ce théorème 36 :

Théorème. — *Soient deux espaces topologiques* E *et* E′ *et une famille* T *de représentations topologiques* $x' = tx$, $x = t^{-1}x'$ *de* E *sur* E′ ($t \in$ T). *Supposons que* T *soit un espace convexoïde. Soit* $x' = \theta(x)$ *une représentation du type* $\theta(x) = \tau(x)x$, *où* $\tau(x)$ *est une représentation dans* T *d'un ensemble fermé de points de* E. *Supposons que* $\theta(x)$ *représente topologiquement un ensemble ouvert* O *de points de* E *sur un ensemble ouvert* O′ *de points de* E′ [*l'affirmation la plus intéressante du théorème* 36 *sera que cette condition est réalisée sous la seule hypothèse que l'inverse* $\theta'(x')$ *de* $\theta(x)$ *est univoque quand* $x \in$ O]; $\theta'(x')$ *est donc une solution isolée de l'équation* $x = \tau(x)^{-1}x'$; *je dis que son indice est* ± 1.

Démonstration. — Lorsque l'équation $x = \xi(x)$ possède une solution unique, désignons son indice par $i\{x = \xi(x)\}$. (30) nous donne

(31) $$i\{x = \tau(x)^{-1}x'\}\, i\{x' = \tau(\theta'(x'))a\} = i\{x = \tau(x)^{-1}\tau(x)a\}, \qquad \text{où } a \in \mathrm{O}.$$

L'équation $x = \tau(x)^{-1}\tau(x)a$ est du type $x = \varphi(\tau(x))$, $\varphi(\tau(x))$ ayant une valeur constante a ; donc, d'après le corollaire 25 *bis*,

$$i\{x = \tau(x)^{-1}\tau(x)a\} = 1. \qquad \text{D'où } i\{x = \tau(x)^{-1}x'\} = \pm 1.$$

Application de la formule (30) *à l'équation de Fredholm.* — Supposons E linéaire ; (30) a pour cas particulier la formule

(32) $$i\{x = \tau(x) + x'\}\, i\{x' = \tau'(x')\} = i\{x = \tau(x) + \tau^*(x)\}$$

où

(33) $$\tau^*(x) = \tau'(x - \tau(x)).$$

Or rappelons le procédé élégant au moyen duquel M. E. Schmidt discute l'équation de Fredholm (*Math. Annalen*, t. 64, p. 161 ; Goursat, *Traité d'Analyse*, t. III, chap. 31, exercice 3). M. E. Schmidt montre qu'il est toujours possible de mettre cette équation sous la forme

(34) $$x = \tau(x) + \tau^*(x) + y,$$

x étant l'inconnue, y étant le paramètre, les transformations linéaires et homogènes $\tau(x)$ et $\tau^*(x)$ possédant les propriétés suivantes :

(35) les valeurs prises par $\tau^*(x)$ appartiennent à un sous-espace E* qui a un nombre fini de dimensions ;
on a $\|\tau(x)\| < \frac{1}{2}\|x\|$, $\|x\|$ désignant la distance de l'origine au point x.

La méthode des approximations successives prouve que la représentation $x' = x - \tau(x)$ est topologique; il existe donc une représentation $\tau'(x')$ vérifiant (33); (34) équivaut à

$$x - \tau(x) = \tau'(x - \tau(x)) + y,$$

c'est-à-dire à

$$x' = \tau'(x') + y. \tag{36}$$

Or la discussion de (36) est élémentaire, puisque $\tau'(x') \in E^*$ et que E^* a un nombre fini de dimensions : soit d' le déterminant de la transformation linéaire $x' - \tau'(x')$ de E^* en lui-même; pour que (36) et par suite (34) possèdent des solutions uniques il faut et il suffit que $d' \neq 0$, ce que nous supposerons.

D'après le théorème 23 $i\{x' = \tau'(x')\} =$ signe $[d']$; cette relation portée dans (32) nous donne

$$i\{x = \tau(x) + \tau^*(x)\} = i\{x = \tau(x) + x'\} \text{ signe}[d'].$$

Or, quand le paramètre k varie de 0 à 1, la solution de l'équation $x = k\tau(x) + x'$ reste unique et son indice reste donc constant; pour $k = 0$ cet indice est $+1$ (n° **77** *a*); donc $i\{x = \tau(x) + x'\} = 1$. Il vient $i\{x = \tau(x) + \tau^*(x)\} =$ signe $[d']$. En résumé :

Corollaire 27_3. — *Soit une équation de Fredholm, mise sous la forme* (34), *les conditions* (35) *étant vérifiées; définissons une représentation* $\tau'(x')$ *par la relation* (33). *Pour que* (34) *possède une solution unique il faut et il suffit que* $x' - \tau'(x')$ *représente topologiquement* E^* *sur lui-même; l'indice de cette solution unique est* $+1$ *ou* -1 *suivant que la représentation* $x' - \tau'(x')$ *respecte ou altère l'orientation de* E^*.

CHAPITRE VII.

TRANSFORMATIONS.

I. — Préliminaires.

84. Classes d'homologie de $(E \times E').(k \times E')$. — Nous allons étudier les classes d'homologie de $(E \times E').(k \times E')$ en employant à nouveau et par deux fois un raisonnement analogue à celui du n° **17**.

Lemme 42. — *Soient deux espaces de Hausdorff bicompacts,* E *et* E'; *soit* k *un complexe de* E *à supports simples. Je dis que* $(E \times E').(k \times E')$ *a mêmes classes d'homologie que* $k \times E'$.

Démonstration. — Soit M^p une forme de $(E \times E').(k \times E')$ telle que $\dot{M}^p$ appartienne à $k \times E'$: cela signifie que

$$M^p = \sum_{q,r,\alpha} L^{q,\alpha}.(x_{r,\alpha} \times L'^{p-q+r,\alpha})$$

(les $L^{q,\alpha}$ étant des formes de $E \times E'$, les $x_{r,\alpha}$ des éléments de k et les $L'^{p-q+r,\alpha}$ des formes de E') et que

$$\dot{M}^p = \sum_{r,\beta} x_{r,\beta} \times L'^{p+1-r,\beta}.$$

Nommons poids Q de M^p la plus grande des valeurs prises par q; les termes de poids maximum de $\dot{M}^p$ sont $\sum_{r,\alpha} \dot{L}^{Q,\alpha}.(x_{r,\alpha} \times L'^{p-Q+r,\alpha})$; chacun d'eux est nul; par suite

$$\dot{L}^{Q,\alpha}.|x_{r,\alpha} \times L'^{p-Q+r,\alpha}| = 0.$$

Supposons $Q > 0$; en vertu de la généralisation du théorème 4 donnée au n° **22**, puisque $|x_{r,\alpha}|$ est simple, le cycle $L^{Q,\alpha}.|x_{r,\alpha} \times L'^{p-Q+r,\alpha}|$ est homologue au produit du cycle unité de $|x_{r,\alpha}|$ par un cycle de $|L'^{p-Q+r,\alpha}|$, cycle que le lemme 23 (n° **48**) permet de supposer du type $N'^{Q,\alpha}.|L'^{p-Q+r,\alpha}|$, $N'^{Q,\alpha}$ étant une forme de E'; en vertu du lemme 22 (n° **46**) il existe une forme $N^{Q-1,\alpha}$ de $E \times E'$ telle que

$$(L^{Q,\alpha} - E^0 \times N'^{Q,\alpha} - \dot{N}^{Q-1,\alpha}).|x_{r,\alpha} \times L'^{p-Q+r,\alpha}| = 0;$$

d'où, les ... désignant des termes de poids inférieurs à Q,

$$M^p = \sum_{r,\alpha} \dot{N}^{Q-1,\alpha}.(x_{r,\alpha} \times L'^{p-Q+r,\alpha}) + \ldots = \left[\sum_{r,\alpha} N^{Q-1,\alpha}.(x_{r,\alpha} \times L'^{p-Q+r,\alpha})\right]^{\bullet} + \ldots \sim \ldots;$$

ainsi M^p est homologue à une forme de poids $Q - 1$, ... donc à une forme de poids $Q = 0$.

Supposons donc que M^p soit une telle forme de poids $Q = 0$,

$$M^p = \sum_{r,\alpha} L^{0,\alpha}.(x_{r,\alpha} \times L'^{p+r,\alpha});$$

on a

$$\dot{L}^{0,\alpha}.|x_{r,\alpha} \times L'^{p+r,\alpha}| = 0;$$

soit K^0 le cycle unité de la couverture à laquelle $L^{0,\alpha}$ appartient; à tout point x' de $|L'^{p+r,\alpha}|$ on peut attacher un coefficient $A_{x'}$ tel que

$$L^{0,\alpha}.|x_{r,\alpha} \times x'| = A_{x'} K^0.|x_{r,\alpha} \times x'|,$$

$A_{x'}$ ne prend qu'un nombre fini de valeurs et est constant sur chacune des composantes connexes de $|L'^{p+r,\alpha}|$; on peut donc construire une forme $N'^{0,\alpha}$ de E' telle que $A_{x'} x'^0 = N'^{0,\alpha}.x'$; on a

$$L^{0,\alpha}.|x_{r,\alpha} \times x'| = (E^0 \times N'^{0,\alpha}).|x_{r,\alpha} \times x'| \qquad \text{pour } x' \in |L'^{p+r,\alpha}|;$$

donc

$$L^{0,\alpha}.(x_{r,\alpha} \times L'^{p+r,\alpha}) = x_{r,\alpha} \times (N'^{0,\alpha}.L'^{p+r,\alpha}),$$

$$M^p = \sum_{r,\alpha} x_{r,\alpha} \times (N'^{0,\alpha}.L'^{p+r,\alpha});$$

M^p est donc une forme de $k \times E'$.

Ainsi toute forme dont la dérivée appartient à $k \times E'$ est elle-même homologue à une forme de $k \times E'$. Le lemme 42 résulte immédiatement de cette proposition.

Lemme 43. — *$k \times E'$ et E' ont mêmes classes d'homologie, lorsque k est le dual d'un simplexe.*

Démonstration. — D'après le théorème 35 tous les groupes de Betti de k sont nuls, sauf son groupe de Betti de dimension o, qui s'identifie à celui des coefficients. On en déduit, par un raisonnement analogue à celui qui établit le lemme 2, que les classes d'homologie de $k \times E'$ sont les classes $1 \times Z'^p$, les Z'^p étant les classes d'homologie de E'; on convient d'identifier les classes d'homologie $1 \times Z'^p$ et Z'^p.

Les lemmes 42 et 43 ont la conséquence suivante :

Lemme 44. — *Si k est dual d'un simplexe abstrait, si les supports de k sont des ensembles fermés et simples de points d'un espace de Hausdorff bicompact* E *et si* E' *est un second espace de Hausdorff bicompact, alors* $(E \times E').(k \times E')$ *et* E' *ont mêmes choses d'homologie.*

II. — L'homomorphisme $\psi(Z^p.O)$ associé à une équation dépendant d'un paramètre.

85. Définition de $\psi(Z^p.O)$. — Soient un espace convexoïde *simple* E, un espace topologique E' et une représentation dans E, $\xi(x, x')$, d'un ensemble fermé de points de $E \times E'$; ce paragraphe II étudie, par les procédés de la topologie algébrique, l'équation d'inconnue x, dépendant du paramètre x'

(37) $$x = \xi(x, x').$$

Soit S l'ensemble des points $x \times x'$ de $E \times E'$ qui vérifient (37). On constate aisément que S *est fermé*. Soit $\psi(x, x')$ la projection de S sur E' (c'est-à-dire la représentation qui transforme le point $x \times x'$ de S en le point x' de E'); on constate aisément que $\psi(F)$ *est fermé*, quand F est un ensemble fermé de points de $E \times E'$.

Étant donné un ensemble ouvert O *de points de* $E \times E'$, *dont la frontière* $\dot{O}$ *appartient au champ de définition de* $\xi(x, x')$, *nous allons associer à l'équation* (37) *un homomorphisme transformant tout pseudocycle* (Chap. IV, § IV) Z^p *de* O *en un pseudocyle* $\psi(Z^p.O)$ *de* $E' - \psi(\dot{O})$. Cet homomorphisme sera apparenté à la notion d'indice total [n° **88**, *b*, (56)]; sa définition sera calquée sur la définition (26) et non sur la définition (8) de $i(L^o)$.

Nota. — Nous aurions pu, en compliquant nos conclusions, supprimer l'hypothèse que E est simple, à condition de nous restreindre au cas où $\overline{O}$

appartient au champ de définition de $\xi(x, x')$; mais, pour les applications du Chapitre VIII, il est essentiel d'éviter cette restriction.

La définition de $\psi(Z^p.O)$ sera la suivante : Soit B' un ensemble normal et bicompact de points de $E' - \psi(\dot{O})$; on a $\dot{O}.S.(E \times B') = 0$; le lemme **40** (n° **79**) nous permet de construire une couverture simpliciale K de E dont les éléments $X^{q,\beta}$ aient pour supports des ensembles U vérifiant la condition

$$(38) \qquad \dot{O}.\overset{-1}{\xi}(|X^{q,\beta}|).(|x_{q,\beta}| \times B') = 0,$$

les $x_{q,\beta}$ étant les éléments du dual k de K. D'après le théorème **12**, K est un simplexe et k a des supports simples; en vertu du lemme **41**, il existe des formes $f_1(x_{q,\beta})$ de k qui vérifient la condition

$$(25) \qquad \left[\sum_{q,\beta} X^{q,\beta} \times f_1(x_{q,\beta})\right]^{\bullet} = \sum_{q,\beta} X^{q,\beta} \times x_{q,\beta} - K^0 \times x_{0,0}.$$

Le n° **26** nous permet de construire un élargissement C de $\dot{O}.\overset{-1}{\xi}(K)$ ayant les propriétés suivantes :

C est une couverture de la fermeture $\overline{V}$ d'un voisinage V de $\dot{O}$; le support $|Y^{q,\beta}|$ d'un élément $Y^{q,\beta}$ de C contient un voisinage de $\dot{O}.\overset{-1}{\xi}(|X^{q,\beta}|)$;

$$(39) \qquad |Y^{q,\beta}|.(|x_{q,\beta}| \times B') = 0.$$

D'après le lemme **23** on peut trouver une forme L^p de $E \times B'$ vérifiant les conditions

$$(40) \qquad Z^p.(E \times B').(O - \overline{V}.O) \sim L^p.(O - \overline{V}.O); \qquad |L^p| \subset O + V; \qquad |\dot{L}^p| \subset V.$$

Envisageons l'expression, analogue au second membre de (26),

$$(41) \qquad L^p.[x_{0,0} \times B'^0] + (-1)^{p+1} \sum_{q,\beta} \dot{L}^p.Y^{q,\beta}.[f_1(x_{q,\beta}) \times B'^0];$$

puisque $|\dot{L}^p| \subset V$ et que C est une couverture de $\overline{V}$, $\dot{L}^p.Y^{q,\beta}$ est une forme générale de $E \times B'$ (n° **71**) : (41) est une forme générale de $(E \times B').(k \times B')$; compte tenu de (25) la dérivée de cette forme est $\sum_{q,\beta} \dot{L}^p.Y^{q,\beta}.[x_{q,\beta} \times B'^0]$, qui est nul d'après (39); (41) est donc un cycle général de $(E \times B').(k \times B')$; d'après le numéro **71** et le lemme **44** un tel cycle appartient à une classe d'homologie de B', déterminée sans ambiguité, que nous nommerons $\psi(Z^p, O, B', K, f_1, C, L^p)$. Le numéro **86** prouvera que cette classe est indépendante du choix de K, f_1, C, L^p, fait qui nous permettra de la désigner par le symbole $\psi(Z^p, O, B')$. On voit aisément (lemme **15**) que

$$\psi(Z^p, O, b') \sim \psi(Z^p, O, B').b' \qquad \text{si } b' \subset B';$$

$\psi(Z^p, O, B')$ est donc l'intersection par B' d'un pseudocycle de E', que nous nommerons $\psi(Z^p.O)$

$$\psi(Z^p, O, B') \sim \psi(Z^p.O).B'.$$

Du fait que (41) est linéaire en L^p résulte que, si $Z^{p,1}$ et $Z^{p,2}$ sont deux pseudocycles de O, on a

$$\psi[(A_1 Z^{p,1} + A_2 Z^{p,2}).O] \sim A_1 \psi(Z^{p,1}.O) + A_2 \psi(Z^{p,2}.O);$$

$\psi(Z^p.O)$ est donc un homomorphisme; il ne respecte pas en général la loi d'intersection [par exemple la formule (56) nous donne

$$\psi(O^0).\psi(O^0) \sim i(O)\,\psi(O^0) \quad \text{et non} \quad \sim \psi(O^0)].$$

En résumé l'homomorphisme $\psi(Z^p.O)$ sera défini par la relation

$$(42) \qquad \boxed{\psi(Z^p.O).B' \sim L^p.[x_{0,0} \times B'^0] + (-1)^{p+1} \sum_{q,\beta} \dot{L}^p.Y^{q,\beta}.[f_1(x_{q,\beta}) \times B'^0]}$$

dans $(E \times B').(k \times B')$.

86. Justification de la définition de $\psi(Z^p.O)$. — *a. Indifférence du choix de* L^p. — K, f_1, C et par suite V étant supposés choisis, soient L^p et L^{*p} deux choix de L^p; nous voulons prouver que

$$\psi(Z^p, O, B', K, f_1, C, L^p) \sim \psi(Z^p, O, B', K, f_1, C, L^{*p}).$$

Nous avons

$$(L^p - L^{*p}).(O - \overline{V}.O) \sim 0;$$

d'après le lemme 22 (n° **46**), il existe donc deux formes de $E \times B'$, L^{p-1} et l^p, vérifiant les conditions

$$L^p - L^{*p} = \dot{L}^{p-1} + l^p, \qquad |L^{p-1}| \subset O + V, \qquad |l^p| \subset V;$$

d'où

$$\psi(Z^p, O, B', K, f_1, C, L^p) - \psi(Z^p, O, B', K, f_1, C, L^{*p})$$
$$\sim (\dot{L}^{p-1} + l^p).[x_{0,0} \times B'^0] + (-1)^{p+1} \sum_{q,\beta} \dot{l}^p.Y^{q,\beta}.[f_1(x_{q,\beta}) \times B'^0];$$

or

$$\dot{L}^{p-1}.[x_{0,0} \times B'^0] = \{L^{p-1}.[x_{0,0} \times B'^0]\}^\bullet \sim 0;$$

donc

$$\psi(Z^p, O, B', K, f_1, C, L^p) - \psi(Z^p, O, B', K, f_1, C, L^{*p})$$
$$\sim l^p.[x_{0,0} \times B'^0] + (-1)^{p+1} \sum_{q,\beta} \dot{l}^p.Y^{q,\beta}.[f_1(x_{q,\beta}) \times B'^0]$$
$$= (-1)^{p+1} \left\{ \sum_{q,\beta} l^p.Y^{q,\beta}.[f_1(x_{q,\beta}) \times B'^0] \right\}^\bullet$$
$$+ l^p.\left\{ x_{0,0} \times B'^0 + \left\{ \sum_{q,\beta} Y^{q,\beta}.[f_1(x_{q,\beta}) \times B'^0] \right\}^\bullet \right\}$$
$$\sim l^p.\left\{ x_{0,0} \times B'^0 + \left\{ \sum_{q,\beta} Y^{q,\beta}.[f_1(x_{q,\beta}) \times B'^0] \right\}^\bullet \right\};$$

[ce calcul est légitime parce que $l^p . Y^{q,\beta}$ est une forme générale de $E \times B'$, vu la relation $|l^p| \subset V$]; d'où, en tenant compte de (25),

$$\psi(Z^p, O, B', K, f_1, C, L^p) - \psi(Z^p, O, B', K, f_1, C, L^{*p}) \sim \sum_{q,\beta} l^p . Y^{q,\beta} . [x_{q,\beta} \times B'^0],$$

or le second membre est nul d'après (39).

b. Indifférence du choix de l'élargissement de C. — K et f_1 étant supposés choisis, soient C et C^* deux choix de C; on peut trouver un troisième choix c de C qui soit un rétrécissement des deux précédents; choisissons L^p tel que $\psi(Z^p, O, B', K, f_1, c, L^p)$ soit défini; on a, d'après le lemme 15 (n° **27**),

$$\psi(Z^p, O, B', K, f_1, c, L^p) \sim \psi(Z^p, O, B', K, f_1, C, L^p)$$

et

$$\psi(Z^p, O, B', K, f_1, c, L^p) \sim \psi(Z^p, O, B', K, f_1, C^*, L^p);$$

d'où

$$\psi(Z^p, O, B', K, f_1, C, L^p) \sim \psi(Z^p, O, B', K, f_1, C^*, L^p). \qquad \text{C.Q.F.D.}$$

c. Indifférence des choix de K *et* f_1. — Puisque $\psi(Z^p, O, B', K, f_1, C, L^p)$ ne dépend ni de C ni de L^p, nous écrirons $\psi(Z^p, O, B', K, f_1)$ au lieu de $\psi(Z^p, O, B', K, f_1, C, L^p)$. Nous allons prouver que $\psi(Z^p, O, B', K, f_1)$ est indépendant des choix de K et de f_1 par un raisonnement analogue à la démonstration du lemme 33. Soit K^* une deuxième couverture simpliciale de E dont les supports sont des ensembles U; $K.K^*$ est une couverture simpliciale de E d'après le lemme 29; $K.K^*$ a pour supports des ensembles U; construisons le dual de $K.K^*$: l'élément non nul $X^{q,\beta}.X^{*r,\gamma}$ a pour dual l'élément $x_{r,\gamma;q,\beta}$ dont le support est $|x_{r,\gamma;q,\beta}| = |x_{q,\beta}|.|x^*_{r,\gamma}|$; soit h l'élargissement du dual de $K.K^*$ dont l'élément $y_{r,\gamma;q,\beta}$ correspondant à $x_{r,\gamma;q,\beta}$ a pour support $|y_{r,\gamma;q,\beta}| = |x_{q,\beta}|$. D'après le théorème 12, K et $K.K^*$ sont des simplexes; conformément au lemme 41, soient $f_1(x_{q,\beta})$ et $g_1(y_{r,\gamma;q,\beta})$ des formes de k et de h vérifiant les relations

$$(25) \qquad \Big[\sum_{q,\beta} X^{q,\beta} \times f_1(x_{q,\beta})\Big]^{\cdot} = \sum_{q,\beta} X^{q,\beta} \times x_{q,\beta} - K^0 \times x_{0,0},$$

$$(43) \qquad \Big[\sum_{q,\beta,r,\gamma} X^{q,\beta}.X^{*r,\gamma} \times g_1(y_{r,\gamma;q,\beta})\Big]^{\cdot} = \sum_{q,\beta,r,\gamma} X^{q,\beta}.X^{*r,\gamma} \times y_{r,\gamma;q,\beta} - K^0.K^{*0} \times y_{0,0;0,0}.$$

On peut construire des élargissements C et C^* de $\dot{O}.\overset{-1}{\xi}(K)$ et $\dot{O}.\overset{-1}{\xi}(K^*)$ possédant les propriétés suivantes : C et C^* sont des couvertures de la fermeture $\overline{V}$ d'un voisinage V de $\dot{O}$; le support $|Y^{q,\beta}|$ d'un élément $Y^{q,\beta}$ de C contient un voisinage de $\dot{O}.\overset{-1}{\xi}(|X^{q,\beta}|)$; le support $|Y^{*r,\gamma}|$ d'un élément $Y^{*r,\gamma}$ de C^* contient un voisinage de $\dot{O}.\overset{-1}{\xi}(|X^{*r,\gamma}|)$; $Y^{q,\beta}.Y^{*r,\gamma} = 0$ quand $\dot{O}.\overset{-1}{\xi}(X^{q,\beta}).\overset{-1}{\xi}(X^{*r,\gamma}) = 0$; enfin C vérifie (39).

Soit L^p une forme de $E \times B'$ vérifiant (40); les relations (39), (40) et (43), le numéro **71** et le lemme 44 assurent l'existence d'une classe d'homologie Z'^p

de B′ telle que

$$(44)\qquad L^p.[y_{0,0;0,0}\times B'^0]+(-1)^{p+1}\sum_{q,\beta,r,\gamma}\dot{L}^p.Y^{q,\beta}.Y^{*r,\gamma}.[g_1(y_{r,\gamma;q,\beta})\times B'^0]\sim Z'^p$$

dans $(E\times B').(k\times B')$.

D'une part, puisque $|x_{r,\gamma;q,\beta}|\subset|y_{r,\gamma;q,\beta}|$, en vertu du lemme 15 (n° **27**), on déduit de (44) la relation

$$L^p.[x_{0,0;0,0}\times B'^0]+(-1)^{p+1}\sum_{q,\beta,r,\gamma}\dot{L}^p.Y^{q,\beta}.Y^{*r,\gamma}.[g_1(x_{r,\gamma;q,\beta})\times B'^0]\sim Z'^p$$

qui exprime que

$$(45)\qquad \psi(Z^p,\ O,\ B',\ K.K^*,\ g_1)\sim Z'^p.$$

D'autre part projetons (n° **73**) h sur k; les homologies (43) et (44) se transforment en les suivantes, où les $h_1(x_{r,\gamma;q,\beta})$ sont des formes de k

$$(46)\qquad \Big[\sum_{q,\beta,r,\gamma}X^{q,\beta}.X^{*r,\gamma}\times h_1(x_{r,\gamma;q,\beta})\Big]^{\cdot}=\sum_{q,\beta}X^{q,\beta}\times x_{q,\beta}-K^0.K^{*0}\times x_{0,1},$$

$$(47)\qquad L^p.[x_{0,1}\times B'^0]+(-1)^{p+1}\sum_{q,\beta,r,\gamma}\dot{L}^p.Y^{q,\beta}.Y^{*r,\gamma}.[h_1(x_{r,\gamma;q,\beta})\times B'^0]\sim Z'^p;$$

on peut trouver une forme l_1 de k telle que $\dot{l}_1=x_{0,0}-x_{0,1}$ [car $x_{0,0}\sim x_{0,1}$ d'après la formule (29) du n° **31**]; en retranchant membre à membre (25) et (46) on constate que

$$\sum_{q,\beta,r,\gamma}X^{q,\beta}.X^{*r,\gamma}\times h_1(x_{r,\gamma;q,\beta})-\sum_{q,\beta}X^{q,\beta}\times f_1(x_{q,\beta})-K^0\times l_1$$

est un cycle de $(K.K^*)\times k$; puisque $K.K^*$ est un simplexe, ce cycle est homologue à un cycle de k de dimension 1 (lemme 2, n° **4**), donc à zéro, puisque k est le dual d'un simplexe (n° **35**); d'où

$$\sum_{q,\beta,r,\gamma}Y^{q,\beta}.Y^{*r,\gamma}\times h_1(x_{r,\gamma;q,\beta})\sim\sum_{q,\beta}Y^{q,\beta}\times f_1(x_{q,\beta})+\overline{V}^0\times l_1;$$

cette homologie portée dans (47) nous donne

$$L^p.[x_{0,1}\times B'^0]+(-1)^{p+1}\dot{L}^p.[l_1\times B'^0]+(-1)^{p+1}\sum_{q,\beta}\dot{L}^p.Y^{q,\beta}.[f_1(x_{q,\beta})\times B'^0]\sim Z'^p,$$

c'est-à-dire

$$L^p.[x_{0,0}\times B'^0]+(-1)^{p+1}\sum_{q,\beta}\dot{L}^p.Y^{q,\beta}.[f_1(x_{p,\beta})\times B'^0]\sim Z'^p,$$

c'est-à-dire

$$(48)\qquad \psi(Z^p,\ O,\ B',\ K,\ f_1)\sim Z'^p.$$

De (45) et (48) résulte la relation

$$\psi(Z^p,\ O,\ B',\ K.\dot{K}^*,\ g_1)\sim\psi(Z^p,\ O,\ B',\ K,\ f_1)$$

qui prouve que $\psi(Z^p,\ O,\ B',\ K,\ f_1)$ est indépendant des choix de K et f_1.

87. Propriétés de $\psi(Z^p.O)$. — *a*. Soient O_α des ensembles ouverts, deux à deux disjoints et en nombre fini, de points de O; supposons que $\overline{O}-\sum_\alpha O_\alpha$ appartienne au champ de définition de $\xi(x, x')$. On n'altère pas la définition de $\psi(Z^p.O).\left[E'-\psi\left(\overline{O}-\sum_\alpha O\right)\right]$ quand, dans les raisonnements des numéros **85** et **86**, on substitue $\overline{O}-\sum_\alpha O_\alpha$ à $\dot{O}$ et $\sum_\alpha L^{p,\alpha}$ à L^p, $L^{p,\alpha}$ étant une forme de $E\times B'$ vérifiant les conditions

$$(40_\alpha)\quad Z^p.(E\times B').(O_\alpha-\overline{V}.O_\alpha)\sim L^{p,\alpha}.(O_\alpha-\overline{V}.O_\alpha);\quad |L^{p,\alpha}|\subset O_\alpha+V;\quad |\dot{L}^{p,\alpha}|\subset V.$$

D'où

$$(49)\quad \psi(Z^p.O).\left[E'-\psi\left(\overline{O}-\sum_\alpha O_\alpha\right)\right]\sim\sum_\alpha \psi(Z^p.O_\alpha).\left[E'-\psi\left(\overline{O}-\sum_\alpha O_\alpha\right)\right].$$

b. En supposant tous les O_α vides, nous obtenons en particulier la proposition suivante :

$\xi(Z^p.O)\sim 0$ quand $\overline{O}$ appartient au champ de définition de $\xi(x, x')$ et que O ne contient aucune solution de l'équation $x=\xi(x, x')$.

Cette proposition résulte également de (52).

c. Supposons $\xi(x, x')$ défini en tout point de $\overline{O}$; on peut alors définir $\psi(Z^p.O)$ par les relations plus simples que (40) et (42)

$$Z^p.(E\times B').\overline{O}\sim L^p.\overline{O};\qquad |L^p|\subset O+V;$$
$$\psi(Z^p.O).B'\sim L^p.[x_{0,0}\times B'^0]+(-1)^{p+1}\sum_{q,\beta}\dot{L}^p.\overset{-1}{\xi}(X^{q,\beta}).[f_1(x_{q,\beta})\times B'^0];$$

d'après (25) cette dernière relation peut s'écrire

$$(50)\qquad \psi(Z^p.O).B'\sim\sum_{q,\beta}L^p.\overset{-1}{\xi}(X^{q,\beta}).[x_{q,\beta}\times B'^0];$$

or, d'après le lemme **40**, $\sum_{q,\beta}\overline{O}.\overset{-1}{\xi}(|X^{q,\beta}|).[|x_{q,\beta}|\times B']$ est arbitrairement voisin de $\overline{O}.S.(E\times B')$, S étant l'ensemble des points $x\times x'$ de $E\times E'$ qui vérifient l'équation $x=\xi(x, x')$; par ailleurs $\dot{O}.S.(E\times B')$ est vide; on peut donc se contenter d'assujettir L^p à la condition suivante : L^p est une forme de $E\times B'$ telle que

$$(51)\qquad Z^p.O.S.(E\times B')\sim L^p.O.S.(E\times B')\qquad \text{dans } O.S.(E\times B').$$

Il en résulte ceci

$$(52)\qquad \psi(Z^{p,1}.O)\sim\psi(Z^{p,2}.O)\qquad \text{quand } Z^{p,1}.O.S\sim Z^{p,2}.O.S$$

et que $\overline{O}$ appartient au champ de définition de $\xi(x, x')$.

d. Choisissons $O = E \times E'$; tout pseudocycle de $E \times E'$ est du type $E^0 \times Z'^p$, Z'^p étant un pseudocycle de E'; choisissons $L^p = E^0 \times (Z'^p . B')$; (42) se réduit à

(53) $$\psi[(E^0 \times Z'^p).(E \times E')] \sim Z'^p.$$

e. Z'^q étant un pseudocycle de E', pour calculer $\psi[(E^0 \times Z'^q).Z^p.O]$ il suffit de remplacer dans le second membre de (42) L^p par $(E^0 \times Z'^q).L^p$; il vient

(54) $$\psi[(E^0 \times Z'^q).Z^p.O] \sim Z'^q.\psi(Z^p.O),$$

en particulier

(55) $$\psi[(E^0 \times Z'^q).O] \sim Z'^q.\psi(O^0).$$

Le théorème suivant récapitule les résultats acquis :

THÉORÈME 29. — *Soient un espace convexoïde* simple E, *un espace topologique* E′ *et une représentation dans* E, $\xi(x, x')$, *d'un ensemble fermé de points de* $E \times E'$. *Envisageons l'équation*

(37) $$x = \xi(x, x').$$

L'ensemble S *des points* $x \times x'$ *de* $E \times E'$ *qui vérifient* (37) *est fermé;* F *étant un ensemble fermé quelconque de points de* $E \times E'$, *la projection* $\psi(F)$ *de* F.S *sur* E′ *est un ensemble fermé. Soit* O *un ensemble ouvert de points de* $E \times E'$, *tel que* $\xi(x, x')$ *soit défini sur* $\dot{O}$; (40) *et* (42) [ou (51) *et* (50) *lorsque* $\xi(x, x')$ *est défini sur* $\overline{O}$] *associent à l'équation* (37) *un homomorphisme* $\psi(Z^p.O)$; *cet homomorphisme transforme les pseudocycles* Z^p *de* O *en pseudocycles de* $E' - \psi(\dot{O})$ [*sans respecter la loi d'intersection*]; $\psi(Z^p.O)$ *n'est pas altéré quand on modifie la définition de* $\xi(x, x')$ hors *de* $\dot{O}$. *Supposons que* $\overline{O}$ *appartienne au champ de définition de* $\xi(x, x')$: *on a* $\psi(Z^{p,1}.O) \sim \psi(Z^{p,2}.O)$ *quand* $Z^{p,1}.O.S \sim Z^{p,2}.O.S$; *en particulier* $\psi(Z^p.O) \sim 0$ *quand* O *ne contient aucune solution de l'équation* $x = \xi(x, x')$. *Si les* O_α *sont des ensembles ouverts, deux à deux disjoints et en nombre fini, de points de* O, *et si* $\xi(x, x')$ *est défini sur* $\overline{O} - \sum_\alpha O_\alpha$, *on a*

$$\psi(Z^p.O).\Big[E' - \psi\Big(\overline{O} - \sum_\alpha O_\alpha\Big)\Big] \sim \sum_\alpha \psi(Z^p.O_\alpha).\Big[E' - \psi\Big(\overline{O} - \sum_\alpha O_\alpha\Big)\Big].$$

Si Z'^q *est un pseudocycle de* E′, *on a*

$$\psi[(E^0 \times Z'^q).(E \times E')] \sim Z'^q; \quad \psi[(E^0 \times Z'^q).Z^p.O] \sim Z'^q.\psi(Z^p.O),$$
$$\psi[(E^0 \times Z'^q).O] \sim Z'^q.\psi(O^0).$$

88. CAS PARTICULIERS. — *a. Rétrécissement de* E′. — Si l'on remplace E′ par $e' \subset E'$, alors $\psi(Z^p.O)$ devient $\psi(Z^p.O).e'$.

b. Cas où E′ *ne contient qu'un point : relation entre* $\psi(O^0)$ *et l'indice total.* — Supposons E′ réduit à un point; identifions $E \times E'$ et E; posons $\xi(x, x') = \xi(x)$; soit O un ensemble ouvert de points de E tel que $\overline{O}$ appartienne au champ de définition de $\xi(x)$ et que $\dot{O}$ ne contienne aucune solution de l'équation $x=\xi(x)$. Soit L^0 une forme de E telle que $|L^0|=\overline{O}$, $|\dot{L}^0|=\dot{O}$ et que $L^0.O=O^0$ soit un cycle unité de O; les relations (50) et (8) nous donnent

$$\psi(O^0)\sim i(O)E'^0. \tag{56}$$

Si, au lieu de supposer $\xi(x)$ défini sur $\overline{O}$, nous le supposons défini seulement sur $\dot{O}$, $i(O)$ n'est plus défini, mais $\psi(O^0)$ l'est toujours; il est naturel de définir alors $i(O)$ par la relation (56). En d'autres termes : *les raisonnements de ce chapitre-ci permettent de compléter le théorème* 28 *en définissant* $i(O)$ *quand* E *est simple, que* $\dot{O}$ *appartient au champ de définition de* $\xi(x)$ *et ne contient aucune solution de l'équation* $x=\xi(x)$.

c. Désignons par ψ^* la projection et l'homomorphisme associés à l'équation

$$x=\xi(x, \eta(x'')), \tag{57}$$

où $\eta(x'')$ est une représentation dans E′ d'un troisième espace topologique E″; posons $\eta(x\times x'')=x\times\eta(x'')$; je dis que

$$\psi^*\left(\overset{-1}{\eta}(x\times x')\right)=\overset{-1}{\eta}(\psi(x\times x')); \tag{58$_1$}$$

$$\psi^*\left(\overset{-1}{\eta}(Z^p).\overset{-1}{\eta}(O)\right)\sim\overset{-1}{\eta}(\psi(Z^p.O)). \tag{58$_2$}$$

Démonstration. — (58_1) est évident; (58_2) s'obtient en transformant par $\overset{-1}{\eta}$ les homologies (40) et (42).

d. *Supposons que* $\xi(x, x')=\xi(x')$ *soit une représentation de* E′ *dans* E; je dis que $\psi(Z^p.O)$ est la projection sur $E'-\psi(\dot{O})$ de l'intersection de Z^p par S.O, S étant l'ensemble des points $\xi(x')\times x'$.

Démonstration. — Supposons $\psi(\dot{O})$ vide, comme (*a*) nous y autorise. Soit Z'^p la projection de $Z^p.S$ sur E′. Nous avons $Z^p.S\sim(E^0\times Z'^p).S$ dans S; donc, d'après (52),

$$\psi(Z^p.O)\sim\psi[(E^0\times Z'^p).(E\times E')];$$

d'où, en tenant compte de (53),

$$\psi(Z^p.O)\sim Z'^p.$$ C. Q. F. D.

III. — Équations définissant le même homomorphisme $\psi(Z^p.O)$.

89. Rétrécissement de E. — *Définition.* — Soit *e* un sous-espace convexoïde (**78**) et *simple* de E; nous nommerons $\psi(Z^p.O.e)$ l'homomorphisme que nous obtenons en remplaçant, dans le paragraphe II, E par *e*, O par O.*e* et Z^p par $Z^p.e$.

THÉORÈME 30. — *Si e est un sous-espace convexoïde de* E, *si e est simple et si* $\xi(e)+\xi(\dot{O})\subset e$, alors $\psi(Z^p.O)\sim\psi(Z^p.O.e)$.

Démonstration. — Le raisonnement du n° **86** *c* reste valable quand K^*, au lieu d'être une couverture simpliciale de E dont les supports sont des ensembles U, est une couverture simpliciale de *e* dont les supports sont des ensembles *u*, si du moins $\xi(\dot{O})\subset e$. La conclusion de ce raisonnement

$$\psi(Z^p, O.e, B', K.K^*, g_1) \sim \psi(Z^p, O, B', K, f_1)$$

signifie que dans ces conditions

$$\psi(Z^p.O.e) \sim \psi(Z^p.O).$$

90. L'HOMOMORPHISME DÉFINI PAR $x\times x' = \xi(x, x', x'')\times\xi'(x, x', x'')$.

THÉORÈME 31. — *Soient deux espaces convexoïdes simples* E *et* E′ *et un espace topologique* E″; *soient* $\xi(x, x', x'')$ *et* $\xi'(x, x', x'')$ *deux représentations, dans* E *et dans* E′, *d'un ensemble fermé de points de* $E\times E'\times E''$. *Soit* O *un ensemble ouvert de points de* $E\times E'\times E''$, *dont la frontière* $\dot{O}$ *appartient au champ de définition de* ξ *et* ξ'. *A l'équation* $x\times x'=\xi(x, x', x'')\times\xi'(x, x', x'')$ *est associé un homomorphisme* $\Psi(Z^p.O)$ *de l'anneau des pseudocycles de* O *dans l'anneau des pseudocycles de* $E''-\Psi(\dot{O})$. *Je dis que cet homomorphisme ne change pas quand on remplace* $\xi'(x, x', x'')$ *par une autre représentation de* $\dot{O}$ *dans* E′ *qui est égale à* $\xi'(x, x', x'')$ *en les points de* $\dot{O}$ *où* $x=\xi(x, x', x'')$.

Démonstration. — La relation (42) qui définit $\Psi(Z^p.O)$ peut être choisie du type suivant, où $Y^{q,\beta}$ et $Y'^{r,\gamma}$ sont les éléments d'élargissements convenables C et C′ de $\dot{O}.\overset{-1}{\xi}(K)$ et $\dot{O}.\overset{-1}{\xi'}(K')$, K et K′ étant deux couvertures convenables de E et E′ :

$$\begin{aligned}(59)\qquad \Psi(Z^p.O).B'' \sim{}& L^p.[x_{0,0}\times x'_{0,0}\times B''^0]\\ &+(-1)^{p+1}\sum_{q,\beta,r,\gamma}\dot{L}^p.Y'^{r,\gamma}.Y^{q,\beta}.[f_1(x_{q,\beta}\times x'_{r,\gamma})\times B''^0],\end{aligned}$$

les $f_1(x_{q,\beta}\times x'_{q,\gamma})$ étant des formes du produit $k\times k'$ des duals de K et K′ telles que

$$\begin{aligned}(60)\qquad &\Big[\sum_{q,\beta,r,\gamma} X'^{r,\gamma}\times X^{q,\beta}\times f_1(x_{q,\beta}\times x'_{r,\gamma})\Big]^{\bullet}\\ &=\sum_{q,\beta,r,\gamma} X'^{r,\gamma}\times X^{q,\beta}\times x_{q,\beta}\times x'_{r,\gamma}-K'^0\times K^0\times x_{0,0}\times x'_{0,0}.\end{aligned}$$

Soient $f_1(x_{q,\beta})$ et $f_1(x'_{r,\gamma})$ des formes de *k* et *k′* vérifiant les relations

$$(25)\qquad \Big[\sum_{q,\beta} X^{q,\beta}\times f_1(x_{q,\beta})\Big]^{\bullet}=\sum_{q,\beta} X^{q,\beta}\times x_{q,\beta}-K^0\times x_{0,0},$$

$$(25')\qquad \Big[\sum_{q,\beta} X'^{r,\gamma}\times f_1(x'_{r,\gamma})\Big]^{\bullet}=\sum_{r,\gamma} X'^{r,\gamma}\times x'_{r,\gamma}-K'^0\times x'_{0,0},$$

on déduit aisément de (25) et (25′) que (60) est satisfait par le choix suivant de $f_1(x_{q,\beta} \times x'_{r,\gamma})$:

$$(61)\qquad \begin{cases} f_1(x_{q,\beta} \times x'_{r,\gamma}) = x_{q,\beta} \times f_1(x'_{r,\gamma}) & \text{si } r > 0, \\ f_1(x_{q,\beta} \times x'_{0,\gamma}) = x_{q,\beta} \times f_1(x'_{0,\gamma}) + f_1(x_{q,\beta}) \times x'_{0,0}, \end{cases}$$

(59) peut donc être mis sous la forme

$$(62)\qquad \begin{aligned} \Psi(Z^p.O).B'' \sim L^p.[x_{0,0} \times x'_{0,0} \times B''^0] \\ + (-1)^{p+1} \sum_{q,\beta} \dot{L}^p.Y^{q,\beta}.[f_1(x_{q,\beta}) \times x'_{0,0} \times B''^0] \\ + (-1)^{p+1} \sum_{q,\beta,r,\gamma} \dot{L}^p.Y'^{r,\gamma}.Y^{q,\beta}.[x_{q,\beta} \times f_1(x'_{r,\gamma}) \times B''^0] \\ \text{dans } (E \times E' \times E'').(k \times k' \times B''). \end{aligned}$$

Soit S l'ensemble des points de $E \times E' \times B''$ en lesquels $x = \xi(x, x', x'')$; puisque par hypothèse $B''.\psi(\dot{O}) = 0$, on a $x' \neq \xi'(x, x', x'')$ en tout point de $S.\dot{O}$. Le lemme 40 nous permet d'effectuer les choix suivants de C et C′ :

C′ sera, non plus un élargissement de $\dot{O}.\overset{-1}{\xi'}(K')$, mais un élargissement de $S.\dot{O}.\overset{-1}{\xi'}(K')$ satisfaisant aux conditions suivantes :

C′ est une couverture de la fermeture $\bar{v}$ d'un voisinage v de $S.\dot{O}$; $|Y'^{r,\gamma}|$ contient un voisinage de $S.\dot{O}.\overset{-1}{\xi'}(|X'^{r,\gamma}|)$;

$$|Y'^{r,\gamma}|.(|x'_{r,\gamma}| \times E' \times B'') = 0.$$

C sera un élargissement de $\dot{O}.\overset{-1}{\xi}(K)$ satisfaisant aux conditions suivantes :

C est une couverture de la fermeture $\overline{V}$ d'un voisinage V de $\dot{O}$; $|Y^{q,\beta}|$ contient un voisinage de $\dot{O}.\overset{-1}{\xi'}(|X^{q,\beta}|)$;

$$|Y^{q,\beta}|.(|x_{q,\beta}| \times E' \times B'') \subset v.$$

L^p satisfera aux conditions (40).

De l'ensemble de ces conditions résulte que le second membre de (62) est encore un cycle général de $(E \times E' \times B'').(k \times k' \times B'')$; le lemme 15 (n° **27**) permet de prouver que ce cycle appartient à une classe d'homologie de B″ indépendante du choix de C′ et que la relation (62) vaut encore : nous obtenons ainsi une définition de $\Psi(Z^p.O)$ qui n'utilise pas la définition de $\xi'(x, x', x'')$ hors de l'ensemble des solutions de l'équation $x = \xi(x, x', x'')$.

C. Q. F. D.

Théorème 32. — *Soient deux espaces convexoïdes simples* E *et* E′ *et un espace topologique* E″; *soit* $\xi(x, x', x'')$ *une représentation dans* E *d'un ensemble fermé de points de* $E \times E' \times E''$; *soit* $\xi'(x', x'')$ *une représentation dans* E′ *d'un ensemble fermé de points de* $E' \times E''$. *Les symboles* ψ, ψ' *et* Ψ *correspondant respectivement aux trois équations*

$$x = \xi(x, x', x''), \qquad x' = \xi'(x', x'') \qquad \text{et} \qquad x \times x' = \xi(x, x', x'') \times \xi'(x', x''),$$

nous avons

$$(63) \qquad \Psi(F) = \psi'(\psi(F)) \qquad [F \subset E \times E' \times E''; \ \psi(F) \subset E' \times E''; \ \Psi(F) \subset E''],$$

$$(64) \qquad \Psi(Z^p.O) \sim \psi'\{\psi(Z^p.O).[E' \times E'' - \psi(\dot{O})]\}$$

(O *est un ensemble ouvert de points de* $E \times E' \times E''$ *tel que* $\xi(x, x', x'')$ *et* $\xi'(x', x'')$ *soient définis sur* $\dot{O}$).

Démonstration de (63). — $\psi(F)$ est la projection sur $E' \times E''$ des points de F où $x = \xi(x, x', x'')$; $\psi'[\psi(F)]$ est la projection sur E'' des points de $\psi(F)$ où $x' = \xi'(x, x', x'')$; or $\Psi(F)$ est la projection sur E'' des points de F où $x = \xi(x, x', x'')$ et $x' = \xi'(x, x', x'')$.

Démonstration de (64). — La relation analogue à (42) qui définit $\Psi(Z^p.O)$ peut être mise sous la forme (62) où les $Y^{p,\beta}$ sont les éléments d'un élargissement de $\dot{O}.\overset{-1}{\xi}(K)$ et les $Y'^{r,\gamma}$ les éléments d'un élargissement de $\dot{O}.\overset{-1}{\xi'}(K')$. Posons

$$M^p = L^p.[x_{0,0} \times E'^0 \times B''^0] + (-1)^{p+1} \sum_{q,\beta} \dot{L}^p.Y^{q,\beta}.[f_1(x_{q,\beta}) \times E'^0 \times B''^0].$$

En vertu de la définition de $\psi(Z^p.O)$ nous avons, V étant un voisinage de $\psi(\dot{O})$,

$$(65) \qquad \psi(Z^p.O).(E' \times B'').(E' \times E'' - V) \sim M^p.[E \times (E' \times E'' - V)],$$

D'autre part, puisque

$$\dot{M}^p = \sum_{q,\beta} \dot{L}^p.Y^{q,\beta}.[x_{q,\beta} \times E'^0 \times B''^0],$$

la relation (62) peut s'écrire

$$\Psi(Z^p.O).B'' \sim M^p.[E^0 \times x'_{0,0} \times B''^0] + (-1)^{p+1} \sum_{r,\gamma} \dot{M}^p.Y'^{r,\gamma}.[E^0 \times f_1(x'_{r,\gamma}) \times B''^0]$$

et la relation que nous voulons établir, (64), s'écrit

$$(66) \qquad \psi'\{\psi(Z^p.O).[E' \times E'' - \psi(\dot{O})]\} \sim M^p.[E^0 \times x'_{0,0} \times B''^0] + (-1)^{p+1} \sum_{r,\gamma} \dot{M}^p.Y'^{r,\gamma}.[E^0 \times f_1(x'_{r,\gamma}) \times B''^0].$$

Le système (65), (66) est analogue au système (40), (42) appliqué à la définition de $\psi'\{\psi(Z^p.O).[E' \times E'' - \psi(\dot{O})]\}$: la seule différence entre ces deux systèmes est que M^p, au lieu d'être une forme de $E' \times B''$ est une forme générale de $(E \times E' \times B'').(k \times E' \times B'')$; il est encore possible, malgré cette différence, de définir $\psi'\{\psi(Z^p.O).[E' \times E'' - \psi(\dot{O})]\}$ par le système (65),

(66) car le raisonnement du n° **86** *a* et le lemme 22, sur lequel s'appuie ce raisonnement, restent valables quand on substitue à la notion de forme de E celle de forme générale de $(E^* \times E).(k^* \times E)$, k^* étant le dual d'un simplexe, les supports de k^* étant des ensembles fermés et simples de points de E^*.

IV. — Application aux transformations.

91. Transformations et homomorphismes associés a certaines équations. — Soient un espace convexoïde *simple* T et deux espaces topologiques E et E'; soit $\varphi[t, x']$ une représentation de $T \times E'$ dans E; soit $\tau(x)$ une représentation dans T d'un ensemble fermé de points de E; nous allons étudier l'équation

$$x = \varphi[\tau(x), x'] \tag{67}$$

par l'intermédiaire de l'équation

$$t = \tau(\varphi[t, x']) \tag{68}$$

qui est du type (37).

La transformation $\theta(x)$. — Étant donné un point x de E, en lequel $\tau(x)$ est défini, nous nommerons $\theta(x)$ l'ensemble des points x' vérifiant (67). Étant donné un point x' de E' nous nommerons $\overset{-1}{\theta}(x')$ l'ensemble des points x vérifiant (67). Les conditions $x' \in \theta(x)$ et $x \in \overset{-1}{\theta}(x')$ sont donc équivalentes. Soit S l'ensemble des points $t \times x'$ qui vérifient (68); soit $\psi(t, x')$ la représentation qui transforme un point $t \times x'$ de S en le point x' de E'. Nous avons

$$\theta(x) = \psi\left(\overset{-1}{\varphi}(x)\right); \tag{69$_1$}$$

$$\overset{-1}{\theta}(x') = \varphi(S.(T \times x')). \tag{69$_2$}$$

Nous posons

$$\theta(e) = \sum_{x \in e} \theta(x) \quad \text{et} \quad \overset{-1}{\theta}(e') = \sum_{x' \in e'} \overset{-1}{\theta}(x').$$

Soit F un ensemble fermé de points de E; puisque φ est continue, $\overset{-1}{\varphi}(F)$ est un ensemble fermé; d'après le théorème 29, ψ transforme tout ensemble fermé en ensemble fermé; donc $\theta(F) = \psi\left(\overset{-1}{\varphi}(F)\right)$ *est fermé*. Soit B' un ensemble bicompact de points de E'; $T \times B'$ est bicompact; puisque S est fermé (théorème 29) $S.(T \times B')$ est bicompact et par suite $\overset{-1}{\theta}(B') = \varphi[S.(T \times B')]$ *est bicompact*.

L'*homomophisme* $\theta(Z^p.O)$. — Soit ψ l'homomorphisme associé à l'équation (68); soit O un ensemble ouvert de points de E; soit Z^p un pseudocycle de O; $\overset{-1}{\varphi}(O)$ est un ensemble ouvert de points de $T \times E'$; $\overset{-1}{\varphi}(Z^p)$ est un pseudocycle de $\overset{-1}{\varphi}(O)$; supposons $\tau(x)$ défini sur O; $\tau[\varphi(t, x')]$ est défini sur l'ensemble $\overset{-1}{\varphi}(\dot{O})$ qui contient la frontière $\overset{-1}{\varphi}(O)^{\cdot}$ de $\overset{-1}{\varphi}(O)$; $\psi[\overset{-1}{\varphi}(Z^p).\overset{-1}{\varphi}(O)]$ est donc un pseudocycle de l'ensemble $E' - \psi(\overset{-1}{\varphi}(O)^{\cdot})$ qui contient l'ensemble $E' - \psi(\overset{-1}{\varphi}(\dot{O})) = E' - \theta(\dot{O})$; nous poserons

$$(70)\qquad \theta(Z^p.O) \sim \psi[\overset{-1}{\varphi}(Z^p).\overset{-1}{\varphi}(O)].[E' - \theta(\dot{O})].$$

Les théorèmes 29 et 30 nous fournissent l'énoncé suivant :

Théorème 29 *bis*. — *Soit* $\theta(x)$ *la transformation (en général multivoque) associée à l'équation* (67); $\theta(x)$ *transforme tout ensemble fermé de points de* E *en un ensemble fermé de points de* E'; $\overset{-1}{\theta}(x')$ *transforme tout ensemble bicompact de points de* E' *en un ensemble bicompact de points de* E. *Soit* O *un ensemble ouvert de points de* E *tel que* $\tau(x)$ *soit défini sur* $\dot{O}$; *l'homomorphisme* $\theta(Z^p.O)$ *transforme les pseudocycles de* O *en pseudocycles de* $E' - \theta(\dot{O})$ [*sans respecter la loi d'intersection*]; $\theta(Z^p.O)$ *n'est pas altéré quand on modifie la définition de* $\tau(x)$ *hors de* $\dot{O}$, *ni quand on rétrécit* T *en un sous-espace convexoïde et simple contenant* $\tau(\dot{O})$. *Soient* O_α *des ensembles ouverts, deux à deux disjoints et en nombre fini, de points de* O; *si* $\tau(x)$ *est défini sur* $\overline{O} - \sum_\alpha O_\alpha$, *alors*

$$(71)\qquad \theta(Z^p.O).\left[E' - \theta\left(\overline{O} - \sum_\alpha O_\alpha\right)\right] \sim \sum_\alpha \theta(Z^p.O_\alpha).\left[E' - \theta\left(\overline{O} - \sum_\alpha O_\alpha\right)\right].$$

Si $\tau(x)$ *est défini sur* $\overline{O}$ *et si* $\theta(O)$ *est vide, alors* $\theta(Z^p.O) \sim 0$. *Si* Z^q *est un pseudocycle de* E, Z^p *étant toujours un pseudocycle de* O, *on a*

$$(72_1)\qquad \theta(Z^q.E) \sim \overset{-1}{\varphi}(Z^q),$$

$$(72_2)\qquad \theta(Z^q.Z^p.O) \sim \overset{-1}{\varphi}(Z^q).\theta(Z^p.O),$$

$$(72_3)\qquad \theta(Z^q.O) \sim \overset{-1}{\varphi}(Z^q).\theta(O^0).$$

Remarque 1. — Pour définir l'homomorphisme $\theta(Z^p.O)$ il ne suffit pas de donner la transformation $\theta(x)$: il faut préciser à quelle équation du type (67) est associé cet homomorphisme.

Remarque 2. — Si $\overset{-1}{\theta}(x')$ est une transformation univoque, alors $\overset{-1}{\theta}(x')$ est une représentation (puisque θ transforme tout ensemble fermé en un ensemble fermé).

Remarque 3. — $\theta(x)$ est une transformation univoque, si E et E' sont des espaces de Hausdorff et si E' est bicompact, alors $\theta(x)$ est une représentation (car $\overset{-1}{\theta}$ transforme alors tout ensemble fermé en un ensemble fermé).

92. Cas particuliers. — *a. Rétrécissement de* E′. — Si l'on remplace E′ par $e' \subset E'$, alors $\theta(Z^p.O)$ devient $\theta(Z^p.O).e'$.

b. Cas où E′ *ne contient qu'un point : relation entre* $\theta(O^0)$ *et l'indice total.* — L'équation (67) se réduit alors à l'équation (27) $x = \varphi[\tau(x)]$; soit $i(O)$ l'indice total de celles de ses solutions qui appartiennent à O; si $\tau(x)$ est défini sur $\overline{O}$ et si $\dot{O}$ ne contient aucune solution, nous avons, d'après (56),

$$\theta(O^0) \sim i(O)E'^0. \tag{73}$$

c. Désignons par θ^* la transformation et l'homomorphisme associés à l'équation

$$x = \varphi[\tau(x), \eta(x'')], \tag{74}$$

où $\eta(x'')$ est une représentation dans E′ d'un quatrième espace topologique E″; nous avons, d'après (58),

$$\theta^*(x) = \overset{-1}{\eta}(\theta(x)), \tag{75$_1$}$$

$$\theta^*(Z^p.O) \sim \overset{-1}{\eta}(\theta(Z^p.O)). \tag{75$_2$}$$

d. Supposons $\varphi(t, x') = \varphi(x')$ *indépendant de t.* — Nous avons, d'après le n° **88** *d*,

$$\theta(x) = \overset{-1}{\varphi}(x), \tag{76$_1$}$$

$$\theta(Z^p.O) \sim \overset{-1}{\varphi}(Z^p).\left[E' - \overset{-1}{\varphi}(\dot{O})\right]. \tag{76$_2$}$$

Le Chapitre VIII utilisera la généralisation que voici de cette proposition :

e. Supposons que le rôle de T soit joué par le produit $T \times T'$ de deux espaces convexoïdes, simples et homéomorphes; soit $t' = \iota(t)$ une représentation topologique de T sur T′; supposons θ défini par une équation

$$x = \varphi[\tau(x), \iota(\tau(x)), x'],$$

telle que $\varphi[t, \iota(t), x'] = \varphi'(x')$ soit indépendant de t; je dis que

$$\theta(x) = \overset{-1}{\varphi'}(x), \tag{77$_1$}$$

$$\theta(Z^p.O) \sim \overset{-1}{\varphi'}(Z^p).\left[E' - \overset{-1}{\varphi'}(\dot{O})\right]. \tag{77$_2$}$$

Démonstration. — (77₁) est évident; pour établir (77₂) il suffit de rétrécir $T \times T'$ en l'ensemble des points $t \times \iota(t)$: nous nous trouvons ramenés au cas *d*.

f. Cas où $\theta(x)$ *est une représentation de* O *dans* E′. — Nous supposons donc $\tau(x)$ défini en tout point de $\overline{O}$. D'après (69₂)

$$S.(E \times x') \subset \overset{-1}{\varphi}\left(\overset{-1}{\theta}(x')\right);$$

d'où

$$(E \times x').S.\overset{-1}{\varphi}(O) \subset \overset{-1}{\varphi}\left(\overset{-1}{\theta}(x')\right).S.\overset{-1}{\varphi}(O). \tag{78}$$

Réciproquement soit $t \times y'$ un point de $\overset{-1}{\varphi}\left(\overset{-1}{\theta}(x')\right).\mathrm{S}.\overset{-1}{\varphi}(\mathrm{O})$. Posons

$$x = \varphi[t \times y']; \qquad x \in \mathrm{O}.$$

D'une part, puisque $t \times y' \in \mathrm{S}$, nous avons $t = \tau(x)$; d'où $y' = \theta(x)$. D'autre part, puisque $t \times y' \in \overset{-1}{\varphi}\left(\overset{-1}{\theta}(x')\right)$, nous avons $\varphi[t \times y'] \in \overset{-1}{\theta}(x')$, c'est-à-dire $x \in \overset{-1}{\theta}(x')$, c'est-à-dire $x' = \theta(x)$.

D'où $y' = x'$, c'est-à-dire

(79) $$\overset{-1}{\varphi}\left(\overset{-1}{\theta}(x')\right).\mathrm{S}.\overset{-1}{\varphi}(\mathrm{O}) \subset (\mathrm{E} \times x').\mathrm{S}.\overset{-1}{\varphi}(\mathrm{O}).$$

De (78) et (79) résulte

$$\overset{-1}{\varphi}\left(\overset{-1}{\theta}(x')\right).\mathrm{S}.\overset{-1}{\varphi}(\mathrm{O}) = (\mathrm{E} \times x').\mathrm{S}.\overset{-1}{\varphi}(\mathrm{O});$$

si Z'^q *est un pseudocycle de* E', nous avons donc

$$\overset{-1}{\varphi}\left(\overset{-1}{\theta}(\mathrm{Z}'^q)\right).\mathrm{S}.\overset{-1}{\varphi}(\mathrm{O}) \sim (\mathrm{E}^0 \times \mathrm{Z}'^q).\mathrm{S}.\overset{-1}{\varphi}(\mathrm{O}) \qquad \text{dans } \mathrm{S}.\overset{-1}{\varphi}(\mathrm{O});$$

d'où, d'après (52), Z^p *étant pseudocycle de* O,

$$\psi\left[\overset{-1}{\varphi}\left(\overset{-1}{\theta}(\mathrm{Z}'^q)\right).\overset{-1}{\varphi}(\mathrm{Z}^p).\overset{-1}{\varphi}(\mathrm{O})\right] \sim \psi\left[(\mathrm{E}^0 \times \mathrm{Z}'^q).\overset{-1}{\varphi}(\mathrm{Z}^p).\overset{-1}{\varphi}(\mathrm{O})\right],$$

c'est-à-dire, en tenant compte de (54) et (70),

(80) $$\boxed{\theta\left[\overset{-1}{\theta}(\mathrm{Z}'^q).\mathrm{Z}^p.\mathrm{O}\right] \sim \mathrm{Z}'^q.\theta(\mathrm{Z}^p.\mathrm{O});}$$

en particulier

(81) $$\theta\left[\overset{-1}{\theta}(\mathrm{Z}'^q).\mathrm{O}\right] \sim \mathrm{Z}'^q.\theta(\mathrm{O}^0).$$

93. La transformation $\theta'(\theta(x))$ et l'homomorphisme $\theta'\left[\theta(\mathrm{Z}^p.\mathrm{O}).\left(\mathrm{E}' - \theta(\dot{\mathrm{O}})\right)\right]$. — Nous utiliserons au Chapitre VIII la proposition suivante :

Théorème 33. — *Soient : trois espaces topologiques* E, E', E''; *deux espaces convexoïdes simples,* T *et* T'; *une représentation* $\varphi[t, x']$ *de* $\mathrm{T} \times \mathrm{E}'$ *dans* E; *une représentation* $\varphi'[t', x'']$ *de* $\mathrm{T}' \times \mathrm{E}''$ *dans* E'; *une représentation* $\tau(x)$ *dans* T *d'un ensemble fermé de points de* E *et une représentation* $\tau'(x')$ *dans* T' *d'un ensemble fermé de points de* E'.

L'équation $x = \varphi[\tau(x), x']$ *définit une transformation* $x' = \theta(x)$ *et un homomorphisme* $\theta(\mathrm{Z}^p.\mathrm{O})$;

l'équation $x' = \varphi'[\tau'(x'), x'']$ *définit une transformation* $x'' = \theta'(x')$ *et un homomorphisme* $\theta'(\mathrm{Z}'^p.\mathrm{O}')$.

Supposons que $\tau'(\theta(x))$ *soit une représentation dans* T' *du champ de définition de* $\tau(x)$ *(il n'est pas nécessaire de supposer que* $\theta(x)$ *soit une représentation); l'équation* $x = \varphi\left[\tau(x), \varphi'\left[\tau'(\theta(x)), x''\right]\right]$ *définit une transformation* $x'' = \Theta(x)$ *et un homomorphisme* $\Theta(\mathrm{Z}^p.\mathrm{O})$.

Je dis que

$$(82_1)\qquad \Theta(x)=\theta'(\theta(x));$$

$$(82_2)\qquad \Theta(Z^p.O)\sim\theta'[\theta(Z^p.O).(E'-\theta(\dot{O}))].$$

La formule (82_1) est évidente.

Démonstration de (82_2). — Soient ψ, ψ^* et ψ' les homomorphismes qui sont respectivement associés aux trois équations du type (37)

$$t=\tau(\varphi[t, x']),\qquad t=\tau(\varphi[t, \varphi'[t', x'']])\qquad \text{et}\qquad t'=\tau'(\varphi'[t', x'']).$$

Convenons d'écrire θ, θ', ... au lieu de $\theta(Z^p.O)$, $\theta'(Z'^p.O')$, ...

D'une part nous avons

$$\theta\sim\psi\overset{-1}{\varphi}\quad \text{et}\quad \theta'\sim\psi'\overset{-1}{\varphi'}\quad \text{d'après la définition (70)}\quad \text{et}\quad \overset{-1}{\varphi'}\psi\sim\psi^*\overset{-1}{\varphi'}\quad \text{d'après } (58_2);$$

d'où

$$(83)\qquad \theta'\theta\sim\psi'\psi^*\overset{-1}{\varphi'}\overset{-1}{\varphi}.$$

D'autre part $\psi'\psi^*$ est, d'après le théorème 32, l'homomorphisme associé à l'équation

$$t\times t'=\tau(\varphi[t, \varphi'[t', x'']])\times\tau'(\varphi'[t', x'']);$$

or

$$\varphi'[t', x'']=\theta(\varphi[t, \varphi'[t', x'']])\quad \text{quand}\quad t=\tau(\varphi[t, \varphi'[t', x'']]);$$

donc, en vertu du théorème 31, $\psi'\psi^*$ est aussi l'homomorphisme associé à l'équation

$$t\times t'=\tau(\varphi[t, \varphi'[t', x'']])\times\tau'(\theta(\varphi[t, \varphi'[t', x'']]));$$

d'où, d'après la définition (70) de Θ,

$$(84)\qquad \Theta\sim\psi'\psi^*\overset{-1}{\varphi'}\overset{-1}{\varphi}.$$

De (83) et (84) résulte la relation à démontrer : $\Theta\sim\theta'\theta$.

CHAPITRE VIII.

HOMÉOMORPHISMES.

94. Isomorphie d'anneaux de pseudocycles d'ensembles ouverts dont les ensembles complémentaires sont homéomorphes.

Théorème 34. — *Soient deux espaces topologiques*, E *et* E', *et une famille* T *de représentations topologiques* [1] *t de* E *sur* E' : $x'=tx$, $x=t^{-1}x'$. *Supposons que* T *soit un espace convexoïde. Soit* $\tau(x)$ *une représentation dans* T *d'un*

[1] Une représentation est dite *topologique* quand son inverse est une représentation.

ensemble fermé F *de points de* E; *supposons que* $\theta(x)=\tau(x)\,x$ *soit biunivoque sur* F. *Je dis que* $F'=\theta(F)$ *est un ensemble fermé de points de* E' *et que* $\theta(x)$ *est une représentation topologique de* F *sur* F'.

Remarque. — E et E', F et F', $\theta(x)$ et $\theta'(x')=\overset{-1}{\theta}(x')$, $\tau(x)$ et $\tau'(x')=\tau(\theta'(x'))^{-1}$ jouent donc des rôles symétriques. Notons que $\theta'(x')=\tau'(x')\,x'$.

Démonstration. — $x'=\theta(x)$ est la transformation associée à l'équation $x=\tau(x)^{-1}\,x'$; $\theta(F)$ est un ensemble fermé d'après le théorème 29 *bis*; $\overset{-1}{\theta}(x')$, qui est univoque par hypothèse, est continue d'après la 2e remarque concernant ce théorème.

Théorème 35. — *Adjoignons aux hypothèses qu'énonce le théorème* 34 *la suivante : l'espace convexoïde* T *est simple. Alors l'anneau des pseudocycles de* $O=E-F$ *est isomorphe à l'anneau des pseudocycles de* $O'=E'-F'$ (cette isomorphie ne respecte pas en général la loi d'intersection).

Démonstration. — Soient $\theta(Z^p.O)$ et $\theta'(Z'^p.O')$ les homomorphismes associés aux deux équations

$$x=\tau(x)^{-1}x', \qquad x'=\tau'(x')^{-1}x.$$

Nous avons, d'après le théorème 33 [formule (82_2)],

$$\Theta(Z^p.O)\sim\theta'[\theta(Z^p.O).O'],$$

$\Theta(Z^p.O)$ étant l'homomorphisme associé à l'équation

$$x=\tau(x)^{-1}\tau(x)x''.$$

Or, d'après le n° **92** *e* [formule (77_2)], cet homomorphisme $\Theta(Z^p.O)$ est l'identité. Donc

$$\theta'[\theta(Z^p.O).O']\sim Z^p. \tag{85}$$

Puisque E et E' jouent des rôles symétriques, nous avons de même

$$\theta[\theta'(Z'^p.O').O]\sim Z'^p. \tag{86}$$

Les formules (85) et (86) prouvent que $\theta(Z^p.O)$ et $\theta'(Z'^p.O')$ sont deux isomorphismes, inverses l'un de l'autre, des anneaux des pseudocycles de O et O' (A.-H. Anhang, I, § 1, n° **8**, second critère d'isomorphie). C. Q. F. D.

Exemple (*Théorème d'Alexander*) (A.-H. Chap. XI, § 4, n° **2**, coroll. II). — Si $E=E'$ est un espace euclidien, si F et F' sont deux ensembles homéomorphes et bicompacts (c'est-à-dire fermés et bornés) de points de E, alors les anneaux des pseudocycles de $O=E-F$ et $O'=E'-F'$ sont isomorphes.

Démonstration. — $\tau(x)$ sera la translation qui transforme un point de F en son homologue dans F'.

Contre-exemple. — L'hypothèse que T est simple, donc plus généralement l'hypothèse que l'homéomorphisme entre F et F′ est du type particulier $\theta(x)=\tau(x)\,x$ sont indispensables, comme le prouve le contre-exemple suivant : Sur deux tores E et E′ on peut tracer deux circonférences F et F′ telles que $O=E-F$ se décompose en deux domaines, tandis que $O'=E'-F'$ constitue un seul domaine ; le groupe des pseudocycles à o dimension de O a deux éléments de base ; celui de O′ n'en a qu'un ; ces deux groupes ne sont donc pas isomorphes.

95. Invariance du domaine. — Les coefficients utilisés seront les entiers. Adjoignons aux hypothèses des théorèmes 34 et 35 la suivante : soit D l'une des composantes de O ; sur $F+D$, $\tau(x)$ est défini et $\theta(x)=\tau(x)x$ est biunivoque, donc topologique. $\theta(D)$, étant connexe et étranger à F′, appartient à l'une des composantes D′ de O′. Si x' est un point de $O'-D'$, nous avons $\theta(D).x'=0$, donc (th. **29** *bis*) $\theta(D^0.O).x'\sim 0$. Si x' est un point de D′, $\theta(D.O^0).x'\sim a\,x'^0$, a étant un entier indépendant du choix de x' si, comme nous le supposerons, l'hypothèse suivante est vérifiée (*Cf.*, n° **61**, La détermination des pseudocycles à o dimension) :

h. Deux points quelconques x' et y' de D′ font partie d'un même ensemble normal, bicompact et connexe B′ de points de D′.

[En effet : si $\theta(D^0.O).B'\sim aB'^0$, on a $\theta(D^0.O)x'\sim a\,x'^0$ et $\theta(D^0.O).y'\sim ay'$.] D'où $\theta(D^0.O)\sim a\,D'^0$.

D'après (85) nous devons avoir $a\theta'(D'^0)\sim D^0$, ce qui exige $a=\pm 1$. Donc

(87) $$\theta(D^0.O)\sim \pm D'^0.$$

Si x' est un point de D′ nous avons donc $\theta(D^0.O).x'\sim\pm x'^0$, ce qui est impossible si $\theta(D).x'=0$; d'où $D'\subset\theta(D)$. Or $\theta(D)\subset D'$. Donc

(88) $$\theta(D)=D'.$$

En résumé l'hypothèse (*h*) a pour conséquence les relations (87) et (88). Faire l'hypothèse (*h*) pour tous les domaines D′ de E′ revient à faire l'hypothèse suivante : E′ possède un système de voisinages tel que deux points quelconques de l'un de ces voisinages peuvent être joints par un ensemble normal, bicompact et connexe de points de ce voisinage (démonstration analogue à celle de A.-H., Chap. I, § 3, th. XX). D'après le n° **92** *b* [formule (73)] (87) peut s'exprimer comme suit : si $x'\in D'$, l'équation $x=\tau(x)^{-1}x'$ possède une solution isolée, dont l'indice est ± 1.

Les résultats obtenus peuvent, en changeant de notations, s'énoncer comme suit :

Théorème 36. — *Adjoignons aux hypothèses du théorème* 34 *la suivante : deux points quelconques d'un domaine quelconque de* E *ou de* E′ *peuvent être joints par un ensemble normal, bicompact et connexe de points de ce domaine.* [*Cette hypothèse est vérifiée quand elle l'est pour un sytème particulier de voisinages.*] *Alors* $\theta(x)$ *représente l'intérieur de* F *sur l'intérieur de* F', *la frontière de* F *sur celle de* F'; *si* x' *est intérieur à* F', *l'indice de la solution* x *de l'équation* $x = \tau(x)^{-1} x'$ *vaut* ± 1.

Exemple (*Théorème de l'invariance du domaine de Brouwer*) (A.-H., Chap. X, § 2, th. IX). — Si E = E' est un espace euclidien et si F et F' sont deux ensembles homéomorphes et bicompacts (c'est-à-dire fermés et bornés) de points de E, alors toute représentation topologique de F sur F' transforme l'intérieur de F en l'intérieur de F' et la frontière de F en la frontière de F'.

Démonstration. — $\tau(x)$ sera la translation qui transforme un point de F en son homologue de F'.

Contre-exemple. — L'hypothèse, que l'homéomorphisme entre F et F' est du type particulier $\theta(x) = \tau(x)x$, est essentielle, comme le prouve le contre-exemple suivant : E = E' est l'espace de Hilbert, dont chaque point est une suite illimitée de nombres réels $(x_1, x_2, \ldots)$ tels que $x_1^2 + x_2^2 + \ldots$ converge; cet espace est métrique, le carré de la distance des points $(x_1, x_2, \ldots)$ et $(y_1, y_2, \ldots)$ étant $(x_1 - y_1)^2 + (x_2 - y_2)^2 + \ldots$; la représentation topologique

$$\theta(x_1, x_2, \ldots) = (0, x_1, x_2, \ldots)$$

transforme l'ensemble F des points vérifiant l'inégalité $x_1^2 + x_2^2 + \ldots \leqq 1$ en l'ensemble F' des points vérifiant les deux conditions : $x_1 = 0$, $x_2^2 + x_3^2 + \ldots \leqq 1$; F et F' sont fermés; F contient des points intérieurs, tandis que F' n'en contient pas.

96. Généralisation de l'alternative de Fredholm. — *Définitions.* — On nomme espace *topologique linéaire* tout espace topologique E dans lequel on peut définir la somme $x + x'$ de deux points x et x' et le produit ax d'un point x par un nombre réel a, ces deux opérations étant continues et ayant les propriétés suivantes :

$$x + x' = x' + x; \qquad (x + x') + x'' = x + (x' + x''); \qquad a(x + x') = ax + ax';$$
$$a(a'x) = (aa')x.$$

On nomme segment joignant deux points x et x' de E l'ensemble des points $ax + (1 - a)x'$ où $0 \leqq a \leqq 1$. On nomme *convexe* tout ensemble de points non vide contenant le segment qui joint deux quelconques de ses points. On nomme *espace topologique, linéaire, à voisinages convexes* tout espace topologique linéaire possédant un système de voisinages convexes. Dans un tel espace :

Lemme 45. — *La fermeture d'un ensemble convexe est convexe.*

Lemme 46. — *L'intersection de deux ensembles convexes est ou vide ou convexe.*

LEMME 47. — *Tout ensemble normal bicompact et convexe est* SIMPLE (en vertu du théorème 6).

LEMME 48. — *Tout ensemble e normal, bicompact et convexe est* CONVEXOÏDE : [D'après les lemmes 46 et 47 les ensembles fermés et convexes de points de e constituent des ensembles U possédant les propriétés a, b, c, énoncées au n° **76**.]

Définition. — On nomme représentation linéaire homogène de E dans E toute représentation $\tau(x)$ vérifiant les conditions

$$\tau(x+x')=\tau(x)+\tau(x'); \qquad \tau(ax)=a\tau(x).$$

LEMME 49. — *Toute transformation linéaire homogène transforme un ensemble convexe en un ensemble convexe.*

M. Schauder a rattaché l'alternative de Fredholm au théorème de l'invariance du domaine; par ce processus nous allons déduire du théorème 36 une généralisation de l'alternative de Fredholm.

COROLLAIRE 36. — *Soit* E *un espace topologique, linéaire, à voisinages convexes. Soit $\tau(x)$ une représentation linéaire homogène de* E *en lui-même. Supposons qu'il existe un ensemble ouvert* O *de points de* E *tels que $\overline{\tau(\mathrm{O})}$ fasse partie d'un ensemble normal et bicompact* B *de points de* E. *Alors, ou bien l'équation $x=\tau(x)+x'$ possède quel que soit x' une solution unique x, dont l'indice est ± 1, ou bien l'équation $x=\tau(x)$ possède une solution $x\neq 0$.*

Démonstration. — En effectuant une translation (¹) ramenons-nous au cas où l'origine appartient à O; soit V un voisinage convexe de l'origine;

$$\overline{\tau(\mathrm{V})}\subset\overline{\tau(\mathrm{O})}\subset \mathrm{B};$$

donc $\mathrm{T}=\overline{\tau(\mathrm{V})}$ est normal et bicompact; d'après les lemmes 49 et 45 T est convexe; donc, d'après le lemme 48, T est convexoïde. Posons $\theta(x)=x-\tau(x)$ et supposons que l'équation $x=\tau(x)$ entraîne $x=0$; alors $\theta(x)=\theta(x')$ entraîne $x=x'$; $\theta(x)$ est biunivoque. D'après le théorème 36 $\theta(\mathrm{V})$ est donc un domaine D′ et, si x' est un point de D′, l'indice de la solution x de l'équation $x=\tau(x)+x'$ est ± 1. Si x' n'appartient pas à D′, on peut trouver un nombre réel a tel que $x'\in a\mathrm{D}'$ (a D′ étant le transformé de D′ par l'homothétie $y=ax$); il suffit de remplacer V par aV et D′ par aD′ pour conclure de même : l'indice de la solution x de l'équation $x=\tau(x)+x'$ est ± 1.

(¹) Une translation est une transformation $x'=x+y$, y étant un point fixe.

[1946a]

L'anneau d'homologie d'une représentation

C. R. Acad. Sci., Paris 222 (1946) 1366–1368

Nous nous proposons d'indiquer sommairement comment les méthodes par lesquelles nous avons étudié la topologie d'un espace ([2]) peuvent être adaptées à l'étude de la topologie d'une représentation.

1. *Définitions préliminaires.* — Un *faisceau* $\mathcal{B}$ de modules (ou d'anneaux) sera défini sur un espace topologique E par les données que voici : 1° à chaque ensemble fermé F de points de E est associé un module (ou un anneau) $\mathcal{B}_F$, qui est nul quand F est vide; 2° à chaque couple d'ensembles fermés, f et F, de points de E, tels que $f \subset F$, est associé un homomorphisme de $\mathcal{B}_F$ dans $\mathcal{B}_f$, qui transforme un élément b_F de $\mathcal{B}_F$ en son *intersection* $b_F.f$ par f; si $f' \subset f \subset F$ et si $b_F \in \mathcal{B}_F$, on doit avoir $(b_F.f).f' = b_F.f'$. Le faisceau $\mathcal{B}$ est dit *normal* quand il possède les deux propriétés suivantes : 1° si $b_F \in \mathcal{B}_F$, il existe un voisinage fermé V de F et un élément b_V de $\mathcal{B}_V$ tel que $b_F = b_V.F$; 2° si $b_F \in \mathcal{B}_F$, si $f \subset F$ et si $b_F.f = 0$, alors f possède dans F un voisinage fermé v tel que $b_F.v = 0$. Exemple : Les classes d'homologie ([3]) à p dimensions des ensembles fermés de points d'un espace E constituent un faisceau que nous nommerons $p^{\text{ième}}$ *faisceau d'homologie* de E; si E est normal, ce faisceau est normal (T. A., lemmes 22 et 23).

2. Nous nommerons formes de E les expressions du type $\sum_\alpha b_\alpha X^{q;\alpha}$; les $X^{q;\alpha}$ sont les éléments à q dimensions d'une couverture de E; b_α, au lieu d'être

---

([1]) Séance du 27 mai 1946.

([2]) Trois articles sur la Topologie algébrique, *Journ. de Math.*, 24, 1945, pp. 95-248; nous désignerons ces articles par T. A.

([3]) Au sens de T. A., il s'agit donc, avec la terminologie la plus usuelle, des classes de cohomologie.

comme dans T. A. un élément d'un module indépendant de α, sera un élément de $\mathcal{B}_{|X^{q;\alpha}|}$; plus généralement b_α pourra être un élément de $\mathcal{B}_F$, si $|X^{q;\alpha}| \subset F$, étant convenu que $b_\alpha X^{q;\alpha} = (b_\alpha . |X^{q;\alpha}|) X^{q;\alpha}$; la dérivée de $\sum_\alpha b_\alpha X^{q;\alpha}$ sera $\sum_\alpha b_\alpha \dot{X}^{q;\alpha}$; le quotient du module des formes à q dimensions dont la dérivée est nulle par le module que constituent les dérivées des formes à $q-1$ dimensions sera nommé $q^{\text{ième}}$ *module d'homologie de* E *relatif au faisceau* $\mathcal{B}$ (4). L'étude de cette définition suppose E et $\mathcal{B}$ normaux et exige un examen approfondi des propriétés des simplexes. Les propriétés des classes d'homologie relatives à l'intersection, au produit topologique, aux représentations et à l'homotopie qu'établit T. A. se généralisent aisément. Si E possède une couverture C à supports simples relativement à $\mathcal{B}$, E a mêmes modules d'homologie que C (5) et ces modules peuvent être effectivement déterminés. Quand $\mathcal{B}$ est un faisceau d'anneaux, les classes d'homologie de E relatives à $\mathcal{B}$ sont nilpotentes. Soit $\mathcal{B}^p$ le $p^{\text{ième}}$ faisceau d'homologie de E relatif à $\mathcal{B}$; le faisceau d'homologie de E relatif à $\mathcal{B}^p$ est nul si $p > 0$ (6), est $\mathcal{B}^0$ lui-même si $p = 0$.

3. Soit π une *représentation fermée* (c'est-à-dire transformant tout ensemble fermé en un ensemble fermé) d'un espace normal E dans un espace normal E^*; soit $\mathcal{B}$ un faisceau normal de modules défini sur E; nous désignerons par $\pi(\mathcal{B})$ le faisceau de modules défini sur E^* comme suit : le module associé à l'ensemble fermé F^* de points de E^* est $\mathcal{B}_{\overset{-1}{\pi}(F^*)}$; l'intersection par F^* d'un élément de $\pi(\mathcal{B})$ est l'intersection par $\overset{-1}{\pi}(F^*)$ de l'élément correspondant de $\mathcal{B}$. Le faisceau $\pi(\mathcal{B})$ est normal.

Soit $\mathcal{A}$ un anneau; soit $\mathcal{B}^p$ le $p^{\text{ième}}$ faisceau d'homologie de E relatif à $\mathcal{A}$; le $q^{\text{ième}}$ module d'homologie de E^* relatif à $\pi(\mathcal{B}^p)$ sera nommé $(p, q)^{\text{ième}}$ *module d'homologie* de π relatif à $\mathcal{A}$; une classe d'homologie $Z^{p,q}$ à q dimensions de E^* relative à $\pi(\mathcal{B}^p)$ sera nommée classe d'homologie à (p, q) dimensions de π relative à $\mathcal{A}$. $Z^{p,q}$ est nulle quand q dépasse la dimension de E^* ou quand p dépasse la dimension maximum des images inverses $\overset{-1}{\pi}(x^*)$ des points x^* de E^*, E^* étant bicompact. L'intersection de deux classes d'homologie $Z^{p,q}$ et $Z^{r,s}$ de π est définie; c'est une classe $Z^{p+r,q+s} \sim Z^{p,q}.Z^{r,s} \sim (-1)^{(p+q)(r+s)} Z^{r,s}.Z^{p,q}$ de π; il convient donc de parler de *l'anneau d'homologie d'une représentation*.

---

(4) Un cas très particulier de cette notion a été envisagé par M. Steenrod, *Homology with local coefficients* (*Ann. of Math.*, 44, 1943, p. 610).

(5) Dans cet énoncé on doit envisager les modules d'homologie de C relatifs au *faisceau réduit* de $\mathcal{B}$; ce faisceau réduit est le quotient de $\mathcal{B}$ par le sous-faisceau que constituent les éléments réductibles de $\mathcal{B}$, un élément b de $\mathcal{B}_F$ étant dit réductible quand on peut recouvrir F avec un nombre fini d'ensembles fermés f_α tels que $b.f_\alpha = 0$. Signalons que les modules d'homologie de E relatifs à $\mathcal{B}$ et au faisceau réduit de $\mathcal{B}$ sont les mêmes.

(6) Car le faisceau réduit de $\mathcal{B}^p$ est nul si $p > 0$.

Les classes d'homologie des représentations sont nilpotentes, comme celles d'un espace. L'anneau d'homologie de π s'identifie à celui de E quand π est une représentation topologique de E dans E^*. Mais l'anneau d'homologie d'une représentation quelconque a une structure particulière, que nous expliciterons ultérieurement.

4. Soit F^* un ensemble fermé de points de E^*; nous nommerons *intersection* de π par F^* et nous désignerons par $\pi.F^*$ la représentation dont le champ de définition est $\overset{-1}{\pi}(F^*)$ et qui y est égale à π; cette intersection définit un homomorphisme de l'anneau d'homologie de π dans celui de $\pi.F^*$; cet homomorphisme est un isomorphisme quand $F^* = \pi(E)$. Soit une seconde représentation fermée π' d'un espace normal E' dans un espace normal E'^*. Nous nommerons *produit topologique* $\pi \times \pi'$ de π et π' la représentation $\pi(x) \times \pi'(x')$ de $E \times E'$ dans $E^* \times E'^*$; quand $\mathfrak{A}$ est un corps, l'anneau d'homologie de $\pi \times \pi'$ est le produit direct des anneaux d'homologie de π et de π'. Nous dirons qu'une représentation φ de E' dans E constitue une *représentation* de π' dans π quand il existe une représentation φ^* de E'^* dans E^* telle que $\pi\varphi(x') = \varphi^*\pi'(x')$; $\overset{-1}{\varphi}$ définit un homomorphisme de l'anneau d'homologie de π dans celui de π'; cet homomorphisme est un isomorphisme quand les deux représentations φ et φ^* sont topologiques. Deux représentations θ et ψ de π' dans π seront dites *homotopes* dans π quand il existe une représentation φ de π' dans π qui a les propriétés suivantes : φ dépend continûment d'un paramètre qui décrit un espace connexe; pour deux valeurs particulières de ce paramètre, φ s'identifie à θ et à φ. Si θ et ψ sont homotopes dans π et si $Z^{p,q}$ est une classe d'homologie de π, alors $\overset{-1}{\theta}(Z^{p,q})$ est identique à $\overset{-1}{\psi}(Z^{p,q})$. Nous dirons que π est *homotope* à $\pi.F^*$ dans π quand il existe une représentation de π dans $\pi.F^*$ qui est l'identité sur $\overset{-1}{\pi}(F^*)$ et qui est homotope dans π à la représentation identique; alors l'intersection par F^* constitue un isomorphisme de l'anneau d'homologie de π sur celui de $\pi.F^*$. En particulier si π est homotope dans π à son intersection par l'un des points de $\pi(E)$, toutes les classes d'homologie de π sont du type $Z^p E^{*0}$, Z^p étant une classe d'homologie de E relative à $\mathfrak{A}$ et E^{*0} étant la classe d'homologie unité de E^*; ce que nous exprimerons en disant que π est *simple*. Si les intersections de π par les supports d'une couverture C^* de E^* sont des représentations simples, alors le $(p, q)^{\text{ième}}$ module d'homologie de π s'identifie au $q^{\text{ième}}$ module d'homologie de C^* relatif au faisceau réduit de $\pi(\mathcal{B}^p)$, et peut donc être effectivement déterminé.

Dépôt légal d'éditeur. — 1946. — N° d'ordre 64.
Dépôt légal d'imprimeur. — 1946. — N° d'ordre 144.

GAUTHIER-VILLARS, IMPRIMEUR-LIBRAIRE DES COMPTES RENDUS DES SÉANCES DE L'ACADÉMIE DES SCIENCES.
124021-46 Paris — Quai des Grands-Augustins, 55.

Structure de l'anneau d'homologie d'une représentation

C. R. Acad. Sci., Paris 222 (1946) 1419–1422

1. Étant donnés un anneau $\mathfrak{A}$ et une représentation fermée π d'un espace normal E dans un espace normal E^*, nous avons défini récemment (²) l'anneau d'homologie de π relatif à $\mathfrak{A}$. *Cet anneau a la structure suivante :*

Le $(p, q)^{\text{ième}}$ module d'homologie $\mathfrak{X}_1^{p,q}$ de π possède les *sous-modules*

$$0 = \mathfrak{Q}_{-1}^{p,q} = \mathfrak{Q}_0^{p,q} \subset \mathfrak{Q}_1^{p,q} \subset \mathfrak{Q}_2^{p,q} \subset \ldots \subset \mathfrak{Q}_{q-2}^{p,q} \subset \mathfrak{Q}_{q-1}^{p,q} \subset \mathfrak{X}_{p+1}^{p,q} \subset \mathfrak{X}_p^{p,q} \subset \ldots \subset \mathfrak{X}_2^{p,q} \subset \mathfrak{X}_1^{p,q};$$

le $p^{\text{ième}}$ module d'homologie $\mathfrak{E}^{p,0}$ de E relatif à $\mathfrak{A}$ possède les *sous-modules*

$$0 = \mathfrak{E}^{-1,p+1} \subset \mathfrak{E}^{0,p} \subset \mathfrak{E}^{1,p-1} \subset \ldots \subset \mathfrak{E}^{p-1,1} \subset \mathfrak{E}^{p,0};$$

il existe des *homomorphismes* Δ_r de $\mathfrak{X}_r^{p,q}$ sur $\mathfrak{Q}_r^{p-r,q+r+1} / \mathfrak{Q}_{r-1}^{p-r,q+r+1}$ ayant pour noyau $\mathfrak{X}_{r+1}^{p,q}$ $(1 \leq r \leq p)$;

il existe des *homomorphismes* Γ^* de $\mathfrak{X}_{p+1}^{p,q}$ sur $\mathfrak{E}^{p,q} / \mathfrak{E}^{p-1,q+1}$ ayant pour noyau $\mathfrak{Q}_{q-1}^{p,q}$.

2. *Les définitions* de ces sous-modules et de ces homomorphismes sont les suivantes :

1° Soient $Z^{*p,q}$ et $Z^{*p-r,q+r+1}$ des classes d'homologie de E^* relatives respectivement à $\pi(\mathfrak{B}^p)$ et à $\pi(\mathfrak{B}^{p-r})$; la condition

$$Z^{*p,q} \in \mathfrak{X}_r^{p,q}, \qquad Z^{*p-r,q+r+1} \in \mathfrak{Q}_r^{p-r,q+r+1}, \qquad \Delta_r(Z^{*p,q}) \sim Z^{*p-r,q+r+1} \bmod \mathfrak{Q}_{r-1}^{p-r,q+r+1}$$

équivaut à celle-ci : il existe une couverture C^* de E, dont nous nommerons les éléments $X^{*r;\gamma}$, un cycle $\sum_\alpha z^{p;\alpha} X^{*q;\alpha}$ appartenant à la classe $Z^{*p,q}$, un cycle $\sum_\beta z^{p-r;\beta} X^{*q+r+1;\beta}$ appartenant à la classe $Z^{*p-r,q+r+1}$ et une forme $L^{p,q}$ de E, à

(¹) Séance du 27 mai 1946.

(²) *Comptes rendus*, 222, 1945, p. 1366.

coefficients pris dans $\mathcal{A}$, tels que

$$L^{p,q} = \sum_{\alpha} L'^{p;\alpha} . \overset{-1}{\pi}(X^{*q;\alpha}) + \sum_{s>0,\lambda} L'^{p-s;\lambda} . \overset{-1}{\pi}(X^{*q+s;\lambda}),$$

$$\dot{L}^{p,q} = \sum_{\beta} L'^{p-r;\beta} . \overset{-1}{\pi}(X^{*q+r+1;\beta}) + \sum_{t>0,\mu} L'^{p-r-t;\mu} . \overset{-1}{\pi}(X^{*q+r+1+t;\mu}),$$

$$L'^{p;\alpha} . \overset{-1}{\pi}(|X^{*q;\alpha}|) \sim z^{p;\alpha} \quad \text{et} \quad L'^{p-r;\beta} . \overset{-1}{\pi}(|X^{*q+r+1;\beta}|) \sim z^{p-r;\beta};$$

dans ces formules $z^{p;\alpha}$ représente une classe d'homologie à p dimensions de $\overset{-1}{\pi}(|X^{*q;\alpha}|)$ relative à $\mathcal{A}$ et les L′ représentent des formes, à coefficients pris dans $\mathcal{A}$, d'une couverture C′ de E.

2° Soit $Z^{*p,q}$ une classe d'homologie de E* relatvie à $\pi(\mathcal{B}^p)$; soit Z^{p+q} une classe d'homologie de E relative à $\mathcal{A}$; la condition $Z^{*p,q} \in \mathcal{X}^{p,q}_{p+1}$, $Z^{p+q} \in \mathcal{E}^{p,q}$, $\Gamma(Z^{*p,q}) \sim Z^{p+q} \bmod \mathcal{E}^{p-1,q+1}$ équivaut à la suivante : il existe un cycle $\sum_{\alpha} z^{p;\alpha} X^{*q;\alpha}$ de la classe $Z^{*p,q}$ et un cycle $L^{p,q}$ de la classe Z^{p+q} tels que

$$L^{p,q} = \sum_{\alpha} L'^{p;\alpha} . \overset{-1}{\pi}(X^{*q;\alpha}) + \sum_{s>0,\lambda} L'^{p-s;\lambda} . \overset{-1}{\pi}(X^{*q+s;\lambda}),$$

$$L'^{p;\alpha} . \overset{-1}{\pi}(|X^{*q;\alpha}|) \sim z^{p;\alpha}.$$

3. *En particulier*, si Z^p et Z^{*q} sont des classes d'homologie de E et de E* relatives à $\mathcal{A}$, $Z^p Z^{*q}$ est une classe d'homologie de π

$$Z^p Z^{*q} \in \mathcal{X}^{p,q}_{p+1}; \qquad \Gamma(Z^p Z^{*q}) \sim Z^p . \overset{-1}{\pi}(Z^{*q}) \qquad \bmod \mathcal{E}^{p-1,q+1}.$$

L'homomorphisme $\overset{-1}{\Gamma}$ de $\mathcal{E}^{p,0}$ sur $\mathcal{X}^{p,0}_{p+1}$ est donc $\overset{-1}{\Gamma}(Z^p) \sim Z^p E^{*0}$; il en résulte que $\mathcal{X}^{p,0}_{p+1}$ est l'ensemble des classes d'homologie de π du type $Z^p E^{*0}$ et que $\mathcal{E}^{p-1,1}$ est l'ensemble des classes d'homologie Z^p de E ayant la propriété que voici : on peut recouvrir E* avec un nombre fini d'ensembles fermés F^*_λ tels que $Z^p . \overset{-1}{\pi}(F^*_\lambda) \sim 0$ quel que soit λ; quand E* est bicompact, on peut définir $\mathcal{E}^{p-1,1}$ comme l'ensemble des classes d'homologie Z^p de E telles que $Z^p . \overset{-1}{\pi}(x^*) \sim 0$ quel que soit le point x^* de E*.

4. Les propriétés de l'*intersection* sont les suivantes : désignons par $\mathcal{X}^{p,q}_r . \mathcal{X}^{s,t}_r$ le plus petit module contenant les intersections des divers éléments de $\mathcal{X}^{p,q}_r$ par les divers éléments de $\mathcal{X}^{s,t}_r$; convenons de poser $\mathcal{X}^{p,q}_{p+1} = \mathcal{X}^{p,q}_{p+2} = \ldots$ et $\Delta_r(Z^{p,q}) \sim 0$ quand $Z^{p,q} \in \mathcal{X}^{p,q}_{p+1}$ et $r \geqq p+1$; on a

$$\mathcal{X}^{p,q}_r . \mathcal{X}^{s,t}_r \subset \mathcal{X}^{p+s,q+t}_r; \qquad \mathcal{X}^{p,q}_r . \mathcal{D}^{s,t}_{r-1} \subset \mathcal{D}^{p+s,q+t}_{r-1}; \qquad \mathcal{E}^{p,q} . \mathcal{E}^{r,s} \subset \mathcal{E}^{p+r,q+s};$$

$$\Delta_r(Z^{p,q} . Z^{s,t}) \sim \Delta_r(Z^{p,q}) . Z^{s,t} + (-1)^{p+q} Z^{p,q} . \Delta_r(Z^{s,t}) \qquad \bmod \mathcal{D}^{p+s-r,q+t+r+1}_{r-1},$$

quand $Z^{p,q} \in \mathcal{X}^{p,q}_r$ et $Z^{s,t} \in \mathcal{X}^{s,t}_r$;

$$\Gamma(Z^{p,q} . Z^{r,s}) \sim \Gamma(Z^{p,q}) . \Gamma(Z^{r,s}) \qquad \bmod \mathcal{E}^{p+r-1,q+s+1},$$

quand $Z^{p,q} \in \mathcal{X}^{p,q}_{p+1}$ et $Z^{r,s} \in \mathcal{X}^{r,s}_{r+1}$.

Les homomorphismes Δ_r et Γ du *produit* de deux représentations se rattachent aux homomorphismes Δ_r et Γ de ces deux représentations par des formules analogues aux précédentes. Les homomorphismes de l'anneau d'homologie d'une représentation π que définissent l'intersection de π par un ensemble ou la transformation de π par l'inverse d'une représentation [*loc. cit.* (¹), 4], respectent les homomorphismes Δ_r et Γ.

5. Les propriétés que nous avons énoncées de l'anneau d'homologie d'une représentation peuvent servir à l'étude de l'anneau d'homologie d'un espace et à l'étude de la transformation de cet anneau par l'inverse d'une représentation. Par exemple supposons que E^* soit bicompact et que, quel que soit le point x^* de E^*, $\overset{-1}{\pi}(x^*)$ soit simple (c'est-à-dire ait pour seules classes d'homologie les produits par les éléments de $\mathcal{A}$ de la classe unité); alors $\overset{-1}{\pi}$ est un isomorphisme de l'anneau d'homologie de E^* relatif à $\mathcal{A}$ sur l'anneau d'homologie de E. Supposons que E^* soit bicompact et que $\overset{-1}{\pi}(x^*)$ soit connexe quel que soit le point x^* de E^*; alors $\overset{-1}{\pi}$ est un isomorphisme du premier module d'homologie de E^* dans (c'est-à-dire sur un sous-module de) celui de E. Supposons que π soit la projection d'un espace fibré E sur son espace de base E^*, que cet espace de base E^* soit simplement connexe et que E, E^* et la fibre F soient des multiplicités; alors le $(p, q)^{\text{ième}}$ module d'homologie de π est le $q^{\text{ième}}$ module d'homologie de E^* relatif au $p^{\text{ième}}$ module d'homologie de F et, $\mathcal{A}$ étant supposé un corps, l'application aux homomorphismes Δ_r et Γ du théorème sur le rang d'un quotient de modules fournit le résultat suivant : soient $\mathcal{E}(t)$, $\mathcal{E}^*(t)$ et $\mathcal{F}(t)$ les polynomes de Poincaré de E, E^* et F; il existe un polynome $\mathcal{B}(t)$ à coefficients entiers non négatifs tel que $\mathcal{E}(t) = \mathcal{F}(t)\mathcal{E}^*(t) - (1+t)\mathcal{B}(t)$. Soient un groupe bicompact, simplement connexe, E, et un sous-groupe fermé, connexe, à un paramètre, F, de E; soit E^* l'espace homogène défini par E et F; soit π la projection de chaque classe de E suivant F sur le point correspondant de E^*; supposons que $\mathcal{A}$ soit le corps des nombres rationnels; alors l'anneau d'homologie de E^* relatif à $\mathcal{A}$ est engendré par des classes d'homologie Z^{*2}, $Z^{*2p+1;\alpha}$ et la seule relation $(Z^{*2})^{n+1} \sim 0$; on a $\overset{-1}{\pi}(Z^{*2}) \sim 0$; l'anneau d'homologie de E est engendré par une classe hypermaximale Z^{2n+1} et par les classes hypermaximales $\overset{-1}{\pi}(Z^{*2p+1;\alpha})$. Les propriétés de l'anneau d'homologie d'une représentation permettent également de retrouver les théorèmes de M. Gysin sur les espaces fibrés dont les fibres sont des sphères et le théorème de M. Samelson sur les groupes bicompacts transformant transitivement une sphère (³).

(³) Gysin, *Commentarii Helv.*, **14**, 1941, p. 61; Samelson, *Ann. of Math.*, **42**, 1941, p. 1000.

Dépôt légal d'éditeur. — 1946. — N° d'ordre 64.
Dépôt légal d'imprimeur. — 1946. — N° d'ordre 144.

GAUTHIER-VILLARS, IMPRIMEUR-LIBRAIRE DES COMPTES RENDUS DES SÉANCES DE L'ACADÉMIE DES SCIENCES.
124041-46 Paris. — Quai des Grands-Augustins, 55.

[1946c]

Propriétés de l'anneau d'homologie de la projection d'un espace fibré sur sa base

C. R. Acad. Sci., Paris 223 (1946) 395–397

1. *Le polynome de Poincaré $\mathfrak{L}(t, t^*)$ d'une représentation* π. — Soit π une représentation d'un espace bicompact E dans un espace bicompact E^*; soit un corps $\mathcal{A}$; soient $\mathfrak{L}_1^{p,q}$ les modules d'homologie (²) de π relatifs à $\mathcal{A}$; supposons qu'ils aient des bases finies; désignons par $\rho(\mathcal{M})$ le rang d'un $\mathcal{A}$-module $\mathcal{M}$; posons

$$\mathfrak{L}(t, t^*) = \sum_{p,q} t^p t^{*q} \rho(\mathfrak{L}_1^{p,q}); \qquad \mathcal{E}(t, t^*) = \sum_{p,q} t^p t^{*q} \rho(\mathcal{E}^{p,q}/\mathcal{E}^{p-1,q+1});$$

$$\mathcal{D}_r(t, t^*) = \sum_{p \geqq r, q} t^{p-r} t^{*q} \rho(\mathfrak{L}_r^{p,q}/\mathfrak{L}_{r-1}^{p,q});$$

l'application aux homomorphismes Δ_r et Γ du théorème sur le rang d'un quotient de modules donne

$$(1) \qquad \mathcal{E}(t, t^*) = \mathfrak{L}(t, t^*) - \sum_{r \geqq 1} (t^r + t^{*r+1}) \mathcal{D}_r(t, t^*);$$

$$(2) \qquad \mathcal{E}(t, t) = \sum_p t^p \rho(\mathcal{E}^{p,0})$$

est le polynome de Poincaré de E relatif à $\mathcal{A}$;

$$(3) \qquad \mathcal{E}(t, 0) = \sum_p t^p \rho(\mathcal{E}^{p,0}/\mathcal{E}^{p-1,1});$$

(¹) Séance du 26 août 1946.

(²) Deux Notes antérieures, dont nous conservons les notations, définissent l'anneau d'homologie d'une représentation et précisent sa structure (*Comptes rendus*, **222**, 1946, pp. 1366 et 1419).

nous désignons par $\mathcal{E}^{p,0}$ le $p^{\text{ième}}$ module d'homologie de E relatif à $\mathcal{A}$ et par $\mathcal{E}^{p-1,1}$ le sous-module de $\mathcal{E}^{p,0}$ que constituent les classes d'homologie Z^p de E, telles que $Z^p . \overset{-1}{\pi}(x^*) \sim 0$, quel que soit le point x^* de E^*; si $\overset{-1}{\pi}(x^*)$ est connexe quel que soit x^*, on a, $\mathcal{E}^{*p}$ représentant le $p^{\text{ième}}$ module d'homologie de E^* relatif à $\mathcal{A}$,

$$(4) \qquad \mathcal{E}(0, t^*) = \sum_p t^p \rho\left(\overset{-1}{\pi}(\mathcal{E}^{*p})\right),$$

2. *Extension du théorème de dualité de H. Poincaré à la projection* π *d'un espace fibré* E *sur sa base* E^*. — Supposons *que* E *et* E^* *soient des multiplicités fermées, connexes, orientables* à $l+m$ et m dimensions, *que la fibre* F *soit une multiplicité fermée orientable à l dimensions* et *que* $\mathcal{A}$ *soit le corps des rationnels ou le corps des entiers calculés mod. n, n étant premier*. Les modules d'homologie $\mathfrak{L}_1^{p,q}$ de π relatifs à $\mathcal{A}$ ont des bases finies et une généralisation du théorème de dualité de Poincaré prouve que $\mathfrak{L}_1^{p,q}$ et $\mathfrak{L}_1^{l-p,m-q}$ sont duals ([3]) relativement à leur intersection qui est définie dans $\mathfrak{L}_1^{l,m}$, module isomorphe à $\mathcal{A}$; les propriétés des homomorphismes Δ_r et Γ permettent de déduire de cette dualité les conclusions suivantes : *Les modules d'homologie* $\mathfrak{L}_1^{p,q}$ *et* $\mathfrak{L}_1^{l-p,m-q}$ *de* π *relatifs à* $\mathcal{A}$ *sont duals, leurs sous-modules* $\mathfrak{L}_r^{p,q}$ *et* $\mathfrak{Q}_r^{l-p,m-q}$ *étant annulateurs l'un de l'autre; les modules d'homologie* $\mathcal{E}^{p,0}$ *et* $\mathcal{E}^{m+n-p,0}$ *de* E *relatifs à* $\mathcal{A}$ *sont duals* (*H. Poincaré*), *leurs sous-modules* $\mathcal{E}^{p-q,q}$ *et* $\mathcal{E}^{m-p+q-1,n-q+1}$ *étant annulateurs l'un de l'autre*. D'où

$$\mathfrak{L}(t, t^*) = t^l t^{*m} \mathfrak{L}\left(\frac{1}{t}, \frac{1}{t^*}\right); \quad \mathcal{E}(t, t^*) = t^l t^{*m} \mathcal{E}\left(\frac{1}{t}, \frac{1}{t^*}\right); \quad \mathcal{D}_r(t, t^*) = t^{l-r} t^{*m-r-1} \mathcal{D}_r\left(\frac{1}{t}, \frac{1}{t^*}\right).$$

3. *Cas où l'anneau d'homologie de* π *est le produit direct des anneaux d'homologie de* F *et de* F^*. — Ce cas se présente quand, F *étant connexe* et $\mathcal{A}$ *étant un corps*, on peut établir entre l'anneau d'homologie d'une fibre fixe et l'anneau d'homologie de la fibre la plus générale F un isomorphisme qui varie continûment avec F, car le $(p, q)^{\text{ième}}$ module d'homologie de π est alors le $q^{\text{ième}}$ module d'homologie de E^* relatif au $p^{\text{ième}}$ module d'homologie de F; il en est en particulier ainsi quand E^* est simplement connexe ou quand F est une sphère qu'on peut orienter continûment. Soient $\mathcal{E}(t)$, $\mathcal{F}(t)$ et $\mathcal{E}^*(t)$ les polynomes de Poincaré de E, F et E^*; soit $\mathcal{E}_\pi(t)$ [et $\mathcal{F}_E(t)$] le polynome dont le coefficient de t^p est le rang du module que constituent les transformées par $\overset{-1}{\pi}$ des classes d'homologie de E^* [les intersections par F des classes d'homologie de E] : avec les notations du n° 1

$$\mathfrak{L}(t, t^*) = \mathcal{F}(t)\mathcal{E}^*(t^*); \quad \mathcal{E}(t, t) = \mathcal{E}(t); \quad \mathcal{E}(0, t) = \mathcal{E}_\pi(t); \quad \mathcal{E}(t, 0) = \mathcal{F}_E(t);$$

posons $\mathcal{D}(t) = \sum_{r \geq 1} t^r \mathcal{D}_r(t, t)$; *le symbole* $0 \leqq \mathcal{A}(t)$ exprimera que le développe-

---

([3]) C'est-à-dire : chacun de ces modules est le groupe des caractères de l'autre; ils sont isomorphes.

ment de $\mathfrak{A}(t)$ suivant les puissances croissantes de t a des coefficients positifs ou nuls; les formules du n° 1 et les relations

$$\mathfrak{L}_r^{p,0}.\mathfrak{L}_1^{0,q} \subset \mathfrak{L}_r^{p,q} \quad \text{et} \quad \mathfrak{L}_r^{p,0}.\mathfrak{Q}_{r-1}^{0,q} \subset \mathfrak{Q}_{r-1}^{p,q}$$

donnent

$$(5) \qquad \mathcal{E}(t) = \mathcal{F}(t)\mathcal{E}^*(t) - (1+t)\mathcal{Q}(t), \qquad \text{où } 0 \leqq \mathcal{Q}(t);$$

$$(6) \quad 1 \leqq \mathcal{E}_\pi(t) \leqq \mathcal{E}^*(t); \qquad \mathcal{E}_\pi(t) \leqq \mathcal{E}(t); \qquad 1 \leqq \mathcal{F}_E(t) \leqq \mathcal{F}(t); \qquad \mathcal{F}_E(t) \leqq \mathcal{E}(t);$$

$$(7) \qquad \mathcal{F}(t) - \mathcal{F}_E(t) \leqq \mathcal{Q}(t) \leqq [\mathcal{F}(t) - \mathcal{F}_E(t)]\mathcal{E}^*(t);$$

$$(8) \qquad \mathcal{F}_E(t)[\mathcal{E}^*(t) - \mathcal{E}_\pi(t)] \leqq t\mathcal{Q}(t).$$

D'où les inégalités suivantes entre $\mathcal{E}(t)$, $\mathcal{F}(t)$ et $\mathcal{E}^*(t)$

$$(9) \qquad \frac{1 - t[\mathcal{F}(t) - 1]}{1+t}\mathcal{E}^*(t) \leqq \frac{\mathcal{E}(t)}{1+t} \leqq \frac{\mathcal{F}(t)\mathcal{E}^*(t)}{1+t}$$

et plus particulièrement

$$(10) \qquad \{1 - t[\mathcal{F}(t) - 1]\}\mathcal{E}^*(t) \leqq \mathcal{E}(t) \leqq \mathcal{F}(t)\mathcal{E}^*(t);$$

$$(11) \qquad \mathcal{E}^*(t) \leqq \frac{\mathcal{E}(t)}{1 - t[\mathcal{F}(t) - 1]}.$$

M. G. Hirsch m'a signalé qu'il a obtenu (5) par un autre procédé. Dans le cas particulier où F est une sphère, (5) et un corollaire de (11) furent établis par M. W. Gysin; le raisonnement de M. Gysin utilise un homomorphisme qui généralise l'invariant que M. H. Hopf a attaché à une représentation d'une sphère à $4k-1$ dimensions dans une multiplicité à $2k$ dimensions ([4]); l'invariant de M. Hopf et l'homomorphisme de M. Gysin peuvent être rattachés à notre homomorphisme Δ_l.

([4]) H. Hopf, *Fund. math.*, 25, 1935, p. 427; W. Gysin, *Comm. math. helv.*, 14, 1941, p. 112, th. 35 et 34.

Dépôt légal d'éditeur. — 1946. — N° d'ordre 64.
Dépôt légal d'imprimeur. — 1946. — N° d'ordre 144.

GAUTHIER-VILLARS, IMPRIMEUR-LIBRAIRE DES COMPTES RENDUS DES SÉANCES DE L'ACADÉMIE DES SCIENCES
124467-46 Paris. — Quai des Grands-Augustins, 55.

[1946d]

Sur l'anneau d'homologie de l'espace homogène quotient d'un groupe clos par un sous-groupe abélien, connexe maximum

C. R. Acad. Sci., Paris 223 (1946) 412–415

1. Soit $E^* = E/F$ *l'espace homogène* quotient d'un groupe de Lie clos E par un sous-groupe fermé F et soit π la projection de chaque classe de E suivant F sur le point correspondant de E^*; supposons E *et* F *de même rang*; MM. H. Hopf et H. Samelson ont prouvé ([2]) que la caractéristique d'Euler de E^* est alors positive; on peut en déduire ([3]) que, Z^{*p} étant une classe d'homologie ([4]) de E^*,

$$\overset{-1}{\pi}(Z^{*p}) \sim 0, \qquad \text{si } p > 0. \tag{1.1}$$

2. *Soit* A_l *le groupe linéaire unimodulaire d'une forme d'Hermite définie positive à* $l+1$ *variables;* rappelons ([5]) que l'anneau d'homologie de A_l est engendré par l classes d'homologie indépendantes

$$Z^{2m+1} \qquad (m = 1, 2, \ldots, l). \tag{2.1}$$

Soit T_l un sous-groupe abélien, connexe, maximum de A_l; rappelons que l'anneau d'homologie de T_l est engendré par $l+1$ classes d'homologie à une dimension

$$z^{1;\alpha} \quad (\alpha = 0, 1, 2, \ldots, l) \text{ que lie la relation } \sum_\alpha z^{1;\alpha} \sim 0 \tag{2.2}$$

et que permutent ([6]) les automorphismes internes de A_l laissant T_l fixe. Rappelons enfin ([7]) que l'anneau d'homologie de la projection π de A_l sur

---

([1]) Séance du 26 août 1946.

([2]) *Comment. math. helv.*, **13**, 1940, p. 248.

([3]) En utilisant les travaux suivants : H. Hopf, *Ann. of Math.*, **42**, 1941, p. 22; H. Samelson, *ibid.*, **42**, 1941, p. 1000.

([4]) Nous nommons *classe d'homologie* ce que la plupart des auteurs nomment *classe de cohomologie*.

([5]) L. Pontrjagin, *Comptes rendus*, **200**, 1935, p. 1277; R. Brauer, *ibid.*, **201**, 1935, p. 419; C. Ehresmann, *ibid.*, **208**, 1939, pp. 321 et 1263; H. Samelson, *loc. cit.*

([6]) E. Stiefel, *Comm. math. helv.*, **14**, 1941, p. 350; H. Hopf, *ibid.*, **15**, 1942, p. 59.

([7]) Trois Notes antérieures introduisent la notion d'anneau d'homologie d'une représentation (*Comptes rendus*, **222**, 1946, pp. 1366 et 1419; **223**, 1946, p. 395).

$A_l^* = A_l/T_l$ est le produit direct des anneaux d'homologie de T_l et de A_l^*. Les formules (1.1), (2.1) et l'étude des homomorphismes Δ_r et Γ, qui caractérisent la structure de l'anneau d'homologie de π, conduisent à la proposition suivante : *L'anneau d'homologie de l'espace homogène $A_l^* = A_l/T_l$ est engendré par les $l+1$ classes d'homologie de dimension deux*

$$Z^{*2;\alpha} \qquad (\alpha = 0, 1, \ldots, l) \tag{2.3}$$

que lient les relations

$$\sum_{0 \leq \alpha \leq l} (Z^{*2;\alpha})^m \sim 0 \qquad (m = 1, 2, \ldots, l+1) \tag{2.4}$$

et que permutent les automorphismes internes de A_l laissant T_l fixe; les homomorphismes Δ_r et Γ sont définis par les formules (2.5) *et* (2.6), *où z^0 et Z^{*0} désignent les classes d'homologie unité de T_l et de A_l^**,

$$\Delta_1(z^{1;\alpha} Z^{*0}) \sim z^0 Z^{*2;\alpha}; \qquad \Delta_r \sim 0, \quad \text{si } r > 1; \tag{2.5}$$

$$\Gamma\left(\sum_\alpha z^{1;\alpha}(Z^{*2;\alpha})^m\right) \sim Z^{2m+1}(m = 1, \ldots, l);\ (l+1)\Gamma(z^{1;\alpha}(Z^{*2;\alpha})^l) \sim Z^{2l+1}. \tag{2.6}$$

La démonstration consiste essentiellement à vérifier que (2.6) définit effectivement l'homomorphisme $\Gamma\left(\sum_\beta z^{p;\beta} Z^{*q;\beta}\right)$ sur tout le noyau de Δ_1; cette démonstration est donc de nature algébrique; elle utilise diverses conséquences remarquables de (2.4) :

Toute classe d'homologie de A_l^* est une combinaison linéaire unique des monomes

$$\prod_\alpha (Z^{*2;\alpha})^{s_\alpha}, \qquad \text{où } s_\alpha \leqq \alpha;$$

le polynome de Poincaré ([8]) de A_l^* est donc

$$(1+t^2)(1+t^2+t^4)\ldots(1+t^2+t^4+\ldots+t^{2l}); \tag{2.7}$$

la dimension de A_l^* est $l(l+1)$ et, quand $2\sum_\alpha s_\alpha = l(l+1)$, l'expression $\prod_\alpha (Z^{*2;\alpha})^{s_\alpha}$ est nulle, sauf si les s_α constituent une permutation des nombres $(0, 1, \ldots, l)$, cette expression prenant une même valeur pour les permutations paires et la valeur opposée pour les permutations impaires

$$(Z^{*2;\alpha})^{l+1} \sim 0; \qquad (Z^{*2;l})^l \sim (-1)^l Z^{*2;0}.Z^{*2;1}\ldots Z^{*2;l-1} \nsim 0;$$
$$(Z^{*2;\alpha})^l + (Z^{*2;\alpha})^{l-1}.Z^{*2;\beta} + (Z^{*2;\alpha})^{l-2}.(Z^{*2;\beta})^2 + \ldots + (Z^{*2;\beta})^l \sim 0, \qquad \text{si } \alpha \neq \beta;$$

([8]) M. de Siebenthal m'a récemment communiqué les expressions des polynomes de Poincaré (2.7), (3.7) et (4.7); la détermination de (2.7) avait été amorcée par M. C. Ehresmann, *Ann. of math.*, 35, 1934, p. 441 (n°s 20 et 21).

l'annulateur de $(Z^{*2;\alpha})^{s}$ est l'ensemble des multiples de $(Z^{*2;\alpha})^{l+1-s}$; l'annulateur de $Z^{*2;0}.Z^{*2;1}.\ldots.Z^{*2;\alpha}$ est l'ensemble des multiples de $Z^{*2;\alpha+1}.Z^{*2;\alpha+2}.\ldots.Z^{*2;l}$.

3. *Soient* B_l *le groupe orthogonal de* $2l+1$ *variables réelles et* C_l *le groupe des matrices orthogonales de rang* l *dont les éléments sont des quaternions;* quand on substitue B_l ou C_l à A_l, le n° 2 subsiste à de légères modifications près : (2.5) n'est pas changé, les autres formules numérotées devenant

(3.1) $$Z^{4m-1} \quad (m=1, 2, \ldots, l);$$

(3.2) $$z^{1;\alpha} \quad (\alpha=1, 2, \ldots, l);$$

(3.3) $$Z^{*2;\alpha} \quad (\alpha=1, 2, \ldots, l);$$

(3.4) $$\sum_{1\leq\alpha\leq l} (Z^{*2;\alpha})^{2m} \sim 0 \qquad (m=1, 2, \ldots, l);$$

(3.6) $$\begin{cases} \Gamma\left(\sum_{\alpha} z^{1;\alpha}(Z^{*2;\alpha})^{2m-1}\right) \sim Z^{4m-1} & (m=1, 2, \ldots, l), \\ l\Gamma\left(z^{1;\alpha}(Z^{*2;\alpha})^{2l-1}\right) \sim Z^{4l-1}; \end{cases}$$

(3.7) $$(1+t^2)(1+t^2+t^4+t^6)\ldots(1+t^2+t^4+\ldots+t^{4l-2}).$$

Les automorphismes internes permutent les $z^{1;\alpha}$ et les $Z^{*2;\alpha}$ ou multiplient par -1 certaines de ces classes.

4. *Soit* D_l *le groupe orthogonal de* $2l$ *variables réelles;* on retrouve (2.5), (3.2) et (3.3), les autres formules devenant

(4.1) $$Z^{4m-1} \quad (m=1, 2, \ldots, l-1) \quad \text{et} \quad Z'^{2l-1};$$

(4.4) $$\sum_{1\leq\alpha\leq l} (Z^{*2;\alpha})^{2m} \sim 0 \quad (m=1, 2, \ldots, l-1) \quad \text{et} \quad Z^{*2;1}.Z^{*2;2}.\ldots.Z^{*2;l} \sim 0;$$

(4.6) $$\begin{cases} \Gamma\left(\sum_{\alpha} z^{1;\alpha}(Z^{*2;\alpha})^{2m-1}\right) \sim Z^{4m-1} & (m=1, 2, \ldots, l-1), \\ \Gamma(z^{1;1}Z^{*2;2}.Z^{*2;3}.\ldots.Z^{*2;l}) \sim \Gamma(z^{1;2}Z^{*2;1}.Z^{*2;3}.\ldots.Z^{*2;l}) \sim Z'^{2l-1}; \end{cases}$$

(4.7) $$(1+t^2+t^4+\ldots+t^{2l-2})(1+t^2)(1+t^2+t^4+t^6)\ldots(1+t^2+t^4+\ldots+t^{4l-6}).$$

Les automorphismes internes permutent les $z^{1;\alpha}$ et les $Z^{*2;\alpha}$ ou multiplient par -1 un nombre pair de ces classes.

Dépôt légal d'éditeur. — 1946. — N° d'ordre 64.
Dépôt légal d'imprimeur. — 1946. — N° d'ordre 144.

GAUTHIER-VILLARS, IMPRIMEUR-LIBRAIRE DES COMPTES RENDUS DES SÉANCES DE L'ACADÉMIE DES SCIENCES
124419-46 Paris. — Quai des Grands-Augustins, 55.

[1949a]

L'homologie filtrée

Colloques internationaux du C.N.R.S. 12 (1949) 61–82

Introduction.

N'ayant pas à parler d'homologie, mais exclusivement de cohomologie, je dirai homologie quand l'usage est de dire cohomologie.

1. Étant donnés un anneau $\mathcal{A}$ et une application φ d'un espace X dans un espace Y, il est naturel (²) d'établir des relations entre l'anneau d'homologie $\mathcal{H}(X \bigcirc \mathcal{A})$ de X relatif à $\mathcal{A}$ et l'anneau d'homologie $\mathcal{H}_2$ de Y qui s'obtient en utilisant comme anneau de coefficients au point y de Y l'anneau d'homologie de $\overset{-1}{\varphi}(y)$ relatif à $\mathcal{A}$; nous nommons *faisceau* un tel système de coefficients. Une terminologie convenable nous permettra d'énoncer comme suit ces relations :

$\mathcal{H}_2$ est le premier d'une suite d'anneaux gradués $\mathcal{H}_r$ $(r \geqq 2)$;
$\mathcal{H}_r$ possède une différentielle homogène de degré r et a pour anneau d'homologie $\mathcal{H}_{r+1}$;
la suite des $\mathcal{H}_r$ définit une filtration de $\mathcal{H}(X \bigcirc \mathcal{A})$.

La suite des $\mathcal{H}_r$ et cette filtration sont des invariants topolo-

(¹) Ce résumé du cours que j'ai fait au Collège de France durant l'hiver 1947-1948 fut exposé à la Société mathématique le 17 novembre 1947; il diffère par son titre et son contenu de ma conférence au Colloque de topologie algébrique : j'adopte les perfectionnements que H. Cartan (Conférence au Colloque) a apportés à ma définition des complexes (*Journal de Math.*, 24, 1945, p. 95-247); j'introduis dans les définitions de base la notion d'anneau différentiel qui vient d'être définie et utilisée avec succès par J. L. Koszul (*C. R. Acad. Sc.*, 225, 1947, p. 217 et 477).

(²) J. Leray, *C. R. Acad. Sc.*, 222, 1945, p. 1366 et 1419; 223, 1945, p. 395 et 412.

giques de l'application donnée φ, mais ne sont pas des invariants de sa classe d'homotopie ([3]).

En explicitant cette théorie j'ai été amené à envisager les invariants topologiques, de nature plus générale, que voici :

2. Étant donnés un anneau différentiel $\mathcal{A}$ et un espace X, on peut définir l'anneau d'homologie $\mathcal{H}(X \bigcirc \mathcal{A})$ de X relatif à $\mathcal{A}$; si l'on se donne en outre un entier l de signe quelconque et une filtration f de $\mathcal{A}$, on peut définir une filtration de $\mathcal{H}(X \bigcirc \mathcal{A})$ que caractérise une suite d'anneaux $\mathcal{H}_r$ analogue à la précédente. Si $l = 1$, $f = 0$ et si la différentielle de $\mathcal{A}$ est nulle, tous les $\mathcal{H}_r$ sont identiques à $\mathcal{H}(X \bigcirc \mathcal{A})$ dont la filtration est le degré (ou dimension) classique.

3. Plus généralement, soient un anneau différentiel $\mathcal{A}$, un espace X_0, une application φ_1 de X_0 dans espace X_1, une application φ_2 de X_1 dans X_2, ..., φ_ω de $X_{\omega-1}$ dans X_ω; la donnée d'une filtration de $\mathcal{A}$ et d'une suite d'entiers $l_0 < l_1 < \ldots < l_\omega$ définit une filtration de $\mathcal{H}(X \bigcirc \mathcal{A})$ caractérisée par une suite d'anneaux gradués $\mathcal{H}_r (r > l_\omega)$ dont le premier est l'anneau d'homologie de X_ω relatif au transformé par φ_ω d'un faisceau défini sur $X_{\omega-1}$ et appartenant à une suite de faisceaux $\mathcal{F}_r$ dont les propriétés sont analogues à celles des $\mathcal{H}_r$. Le cas cité au n° 1 correspond aux données suivantes : $\omega = 1$, $l_0 = 0$, $l_1 = 1$; la différentielle et la filtration de $\mathcal{A}$ sont nulles.

4. Les Notes citées donnent diverses applications de l'homologie filtrée à la topologie des espaces fibrés et des espaces homogènes. J'avais annoncé dans ma conférence au Colloque de topologie algébrique que l'homologie filtrée permet d'établir des relations entre les anneaux d'homologie d'un espace Y, d'un de ses revêtements X et le quotient du groupe fondamental de Y par celui de X; la Note qui suit cet article développe cette idée.

([3]) On peut toutefois en déduire des invariants de la classe d'homotopie de φ qui sont en relation avec ceux de W. Gysin (*Comm. math. helv.*, 14, 1941, p. 61-122) et de N. E. Steenrod (*Proc. nat. Acad. of Sc.*, 33, 1947, p. 124-128).

CHAPITRE I.

L'ANNEAU D'HOMOLOGIE FILTRÉE D'UN ANNEAU DIFFÉRENTIEL FILTRÉ.

I. — Anneau différentiel filtré.

5. Anneau différentiel. — Adoptons la définition, voisine de celle de Koszul, que voici : Un anneau différentiel est un anneau $\mathcal{A}$ sur lequel sont définis un automorphisme α et un opérateur linéaire δ tels que

$$(1)\quad \begin{cases} \delta^2 = 0; \quad \alpha\delta + \delta\alpha = 0; \\ \delta(aa') = (\delta a)a' + (\alpha a)\delta a', \quad \text{où } a \text{ et } a' \in \mathcal{A}. \end{cases}$$

Par exemple l'anneau des formes de Pfaff d'une variété différentielle et un anneau différentiel.

Soit $\mathcal{C}(\mathcal{A})$ l'anneau des $c \in \mathcal{A}$ tels que $\delta c = 0$; soit $\mathcal{D}(\mathcal{A})$ l'ensemble des δa; $\mathcal{D}(\mathcal{A})$ est un idéal bilatère de $\mathcal{C}(\mathcal{A})$;

$$\mathcal{H}(\mathcal{A}) = \mathcal{C}(\mathcal{A})/\mathcal{D}(\mathcal{A}),$$

sera nommé *anneau d'homologie* de $\mathcal{A}$.

Une application λ d'un anneau différentiel $\mathcal{A}'$ dans un anneau différentiel $\mathcal{A}$ sera nommé *homomorphisme* quand elle respectera la structure d'anneau, α et δ.

6. Anneau filtré ([1]). — Une application $f(a)$ de $\mathcal{A}$ dans l'ensemble que constituent les nombres réels et $+\infty$ sera nommée filtration de $\mathcal{A}$ quand elle satisfait les conditions suivantes :

$$(1)\quad f(a-a') \geqq \min[f(a), f(a')]; \quad f(aa') \geqq f(a) + f(a'); \quad f(0) = +\infty.$$

$\mathcal{A}^p$ désignera l'ensemble des $a \in \mathcal{A}$ tels que $f(a) \geqq p$; $\mathcal{A}^p\mathcal{A}^q$ désignera l'ensemble des aa' tels que $a \in \mathcal{A}^p$, $a' \in \mathcal{A}^q$; les conditions (1) équivalent aux suivantes :

$$(2)\quad \begin{cases} \mathcal{A}^p \text{ est un groupe additif}; \quad \mathcal{A}^p \subset \mathcal{A}^q \text{ si } q < p; \\ \mathcal{A}^p\mathcal{A}^q \subset \mathcal{A}^{p+q}; \quad \lim_{p \to -\infty} \mathcal{A}^p = \mathcal{A}. \end{cases}$$

([1]) La notion d'anneau filtré est voisine de la notion classique de corps valué : Van der Waerden, *Moderne Algebra*, Ch. X, Bewertete Körper.

Par définition *un anneau différentiel filtré* $\mathcal{A}$ vérifiera la condition

$$f(\alpha a) = f(a)$$

et $\mathcal{H}(\mathcal{A})$ sera filtré comme suit : soit $h \in \mathcal{H}(\mathcal{A})$; $f(h)$ est la borne supérieure de $f(c)$ quand c décrit la classe d'homologie h.

Soit λ une application d'un anneau filtré $\mathcal{A}'$ dans un anneau filtré $\mathcal{A}$; $f(\lambda)$ désignera, s'il existe, le plus grand entier tel que

$$f(\lambda a') \geqq f(\lambda) + f(a'), \qquad \text{où } a' \in \mathcal{A}';$$

$f(\lambda)$ sera nommé filtration de λ.

7. Anneau gradué. — Soient des groupes abéliens $\mathcal{L}^p$ (p réel) et des lois de multiplication bilinéaires associant au couple ($l^p \in \mathcal{L}^p$; $l'^q \in \mathcal{L}^q$) un produit $l^p l'^q \in \mathcal{L}^{p+q}$. Soit $\mathcal{A}$ le groupe abélien somme directe des $\mathcal{L}^p$: tout $a \in \mathcal{A}$ peut être mis, d'une façon unique, sous la forme

$$a = \sum_p l^p, \qquad \text{où } l^p \in \mathcal{L}^p;$$

l^p sera nommé composante de degré p de a, les éléments l^p des $\mathcal{L}^p$ seront nommés éléments de $\mathcal{A}$ homogènes de degré p. Définissons une multiplication dans $\mathcal{A}$ en posant

$$\left(\sum_p l^p\right)\left(\sum_q l'^q\right) = \sum_{p,q} l^p l'^q;$$

$\mathcal{A}$ est un anneau; nous le nommerons *anneau gradué* engendré par les $\mathcal{L}^p$; nous écrirons

$$\mathcal{A} = \sum_p \mathcal{L}^p.$$

Par exemple l'anneau des formes de Pfaff d'une variété différentiable est gradué.

Étant donné un entier m, $\mathcal{A}^m$ désignera l'anneau $\mathcal{A}$ filtré comme suit :

$f\left(\sum_p l^p\right)$ est le minimum des mp tels que $l^p \neq 0$.

Une *différentielle* δ, définie sur $\mathcal{A}$, sera dite *homogène de degré g* quand elle transformera tout élément homogène de degré p en un élément homogène de degré $p+g$

$$\delta\mathcal{L}^p \subset \mathcal{L}^{p+g}.$$

$\mathcal{A}$ étant un anneau filtré, posons

$$\mathcal{L}^p = \mathcal{A}^p/\mathcal{A}^{p+1};$$

si

$$l^p = a^p \bmod \mathcal{A}^{p+1}, \qquad l'^q = a'^q \bmod \mathcal{A}^{q+1}, \qquad a^p \in \mathcal{A}^p, \qquad a'^q \in \mathcal{A}'^q,$$

définissons

$$l^p\, l'^q = a^p\, a'^q \bmod \mathcal{A}^{p+q+1};$$

soit $\mathcal{G}(\mathcal{A})$ l'anneau gradué défini par ces $\mathcal{L}^p$ et cette multiplication; nous dirons que $\mathcal{G}(\mathcal{A})$ est *l'anneau gradué* de $\mathcal{A}$. Si $\mathcal{A}$ est gradué, $\mathcal{G}(\mathcal{A}) = \mathcal{A}$.

PROPRIÉTÉS. — *a*. Un homomorphisme λ d'un anneau filtré $\mathcal{A}'$ dans un anneau filtré $\mathcal{A}$ définit, si $f(\lambda) \geqq 0$, un homomorphisme de $\mathcal{G}(\mathcal{A}')$ dans $\mathcal{G}(\mathcal{A})$.

b. Un homomorphisme λ d'un anneau filtré $\mathcal{A}'$ dans un anneau filtré $\mathcal{A}$ respecte la valuation quand $f(\lambda) \geqq 0$ et que λ définit un isomorphisme de $\mathcal{G}(\mathcal{A}')$ dans $\mathcal{G}(\mathcal{A})$.

8. **L'anneau spectral d'homologie d'un anneau différentiel filtré.** — Nous allons attacher à un anneau différentiel filtré $\mathcal{A}$ un anneau gradué $\mathcal{H}_r(\mathcal{A})$, dépendant de l'indice entier r et possédant une différentielle homogène δ_r de degré r. Soit

$$\mathcal{C}^p = \mathcal{A}^p \cap \mathcal{C}(\mathcal{A}); \qquad \mathcal{D}^p = \mathcal{A}^p \cap \mathcal{D}(\mathcal{A});$$

$\mathcal{C}^p_r$ l'ensemble des $a \in \mathcal{A}^p$ tels que

$$\delta a \in \mathcal{A}^{p+r}; \qquad \delta\mathcal{C}^p_r = \mathcal{D}^p_r;$$

on a, la flèche désignant la limite d'une suite monotone,

$$\ldots \subset \mathcal{D}^p_r \subset \mathcal{D}^p_{r+1} \subset \ldots \to \mathcal{D}^p \subset \mathcal{C}^p \subset \ldots \subset \mathcal{C}^p_{r+1} \subset \mathcal{C}^p_r \subset \ldots \to \mathcal{A}^p,$$
$$\mathcal{C}^p_r\,\mathcal{C}^q_r \subset \mathcal{C}^{p+q}_r; \qquad \mathcal{C}^p_r\,\mathcal{D}^q_{r-1} \subset (\mathcal{C}^{p+q+1}_{r-1}, \mathcal{D}^{p+q}_{r-1}),$$

où $(\mathcal{C}, \mathcal{D})$ désigne le plus petit sous-groupe additif contenant les sous-groupes $\mathcal{C}$ et $\mathcal{D}$. Ces formules prouvent que l'anneau gradué $\sum_p(\mathcal{C}_{r-1}^{p+1}, \mathcal{D}_{r-1}^p)$ est un idéal de l'anneau $\sum_p \mathcal{C}_r^p$; posons

$$\mathcal{H}_r(\mathcal{A}) = \sum_p \mathcal{C}_r^p/(\mathcal{C}_{r-1}^{p+1}, \mathcal{D}_{r-1}^p);$$

δ définit sur $\mathcal{H}_r(\mathcal{A})$ une différentielle δ_r homogène de degré r; l'anneau d'homologie de l'anneau différentiel $\mathcal{H}_r(\mathcal{A})$ ainsi défini est $\mathcal{H}_{r+1}(\mathcal{A})$. Nous poserons

$$\mathcal{H}_\infty(\mathcal{A}) = \sum_p \mathcal{C}^p/(\mathcal{C}^{p+1}, \mathcal{D}^p).$$

Il existe un homomorphisme canonique $\varkappa_s^r$ d'un sous-anneau de $\mathcal{H}_r(\mathcal{A})$ sur $\mathcal{H}_s(\mathcal{A})$, si $r < s$, s pouvant valoir ∞; $\varkappa_t^s \varkappa_s^r = \varkappa_t^r$ si $r < s < t$. D'autre part $\mathcal{H}_\infty(\mathcal{A})$ est canoniquement isomorphe à $\mathcal{G}\mathcal{H}(\mathcal{A})$. Nous nommerons *anneau spectral d'homologie de l'anneau filtré* $\mathcal{A}$ l'anneau $\mathcal{H}_r(\mathcal{A})$ (r : entier ou ∞) et l'homomorphisme $\varkappa_s^r$.

Plus généralement nous nommerons *anneau spectral* tout anneau $\mathcal{H}_r$ possédant les propriétés que voici :

$\mathcal{H}_r$ dépend d'un indice r dont les valeurs sont ∞ et les entiers (éventuellement supérieurs à un entier donné);

$\mathcal{H}_r$ est un anneau gradué;

si r est fini, $\mathcal{H}_r$ possède une différentielle homogène δ_r de degré r;

si $r < s$, il existe un homomorphisme canonique $\varkappa_s^r$ d'un sous-anneau de $\mathcal{H}_r$ sur $\mathcal{H}_s$; si $r < s < t$, $\varkappa_t^s \varkappa_s^r = \varkappa_t^r$; $\varkappa_{r+1}^r$ est l'homomorphisme canonique de l'anneau des cycles de $\mathcal{H}_r$ sur l'anneau d'homologie de $\mathcal{H}_r$, qui est $\mathcal{H}_{r+1}$.

9. **Propriétés de l'anneau spectral d'homologie.** — *a*. Si la filtration de tout élément non nul de $\mathcal{A}$ est négative ou nulle et si, pour un entier $r > 0$, tous les termes de $\mathcal{H}_r(\mathcal{A})$ sont homogènes de degré nul, alors $\varkappa_s^r$ est l'identité et $\mathcal{H}(\mathcal{A}) = \mathcal{H}_r(\mathcal{A})$.

b. Soient $\mathcal{A}'$ et $\mathcal{A}$ deux anneaux différentiels filtrés; soit λ un homomorphisme de $\mathcal{A}'$ dans $\mathcal{A}$ possédant les propriétés suivantes :

$$f(\lambda) \geqq 0; \qquad \lambda\delta = \delta\lambda;$$

λ définit un isomorphisme de $\mathcal{H}_r(\mathcal{A}')$ sur $\mathcal{H}_r(\mathcal{A})$ pour une valeur r particulière. Alors λ définit un isomorphisme de $\mathcal{H}_s(\mathcal{A}')$ sur $\mathcal{H}_s(\mathcal{A})$ pour $r \leqq s < \infty$, un isomorphisme de $\mathcal{H}_\infty(\mathcal{A}')$ dans $\mathcal{H}_\infty(\mathcal{A})$ et un homomorphisme de $\mathcal{H}(\mathcal{A}')$ dans $\mathcal{H}(\mathcal{A})$ respectant la filtration.

[On utilise la propriété *b* du n° 7.]

c. Supposons définies sur un anneau filtré $\mathcal{A}$ deux différentiations (α, δ) et (α', δ'); si $f(\delta - \delta')$ est défini, alors

$$\mathcal{H}_r(\mathcal{A}) = \mathcal{H}'_r(\mathcal{A}) \quad \text{pour} \quad r \leqq f(\delta - \delta');$$
$$\delta_r = \delta'_r \quad \text{pour} \quad r < f(\delta - \delta').$$

En particulier :

d. Supposons $f(\delta)$ défini :

si $r \leqq f(\delta)$, alors $\mathcal{H}_r(\mathcal{A}) = \mathcal{G}(\mathcal{A})$;
si $r < f(\delta)$, alors $\delta_r = 0$;
si $r = f(\delta)$, $\delta_r(a^p \bmod \mathcal{A}^{p+1}) = \delta a^p \bmod \mathcal{A}^{p+r+1}$, si $a^p \in \mathcal{A}^p$.

e. Si $\mathcal{A}$ est un anneau gradué possédant une différentielle homogène de degré g, alors

$$\mathcal{H}_r(\mathcal{A}) = \mathcal{A} \text{ pour } r \leqq g; \quad \delta_r = 0 \text{ pour } r < g; \quad \delta_r = \delta \text{ pour } r = g;$$
$$\mathcal{H}_r(\mathcal{A}) = \mathcal{H}(\mathcal{A}) \text{ pour } r > g; \quad \delta_r = 0 \text{ pour } r > g.$$

[La notion d'anneau spectral d'homologie est donc alors sans intérêt.]

II. — Produit tensoriel d'un anneau canonique $\mathcal{K}$ et d'un anneau différentiel $\mathcal{A}$.

10. Définitions. — Nous nommerons *anneau canonique* tout anneau gradué $\mathcal{K}$ ayant les propriétés suivantes :

a. Les éléments homogènes k^p de $\mathcal{K}$ ont des degrés $p \geqq 0$;

b. $\mathcal{K}$ possède une différentielle homogène de degré 1;

c. $\alpha k^p = (-1)^p k^p$ (d'où résulte $\delta\alpha + \alpha\delta = 0$);

d. Si m est entier, si $k \in \mathcal{K}$, alors $mk = 0$ exige $m = 0$ ou $k = 0$.

Étant donnés un anneau canonique $\mathcal{K}$ et un anneau différentiel $\mathcal{A}$, leur *produit tensoriel* $\mathcal{K}\otimes\mathcal{A}$ sera, par définition, l'anneau différentiel suivant :

le groupe additif de $\mathcal{K}\otimes\mathcal{A}$ est le produit tensoriel, au sens de Whitney ([5]), des groupes additifs de $\mathcal{K}$ et $\mathcal{A}$;

la multiplication de $\mathcal{K}\otimes\mathcal{A}$ est définie par la formule

$$[k^p\otimes a][k'^q\otimes a'] = [k^p k'^q]\otimes[(\alpha^{-q} a)a'];$$

la différentielle de $\mathcal{K}\otimes\mathcal{A}$ est définie par les formules

$$\alpha(k^p\otimes a) = (-1)^p k^p\otimes \alpha a; \qquad \delta(k^p\otimes a) = (\delta k^p)\otimes a + (-1)^p k^p\otimes \delta a.$$

Supposons $\mathcal{A}$ filtré; soit un nombre réel l; posons

$$w\left(\sum_\alpha k^{p_\alpha}_\alpha\otimes a_\alpha\right) = \min_\alpha [lp_\alpha + f(a_\alpha)];$$

nous définissons ainsi sur $\mathcal{K}\otimes\mathcal{A}$ une fonction multiforme, dont les valeurs sont les entiers et $+\infty$; la borne supérieure des valeurs prises par w sur un élément de $\mathcal{K}\otimes\mathcal{A}$ est une filtration de $\mathcal{K}\otimes\mathcal{A}$; $\mathcal{K}\otimes\mathcal{A}$ ainsi filtré sera noté $\mathcal{K}^l\otimes\mathcal{A}$.

11. Propriétés du produit tensoriel. — *a*. Si $\mathcal{H}(\mathcal{K})$ est de degré nul, il existe un isomorphisme canonique

$$\mathcal{H}(\mathcal{H}(\mathcal{K})\otimes\mathcal{A}) \simeq \mathcal{H}(\mathcal{K}\otimes\mathcal{A}).$$

[On donne à $\mathcal{A}$ la filtration nulle; à l'aide de la proposition *c* du n° 9, on prouve que $\mathcal{H}_1(\mathcal{K}^{-1}\otimes\mathcal{A})$ est isomorphe à $\mathcal{H}(\mathcal{H}(\mathcal{K})\otimes\mathcal{A})$ et par suite de degré nul; on applique la proposition *a* du n° 9.]

b. Si la filtration de $\mathcal{A}$ est nulle, alors

$$\mathcal{H}_r(\mathcal{K}^1\otimes\mathcal{A}) \simeq \mathcal{H}(\mathcal{K}^1\otimes\mathcal{H}(\mathcal{A})),$$

$\delta_r = 0$ et $\varkappa^r_s$ est l'identité pour $r \geqq 2$; la filtration des éléments non nuls de $\mathcal{H}(\mathcal{K}^1\otimes\mathcal{A})$ est finie.

[La preuve de cette proposition *b* est assez longue.]

([5]) *Duke math. J.*, 4, 1938, p. 495-528; Bourbaki, *Algèbre multilinéaire*.

CHAPITRE II.

HOMOLOGIE FILTRÉE D'UN ESPACE, RELATIVE A UN FAISCEAU DIFFÉRENTIEL FILTRÉ.

I. — Faisceau.

12. **Définition.** — Un faisceau $\mathcal{B}$ (différentiel, filtré, gradué, spectral) sera défini sur un espace localement compact X par les données suivantes :

a. Un *anneau* $\mathcal{B}(F)$ (différentiel, filtré, gradué, spectral) associé à chaque partie fermée F de X;

b. Un *homomorphisme* de $\mathcal{B}(F)$ dans $\mathcal{B}(F_1)$ quand F_1 est une partie fermée de F; cet homomorphisme est nommé *section* par F_1; on notera $F_1 b$ l'élément de $\mathcal{B}(F_1)$ en lequel il transforme l'élément b de $\mathcal{B}(F)$; (la section commute avec la différentielle, est de filtration $\geqq 0$, transforme un élément homogène en un élément homogène de même degré).

Ces données sont assujetties aux conditions suivantes :

c. $\mathcal{B}(\emptyset) = 0$;

d. Si $F_2 \subset F_1 \subset F$ et si $b \in \mathcal{B}(F)$, alors $F_2(F_1 b) = F_2 b$.

Si X est compact, $\mathcal{B}$ est dit *continu* quand $\mathcal{B}(F)$ est la limite directe des $\mathcal{B}(V)$, les V étant les voisinages fermés de F :

e'. Étant donné $b \in \mathcal{B}(F)$, il doit exister un voisinage fermé V de F et un élément b_V de $\mathcal{B}(V)$ tels que $b = F b_V$;

e''. Étant donnés $b \in \mathcal{B}(F)$ et $F_1 \subset F$ tels que $F_1 b = 0$, il doit exister dans le sous-espace F un voisinage fermé V_1 de F_1 tel que $V_1 b = 0$.

Si X n'est pas compact, soit $\overline{X}$ l'espace compact qu'on obtient en lui adjoignant un point à l'infini x_∞; si $\overline{F}$ est une partie fermée de $\overline{X}$, définissons

$$\overline{\mathcal{B}}(\overline{F}) = \mathcal{B}(\overline{F} \cap X);$$

$\mathcal{B}$ sera dit *continu* si le faisceau $\overline{\mathcal{B}}$ que constituent les $\overline{\mathcal{B}}(\overline{F})$ est continu sur $\overline{X}$.

Cas particulier : $\mathcal{B}(F) = 0$ si F n'est pas compact; sinon $\mathcal{B}(F)$ est un anneau $\mathcal{A}$ indépendant de F, la section par $F_1 \subset F$ étant l'isomorphisme identique de $\mathcal{A}$ sur lui-même : nous dirons que le *faisceau* $\mathcal{B}$ est *identique à l'anneau* $\mathcal{A}$; un tel faisceau est continu.

13. Faisceau quotient; faisceau d'homologie. — Un *sous-faisceau* $\mathcal{B}'$ du faisceau $\mathcal{B}$ sera constitué par des sous-anneaux $\mathcal{B}'(F)$ des anneaux $\mathcal{B}(F)$ tels que $F_1\mathcal{B}'(F) \subset \mathcal{B}'(F_1)$. Si chaque $\mathcal{B}'(F)$ est un idéal de $\mathcal{B}(F)$, $\mathcal{B}'$ est dit *idéal* de $\mathcal{B}$; les quotients $\mathcal{B}(F)/\mathcal{B}'(F)$ constituent alors un faisceau, nommé quotient de $\mathcal{B}$ par $\mathcal{B}'$ et noté $\mathcal{B}/\mathcal{B}'$; ce quotient est continu si $\mathcal{B}$ et $\mathcal{B}'$ le sont. En particulier, quand $\mathcal{B}$ est un faisceau différentiel, les $\mathcal{H}(\mathcal{B}(F))$ constituent un faisceau qui sera noté $\mathcal{F}(\mathcal{B})$ et nommé *faisceau d'homologie* de $\mathcal{B}$; quand $\mathcal{B}$ est filtré (et continu), $\mathcal{F}(\mathcal{B})$ est filtré (et continu) et les $\mathcal{H}_r(\mathcal{B}(F))$ constituent de même un faisceau (continu) $\mathcal{F}_r(\mathcal{B})$, nommé *faisceau spectral d'homologie* de $\mathcal{B}$.

Un *homomorphisme* λ d'un faisceau $\mathcal{B}'$ dans un faisceau $\mathcal{B}$ sera constitué par un homomorphisme λ de $\mathcal{B}'(F)$ dans $\mathcal{B}(F)$ tel que

$$F\lambda b' = \lambda F b'.$$

14. Transformé d'un faisceau $\mathcal{B}'$ défini sur X′ par une application continue φ de X′ dans X. — Soit un faisceau $\mathcal{B}'$ défini sur un espace X′ et soit φ une application continue de X′ dans un espace X; nous définirons comme suit sur X un faisceau $\mathcal{B}$, que nous nommerons transformé de $\mathcal{B}'$ par φ et que nous noterons $\varphi(\mathcal{B}')$: soient $F_1 \subset F$ deux parties fermées de X;

$$\mathcal{B}(F) = \mathcal{B}'\big(\overset{-1}{\varphi}(F)\big); \qquad F_1 b = \overset{-1}{\varphi}(F_1)b.$$

Si $\mathcal{B}$ est continu, $\varphi(\mathcal{B})$ l'est.

Cas particulier. — Si $\mathcal{B}'$ est identique à l'anneau $\mathcal{A}$, $\varphi(\mathcal{B}')$ est identique à $\mathcal{A}$ sur $\varphi(X')$ quand φ est *propre*, c'est-à-dire possède les trois propriétés équivalentes que voici :

a. Ou bien X′ est compact; ou bien X et X′ sont localement compacts et, en adjoignant à chacun d'eux un point à l'infini, x_∞ et x'_∞, en posant $\varphi(x'_\infty) = x_\infty$ on obtient une application continue de $X' \cup x'_\infty$ sur $X \cup x_\infty$.

b. φ applique toute partie fermée de X' sur une partie fermée de X et $\overset{-1}{\varphi}(x)$ est compact, quel que soit $x \in$ X.

c. $\overset{-1}{\varphi}$ applique toute partie compacte de X sur une partie compacte de X'.

II. — Complexe.

15. Définition. — Un *complexe* $\mathcal{K}$ est défini sur un espace localement compact X par la donnée d'un *anneau différentiel* et d'une fonction qui, à chaque élément k de cet anneau, associe une partie fermée de X, dite *support* de k et notée $S(k)$; ces supports sont assujettis aux lois suivantes :

$$S(o) = \emptyset; \quad S(k - k') \subset S(k) \cup S(k'); \quad S(kk') \subset S(k) \cap S(k'); \quad S(\delta k) \subset S(k).$$

Les éléments à support vide constituent un idéal; en faisant le quotient de l'anneau de $\mathcal{K}$ par cet idéal on obtient un complexe, que H. Cartan nomme : *complexe séparé* associé à $\mathcal{K}$. Pour que $\mathcal{K}$ soit séparé, c'est-à-dire identique à son complexe séparé, il faut et il suffit que la condition $S(k) = \emptyset$ entraîne $k = o$.

16. Opérations sur un complexe. — Soit φ une application continue d'un espace X' dans X ; le complexe séparé, associé au complexe défini par l'anneau de $\mathcal{K}$ et les supports $\overset{-1}{\varphi}(S(k))$, sera noté $\overset{-1}{\varphi}(\mathcal{K})$ et nommé *transformé de* $\mathcal{K}$ *par* $\overset{-1}{\varphi}$.

Soit F une partie fermée de X; soit φ l'application canonique de F dans X; $\overset{-1}{\varphi}(\mathcal{K})$ sera nommé *section* de $\mathcal{K}$ par F et noté F$\mathcal{K}$.

Supposons les supports $\mathcal{K}$ compacts; soit ψ une application continue de X dans un second espace Y; le complexe défini par l'anneau de $\mathcal{K}$ et les supports $\psi(S(k))$ sera noté $\psi(\mathcal{K})$ et nommé *transformé de* $\mathcal{K}$ *par* ψ.

Si $k \in \mathcal{K}$, les images de k dans $\overset{-1}{\varphi}(\mathcal{K})$, F$\mathcal{K}$ et $\psi(\mathcal{K})$ seront respectivement notées $\overset{-1}{\varphi}(k)$, Fk et $\psi(k)$.

Les F$\mathcal{K}$ constituent un faisceau $\mathcal{B}$, qui sera dit *faisceau associé* à $\mathcal{K}$; le faisceau associé à $\psi(\mathcal{K})$ est $\psi(\mathcal{B})$; les faisceaux $\mathcal{F}(\mathcal{B})$ et $\mathcal{F}_r(\mathcal{B})$ seront notés $\mathcal{F}(\mathcal{K})$ et $\mathcal{F}_r(\mathcal{K})$; ils seront nommés faisceau d'homologie et faisceau spectral d'homologie du complexe $\mathcal{K}$.

17. Complexe canonique; intersection de complexes. — Nous nommerons *canonique* tout complexe $\mathcal{K}$ ayant les propriétés suivantes : l'anneau définissant $\mathcal{K}$ est canonique (n° 10); $\mathcal{K}$ est séparé;

$$S\Big(\sum_p k^p\Big) = \bigcup_p S(k^p), \text{ où } k^p \text{ est homogène de degré } p;$$
$$S(mk) = S(k) \text{ si } m \text{ est un entier non nul.}$$

Les transformés et les sections des complexes canoniques sont des complexes canoniques.

Soient sur un espace X deux complexes $\mathcal{K}$ et $\mathcal{K}'$, $\mathcal{K}$ étant canonique; soit $\mathcal{K}\otimes\mathcal{K}'$ le produit tensoriel des anneaux différentiels de $\mathcal{K}$ et $\mathcal{K}'$; définissons le support d'un élément $\sum_\alpha k_\alpha \otimes k'_\alpha$ de $\mathcal{K}\otimes\mathcal{K}'$ comme l'ensemble des points x tels que

$$\sum_\alpha (xk_\alpha) \otimes (xk'_\alpha) \neq 0.$$

Le complexe séparé associé au complexe que nous venons de définir sera nommé *intersection* de $\mathcal{K}$ et $\mathcal{K}'$; il sera noté $\mathcal{K}\bigcirc\mathcal{K}'$; ses éléments seront notés $\sum_\alpha k_\alpha \bigcirc k'_\alpha$.

Propriétés. — *a.* $x(\mathcal{K}\bigcirc\mathcal{K}') = (x\mathcal{K})\otimes(x\mathcal{K}')$;

b. Si $\mathcal{K}$ et $\mathcal{K}'$ sont canoniques, $\mathcal{K}\bigcirc\mathcal{K}'$ et $\mathcal{K}'\bigcirc\mathcal{K}$ sont canoniques et isomorphes : l'élément $k^p\bigcirc k'^q$ est homogène, de degré $p+q$ et son isomorphe dans $\mathcal{K}'\bigcirc\mathcal{K}$ est $(-1)^{pq} k'^q\bigcirc k^p$;

c. Si $\mathcal{K}$ et $\mathcal{K}'$ sont canoniques,

$$(\mathcal{K}\bigcirc\mathcal{K}')\bigcirc\mathcal{K}'' = \mathcal{K}\bigcirc(\mathcal{K}'\bigcirc\mathcal{K}'').$$

18. Complexe fin. — Soit un complexe $\mathcal{K}$ sur un espace X; soit λ une application de $\mathcal{K}$ en lui-même; si $S(\lambda k)\subset S(k)$ quel que soit $k\in\mathcal{K}$, nous nommerons *support* $S(\lambda)$ de λ la plus petite partie fermée de X telle que

$$S(\lambda k)\subset S(\lambda)\cap S(k).$$

Exemple : $\lambda\in\mathcal{K}$.

Nous dirons que $\mathcal{K}$ est *fin* quand, étant donné un recouvrement fini, onvert de X,

$$\bigcup_\alpha V_\alpha = X,$$

(l'un au moins des V_α étant un voisinage de l'infini, si X n'est pas compact), on peut trouver des applications λ_α de $\mathcal{K}$ en lui-même, telles que

$$\lambda_\alpha(k-k') = \lambda_\alpha k - \lambda_\alpha k'; \qquad \sum_\alpha \lambda_\alpha k = k; \qquad S(\lambda_\alpha) \subset V_\alpha.$$

Les complexes fins sont donc, dans la terminologie de H. Cartan, des *carapaces* d'un type particulier.

Si $\mathcal{K}$ possède une unité u, cette définition équivaut à la suivante :

Il existe des $u_\alpha \in \mathcal{K}$ tels que $\sum_\alpha u_\alpha = u$ et $S(u_\alpha) \subset V_\alpha$.

Propriétés. — *a*. $F\mathcal{K}$ et $\varphi(\mathcal{K})$ sont fins quand $\mathcal{K}$ est fin;

b. $\mathcal{K} \bigcirc \mathcal{K}'$ est fin si $\mathcal{K}$ ou $\mathcal{K}'$ est fin;

c. $\varphi\left(\overset{-1}{\varphi}(\mathcal{K}') \bigcirc \mathcal{K}\right) = \mathcal{K}' \bigcirc \varphi(\mathcal{K})$ si $\mathcal{K}$ est fin.

D'autres propriétés essentielles des complexes fins seront énoncées aux n°s 19 et 20.

19. Intersection d'un faisceau continu et d'un complexe canonique. — Soient, sur un espace X, un complexe canonique $\mathcal{K}$ et un faisceau continu $\mathcal{B}$; nous définirons l'*intersection* $\mathcal{K} \bigcirc \mathcal{B}$ de $\mathcal{K}$ et $\mathcal{B}$ comme étant le *complexe* suivant :

Les éléments de $\mathcal{K} \bigcirc \mathcal{B}$ sont des sommes finies

$$\sum_\alpha k_\alpha \bigcirc b_\alpha, \qquad \text{où} \quad b_\alpha \in \mathcal{B}(F_\alpha) \quad \text{et} \quad S(k_\alpha) \subset F_\alpha;$$

on convient que

$$k \bigcirc b = k \bigcirc (S(k)b).$$

Ces sommes obéissent aux règles de calculs, analogues à celles du produit tensoriel, que voici : si les premiers membres ont un sens

$$k \bigcirc b + k' \bigcirc b = (k + k') \bigcirc b,$$
$$k \bigcirc b + k \bigcirc b' = k \bigcirc (b + b'),$$
$$[k^p \bigcirc b][k'^q \bigcirc b'] = [k^p k'^q] \bigcirc [(\alpha^{-q})b)b'],$$
$$\alpha(k^p \bigcirc b) = (-1)^p k^p \bigcirc \alpha b; \qquad \delta(k^p \bigcirc b) = \delta k^p \bigcirc b + (-1)^p k^p \bigcirc \delta b.$$

Par définition $S\left(\sum_\alpha k_\alpha \bigcirc b_\alpha\right)$ sera l'ensemble des points x tels que

$$\sum_\alpha (xk_\alpha) \otimes (xb_\alpha) \neq 0;$$

cet ensemble est compact.

Enfin $\mathcal{K} \bigcirc \mathcal{B}$ sera un complexe séparé : les éléments à support vide seront annulés.

Propriétés. — *a*. $\mathcal{K} \bigcirc \mathcal{B}' = \mathcal{K} \bigcirc \mathcal{K}'$ quand $\mathcal{B}'$ est le faisceau associé au complexe $\mathcal{K}'$;

b. $x(\mathcal{K} \bigcirc \mathcal{B}) = (x\mathcal{K}) \otimes \mathcal{B}(x)$;

c. $\mathcal{K}' \bigcirc \mathcal{B}$ est fin et $\mathcal{K} \bigcirc (\mathcal{K}' \bigcirc \mathcal{B}) = (\mathcal{K} \bigcirc \mathcal{K}') \bigcirc \mathcal{B}$ si $\mathcal{K}$ et $\mathcal{K}'$ sont canoniques et si $\mathcal{K}'$ est fin;

d. $\mathcal{K} \bigcirc \mathcal{B} = \mathcal{K}^* \otimes \mathcal{A}$ si $\mathcal{K}$ est fin, si $\mathcal{K}^*$ est l'ensemble de ses éléments à supports compacts et si le faisceau $\mathcal{B}$ est un anneau $\mathcal{A}$ (n° **12**, cas particulier).

Définition d'une filtration sur $\mathcal{K} \bigcirc \mathcal{B}$. — Supposons $\mathcal{B}$ filtré; soit un entier l; posons

$$w\left(\sum_\alpha k_\alpha^{p_\alpha} \bigcirc b_\alpha\right) = \min_\alpha . [lp_\alpha + f(b_\alpha)];$$

nous définissons ainsi sur $\mathcal{K} \bigcirc \mathcal{B}$ une fonction multiforme, dont les valeurs sont les entiers et $+\infty$; la borne supérieure des valeurs prises par w sur un élément de $\mathcal{K} \bigcirc \mathcal{B}$ est une filtration de $\mathcal{K} \bigcirc \mathcal{B}$; $\mathcal{K} \bigcirc \mathcal{B}$ ainsi filtré sera noté $\mathcal{K}^l \bigcirc \mathcal{B}$.

Soient un autre entier m et un autre complexe, canonique et fin, $\mathcal{K}'$; on définirait de même une filtration sur $\mathcal{K} \bigcirc \mathcal{K}' \bigcirc \mathcal{B}$, qui, ainsi filtré, sera noté

$$\mathcal{K}^l \bigcirc \mathcal{K}'^m \bigcirc \mathcal{B}.$$

II. — L'anneau d'homologie d'un espace relatif à un faisceau différentiel.

20. Couverture. — Définition. — Nous nommerons *couverture d'un espace localement compact* X tout complexe $\mathcal{K}$, défini sur X, ayant les propriétés suivantes :

1° $\mathcal{K}$ est un complexe canonique;

2° $\mathcal{K}$ possède une unité u homogène, de degré nul, de support $S(u) = X$;

3° $\mathcal{H}(x\mathcal{K})$ a pour seuls éléments les multiples entiers de son unité quel que soit $x \in X$.

Nos couvertures sont donc d'un type un peu plus général que les Z-couvertures basiques de H. Cartan alors que nos complexes fins sont, rappelons-le, d'un type un peu plus particulier que ses carapaces.

Propriétés. — *a*. L'image réciproque $\overset{-1}{\varphi}(\mathcal{K})$ d'une couverture, la section $F\mathcal{K}$ d'une couverture et l'intersection $\mathcal{K} \bigcirc \mathcal{K}'$ de deux couvertures sont des couvertures.

b. Si $\mathcal{K}$ est une couverture de X, si $\mathcal{K}'$ est un complexe défini sur X, fin, à supports compacts et si $\delta = 0$ sur $\mathcal{K}'$, alors il existe un isomorphisme canonique

$$\mathcal{H}(\mathcal{K} \bigcirc \mathcal{K}') \simeq \mathcal{K}'.$$

[La condition *d* du n° 10 permet d'établir cette proposition quand x est un point; on la déduit de ce cas particulier en utilisant la propriété *a* du n° 17 et la définition des complexes fins].

c. Si $\mathcal{K}$ est une couverture de X et si $\mathcal{K}'$ est un complexe défini sur X, fin et à supports compacts, il existe un isomorphisme canonique

$$\mathcal{H}(\mathcal{K} \bigcirc \mathcal{K}') \simeq \mathcal{H}(\mathcal{K}').$$

[La preuve est analogue à celle de la proposition *a* du n° 11 : la proposition *b* qui précède et la proposition *c* du n° 9 permettent d'établir que $\mathcal{H}_1(\mathcal{K}^{-1} \bigcirc \mathcal{K}'^0)$ est isomorphe à $\mathcal{H}(\mathcal{K}'^0)$ et par suite de degré nul; on applique la proposition *a* du n° 9.]

Cette proposition *c* est voisine du théorème 1 de H. Cartan.

21. Un exemple de couverture fine. — Nous allons construire une couverture fine d'un espace localement compact X en apportant à une construction connue d'Alexander et Kolmogoroff diverses simplifications dont l'une est due à H. Cartan.

Soit $\mathcal{K}$ l'anneau canonique suivant : ses éléments homogènes de degré p constituent le groupe additif des fonctions à valeurs entières $f^p(x_0, x_1, \ldots, x_p)$ de $p+1$ points de X ; le produit f^{p+q} de deux éléments homogènes f^p et f^q de $\mathcal{K}$ est

$$f^{p+q}(x_0, x_1, \ldots, x_{p+q}) = f^p(x_0, x_1, \ldots, x_p) f^q(x_p, x_{p+1}, \ldots, x_{p+q}),$$

le second membre étant le produit, en sens ordinaire, des deux entiers $f^p(x_0, x_1, \ldots, x_p)$ et $f^q(x_p, x_{p+1}, \ldots, x_{p+q})$; on définit $f^{p+1} = \delta f^p$ comme suit :

$$f^{p+1}(x_0, x_1, \ldots, x_{p+1}) = \sum_{\alpha=0}^{p+1} (-1)^\alpha f^p(x_0, x_1, \ldots, x_{\alpha-1}, x_{\alpha+1}, \ldots, x_{p+1}).$$

Définissons $S(f^p)$ comme l'ensemble des points $x \in X$ dont tout voisinage contient au moins un système de $p+1$ points $x_0, \ldots, x_p$ tels que

$$f^p(x_0, \ldots x_p) \neq 0.$$

Soit

$$S\Big(\sum_p f^p\Big) = \bigcup_p S(f^p);$$

$\mathcal{K}$ est un complexe dont le complexe séparé est une couverture fine $\mathfrak{X}$ de X.

Remarque. — On peut construire une couverture fine de X dont les éléments soient de degrés au plus égaux à la dimension de X.

22. Définition de l'anneau d'homologie d'un espace. — Soient $\mathcal{K}$ et $\mathfrak{X}$ deux couvertures de X, dont la deuxième est fine; soit $\mathcal{B}$ un faisceau sur X ; vu 19c, la proposition 20c définit un isomorphisme canonique

$$\mathcal{H}(\mathcal{K} \bigcirc \mathfrak{X} \bigcirc \mathcal{B}) \simeq \mathcal{H}(\mathfrak{X} \bigcirc \mathcal{B}).$$

La proposition 17b permet de compléter comme suit ce résultat :

si $\mathfrak{X}$ et $\mathfrak{X}'$ sont deux couvertures fines de X, il existe un isomorphisme canonique

$$\mathcal{H}(\mathfrak{X} \bigcirc \mathcal{B}) \simeq \mathcal{H}(\mathfrak{X}' \bigcirc \mathcal{B});$$

si $\mathfrak{X}''$ est une troisième couverture fine de X, l'isomorphisme précédent est le produit des deux suivants :

$$\mathcal{H}(\mathfrak{X} \bigcirc \mathcal{B}) \simeq \mathcal{H}(\mathfrak{X}'' \bigcirc \mathcal{B}); \quad \mathcal{H}(\mathfrak{X}'' \bigcirc \mathcal{B}) \simeq \mathcal{H}(\mathfrak{X}' \bigcirc \mathcal{B}).$$

Ces faits justifient la définition que voici :

DÉFINITION. — *Étant donnés un espace localement compact* X *et un faisceau différentiel* $\mathcal{B}$ *sur* X, *nous nommerons anneau d'homologie de* X *relatif à* $\mathcal{B}$ *et nous noterons* $\mathcal{H}(\mathrm{X} \bigcirc \mathcal{B})$ *l'anneau, défini à une isomorphie près,* $\mathcal{H}(\mathfrak{X} \bigcirc \mathcal{B})$, *où* $\mathfrak{X}$ *désigne une couverture fine de* X.

Quand $\mathcal{K}$ est une *couverture non fine* de X, on peut définir un *homomorphisme canonique de* $\mathcal{H}(\mathcal{K} \bigcirc \mathcal{B})$ *dans* $\mathcal{H}(\mathrm{X} \bigcirc \mathcal{B})$.

Quand le faisceau $\mathcal{B}$ est identique à un anneau différentiel $\mathcal{A}$ (n° 12, cas particulier), nous écrirons $\mathcal{H}(\mathrm{X} \bigcirc \mathcal{A})$ au lieu de $\mathcal{H}(\mathrm{X} \bigcirc \mathcal{B})$; $\mathcal{H}(\mathrm{X} \bigcirc \mathcal{A})$ *est un invariant topologique de* X, *quel que soit l'anneau différentiel* $\mathcal{A}$; rappelons (n° 19 *d*) que

$$\mathfrak{X} \bigcirc \mathcal{B} = \mathfrak{X}^* \otimes \mathcal{A},$$

où $\mathfrak{X}^*$ est l'ensemble des éléments de $\mathfrak{X}$ à supports compacts.

IV. — Filtration de l'anneau d'homologie d'un espace.

23. Définition de l'anneau filtré d'homologie $\mathcal{H}(\mathrm{X}^l \bigcirc \mathcal{B})$ et de l'anneau spectral d'homologie $\mathcal{H}_r(\mathrm{X}^l \bigcirc \mathcal{B})$. — Soit, sur l'espace X, un faisceau différentiel filtré et continu $\mathcal{B}$; soit un entier l; soit $\mathfrak{X}$ une couverture fine de X ; le n° 6 définit la filtration de $\mathcal{H}(\mathfrak{X}^l \bigcirc \mathcal{B})$; le n° 8 définit l'anneau spectral d'homologie $\mathcal{H}_r(\mathfrak{X}^l \bigcirc \mathcal{B})$; la proposition *c* du n° 9 permet de prouver que

$$\mathcal{H}_l(\mathfrak{X}^l \bigcirc \mathcal{B}) = \mathfrak{X}^l \bigcirc \mathcal{F}_l(\mathcal{B}); \qquad \mathcal{H}_{l+1}(\mathfrak{X}^l \bigcirc \mathcal{B}) = \mathcal{H}(\mathfrak{X}^l \bigcirc \mathcal{F}_l(\mathcal{B})),$$

dans cette dernière formule on doit utiliser sur $\mathfrak{X}^l$ la différentielle δ et sur $\mathcal{F}_l(\mathcal{B})$ la différentielle δ_l; la différentielle utilisée sur $\mathfrak{X}^l \bigcirc \mathcal{F}_l(\mathcal{B})$ est donc homogène de degré l. Puisque $\mathfrak{X}$ est une couverture fine

$$\mathcal{H}_{l+1}(\mathfrak{X}^l \bigcirc \mathcal{B}) \simeq \mathcal{H}(X \bigcirc \mathcal{F}_l(\mathcal{B})) \quad \text{et} \quad \mathcal{H}(\mathfrak{X} \bigcirc \mathcal{B}) \simeq \mathcal{H}(X \bigcirc \mathcal{B})$$

sont, à une isomorphie près, indépendants du choix de $\mathfrak{X}$; la proposition d du n° 9 permet d'en déduire que, à une isomorphie près, $\mathcal{H}_r(\mathfrak{X}^l \bigcirc \mathcal{B})$, pour $r > l$, et l'anneau filtré $\mathcal{H}(\mathfrak{X}^l \bigcirc \mathcal{B})$ sont indépendants du choix de $\mathfrak{X}$.

Ces faits justifient la définition que voici :

Définition. — *Soient un espace localement compact* X, *un entier* l *et sur* X, *un faisceau différentiel filtré et continu* $\mathcal{B}$; *nous noterons*

$$\mathcal{H}(X^l \bigcirc \mathcal{B}) \quad \text{et} \quad \mathcal{H}_r(X^l \bigcirc \mathcal{B}) \quad (r > l)$$

les anneaux, définis à une isomorphie près,

$$\mathcal{H}(\mathfrak{X}^l \bigcirc \mathcal{B}) \quad \text{et} \quad \mathcal{H}_r(\mathfrak{X}^l \bigcirc \mathcal{B}),$$

où $\mathfrak{X}$ *désigne une couverture fine de* $\mathcal{B}$. $\mathcal{H}(X^l \bigcirc \mathcal{B})$ *sera nommé anneau filtré d'homologie de* X *relatif à* l *et* $\mathcal{B}$; $\mathcal{H}_r(X^l \bigcirc \mathcal{B})$ *sera nommé anneau spectral d'homologie filtrée de* X *relatif à* l *et* $\mathcal{B}$. $\mathcal{H}_r(X^l \bigcirc \mathcal{B})$ *est un anneau spectral au sens du* n° 8; *il est défini pour* $r > l$,

$$\mathcal{H}_{l+1}(X^l \bigcirc \mathcal{B}) \simeq \mathcal{H}(X^l \bigcirc \mathcal{F}_l(\mathcal{B})),$$

$\mathcal{H}_l(\mathcal{B})$ *étant muni de la différentielle* δ_l

$$\mathcal{H}_\infty(X^l \bigcirc \mathcal{B}) \simeq \mathcal{G}\mathcal{H}(X^l \bigcirc \mathcal{B}),$$

Remarque. — Soit un entier $k > 0$; soit $\mathcal{B}'$ l'anneau $\mathcal{B}$ dont on a multiplié la filtration par k; soit $l' = kl$; $\mathcal{H}(X^{l'} \bigcirc \mathcal{B}')$ s'obtient en multipliant par k la filtration de $\mathcal{H}(X^l \bigcirc \mathcal{B})$; $\mathcal{H}_{kr}(X^{l'} \bigcirc \mathcal{B}')$ s'obtient en multipliant par k le degré de $\mathcal{H}_r(X^l \bigcirc \mathcal{B})$.

Signalons le théorème suivant : *un élément de* $\mathcal{H}(X^l \bigcirc \mathcal{B})$ *est nilpotent quand sa filtration dépasse celles des éléments non nilpotents de l'anneau* $\mathcal{H}(\mathcal{B}(x))$, *quel que soit* $x \in X$.

24. Invariants topologiques d'un espace. — Quand $\mathcal{B}$ est identique à un anneau différentiel filtré $\mathcal{A}$ (n° 12, cas particulier), nous écrirons $X^l \bigcirc \mathcal{A}$ au lieu de $X^l \bigcirc \mathcal{B}$ (*voir* 19 *d*). *L'anneau* *filtré d'homologie* $\mathcal{H}(X^l \bigcirc \mathcal{A})$ *et l'anneau spectral d'homologie* $\mathcal{H}_r(X^l \bigcirc \mathcal{A})$ *sont des invariants topologiques de l'espace* X, *quels que soient le nombre réel* l *et l'anneau différentiel filtré* $\mathcal{A}$.

Le n° 11 *b* prouve le théorème suivant :

Si la filtration de $\mathcal{A}$ *est nulle, alors la filtration de tout élément non nul de* $\mathcal{H}(X^1 \bigcirc \mathcal{A})$ *est finie et*

$$\mathcal{H}_r(X^1 \bigcirc \mathcal{A}) \simeq \mathcal{G}(\mathcal{H}(X^1 \bigcirc \mathcal{A})) \simeq \mathcal{H}(X^1 \bigcirc \mathcal{H}(\mathcal{A})).$$

$\mathcal{H}(X^1 \bigcirc \mathcal{H}(\mathcal{A}))$, anneau d'homologie de X relatif à l'anneau sans différentielle $\mathcal{H}(\mathcal{A})$, est un anneau d'homologie du type classique; sa filtration est la filtration classique (degré ou dimension); le théoréme précédent relie donc aux invariants classiques les nouveaux invariants que nous venons de définir.

25. Isomorphismes remarquables. — On peut établir le théorème suivant :

Soit $\mathcal{B}$ *un faisceau différentiel, gradué, continu, défini sur un espace* X; *supposons le degré de* $\mathcal{B} \geqq 0$, *la différentielle de* $\mathcal{B}$ *homogène de degré* > 0 *et* $\mathcal{H}(\mathcal{B}(x))$ *de degré nul, quel que soit* $x \in X$; *il existe alors un isomorphisme canonique*

$$\mathcal{H}(X \bigcirc \mathcal{B}) \simeq \mathcal{H}(X \bigcirc \mathcal{F}(\mathcal{B})).$$

Ce théorème et 20 *c* ont une conséquence voisine du théorème fondamental de H. Cartan sur les carapaces :

Soient un espace X, un faisceau continu $\mathcal{B}$ défini sur X et un complexe fin $\mathcal{K}$, défini sur X et possédant les propriétés suivantes : ses supports sont compacts, son degré est $\geqq 0$, sa différentielle est homogène de degré $+1$, $\mathcal{H}(x\mathcal{K})$ est de degré nul, $\mathcal{B}$ est un sous-faisceau de $\mathcal{F}(\mathcal{K})$ et $\mathcal{B}(x) = \mathcal{H}(x\mathcal{K})$ quel que soit $x \in \mathcal{K}$; il existe alors un isomorphisme canonique

$$\mathcal{H}(\mathcal{K}) \simeq \mathcal{H}(X \bigcirc \mathcal{B}).$$

On a de même

$$\mathcal{H}(\mathcal{K}) \simeq \mathcal{H}(X^l \bigcirc \mathcal{B}), \qquad \mathcal{H}_r(\mathcal{K}) \simeq \mathcal{H}_r(X^l \bigcirc \mathcal{B}),$$

quand on ajoute aux hypothèses précédentes les suivantes : $\mathcal{B}$ et

$\mathcal{K}$ sont filtrés, $\mathcal{B}(x)$ a même filtration que $\mathcal{H}(x\mathcal{K})$; le degré de $\mathcal{H}_{l+1}(x\mathcal{K})$ correspondant au degré de $\mathcal{K}$ est nul; $\mathcal{F}_l(\mathcal{K})$ est le faisceau associé à un complexe fin de X.

CHAPITRE III.

INVARIANTS TOPOLOGIQUES D'UNE APPLICATION.

26. Invariants topologiques d'une application. — Soient : un *espace* localement compact X; un *faisceau* différentiel, filtré, continu $\mathcal{B}$, défini sur X; une *application* φ de X dans un *espace* localement compact Y; *deux entiers* l et m, tels que $l < m$.

F étant une partie fermée de X les $\mathcal{H}(F^l \bigcirc \mathcal{B})$ et $\mathcal{H}_r(F^l \bigcirc \mathcal{B})$ $(l < r)$ constituent deux faisceaux continus que nous noterons $\mathcal{F}(X^l \bigcirc \mathcal{B})$ et $\mathcal{F}_r(X^l \bigcirc \mathcal{B})$; nous les nommerons *faisceau filtré d'homologie* et *faisceau spectral d'homologie* de X^l relatifs à $\mathcal{B}$

$$\mathcal{F}_{l+1}(X^l \bigcirc \mathcal{B}) \simeq \mathcal{F}(X^l \bigcirc \mathcal{F}_l(\mathcal{B})),$$

le faisceau $\mathcal{F}_l(\mathcal{B})$ *étant muni de la différentielle* δ_l; $\mathcal{F}_\infty(X^l \bigcirc \mathcal{B})$ *est le faisceau gradué de* $\mathcal{F}(X^l \bigcirc \mathcal{B})$.

Soient $\mathcal{X}$ et $\mathcal{Y}$ deux couvertures fines de X et Y; $\overset{-1}{\varphi}(\mathcal{Y}) \bigcirc \mathcal{X}$ est une couverture fine de X; $\mathcal{H}\left(\overset{-1}{\varphi}(\mathcal{Y}^m) \bigcirc \mathcal{X}^l \bigcirc \mathcal{B}\right)$ est donc $\mathcal{H}(X \bigcirc \mathcal{B})$, muni d'une certaine filtration.

D'après la proposition 18 *c*,

$$\overset{-1}{\varphi}(\mathcal{Y}^m) \bigcirc \mathcal{X}^l \bigcirc \mathcal{B} \simeq \mathcal{Y}^m \bigcirc \varphi(\mathcal{X}^l \bigcirc \mathcal{B});$$

or

$$\mathcal{H}_{m+1}(\mathcal{Y}^m \bigcirc \varphi(\mathcal{X}^l \bigcirc \mathcal{B})) \simeq \mathcal{H}(Y^m \bigcirc \varphi \mathcal{F}_m(X^l \bigcirc \mathcal{B})).$$

En s'appuyant sur 9*b* on peut déduire de là, comme au n° 23, que

$$\mathcal{H}_r\left(\overset{-1}{\varphi}(\mathcal{Y}^m) \bigcirc \mathcal{X}^l \bigcirc \mathcal{B}\right) \quad (r > m) \qquad \text{et} \qquad \mathcal{H}\left(\overset{-1}{\varphi}(\mathcal{Y}^m) \bigcirc \mathcal{X}^l \bigcirc \mathcal{B}\right)$$

sont indépendants des choix des couvertures fines $\mathcal{X}$ et $\mathcal{Y}$; nous exprimerons ce fait en remplaçant dans nos notations $\mathcal{X}$ et $\mathcal{Y}$ par X et Y. Les propriétés des invariants topologiques ainsi attachés à φ, $\mathcal{B}$, l, m sont les suivantes :

$$\mathcal{H}_{m+1}\left(\overset{-1}{\varphi}(Y^m) \bigcirc X^l \bigcirc \mathcal{B}\right) \simeq \mathcal{H}(Y^m \bigcirc \varphi \mathcal{F}_m(X^l \bigcirc \mathcal{B})),$$

le faisceau $\mathcal{F}_m$ *étant muni de sa différentielle* δ_m;

$$\mathcal{H}_r\left(\overset{-1}{\varphi}(Y^m)\bigcirc X^l\bigcirc \mathcal{B}\right)$$

est un anneau spectral (n° 8);

$$\mathcal{H}_\infty\left(\overset{-1}{\varphi}(Y^m)\bigcirc X^l\bigcirc \mathcal{B}\right)$$

est l'anneau gradué de l'anneau

$$\mathcal{H}\left(\overset{-1}{\varphi}(Y^m)\bigcirc X^l\bigcirc \mathcal{B}\right),$$

qui est $\mathcal{H}(X\bigcirc\mathcal{B})$, *muni d'une certaine filtration;* sur les éléments non nuls cette filtration vaut au plus

$$m \dim Y + l \max_{y\in Y} \dim \overset{-1}{\varphi}(y) + \max_{b\neq 0} f(b).$$

On peut généraliser les théorèmes du n° 25. D'autre part : *La section par* $\overset{-1}{\varphi}(y)$ *définit un homorphisme, de filtration* $\geqq 0$, *de*

$$\mathcal{H}\left(\overset{-1}{\varphi}(Y^m)\bigcirc X^l\bigcirc \mathcal{B}\right) \quad \textit{dans} \quad \mathcal{H}\left(\left(\overset{-1}{\varphi}(y)\right)^l\bigcirc \mathcal{B}\right).$$

$\overset{-1}{\varphi}$ *définit un homomorphisme de filtration* $\geqq 0$, *de*

$$\mathcal{H}(Y^m\bigcirc \varphi(\mathcal{B})) \quad \textit{dans} \quad \mathcal{H}\left(\overset{-1}{\varphi}(Y^m)\bigcirc X^l\bigcirc \mathcal{B}\right).$$

Si φ est la projection d'*un espace fibré* X sur la base Y, l'étude de ces homomorphismes fournit des relations remarquables entre les anneaux d'homologie de l'espace fibré, de sa base et de sa fibre.

27. Invariants topologiques d'une application composée. — Soient un *espace* localement compact X; un *faisceau* différentiel, filtré, $\mathcal{B}$, défini sur X; une application continue φ de X dans un espace localement compact Y; une application continue ψ de Y dans un espace localement compact Z; trois entiers, $l < m < n$.

F étant une partie fermée de Y, les $\mathcal{H}_r\left(\overset{-1}{\varphi}(F^m)\bigcirc X^l\bigcirc \mathcal{B}\right)$ constituent un faisceau spectral

$$\mathcal{F}_r\left(\overset{-1}{\varphi}(Y^m)\bigcirc X^l\bigcirc \mathcal{B}\right) \qquad (m < r);$$
$$\mathcal{F}_{m+1}\left(\overset{-1}{\varphi}(Y^m)\bigcirc X^l\bigcirc \mathcal{B}\right) \simeq \mathcal{F}(Y^m\bigcirc \varphi\, \mathcal{F}_m(X^l\bigcirc \mathcal{B})),$$

le faisceau $\mathcal{F}_m(X^l\bigcirc\mathcal{B})$ étant muni de sa différentielle δ_m.

On définit comme au n° 26 un *anneau spectral*

$$\mathcal{H}_r\left(\overset{-1}{\varphi}\overset{-1}{\psi}(\mathrm{Z}^n)\bigcirc\overset{-1}{\varphi}(\mathrm{Y}^m)\bigcirc\mathrm{X}^l\bigcirc\mathcal{B}\right) \qquad (n<r);$$

$$\mathcal{H}_{n+1}\left(\overset{-1}{\varphi}\overset{-1}{\psi}(\mathrm{Z}^n)\bigcirc\overset{-1}{\varphi}(\mathrm{Y}^m)\bigcirc\mathrm{X}^l\bigcirc\mathcal{B}\right) \simeq \mathcal{H}(\mathrm{Z}^n\bigcirc\psi\,\mathcal{F}_n(\mathrm{Y}^m\bigcirc\varphi(\mathrm{X}^l\bigcirc\mathcal{B}))),$$

$\mathcal{F}_n$ étant muni de sa différentielle δ_n;

$$\mathcal{H}_\infty\left(\overset{-1}{\varphi}\overset{-1}{\psi}(\mathrm{Z}^n)\bigcirc\overset{-1}{\varphi}(\mathrm{Y}^m)\bigcirc\mathrm{X}^l\bigcirc\mathcal{B}\right)$$

est l'anneau gradué de

$$\mathcal{H}\left(\overset{-1}{\varphi}\overset{-1}{\psi}(\mathrm{Z}^n)\bigcirc\overset{-1}{\varphi}(\mathrm{Y}^m)\bigcirc\mathrm{X}^l\bigcirc\mathcal{B}\right)$$

qui est $\mathcal{H}(\mathrm{X}\bigcirc\mathcal{B})$ muni d'une filtration dépendant des données X, $\mathcal{B}$, φ, ψ, l, m, n.

Comme le signale l'introduction (n° 3), on peut envisager plus généralement une suite d'espaces distincts ou non X_α ($\alpha \geqq 0$), d'applications $\varphi_{\alpha+1}$ de X_α dans $\mathrm{X}_{\alpha+1}$ et d'entiers $l_0 < l_1 < \ldots$.

[1949c]

Espace où opère un groupe de Lie compact et connexe

C. R. Acad. Sci., Paris 228 (1949) 1545–1547

Les espaces vectoriels, algèbres, produits tensoriels, homologies sont relatifs à un même corps commutatif $\mathcal{C}$ de caractéristique nulle; les notations sont celles de (1) et de l'Algèbre multilinéaire de Bourbaki.

1. Soit G un groupe de Lie compact et connexe, dont la multiplication est notée $\varphi(g_1, g_2)$. Soit $\mathcal{H}_G$ l'algèbre de cohomologie de G; soit $\overset{-1}{\varphi}$ l'homomorphisme de $\mathcal{H}_G$ dans $\mathcal{H}_G \otimes \mathcal{H}_G$ réciproque de φ; les $h_G \in \mathcal{H}_G$ tels que

$$(1) \qquad \overset{-1}{\varphi}(h_G) = 1 \otimes h_G + h_G \otimes 1$$

sont dits hypermaximaux ou primitifs; ils constituent un espace vectoriel $\mathfrak{T}$ dont le rang est nommé rang de G; d'après un théorème (2) de H. Hopf complété par H. Samelson, $\mathcal{H}_G$ est l'algèbre extérieure $\bigwedge \mathfrak{T}$ de $\mathfrak{T}$. Soit $\mathfrak{T}^*$ l'espace vectoriel dual de $\mathfrak{T}^*$; $\mathcal{H}_G^* = \bigwedge \mathfrak{T}^*$, algèbre extérieure duale de $\mathcal{H}_G$, est l'algèbre d'homologie de G; sa multiplication est celle de Pontrjagin. La fonction bilinéaire définissant cette dualité sera notée $\langle h_G^*, h_G \rangle$. Soit X un espace localement compact sur lequel opère G; soit $\psi(g, x)$ le transformé de $x \in X$ par $g \in G$; soit $\mathcal{H}_X$ l'anneau de cohomologie de X; soit $\overset{-1}{\psi}$ l'homomorphisme de $\mathcal{H}_X$ dans $\mathcal{H}_G \otimes \mathcal{H}_X$ réciproque de ψ; étant donné $h_G^* \in \mathcal{H}_G^*$, soit λ l'application linéaire de $\mathcal{H}_G \otimes \mathcal{H}_X$ dans $\mathcal{H}_X$ telle que

$$\lambda(h_G \otimes h_X) = \langle h_G^*, h_G \rangle h_X;$$

(1) Les invariants topologiques que nous allons définir sont de tout autre nature que ceux qu'on peut attacher à un espace où opère un groupe discontinu sans point fixe; ces derniers ont été décrits par H. Cartan et J. Leray, *Colloque de topologie algébrique* (sous presse) et par H. Cartan, *Comptes rendus*, **226**, 1948, p. 148 et 303.

(2) H. Hopf, *Ann. of math.*, **42**, 1941, p. 22 à 52; H. Samelson, *ibid.* p. 1091 à 1137.

soit

$$h^*_{G,X}(h_X) = \lambda \overset{-1}{\psi}(h_X);$$

en exprimant à l'aide de (1) et de bases duales de $\mathfrak{T}$ et $\mathfrak{T}^*$ l'égalité des homomorphismes de $\mathcal{H}_X$ dans $\mathcal{H}_G \otimes \mathcal{H}_G \otimes \mathcal{H}_X$ réciproques des applications égales $\psi(\varphi(h_1, h_2), x)$ et $\psi(h_1, \psi(h_2, x))$ on constate ceci : la correspondance associant à h^*_G l'application linéaire $h^*_{G,X}$ de $\mathcal{H}_X$ en lui-même est un homomorphisme d'algèbres; si $h^*_G \in \mathfrak{T}^*$, alors $h^*_{G,X}$ est une différentielle δ_X; δ désignera l'ensemble des δ_X correspondant à un même $h^*_G \in \mathfrak{T}^*$ et à tous les choix de X : *A un groupe de Lie compact et connexe* G *est associé un espace vectoriel gradué* Δ *de même rang que* G; *les éléments de* Δ *sont des différentielles* [3] δ *des anneaux de cohomologie* $\mathcal{H}_X$ *des espaces* X *localement compacts sur lesquels* G *opère; un élément homogène de* Δ *a un degré* $-q < 0$ *et abaisse de* q *le degré des éléments de* $\mathcal{H}_X$. *Les éléments de* Δ *sont anticommutatifs; leurs composés constituent l'algèbre extérieure* $\bigwedge \Delta$, *qui est canoniquement isomorphe à l'algèbre d'homologie de* G. *L'image canonique dans* $\bigwedge \Delta$ *de la classe d'homologie* h^*_G *de* G *transforme la classe de cohomologie* h_G *de* $X = G$ *en* $h^*_G \lrcorner h_G$ *(produit intérieur gauche). Si* G *opère sur les deux espaces* X *et* Y *et si chaque élément de* G *commute avec l'application continue* ξ *de* X *dans* Y, *alors l'homomorphisme* $\overset{-1}{\xi}$ *de* $\mathcal{H}_Y$ *dans* $\mathcal{H}_X$ *réciproque de* ξ *commute avec chaque* $\delta \in \Delta$.

2. De même que Pontrjagin a défini géométriquement la multiplication des classes d'homologie de G, *on peut définir géométriquement le transformé de* $h_X \in \mathcal{H}_X$ *par l'image de* $h^*_G \in \mathcal{H}^*_G$ *dans* $\bigwedge \Delta$: soit c^* un cycle de la classe h^*_G, supposée de dimension p; soit c un cocycle de la classe h_X, de degré q : c^* est une variété de G, close, orientée, de dimension p; supposons que X soit une variété, orientable ou non, de dimension N; on peut choisir [4] pour c une variété de X, close et coorientée, de dimension $N - q$; par coorientation de c nous entendons une orientation continue des éléments de contact à q dimensions de X complètement orthogonaux à c; si c^* et c sont *en position générale*, $\psi(c^*, c)$ est une variété close, de dimension $p + N - q$, dont une coorientation est définie par celle de c et l'orientation de c^* : c'est un cocycle de degré $q - p$; sa classe est le transformé de h_X par l'image de h^*_G dans $\bigwedge \Delta$.

3. Soit Y un espace connexe sur lequel opère G; soit $y \in Y$ fixe; soit ξ l'application $\psi(g, y)$ de G dans Y; l'homomorphisme $\overset{-1}{\xi}$ de $\mathcal{H}_Y$ dans $\mathcal{H}_G$ est indépendant du choix de y. Si Y est *l'espace homogène* G/F quotient de G par un sous-groupe fermé F, ξ est *l'application canonique de* G *sur* Y. Les éléments

---

[3] C'est-à-dire : δ est linéaire, $\delta^2 = 0$, $\delta(hh') = \delta h . h' + (-1)^p h . \delta h'$ si h et h' appartiennent à un même $\mathcal{H}_X$, h étant homogène de degré p.

[4] J. Leray, *Comm. math. helv.*, 20, 1947, p. 177-180; *Journ. Math.*, 24, 1945, p. 187-189.

de G commutent avec ξ; donc $\delta \overset{-1}{\xi} \mathcal{H}_Y = \overset{-1}{\xi} \delta \mathcal{H}_Y \subset \overset{-1}{\xi} \mathcal{H}_Y$; or, si un sous-anneau $\mathfrak{A}$ de $\mathcal{H}_G = \bigwedge \mathfrak{P}$ est tel que $\delta \mathfrak{A} \subset \mathfrak{A}$ pour tout $\delta \in \Delta$, alors $\mathfrak{A} = \bigwedge(\mathfrak{P} \cap \mathfrak{A})$; d'où le théorème de *Samelson* (*loc. cit.*) : *$\overset{-1}{\xi} \mathcal{H}_Y$ est l'algèbre extérieure d'un sous-espace de $\mathfrak{P}$.* Soit $\mathcal{H}'_Y$ un sous-espace de $\mathcal{H}_Y$ que $\overset{-1}{\xi}$ applique isomorphiquement sur $\mathfrak{P} \cap \overset{-1}{\xi} \mathcal{H}_Y$; soit Δ' l'image dans Δ d'un sous-espace de $\mathfrak{P}^*$ dual de $\mathfrak{P} \cap \overset{-1}{\xi} \mathcal{H}_Y$: Δ' et $\mathcal{H}'_Y$ sont duals; soit $\mathcal{H}''_Y$ l'ensemble des $h_Y \in \mathcal{H}_Y$ tels que $\delta' h_Y = 0$ pour tout $\delta' \in \Delta'$; les δ' permettent d'exprimer tout élément de $\mathcal{H}_Y$ par des éléments de $\mathcal{H}''_Y$ et des éléments d'une base de $\mathcal{H}'_Y$; d'où

THÉORÈME. — $\mathcal{H}_Y = \mathcal{H}''_Y \otimes \bigwedge \mathcal{H}'_Y$; *$\overset{-1}{\xi}$ est un isomorphisme de l'algèbre extérieure $\bigwedge \mathcal{H}'_Y$ sur $\overset{-1}{\xi} \mathcal{H}_Y$; $\overset{-1}{\xi}$ annule les éléments de $\mathcal{H}''_Y$ de degrés > 0.*

COROLLAIRE ([5]). — *Si l'espace homogène* Y = G/F *est le quotient du groupe de Lie compact et connexe* G *par un sous-groupe fermé* F *de même rang que* G, *alors $\overset{-1}{\xi} h_Y = 0$ quand $h_Y \in \mathcal{H}_Y$ est de degré > 0.*

Sinon Y aurait, vu le théorème, une caractéristique d'Euler nulle, contrairement à un théorème de H. Hopf et H. Samelson ([6]).

([5]) J'ai appliqué ce corollaire au sous-groupe abélien maximum : *Comptes rendus*, **223**, 1946, p. 412.

([6]) *Comm. math. helv.*, **13**, 1940, p. 240-251.

GAUTHIER-VILLARS IMPRIMEUR-LIBRAIRE DES COMPTES RENDUS DES SÉANCES DE L'ACADÉMIE DES SCIENCES
132887-49 Paris. — Quai des Grands-Augustins, 55

[1949d]

Application continue commutant avec les éléments d'un groupe de Lie compact

C. R. Acad. Sci., Paris 228 (1949) 1749–1751

Les algèbres, cohomologies et produits tensoriels sont relatifs à un même corps commutatif, de caractéristique nulle; X et Y sont deux espaces *localement compacts*; ξ *est une application continue de* X *dans* Y.

1. *Les invariants topologiques* de ξ sont ([1]) *une filtration* f_Y de l'algèbre d'homologie $\mathcal{H}_X$ de X et *une algèbre différentielle* $\mathcal{H}_r$ dépendant de l'entier $r \geqq 2$. $\mathcal{H}_2$ est l'algèbre de cohomologie de Y relative « au transformé par ξ du faisceau de cohomologie de X », ce qui signifie grosso modo : relative à un anneau variable qui au point y de Y est l'algèbre de cohomologie de $\overset{-1}{\xi}(y)$; en particulier $\mathcal{H}_2 = \mathcal{H}_Y \otimes \mathcal{H}_F$ quand ξ est la projection d'un espace fibré X, de fibre F, sur sa base Y, supposée simplement connexe et quand ξ est l'application canonique d'un groupe X sur l'espace homogène Y = X/F, quotient de X par un sous-groupe F fermé et connexe; $\mathcal{H}_r$ possède deux degrés : $0 \leqq g_Y \leqq g_X$; les degrés g_X ou g_Y de $\mathcal{H}_2$ s'obtiennent en affectant de leur degré ou du degré nul les éléments des algèbres de cohomologie de $\overset{-1}{\xi}(y)$ et F; la différentielle δ_r de $\mathcal{H}_r$ augmente g_Y de r et g_X de 1; $\mathcal{H}_{r+1}$ est l'algèbre d'homologie de $\mathcal{H}_r$; les éléments de $\mathcal{H}_r$ annulant δ_r ont donc une image canonique de même degré dans $\mathcal{H}_{r+1}$; si $r >$ dim Y ou $> 1 + \max \dim \overset{-1}{\xi}(y)$, $\delta_r = 0$; $\mathcal{H}_r$ est alors indépendant de r;

(*) Séance du 30 mai 1949.

([1]) J. Leray, *Comptes rendus*, **222**, 1946, p. 1366 et 1419; *Colloque de Topologie algébrique* (sous presse); *Journ. math.* (à paraître). On trouvera la définition de la terminologie dans H. Cartan, *Comptes rendus*, **226**, 1948, p. 148, le n° 1 de cette Note étant modifié comme suit : n peut être < 0; $A = \lim_{n \to -\infty} A_n$; la filtration $f(a)$ de $a \in A$ est le plus grand entier n tel que $a \in A_n$.

on le note $\mathcal{H}_\infty$; $\mathcal{H}_\infty$ est l'algèbre bigraduée associée à l'algèbre graduée-filtrée $\mathcal{H}_X$; la filtration f_Y et le degré g_X d'un élément homogène de $\mathcal{H}_X$ vérifient $0 \leqq f_Y \leqq g_X$. Le degré $g_F = g_X - g_Y$ et la filtration $f_F = f_Y - g_X$ associée à $-g_F$ interviendront.

Il existe *un homomorphisme canonique* Φ de $\mathcal{H}_X$ sur le sous-anneau $\mathcal{H}_2$ que constituent les éléments de degré $g_Y = 0$ qui ont une image dans $\mathcal{H}_\infty$; les conditions suivantes sont équivalentes :

$$\Phi h_X = 0; \qquad \overset{-1}{\xi}(y) h_X = 0 \quad \text{pour tout} \quad y \in Y; \qquad f_Y(h_X) > 0 \qquad (h_X \in \mathcal{H}_X).$$

Quand $\mathcal{H}_2 = \mathcal{H}_Y \otimes \mathcal{H}_F$, $\Phi h_X = 1 \otimes F h_X$ si Y est compact, $= 0$ si non.

Si ξ est propre, c'est-à-dire si $\overset{-1}{\xi}$ transforme toute partie compacte de Y en une partie compacte de X, il existe un homomorphisme canonique Ψ de $\mathcal{H}_Y$ dans $\mathcal{H}_2$; si $h_Y \in \mathcal{H}_Y$, Ψh_Y est de degré $g_F = 0$, a une image dans $\mathcal{H}_\infty$ et cette image est nulle si et seulement si $\overset{-1}{\xi} h_Y = 0$; si $\overset{-1}{\xi}(y)$ est connexe pour tout $y \in Y$, alors Ψ est un isomorphisme de $\mathcal{H}_Y$ sur l'ensemble des éléments de $\mathcal{H}_2$ de degré $g_F = 0$ et $\overset{-1}{\xi} \mathcal{H}_Y$ est l'ensemble des éléments de $\mathcal{H}_X$ de filtration $f_F = 0$. Quand $\mathcal{H}_2 = \mathcal{H}_Y \otimes \mathcal{H}_F$; $\Psi h_Y = h_Y \otimes 1$.

2. *Soit* $\overline{G}$ *un groupe de Lie compact* opérant sur X et Y et dont les éléments commutent avec ξ; $\overline{g} \in \overline{G}$ représente ξ sur lui-même et définit donc un automorphisme des algèbres $\mathcal{H}_X$, $\mathcal{H}_Y$ et $\mathcal{H}_r$; cet automorphisme respecte filtrations et degrés; il commute avec δ_r, Φ, Ψ et $\overset{-1}{\xi}$; il ne change pas quand $\overline{g}$ décrit une composante connexe de $\overline{G}$: *soit* G *la composante connexe de l'unité de* $\overline{G}$ (*cf.* n° 3); *$\mathcal{H}_X$, $\mathcal{H}_Y$ et $\mathcal{H}_r$ sont des représentations linéaires du groupe fini $\Gamma = \overline{G}/G$; les composantes irréductibles de ces représentations linéaires sont annulées ou représentées isomorphiquement par δ_r, Φ, Ψ, $\overset{-1}{\xi}$.*

3. *Soit* G *un groupe de Lie compact et connexe* opérant sur X et Y et dont les éléments commutent avec ξ. Nous avons récemment défini ([2]) *un espace vectoriel gradué Δ, de même rang que* G, *dont les éléments δ sont des différentielles de $\mathcal{H}_X$ et $\mathcal{H}_Y$*; il existe une extension de la définition de δ ayant les propriétés suivantes : *δ est une différentielle de chacune des algèbres $\mathcal{H}_r$; quand $\mathcal{H}_2 = \mathcal{H}_Y \otimes \mathcal{H}_F$, la définition de δ sur $\mathcal{H}_2$ résulte de sa définition sur $\mathcal{H}_Y$ et de la convention : $\delta = 0$ sur $\mathcal{H}_F$; $\delta\Phi = 0$; δ commute avec Ψ, δ_r et $\overset{-1}{\xi}$; δ ne modifie pas g_F et ne diminue pas f_F*; si δ est homogène de degré $q < 0$, δ diminue g_Y et g_X de q et diminue f_Y de q au plus. Les éléments de G qui appliquent identiquement Y sur lui-même constituent un sous-groupe invariant de G, dont la composante connexe de l'unité sera notée G′ (*cf.* n° 4); les différentielles δ' associées à G′ constituent un sous-espace Δ' de Δ; si $\delta' \in \Delta'$, δ' est nulle sur $\mathcal{H}_Y$ et $\mathcal{H}_r$; δ' augmente f_F.

4. *Soit* G′ *un groupe de Lie compact et connexe, opérant sur* X *et transformant $\overset{-1}{\xi}(y)$ en lui-même, quel que soit $y \in Y$. Soit Δ' l'espace vectoriel gradué, de*

([2]) *Comptes rendus*, **228**, 1949, p. 1545.

même rang que G′, *constitué par les différentielles* δ' *associées à* Δ' : si $\delta' \in \Delta'$, δ' est une différentielle de $\mathcal{H}_X$ et $\mathcal{H}_{\overset{-1}{\xi}(y)}$; il existe une extension (autre que celle du n° 3) de la définition de δ' ayant les propriétés suivantes : δ' *est une différentielle de chacune des algèbres* $\mathcal{H}_r$; *quand* $\mathcal{H}_2 = \mathcal{H}_Y \otimes \mathcal{H}_F$, *la définition de* δ' *sur* $\mathcal{H}_2$ *résulte de sa définition sur* $\mathcal{H}_F$ *et de la convention* $\delta' = 0$ *sur* $\mathcal{H}_Y$; $\delta'\Psi = \delta'\overset{-1}{\xi} = 0$; δ' *commute avec* Φ *et* δ_r ; δ' *ne modifie pas* g_Y *et ne diminue pas* f_Y ; si δ' est homogène de degré $q < 0$, δ' diminue g_F et g_X de q et augmente f_F d'au moins q.

5. *Supposons que* ξ *soit la projection d'un groupe de Lie compact et connexe* X *sur l'espace homogène* $Y = X/F$ *quotient de* X *par un sous-groupe fermé* F : $\xi(xF)$ *est un point de* Y.

a. On peut choisir $G = X$, $g \in G$ transformant $x \in X$ en gx ; le n° 3 permet de compléter comme suit le théorème qu'énonce ([2]) : *Supposons* F *connexe* ;

$$\mathcal{H}_X = \mathcal{H}''_X \otimes \wedge \mathcal{H}'_X ; \quad \mathcal{H}_Y = \mathcal{H}''_Y \otimes \wedge \mathcal{H}'_Y ; \quad \mathcal{H}_r = \mathcal{H}''_r \otimes \wedge \mathcal{H}'_r ;$$

$\overset{-1}{\xi}$ *est un isomorphisme de l'algèbre extérieure* $\wedge \mathcal{H}'_Y$ *sur* $\wedge \mathcal{H}'_X$; $\overset{-1}{\xi}$ *annule les éléments de* $\mathcal{H}''_Y$ *de degrés* > 0 ;

$$\mathcal{H}'_2 = \mathcal{H}'_Y \simeq \mathcal{H}'_X \simeq \mathcal{H}'_r \ (= 0 \text{ si F a même rang que X}) ; \quad \delta_r(\wedge \mathcal{H}'_r) = 0 ;$$
$$\mathcal{H}''_2 = \mathcal{H}''_Y \otimes \mathcal{H}_F ; \quad \delta_r \mathcal{H}''_r \subset \mathcal{H}''_r ;$$

$\mathcal{H}''_{r+1}$ *est l'anneau d'homologie de* $\mathcal{H}''_r$; $\mathcal{H}''_\infty$ *est l'algèbre graduée de l'algèbre filtrée* $\mathcal{H}''_X$, *qui est une algèbre extérieure.*

b. On peut prendre pour G le *normalisateur* N_F de F, c'est-à-dire l'ensemble des $n \in X$ tels que $Fn = nF$, en convenant que $n \in G$ transforme $x \in X$ en $n^{-1}xn$; les n°s 2, 3 et 4 fournissent un ensemble de renseignements que complète la Thèse de J.-L. Koszul ([3]).

D'autre part, l'application $\xi(x) \to \xi(n^{-1}xn)$ de Y sur lui-même a pour nombre de Lefschetz la caractéristique d'Euler de Y si $n \in F$, 0 si non ; en particulier, vu les travaux de H. Hopf, H. Samelson, E. Stiefel ([4]) : *Si les éléments de* $\mathcal{H}_Y$ *sont tous de degré pair* ([5]), $\mathcal{H}_Y$ *est une représentation linéaire du groupe* N_F/F, *équivalente à m fois l'algèbre de ce groupe, qui est fini ; m est l'indice de* $N_T \cap N_F$ *dans* N_T, T *étant l'un des sous-groupes abéliens maximum de* F.

([3]) *Comptes rendus*, **228**, 1949, p. 288 et 457.

([4]) *Comm. Math. helv.*, **13**, 1940, p. 240 ; **14**, 1941, p. 350 ; **15**, 1942, p. 59.

([5]) Cette condition est vérifiée, quand F a le rang de X, si l'hypothèse de G. Hirsch que Yen Chih-ta a cru établie (*Comptes rendus*, **228**, 1949, p. 629) est exacte.

GAUTHIER-VILLARS, IMPRIMEUR-LIBRAIRE DES COMPTES RENDUS DES SÉANCES DE L'ACADÉMIE DES SCIENCES.
133121-48 Paris. — Quai des Grands-Augustins, 55.

[1949e]

Détermination, dans les cas non exceptionnels, de l'anneau de cohomologie de l'espace homogène quotient d'un groupe de Lie compact par un sous-groupe de même rang

C. R. Acad. Sci., Paris 228 (1949) 1902–1904

Notations. — X est un groupe de Lie compact et connexe; Y est un sous-groupe de X; T est un sous-groupe abélien de Y :

$$T \subset Y \subset X;$$

X, Y et T ont le même rang *l*. Soit N_T le normalisateur de T dans X; si $n \in N_T$ l'automorphisme $t \to n^{-1} tn (t \in T)$ de T et l'application $xT \to xnT (x \in X)$ de l'espace homogène $U = X/T$ sur lui-même ne dépendent que de nT : si nous posons

$$\Phi_Y = (Y \cap N_T)/T \subset \Phi_X = N_T/T, \qquad V = Y/T \subset U = X/T, \qquad W = X/Y = U/V,$$

le groupe fini Φ_X opère sur les espace T et U; son sous-groupe Φ_Y opère en outre sur V et applique identiquement W sur lui-même. $\mathcal{H}_X$, $\mathcal{H}_U$, ... sont les algèbres de cohomologie de X, U, ... relatives à un même corps commutatif, de caractéristique nulle; $X(s)$ désigne le polynome de Poincaré de X.

Nous utiliserons les propriétés [1] de T, U, Φ_X découvertes par Killing, E. Cartan, H. Weyl, A. Weil, H. Hopf, H. Samelson, E. Stiefel et les invariants topologiques [2] que nous avons attachés aux applications. Tous les groupes envisagés, étant des groupes de Lie compacts, sont des produits de

---

(1) *Voir* H. Hopf, *Comm. math. helv.*, **15**, 1942, p. 59-70.

(2) *Journ. Math.* (à paraître); *Comptes rendus*, **222**, 1946, p. 1366, 1419; **223**, 1946, p. 395, 412; **228**, 1949, p. 1545, 1784. Ces Notes seront désignées par $(N_1) \dots (N_6)$. Le n° 1 de (N_5) énonce avec la terminologie actuelle les conclusions de (N_1) et (N_2); la différentielle Δ_1 de (N_4) est actuellement notée δ_2. Signalons que dans la formule (8) de (N_2) $\mathcal{D}(t)$ doit être remplacé par $t\mathcal{D}(t)$.

groupes simples, *que nous supposerons appartenir aux quatre grandes classes;* pour lever cette restriction il suffirait d'étendre le lemme aux cinq groupes simples *exceptionnels.*

LEMME. — *a. Les éléments de $\mathcal{H}_T$ ayant pour degré 1 constituent une représentation linéaire fidèle $\mathfrak{T}$ de Φ_X; $\mathcal{H}_T$ est l'algèbre extérieure $\bigwedge \mathfrak{T}$ de $\mathfrak{T}$, c'est-à-dire l'anneau des polynomes ayant pour arguments les éléments de $\mathfrak{T}$, la multiplication de ces éléments étant anticommutative; soit $\mathfrak{Q}$ l'anneau des polynomes ayant pour arguments les éléments de $\mathfrak{T}$, la multiplication de ces éléments étant commutative; soit $\mathcal{R}_X$ l'anneau que constituent les éléments de $\mathfrak{Q}$ invariants par Φ_X (c'est-à-dire par chaque opération de Φ_X); soit $\mathfrak{S}_X$ l'idéal de $\mathfrak{Q}$ qu'engendrent les éléments de $\mathcal{R}_X$ de degré >0 : il existe un isomorphisme canonique, doublant le degré, de $\mathfrak{Q}/\mathfrak{S}_X$ sur $\mathcal{H}_U$; $\mathfrak{Q}/\mathfrak{S}_X$ et $\mathcal{H}_U$ sont des représentations de Φ_X équivalentes à l'algèbre de ce groupe; l'algèbre $\mathcal{H}_U$ est engendrée par son unité et l'ensemble de ses éléments de degré 2; cet ensemble sera noté $\mathfrak{T}_U$.*

b. $\mathcal{H}_U \otimes \mathcal{H}_T$ a une différentielle δ_2; son algèbre d'homologie est $\mathcal{H}_X$; δ_2 applique isomorphiquement $1 \otimes \mathfrak{T}$ sur $\mathfrak{T}_U \otimes 1$.

c.

$$X(s) = \prod_{\lambda=1}^{l} (1 + s^{2m_\lambda - 1}); \qquad U(s) = \prod_{\lambda=1}^{l} \frac{1 - s^{2m_\lambda}}{1 - s^2};$$

$\mathcal{R}_X$ est engendré par l éléments indépendants de degrés m_λ.

Preuve. — Si ce lemme est vrai pour deux groupes X, il est vrai pour leur produit; or il est vrai pour les groupes simples des quatre grandes classes d'après (N_4) et le n° 5*b* de (N_6).

THÉORÈME. — *a. L'application canonique η de $U = X/T$ sur $W = X/Y$ a pour réciproque un isomorphisme $\overset{-1}{\eta}$ de $\mathcal{H}_W$ dans $\mathcal{H}_U$; $\overset{-1}{\eta}\mathcal{H}_W$ est l'ensemble des éléments de $\mathcal{H}_U$ invariants par Φ_Y. L'isomorphisme canonique de $\mathcal{H}_U$ sur $\mathfrak{Q}/\mathfrak{S}_X$ applique $\overset{-1}{\eta}\mathcal{H}_W$ sur $\mathcal{R}_Y\mathfrak{S}_X/\mathfrak{S}_X \simeq \mathcal{R}_Y/(\mathcal{R}_Y \cap \mathfrak{S}_X)$. La caractéristique d'Euler de W est* (³) *l'indice de Φ_Y dans Φ_X.*

b. Si Y est connexe, on a, conformément à une hypothèse de G. Hirsch, vérifiée par J.-L. Koszul quand W est symétrique :

$$W(s) = \prod_{\lambda=1}^{l} \frac{1 - s^{2m_\lambda}}{1 - s^{2n_\lambda}}; \qquad X(s) = \prod_{\lambda=1}^{l} (1 + s^{2m_\lambda - 1}); \qquad Y(s) = \prod_{\lambda=1}^{l} (1 + s^{2n_\lambda - 1}).$$

c. Soit Z la composante de Y contenant l'unité; le groupe fondamental de W est $Y/Z \simeq \Phi_Y/\Phi_Z$; ce groupe opère sur X/Z, qui est le revêtement simplement connexe de W; ce groupe opère sur $\mathcal{H}_{X/Z}$ comme Φ_Y/Φ_Z opère sur l'ensemble des éléments de $\mathcal{H}_U$ invariants par Φ_Z.

Preuve, quand Y est connexe. — L'isomorphisme que définit δ_2 de $\mathfrak{T}$ sur $\mathfrak{T}_U$

(³) H. HOPF et H. SAMELSON, *Comm. math. helv.*, 13, 1940, p. 240.

(lemme *b*) s'obtient en composant celui de $\mathfrak{T}$ sur $\mathfrak{T}_U$ et l'homomorphisme de $\mathcal{H}_U$ dans $\mathcal{H}_V$ nommé section par V; cette section est donc un isomorphisme de $\mathfrak{T}_U$ sur $\mathfrak{T}_V$ et, puisque $\mathfrak{T}_V$ engendre $\mathcal{H}_V$, un homomorphisme de $\mathcal{H}_U$ sur $\mathcal{H}_V$. Or W est simplement connexe; donc, d'après les formules (5), (7), (8) de (N_3):

l'application canonique de U sur W = U/V a pour réciproque un isomorphisme de $\mathcal{H}_W$ dans $\mathcal{H}_U$;

le polynome de Poincaré de U est le produit de ceux de V et W.

Plus précisément, $\mathcal{H}_W \otimes \mathcal{H}_V$ et $\mathcal{H}_U$ sont des représentations linéaires équivalentes de Φ_Y; or $\mathcal{H}_W$ est l'ensemble des éléments de $\mathcal{H}_W \otimes \mathcal{H}_Y$ invariants par Φ_Y; l'image de $\mathcal{H}_W$ dans $\mathcal{H}_U$ est donc l'ensemble des éléments de $\mathcal{H}_V$ invariants par Φ_Y.

Preuve quand Y *n'est pas connexe.* — Soient ζ et θ les applications canoniques de X/T dans X/Z et de X/Z dans W : $\eta = \theta\zeta$. Le groupe Y/Z opère sur l'espace X/Z; en identifiant les transformés par ce groupe de chaque point de X/Z on obtient l'espace W; donc $\overset{-1}{\theta}$ est un isomorphisme de $\mathcal{H}_W$ sur l'ensemble des éléments de $\mathcal{H}_{X/Z}$ invariants par Y/Z. Il en résulte que $\overset{-1}{\eta} = \overset{-1}{\zeta}\overset{-1}{\theta}$ est un isomorphisme de $\mathcal{H}_W$ sur l'ensemble des éléments de $\overset{-1}{\zeta}\mathcal{H}_W$ invariants par Φ_Y/Φ_Z; cet ensemble est celui des éléments de $\mathcal{H}_U$ invariants par Φ_Y.

Corollaire 1. — *Soient* Y *et* Z *deux sous-groupes de* X *ayant même rang que* X *et tels que* $Z \subset Y \subset X$: X/Z *a pour fibre* Y/Z *et pour base* X/Y. *L'application de* X/Z *sur* X/Y *a pour réciproque un isomorphisme de* $\mathcal{H}_{X/Y}$ *dans* $\mathcal{H}_{X/Z}$. *Supposons* Y *connexe: l'application topologique de* Y/Z *dans* X/Z *a pour réciproque un homomorphisme de* $\mathcal{H}_{X/Z}$ *sur* $\mathcal{H}_{Y/Z}$; $\mathcal{H}_{X/Z}$ *et* $\mathcal{H}_{X/Y} \otimes \mathcal{H}_{Y/Z}$ *sont des modules isomorphes,* mais non des algèbres isomorphes : si Z est abélien, $\mathcal{H}_{X/Z}$ et $\mathcal{H}_{Y/Z}$ sont engendrés par des éléments de degré 2; $\mathcal{H}_{X/Y}$ ne l'est pas.

Corollaire 2. — *a.* $\mathcal{H}_W$ *ne dépend que de* X *et* $Y \cap N_T$. *On obtient donc l'ensemble* $\mathcal{E}(X)$ *des algèbres de cohomologie des espaces homogènes quotients de* X *par un sous-groupe* Y *de même rang en choisissant pour* Y *tous les sous-groupes de* N_T *contenant* T.

b. Les éléments de $\mathcal{H}_U$ *invariants par un sous-groupe de* Φ_X *constituent un anneau; l'ensemble de ces anneaux est* $\mathcal{E}(X)$.

c. $\mathcal{E}(X_1 \times X_2)$ *est l'ensemble des produits tensoriels des éléments de* $\mathcal{E}(X_1)$ *par ceux de* $\mathcal{E}(X_2)$.

GAUTHIER-VILLARS IMPRIMEUR-LIBRAIRE DES COMPTES RENDUS DES SÉANCES DE L'ACADÉMIE DES SCIENCES.
133282-49 Paris. — Quai des Grands-Augustins 55.

[1949f]

Sur l'anneau de cohomologie des espaces homogènes

C. R. Acad. Sci., Paris 229 (1949) 281–283

Nous désignerons par $(N_1), \ldots, (N_7)$ sept Notes antérieures ([1]).

1. *Soit* X *un espace compact, simplement connexe sur lequel opère un groupe de Lie compact* Y *dont aucune transformation autre que l'identité ne laisse fixe de point de* X : $y \in Y$ transforme $x \in X$ en $xy \in X$. Par exemple X peut être un groupe de Lie compact et Y un sous-groupe fermé de X. Soit $W = X/Y$ la base de X fibré par les xY ; il s'agit d'étudier $\mathcal{H}_W$, algèbre de cohomologie de W relative à un corps commutatif de caractéristique o.

Y est localement isomorphe au produit d'un groupe abélien par des groupes simples; s'ils appartiennent tous aux quatre grandes classes, nous dirons que Y *n'est pas exceptionnel.*

On nomme *toroïde* tout groupe de Lie compact connexe et abélien : c'est un produit de cercles. Soit T un toroïde maximum de Y ; soit N_T le normalisateur de T, c'est-à-dire l'ensemble des éléments n de Y, ou de X quand Y est sous-groupe de X, tels que $nT = Tn$; soit N'_T la composante connexe de N_T contenant 1. Si $n \in Y \cap N_T$ l'application $x \to xn$ applique xY sur lui-même et xT sur xnT ; si nous posons

$$V = Y/T \subset U = X/T, \qquad W = X/Y = U/V,$$

le groupe $Y \cap N_T$ opère donc sur U, V et applique identiquement W sur lui-même; son sous-groupe $Y \cap N'_T$ applique identiquement $\mathcal{H}_U$ et $\mathcal{H}_V$ sur eux-

(*) Séance du 18 juillet 1949.

([1]) (N_7) : *Comptes rendus*, **228**, 1949, p. 1902 donne les références de $(N_1), \ldots, (N_6)$. Ces Notes contiennent les errata : t. **223**, p. 396, formule (8), *au lieu de* $\mathfrak{O}(t)$, *lire* $t\mathfrak{O}(t)$, t. **228**, p. 1786, ligne 3, *au lieu de* $\mathcal{H} \prec$, *lire* $\mathcal{H}'_Y$; p. 1904, ligne 2, *au lieu de* $\mathcal{H}_W \otimes \mathcal{H}_U$; *lire* $\mathcal{H}_W \otimes \mathcal{H}_V$; ligne 15, *au lieu de* $\mathcal{H}_{X/Y} \oplus \mathcal{H}_{Y/Z}$, *lire* $\mathcal{H}_{X/Y} \otimes \mathcal{H}_{Y/Z}$.

mêmes; le groupe fini

$$\Phi_Y = (Y \cap N_T)/(Y \cap N'_T) \simeq (YN'_T \cap N_T)/N'_T \subset N_T/N'_T$$

opère donc sur $\mathcal{H}_U$, $\mathcal{H}_V$ et transforme identiquement $\mathcal{H}_W$.

La preuve du théorème de (N_7), légèrement modifiée, donne :

Théorème 1. — *Supposons* Y *non exceptionnel (connexe ou non). L'application canonique de* $U = X/T$ *sur* $W = X/Y$ *a pour réciproque un isomorphisme de* $\mathcal{H}_W$ *sur l'ensemble des éléments de* $\mathcal{H}_U$ *invariants par* Φ_Y.

Corollaire 1. — *Soit Z un sous-groupe de* Y *ayant même rang que* Y : X/Z *a pour fibre* Y/Z *et pour base* X/Y. *Supposons* Y *non exceptionnel : l'application de* X/Z *sur* X/Y *a pour réciproque un isomorphisme de* $\mathcal{H}_{X/Y}$ *dans* $\mathcal{H}_{X/Z}$. *Supposons en outre* Y *connexe et* Z *non exceptionnel : l'application topologique de* Y/Z *dans* X/Z *a pour réciproque un homomorphisme de* $\mathcal{H}_{X/Z}$ *sur* $\mathcal{H}_{Y/Z}$; $\mathcal{H}_{X/Z}$ *et* $\mathcal{H}_{X/Y} \otimes \mathcal{H}_{Y/Z}$ *sont des modules isomorphes.*

Corollaire 2. — $\mathcal{H}_W$ *ne dépend que de* X *et* $Y \cap N_T$.

Soit à *chercher tous les* $\mathcal{H}_W$ *correspondant à* X *donné et* Y *quelconque, non exceptionnel;* d'après le corollaire 2 on ne modifie pas l'ensemble des $\mathcal{H}_W$ en se limitant aux Y dont la composante connexe est abélienne; le théorème 1 ramène cette recherche à la suivante : *soit* T *un toroïde de* Y*; soit* $U = X/T$*; déterminer* $\mathcal{H}_U$ *et la façon dont le groupe fini* N_T/N'_T *opère sur* $\mathcal{H}_U$. On peut appliquer la théorie due à W. Gysin des espaces fibrés par des sphères (*voir* n°3).

2. *Supposons que* X *soit un groupe et* Y *un de ses sous groupes :* W *est un espace homogène.* Soit R un toroïde maximum de X contenant T; $U = X/T$ a pour fibre le toroïde R/T et pour base X/R; $\mathcal{H}_{X/R}$ est déterminé par le lemme de (N_7) quand X n'est pas exceptionnel; d'où une autre façon d'appliquer la théorie de W. Gysin.

Mais il faudra procéder autrement pour voir comment N_T/N'_T opère sur $\mathcal{H}_U$: envisageons le centre de N'_T : c'est l'intersection des toroïdes maximum de X contenant T; soit S celle des composantes connexes de ce centre qui contient l'unité; S est un toroïde;

$$T \subset S \subset N'_T = N'_S \subset N_T \subset N_S;$$

on utilise les invariants topologiques que le n° 1 de (N_8) *attache à l'application canonique de l'espace* X/T, *fibré par le toroïde* S/T, *sur sa base* X/S; *le groupe* N_T *opère sur* X/T, S/T *et* X/T; *il en résulte, d'après le n° 2 de* (N_8), *que le groupe fini* N_T/N'_T *opère sur ces invariants.*

Il faut étudier préalablement l'algèbre $\mathcal{H}_{X/S}$ et la façon dont le groupe fini N_S/N'_S opère sur elle; il suffit de traiter le cas où X est *simple*; voici un premier renseignement.

Théorème 2. — *Soit* X *un groupe simple non exceptionnel, de rang* l*; soit* S *un toroïde singulier de rang* $l-1$*; c'est-à-dire appartenant à plusieurs toroïdes de rang* l : $\mathcal{H}_{X/S} = \mathcal{H}'' \otimes \bigwedge \mathcal{H}'$; $\mathcal{H}''$ *est* $\mathcal{H}_{X/R}$ *mod. l'idéal engendré par les éléments* *de degré 2 de $\mathcal{H}_{X/R}$ qui correspondent canoniquement aux caractères de* T *nuls sur* S; $\bigwedge \mathcal{H}'$ *est l'algèbre extérieure d'un module* $\mathcal{H}'$ *de rang* 1, *qui est appliqué isomorphiquement sur le module des éléments primitifs de* $\mathcal{H}_X$ *de degré maximum par l'homomorphisme réciproque de l'application canonique de* X *sur* X/S; *cet homomorphisme annule les éléments de* $\mathcal{H}''$ *de degrés* >0. Un toroïde non singulier de rang $l-1$ n'a en général pas ces propriétés.

3. *Espace fibré par une sphère.* — (N_2) permet de compléter *la théorie de W. Gysin* (²) :

Théorème 3. — *Soit* ξ *la projection d'un espace fibré* X *de dimension* D *sur sa base* Y *de dimension* $D-d$, *la fibre ayant même algèbre de cohomologie qu'une sphère de dimension* d; *on suppose que* X, Y *et* F *sont des multiplicités compactes et orientables. Les polynomes de Poincaré* $X(s)$ *et* $Y(s)$ *de* X *et* Y *s'expriment en fonctiondu polynome de Poincaré* $Q(s)$ *de* $\overset{-1}{\xi}\mathcal{H}_Y$:

$$X(s)=Q(s)+s^D Q(s^{-1}),\qquad Y(s)=[Q(s)-s^{D+1}Q(s^{-1})].[1-s^{d+1}]^{-1}.$$

Les éléments $h_Y \in \mathcal{H}_Y$ *tels que* $\overset{-1}{\xi} h_Y = 0$ *sont les multiples de l'un d'eux,* m, *dont le degré est* $d+1$. *Il existe un isomorphisme canonique, qui diminue le degré de* d, *du* $\overset{-1}{\xi}\mathcal{H}_Y$*-module* $\mathcal{H}_X/\overset{-1}{\xi}\mathcal{H}_Y$ *sur l'annulateur de* m. *Soit* $h_X^p \in \mathcal{H}_X$; *degré* $h_X^p = p$; *pour que* $h_X^p \in \overset{-1}{\xi}\mathcal{H}_Y$, *il faut et il suffit que* $h_X^p . \overset{-1}{\xi} h_Y^{D-p} = 0$ *pour tout* $h_Y^{D-p} \in \mathcal{H}_Y$ *de degré* $D-p$. *Les quatre conditions suivantes sont équivalentes*

$$\mathcal{H}_F = F\mathcal{H}_X,\qquad X(s)=(1+s^d)Y(s),\qquad Q(s)=Y(s),\qquad m=0;$$

elles sont réalisées en particulier quand d *est pair. Pour qu'il existe un module* $\mathfrak{L}$ *tel que*

$$\mathcal{H}_X=\overset{-1}{\xi}\mathcal{H}_Y\otimes\bigwedge\mathfrak{L},$$

il faut et il suffit que les deux conditions suivantes soient simultanément réalisées :

a. les multiples de m *constituent l'annulateur d'un élément* n *de* $\mathcal{H}_Y$;

b. il existe un élément de $\mathcal{H}_X$, *étranger à* $\overset{-1}{\xi}\mathcal{H}_Y$, *de carré nul et de degré :* $d+$ *degré* n.

On a : rang $\mathfrak{L}=1$; *degré* $\mathfrak{L}=d+$ *degré* n.

Si $d+$ *degré* n *est impair, b est toujours vérifié; La condition a équivaut à :*

a'. l'annulateur de m *est l'ensemble des multiples d'un élément* n *de* $\mathcal{H}_Y$.

(²) *Comm. math. helv.*, **14**, 1941, p. 61.

GAUTHIER-VILLARS, IMPRIMEUR-LIBRAIRE DES COMPTES RENDUS DES SÉANCES DE L'ACADÉMIE DES SCIENCES.
133728-49 Paris. — Quai des Grands-Augustins, 55.

[1949b]

(avec H. Cartan)

Relations entre anneaux d'homologie et groupes de Poincaré

Colloques internationaux du C.N.R.S. 12 (1949) 83–85

Cette Note fait suite à l'exposé précédent de J. Leray; les références s'y rapportent.

1. **Anneau différentiel sur lequel opère un groupe fini.** — Soit $\mathfrak{A}$ un anneau différentiel; soit Γ un groupe fini d'automorphismes γ de $\mathfrak{A}$; nous supposons ces automorphismes permutables avec la différentiation. Nous dirons que $\mathfrak{A}$ est *fin* sur Γ si $\mathfrak{A}$ possède un sous-groupe additif $\mathfrak{A}'$ tel que $\mathfrak{A}$ soit la somme directe des transformés de $\mathfrak{A}'$ par Γ

$$\mathfrak{A} = \sum_{\gamma \in \Gamma} \gamma \mathfrak{A}';$$

on ne suppose pas que $\delta \mathfrak{A}'$ appartienne à $\mathfrak{A}$. $\underline{\mathfrak{A}}$ désignera le sous-anneau que constituent les éléments de $\mathfrak{A}$ invariants par Γ

$$\gamma \underline{a} = \underline{a} \quad \text{quel que soit } \gamma \in \Gamma \quad \text{si} \quad \underline{a} \in \underline{\mathfrak{A}}.$$

Si $\mathfrak{A}$ est un anneau canonique (n° 10) possédant une unité de degré nul et si $\mathcal{H}(\mathfrak{A})$ se réduit aux multiples entiers de cette unité, nous dirons que $\mathfrak{A}$ est une *couverture* de Γ; une construction, due à Eilenberg, Mac Lane et Eckmann, analogue à celle d'Alexander et Kolmogoroff (n° 21) donne un exemple de

---

(1) Nos résultats complètent ceux de : H. Hopf, *Comm. math. helv.*, 14, 15; Eckmann, *ibid.*, 18; Eilenberg et Mac Lane, *Ann. of Math.*, 46; Freudenthal, *ibid.*, 47; H. Cartan a réussi à étendre la présente étude au cas où Γ est infini (*C. R. Acad. Sc.*, 226, p. 148 et 303).

couverture fine. Si Γ opère sur $\mathcal{K}$ et $\mathcal{A}$, Γ opérera sur $\mathcal{K}\otimes\mathcal{A}$ comme suit

$$\gamma\left(\sum_\lambda k_\lambda\otimes a_\lambda\right)=\sum_\lambda(\gamma k_\lambda)\otimes(\gamma a_\lambda).$$

On a les propositions suivantes, analogues à celles qui permettent de définir l'anneau filtré d'homologie d'un espace :

a. Si $\mathcal{A}$ est fin sur Γ et si $\mathcal{K}$ est une couverture de Γ,

$$\mathcal{H}(\underline{\mathcal{K}\otimes\mathcal{A}})\simeq\mathcal{H}(\underline{\mathcal{A}}).$$

b. $\mathcal{H}(\underline{\mathcal{K}\otimes\mathcal{A}})$ est indépendant du choix de la couverture fine $\mathcal{K}$ de Γ;

c. Si $\mathcal{K}$ est fin et si Γ laisse invariante la filtration de $\mathcal{A}$,

$$\mathcal{H}_{l+1}(\underline{\mathcal{K}^l\otimes\mathcal{A}})\simeq\mathcal{H}(\underline{\mathcal{K}^l\otimes\mathcal{H}_l(\mathcal{A})}).$$

$\mathcal{K}$ étant une couverture fine de Γ, nous pouvons donc convenir d'écrire $\mathcal{H}(\underline{\Gamma\otimes\mathcal{A}})$ au lieu de $\mathcal{H}(\underline{\mathcal{K}\otimes\mathcal{A}})$ et $\mathcal{H}_r(\underline{\Gamma^l\otimes\mathcal{A}})$ au lieu de $\mathcal{H}_r(\underline{\mathcal{K}^l\otimes\mathcal{A}})$.

2. **Application géométrique**. — *Soit* Γ *un groupe fini d'applications bicontinues, sans point fixe, d'un espace localement compact* X *sur lui-même; soit* $\underline{\mathrm{X}}$ *l'espace qu'on obtient en identifiant chaque point de* X *à tous ses transformés par* Γ. Il est aisé de construire une couverture $\mathcal{X}$ de X fine sur X et sur Γ; soit $\mathcal{X}^*$ l'ensemble de ses éléments à supports compacts; $\underline{\mathcal{X}}$ est une couverture fine de $\underline{\mathrm{X}}$.

Soit $\mathcal{A}$ un anneau filtré que chaque opération de Γ représente identiquement sur lui-même; soient deux entiers $l<m$; on constate aisément que l'anneau $\mathcal{H}_r(\underline{\Gamma^m\otimes\mathcal{X}^{*l}\otimes\mathcal{A}})$ est indépendant du choix de $\mathcal{X}$ pour $m<r$; nous le noterons $\mathcal{H}_r(\underline{\Gamma^m\otimes\mathrm{X}^l\bigcirc\mathcal{A}})$; *cet anneau spectral est un invariant topologique de la paire* (X, Γ); *il est défini pour* $l<m<r$;

$$\mathcal{H}_{m+1}(\underline{\Gamma^m\otimes\mathrm{X}^l\bigcirc\mathcal{A}})\simeq\mathcal{H}(\underline{\Gamma^m\otimes\mathcal{H}_m(\mathrm{X}^l\bigcirc\mathcal{A})}).$$

$\mathcal{H}_*(\underline{\Gamma^m\otimes\mathrm{X}^l\bigcirc\mathcal{A}})$ *est l'anneau gradué de* $\mathcal{H}(\underline{\mathrm{X}}\bigcirc\mathcal{A})$; *muni d'une filtration dépendant de* Γ, l et m.

Cas particulier. — $l = -1$, $m = 0$, la filtration et la différentielle de $\mathcal{A}$ sont nulles

$$\mathcal{H}_1(\underline{\Gamma^0 \otimes X^{-1} \bigcirc \mathcal{A}}) \simeq \mathcal{H}(\underline{\Gamma^0 \otimes \mathcal{H}(X^{-1} \bigcirc \mathcal{A})});$$

l'anneau spectral $\mathcal{H}_r(\underline{\Gamma^0 \otimes X^{-1} \bigcirc \mathcal{A}})$ qui est défini pour $r \geqq 1$, met donc en relations $\mathcal{H}(\underline{X} \bigcirc \mathcal{A})$ avec $\mathcal{H}(X \bigcirc \mathcal{A})$ et la façon dont Γ opère sur cet anneau.

3. On peut étudier de même une application φ (éventuellement composée) d'un espace X dans un espace Y et un groupe Γ opérant sur X et Y, commutant avec φ, quand aucun élément de Γ ne laisse fixe de point de X ni de Y; on obtient des conclusions analogues à celle du n° 27.

[1950a]

L'anneau spectral et l'anneau filtré d'homologie d'un espace localement compact et d'une application continue

J. Math. Pures Appl. 29 (1950) 1–139

TABLE DES MATIÈRES.

INDEX DES DÉFINITIONS ET NOTATIONS.

INTRODUCTION.

Les crochets [ ] renvoient à la bibliographie, p. 139. Ayant à parler constamment de cohomologie et jamais d'homologie, je dirai *homologie* là où l'usage est de dire *cohomologie*. Avant d'esquisser le contenu de cet article, j'énumérerai les problèmes auxquels peuvent être appliquées les mêmes notions algébriques.

1. Les problèmes de topologie algébrique où interviennent des anneaux spectraux. — *a.* C'est l'étude des *espaces fibrés* qui m'a conduit à ces notions : soient X un espace fibré, F sa fibre, Y sa base, supposée simplement connexe; soient $\mathcal{H}X$, $\mathcal{H}F$, $\mathcal{H}Y$ leurs anneaux d'homologie relatifs aux entiers; sauf dans des cas exceptionnels, tels que celui où F a même anneau d'homologie qu'un point, il est impossible de déterminer $\mathcal{H}X$ en fonction de $\mathcal{H}F$ et $\mathcal{H}Y$; cependant il existe entre ces anneaux des relations de la nature suivante : supposons connue la définition des *anneaux filtrés* [n° **5**; cette définition ne diffère de la définition classique des corps valués ([1]) que par la substitution d'une inégalité à une égalité], des *anneaux différentiels-gradués* (n^{os} **4** et **8**; cette définition consiste à énoncer les règles de calcul auxquelles obéissent les formes différentielles extérieures d'une variété), de l'*anneau gradué d'un anneau filtré* (n° **6**), enfin des *anneaux spectraux* (n° **9**; un anneau spectral $\mathcal{H}_r$ est un anneau gradué, dépendant de l'indice entier r, possédant une différentielle homogène de degré r et tel que $\mathcal{H}_{r+1}$ soit l'anneau d'homologie de $\mathcal{H}_r$; $r > l$; $\mathcal{H}_{l+1}$ est nommé premier terme de l'anneau spectral; on définit $\lim_{r\to+\infty} \mathcal{H}_r$). Les relations annoncées sont les suivantes : *l'anneau d'homologie de* Y *relatif à* $\mathcal{H}F$ *est le premier terme d'un anneau spectral dont la limite contient* ([2]) *l'anneau gradué de* $\mathcal{H}X$ *muni d'une certaine filtration* ([3]). *Cette filtration et cet anneau spectral sont des invariants topologiques de la structure fibrée envisagée.*

([1]) [15] Chap. X, *Bewertete Körper*.

([2]) est, quand X a une dimension finie,

([3]) G. Hirsch vient dénoncer un résultat voisin [7], mais les notions qu'il introduit ne sont pas des invariants topologiques.

Si Y n'est plus supposé simplement connexe, cet énoncé doit être modifié comme suit : le premier terme de l'anneau spectral est l'anneau d'homologie de Y « relatif à un système d'anneaux locaux isomorphes à $\mathcal{H}$F », comme dit Steenrod [14], ou, comme nous dirons « relatif à un faisceau localement isomorphe à $\mathcal{H}$F ».

L'idée générale de la démonstration est la suivante : soit ξ l'application de X sur Y qui applique chaque fibre sur un point; étant donnée une classe d'homologie de $\mathcal{H}$X, on cherche un cycle de cette classe qui s'exprime « autant que possible » au moyen d'images par $\overset{-1}{\xi}$ d'éléments attachés à Y; cet « autant que possible » s'exprime mathématiquement à l'aide d'une filtration nulle pour tout élément attaché à X, mais égale au degré (ou dimension) de tout élément attaché à Y.

b. Ces invariants des espaces fibrés ne sont que des cas particuliers *des invariants qu'on peut attacher à une application continue quelconque ξ d'un espace* X *dans un espace* Y : *une filtration de $\mathcal{H}$X et un anneau spectral $\mathcal{H}_r$ dont la limite contient l'anneau gradué de $\mathcal{H}$X ainsi filtré;* le premier terme de cet anneau spectral est l'anneau d'homologie de Y relatif à un anneau attaché à chaque point y de Y et variant avec ce point : l'anneau d'homologie de $\overset{-1}{\xi}(y)$, image réciproque de y; nous dirons en termes plus rigoureux que *le premier terme de cet anneau spectral est l'anneau d'homologie de* Y *relatif au faisceau transformé par ξ du faisceau d'homologie de* Y. Il existe :

1° un homomorphisme canonique $\underline{\Phi}$ de $\mathcal{H}$X dans le premier terme de $\mathcal{H}_r$;

2° un homomorphisme canonique $\underline{\Psi}$ de $\mathcal{H}$Y dans le premier terme de $\mathcal{H}_r$; les propriétés de ces homomorphismes résultent :

1° d'un homomorphisme canonique Φ des invariants attachés à l'application constante de X (invariants qui se réduisent à $\mathcal{H}$X) dans les invariants attachés à ξ;

2° d'un homomorphisme canonique Ψ des invariants attachés à l'application identique de Y (invariants qui se réduisent à $\mathcal{H}$Y) dans les invariants attachés à ξ.

c. Ce qui précède subsiste quand les anneaux d'homologie de X,

$\bar{\xi}'(y)$ et F ne sont plus relatifs à l'anneau des entiers, mais à un anneau quelconque. Si, plus généralement, *ces anneaux d'homologie sont relatifs à un anneau différentiel-filtré ou*, plus généralement encore, *à un faisceau différentiel-filtré*, les seules modifications qui se produisent sont les suivantes : les invariants topologiques d'un espace sont constitués, comme ceux d'une application, par un anneau filtré et un anneau spectral, dont la limite contient l'anneau gradué de cet anneau filtré et dont le premier terme a une expression remarquable. L'étude des homomorphismes Φ et Ψ (*voir b*) s'en trouve clarifiée.

d. Soient F_μ des parties fermées d'un espace X, constituant un recouvrement localement fini de X; supposons donnés les anneaux d'homologie des F_μ et de leurs intersections et les homomorphismes nommés « sections de ces anneaux par les F_μ »; ces données permettent de construire le premier terme d'un anneau spectral dont la limite contient l'anneau gradué de l'anneau d'homologie, convenablement filtré, de X. Ce fait permet de *construire, par un nombre fini d'opérations, les anneaux spectraux et filtrés d'homologie d'un polyèdre et d'une application simpliciale*, quand ces anneaux sont relatifs à un *faisceau localement isomorphe à un anneau différentiel-filtré*.

e. On constate ainsi que les invariants attachés à deux applications homotopes peuvent différer; mais *on peut associer une filtration de l'anneau d'homologie de* X *à chaque classe d'applications homotopes entre elles de* X *dans* Y.

f. *Soit* X *un espace sur lequel opère un groupe fini* Γ, *dont aucun élément n'a de point fixe;* soit $\underline{X}$ l'espace qui s'obtient en identifiant les images par Γ d'un point décrivant X; la connaissance de la façon dont Γ opère sur l'anneau d'homologie de X permet de définir le premier terme d'un anneau spectral dont le dernier est l'anneau gradué de l'anneau d'homologie, convenablement filtré, de $\underline{X}$: *voir* [5] et [6].

g. *Soit* φ *une fonctionnelle semi-continue inférieurement*, définie sur un espace localement compact X; la connaissance des limites, pour $\varepsilon \to 0$, des anneaux d'homologie des parties de X où $p - \varepsilon < \varphi(x) \leq p$ (p : nombre réel) permet de définir le premier terme d'un anneau spectral dont le dernier terme est l'anneau gradué de l'anneau d'homologie, convenablement filtré, de X; les valeurs prises par la filtration sont réelles et la notion d'anneau spectral doit être généralisée (l'indice r, dont dépend cet anneau, parcourt un ensemble de valeurs réelles : les *valeurs critiques* de φ). Notre théorie rejoint ainsi celle du calcul des variations qu'on doit à Marston Morse [13].

2. Sommaire. — Le présent article ne développe ni **1**.g, ni **1**.f (*voir* [5] et [6]), ni **1**.a, ni les propriétés des espaces homogènes qui résultent de **1**.a (*voir* [8] et [12]) : il expose **1**.b, **1**.c, **1**.d et **1**.c. Il ne suppose connues que les notions fondamentales de l'Algèbre et de la Topologie générale.

Le *Chapitre I définit les notions algébriques fondamentales :* anneau filtré, gradué, différentiel, canonique (anneau gradué ayant une différentielle homogène de degré 1); il définit l'anneau gradué $\mathcal{G}\mathcal{A}$ d'un anneau filtré $\mathcal{A}$, l'anneau d'homologie $\mathcal{H}\mathcal{A}$ d'un anneau différentiel $\mathcal{A}$, l'anneau filtré d'homologie $\mathcal{H}\mathcal{A}$ et l'anneau spectral d'homologie $\mathcal{H}_r\mathcal{A}$ d'un anneau différentiel-filtré $\mathcal{A}$.

Le *Chapitre II combine les notions de l'Algèbre et de la Topologie :* Un *faisceau* (différentiel, filtré) $\mathcal{B}$ est constitué par un anneau (différentiel, filtré) attaché à chaque partie fermée de l'espace et par un homomorphisme de l'anneau attaché à F_1 dans l'anneau attaché à F quand $F_1 \subset F$; par exemple les anneaux d'homologie des parties fermées de l'espace constituent un faisceau : le faisceau d'homologie de l'espace; on définit la continuité d'un faisceau, le transformé $\xi\mathcal{B}$ d'un faisceau par une application continue ξ, le faisceau d'homologie $\mathcal{F}\mathcal{B}$ d'un faisceau différentiel $\mathcal{B}$, le faisceau filtré d'homologie $\mathcal{F}\mathcal{B}$ et le faisceau spectral d'homologie $\mathcal{F}_r\mathcal{B}$ d'un faisceau différentiel-filtré. Un *complexe* est un anneau différentiel à chaque élément duquel est associée une partie fermée de l'espace, son support; les supports sont assujettis à un système de conditions qui permettent de définir les transformés d'un complexe par l'inverse d'une application continue, l'intersection $\mathcal{K}\bigcirc\mathcal{K}'$ de deux complexes canoniques $\mathcal{K}$ et $\mathcal{K}'$ et l'intersection $\mathcal{K}\bigcirc\mathcal{B}$ d'un complexe canonique $\mathcal{K}$ et d'un faisceau différentiel continu $\mathcal{B}$; ce sont des complexes. $\mathcal{K}^l\bigcirc\mathcal{B}$ désigne $\mathcal{K}\bigcirc\mathcal{B}$ muni d'une filtration définie par la donnée d'un entier l et d'une filtration de $\mathcal{B}$. Un complexe, possédant une unité, est *fin* quand cette unité est somme d'éléments à supports arbitrairement petits. Une *couverture* est un complexe canonique dont la section par chaque point a pour anneau d'homologie l'anneau des entiers. Étant donnés *un espace* X, *un entier l et un faisceau différentiel-filtré-continu* $\mathcal{B}$ *défini sur* X, soit $\mathfrak{X}$ une couverture fine de X; nous prouvons que l'anneau spectral d'homologie de $\mathfrak{X}^l \bigcirc \mathcal{B}$, pour $l < r$, et son anneau filtré d'homologie sont indépendants du choix de $\mathfrak{X}$; nous les notons :

$$\mathcal{H}_r(X^l \bigcirc \mathcal{B}), \quad \text{où } r < l, \quad \text{et} \quad \mathcal{H}(X^l \bigcirc \mathcal{B});$$
$$\mathcal{H}_{l+1}(X^l \bigcirc \mathcal{B}) = \mathcal{H}(X \bigcirc \mathcal{F}_l \mathcal{B}); \quad \lim_{r \to +\infty} \mathcal{H}_r(X^l \bigcirc \mathcal{B}) \supset \mathcal{G}\mathcal{H}(X^l \bigcirc \mathcal{B}).$$

Étant donnés une application continue ξ de X dans Y, deux entiers $l < m$ et un faisceau différentiel-filtré-continu $\mathcal{B}$, défini sur X, nous définissons de même un anneau spectral et un anneau filtré

$$\mathcal{H}_r(\overset{-1}{\xi}\, Y^m \bigcirc X^l \bigcirc \mathcal{B}), \quad \text{où} \quad l < m < r,$$

et $\mathcal{H}(\overset{-1}{\xi}\, Y^m \bigcirc X^l \bigcirc \mathcal{B})$, qui est $\mathcal{H}(X \bigcirc \mathcal{B})$ muni d'une certaine filtration;

$$\mathcal{H}_{m+1}(\overset{-1}{\xi}\, Y^m \bigcirc X^l \bigcirc \mathcal{B}) = \mathcal{H}(Y \bigcirc \xi \mathcal{F}_m(X^l \bigcirc \mathcal{B}));$$
$$\lim_{r \to +\infty} \mathcal{H}_r(\overset{-1}{\xi}\, Y^m \bigcirc X^l \bigcirc \mathcal{B}) \supset \mathcal{G}\mathcal{H}(\overset{-1}{\xi}\, Y^m \bigcirc X^l \bigcirc \mathcal{B}).$$

Nous définissons enfin l'anneau spectral et l'anneau filtré d'homologie d'une application composée.

Le *Chapitre* III obtient des invariants topologiques d'un espace X, d'une application continue ξ ou d'une application composée en choisissant $\mathcal{B}$ *identique* ou *localement isomorphe à un anneau différentiel-filtré;* les invariants d'un espace qu'on obtient en choisissant $\mathcal{B}$ identique à un anneau sont classiques, les invariants d'un *espace* qu'on obtient en choisissant $\mathcal{B}$ localement isomorphe à un anneau ont déjà été étudiés par Steenrod [14]. Enfin le Chapitre III explicite **1**.*e*.

Les Chapitres II et III exposent également *les homomorphismes canoniques* que signale **1**.*b* et *les déterminations effectives* qu'annonce **1**.*d*; ces déterminations effectives ne peuvent pratiquement être effectuées que pour des polyèdres ou des applications simpliciales très banales.

3. Origine des notions utilisées. — Les nos **1** et **2** montrent que *le formalisme du calcul différentiel extérieur* est aussi indispensable à l'énoncé des résultats qu'à leur démonstration. Il est superflu de rappeler (*voir*, par exemple, l'Introduction de [9]) que ce calcul est l'outil essentiel de la Géométrie différentielle et que son application à la Topologie des variétés est due à E. Cartan et de Rham; c'est Alexander [1] qui le premier en appliqua le formalisme à la Topologie des espaces abstraits. La définition d'un anneau différentiel, quand cet anneau n'est pas supposé gradué, est due à Koszul [8].

Le présent article est le premier exposé détaillé de la notion, que résume [10], d'anneaux d'homologie spectral et filtré d'un espace ou d'une application relatifs à un faisceau; c'est H. Cartan [6] qui substitua le terme filtré au terme sous-valué que j'utilisais primitivement.

J'emploie ma définition antérieure des complexes [9], modifiée comme suit : un complexe n'a pas nécessairement de base; une multiplication est définie dans un complexe. Cette seconde modification, due à H. Cartan [4], permet de définir commodément la multiplication dans les anneaux d'homologie d'un espace ou d'une application.

Je définis l'anneau d'homologie d'un espace localement compact à l'aide de couvertures, comme dans [9]; mais cette définition est considérablement simplifiée par l'emploi de couvertures fines; j'ai proposé cette notion au Colloque de Topologie algébrique [11], en même temps que H. Cartan proposait une notion assez voisine [4]. Quand l'espace n'est pas compact, j'adopte un point de vue de H. Cartan [4]; la notion d'application propre lui est due; il m'a également signalé l'isomorphisme $\overline{\text{II}}$ (n^{os} **18** et **65**). Je tiens à le remercier de m'avoir si utilement tenu au courant de toutes ces belles mises au point qu'il a faites de la théorie de la cohomologie des espaces.

Le raisonnement fondamental que répètent avec diverses variantes les n^{os} **4**, **17**, **27** et **32** de mon article [9] équivaut à l'emploi de la proposition 10.4 (ci-dessous), c'est-à-dire à la considération d'un anneau spectral indépendant de son indice r; c'est l'analyse de ce raisonnement fondamental qui me conduisit à envisager des anneaux spectraux, puis filtrés. Le présent article perfectionne et développe donc les Chapitres I, II, IV de [9]; mais il est sans relation avec la théorie des équations qu'exposent les Chapitres III, V et VI de [9] et qui était l'objet essentiel de [9].

CHAPITRE I.

ANNEAU SPECTRAL ET ANNEAU FILTRÉ D'HOMOLOGIE D'UN ANNEAU DIFFÉRENTIEL-FILTRÉ.

I. — Anneau filtré.

4. ANNEAU GRADUÉ. — DÉFINITION 4.1. — *Un anneau* (¹) $\mathcal{A}$ *sera dit gradué quand il est, commme groupe additif, somme directe de sous-groupes* $\mathcal{A}^{[p]}$ (*p entier*) *tels que* (²) $\mathcal{A}^{[p]}\mathcal{A}^{[q]}\subset\mathcal{A}^{[p+q]}$.

On écrira

$$\mathcal{A}=\sum_p\mathcal{A}^{[p]},$$

les éléments de $\mathcal{A}^{[p]}$ sont dits *homogènes de degré p*.

Autrement dit : tout élément a de $\mathcal{A}$ s'écrit d'une façon unique

$$a=\sum_{-\infty<p<+\infty}a^{[p]},\qquad \text{où}\quad a^{[p]}\in\mathcal{A}^{[p]}$$

($a^{[p]}=0$ sauf pour un nombre fini d'entiers p).

$a^{[p]}$ est nommé *composante homogène de degré p* de a. Le produit de deux éléments homogènes de degrés p et q est homogène de degré $p+q$.

Exemple. — L'anneau des formes différentielles extérieures d'une variété différentiable est un anneau gradué.

Soient $\mathcal{A}'^{[p]}$ des sous-groupes des $\mathcal{A}^{[p]}$; $\mathcal{A}'=\sum_p\mathcal{A}'^{[p]}$ est un sous-groupe additif de $\mathcal{A}$; si $\mathcal{A}'^{[p]}\mathcal{A}'^{[q]}\subset\mathcal{A}'^{[p+q]}$, $\mathcal{A}'$ est un *sous-anneau* de $\mathcal{A}$; si $\mathcal{A}^{[p]}\mathcal{A}'^{[q]}\subset\mathcal{A}^{[p+q]}$ et $\mathcal{A}'^{[p]}\mathcal{A}^{[q]}\subset\mathcal{A}'^{[p+q]}$, $\mathcal{A}'$ est un *idéal* bilatère de $\mathcal{A}$ et le quotient de $\mathcal{A}$ par $\mathcal{A}'$ est (³) l'anneau gradué

$$\mathcal{A}/\mathcal{A}'=\sum_p\mathcal{A}^{[p]}/\mathcal{A}'^{[p]}.$$

(¹) Pour les définitions fondamentales de l'Algèbre, *voir* [2].

(²) $\mathcal{A}^{[p]}\mathcal{A}^{[q]}$ est l'ensemble des $a^{[p]}a^{[q]}$, où $a^{[p]}\in\mathcal{A}^{[p]}$ et $a^{[q]}\in\mathcal{A}^{[q]}$.

(³) Plus précisément : il existe un isomorphisme canonique de $\mathcal{A}/\mathcal{A}'$ sur $\sum_p\mathcal{A}^{[p]}/\mathcal{A}'^{[p]}$; nous convenons que cet isomorphisme est une identité.

Les deux théorèmes d'isomorphie de l'Algèbre ([4]) fournissent les deux propositions suivantes; $\mathfrak{A}' + \mathfrak{A}''$ désigne l'ensemble des $a' + a''$, où $a' \in \mathfrak{A}'$, $a'' \in \mathfrak{A}''$.

PROPOSITION 4.1 — *Si* $\sum_p \mathfrak{A}'^{[p]}$ *est un idéal de* $\sum_p \mathfrak{A}^{[p]}$, *si* $\sum_p \mathfrak{A}''^{[p]}$ *est un idéal de* $\sum_p \mathfrak{A}^{[p]}$ *et de* $\sum_p \mathfrak{A}'^{[p]}$, *alors* $\sum_p \mathfrak{A}'^{[p]}/\mathfrak{A}''^{[p]}$ *est un idéal de* $\sum_p \mathfrak{A}^{[p]}/\mathfrak{A}''^{[p]}$ *et il existe un isomorphisme canonique* ([5]) *de*

$$\left(\sum_p \mathfrak{A}^{[p]}/\mathfrak{A}''^{[p]}\right)\Big/\left(\sum_p \mathfrak{A}'^{[p]}/\mathfrak{A}''^{[p]}\right) \quad sur \quad \sum_p \mathfrak{A}^{[p]}/\mathfrak{A}'^{[p]}.$$

PROPOSITION 4.2. — *Si* $\sum_p \mathfrak{A}'^{[p]}$ *est un idéal de* $\sum_p \mathfrak{A}^{[p]}$ *et si* $\sum_p \mathfrak{A}''^{[p]}$ *est un sous-anneau de* $\sum_p \mathfrak{A}^{[p]}$, *alors* $\sum_p \mathfrak{A}'^{[p]} \cap \mathfrak{A}''^{[p]}$ *est un idéal de* $\sum_p \mathfrak{A}''^{[p]}$ *et il existe un isomorphisme canonique de*

$$\sum_p (\mathfrak{A}'^{[p]} + \mathfrak{A}''^{[p]})/\mathfrak{A}'^{[p]} \quad sur \quad \sum_p \mathfrak{A}''^{[p]}/(\mathfrak{A}'^{[p]} \cap \mathfrak{A}''^{[p]}).$$

Complétons cette proposition par la formule

$$(4.1) \qquad \mathfrak{A}' \cap (\mathfrak{A}'' + \mathfrak{A}''') = (\mathfrak{A}' \cap \mathfrak{A}'') + \mathfrak{A}''', \quad \text{quand} \quad \mathfrak{A}''' \subset \mathfrak{A}'.$$

Remarque. — Si un anneau gradué possède une unité, elle est homogène de degré zéro. En effet, sa composante homogène de degré nul est une unité; or un anneau n'a qu'une unité.

5. ANNEAU FILTRÉ. — DÉFINITION 5.1. — *Nous nommerons filtration f d'un anneau $\mathfrak{A}$ toute fonction définie sur $\mathfrak{A}$, ayant pour valeurs les entiers ou le symbole $+\infty$ et vérifiant les relations*

$$(5.1) \quad f(a-a_1) \geqq \text{Min.}[f(a), f(a_1)]; \qquad f(aa_1) \geqq f(a) + f(a_1); \qquad f(0) = +\infty$$
$$(a \text{ et } a_1 \in \mathfrak{A}).$$

([4]) [2], Chap. I, § 4, n° 4; [15], Chap. IV, § 45.

([5]) Canonique signifie : déterminé sans ambiguïté.

([6]) La notion d'anneau filtré est voisine de celle de corps valué, qui est classique : [15], Chap. X, *Bewertete Körper*.

Remarque. — Quand nous dirons : f est *borné, fini, nul*, il sera sous-entendu pour $a \neq 0$.

Soit $\mathfrak{A}^{(p)}$ l'ensemble des éléments a de $\mathfrak{A}$ tels que $f(a) \geqq p$; les relations (5.1) équivalent aux suivantes :

$$\text{(5.2)} \quad \mathfrak{A}^{(p)} \text{ est un groupe additif}; \qquad \mathfrak{A}^{(p+1)} \subset \mathfrak{A}^{(p)}; \qquad \lim_{p \to -\infty} \mathfrak{A}^{(p)} = \mathfrak{A}.$$

Proposition 5.1. — *Soient f_ω des filtrations de $\mathfrak{A}$ dépendant d'un paramètre $\omega \in \Omega$;*

$$\text{(5.3)} \qquad f(a) = \operatorname*{Borne\ inf.}_{\omega \in \Omega} f_\omega(a)$$

est une filtration de $\mathfrak{A}$, si $f(a) \neq -\infty$ quel que soit $a \in \mathfrak{A}$, ce qui est toujours vérifié si Ω est fini.

Proposition 5.2. — *Si $\mathfrak{I}$ est un idéal bilatère de $\mathfrak{A}$, on définit une filtration de $\mathfrak{A}' = \mathfrak{A}/\mathfrak{I}$ en posant*

$$\text{(5.4)} \qquad f(a') = \text{Borne sup. } f(a) \qquad \text{pour} \quad a' = a \bmod \mathfrak{I} \quad (^1).$$

Définition 5.2. — *Soit λ une application d'un anneau filtré $\mathfrak{A}'$ dans un anneau filtré $\mathfrak{A}$; s'il existe des entiers p tels que*

$$f(\lambda a') \geqq p + f(a') \text{ quel que soit } a' \in \mathfrak{A}',$$

leur borne supérieure sera notée $f(\lambda)$ et nommée filtration de λ

$$\text{(5.5)} \qquad f(\lambda a') \geqq f(\lambda) + f(a').$$

6. Filtration associée à un degré; l'anneau gradué d'un anneau filtré. — A tout degré d'un anneau $\mathfrak{A}$ on peut associer la filtration suivante de $\mathfrak{A}$:

$$\text{(6.1)} \qquad f\left(\sum_p a^{(p)}\right) \text{ est le minimum des } p \text{ tels que } a^{(p)} \neq 0.$$

Soit $\mathfrak{A}$ un anneau filtré; envisageons les groupes additifs $\mathfrak{A}^{(p)}/\mathfrak{A}^{(p+1)}$; définissons

$$\text{(6.2)} \quad (a^{(p)} \bmod \mathfrak{A}^{(p+1)})(a^{(q)} \bmod \mathfrak{A}^{(q+1)}) = a^{(p)}a^{(q)} \bmod \mathfrak{A}^{(p+q+1)}, \qquad \text{où} \quad a^{(p)} \in \mathfrak{A}^{(p)};$$

---

(1) $a \bmod \mathfrak{I}$ désigne l'image canonique de a dans $\mathfrak{A}/\mathfrak{I}$.

nous nommerons *anneau gradué de l'anneau filtré* $\mathcal{A}$ l'anneau

$$\mathcal{G}\mathcal{A} = \sum_p \mathcal{A}^{(p)}/\mathcal{A}^{(p+1)}. \tag{6.3}$$

L'anneau gradué de l'anneau gradué $\mathcal{A}$, muni de la filtration associée au degré, est $\mathcal{A}$.

Soit λ un *homomorphisme de filtration* $\geqq 0$ d'un anneau filtré $\mathcal{A}'$ dans un anneau filtré $\mathcal{A}$: λ représente $\mathcal{A}'^{(p)}$ dans $\mathcal{A}^{(p)}$, donc $\mathcal{A}'^{(p)}/\mathcal{A}'^{(p+1)}$ dans $\mathcal{A}^{(p)}/\mathcal{A}^{(p+1)}$; λ définit donc un homomorphisme de $\mathcal{G}\mathcal{A}'$ dans $\mathcal{G}\mathcal{A}$; cet homomorphisme transforme un élément homogène en un élément homogène de même degré.

Proposition 6.1. — *Soit λ un homomorphisme de l'anneau filtré $\mathcal{A}'$ dans l'anneau filtré $\mathcal{A}$; λ respecte la filtration quand les deux conditions suivantes sont réalisées :*

$f(\lambda) \geqq 0$; λ définit un isomorphisme de $\mathcal{G}\mathcal{A}'$ dans $\mathcal{G}\mathcal{A}$.

Preuve. — Soit $a' \in \mathcal{A}'$; $f(\lambda a') \geqq f(a')$, car $f(\lambda) \geqq 0$; si $f(\lambda a') > f(a')$, λ ne peut pas être un isomorphisme de $\mathcal{A}'^{(p)}/\mathcal{A}'^{(p+1)}$ dans $\mathcal{A}^{(p)}/\mathcal{A}^{(p+1)}$ pour $p = f(a')$; donc $f(\lambda a') = f(a')$.

Proposition 6.2. — *Soit λ un homomorphisme de l'anneau filtré $\mathcal{A}'$ dans l'anneau filtré $\mathcal{A}$; λ est un isomorphisme, respectant la filtration, de $\mathcal{A}'$ sur $\mathcal{A}$ quand les conditions suivantes sont réalisées :*

$f(\lambda) \geqq 0$; λ définit un isomorphisme de $\mathcal{G}\mathcal{A}'$ sur $\mathcal{G}\mathcal{A}$; les filtrations de $\mathcal{A}'$ et $\mathcal{A}$ sont bornées supérieurement.

Preuve. — λ respecte la filtration, d'après la proposition 6.1. Si $\lambda a' = 0$, $f(\lambda a') = +\infty$, donc $f(a') = +\infty$; donc $a' = 0$. Soit $a^{(p)} \in \mathcal{A}^{(p)}$; puisque λ est un isomorphisme de $\mathcal{G}\mathcal{A}'$ sur $\mathcal{G}\mathcal{A}$, il existe $a'^{(p)} \in \mathcal{A}'^{(p)}$ tel que

$$a^{(p)} - \lambda a'^{(p)} = a^{(p+1)} \in \mathcal{A}^{(p+1)};$$

il existe de même $a'^{(p+1)} \in \mathcal{A}'^{(p+1)}$ tel que

$$a^{(p+1)} - \lambda a'^{(p+1)} = a^{(p+2)} \in \mathcal{A}^{(p+2)}, \quad \ldots;$$

or $a^{(q)} = 0$ quand q est suffisamment grand; donc

$$a^{(p)} = \lambda(a'^{(p)} + a'^{(p+1)} + \ldots a'^{(q)}) \in \lambda\mathcal{A}'.$$

7. Anneau bigradué; anneau gradué-filtré. — Définition 7.1. — *Un anneau $\mathcal{A}$ sera dit bigradué quand il est, comme groupe additif, somme directe de sous-groupes $\mathcal{A}^{[p,q]}$ (p, q entiers) tels que $\mathcal{A}^{[p,q]}\mathcal{A}^{[r,s]} \subset \mathcal{A}^{[p+r,q+s]}$.*

Les éléments de $\mathcal{A}^{[p,q]}$ sont dits homogènes de degrés p, q.

Définition 7.2. — *Un anneau gradué-filtré sera un anneau gradué $\mathcal{A}$ possédant une filtration telle que*

$$(7.9)\quad f(a) = \text{Min.}\, f(a^{[q]}) \quad \text{si} \quad a = \Sigma a^{[q]} \quad (a^{[q]} \text{ homogène de degré } q).$$

L'anneau gradué de $\mathcal{A}$ considéré comme anneau filtré est un anneau bigradué $\mathcal{GA}$, que nous nommerons *anneau bigradué de l'anneau gradué-filtré* $\mathcal{A}$: si $\mathcal{A}^{[p](q)}$ est l'ensemble des termes de $\mathcal{A}$ homogènes de degré p dont la filtration est au moins q,

$$(7.2)\qquad \mathcal{GA} = \sum_{p,q} \mathcal{A}^{[p](q)}/\mathcal{A}^{[p](q+1)}.$$

Étant donné $\mathcal{A}$ et un entier l, définissons

$$(7.3)\quad f'(a) = \text{Min.}[lp + f(a^{[p]})], \quad \text{où} \quad a = \sum_p a^{[p]} \quad (a^{[p]} \text{ homogène de degré } p);$$

f' est une filtration de $\mathcal{A}$; nous dirons que *f' est f augmenté de l fois le degré*. L'anneau bigradué de $\mathcal{GA}$ de $\mathcal{A}$ reste le même quand on utilise f' au lieu de f; le degré de $\mathcal{GA}$ correspondant à la filtration est augmenté de l fois l'autre degré.

II. — Anneau différentiel-filtré.

8. Définitions. — Une *différentiation* sera définie sur un anneau $\mathcal{A}$ par un automorphisme α et une application linéaire δ de $\mathcal{A}$ en lui-même tels que (1)

$$(8.1)\quad \delta^2 a = 0; \qquad \alpha\delta a + \delta\alpha a = 0; \qquad \delta a a_1 = \delta a . a_1 + \alpha a . \delta a_1, \qquad \text{où} \quad a \text{ et } a_1 \in \mathcal{A};$$

δa est nommé différentielle de a; $\mathcal{A}$, α et δ constituent un *anneau différentiel*.

---

(1) $\delta a a_1$ représente $\delta(a a_1)$; $\delta a . a_1$ représente $(\delta a) a_1$.

Les éléments c de $\mathcal{A}$ tels que $\delta c = 0$ sont nommés *cycles* de $\mathcal{A}$; ils constituent un anneau $\mathcal{C}$. L'ensemble $\mathcal{D}$ des δa est un idéal bilatère de $\mathcal{C}$. L'anneau quotient

$$\mathcal{H}\mathcal{A} = \mathcal{C}/\mathcal{D}$$

sera nommé *anneau d'homologie* de $\mathcal{A}$. Deux cycles c et c_1 seront dits *homologues* si $c - c_1 \in \mathcal{D}$; on écrira $c \sim c_1$. Chacun des éléments de $\mathcal{H}\mathcal{A}$ constitue une classe de cycles homologues entre eux; une telle classe est nommée *classe d'homologie* de $\mathcal{A}$.

Remarque 8.1. — *Si $\mathcal{A}$ possède une unité u, cette unité est un cycle:* $\alpha u = u$; *$\mathcal{H}\mathcal{A}$ possède donc une unité.*

Preuve. — αu est une unité, car α est un automorphisme; un anneau a une seule unité, donc $\alpha u = u$; d'où, en différentiant $u^2 = u$, $\delta u = 0$.

Un *anneau différeniel-filtré* sera un anneau $\mathcal{A}$ muni d'une différentiation (α, δ) et d'une filtration f telles que

$$f(\alpha a) = f(a). \tag{8.2}$$

La proposition 5.2 définit *une filtration* de $\mathcal{H}\mathcal{A}$: soit $h \in \mathcal{H}\mathcal{A}$; soit c un cycle de $\mathcal{A}$ parcourant la classe h.

$$f(h) = \text{Borne sup. de } f(c) \qquad (c \in h). \tag{8.3}$$

Un *anneau différentiel-gradué* sera un anneau gradué $\mathcal{A}$ muni d'une différentiation (α, δ) telle que α transforme tout élément homogène en un élément homogène de même degré. La *différentielle* δ sera dite *homogène de degré r* quand elle transformera un élément homogène de degré p en un élément homogène de degré $p + r$:

$$\delta a^{[p]} \in \mathcal{A}^{[p+r]};$$

l'anneau d'homologie de $\mathcal{A}$ est un anneau gradué: les composantes homogènes d'un cycle (~ 0) sont des cycles (~ 0).

Exemple. — Les formes différentielles extérieures d'une variété différentiable constituent un anneau différentiel gradué, dont la différentielle est homogène de degré 1.

9. L'ANNEAU SPECTRAL D'HOMOLOGIE D'UN ANNEAU DIFFÉRENTIEL-FILTRÉ. — Nous allons attacher à un anneau différentiel-filtré $\mathcal{A}$ un anneau

différentiel-gradué $\mathcal{H}_r\mathcal{A}$, qui dépendra du paramètre à valeurs entières r et dont la différentielle sera homogène de degré r.

Soit

(9.1) $$\mathcal{C}^p = \mathcal{A}^{(p)} \cap \mathcal{C};$$

(9.2) $$\mathcal{D}^p = \mathcal{A}^{(p)} \cap \mathcal{D};$$

(9.3) $\mathcal{C}_r^p =$ l'ensemble des $a \in \mathcal{A}^{(p)}$ tels que $\delta a \in \mathcal{A}^{(p+r)}$; $\quad \delta\mathcal{C}_r^p = \mathcal{D}_r^{p+r}$;

On a, la flèche désignant la limite d'une suite monotone,

(9.4) $$\ldots \subset \mathcal{D}_r^p \subset \mathcal{D}_{r+1}^p \subset \ldots \to \mathcal{D}^p \subset \mathcal{C}^p \subset \ldots \subset \mathcal{C}_{r+1}^p \subset \mathcal{C}_r^p \subset \ldots \mathcal{A}^{(p)};$$

(9.5) $$\mathcal{C}_{r-1}^{p+1} = \mathcal{C}_r^p \cap \mathcal{A}^{(p+1)} \subset \mathcal{C}_r^p;$$

(9.6) $$\mathcal{D}_{r+1}^{p+1} = \mathcal{D}_r^p \cap \mathcal{A}^{(p+1)} \subset \mathcal{D}_r^p;$$

(9.7) $$\mathcal{C}_r^p \mathcal{C}_r^q \subset \mathcal{C}_r^{p+q};$$

(9.8) $$\mathcal{C}_r^p \mathcal{D}_{r-1}^q \subset \mathcal{C}_{r-1}^{p+q+1} + \mathcal{D}_{r-1}^{p+q}; \qquad \mathcal{D}_{r-1}^q \mathcal{C}_r^p \subset \mathcal{C}_{r-1}^{p+q+1} + \mathcal{D}_{r-1}^{p+q}.$$

Seule la relation (9.8) n'est pas évidente; elle résulte de la relation (8.1)

$$\alpha a.\delta a_1 = -\delta a.a_1 + \delta(aa_1),$$

où l'on choisit a et a_1 tels que

$$f(a) \geqq p, \quad f(\delta a) \geqq p + r, \quad f(a_1) \geqq q - r + 1, \quad f(\delta a_1) \geqq q;$$

$f(\alpha a) \geqq p$ d'après (8.2).

D'après (9.7) $\sum_p \mathcal{C}_r^p$ (somme directe de groupes additifs isomorphes aux $\mathcal{C}_r^p$) est un anneau gradué; d'aprés (9.7) et (9.8) $\sum_p \mathcal{C}_{r-1}^{p+1} + \mathcal{D}_{r-1}^p$ est un idéal de cet anneau; soit

(9.9) $$\boxed{\mathcal{H}_r\mathcal{A} = \sum_p \mathcal{C}_r^p/(\mathcal{C}_{r-1}^{p+1} + \mathcal{D}_{r-1}^p).}$$

Soit $h_r^{[p]}$ un élément homogène de degré p de $\mathcal{H}_r\mathcal{A}$; on a

(9.10) $$h_r^{[p]} = c_r^p \bmod (\mathcal{C}_{r-1}^{p+1} + \mathcal{D}_{r-1}^p), \qquad \text{où } c_r^p \in \mathcal{C}_r^p;$$

posons

(9.11) $$\boxed{\delta_r h_r^{[p]} = \delta c_r^p \bmod (\mathcal{C}_{r-1}^{p+r+1} + \mathcal{D}_{r-1}^{p+r}),} \qquad \text{où } \delta c_r^p \in \mathcal{D}_r^{p+r} \subset \mathcal{C}_r^{p+r};$$

$$\boxed{\alpha\, h_r^{[p]} = \alpha c_r^p \bmod (\mathcal{C}_{r-1}^{p+1} + \mathcal{D}_{r-1}^p).}$$

δ_r *est une différentielle homogène de degré r de l'anneau gradué $\mathcal{H}_r\mathcal{A}$.*

Déterminons l'anneau d'homologie de $\mathcal{H}_r\mathcal{A}$. Cherchons d'abord l'anneau $\mathcal{C}\mathcal{H}_r$ des cycles de $\mathcal{H}_r\mathcal{A}$: la relation $\delta_r h_r^{(p)} = 0$ équivaut à

$$\delta c_r^p \in \mathcal{C}_{r-1}^{p+r+1} + \mathcal{D}_{r-1}^{p+r},$$

c'est-à-dire, puisque $c_r^p \in \mathcal{C}_r^p$, à

$$c_r^p \in \mathcal{C}_{r+1}^p + \mathcal{C}_{r-1}^{p+1},$$

d'où

$$\mathcal{C}\mathcal{H}_r = \sum_p (\mathcal{C}_{r+1}^p + \mathcal{C}_{r-1}^{p+1})/(\mathcal{C}_{r-1}^{p+1} + \mathcal{D}_{r-1}^p).$$

Soit $\mathcal{D}\mathcal{H}_r$ l'ensemble des éléments de $\mathcal{C}\mathcal{H}_r$ homologues à zéro;

$$\mathcal{D}\mathcal{H}_r = \delta_r \mathcal{H}_r\mathcal{A} = \sum_p (\mathcal{C}_{r-1}^{p+1} + \mathcal{D}_{r-1}^p + \mathcal{D}_r^p)/(\mathcal{C}_{r-1}^{p+1} + \mathcal{D}_{r-1}^p),$$

c'est-à-dire, puisque $\mathcal{D}_{r-1}^p \subset \mathcal{D}_r^p$,

$$\mathcal{D}\mathcal{H}_r = \sum_p (\mathcal{C}_{r-1}^{p+1} + \mathcal{D}_r^p)/(\mathcal{C}_{r-1}^{p+1} + \mathcal{D}_{r-1}^p).$$

L'anneau d'homologie $\mathcal{C}\mathcal{H}_r/\mathcal{D}\mathcal{H}_r$ de $\mathcal{H}_r\mathcal{A}$ est donc, d'après la proposition 4.1, canoniquement isomorphe à

$$\sum_p (\mathcal{C}_{r+1}^p + \mathcal{C}_{r-1}^{p+1})/(\mathcal{C}_{r-1}^{p+1} + \mathcal{D}_r^p) = \sum_p (\mathcal{C}_{r+1}^p + \mathcal{C}_{r-1}^{p+1} + \mathcal{D}_r^p)/(\mathcal{C}_{r-1}^{p+1} + \mathcal{D}_r^p),$$

c'est-à-dire. d'après la proposition 4.2, puis la formule (4.1), à

$$\sum_p \mathcal{C}_{r+1}^p/\mathcal{C}_{r+1}^p \cap (\mathcal{C}_{r-1}^{p+1} + \mathcal{D}_r^p) = \sum_p \mathcal{C}_{r+1}^p/(\mathcal{C}_r^{p+1} + \mathcal{D}_r^p) = \mathcal{H}_{r+1}\mathcal{A}.$$

L'anneau d'homologie de $\mathcal{H}_r\mathcal{A}$ est donc $\mathcal{H}_{r+1}\mathcal{A}$ (à un isomorphisme canonique près).

L'homomorphisme transformant un cycle de $\mathcal{H}_r\mathcal{A}$ en sa classe d'homologie définit un homomorphisme χ_{r+1}^r d'un sous-anneau de $\mathcal{H}_r\mathcal{A}$ *sur* $\mathcal{H}_{r+1}\mathcal{A}$; nous poserons, quand $r < s$ (r, s entiers),

$$\chi_s^r = \chi_s^{s-1}\chi_{s-1}^{s-2}\ldots\chi_{r+1}^r.$$

$\varkappa_s^r$ *est un homomorphisme d'un sous-anneau de* $\mathcal{H}_r\mathcal{A}$ *sur* $\mathcal{H}_s\mathcal{A}$ $(r < s)$; il est défini par la formule

$$\boxed{\varkappa_s^r[c_s^p \bmod(\mathcal{C}_{r-1}^{p+1} + \mathcal{D}_{r-1}^p)] = c_s^p \bmod(\mathcal{C}_{s-1}^{p+1} + \mathcal{D}_{s-1}^p), \quad \text{où} \quad c_s^p \in \mathcal{C}_s^p.} \tag{9.12}$$

Nous définirons en outre l'anneau gradué

$$\boxed{\mathcal{H}_\infty\mathcal{A} = \sum_p \mathcal{C}^p/(\mathcal{C}^{p+1} + \mathcal{D}^p)} \tag{9.13}$$

et un homomorphisme $\varkappa_\infty^r$ d'un sous-anneau de $\mathcal{H}_r\mathcal{A}$ *sur* $\mathcal{H}_\infty\mathcal{A}$ par la formule

$$\boxed{\varkappa_\infty^r[c^p \bmod(\mathcal{C}_{r-1}^{p+1} + \mathcal{D}_{r-1}^p)] = c^p \bmod(\mathcal{C}^{p+1} + \mathcal{D}^p), \quad \text{où} \quad c^p \in \mathcal{C}^p;} \tag{9.14}$$

cette formule a un sens car, d'après (4.1),

$$\mathcal{C}^p \cap (\mathcal{C}_{r-1}^{p+1} + \mathcal{D}_{r-1}^p) = \mathcal{C}^{p+1} + \mathcal{D}_{r-1}^p \subset \mathcal{C}^{p+1} + \mathcal{D}^p.$$

On a sur le champ de définition de $\varkappa_t^r$, pour $r < s < t$, t étant un entier ou $+\infty$,

$$\varkappa_t^r = \varkappa_t^s \varkappa_s^r. \tag{9.15}$$

D'après la définition 9.13 et la formule 4.1,

$$\mathcal{H}_\infty\mathcal{A} = \sum_p \mathcal{C}^p/\mathcal{C}^p \cap (\mathcal{C}^{p+1} + \mathcal{D});$$

d'où, vu la proposition 4.2, un isomorphisme canonique

$$\text{de } \mathcal{H}_\infty\mathcal{A} \text{ sur } \sum_p (\mathcal{C}^p + \mathcal{D})/(\mathcal{C}^{p+1} + \mathcal{D});$$

d'où, vu la proposition 4.1, un isomorphisme canonique

$$\text{de } \mathcal{H}_\infty\mathcal{A} \text{ sur } \left[\sum_p (\mathcal{C}^p +)\mathcal{D}/\mathcal{D}\right] / \left[\sum_p (\mathcal{C}^{p+1} + \mathcal{D})/\mathcal{D}\right] = \mathcal{H}^{(p)}/\mathcal{H}^{(p+1)},$$

où $\mathcal{H}$ désigne l'anneau filtré $\mathcal{H}\mathcal{A}$. On a donc, à un isomorphisme canonique près,

$$\boxed{\mathcal{H}_\infty\mathcal{A} = \mathcal{G}\mathcal{H}\mathcal{A}.} \tag{9.16}$$

Proposition 9.1. — *Soit $h_r \in \mathcal{H}_r \mathcal{A}$; pour que $\varkappa_\infty^r h_r = 0$, il faut et il suffit qu'il existe un entier s tel que $\varkappa_s^r h_r = 0 (r < s < +\infty)$.*

Preuve. — Si $\varkappa_s^r h_r = 0$, $\varkappa_\infty^r h_r$ est évidemment défini et nul. Réciproquement, supposons $h_r = h_r^{[p]}$, homogène de degré p, et $\varkappa_\infty^r h_r^{[p]} = 0$; d'après (9.14)

$$h_r^{[p]} = c^p \bmod (\mathcal{C}_{r-1}^{p+1} + \mathcal{D}_{r-1}^p), \qquad \text{où} \quad c^p \in \mathcal{C}^{p+1} + \mathcal{D}^p;$$

(9.4) permet de préciser cette dernière relation : il existe un entier s tel que

$$c^p \in \mathcal{C}^{p+1} + \mathcal{D}_{s-1}^p;$$

d'où

$$c^p \in \mathcal{C}_{s-1}^{p+1} + \mathcal{D}_{s-1}^p;$$

d'où, vu (9.12),

$$\varkappa_s^r h_r^{[p]} = 0.$$

Définition 9.1. — *Nous nommerons anneau spectral toute suite d'anneaux différentiels-gradués $\mathcal{H}_r$ possédant les propriétés suivantes : l'indice r, dont dépend $\mathcal{H}_r$ prend toutes les valeurs entières (ou toutes les valeurs entières supérieures à un nombre donné); la différentielle δ_r de $\mathcal{H}_r$ est homogène de degré r; $\mathcal{H}_{r+1}$ est l'anneau d'homologie de $\mathcal{H}_r$.*

Notations. — $\varkappa_{r+1}^r$ *est l'application d'un cycle de $\mathcal{H}_r$ sur sa classe d'homologie;*

$$\varkappa_s^r = \varkappa_s^{s-1} \varkappa_{s-1}^{s-2} \ldots \varkappa_{r+2}^{r+1} \varkappa_{r+1}^r \qquad (r < s < \infty)$$

est donc un homomorphisme d'un sous-anneau de $\mathcal{H}_r$ sur $\mathcal{H}_s$.

Soient $\mathcal{I}_r$ et (et $\mathcal{J}_r$) l'ensemble des $h_r \in \mathcal{H}_r$ tels que $\varkappa_s^r h_r$ soit défini quel que soit l'entier $s > r$ (tels que $\varkappa_s^r h_r = 0$ pour les entiers s suffisamment grands); $\mathcal{I}_r$ est un sous-anneau de $\mathcal{H}_r$; $\mathcal{J}_r$ est un idéal de $\mathcal{I}_r$; $\varkappa_s^r$ *identifie les anneaux $\mathcal{I}_r / \mathcal{J}_r$ et $\mathcal{I}_s / \mathcal{J}_s$ que nous nommerons* $\lim_{r \to \infty} \mathcal{H}_r$: c'est une extension de la notion de limite directe. Si les $\mathcal{H}_r$ sont égaux à partir d'un certain rang, cette limite leur est égale.

Conclusion. — *Les formules (9.9), (9.11) et 9.12) attachent à un anneau différentiel-filtré $\mathcal{A}$ un anneau spectral $\mathcal{H}_r \mathcal{A}$, que nous nommerons anneau spectral d'homologie de $\mathcal{A}$; on a*

$$\mathcal{G}\mathcal{H}\mathcal{A} \subset \lim_{r \to +\infty} \mathcal{H}_r \mathcal{A}, \tag{9.17}$$

vu la définition de cette limite, les formules (9.13), (9.14), (9.15), (9.16) et la proposition 9.1.

10. Propriétés de l'anneau spectral d'homologie. — Proposition 10.1. — *Le degré de $\mathcal{H}_r\mathcal{A}$ et la filtration de $\mathcal{H}\mathcal{A}$ sont compris entre les bornes supérieure et inférieure de la filtration de $\mathcal{A}$.*

Preuve. — Soit $\mathcal{H}_r = \mathcal{H}_r\mathcal{A}$; si p est supérieur à cette borne supérieure, $\mathcal{C}_r^p = 0$, donc $\mathcal{H}_r^{[p]} = 0$ vu (9.9). Si p est inférieur à cette borne inférieure, $\mathcal{C}_r^p = \mathcal{C}_{r-1}^{p+1}$, donc $\mathcal{H}_r^{[p]} = 0$ vu (9.9). Les propriétés énoncées de la filtration de $\mathcal{H}\mathcal{A}$ résultent de sa définition (8.3).

Proposition 10.2. — *Quand la filtration de $\mathcal{A}$ est bornée supérieurement,*

$$\mathcal{G}\mathcal{H}\mathcal{A} = \lim_{r \to +\infty} \mathcal{H}_r\mathcal{A}.$$

Preuve. — Vu (9.16) et (9.17), il suffit de prouver que, étant donné $h_r^{[p]} \in \mathcal{H}_r\mathcal{A}$ tel que $x_s^r h_r^{[p]}$ soit défini pour tout $s > r$, $x_\infty^r h_r^{[p]}$ est défini : on a, d'après (9.12),

$$h_r^{[p]} = c_s^p \bmod (\mathcal{C}_{r-1}^{p+1} + \mathcal{D}_{r-1}^p), \qquad \text{où } c_s^p \in \mathcal{C}_s^p;$$

on peut choisir s assez grand pour que tout élément de $\mathcal{A}$ de filtration $> p + s$ soit nul : $\mathcal{C}_s^p = \mathcal{C}^p$; d'après (9.14), $x_\infty^r h_r^{[p]}$ est donc défini.

La proposition 10.2 a pour conséquence immédiate la suivante :

Proposition 10.3. — *Soit un anneau différentiel-filtré $\mathcal{A}$ vérifiant les deux conditions suivantes :*

1° *la filtration de $\mathcal{A}$ est bornée supérieurement;*

2° *la différentielle δ_r de $\mathcal{H}_r\mathcal{A}$ est nulle pour $r > l$.*

Alors

$$\mathcal{G}\mathcal{H}\mathcal{A} = \mathcal{H}_r\mathcal{A} \qquad \textit{pour} \quad r > l.$$

Remarque. — La condition 2° est vérifié quand 1° l'est, ainsi que :

2 *bis : le degré de $\mathcal{H}_r\mathcal{A}$ est borné inférieurement pour une valeur particulière de r.*

Proposition 10.4. — *Soit un anneau différentiel-filtré $\mathcal{A}$ vérifiant les deux hypothèses suivantes :*

1° *la filtration de $\mathcal{A}$ est bornée supérieurement;*

2° *pour un entier $l \geqq 0$, $\mathcal{H}_{l+1}\mathcal{A}$ est de degré nul.*

Alors le degré de $\mathcal{H}_r\mathcal{A}$ ($l < r$) et la filtration de $\mathcal{H}\mathcal{A}$ sont nuls;

$$\mathcal{H}_r\mathcal{A} = \mathcal{H}\mathcal{A} \quad \text{pour} \quad l < r.$$

Preuve. — L'homomorphisme x_r^{l+1} prouve que $\mathcal{H}_r$ est de degré nul pour $l < r$; donc, puisque $0 \leqq l$, $\delta_r = 0$ pour $l < r$; d'après la proposition précédente $\mathcal{H}_r\mathcal{A} = \mathcal{G}\mathcal{H}\mathcal{A}$; donc $\mathcal{G}\mathcal{H}\mathcal{A}$ est de degré nul : en notant $\mathcal{H}$ l'anneau filtré $\mathcal{H}\mathcal{A}$, on a

$$\ldots \mathcal{H}^{(2)} = \mathcal{H}^{(1)} \subset \mathcal{H}^{(0)} = \mathcal{H}^{(-1)} = \ldots = \mathcal{H}.$$

Or, vu la proposition 10.1, $\mathcal{H}^{(p)} = 0$ quand p dépasse la borne supérieure de la filtration de $\mathcal{A}$; donc

$$\mathcal{H}^{(1)} = 0; \qquad \mathcal{G}\mathcal{H} = \mathcal{H}^{(0)} = \mathcal{H}^{(-1)} = \ldots \mathcal{H}.$$

Définition 10.1. — *Soient $\mathcal{A}$ et $\mathcal{A}'$ deux anneaux différentiels-filtrés; soit λ un homomorphisme de $\mathcal{A}'$ dans $\mathcal{A}$ possédant les propriétés suivantes :*

$$f(\lambda) \geqq 0 \ \ (\text{définition } 5.2); \qquad \lambda\delta a' = \delta\lambda a' \quad \textit{quand} \quad a' \in \mathcal{A}'.$$

Cet homomorphisme λ définit un homomorphisme, que nous noterons également λ, de $\mathcal{H}\mathcal{A}'$ et $\mathcal{H}_r\mathcal{A}$ dans $\mathcal{H}\mathcal{A}$ et $\mathcal{H}_r\mathcal{A}'$; en effet

$$\lambda\mathcal{C}' \subset \mathcal{C}, \qquad \lambda\mathcal{D}' \subset \mathcal{D}, \qquad \lambda\mathcal{C}'^{p}_{r} \subset \mathcal{C}^{p}_{r}, \qquad \lambda\mathcal{D}'^{p}_{r} \subset \mathcal{D}^{p}_{r}.$$

Nota. — *$\lambda\delta_r = \delta_r\lambda$; $\lambda x^r_s h_r = x^r_s \lambda h_r$ quand $x^r_s h_r$ est défini; λ ne diminue pas la filtration de $\mathcal{H}\mathcal{A}'$ et conserve le degré de $\mathcal{H}_r\mathcal{A}'$; λ applique* $\lim\limits_{r\to+\infty}$ *$\mathcal{H}\mathcal{A}'_r$ et son sous-anneau $\mathcal{G}\mathcal{H}\mathcal{A}'$ dans* $\lim\limits_{r\to+\infty}$ *$\mathcal{H}_r\mathcal{A}$ et $\mathcal{G}\mathcal{H}\mathcal{A}$.*

Cette définition permet d'apporter à la proposition 10.4 le complément suivant, qu'utilisera le n° **46**.

Proposition 10.5. — *Soit un anneau différentiel-filtré $\mathcal{A}$ vérifiant les hypothèses de la proposition 10.4; soit $\mathcal{A}'$ l'anneau $\mathcal{A}$ muni de la filtration f' suivante :*

$$\text{si} \quad f(a) < 0, \qquad f'(a) = 0; \qquad \textit{sinon} \quad f'(a) = f(a) \geqq 0.$$

Alors $\mathcal{A}'$ vérifie aussi les hypothèses de la proposition 10.4; l'isomorphisme canonique de $\mathcal{A}$ sur $\mathcal{A}'$ définit un isomorphisme de $\mathcal{H}_r\mathcal{A}$ sur $\mathcal{H}_r\mathcal{A}'$ pour $l < r$.

Preuve. — $\mathcal{D}^p_r \subset \mathcal{D}'^p_r$ car, $f(a) \leqq f'(a)$; si $p > 0$ et $p + r > 0$, $\mathcal{C}^p_r = \mathcal{C}'^p_r$; par suite, en posant $\mathcal{H}_r \mathcal{A} = \mathcal{H}_r$ et $\mathcal{H}_r \mathcal{A}' = \mathcal{H}'_r$,

$$\mathcal{H}'^{[p]}_r = \mathcal{C}'^p_r / (\mathcal{C}'^{p+1}_{r-1} + \mathcal{D}'^p_{r-1}) = \mathcal{C}^p_r / (\mathcal{C}^{p+1}_{r-1} + \mathcal{D}'^p_{r-1})$$

est une image de

$$\mathcal{H}^{[p]}_r = \mathcal{C}^p_r / (\mathcal{C}^{p+1}_{r-1} + \mathcal{D}^p_{r-1})$$

or $\mathcal{H}^{[p]}_r$ est nul pour $p > 0$, $r > l$ (proposition 10.4); donc $\mathcal{H}'^{[p]}_r = 0$ pour $p > 0$, $r > l$. D'après la proposition 10.1

$$\mathcal{H}'^{[p]}_r = 0 \quad \text{si} \quad p < 0, \qquad \text{car} \quad f' \geqq 0.$$

$\mathcal{A}'$ vérifie donc les hypothèses de la proposition 10.4, d'après laquelle

$$(10.1) \qquad \mathcal{H}_r \mathcal{A}' = \mathcal{H}\mathcal{A}', \qquad \mathcal{H}_r \mathcal{A} = \mathcal{H}\mathcal{A} \qquad \text{pour} \quad l < r;$$

l'isomorphisme canonique de $\mathcal{A}$ sur $\mathcal{A}'$ définit l'isomorphisme canonique de $\mathcal{H}\mathcal{A}$ sur $\mathcal{H}\mathcal{A}'$ et par suite, vu (10.1), un isomorphisme de $\mathcal{H}_r \mathcal{A}$ sur $\mathcal{H}_r \mathcal{A}'$ pour $l < r$.

PROPOSITION 10.6. — *a. Soient $\mathcal{A}'$ et $\mathcal{A}$ deux anneaux différentiels-filtrés; soit λ un homomorphisme de $\mathcal{A}'$ dans $\mathcal{A}$ tel que*

$$f(\lambda) \geqq 0; \qquad \lambda \delta a' = \delta \lambda a' \qquad \text{quand} \quad a' \in \mathcal{A}'.$$

Supposons que, pour un entier l donné, λ définisse un isomorphisme de $\mathcal{H}_{l+1} \mathcal{A}'$ sur $\mathcal{H}_{l+1} \mathcal{A}$. Alors λ définit un isomorphisme de $\mathcal{H}_r \mathcal{A}'$ sur $\mathcal{H}_r \mathcal{A}$ pour $l < r$ et un homomorphisme de $\mathcal{H}\mathcal{A}'$ dans $\mathcal{H}\mathcal{A}$ respectant la filtration.

b. Supposons en outre que les filtrations de $\mathcal{A}'$ et de $\mathcal{A}$ soient bornées supérieurement. Alors λ définit un isomorphisme, respectant la filtration, de $\mathcal{H}\mathcal{A}'$ sur $\mathcal{H}\mathcal{A}$.

Preuve de a. — Puisque $\mathcal{H}_r$ est l'anneau d'homologie de $\mathcal{H}_{r-1}$, une récurrence relative à r prouve que λ définit un isomorphisme de $\mathcal{H}_r \mathcal{A}'$ sur $\mathcal{H}_r \mathcal{A}$ quand $l < r$. Donc λ définit un isomorphisme de $\lim\limits_{r \to +\infty} \mathcal{H}_r \mathcal{A}'$ sur $\lim\limits_{r \to +\infty} \mathcal{H}_r \mathcal{A}$, et par suite un isomorphisme de $\mathcal{G}\mathcal{H}\mathcal{A}'$ dans $\mathcal{G}\mathcal{H}\mathcal{A}$; d'après la proposition 6.1, l'homomorphisme de $\mathcal{H}\mathcal{A}'$ dans $\mathcal{H}\mathcal{A}$ que définit λ conserve donc la filtration.

Preuve de b. — D'après les propositions 10.2 et 10.6*a*, λ définit un isomorphisme de $\mathcal{G}\mathcal{H}\mathcal{A}$ sur $\mathcal{G}\mathcal{H}\mathcal{A}'$; il suffit d'appliquer la proposition 6.2.

Proposition 10.7. — *Soient, sur un anneau filtré $\mathcal{A}$, deux différentiations (α, δ) et (α', δ'). Si $f(\delta\text{-}\delta') = l$ est fini, alors :*

a. $\mathcal{H}_r\mathcal{A} = \mathcal{H}'_r\mathcal{A}$ *pour* $r \leqq l$;

b. $\delta_r = \delta'_r$ *pour* $r < l$;

c. $\delta_l - \delta'_l$ *se définit comme suit : soit* $h_l^{|p|} = c_l^p \bmod (\mathcal{C}_{l-1}^{p+1} + \mathcal{D}_{l-1}^p)$;

$$(\delta_l - \delta'_l)\, h_l^{|p|} = (\delta - \delta')\, c_l^p \bmod (\mathcal{C}_{l-1}^{p+l+1} + \mathcal{D}_{l-1}^{p+l}).$$

Autrement dit : $\delta - \delta'$ *définit une application linéaire de* $\mathcal{H}_l\mathcal{A}$ *en lui-même; cette application est* $\delta_l - \delta'_l$.

Preuve. — Il suffit évidemment de prouver pour $r \leqq l$, que

$$\mathcal{C}'^p_r = \mathcal{C}^p_r; \tag{10.2}$$

$$\mathcal{C}'^{p+1}_{r-1} + \mathcal{D}'^p_{r-1} \subset \mathcal{C}^{p+1}_{r-1} + \mathcal{D}^p_{r-1}. \tag{10.3}$$

L'hypothèse $r \leqq l$ signifie

$$(\delta - \delta')\mathcal{A}^{(p)} \subset \mathcal{A}^{(p+r)}; \tag{10.4}$$

de cette relation résulte (10.2). Différentions l'identité $\mathcal{C}'^p_{r-1} = \mathcal{C}^p_{r-1}$ en tenant compte de (10.4), il vient

$$\mathcal{D}'^{p+r-1}_{r-1} \subset \mathcal{A}^{(p+r)} + \mathcal{D}^{p+r-1}_{r-1},$$

c'est-à-dire

$$\mathcal{D}'^p_{r-1} \subset \mathcal{A}^{(p+1)} + \mathcal{D}^p_{r-1}; \tag{10.5}$$

or, d'après (9.4),

$$\mathcal{D}'^p_{r-1} \subset \mathcal{C}'^p_r = \mathcal{C}^p_r;$$

cette relation et (10.5) donnent

$$\mathcal{D}'^p_{r-1} \subset \mathcal{C}^p_r \cap (\mathcal{A}^{(p+1)} + \mathcal{D}^p_{r-1}),$$

c'est-à-dire, vu (4.1), (9.4) et (9.5),

$$\mathcal{D}'^p_{r-1} \subset \mathcal{C}^{p+1}_{r-1} + \mathcal{D}^p_{r-1};$$

d'où (10.3), vu (10.2).

Proposition 10.8. — *Si* $f(\delta) = l$ *est fini, alors*

$$\mathcal{H}_r\mathcal{A} = \mathcal{G}\mathcal{A} \quad \textit{pour } r \leqq l; \qquad \delta_r = 0 \quad \textit{pour } r < l;$$

δ_l *se définit comme suit*

$$\delta_l(a^{(p)} \bmod \mathcal{A}^{(p+1)}) = (\delta a^{(p)}) \bmod \mathcal{A}^{(p+l+1)}, \qquad \text{où} \quad a^{(p)} \in \mathcal{A}^{(p)}.$$

Preuve. — On choisit $\delta' = 0$ dans la proposition 10.7.

PROPOSITION 10.9. — *Soit $\mathcal{A}$ un anneau différentiel-gradué, dont la différentielle est homogène de degré l; on a, en utilisant sur $\mathcal{A}$ la filtration associée au degré : $\mathcal{H}_r\mathcal{A} = \mathcal{A}$ pour $r \leqq l$; $\mathcal{H}_r\mathcal{A} = \mathcal{G}\mathcal{H}\mathcal{A} = \mathcal{H}\mathcal{A}$ pour $l < r$; $\delta_r = 0$ pour $r \neq l$; $\delta_l = \delta$. La filtration de $\mathcal{H}\mathcal{A}$ est associée au degré de $\mathcal{H}\mathcal{A}$.*

Preuve. — D'après le n° **6**, $\mathcal{G}\mathcal{A} = \mathcal{A}$; donc, d'après la proposition 10.8, $\mathcal{H}_r\mathcal{A} = \mathcal{A}$ pour $r \leqq l$, $\delta_r = 0$ pour $r < l$, $\delta_l = \delta$; par suite, $\mathcal{H}_{l+1}\mathcal{A} = \mathcal{H}\mathcal{A}$. Supposons $l < r$; puisque δ est homogène de degré l, $\mathcal{C}_r^p = \mathcal{C}^p + \mathcal{C}_{r-1}^{p+1}$ et par suite, vu (9.11), $\delta_r = 0$; d'où $\mathcal{H}_r = \mathcal{H}_{r+1}$. La filtration de $\mathcal{H}\mathcal{A}$ est, comme celle de $\mathcal{A}$, associée au degré; donc $\mathcal{G}\mathcal{H}\mathcal{A} = \mathcal{H}\mathcal{A}$.

11. ANNEAU D'HOMOLOGIE D'UN ANNEAU DIFFÉRENTIEL-GRADUÉ-FILTRÉ. — Soit $\mathcal{A}$ un anneau différentiel-gradué-filtré (n° **7**) *dont la différentielle est homogène de degré l;* l'anneau spectral d'homologie $\mathcal{H}_r\mathcal{A}$ de $\mathcal{A}$ est un anneau bigradué, dont la différentielle est homogène de degrés l et r; le degré de $\mathcal{H}_r\mathcal{A}$ correspondant à la filtration de $\mathcal{A}$ sera dit *degré filtrant*; l'anneau d'homologie $\mathcal{H}\mathcal{A}$ de $\mathcal{A}$ est un anneau gradué-filtré, dont l'anneau bigradué $\mathcal{G}\mathcal{H}\mathcal{A}$ est sous-anneau de $\lim_{r \to +\infty} \mathcal{H}_r\mathcal{A}$; le degré de $\mathcal{G}\mathcal{H}\mathcal{A}$ correspondant à la filtration de $\mathcal{A}$ est dit *degré filtrant.*

Remarque. — Si l'on augmente la filtration $\mathcal{A}$ de n fois son degré, alors $\mathcal{H}_r\mathcal{A}$ subit la seule modification suivante : son degré filtrant est augmenté de n fois l'autre degré; r est augmenté de nl

Preuve. — Tous les sous-groupes qu'envisage le n° **9** sont sommes directes de sous-groupes homogènes.

III. — Produit tensoriel.

12. ANNEAU CANONIQUE. DÉFINITION 12.1. — *Nous nommerons anneau canonique tout anneau différentiel-gradué $\mathcal{K}$ ayant les propriétés suivantes :*

1° *la différentielle de $\mathcal{K}$ est homogène de degré* $+1$;

2° $\alpha k^{[p]} = (-1)^p k^{[p]}$, $k^{[p]}$ *désignant un élément de $\mathcal{K}$ de degré* p.

Nota. — Ces deux propriétés impliquent la relation (8.1) : $\alpha\delta + \delta\alpha = 0$.

Exemple. — Les formes différentielles extérieures d'une variété différentiable constituent un anneau canonique.

Nous nommerons *anneau canonique-filtré* tout anneau différentiel-gradué-filtré qui, comme anneau différentiel-gradué, est canonique. Nous nommerons *anneau canonique-gradué* tout anneau différentiel-bigradué qui est canonique relativement à l'un de ses degrés, nommé degré canonique. Soit $\mathcal{A}$ un anneau canonique-filtré; $\mathcal{H}_r\mathcal{A}$ et $\mathcal{GHA}$ sont des anneaux canoniques-gradués, dont les deux degrés sont respectivement nommés *degré canonique* et *degré filtrant;* $\mathcal{HA}$ est un anneau gradué-filtré.

13. Définition (1) du produit tensoriel $\mathcal{K} \otimes \mathcal{A}$ d'un anneau canonique $\mathcal{K}$ et d'un anneau différentiel $\mathcal{A}$. — Soit $\mathfrak{T}$ l'algèbre (2) sur l'anneau des entiers qui a pour base les couples $k \times a$ d'un élément k de $\mathcal{K}$ et d'un élément a de $\mathcal{A}$ et qui a pour table de multiplication

$$(k \times a)(k_1 \times a_1) = \sum_p k\, k^{[p]} \times \alpha^{-p} a . a_1, \quad \text{où} \quad k_1 = \sum_p k^{[p]};$$

(1) A une légère modification près de la loi de multiplication, cette définition équivaut à celle de [2], Chap. III. La notion du produit tensoriel a été introduite en Algèbre par Whitney.

(2) *Voir* [2], Chap. III, n°s 1 et 2 : les éléments de cette Algèbre sont les symboles

$$\sum_\mu m_\mu (k_\mu \times a_\mu),$$

où $\sum_\mu$ est une somme finie, m_μ un entier, $k_\mu \in \mathcal{K}$, $a_\mu \in \mathcal{A}$;

$$\sum_\mu m_\mu (k_\mu \times a_\mu) + \sum_\mu m'_\mu (k_\mu \times a_\mu) = \sum_\mu (m_\mu + m'_\mu)(k_\mu \times a_\mu);$$

$\sum_\mu m_\mu (k_\mu \times a_\mu) = 0$ équivaut à $m_\mu = 0$ si les couples $k_\mu \times a_\mu$ sont deux à deux distincts.

on vérifie l'associativité de cette multiplication en constatant que

$$(k \times a)(k^{[p]} \times a_1)(k^{[q]} \times a_2) = k\,k^{[p]}\,k^{[q]} \times \alpha^{-p-q} a . \alpha^{-q} a_1 . a_2.$$

Les combinaisons linéaires à coefficients entiers des éléments

$$k \times a + k \times a_1 - k \times (a + a_1); \quad k \times a + k_1 \times a - (k + k_1) \times a;$$
$$m(k \times a) - (mk) \times a; \quad m(k \times a) - k \times (ma)$$
$$(m : \text{entier})$$

constituent un idéal $\mathfrak{Q}$ de $\mathfrak{T}$; $\mathfrak{T}/\mathfrak{Q}$ est un anneau qu'on note $\mathcal{K} \otimes \mathcal{A}$ et qu'on nomme produit tensoriel de $\mathcal{K}$ et $\mathcal{A}$; l'image de $k \times a$ dans $\mathcal{K} \otimes \mathcal{A}$ est notée $k \otimes a$; *les règles de calcul dans l'anneau $\mathcal{K} \otimes \mathcal{A}$ sont donc les suivantes* : m est un entier; a, a_1, $a_2 \in \mathcal{A}$; k, k_1, k_2, $k^{[p]} \in \mathcal{K}$, $k^{[p]}$ étant de degré p; $k \otimes a$ est toujours défini :

$$(13.1) \qquad k \otimes a + k \otimes a_1 = k \otimes (a + a_1);$$
$$(13.2) \qquad k \otimes a + k_1 \otimes a = (k + k_1) \otimes a;$$
$$(13.3) \qquad m(k \otimes a) = (mk) \otimes a = k \otimes (ma);$$
$$(13.4) \qquad (k \otimes a)(k^{[p]} \otimes a_1) = k\,k^{[p]} \otimes \alpha^{-p} a . a_1.$$

Nous définirons une *différentiation* sur $\mathcal{K} \otimes \mathcal{A}$ en posant

$$(13.5) \quad \alpha(k^{[p]} \otimes a) = (-1)^p k^{[p]} \otimes \alpha a; \quad \delta(k^{[p]} \otimes a) = \delta k^{[p]} \otimes a + (-1)^p k^{[p]} \otimes \delta a.$$

Justification. — α et δ sont des opérations univoques, car on obtient le même résultat en les appliquant aux deux membres d'une des relations (13.1), (13.2), (13.3); il est évident que α est un automorphisme de $\mathcal{K} \otimes \mathcal{A}$ et que $\delta^2 = 0$, $\alpha\delta + \delta\alpha = 0$; pour vérifier la troisième des conditions (8.1), calculons

$$\begin{aligned}
\delta[(k \otimes a)(k^{[p]} \otimes a_1)] &= \delta[k\,k^{[p]} \otimes \alpha^{-p} a . a_1] \\
&= \delta k . k^{[p]} \otimes \alpha^{-p} a . a_1 + \alpha k . \delta k^{[p]} \otimes \alpha^{-p} a . a_1 \\
&\quad + \alpha(k\,k^{[p]}) \otimes \delta\alpha^{-p} a . a_1 + \alpha(k\,k^{[p]}) \otimes \alpha^{1-p} a . \delta a_1 \\
&= (\delta k \otimes a)(k^{[p]} \otimes a_1) + (\alpha k \otimes \alpha a)(\delta k^{[p]} \otimes a_1) \\
&\quad + (\alpha k \otimes \delta a)(k^{[p]} \otimes a_1) + (\alpha k \otimes \alpha a)(\alpha k^{[p]} \otimes \delta a_1) \\
&= \delta(k \otimes a) . (k^{[p]} \otimes a_1) + \alpha(k \otimes a) . \delta(k^{[p]} \otimes a_1).
\end{aligned}$$

14. LE PRODUIT TENSORIEL GRADUÉ OU FILTRÉ $\mathcal{K}^l \otimes \mathcal{A}$. DÉFINITION 14.1. — *Soient un anneau canonique $\mathcal{K}$, un entier l et un anneau gradué $\mathcal{A}$. Convenons que, si $k^{[p]} \in \mathcal{K}$ et $a^{[q]} \in \mathcal{A}$ ont les degrés respectifs p et q, alors $k^{[p]} \otimes a^{[q]}$ est homogène de degré $lp + q$; $\mathcal{K} \otimes \mathcal{A}$, muni de ce degré, sera noté $\mathcal{K}^l \otimes \mathcal{A}$.*

Si $\mathcal{A}$ possède une différentielle homogène de degré l, alors la différentielle de $\mathcal{K}^l \otimes \mathcal{A}$ est homogène de degré l.

DÉFINITION 14.2. — *Soient un anneau canonique $\mathcal{K}$, un entier l et un anneau filtré $\mathcal{A}$; posons*

$$(14.1) \qquad f'\Big(\sum_{\mu, p} k_\mu^{[p]} \otimes a_{\mu,p}\Big) = \operatorname*{Min.}_{\mu, p}[lp + f(a_{\mu,p})],$$

nous définissons ainsi sur $\mathcal{K} \otimes \mathcal{A}$ une fonction multiforme à valeurs entières; soit f la borne supérieure des valeurs prises par f' sur un élément donné de $\mathcal{K} \otimes \mathcal{A}$; nous allons prouver que f est une filtration de $\mathcal{K} \otimes \mathcal{A}$ qui, muni de cette filtration, sera noté $\mathcal{K}^l \otimes \mathcal{A}$.

Preuve. — Soient x et $x_1 \in \mathcal{K} \otimes \mathcal{A}$; supposons $f(x) \geqq p$ et $f(x_1) \geqq p_1$, p et p_1 étant entiers : il existe des valeurs de $f'(x)$ et $f'(x_1)$ vérifiant les inégalités

$$f'(x) \geqq p, \qquad f'(x_1) \geqq p_1;$$

d'où, vu (14.1) et (5.1), des valeurs de $f'(x - x_1)$ et $f'(x\, x_1)$ telles que

$$f'(x - x_1) \geqq \text{Min.}[p, p_1], \qquad f'(x\, x_1) \geqq p + p_1,$$

donc

$$f(x - x_1) \geqq \text{Min.}[p, p_1], \qquad f(x\, x_1) \geqq p + p_1.$$

Remarque. — Si $\mathcal{A}$ est gradué-filtré, alors $\mathcal{K}^l \otimes \mathcal{A}$ est gradué-filtré. Si $\mathcal{A}$ est filtré et a le degré nul, alors la filtration de $\mathcal{K}^l \otimes \mathcal{A}$ est celle de $\mathcal{K}^0 \otimes \mathcal{A}$ augmentée de l fois le degré de $\mathcal{K}^1 \otimes \mathcal{A}$.

15. PRODUIT TENSORIEL DE PLUSIEURS ANNEAUX. — *a.* Soient deux anneaux canoniques $\mathcal{K}$ et $\mathcal{K}'$; $\mathcal{K} \otimes \mathcal{K}'$ et $\mathcal{K}' \otimes \mathcal{K}$ sont canoniques et isomorphes, moyennant les conventions suivantes : $k^{[p]} \otimes k'^{[q]}$ est de degré $p + q$ et correspond à $(-1)^{pq} k'^{[q]} \otimes k^{[p]}$.

b. Soit un anneau différentiel-filtré $\mathcal{A}$; une convention évidente permet d'écrire

$$(\mathcal{K} \otimes \mathcal{K}')^l \otimes \mathcal{A} = \mathcal{K}^l \otimes (\mathcal{K}'^l \otimes \mathcal{A}) = \mathcal{K}^l \otimes \mathcal{K}'^l \otimes \mathcal{A}.$$

L'isomorphisme de $\mathcal{K} \otimes \mathcal{K}'$ sur $\mathcal{K}' \otimes \mathcal{K}$ que définit 15.*a* définit un isomorphisme respectant la filtration de

$$\mathcal{K}^l \otimes \mathcal{K}'^l \otimes \mathcal{A} \quad \text{sur} \quad \mathcal{K}'^l \otimes \mathcal{K}^l \otimes \mathcal{A}.$$

16. Les anneaux canoniques d'Alexander et de Čech. — Nous allons donner deux exemples d'anneaux canoniques qu'utiliseront les nos 38 et 39.

Définition 16.1. — *L'anneau d'Alexander [de Čech] attaché à un ensemble [totalement ordonné] X d'éléments x a pour éléments homogènes de degré p les fonctions $k(x_0, x_1, \ldots, x_p)$ à valeurs entières dont les arguments sont $p+1$ éléments de X [tels que $x_0 < x_1 < \ldots < x_p$]. La somme deux tels éléments k et k_1 de degré p est l'élément de degré p*

$$k_2(x_0, \ldots, x_p) = k(x_0, \ldots, x_p) + k_1(x_0, \ldots, x_p). \tag{16.1}$$

Le produit de deux tels éléments k et k_1, de degrés p et q, est l'élément de degré $p+q$

$$k_2(x_0, \ldots, x_{p+q}) = k(x_0, \ldots, x_p)\, k_1(x_p, \ldots, x_{p+q}). \tag{16.2}$$

La différentielle d'un tel élément k est l'élément $\dot{k} = \delta k$ que voici :

$$\dot{k}(x_0, x_1, \ldots, x_{p+1}) = \sum_{0 \leq \mu \leq p+1} (-1)^\mu k\left(x_0, x_1, \ldots, \widehat{x_\mu}, \ldots, x_{p+1}\right), \tag{16.3}$$

$\left(x_0, x_1, \ldots, \widehat{x_\mu}, \ldots, x_{p+1}\right)$ représentant la suite $(x_0, x_1, \ldots, x_{p+1})$ dont on a enlevé x_μ.

On constate aisément que ces règles définissent bien un anneau canonique.

Proposition 16.1. — *Soit $\mathcal{K}$ l'anneau d'Alexander [de Čech] attaché à un ensemble non vide X [totalement ordonné]; $\mathcal{H}\mathcal{K}$ est homogène, de degré nul et isomorphe à l'anneau des entiers.*

Preuve quand $\mathcal{K}$ est l'anneau d'Alexander. — Soit c un cycle de degré p; on a, vu (16.3),

$$\sum_{0 \leq \mu \leq p+1} (-1)^\mu c\left(x_0, x_1, \ldots, \widehat{x_\mu}, \ldots, x_{p+1}\right) = 0. \tag{16.4}$$

Supposons $p > 0$; donnons-nous un élément x de X et définissons

$$k(x_1, x_2, \ldots, x_p) = c(x, x_1, x_2, \ldots, x_p); \tag{16.5}$$

(16.4) s'écrit, en faisant $x_0 = x$,

$$c(x_1, x_2, \ldots, x_{p+1}) = \sum_{0 \leq \mu \leq p} (-1)^\mu k\left(x_1, \ldots, \widehat{x_{\mu+1}}, \ldots, x_{p+1}\right),$$

c'est-à-dire

$$c = \delta k; \tag{16.6}$$

donc $c \sim 0$.

Supposons $p = 0$; d'après (16.4), $c(x_0) = c(x_1)$: $c(x_0)$ est un entier indépendant de x_0; $c \not\sim 0$ si cet entier $\neq 0$.

Preuve quand $\mathcal{K}$ est l'anneau de Čech. — Nous noterons $\mathcal{K}$ et $\mathcal{K}'$ les anneaux d'Alexander et de Čech attachés à X; à chaque élément homogène $k'(x_0, \ldots, x_p)$ de $\mathcal{K}'$ associons comme suit un élément $k(x_0, \ldots, x_p)$ de $\mathcal{K}$

$$k(x_0, \ldots, x_p) = k'(x_0, \ldots, x_p) \quad \text{quand} \quad x_0 < x_1 < \ldots < x_p;$$

$k(x_0, \ldots, x_p)$ est antisymétrique (¹).

Nous définissons ainsi une application canonique de $\mathcal{K}'$ *sur* l'ensemble des éléments antisymétriques de $\mathcal{K}$; cette application est linéaire, biunivoque : elle ne respecte pas la multiplication; mais elle respecte la différentiation : soient $\dot{k}$ et $\dot{k}'$ les différentielles de k et k' dans $\mathcal{K}$ et $\mathcal{K}'$; d'après (16.3)

$$\dot{k}(x_0, x_1, \ldots, x_{p+1}) = \dot{k}'(x_0, x_1, \ldots, x_{p+1}) \quad \text{quand} \quad x_0 < x_1 < \ldots x_{p+1};$$

d'après (16.3) et l'antisymétrie de k, $\dot{k}$ est antisymétrique; $\dot{k}$ est donc l'image de $\dot{k}'$. Soit c' un cycle de $\mathcal{K}'$ de degré > 0; soit c son image dans $\mathcal{K}$; c est antisymétrique; l'élément k de $\mathcal{K}$ que définit (16.5) est donc antisymétrique; il est donc l'image d'un élément k' de $\mathcal{K}'$; d'après (16.6), $c' = \delta k'$; donc $c' \sim 0$. Si c' est un cycle de $\mathcal{K}'$ de degré nul, $\delta c' = 0$ exprime que $c'(x_0) = c'(x_1)$: $c'(x_0)$ est un entier indépendant de x_0; $c' \not\sim 0$ si cet entier $\neq 0$.

IV. — Anneau d'homologie et anneau spectral d'homologie d'un produit tensoriel.

17. Propriétés de l'anneau filtré $\mathcal{K}^l \otimes \mathcal{A}$; calcul de $\mathcal{H}_{l+1}(\mathcal{K}^l \otimes \mathcal{A})$. — $\mathcal{K}$ désigne un anneau canonique et $\mathcal{A}$ un anneau différentiel-filtré.

(¹) C'est-à-dire : la valeur de $k(x_0, \ldots, x_p)$ est multipliée par -1 quand on transpose deux des arguments; elle est en particulier nulle quand deux des arguments sont égaux.

Il est aisé d'établir les quatre propositions suivantes : *voir* [2], Chap. III, § 1, n° 3.

PROPOSITION 17.1. — *a. Si $\mathcal{K}$ est l'anneau des entiers, dotés d'un degré nul et d'une différentielle nulle, il existe un isomorphisme canonique de $\mathcal{K}^l \otimes \mathcal{A}$ sur $\mathcal{A}$.*

b. Si $\mathcal{A}$ est l'anneau des entiers, dotés d'une filtration et d'une différentielle nulle, il existe un isomorphisme cononique de $\mathcal{K}^l \otimes \mathcal{A}$ sur $\mathcal{K}$ muni de la filtration associée à son degré multiplié par l.

Cas a. — Soit u l'unité de $\mathcal{K}$; on associe a à $u \otimes a$.
Cas b. — Soit u l'unité de $\mathcal{A}$; on associe k à $k \otimes u$.

PROPOSITION 17.2. — *$\mathcal{K}^l \otimes \mathcal{A}$ dépend additivement de $\mathcal{K}$ et de $\mathcal{A}$: si $\mathcal{K} = \sum_\mu \mathcal{K}_\mu$ et $\mathcal{A} = \sum_\nu \mathcal{A}_\nu$ (sommes directes) alors*

$$\mathcal{K}^l \otimes \mathcal{A} = \sum_{\mu,\nu} \mathcal{K}^l_\mu \otimes \mathcal{A}_\nu \qquad (\textit{somme directe}).$$

PROPOSITION 17.3. — *Si $\mathcal{A}'$ est un sous-anneau de $\mathcal{A}$, il existe un homomorphisme canonique de filtration positive, de $\mathcal{K}^l \otimes \mathcal{A}'$ dans $\mathcal{K}^l \otimes \mathcal{A}$.*

PROPOSITION 17.4. — *Si $\mathcal{J}$ est un idéal de $\mathcal{A}$, l'image canonique de $\mathcal{K}^l \otimes \mathcal{J}$ dans $\mathcal{K}^l \otimes \mathcal{A}$ est un idéal de $\mathcal{K}^l \otimes \mathcal{A}$; le quotient de $\mathcal{K}^l \otimes \mathcal{A}$ par cet idéal est l'anneau filtré $\mathcal{K}^l \otimes (\mathcal{A}/\mathcal{J})$.*

DÉFINITION 17.1. — *Soit a un élément de l'anneau $\mathcal{A}$; a est dit d'ordre infini si $ma \neq 0$ quel que soit l'entier $m \neq 0$; sinon a est dit d'ordre m, m étant le plus petit entier > 0 tel que $ma = 0$. L'ensemble des éléments a de $\mathcal{A}$ d'ordres finis constitue un idéal noté $\mathcal{T}\mathcal{A}$ et nommé idéal de torsion de $\mathcal{A}$. Nous dirons que $\mathcal{A}$ est sans torsion quand $\mathcal{T}\mathcal{A} = 0$, c'est-à-dire quand $\mathcal{A}$ est un module libre relativement à l'anneau des entiers.*

LEMME 17.1. — *Si $\mathcal{K}$ est sans torsion et si $\mathcal{A}'$ est un sous-anneau de $\mathcal{A}$, l'homomorphisme canonique de $\mathcal{K}^l \otimes \mathcal{A}'$ dans $\mathcal{K}^l \otimes \mathcal{A}$ est un isomorphisme conservant la filtration. On peut donc convenir que*

$$\mathcal{K}^l \otimes \mathcal{A}' \subset \mathcal{K}^l \otimes \mathcal{A} \tag{17.1}$$

et énoncer comme suit la proposition 17.4 : *si* $\mathcal{I}$ *est un idéal de* $\mathcal{A}$,

$$(\mathcal{K}^l \otimes \mathcal{A})/(\mathcal{K}^l \otimes \mathcal{I}) = \mathcal{K}^l \otimes (\mathcal{A}/\mathcal{I}). \tag{17.2}$$

Preuve. — Si l'affirmation à prouver (l'homomorphisme canonique de $\mathcal{K}^l \otimes \mathcal{A}'$ dans $\mathcal{K}^l \otimes \mathcal{A}$ est un isomorphisme) était fausse, cette affirmation serait encore fausse quand, faisant abstraction des propriétés de multiplication et de différentiation, on remplacerait $\mathcal{K}$ par un de ses sous-groupes à nombre fini de générateurs; d'après le théorème fondamental de la théorie des groupes abéliens ([1]), un tel sous-groupe est somme directe de sous-groupes isomorphes à l'anneau des entiers; vu la proposition 17.2, l'affirmation à prouver serait donc fausse quand $\mathcal{K}$ est l'anneau des entiers; or elle résulte alors de la proposition 17.1 *a*.

Lemme 17.2. — *Si* $\mathcal{K}$ *est sans torsion et si sa différentielle est nulle, on a, en remplaçant dans les notations du* n° **9** $\mathcal{C}^p_r$, $\mathcal{D}^p_r$ *par* $\mathcal{C}^p_r\,\mathcal{A}$, $\mathcal{D}^p_r\,\mathcal{A}$:

$$\mathcal{C}^p_r(\mathcal{K}^0 \otimes \mathcal{A}) = \mathcal{K}^0 \otimes \mathcal{C}^p_r\,\mathcal{A}; \tag{17.3}$$

$$\mathcal{D}^p_r(\mathcal{K}^0 \otimes \mathcal{A}) = \mathcal{K}^0 \otimes \mathcal{D}^p_r\,\mathcal{A}. \tag{17.4}$$

Preuve. — Identique à la précédente.

Lemme 17.3. — *Si* $\mathcal{K}$ *est sans torsion et si sa différentielle est nulle, alors*

$$\mathcal{H}_r(\mathcal{K}^l \otimes \mathcal{A}) = \mathcal{K}^l \otimes \mathcal{H}_r\mathcal{A}. \tag{17.5}$$

Preuve pour $l = 0$. — On utilise la définition (9.9) de $\mathcal{H}_r$ et les formules (17.2), (17.3) et (17.4).

Preuve pour $l \neq 0$. — Donnons à $\mathcal{A}$ un degré nul; augmentons la filtration de $\mathcal{K}^0 \otimes \mathcal{A}$ de l fois le degré de $\mathcal{K}^1 \otimes \mathcal{A}$; on obtient la filtration de $\mathcal{K}^l \otimes \mathcal{A}$, vu la remarque du n° **14**, et la formule (17.5), vu la remarque du n° **11**.

Proposition 17.5. — *Si* $\mathcal{K}$ *est un anneau canonique sans torsion et* $\mathcal{A}$ *un anneau différentiel-filtré,*

$$\boxed{\mathcal{H}_{l+1}(\mathcal{K}^l \otimes \mathcal{A}) = \mathcal{H}(\mathcal{K}^l \otimes \mathcal{H}_l\mathcal{A});} \tag{17.6}$$

([1]) [15], Chap. XV, § 109 : *Hauptsatz über abelsche Gruppen.*

les deux membres sont gradués; la différentielle δ est utilisée sur $\mathcal{K}$ et la différentielle δ_l sur $\mathcal{H}_l\mathcal{A}$; $\mathcal{K}^l \otimes \mathcal{H}_l\mathcal{A}$ a donc une différentielle homogène de degré l.

Preuve. — Définissons une différentielle δ' sur $\mathcal{K}^l \otimes \mathcal{A}$ en posant

$$\delta' = 0 \text{ sur } \mathcal{K}; \qquad \delta' = \delta \text{ sur } \mathcal{A}.$$

On a $f(\delta - \delta') = l$; donc, vu la proposition 10.7 *a*

$$\mathcal{H}_l(\mathcal{K}^l \otimes \mathcal{A}) = \mathcal{H}'_l(\mathcal{K}^l \otimes \mathcal{A}),$$

c'est-à-dire, vu le lemme 17.3,

$$\mathcal{H}_l(\mathcal{K}^l \otimes \mathcal{A}) = \mathcal{K}^l \otimes \mathcal{H}_l\mathcal{A};$$

d'après la proposition 10.7 *c*, δ_l s'obtient en utilisant au second membre δ sur $\mathcal{K}$ et δ_l sur $\mathcal{H}_l\mathcal{A}$; d'où (17.6), puisque $\mathcal{H}_{l+1}$ est l'anneau d'homologie de $\mathcal{H}_l$.

Proposition 17.6. — *Si $\mathcal{K}$ est sans torsion et possède une unité u qui n'est divisible par aucun entier, alors $u \otimes a$, où $a \in \mathcal{A}$, constitue un isomorphisme de $\mathcal{A}$ dans $\mathcal{K}^l \otimes \mathcal{A}$.*

Preuves. — *u* est un cycle de degré nul d'après les remarques des n^{os} **4** et **8**. Nous pouvons donc faire abstraction des propriétés multiplicatives, des propriétés de différentiation et remplacer $\mathcal{K}$ par un de ses sous-groupes additifs de degré nul à nombre fini de générateurs. D'après un théorème classique ([1]) ce groupe a une base constituée par des éléments linéairement indépendants dont l'un est *u*. Vu la proposition 17.2, il suffit donc de prouver la proposition 17.6 quand $\mathcal{K}$ est l'ensemble des multiples entiers de *u*; dans ce cas la proposition 17.6 s'identifie à la proposition 17.1 *a*.

18. Relations entre $\mathcal{H}(\mathcal{K} \otimes \mathcal{A})$, $\mathcal{H}\mathcal{K}$ et $\mathcal{H}\mathcal{A}$ quand $\mathcal{K}$ est sans torsion ([2]). — Lemme 18.1. — *Soient un anneau canonique $\mathcal{K}$ et un anneau différentiel sans torsion $\mathcal{A}$. Soit $\overline{\Pi}$ l'homomorphisme canonique de*

([1]) [15], Chap. XV, § 108, *Elementarteilersatz.*

([2]) Le théorème 18.1 figure dans un article à paraître de H. Cartan et Eilenberg; ayant besoin de l'appliquer, nous en donnons rapidement une démonstration, qui indique à quelle filtration il se rattache. L'emploi d'autres

$\mathcal{HK} \otimes \mathcal{HA}$ dans $\mathcal{H}(\mathcal{K} \otimes \mathcal{A})$ qui s'obtient en associant à l'élément $h \otimes h'$ de $\mathcal{HK} \otimes \mathcal{HA}$ la classe d'homologie de $c \otimes c'$, c et c' étant des cycles des classes h et h'.

a. Π *est un isomorphisme de $\mathcal{HK} \otimes \mathcal{HA}$ dans $\mathcal{H}(\mathcal{K} \otimes \mathcal{A})$; on peut donc convenir que*

$$\mathcal{HK} \otimes \mathcal{HA} \subset \mathcal{H}(\mathcal{K} \otimes \mathcal{A}).$$

b. Le $\mathcal{HK} \otimes \mathcal{HA}$-module $\mathcal{H}(\mathcal{K} \otimes \mathcal{A})/\mathcal{HK} \otimes \mathcal{HA}$ ne dépend que de $\mathcal{HK}$ et $\mathcal{A}$ et en dépend additivement :

si $\mathcal{HK} = \sum_\mu \mathcal{HK}_\mu$ *et* $\mathcal{A} = \sum_\nu \mathcal{A}_\nu$ (sommes directes) *et si* $\delta\mathcal{A}_\nu \subset \mathcal{A}_\nu$,

alors

$$\mathcal{H}(\mathcal{K} \otimes \mathcal{A})/\mathcal{HK} \otimes \mathcal{HA} = \sum_{\mu,\nu} \mathcal{H}(\mathcal{K}_\mu \otimes \mathcal{A}_\nu)/\mathcal{HK}_\mu \otimes \mathcal{HA}_\nu \qquad \text{(somme directe)}.$$

c. Le groupe additif $\mathcal{H}(\mathcal{K} \otimes \mathcal{A})/\mathcal{HK} \otimes \mathcal{HA}$ ne dépend que de $\mathcal{A}$ et du groupe de torsion de $\mathcal{HK}$; il en dépend additivement.

Preuve. — Soit $\mathcal{C}$ l'anneau des cycles de $\mathcal{A}$; utilisons la filtration de $\mathcal{A}$ qui vaut -1 sauf sur $\mathcal{C}$ où elle vaut zéro ; $f(\delta) = 1$; d'après la proposition 10.8, $\mathcal{H}_1\mathcal{A}$ est l'anneau gradué :

$$\mathcal{E} = \mathcal{E}^{[-1]} + \mathcal{E}^{[0]}; \qquad \mathcal{E}^{[-1]} = \mathcal{A}/\mathcal{C}; \qquad \mathcal{E}^{[0]} = \mathcal{C};$$

$\mathcal{E}$ est sans torsion, car $\mathcal{A}$ est sans torsion, $\mathcal{C} \subset \mathcal{A}$ et $\mathcal{A}/\mathcal{C}$ est isomorphe à $\delta\mathcal{A} \subset \mathcal{A}$; $\mathcal{E}$ a une différentielle homogène de degré 1 :

$$\delta(a \bmod \mathcal{C}) = \delta a \in \mathcal{C}; \qquad \delta a = 0 \quad \text{si} \quad a \in \mathcal{C}.$$

D'après la proposition 10.8

$$\mathcal{H}_0(\mathcal{K}^0 \otimes \mathcal{A}) = \mathcal{K} \otimes \mathcal{A})/(\mathcal{K} \otimes \mathcal{C}) + \mathcal{K} \otimes \mathcal{C},$$

c'est-à-dire, vu la proposition 17.4,

$$\mathcal{H}_0(\mathcal{K}^0 \otimes \mathcal{A}) = \mathcal{K}^0 \otimes \mathcal{E};$$

---

filtrations fournirait des isomorphismes non canoniques de $\mathcal{H}(\mathcal{K} \otimes \mathcal{A})$ sur $\mathcal{HK} \otimes \mathcal{HA} + \mathcal{H}(\mathcal{K} \otimes \mathcal{A})/\mathcal{HK}_2 \otimes \mathcal{HA}$ dans les deux cas suivants :

1° $\mathcal{K}$ et $\mathcal{A}$ on des bases (finies ou non) ;

2° $\mathcal{K}$ a une base ; $\delta = 0$ sur $\mathcal{A}$.

Ce dernier cas a été traité par Čech (*Fundamenta math.*, t. 25, 1935, p. 33).

vu la proposition 10.8, la différentielle δ_0 de $\mathcal{H}_0$ s'obtient en convenant que

$$\delta_0 = \delta \text{ sur } \mathcal{K}; \qquad \delta_0 = 0 \text{ sur } \mathcal{E}.$$

Puisque $\mathcal{H}_1$ est l'anneau d'homologie de $\mathcal{H}_0$ et que $\mathcal{E}$ est sans torsion, on a, d'après le lemme 17.3, où l'on peut intervertir les rôles de $\mathcal{K}$ et $\mathcal{A}$,

$$\mathcal{H}_1(\mathcal{K}^0 \otimes \mathcal{A}) = (\mathcal{H}\mathcal{K})^0 \otimes \mathcal{E}.$$

On déduit aisément de la définition (9.11) de δ_r que δ_1 s'obtient en convenant que

$$\delta_1 = 0 \text{ sur } \mathcal{H}\mathcal{K}; \qquad \delta_1 = \delta \text{ sur } \mathcal{E};$$

puisque le degré de $\mathcal{H}_r(\mathcal{K}^0 \otimes \mathcal{A})$ est -1 ou 0 quand $r > 1$, sa différentielle δ_r est nulle; donc, vu la proposition 10.3,

$$\mathcal{H}[(\mathcal{H}\mathcal{K})^0 \otimes \mathcal{E}] = \mathcal{G}\mathcal{H}(\mathcal{K}^0 \otimes \mathcal{A}).$$

D'après la proposition 17.4, l'ensemble des termes de degré nul de $\mathcal{H}[(\mathcal{H}\mathcal{K})^0 \otimes \mathcal{E}]$ est $\mathcal{H}\mathcal{K} \otimes \mathcal{H}\mathcal{A}$; la relation précédente signifie donc ceci :

1° $\mathcal{H}\mathcal{K} \otimes \mathcal{H}\mathcal{A}$ est l'ensemble $\mathcal{H}^{(0)}(\mathcal{K}^0 \otimes \mathcal{A})$ des termes de $\mathcal{H}(\mathcal{K}^0 \otimes \mathcal{A})$ dont la filtration est 0.

2° $\mathcal{H}(\mathcal{K} \otimes \mathcal{A})/\mathcal{H}\mathcal{K} \otimes \mathcal{H}\mathcal{A}$ est l'ensemble $\mathcal{H}^{(-1)}[(\mathcal{H}\mathcal{K})^0 \otimes \mathcal{E}]$ des termes de degré -1 de $\mathcal{H}[(\mathcal{H}\mathcal{K})^0 \otimes \mathcal{E}]$.

1° prouve que $\overline{\Pi}$ est un isomorphisme de $\mathcal{H}\mathcal{K} \otimes \mathcal{H}\mathcal{A}$ sur $\mathcal{H}^{(0)}(\mathcal{K} \otimes \mathcal{A})$;

2° prouve *b*.

Pour prouver *c* il suffit de prouver que l'isomorphisme canonique de $\mathcal{T}\mathcal{H}\mathcal{K}$ dans $\mathcal{H}\mathcal{K}$ définit un isomorphisme du groupe $\mathcal{H}^{(-1)}[(\mathcal{T}\mathcal{H}\mathcal{K})^0 \otimes \mathcal{E}]$ sur $\mathcal{H}^{(-1)}[(\mathcal{H}\mathcal{K})^0 \otimes \mathcal{E}]$. Si cette affirmation était fausse, elle serait fausse quand on remplacerait $\mathcal{H}\mathcal{K}$ par un de ses sous-groupes additifs à nombre fini de générateurs; un tel sous-groupe est somme directe de sous-groupes monogènes ([1]); d'après la proposition 17.2, l'affirmation serait donc fausse quand $\mathcal{H}\mathcal{K}$ est monogène; or elle est évidente si $\mathcal{H}\mathcal{K}$ est fini, car $\mathcal{T}\mathcal{H}\mathcal{K} = \mathcal{H}\mathcal{K}$; si $\mathcal{H}\mathcal{K}$ est monogène et n'est

(1) [15], Chap. XV, § 109.

pas fini, $\mathcal{HK}$ est le groupe additif des entiers; d'après la proposition 17.1 *b*

$$\mathcal{H}^{[-1]}[(\mathcal{HK})^0 \otimes \mathcal{E}] = \mathcal{H}^{[-1]}(\mathcal{E}) = 0; \qquad \mathcal{CHK} = 0;$$

l'affirmation est encore exacte.

Lemme 18.2. — *Soient un anneau canonique sans torsion $\mathcal{K}$ et un anneau différentiel $\mathcal{A}$; l'énoncé du lemme 18.1 vaut quand on y permute les rôles de $\mathcal{K}$ et $\mathcal{A}$.*

Preuve. — $\mathcal{K}$ et $\mathcal{A}$ ont dans $\mathcal{K} \otimes \mathcal{A}$ des rôles symétriques.

Lemme 18.3. — *Tout anneau $\mathcal{H}$ est l'anneau d'homologie d'un anneau sans torsion $\mathcal{A}$.*

Preuve. — Soit un système de générateurs h_μ de l'anneau $\mathcal{H}$: tout élément de $\mathcal{H}$ est somme de produits de h_μ; soient l_μ des symboles correspondant biunivoquement aux h_μ; les combinaisons linéaires à coefficients entiers des produits des l_μ, aucune relation ne liant les l_μ, constituent un anneau ([1]) sans torsion $\mathcal{L}^{[0]}$; soit $\mathcal{J}$ l'idéal de $\mathcal{L}^{[0]}$ qu'annule l'application $l_\mu \to h_\mu$ de $\mathcal{L}^{[0]}$ sur $\mathcal{H}$; soit $\mathcal{L}^{[-1]}$ un $\mathcal{L}^{[0]}$-module isomorphe à $\mathcal{J}$ et soit δ l'isomorphisme de $\mathcal{L}^{[-1]}$ sur $\mathcal{J}$; δ est une différentielle de degré 1 de l'anneau gradué $\mathcal{L}^{[-1]} + \mathcal{L}^{[0]}$ qui est sans torsion et dont l'anneau d'homologie est $\mathcal{H}$.

Proposition 18.1. — *Soient un anneau canonique sans torsion $\mathcal{K}$ et un anneau différentiel $\mathcal{A}$.*

a. On obtient un isomorphisme canonique Π de $\mathcal{HK} \otimes \mathcal{HA}$ dans $\mathcal{H}(\mathcal{K} \otimes \mathcal{A})$ en associant à l'élément $h \otimes h'$ de $\mathcal{HK} \otimes \mathcal{HA}$ la classe d'homologie de $c \otimes c'$, c et c' étant des cycles des classes h et h'; on peut donc convenir que

$$\mathcal{HK} \otimes \mathcal{HA} \subset \mathcal{H}(\mathcal{K} \otimes \mathcal{A}),$$

b. Le $\mathcal{HK} \otimes \mathcal{HA}$-module $\mathcal{H}(\mathcal{K} \otimes \mathcal{A})/\mathcal{HK} \otimes \mathcal{HA}$ ne dépend que de $\mathcal{HK}$ et $\mathcal{HA}$ et en dépend additivement : si $\mathcal{HK}$ et $\mathcal{HA}$ sont isomorphes à des sommes directes $\sum_\mu \mathcal{HK}_\mu$ et $\sum_\nu \mathcal{HA}_\nu$, alors $\mathcal{H}(\mathcal{K} \otimes \mathcal{A})/\mathcal{HK} \otimes \mathcal{HA}$

([1]) L'algèbre stricte, sur l'anneau des entiers, du monoïde libre déduit de l'ensemble des l_μ : [2], Chap. II, § 7, n° 9.

est isomorphe à la somme directe

$$\sum_{\mu,\nu} \mathcal{H}(\mathcal{K}_\mu \otimes \mathcal{A}_\nu)/\mathcal{H}\mathcal{K}_\mu \otimes \mathcal{H}\mathcal{A}_\nu.$$

Nota. — On ne suppose pas les $\mathcal{K}_\mu$ et $\mathcal{A}_\nu$ sous-anneaux de $\mathcal{K}$ et $\mathcal{A}$.

c. Le groupe additif $\mathcal{H}(\mathcal{K} \otimes \mathcal{A})/\mathcal{H}\mathcal{K} \otimes \mathcal{H}\mathcal{A}$ *ne dépend que des groupes de torsion de* $\mathcal{H}\mathcal{K}$ *et* $\mathcal{H}\mathcal{A}$ *et en dépend additivement. En particulier :*

d. Si $\mathcal{H}\mathcal{K}$ *ou* $\mathcal{H}\mathcal{A}$ *est sans torsion,*

$$\mathcal{H}(\mathcal{K} \otimes \mathcal{A}) = \mathcal{H}\mathcal{K} \otimes \mathcal{H}\mathcal{A}.$$

e. Si $\mathcal{T}\mathcal{H}\mathcal{K}$ *et* $\mathcal{T}\mathcal{H}\mathcal{A}$ *sont monogènes d'ordres m et n, alors* $\mathcal{H}(\mathcal{K} \otimes \mathcal{A})/\mathcal{H}\mathcal{K} \otimes \mathcal{H}\mathcal{A}$ *est monogène d'ordre* (m, n), *plus grand commun diviseur de m et n.*

Preuve de a. — Lemme 18.2.

Preuve de b, c et d. — D'après le lemme 18.2, le module

$$\mathcal{H}(\mathcal{K} \otimes \mathcal{A})/\mathcal{H}\mathcal{K} \otimes \mathcal{H}\mathcal{A}$$

ne dépend que de $\mathcal{K}$ et $\mathcal{H}\mathcal{A}$; le lemme 18.3 permet de remplacer $\mathcal{A}$ par un anneau différentiel sans torsion; on peut alors appliquer simultanément les lemmes 18.1 et 18.2.

Preuve de e. — Il suffit de vérifier *e* dans un cas particulier : supposons que $\mathcal{K}$ ait une base constituée par une unité u et un élément k de degré -1, tel que $\delta k = mu$; supposons que $\mathcal{A}$ soit gradué et ait une base analogue : v, a, $\delta a = nv$, degré $a = -1$; $\mathcal{K}^1 \otimes \mathcal{A}$ n'a pas de cycle de degré -2; ses cycles de degré -1 sont les multiples de

$$\frac{m}{(m, n)} u \otimes a - \frac{n}{(m, n)} k \otimes v = \frac{1}{(m, n)} \delta(k \otimes a).$$

ses classes d'homologie de degré 0 constituent $\mathcal{H}\mathcal{K} \otimes \mathcal{H}\mathcal{A}$.

19. Calcul de $\mathcal{H}_r(\mathcal{K}' \otimes \mathcal{A})$ et $\mathcal{H}(\mathcal{K}' \otimes \mathcal{A})$ quand $\mathcal{K}$ et $\mathcal{H}\mathcal{K}$ sont sans torsion. — $\mathcal{K}$ désigne un anneau canonique et $\mathcal{A}$ un anneau différentiel-filtré.

Proposition 19.1. — *Si* $\mathcal{K}$ *est sans torsion, il existe un homomor-*

phisme canonique $\overline{\overline{\Pi}}$ *de* $(\mathcal{H}\mathcal{K})^l \otimes \mathcal{H}_r\mathcal{A}$ $(l < r)$ *et* $(\mathcal{H}\mathcal{K})^l \otimes \mathcal{H}\mathcal{A}$ *dans* $\mathcal{H}_r(\mathcal{K}^l \otimes \mathcal{A})$ *et* $\mathcal{H}(\mathcal{K}^l \otimes \mathcal{A})$; $\overline{\overline{\Pi}}$ *conserve le degré*, $f(\overline{\overline{\Pi}}) \geq 0$; $\overline{\overline{\Pi}}$ *commute avec* δ_r *et* x_s^r; $\overline{\overline{\Pi}}$ *applique* $(\mathcal{H}\mathcal{K})^l \otimes \lim_{r \to +\infty} \mathcal{H}_r\mathcal{A}$ *et* $(\mathcal{H}\mathcal{K})^l \otimes \mathcal{G}\mathcal{H}\mathcal{A}$ *dans* $\lim_{r \to +\infty} \mathcal{H}_r(\mathcal{K}^l \otimes \mathcal{A})$ *et son sous-anneau* $\mathcal{G}\mathcal{H}(\mathcal{K}^l \otimes \mathcal{A})$; *la restriction de* $\overline{\overline{\Pi}}$ *à* $(\mathcal{H}\mathcal{K})^l \otimes \mathcal{H}_{l+1}\mathcal{A}$ *est l'isomorphisme* $\overline{\Pi}$, *que définit la proposition* 18.1 *a*, *de cet anneau dans*

$$\mathcal{H}(\mathcal{K}^l \otimes \mathcal{H}_l\mathcal{A}) = \mathcal{H}_{l+1}(\mathcal{K}^l \otimes \mathcal{A});$$

la restriction de $\overline{\overline{\Pi}}$ *à* $(\mathcal{H}\mathcal{K})^l \otimes \mathcal{H}\mathcal{A}$ *est l'isomorphisme* $\overline{\Pi}$, *que définit la proposition* 18.1 *a*, *de cet anneau dans* $\mathcal{H}(\mathcal{K}^l \otimes \mathcal{A})$.

Preuve. — Contentons-nous de définir $\overline{\overline{\Pi}}$ sur $(\mathcal{H}\mathcal{K})^l \otimes \mathcal{H}_r\mathcal{A}$: les propositions énoncées résultent aisément de cette définition. Dans les notations du n° **9** remplaçons $\mathcal{C}_r^p$, etc., par $\mathcal{C}_r^p\mathcal{A}$, etc.; soit $\mathcal{C}^{[p]}\mathcal{K}$ (et $\mathcal{D}^{[p]}\mathcal{K}$) l'ensemble des cycles de $\mathcal{K}$, homogènes de degré p et ~ 0); on a les formules analogues à (9.7) et (9.8) :

$$(19.1)\qquad \mathcal{C}^{[p]}\mathcal{K} \otimes \mathcal{C}_r^q\mathcal{A} \subset \mathcal{C}_r^{l,p+q}(\mathcal{K}^l \otimes \mathcal{A}); \qquad \mathcal{C}^{[p]}\mathcal{K} \otimes \mathcal{D}_r^q\mathcal{A} \subset \mathcal{D}_r^{l,p+q}(\mathcal{K}^l \otimes \mathcal{A});$$

$$(19.2)\qquad \mathcal{D}^{[p]}\mathcal{K} \otimes \mathcal{C}_r^q\mathcal{A} \subset \mathcal{C}_{r-1}^{l,p+q+1}(\mathcal{K}^l \otimes \mathcal{A}) + \mathcal{D}_{r-1}^{l,p+q}(\mathcal{K}^l \otimes \mathcal{A}) \quad \text{où } l < r.$$

Soient $h^{[p]} \in \mathcal{H}\mathcal{K}$, de degré p; $h_r^{[q]} \in \mathcal{H}_r\mathcal{A}$ de degré q; on a

$$h^{[p]} = c^p \bmod \mathcal{D}^{[p]}\mathcal{K}, \text{ où } c^p \in \mathcal{C}^{[p]}\mathcal{K};$$
$$h_r^{[q]} = c_r^q \bmod (\mathcal{C}_{r-1}^{q+1}\mathcal{A} + \mathcal{D}_{r-1}^q\mathcal{A}), \quad \text{où } c_r^q \in \mathcal{C}_r^q\mathcal{A};$$

(19.1) et (19.2) justifient la définition suivante de l'homomorphisme $\overline{\overline{\Pi}}$:

$$\overline{\overline{\Pi}}(h^{[p]} \otimes h_r^{[q]}) = c^p \otimes c_r^q \bmod \{ \mathcal{C}_{r-1}^{l,p+q+1}(\mathcal{K}^l \otimes \mathcal{A}) + \mathcal{D}_{r-1}^{l,p+q}(\mathcal{K}^l \otimes \mathcal{A}) \} \in \mathcal{H}_r(\mathcal{H}^l \otimes \mathcal{A}).$$

PROPOSITION 19.2. — *Faisons l'une des deux hypothèses suivantes :*

1° $\mathcal{K}$ *et* $\mathcal{H}\mathcal{K}$ *sont sans torsion;*

2° $\mathcal{K}$, $\mathcal{H}_r\mathcal{A}$ $(l < r)$ *et* $\mathcal{H}\mathcal{A}$ *sont sans torsion.*

Alors l'homomorphisme canonique $\overline{\overline{\Pi}}$ *(proposition* 19.1*) est un isomorphisme, conservant le degré et la filtration, de* $(\mathcal{H}\mathcal{K})^l \otimes \mathcal{H}_r\mathcal{A}$ $(l < r)$ *et* $(\mathcal{H}\mathcal{K})^l \otimes \mathcal{H}\mathcal{A}$ *sur* $\mathcal{H}_r(\mathcal{K}^l \otimes \mathcal{A})$ *et* $\mathcal{H}(\mathcal{K}^l \otimes \mathcal{A})$.

Preuve. — D'après la proposition 18.1 *d*, $\overline{\Pi}$ applique isomorphiquement l'anneau $(\mathcal{H}\mathcal{K})^l \otimes \mathcal{H}_{l+1}\mathcal{A}$ sur $\mathcal{H}(\mathcal{K}^l \otimes \mathcal{H}_l\mathcal{A}) = \mathcal{H}_{l+1}(\mathcal{K}^l \otimes \mathcal{A})$, par suite son anneau d'homologie $(\mathcal{H}\mathcal{K})^l \otimes \mathcal{H}_{l+2}\mathcal{A}$ sur $\mathcal{H}_{l+2}(\mathcal{K}^l \otimes \mathcal{A})$, et plus généralement $(\mathcal{H}\mathcal{K})^l \otimes \mathcal{H}_r\mathcal{A}$ sur $\mathcal{H}_r(\mathcal{K}^l \otimes \mathcal{A})$; donc $\overline{\Pi}$ applique isomorphiquement $(\mathcal{H}\mathcal{K})^l \otimes \lim_{r\to+\infty} \mathcal{H}_r\mathcal{A}$ sur $\lim_{r\to+\infty} \mathcal{H}_r(\mathcal{K}^l \otimes \mathcal{A})$ et par suite $(\mathcal{H}\mathcal{K})^l \otimes \mathcal{G}\mathcal{H}\mathcal{A} = \mathcal{G}[(\mathcal{H}\mathcal{K})^l \otimes \mathcal{H}\mathcal{A}]$ (proposition 17.4) dans $\mathcal{G}\mathcal{H}(\mathcal{K}^l \otimes \mathcal{A})$; les propositions 6.1 et 18.1*d* achèvent la preuve.

20. Calcul de $\mathcal{H}_r(\mathcal{K}^l \otimes \mathcal{A})$ et $\mathcal{H}(\mathcal{K}^l \otimes \mathcal{A})$ quand $\mathcal{A}$ est une algèbre sur un corps. — Définition. — *Soit $\mathcal{M}$ un anneau commutatif possédant une unité. Nous dirons qu'un anneau différentiel, gradué ou filtré $\mathcal{A}$ est une algèbre différentielle graduée ou filtrée sur $\mathcal{M}$ quand l'anneau $\mathcal{A}$ est une algèbre sur $\mathcal{M}$ (voir [2]) et que*

$$\delta(ma) = m\,\delta a; \qquad \text{degré } ma = \text{degré } a;$$
$$f(ma) \geqq f(a) \qquad \text{si} \quad m \in \mathcal{M} \quad a \in \mathcal{A}.$$

Le produit tensoriel d'algèbres sur $\mathcal{M}$, que nous noterons $\overset{\mathcal{M}}{\otimes}$, se définit en remplaçant au n° **15** *la condition que m est entier par la condition $m \in \mathcal{M}$. Soit $\mathcal{K}$ un anneau canonique; $\mathcal{K} \otimes \mathcal{M}$ est une algèbre canonique sur $\mathcal{M}$; soit $\mathcal{A}$ une algèbre différentielle-filtrée ou différentielle-graduée sur $\mathcal{M}$; il existe un isomorphisme canonique de $(\mathcal{K} \otimes \mathcal{M})^l \overset{\mathcal{M}}{\otimes} \mathcal{A}$ sur $\mathcal{K}^l \otimes \mathcal{A}$: c'est*

$$(k \otimes m) \overset{\mathcal{M}}{\otimes} a \to k \otimes ma. \tag{20.1}$$

Les raisonnements et conclusions des n^{os} **17**, **18** et **19** subsistent quand on remplace les anneaux par des algèbres sur un même *corps* commutatif $\mathcal{M}$, $\otimes$ par $\overset{\mathcal{M}}{\otimes}$, les groupes abéliens à nombre fini de générateurs par les espaces vectoriels sur $\mathcal{M}$ de dimension finie et tous les idéaux de torsion par zéro : compte tenu de l'isomorphisme (20.1), la proposition 19.2 devient donc, quand on y remplace l'anneau canonique $\mathcal{K}$ par l'algèbre canonique $\mathcal{K} \otimes \mathcal{M}$ et $\mathcal{A}$ par une algèbre sur $\mathcal{M}$:

Proposition 20.1. — *Si $\mathcal{K}$ est un anneau canonique et $\mathcal{A}$ une algèbre différentielle-filtrée sur un corps commutatif $\mathcal{M}$, il existe un isomorphisme canonique, conservant le degré et la filtration, de $\mathcal{H}_r(\mathcal{K}^l \otimes \mathcal{A})$, où $l < r$, et $\mathcal{H}(\mathcal{K}^l \otimes \mathcal{A})$ sur*

$$[\mathcal{H}(\mathcal{K} \otimes \mathcal{M})]^l \overset{\mathcal{M}}{\otimes} \mathcal{H}_r\mathcal{A} \qquad \text{et} \qquad [\mathcal{H}(\mathcal{K} \otimes \mathcal{M})]^l \overset{\mathcal{M}}{\otimes} \mathcal{H}\mathcal{A}.$$

21. Cas où la filtration de $\mathcal{A}$ est nulle. — Lemme 21.1. — *Soient un anneau canonique sans torsion $\mathcal{K}$ et un anneau différentiel $\mathcal{A}$. Utilisons sur $\mathcal{A}$ un degré nul. Soit $l \neq 0$. Étant donné $x \in \mathcal{K}^l \otimes \mathcal{A}$ tel que la $q^{\text{ième}}$ composante homogène* (nº 4) *de δx soit nulle, il existe y et $z \in \mathcal{K}^l \otimes \mathcal{A}$ tels que : $x = y + z$; δy (et δz) est la somme des composantes homogènes de δx de degrés inférieurs (et supérieurs) à q; les composantes homogènes de y (et z) sont de degrés $\leqq q$ (et $\geqq q$).*

Preuve. — En divisant tous les degrés par l ramenons-nous au cas $l = 1$. Soit $x^{[p]}$ la composante homogène de x de degré p; soit

$$x^{[q-1]} = \sum_\mu k_\mu^{[q-1]} \otimes a_\mu; \qquad x^{[q]} = \sum_\nu k_\nu^{[q]} \otimes a'_\nu;$$

par hypothèse

$$\sum_\mu \delta k_\mu^{[q-1]} \otimes a_\mu + (-1)^q \sum_\nu k_\nu^{[q]} \otimes \delta a'_\nu = 0;$$

cette relation vaut quand on remplace $\mathcal{K}$ par un de ses sous-groupes additifs de degré q à base finie; nous pouvons supposer ([1]) que les $k_\nu^{[q]}$ constituent cette base et que les combinaisons linéaires des $\delta k_\mu^{[q-1]}$ sont les combinaisons linéaires des $m_\nu k_\nu^{[q]}$ (m_ν entier). Il existe des $k_\nu^{[q-1]}$ tels que $\delta k_\nu^{[q-1]} = m_\nu k_\nu^{[q]}$; tout $k_\mu^{[q-1]}$ est somme de $k_\nu^{[q-1]}$ et d'un cycle $c_\mu^{[q-1]}$; en résumé :

$$x^{[q-1]} = \sum_\mu c_\mu^{[q-1]} \otimes a_\mu + \sum_\nu k_\nu^{[q-1]} \otimes a_\nu; \tag{20.1}$$

$$x^{[q]} = \sum_\nu k_\nu^{[q]} \otimes a'_\nu; \tag{20.2}$$

$$\delta c_\mu^{[q-1]} = 0; \tag{20.3}$$

$$\delta k_\nu^{[q-1]} = m_\nu k_\nu^{[q]}; \tag{20.4}$$

$$\sum_\nu k_\nu^{[q]} \otimes (m_\nu a_\nu + (-1)^q \delta a'_\nu) = 0. \tag{20.5}$$

(20.5) vaut dans $\mathcal{K}' \otimes \mathcal{A}$, $\mathcal{K}'$ ayant pour base les $k_\nu^{[q]}$; donc, vu les propositions 17.1*a* et 17.2,

$$m_\nu a_\nu + (-1)^q \delta a'_\nu = 0.$$

([1]) [15] *Elementarteilersatz*, Chap. XV, § 108.

D'après (20.4), $k_\nu^{[q]}$ est un cycle $c_\nu^{[k]}$ si $m_\nu \neq 0$. Soient σ les ν tels que $m_\sigma \neq 0$ et τ les ν tels que $m_\nu = 0$; on peut choisir $k_\tau^{[q-1]} = 0$. Les relations précédentes deviennent

$$(20.6)\quad \begin{cases} x^{[q-1]} = \sum_\mu c_\mu^{[q-1]} \otimes a_\mu + \sum_\sigma k_\sigma^{[q-1]} \otimes a_\sigma; \\ x^{[q]} = \sum_\sigma c_\sigma^{[q]} \otimes a'_\sigma + \sum_\tau k_\tau^{[q]} \otimes a'_\tau; \\ \delta c_\mu^{[q-1]} = 0; \quad \delta k_\sigma^{[q-1]} = m_\sigma c_\sigma^{[q]}; \quad \delta c_\sigma^{[q]} = 0; \\ \delta a'_\sigma = (-1)^{q-1} m_\sigma a_\sigma; \quad \delta a'_\tau = 0. \end{cases}$$

Soit

$$y = \sum_{p<q-1} x^{[p]} + \sum_\mu c_\mu^{[q-1]} \otimes a_\mu + \sum_\sigma (k_\sigma^{[q-1]} \otimes a_\sigma + c_\sigma^{[q]} \otimes a'_\sigma);$$

$$z = \sum_\tau k_\tau^{[q]} \otimes a'_\tau + \sum_{p>q} x^{[p]};$$

les propriétés énoncées résultent de (20.6).

Proposition 21.1. — *Soient un anneau canonique sans torsion $\mathcal{K}$, un anneau différentiel $\mathcal{A}$ de filtration nulle et un entier $l > 0$.*

a. La filtration des éléments non nuls de $\mathcal{H}(\mathcal{K}^l \otimes \mathcal{A})$ est finie;

b. $\delta_r = 0$, $\mathcal{H}_r(\mathcal{K}^l \otimes \mathcal{A}) = \mathcal{G}\mathcal{H}(\mathcal{K}^l \otimes \mathcal{A}) = \mathcal{H}(\mathcal{K}^l \otimes \mathcal{H}\mathcal{A})$ pour $l < r$.

Preuve de a. — Nous utiliserons sur $\mathcal{A}$ un degré nul; la filtration de $\mathcal{K}^l \otimes \mathcal{A}$ est la filtration associée à son degré (n° **6**). Soit $h \in \mathcal{H}(\mathcal{K}^l \otimes \mathcal{A})$ tel que $f(h) = +\infty$; soit c un cycle de $\mathcal{K} \otimes \mathcal{A}$ appartenant à la classe d'homologie h; soit $q-1$ le degré maximum des composantes homogènes non nulles de c, puisque $f(h) = +\infty$, il existe, vu la formule (**8**.3), un cycle c' de la classe h tel que $f(c') > q$: les composantes homogènes de c' sont de degré $> q$ et $c - c' = \delta x$; d'après le lemme 21.1, il existe y tel que $\delta y = c$; donc $h = 0$.

Preuve de b. — D'après les propositions 10.1 et 10.4, $\mathcal{H}_l\mathcal{A} = \mathcal{H}\mathcal{A}$; donc, vu la formule (17.6),

$$\mathcal{H}_{l+1}(\mathcal{K}^l \otimes \mathcal{A}) = \mathcal{H}(\mathcal{K}^l \otimes \mathcal{H}\mathcal{A}).$$

Soit $x \in \mathcal{C}^p_{l+1}(\mathcal{K}^l \otimes \mathcal{A})$; on a $\delta x \in \mathcal{D}^{p+l+1}(\mathcal{K}^l \otimes \mathcal{A})$; appliquons le lemme 20.1 en choisissant $q = p + 1$: il vient

$$x = y + z, \qquad y \in \mathcal{C}^p(\mathcal{K}^l \otimes \mathcal{A}), \qquad z \in \mathcal{C}^{p+1}_l(\mathcal{K}^l \otimes \mathcal{A});$$

donc

$$\mathcal{C}^p_{l+1}(\mathcal{K}^l \otimes \mathcal{A}) = \mathcal{C}^p(\mathcal{K}^l \otimes \mathcal{A}) + \mathcal{C}^{p+1}_l(\mathcal{K}^l \otimes \mathcal{A});$$

donc, vu (9.14), x^{l+1}_∞ est défini sur $\mathcal{H}_{l+1}(\mathcal{K}^l \otimes \mathcal{A})$; donc $\delta_r = 0$ pour $l < r$; donc

$$\mathcal{H}_{l+1}(\mathcal{K}^l \otimes \mathcal{A}) = \mathcal{H}_r(\mathcal{K}^l \otimes \mathcal{A})$$

et tout élément de $\lim\limits_{r \to +\infty} \mathcal{H}_r(\mathcal{K}^l \otimes \mathcal{A})$ appartient à

$$\mathcal{H}_\infty(\mathcal{K}^l \otimes \mathcal{A}) = \mathcal{G}\mathcal{H}(\mathcal{K}^l \otimes \mathcal{A}) \qquad \text{[formule (9.16)].}$$

CHAPITRE II.

ANNEAU SPECTRAL ET ANNEAU FILTRÉ D'HOMOLOGIE, RELATIFS A UN FAISCEAU DIFFÉRENTIEL-FILTRÉ, D'UN ESPACE LOCALEMENT COMPACT ET D'UNE APPLICATION CONTINUE.

I. — Espace localement compact.

22. Tous les espaces envisagés seront *localement compacts* (¹). Soit X un tel espace; nous nommerons (²) *voisinage ouvert de l'*∞ toute partie de X dont le complémentaire est compact; nous nommerons *voisinage de l'* ∞ toute partie de X contenant un voisinage ouvert de l'∞; si X est compact, chacune de ses parties est donc un voisinage de l'∞. Si $Y \subset X$, nous nommerons *voisinage de* $Y \cup \infty$ toute partie de X qui est à la fois voisinage de Y et voisinage de l'∞; si X est compact, les voisinages de $Y \cup \infty$ ne sont autres que les voisinages de Y.

(¹) [3], Chap. I; tout espace localement compact est par définition séparé (c'est-à-dire de Hausdorff); il est même régulier ([3], Chap. I, § 10, proposition 9).

(²) [3], Chap. I, § 10, Immersion d'un espace localement compact dans un espace compact (Alexandroff).

Nous utiliserons les propositions que voici :

Proposition 22.1. — *Une application continue transforme un compact en un compact* (¹).

Proposition 22.2. — *Si* F *est une partie fermée et* K *une partie compacte d'un espace* X *et si* $F \cap K = \emptyset$, *il existe :*

a. un voisinage compact W *de* K *tel que* $F \cap W = \emptyset$;
b. un voisinage fermé V *de* $F \cup \infty$ *tel que* $V \cap K = \emptyset$.

Preuve de a. — Tout point x de K possède un voisinage compact ne contenant aucun point de F; on peut recouvrir K avec un nombre fini de tels voisinages.

Preuve de b. — V est l'adhérence du complémentaire de W.

Proposition 22.3. — *Étant donnés une application continue* θ *d'un espace* X' *dans un espace* X, *une partie fermée* F *de* X *et un voisinage* V' *de* $\overset{-1}{\theta}(F) \cup \infty$, *il existe un voisinage fermé* V *de* $F \cup \infty$ *tel que* $\overset{-1}{\theta}(V) \subset V'$.

Preuve. — Nous pouvons supposer V' ouvert; son complémentaire $\complement V'$ est compact; $\theta(\complement V')$ est donc compact, vu la proposition 22.1. Par hypothèse $\overset{-1}{\theta}(F) \subset V'$ donc $F \cap \theta(\complement V') = \emptyset$. La condition à réaliser, $\overset{-1}{\theta}(V) \subset V'$ équivaut à la suivante : $V \cap \theta(\complement V') = \emptyset$. On la réalise en choisissant dans la proposition 22.2*b*, $K = \theta(\complement V')$.

Définition 22.1. — *Nous dirons que l'application continue* θ *de l'espace* X' *dans l'espace* X *est propre quand elle possède les trois propriétés suivantes, dont l'équivalence se vérifie aisément :*

a. $\overset{-1}{\theta}$ *applique toute partie compacte de* X *sur une partie compacte de* X';
b. θ *applique toute partie fermée de* X' *sur une partie fermée de* X *et* $\overset{-1}{\theta}(x)$ *est compact, quel que soit* $x \in X$;
c. ou bien X' *est compact; ou bien* X' *et* X *ne sont pas compacts et si nous adjoignons à* X *(et à* X'*) un point à l'infini,* ω *(et* ω'*), en sorte*

(¹) [3] Chap. I, § 10, théorème 1.

que $X \cup \omega$ (*et* $X' \cup \omega'$) *est compact* ([1]), *si nous posons* $\theta(\omega') = \omega$, *alors* θ *est une application continue de* $X' \cup \omega'$ *dans* $X \cup \omega$.

PROPOSITION 22.4. — *Étant donnés une application propre* θ *de* X' *dans* X, *une partie compacte* K *de* X *et un voisinage* V' *de* $\overset{-1}{\theta}(K)$, *il existe un voisinage compact* V *de* K *tel que* $\overset{-1}{\theta}(V) \subset V'$.

Preuve. — On peut supposer V' ouvert; $\theta(\complement V')$ est fermé, étranger à K; on choisit pour V un voisinage compact de K étranger à $\theta(\complement V')$ (proposition 22.2*a*).

II. — Faisceau.

23. DÉFINITIONS D'UN FAISCEAU, D'UN FAISCEAU CONTINU, D'UN FAISCEAU PROPRE. — Un *faisceau* $\mathcal{B}$ sera défini sur un espace X par les données suivantes :

a. un *anneau* $\mathcal{B}(F)$ associé à chaque partie fermée F de X;

b. un *homomorphisme* de $\mathcal{B}(F)$ dans $\mathcal{B}(F_1)$ quand F_1 est une partie fermée de F; cet homomorphisme est nommé *section* par F_1; on notera $F_1 b$ l'élément de $\mathcal{B}(F_1)$ en lequel il transforme l'élément *b* de $\mathcal{B}(F)$.

Ces données sont assujetties aux deux conditions suivantes :

c. $\mathcal{B}(\emptyset) = 0$;

d. Si $F_2 \subset F_1 \subset F$ et si $b \in \mathcal{B}(F)$, alors $F_2(F_1 b) = F_2 b$.

La relation

$$\lim_{V \to F} \mathcal{B}(V) = \mathcal{B}(F) \qquad \left[\lim_{V \to F \cup \infty} \mathcal{B}(V) = \mathcal{B}(F)\right]$$

signifiera que les deux propriétés suivantes ont lieu : étant donné $b_F \in \mathcal{B}(F)$, il existe un voisinage fermé V de F [de $F \cup \infty$] et un élément b_V de $\mathcal{B}(V)$ tel que $b_F = F b_V$; étant donnés un voisinage fermé V de F [de $F \cup \infty$] et un élément b_V de $\mathcal{B}(V)$ tels que $F b_V = 0$, il existe un voisinage fermé V_1 de F [de $F \cup \infty$] tel que $V_1 \subset V$ et $V_1 b_V = 0$. La relation $\lim_{V \to \infty} \mathcal{B}(V) = 0$ signifiera ceci : étant donné un voisinage

([1]) [3] Chap. I. § 10, Immersion d'un espace localement compact dans un espace compact (Alexandroff).

fermé V de l'∞ et $b_V \in \mathcal{B}(V)$, il existe un voisinage fermé V_1 de l'∞ tel que $V_1 \subset V$ et $V_1 b_V = 0$; c'est toujours le cas quand X est compact : on prend $V_1 = \emptyset$.

Nota. — Les limites ainsi définies sont évidemment des *limites directes*.

Un *faisceau continu* sera un faisceau $\mathcal{B}$ possédant les deux propriétés suivantes, dont la première a toujours lieu quand X est compact.

e. $\lim\limits_{V \succ \infty} \mathcal{B}(V) = 0$;

f. $\lim\limits_{V \succ F \cup \infty} \mathcal{B}(V) = \mathcal{B}(F)$, quelle que soit la partie fermée F de X.

Un *faisceau propre* sera un faisceau $\mathcal{B}$ possédant les trois propriétés suivantes :

e. $\lim\limits_{V \succ \infty} \mathcal{B}(V) = 0$;

g. $\lim\limits_{V \succ F \cup \infty} \mathcal{B}(V) = \mathcal{B}(F)$, quand F est une partie fermée, non compacte de X;

h. $\lim\limits_{V \succ K} \mathcal{B}(V) = \mathcal{B}(K)$, quand K est une partie compacte de X.

Les propositions suivantes sont évidentes.

Proposition 23.1. — *Tout faisceau continu est propre.*

Proposition 23.2. — *Sur un espace compact, tout faisceau propre est continu.*

24. Transformé d'un faisceau $\mathcal{B}'$, défini sur un espace X', par une application continue θ de X' dans un espace X. — Posons $\mathcal{B}(F) = \mathcal{B}'[\overset{-1}{\theta}(F)]$, quelle que soit la partie fermée F de X; posons $F_1 b = \overset{-1}{\theta}(F_1) b$, si $b \in \mathcal{B}(F)$ et si $F_1 \subset F$; soit $\mathcal{B}$ l'ensemble de ces anneaux $\mathcal{B}(F)$ et de ces sections; il est évident que $\mathcal{B}$ est un faisceau. Ce faisceau sera nommé *transformé* de $\mathcal{B}'$ par θ; il sera noté $\theta\mathcal{B}'$.

Proposition 24.1. — *Une application continue transforme un faisceau continu en un faisceau continu.*

Preuve. — Proposition 22.3.

PROPOSITION 24.2. — *Une application propre transforme un faisceau propre en un faisceau propre.*

Preuve. — Propositions 22.3 et 22.4.

25. FAISCEAU GRADUÉ, FILTRÉ, DIFFÉRENTIEL, SPECTRAL. — *Faisceau gradué.* — Nous dirons que le faisceau $\mathcal{B}$ est gradué si $\mathcal{B}(F)$ est gradué et si toute section transforme un élément homogène en un élément homogène de même degré.

Faisceau filtré. — $\mathcal{B}$ sera dit filtré s'il possède les propriétés que voici :

a. $\mathcal{B}(F)$ est filtré;

b. chaque section est un homomorphisme de filtration $\geqq 0$.

Les $\mathcal{G}\mathcal{B}(F)$ constituent un faisceau gradué, noté $\mathcal{G}\mathcal{B}$ et nommé faisceau gradué de $\mathcal{B}$.

Faisceau filtré-continu, filtré propre. — Soit un faisceau filtré $\mathcal{B}$; ses éléments de filtrations $\geqq p$ constituent, abstraction faite des propriétés multiplicatives, un sous-faisceau $\mathcal{B}^{(p)}$; $\mathcal{B}$ est dit filtré-continu (filtré-propre) s'il est continu (propre) ainsi que $\mathcal{B}^{(p)}$ quel que soit l'entier p.

Faisceau différentiel. — $\mathcal{B}$ sera dit différentiel si $\mathcal{B}(F)$ possède une différentiation commutant avec toute section.

Faisceau spectral. — $\mathcal{B}_r$ sera dit spectral si $\mathcal{B}_r(F)$ est un anneau spectral et si toute section commute avec les différentiations δ_r et les homomorphismes x^r_s. On définit aisément le faisceau $\lim\limits_{r\to+\infty} \mathcal{B}_r$.

Si θ est une application continue de l'espace X dans un autre espace, si $\mathcal{B}$ est un faisceau gradué, filtré, différentiel ou spectral défini sur X, alors $\theta\mathcal{B}$ est un faisceau de même nature.

26. HOMOMORPHISME; QUOTIENT; HOMOLOGIE. — Un *homomorphisme* λ d'un faisceau $\mathcal{B}'$ dans un faisceau $\mathcal{B}$ défini sur un même espace sera constitué par des homomorphismes λ de $\mathcal{B}'(F)$ dans $\mathcal{B}(F)$ permutables avec chaque section. Un *sous-faisceau* $\mathcal{B}'$ d'un faisceau $\mathcal{B}$ sera constitué par des sous-anneaux $\mathcal{B}'(F)$ de $\mathcal{B}(F)$ tels que, si $F_1 \subset F$, alors $F_1\mathcal{B}'(F)\subset\mathcal{B}'(F_1)$. Si chacun des $\mathcal{B}'(F)$ est un idéal de $\mathcal{B}(F)$, le faisceau $\mathcal{B}'$ sera dit *idéal* de $\mathcal{B}$.

Soit $\mathcal{B}$ un faisceau (gradué, filtré); soit $\mathcal{B}'$ un ideal bilatère de $\mathcal{B}$ (gradué si $\mathcal{B}$ est gradué); posons $\mathcal{B}''(F)=\mathcal{B}(F)/\mathcal{B}'(F)$; définissons la section de $\mathcal{B}''(F)$ par F_1 comme l'image de la section de $\mathcal{B}(F)$ par F_1; soit $\mathcal{B}''$ l'ensemble de ces anneaux $\mathcal{B}''(F)$ et de ces sections; $\mathcal{B}''$ est un faisceau (gradué, filtré) qui sera nommé *quotient* de $\mathcal{B}$ par $\mathcal{B}'$ et noté $\mathcal{B}/\mathcal{B}'$.

Proposition 26.1. — *Si $\mathcal{B}'$ est un idéal continu (propre, filtré-continu, filtré-propre) du faisceau $\mathcal{B}$ continu (propre, filtré-continu, filtré-propre), alors $\mathcal{B}/\mathcal{B}'$ est un faisceau continu (propre, filtré-continu, filtré-propre).*

Preuve. — $\lim\limits_{V\to\infty}\mathcal{B}''(V)=0$, puisque $\lim\limits_{V\to\infty}\mathcal{B}(V)=0$. De même étant donnés F et $b''_F\in\mathcal{B}''(F)$, il existe un voisinage fermé V de $F\cup\infty$ (de F compact) et un élément b''_V de $\mathcal{B}(V)$ tel que $b''_F=Fb''_V$, puisque $\mathcal{B}$ est continu (propre). Il reste à prouver ceci : soient V un voisinage fermé de $F\cup\infty$ (de F compact) et un élément b''_V de $\mathcal{B}''(V)$ tels que $Fb''_V=0$; il existe un voisinage fermé V_1 de $F\cup\infty$ (de F) tel que $V_1\subset V$ et $V_1b''_V=0$. Soit b_V l'un des éléments de $\mathcal{B}(V)$ dont b''_V est l'image; $Fb_V\in\mathcal{B}'(F)$; puisque $\mathcal{B}'$ est continu (propre), il existe donc un voisinage fermé V_2 de $F\cup\infty$ (de F) et $b'_2\in\mathcal{B}'(V_2)$ tels que $V_2\subset V$, $F(V_2b_V-b'_2)=0$; puisque $\mathcal{B}$ est continu (propre), il existe un voisinage fermé V_1 de $F\cup\infty$ (de F) tel que $V_1\subset V_2$ et $V_1(V_2b_V-b'_2)=0$; cette relation s'écrit $V_1b_V=V_1b'_2$; d'où $V_1b''_V=0$. Donc $\mathcal{B}$ est continu (propre). Supposons $\mathcal{B}$ et $\mathcal{B}'$ filtrés-continus (filtrés-propres); soient $\mathcal{B}^{(p)}$, $\mathcal{B}'^{(p)}$, $\mathcal{B}''^{(p)}$ les sous-faisceaux constitués par les éléments de $\mathcal{B}$, $\mathcal{B}'$ et $\mathcal{B}''$ de filtration $\geq p$; $\mathcal{B}''^{(p)}=\mathcal{B}^{(p)}/\mathcal{B}'^{(p)}$ (proposition 5.2); par hypothèse $\mathcal{B}^{(p)}$ et $\mathcal{B}'^{(p)}$ sont continus (propres); donc $\mathcal{B}''^{(p)}$ est continu (propre).

En particulier : *si $\mathcal{B}$ est filtré-continu (filtré propre), $\mathcal{G}\mathcal{B}$ est continu (propre).*

Soit $\mathcal{B}$ un faisceau différentiel (-filtré, continu, propre, -filtré-continu, -filtré-propre); les cycles des anneaux de $\mathcal{B}(F)$ constituent un faisceau (de même nature); les cycles homologues à zéro constituent un idéal (de même nature) de ce faisceau; les anneaux d'homologie $\mathcal{H}\mathcal{B}(F)$ constituent donc un faisceau (filtré, continu, propre, filtré-continu, filtré-propre) que nous nommerons *faisceau d'homologie* de $\mathcal{B}$ et que nous noterons $\mathcal{F}\mathcal{B}$. Soit $\mathcal{B}$ un faisceau différentiel-filtré (-continu, -propre); les anneaux spectraux d'homologie $\mathcal{H}_r\,\mathcal{B}(F)$ constituent de même un faisceau spectral (continu, propre) que nous nommerons faisceau spectral d'homologie de $\mathcal{B}$ et que nous noterons $\mathcal{F}_r\mathcal{B}$. Soit X l'espace sur lequel $\mathcal{B}$ est défini; soit θ une application continue de X dans un autre espace; on a

(26.1) $$\mathcal{F}\theta\mathcal{B} = \theta\mathcal{F}\mathcal{B}; \qquad \mathcal{F}_r\theta\mathcal{B} = \theta\mathcal{F}_r\mathcal{B}.$$

III. — Complexe.

27. Définition. — Un *complexe* $\mathcal{K}$ sera défini sur un espace X par la donnée d'un *anneau différentiel* et d'une loi associant à chaque élément k de cet anneau une partie fermée de X, nommée *support* de k et notée $S(k)$; cette loi est assujettie aux règles suivantes :

(27.1) $S(k - k_1) \subset S(k) \cup S(k_1)$; $\quad S(kk_1) \subset S(k) \cap S(k_1)$; $\quad S(0) = \emptyset$;

(27.2) $k = 0$ si $S(k) = \emptyset$;

(27.3) $S(\delta k) \subset S(k)$; $\quad S(\alpha k) = S(k)$.

Si la condition (27.2) n'est pas vérifiée, nous dirons que $\mathcal{K}$ *n'est pas séparé;* les éléments à support vide constituent alors un idéal $\mathcal{I}$ de l'anneau $\mathcal{K}$; d'après (27.1) et (27.3)

$$S(k) = S(k_1) \quad \text{quand} \quad k = k_1 \bmod \mathcal{I}; \qquad \delta\mathcal{I} \subset \mathcal{I};$$

le complexe que constituent l'anneau différentiel $\mathcal{K}/\mathcal{I}$ et les supports

$$S(k \bmod \mathcal{I}) = S(k)$$

sera nommé : *complexe associé au complexe non séparé* $\mathcal{K}$.

Si $S(k)$ est compact quel que soit $k \in \mathcal{K}$, nous dirons que $\mathcal{K}$ est *à supports compacts*.

Exemple. — X est une variété différentiable; k est une forme différentielle extérieure définie sur X; $x \in S(k)$ si cette forme n'est pas identiquement nulle au voisinage de x.

28. Opérations sur un complexe. — Soit θ une application continue de l'espace X′ dans l'espace X; le complexe associé au complexe non séparé que constituent l'anneau $\mathcal{K}$ et les supports $\overset{-1}{\theta}[S(k)]$ sera noté $\overset{-1}{\theta}\mathcal{K}$ et nommé *transformé de* $\mathcal{K}$ *par* $\overset{-1}{\theta}$; $\overset{-1}{\theta} k$ désignera le transformé de k :

(28.1) $S(\overset{-1}{\theta} k) = \overset{-1}{\theta}[S(k)]$; $\theta k = 0$ si $S(k) \cap \theta(X') = \emptyset$ et réciproquement.

Soit X_1 un sous-espace de X; soit θ l'application canonique de X_1 dans X; $\overset{-1}{\theta}\mathcal{K}$ sera nommé *section* de $\mathcal{K}$ par X_1 et noté $X_1\mathcal{K}$; de même $\overset{-1}{\theta} k$ sera noté $X_1 k$:

(28.2) $S(X_1 k) = X_1 \cap S(k)$; $X_1 k = 0$ si $X_1 \cap S(k) = \emptyset$ et réciproquement.

Soit $\mathcal{K}'$ un complexe *à supports compacts* défini sur l'espace X', que l'application continue θ applique dans l'espace X; le complexe défini par l'anneau de $\mathcal{K}'$ et les supports $\theta[S(k')]$, qui sont compacts, vu la proposition 22.1, sera noté $\theta\mathcal{K}'$ et nommé *transformé de* $\mathcal{K}'$ *par* θ; $\theta k'$ sera l'élément de $\theta\mathcal{K}'$ correspondant à l'élément k' de $\mathcal{K}'$:

(28.3) $\begin{cases} S(\theta k') = \theta[S(k')]; \quad \theta k' \neq 0 \quad \text{si} \quad k' \neq 0; \\ \theta\mathcal{K}' \text{ est à supports compacts.} \end{cases}$

Les conventions suivantes sont faciles à légitimer :

(28.4) $\overset{-1}{\theta} X_1 \mathcal{K} = \overset{-1}{\theta}(X_1) . \overset{-1}{\theta}\mathcal{K}$ si $X_1 \subset X$;

(28.5) $\theta(F').\mathcal{K} = \theta(F' \overset{-1}{\theta}\mathcal{K})$ si F' est une partie compacte de X';

(28.6) $F\theta\mathcal{K}' = \theta[\overset{-1}{\theta}(F).\mathcal{K}']$ si $\mathcal{K}'$ est à supports compacts et si F est fermé;

(28.7) $\overset{-1}{\tau}\,\overset{-1}{\theta}\mathcal{K} = \overset{-1}{\widehat{\theta\tau}}\mathcal{K}$; en particulier $X_2 X_1 \mathcal{K} = X_2\mathcal{K}$ si $X_2 \subset X_1 \subset X$;

(28.8) $\theta(\tau\mathcal{K}') = (\theta\tau)\mathcal{K}'$ si $\mathcal{K}'$ est à supports compacts.

Soit $\mathcal{K}$ un complexe défini sur un espace X; les sections $F\mathcal{K}$ de $\mathcal{K}$ par les parties fermées F de X constituent un faisceau $\mathcal{B}$ qui sera dit *faisceau associé au complexe* $\mathcal{K}$; $\mathcal{F}\mathcal{B}$ sera noté $\mathcal{F}\mathcal{K}$ et nommé *faisceau d'homologie du complexe* $\mathcal{K}$.

PROPOSITION 28.1. — *Si le complexe* $\mathcal{K}'$ *est à supports compacts,* $\mathcal{F}\mathcal{K}$ *est continu et* $\mathcal{F}\theta\mathcal{K}' = \theta\mathcal{F}\mathcal{K}'$.

Preuve. — Le faisceau $\mathcal{B}'$ associé à $\mathcal{K}'$ est continu, d'après la proposition 22.2 *b*; il est évident que $\theta\mathcal{B}'$ est le faisceau associé à $\theta\mathcal{K}'$; on utilise les propriétés de $\mathcal{F}\mathcal{B}'$ énoncées à la fin du n° 26.

29. Complexe gradué, canonique, filtré, sans torsion. — *Complexe gradué, canonique*. — Nous dirons que le complexe $\mathcal{K}$ défini sur l'espace X est gradué (canonique) si son anneau est différentiel-gradué (canonique) et si

$$(29.1) \quad x\sum_p k^{[p]}=0 \quad \text{entraîne} \quad xk^{[p]}=0 \quad (k^{[p]} \text{ homogène de degré } p;\ x\in X).$$

Cette condition (29.1) peut encore s'énoncer

$$(29.1\,bis) \quad S\Big(\sum_p k^{[p]}\Big)=\bigcup_p S(k^{[p]}).$$

Les transformés et les sections de $\mathcal{K}$ sont alors gradués (canoniques); le faisceau associé à $\mathcal{K}$ est gradué (canonique).

Complexe sans torsion. — Le complexe $\mathcal{K}$ est dit sans torsion si l'anneau de $x\mathcal{K}$ est sans torsion quel que soit $x\in X$; autrement dit

$$(29.2) \quad S(mk)=S(k) \text{ quels que soient } k\in\mathcal{K} \text{ et } m=\text{entier}\neq 0.$$

L'anneau de $\mathcal{K}$ est alors sans torsion. Les transformés et les sections de $\mathcal{K}$ sont des complexes sans torsion.

Complexe filtré. — Le complexe $\mathcal{K}$ défini sur l'espace X est dit filtré s'il possède les propriétés suivantes :

a. Quel que soit $x\in X$, $x\mathcal{K}$ est *filtré;*

b. Quel que soit $k\in\mathcal{K}$, $S(k)$ est *compact*, de même que l'ensemble $S^{(p)}(k)$ des points x tels que $f(xk)\leqq p$ (p entier).

Nous filtrerons l'anneau de $\mathcal{K}$ en définissant

$$(29.3) \quad f(k)=\operatorname*{Borne\,inf.}_{x\in X} f(xk),$$

cette borne est atteinte en un point x de $S(k)$, vu *b* et [3], Chap. I, § 10, ($\mathcal{C}''$) : puisque l'intersection des $S^{(p)}(k)$ est vide, l'un d'eux est vide.

$F\mathcal{K}$ et $\theta\mathcal{K}$ sont des complexes filtrés; le faisceau $\mathcal{B}$ associé à $\mathcal{K}$ est un faisceau différentiel-filtré-continu d'après la proposition 22.2; son faisceau spectral d'homologie $\mathcal{F}_r\mathcal{B}$ sera noté $\mathcal{F}_r\mathcal{K}$ et nommé *faisceau spectral d'homologie* du complexe $\mathcal{K}$.

PROPOSITION 29.1. — *Si le complexe $\mathcal{K}$ est filtré, son faisceau d'homologie $\mathcal{F}\mathcal{K}$ est filtré-continu, son faisceau spectral d'homologie $\mathcal{F}_r\mathcal{K}$ est continu;*

(29.4) $$\mathcal{F}\theta\mathcal{K} = \theta\mathcal{F}k; \qquad \mathcal{F}_r\theta k = \theta\mathcal{F}_r\mathcal{K}.$$

Preuve. — Le faisceau différentiel-filtré-continu $\mathcal{B}$ a les propriétés énoncées à la fin du n° **26**.

30. LE COMPLEXE $\mathcal{K} \bigcirc \mathcal{K}^*$, INTERSECTION DES COMPLEXES $\mathcal{K}$ ET $\mathcal{K}^*$. — Soient $\mathcal{K}$ et $\mathcal{K}^*$ deux complexes définis sur un même espace X, $\mathcal{K}$ étant *canonique;* soit $\mathcal{K} \otimes \mathcal{K}^*$ le produit tensoriel des anneaux de $\mathcal{K}$ et de $\mathcal{K}^*$; soit x un point de X; nommons section de $\mathcal{K} \otimes \mathcal{K}^*$ par x l'homomorphisme de $\mathcal{K} \otimes \mathcal{K}^*$ sur $x\mathcal{K} \otimes x\mathcal{K}^*$ qui transforme l'élément $\sum_\mu k_\mu \otimes k^*_\mu$ de $\mathcal{K} \otimes \mathcal{K}^*$ en l'élément $\sum_\mu (xk_\mu) \otimes (xk^*_\mu)$ de $(x\mathcal{K}) \otimes (x\mathcal{K}^*)$; nommons *support* d'un élément de $\mathcal{K} \otimes \mathcal{K}^*$ l'ensemble des points x tels que la section de cet élément par x ne soit pas nulle; prouvons que ce support est fermé en établissant la proposition suivante :

Si

(30.1) $$\sum_\mu (xk_\mu) \otimes (xk^*_\mu) = 0,$$

il existe un voisinage fermé V de x tel que

(30.2) $$\sum_\mu (Vk_\mu) \otimes (Vk^*_\mu) = 0.$$

Preuve. — (30.1) résulte d'un nombre fini de relations entre des éléments de $x\mathcal{K}$ et de $x\mathcal{K}^*$; chacune de ces relations exprime que x n'appartient pas au support d'un certain élément de $\mathcal{K}$ ou de $\mathcal{K}^*$; ce support est fermé; toutes ces relations subsistent donc quand on remplace x par un de ses voisinages convenables V; V vérifie donc (30.2).

$\mathcal{K} \otimes \mathcal{K}^*$ muni de ces supports est un complexe en général non séparé. Le complexe séparé associé sera noté $\mathcal{K} \bigcirc \mathcal{K}^*$ et nommé intersection de $\mathcal{K}$ et $\mathcal{K}^*$; l'image de $\sum_\mu k_\mu \otimes k_\mu^*$ dans $\mathcal{K} \bigcirc \mathcal{K}^*$ sera notée $\sum_\mu k_\mu \bigcirc k_\mu^*$.

Avec ces notations l'équivalence de (30.1) et (30.2) s'énonce comme suit :

LEMME 30.1. — *Si* $x\left(\sum_\mu k_\mu \bigcirc k_\mu^*\right) = 0$, *il existe un voisinage fermé* V *du point* x *tel que*

$$\sum_\mu (\mathrm{V} k_\mu) \otimes (\mathrm{V} k_\mu^*) = 0.$$

Les formules suivantes sont évidentes :

(30.3) $x(\mathcal{K} \bigcirc \mathcal{K}^*) = (x\mathcal{K}) \otimes (x\mathcal{K}^*)$;

(30.4) $\mathrm{S}(k \bigcirc k^*) \subset \mathrm{S}(k^*) \cap \mathrm{S}(k^*)$;

(30.5) $\mathrm{F}(\mathcal{K} \bigcirc \mathcal{K}^*) = (\mathrm{F}\mathcal{K}) \bigcirc (\mathrm{F}\mathcal{K}^*) = (\mathrm{F}\mathcal{K}) \bigcirc \mathcal{K}^* = \mathcal{K} \bigcirc \mathrm{F}\mathcal{K}^*$;

(30.6) $\overset{-1}{\theta}(\mathcal{K} \bigcirc \mathcal{K}^*) = \overset{-1}{\theta}\mathcal{K} \bigcirc \overset{-1}{\theta}\mathcal{K}^*$.

PROPOSITION 30.1. — $\mathcal{K} \bigcirc \mathcal{K}^*$ *est à supports compacts si* $\mathcal{K}^*$ *est à supports compacts.*

Cette proposition résulte de (30.4).

PROPOSITION 30.2. — *Si* $\mathcal{K}$ *et* $\mathcal{K}'$ *sont deux complexes canoniques, alors* $\mathcal{K} \bigcirc \mathcal{K}'$ *et* $\mathcal{K}' \bigcirc \mathcal{K}$ *sont canoniques et isomorphes : l'élément* $k^{[p]} \bigcirc k'^{[q]}$ *est homogène, de degré* $p+q$; *il lui correspond dans* $\mathcal{K}' \bigcirc \mathcal{K}$ *l'élément* $(-1)^{pq} k'^{[q]} \bigcirc k^{[p]}$.

Cette proposition résulte de (30.3) et du n° **15** *a*.

PROPOSITION 30.3. — *Si* $\mathcal{K}$, $\mathcal{K}'$ *et* $\mathcal{K}^*$ *sont trois complexes,* $\mathcal{K}$ *et* $\mathcal{K}'$ *étant canoniques, alors*

$$(\mathcal{K} \bigcirc \mathcal{K}') \bigcirc \mathcal{K}^* = \mathcal{K} \bigcirc (\mathcal{K}^* \bigcirc \mathcal{K}^*).$$

Cette proposition résulte de (30.3) et du n° **15** *b*.

31. DÉFINITION DU COMPLEXE GRADUÉ OU FILTRÉ $\mathcal{K}^l \bigcirc \mathcal{K}^*$. — DÉFINITION 31.1. — *Soient un complexe canonique* $\mathcal{K}$, *un entier* l *et un complexe gradué* $\mathcal{K}^*$, $\mathcal{K}$ *et* $\mathcal{K}^*$ *étant définis sur un même espace.*

Convenons que, si $k^{[p]} \in \mathcal{K}$ *et* $k^{*[q]} \in \mathcal{K}^*$ *ont les degrés respectifs* p *et* q, *alors* $k^{[p]} \bigcirc k^{*[q]}$ *est homogène de degré* $lp+q$; $\mathcal{K} \bigcirc \mathcal{K}^*$, *muni de ce degré est un complexe gradué, que nous noterons* $\mathcal{K}^l \bigcirc \mathcal{K}^*$. Si la différentielle de $\mathcal{K}^*$ est homogène de degré l, alors celle de $\mathcal{K}^l \bigcirc \mathcal{K}^*$ est homogène de degré l,

Définition 31.2. — *Soient un complexe canonique* $\mathcal{K}$, *un entier* l *et un complexe filtré* $\mathcal{K}^*$, $\mathcal{K}$ *et* $\mathcal{K}^*$ *étant définis sur un même espace* X; *nous désignerons par* $\mathcal{K}^l \bigcirc \mathcal{K}^*$ *le complexe* $\mathcal{K} \bigcirc \mathcal{K}^*$ *filtré par la règle suivante :*

$$x(\mathcal{K}^l \bigcirc \mathcal{K}^*) = (x\mathcal{K})^l \otimes x\mathcal{K}^*, \tag{31.1}$$

le lemme suivant justifie cette définition :

Lemme 31.1. — *Étant donnés le point* x *de* X, *l'élément* $\sum_\mu k_\mu \bigcirc \mathcal{K}^*_\mu$ *de* $\mathcal{K}^l \bigcirc \mathcal{K}^*$ *et un entier* p *tel que*

$$f\left(x \sum_\mu k_\mu \bigcirc k^*_\mu\right) \geqq p, \tag{31.2}$$

il existe un voisinage fermé V *de* x *tel que*

$$f\left(\sum_\mu (\mathrm{V} k_\mu) \otimes (\mathrm{V} k^*_\mu)\right) \geqq p. \tag{31.3}$$

Nota. — Si l'égalité a lieu dans (31.2) elle a évidemment lieu dans (31.3).

La preuve de ce lemme est analogue à celle du lemme 30.1 et est un cas particulier du raisonnement du n° **35** qui déduit (35.2) de (35.1).

Propriétés. — La définition précédente équivaut aux règles de calcul suivantes : $k \bigcirc k^*$ est toujours défini;

$$k \bigcirc k^* + k \bigcirc k^*_1 = k \bigcirc (k^* + k^*_1); \qquad k \bigcirc k^* + k_1 \bigcirc k^* = (k + k_1) \bigcirc k^*; \tag{31.4}$$

$$m(k \bigcirc k^*) = mk \bigcirc k^* = k \bigcirc mk^*; \tag{31.5}$$

$$(k \bigcirc k^*)(k^{[p]} \bigcirc k^*_1) = kk^{[p]} \bigcirc \alpha^{-p} k^* . k^*_1; \tag{31.6}$$

$$\alpha(k^{[p]} \bigcirc k^*) = (-1)^p k^{[p]} \bigcirc \alpha k^*; \tag{31.7}$$

$$\delta(k^{[p]} \bigcirc k^*) = \delta k^{[p]} \bigcirc k^* + (-1)^p k^{[p]} \bigcirc \delta k^*; \tag{31.8}$$

$$x(k \bigcirc k^*) = xk \otimes xk^*; \tag{31.9}$$

(31.10) $\sum_{\mu} k_\mu \bigcirc k_\mu^* = 0$ si et seulement si $x \sum_{\mu} k_\mu \bigcirc k_\mu^* = 0$ quel que soit $x \in X$;

(31.11) $$f\left(\sum_{\mu} k_\mu \bigcirc k_\mu^*\right) = \underset{x \in X}{\text{Min.}} f\left(x \sum_{\mu} k_\mu \bigcirc k_\mu^*\right).$$

PROPOSITION 31.1. — *Si $\mathcal{K}$ contient une unité u telle que xu n'est divisible par aucun entier, quel que soit $x \in X$, alors $u \bigcirc k^*$ est un isomorphisme, respectant support, degré et filtration, de $\mathcal{K}^*$ dans $\mathcal{K}' \bigcirc \mathcal{K}^*$.*

Preuve. — On utilise la proposition 17.6 et la remarque du n° 4.

32. COMPLEXE FIN. — DÉFINITION. — *Soit un complexe $\mathcal{K}$, défini sur un espace X; $\mathcal{K}$ sera dit fin si, quel que soit le recouvrement* [1] *fini, ouvert de* $X \cup \infty$:

$$\bigcup_{\nu} V_\nu = X,$$

il existe des applications linéaires λ_ν de $\mathcal{K}$ en lui-même telles que

(32.1) $$\sum_{\nu} \lambda_\nu k = k;$$

(32.2) $$S(\lambda_\nu k) \subset \overline{V}_\nu \cap S(k);$$

où $k \in \mathcal{K}$, $\overline{V}_\nu =$ adhérence de V_ν.

En général $\delta \lambda_\nu k \neq \lambda_\nu \delta k$.

Quand nous parlerons de *complexe gradué-fin* ou *canonique-fin*, il sera convenu que les λ_ν transforment un élément homogène de $\mathcal{K}$ en un élément homogène de même degré; quand nous parlerons de *complexe filtré-fin*, il sera convenu que

(32.3) $$f(\lambda_\nu k) \geq f(\overline{V}_\nu k).$$

Quand $\mathcal{K}$ possède une unité u (de filtration nulle), la condition

[1] Un recouvrement fini ouvert de $X \cup \infty$ est constitué par un nombre fini de parties ouvertes V_ν de X, dont l'une est un voisinage de l'∞ et dont la réunion est X. Si X_1 est un sous-espace de X, tout recouvrement fini, ouvert de $X_1 \cup \infty$ se compose des intersections par X_1 des éléments d'un recouvrement fini, ouvert de $X \cup \infty$.

que $\mathcal{K}$ est un complexe (gradué-, filtré-) fin s'énonce comme suit : quel que soit le recouvrement fini ouvert V_ν de $X \cup \infty$, il existe des éléments u_ν de $\mathcal{K}$ (de degré nul, de filtration $\geqq 0$) tels que

(32.4) $$\sum_\nu u_\nu = u; \qquad S(u_\nu) \subset \overline{V}_\nu.$$

Soit X_1 un sous-espace de X; définissons

(32.5) $$\lambda_\nu X_1 k = X_1 \lambda_\nu k$$

cette définition n'est pas ambiguë, car si $X_1 k = 0$, alors $X_1 \lambda_\nu k = 0$, d'après (32.2); cette définition prouve que $X_1 \mathcal{K}$ *est fin.*

D'après (32.2) et (32.5)

(32.6) $$\lambda_\nu X_1 \mathcal{K} = \lambda_\nu \mathcal{K} \quad \text{si} \quad \overline{V}_\nu \subset X_1.$$

Soit $\mathcal{K}'$ un complexe canonique; les λ_ν opèrent sur $\mathcal{K}' \bigcirc \mathcal{K}$ qui est donc fin; si $\mathcal{K}$ est filtré-fin, $\mathcal{K}'' \bigcirc \mathcal{K}$ l'est aussi.

Supposons $\mathcal{K}$ canonique-fin; $\mathcal{K} \bigcirc \mathcal{K}^*$ est fin; $\mathcal{K}' \bigcirc \mathcal{K}^*$ est gradué-fin ou filtré-fin, quand $\mathcal{K}^*$ est gradué ou filtré.

$\theta\mathcal{K}$ est un complexe (gradué-, filtré-) fin si $\mathcal{K}$ est un complexe (gradué-, filtré-) fin, à supports compacts.

PROPOSITION 32.1. — *a. Soit $\mathcal{K}$ un complexe fin sur l'espace* X; *soit $x \in$ X; soit V' un voisinage de x; soit $\mathcal{K}'$ le sous-complexe de $\mathcal{K}$ que constituent les éléments k' de $\mathcal{K}$ tels que* $S(k') \subset V'$; *on a* : $x\mathcal{K} = x\mathcal{K}'$.

b. Soit $\mathcal{K}$ un complexe fin; soit $\mathcal{K}^*$ le sous-complexe que constituent ses éléments à supports compacts; on a $x\mathcal{K} = x\mathcal{K}^*$.

c. Si $\mathcal{K}$ est un complexe filtré-fin et si $\delta\lambda_\nu = \lambda_\nu\delta$, on a, en remplaçant dans les notations du n° **9**, $\mathcal{C}_r^p, \ldots$, par $\mathcal{C}_r^p(\mathcal{A}), \ldots$

(32.7) $$\mathcal{C}_r^p(x\mathcal{K}) = x\,\mathcal{C}_r^p(\mathcal{K});$$

(32.8) $$\mathcal{D}_r^p(x\mathcal{K}) = x\,\mathcal{D}_r^p(\mathcal{K});$$

(32.9) $$\mathcal{C}\,(x\mathcal{K}) = x\,\mathcal{C}\,(\mathcal{K});$$

(32.10) $$\mathcal{D}\,(x\mathcal{K}) = x\,\mathcal{D}\,(\mathcal{K}).$$

Preuve de a. — Soit V_1 un voisinage ouvert de x tel que $\overline{V}_1 \subset V'$; soit V_2 un voisinage de l'∞ tel que $V_1 \cup V_2 = X$ et que $\overline{V}_2$ ne contienne pas x; soit $k \in \mathcal{K}$; on a, puisque $\mathcal{K}$ est fin,

$$k = \lambda_1 k + \lambda_2 k; \qquad S(\lambda_1 k) \subset \overline{V}_1; \qquad S(\lambda_2 k) = \overline{V}_2;$$

d'où $x\lambda_2 k = 0$, puisque $x \cap \overline{V}_2 = \emptyset$; donc

$$xk = x\lambda_1 k; \qquad S(\lambda_1 k) \subset V',$$

c'est-à-dire

$$xk \in x\mathcal{K}'.$$

Preuve de b. — La proposition *b* s'obtient en choisissant, dans la proposition *a*, V′ compact.

Preuve de (32.7). — Il est évident que $x\mathcal{C}^p_r(\mathcal{K}) \subset \mathcal{C}^p_r(x\mathcal{K})$. Réciproquement soient $x \in X$ et $k \in \mathcal{K}$ tels que $xk \in \mathcal{C}^p_r(x\mathcal{K})$; d'après la définition d'un complexe filtré (n° **29**), x possède un voisinage fermé V′ tel que $V'k \in \mathcal{C}^p_r(V'\mathcal{K})$; d'où, vu (32.3), en définissant λ_1 et λ_2 comme dans la preuve de *a*,

$$xk = x\lambda_1 k; \qquad \lambda_1 k \in \mathcal{C}^p_r(\mathcal{K}),$$

c'est-à-dire

$$xk \in x\mathcal{C}^p_r(\mathcal{K}).$$

Les preuves de (32.8), (32.9) et (32.10) sont analogues.

Lemme 32.1. — *Soit un complexe $\mathcal{K}$ à supports compacts; soit $\mathcal{K}'$ un sous-complexe fin de $\mathcal{K}$, tel que $x\mathcal{K}' = x\mathcal{K}$, quel que soit $x \in X$; on a $\mathcal{K}' = \mathcal{K}$.*

Preuve. — Soit $k \in \mathcal{K}$; à tout point x de X associons un élément k'_x de $\mathcal{K}'$ tel que

$$xk'_x = xk;$$

soit V_x un voisinage ouvert de x tel que $\overline{V}_x$ n'ait pas de point commun avec $S(k - k'_x)$:

$$yk'_x = yk \quad \text{si} \quad y \in \overline{V}_x;$$

on peut recouvrir $S(k)$, qui est compact, avec un nombre fini de tels voisinages, les $V_\nu (\nu = 1, 2, \ldots, \omega)$:

$$(32.11) \qquad yk'_\nu = yk \quad \text{si} \quad y \in \overline{V}_\nu.$$

Soit V_0 un voisinage ([1]) de l'∞ tel que $\overline{V}_0 \cap S(k) = \emptyset$ et $\bigcup_{0 \leq \nu \leq \omega} V_\nu = X$;

([1]) V_0 s'obtient en appliquant la proposition **22**.2 *b* au complémentaire F de $\bigcup_{0 < \nu \leq \omega} V_\nu$ et à $K = S(k)$.

posons $k'_0 = 0$; (32.11) vaut pour $0 \leqq \nu \leqq \omega$. Utilisons l'hypothèse que $\mathcal{K}'$ est fin et transformons (32.11) par λ_ν : il vient

$$(32.12) \qquad \lambda_\nu y k'_\nu = \lambda_\nu y k \quad \text{si } y \in \overline{V}_\nu;$$

sinon $\lambda_\nu y k'_\nu$ et $\lambda_\nu y k$ sont nuls, car ils ont d'après (32.2) des supports vides; (32.12) vaut donc quel que soit y; sommons (32.12) par rapport à ν; posons $\sum_\nu \lambda_\nu k'_\nu = k'$; il vient d'après (32.1) et (32.5)

$$yk' = yk, \quad \text{c'est-à-dire} \quad k' = k.$$

Proposition 32.2. — *Soient sur un même espace X, un complexe gradué-filtré-fin $\mathcal{K}'$ et un complexe gradué-filtré $\mathcal{K}$; soit un homomorphisme λ de l'anneau de $\mathcal{K}'$ dans l'anneau de $\mathcal{K}$; supposons que λ définisse, quel que soit $x \in X$, un isomorphisme, respectant le degré et la filtration, de $x\mathcal{K}'$ sur $x\mathcal{K}$. Alors λ est un isomorphisme de $\mathcal{K}'$ sur $\mathcal{K}$; cet isomorphisme n'altère ni le support, ni le degré, ni la filtration.*

Preuve. — Par hypothèse, k' et $\lambda k'$ ont même support, même degré et même filtration; on peut donc identifier $\mathcal{K}'$ à un sous-complexe de $\mathcal{K}$; il suffit d'appliquer le lemme 32.1 à ce complexe et à ce sous-complexe.

Lemme 32.2. — *Soient $\mathcal{K}$ et $\mathcal{K}^*$ deux complexes définis sur un même espace X; supposons $\mathcal{K}$ canonique et $S(k) = X$, si $k \neq 0$; supposons $\mathcal{K}^*$ gradué-filtré-fin; alors l'anneau de $\mathcal{K}^l \bigcirc \mathcal{K}^*$ est le produit tensoriel $\mathcal{K}^l \otimes \mathcal{K}^*$ des anneaux de $\mathcal{K}$ et $\mathcal{K}^*$.*

Preuve. — Il est évident que si

$$(32.13) \qquad \sum_\mu k_\mu \otimes k^*_\mu = 0 \quad \text{ou} \quad f\Big(\sum_\mu k_\mu \otimes k^*_\mu\Big) \geqq p \quad (p : \text{entier}),$$

alors

$$(32.14) \qquad \sum_\mu k_\mu \bigcirc k^*_\mu = 0 \quad \text{ou} \quad f\Big(\sum_\mu k_\mu \bigcirc k^*_\mu\Big) \geqq p.$$

Il s'agit de prouver la réciproque : supposons (32.14) vérifié, on a pour tout $x \in X$

$$x\Big(\sum_\mu k_\mu \bigcirc k^*_\mu\Big) = 0 \quad \text{ou} \quad f\Big(x \sum_\mu k_\mu \bigcirc k^*_\mu\Big) \geqq p;$$

d'après le lemme 30.1 ou 31.1 tout $x \in X$ possède un voisinage ouvert V tel que

$$\sum_\mu \overline{V} k_\mu \otimes \overline{V} k_\mu^* = 0 \quad \text{ou} \quad f\left(\sum_\mu \overline{V} k_\mu \otimes \overline{V} k_\mu^*\right) \geqq p;$$

donc, puisque $S(k_\mu) = X$ si $k_\mu \neq 0$,

$$\sum_\mu k_\mu \otimes \overline{V} k_\mu^* = 0 \quad \text{ou} \quad f\left(\sum_\mu k_\mu \otimes \overline{V} k_\mu^*\right) \geqq p.$$

On peut recouvrir $\bigcup_\mu S(k_\mu^*)$ qui est compact, avec un nombre fini de tels voisinages, les $V_\nu (1 \leqq \nu \leqq \omega)$. Soit V_0 un voisinage de l'∞ tel que $\overline{V}_0 \cap \bigcup_\mu S(k_\mu^*) = \emptyset$ et $\bigcup_{0 \leq \nu \leq \omega} V_\nu = X$; on a

$$\sum_\mu k_\mu \otimes \overline{V}_\nu k_\mu^* = 0 \quad \text{ou} \quad f\left(\sum_\mu k_\mu \otimes \overline{V}_\nu k_\mu^*\right) \geqq p \qquad (0 \leqq \nu \leqq \omega);$$

utilisons l'hypothèse que $\mathcal{K}^*$ est fin et la formule (32.6); il vient

$$\sum_\mu k_\mu \otimes \lambda_\nu k_\mu^* = 0 \quad \text{ou} \quad f\left(\sum_\mu k_\mu \otimes \lambda_\nu k_\mu^*\right) \geqq p$$

d'où (32.13), en sommant par rapport à ν, puisque $\sum_\nu \lambda_\nu$ est l'identité.

Proposition 32.3. — *Si $\mathcal{K}$ est un complexe canonique sur un espace* X, *si $\mathcal{K}^*$ est un complexe gradué-filtré-fin sur un espace* X^* *et si θ est une application continue de* X^* *dans* X, *alors*

$$\theta(\overset{-1}{\theta} \mathcal{K}' \bigcirc \mathcal{K}^*) = \mathcal{K}' \bigcirc \theta \mathcal{K}^*. \tag{32.15}$$

Preuve. — Pour légitimer (32.15), il faut prouver que

$$\theta\left(\sum_\mu \overset{-1}{\theta} k_\mu \bigcirc k_\mu^*\right) \quad \text{et} \quad \sum_\mu k_\mu \bigcirc \theta k_\mu^*$$

ont même support, même degré et même filtration; il suffit de montrer que, quels que soient le point x de X et l'entier p, la condition

$$\overset{-1}{\theta}(x)\left(\sum_\mu \overset{-1}{\theta} k_\mu \bigcirc k_\mu^*\right) = 0 \quad \text{ou} \quad f\left[\overset{-1}{\theta}(x)\left(\sum_\mu \overset{-1}{\theta} k_\mu \bigcirc k_\mu^*\right)\right] \geqq p$$

équivaut à

$$x\Big(\sum_\mu k_\mu \bigcirc \theta k_\mu^*\Big) = 0 \qquad \text{ou} \qquad f\Big[x\Big(\sum_\mu k_\mu \bigcirc \theta k_\mu^*\Big)\Big] \geqq p;$$

autrement dit, il suffit d'établir la proposition quand X est un point x; or dans ce cas la proposition s'identifie au lemme 32.2.

33. Définition de l'anneau $\mathcal{K} \otimes \mathcal{B}$, produit tensoriel du complexe canonique $\mathcal{K}$ et du faisceau $\mathcal{B}$ (*cf.* n° **13**). — Soient $\mathcal{K}$ et $\mathcal{B}$ un complexe canonique et un faisceau définis sur un même espace X. Soit $\mathfrak{C}$ l'algèbre sur l'anneau des entiers, qui a pour base les couples $k \times b$ d'un élément k de $\mathcal{K}$ et d'un élément b de $\mathcal{B}$ tels que $b \in \mathcal{B}(\mathrm{F})$, $\mathrm{S}(k) \subset \mathrm{F}$ et qui a pour table de multiplication

$$(k \times b)(k_1 \times b_1) = \sum_p k k_1^{[p]} \times \mathrm{S}(k k_1^{[p]})\, \alpha^{-p} b . \mathrm{S}(k k_1^{[p]})\, b_1, \qquad \text{où} \quad k_1 = \sum_p k_1^{[p]};$$

on vérifie aisément l'associativité de cette multiplication.

Les combinaisons linéaires à coefficients entiers des éléments :

$$k \times b + k \times b_1 - k \times [\mathrm{S}(k)\, b + \mathrm{S}(k)\, b_1]; \qquad k \times b + k_1 \times b - (k + k_1) \times b;$$
$$m(k \times b) - (mk) \times b; \qquad m(k \times b) - k \times mb \qquad (m : \text{entier}),$$

constituent un idéal $\mathfrak{D}$ de l'anneau $\mathfrak{C}$; $\mathfrak{C}/\mathfrak{D}$ est un anneau, que nous noterons $\mathcal{K} \otimes \mathcal{B}$ et que nous nommerons produit tensoriel de $\mathcal{K}$ et $\mathcal{B}$; l'image de $k \times b$ dans $\mathcal{K} \otimes \mathcal{B}$ est notée $k \otimes b$; *les règles de calcul dans l'anneau $\mathcal{K} \otimes \mathcal{B}$ sont donc les suivantes :*

$k \otimes b$ est défini si $k \in \mathcal{K}$, $b \in \mathcal{B}(\mathrm{F})$ et $\mathrm{S}(k) \subset \mathrm{F}$;

si le premier membre est défini, on a

(33.1) $$k \otimes b + k_1 \otimes b = (k + k_1) \otimes b;$$

(33.2) $$k \otimes b + k \otimes b_1 = k \otimes [\mathrm{S}(k)\, b + \mathrm{S}(k)\, b_1]; \quad \text{en particulier :}$$

(33.3) $$k \otimes b = k \otimes \mathrm{S}(k)\, b;$$

(33.4) $$m(k \otimes b) = (mk) \otimes b = k \otimes mb \qquad (m : \text{entier});$$

(33.5) $$(k \otimes b)(k^{[p]} \otimes b_1) = k k^{[p]} \otimes \mathrm{S}(k k^{[p]})\, \alpha^{-p} b . \mathrm{S}(k k^{[p]})\, b_1.$$

Si le faisceau $\mathcal{B}$ est différentiel, on définit une différentiation sur $\mathcal{K} \otimes \mathcal{B}$ en posant

(33.6) $$\begin{cases} \alpha(k^{[p]} \otimes b) = (-1)^p k^{[p]} \otimes \alpha b; \\ \delta(k^{[p]} \otimes b) = \delta k^{[p]} \otimes b + (-1)^p k^{[p]} \otimes \delta b; \end{cases}$$

la différentiation ainsi définie vérifie les conditions énoncées au n° **8** : on le prouve par des calculs identiques à ceux du n° **13**.

34. L'ANNEAU GRADUÉ-FILTRÉ $\mathcal{K}^l \otimes \mathcal{B}$, $\mathcal{K}$ ÉTANT BASIQUE ET $\mathcal{B}$ GRADUÉ-FILTRÉ. — DÉFINITION. — *Le complexe gradué $\mathcal{K}$ est dit basique quand il contient des éléments homogènes $k_\mu^{[p]}$ possédant les propriétés suivantes :*

1° *tout* $k \in \mathcal{K}$ *est une combinaison linéaire unique des* $k_\mu^{[p]}$:
$k = \sum_{p,\beta} m_{p,\beta} k_\beta^{[p]}$ ($m_{p,\beta}$: entier, nul sauf pour un nombre fini d'indices);

2° $S\left(\sum_{p,\beta} m_{p,\beta} k_\beta^{[p]}\right) = \bigcup_{m_{p,\beta} \neq 0} S(k_\beta^{[p]})$.

Remarque. — Un complexe basique est évidemment sans torsion.

Soient un complexe canonique basique $\mathcal{K}$, un faisceau gradué-filtré $\mathcal{B}$ et un entier l; tout élément de $\mathcal{K} \otimes \mathcal{B}$ se met d'une façon unique sous la forme

$$\sum_{p,\mu} k_\mu^{[p]} \otimes b_{p,\mu}, \qquad \text{où} \quad b_{p,\mu} \in \mathcal{B}[S(k_\mu^{[p]})];$$

nous définirons un degré et une filtration sur $\mathcal{K} \otimes \mathcal{B}$ en posant

$$(34.1) \quad \text{degré}\,(k^{[p]} \otimes b^{[q]}) = lp + q; \quad f\left(\sum_{p,\mu} k_\mu^{[p]} \otimes b_{p,\mu}\right) = \operatorname{Min.}_{p,\mu}[lp + f(b_{p,\mu})];$$

l'anneau $\mathcal{K} \otimes \mathcal{B}$ ainsi gradué et filtré sera noté $\mathcal{K}^l \otimes \mathcal{B}$. Il possède une différentielle homogène de degré l quand $\mathcal{B}$ possède une telle différentielle.

LEMME 34.1. — *Soient un complexe canonique basique $\mathcal{K}$, un complexe gradué-filtré $\mathcal{K}^*$ et le faisceau $\mathcal{B}^*$ associé à $\mathcal{K}^*$; l'anneau de $\mathcal{K}^l \bigcirc \mathcal{K}^*$ est $\mathcal{K}^l \otimes \mathcal{B}^*$.*

LEMME 34.2. — *Soient un complexe canonique basique $\mathcal{K}$ et un faisceau différentiel-filtré $\mathcal{B}$; si $\delta = 0$ sur $\mathcal{K}$,*

$$\mathcal{H}_r(\mathcal{K}^l \otimes \mathcal{B}) = \mathcal{K}^l \otimes \mathcal{F}_r \mathcal{B}.$$

Preuve des lemmes 1 et 2. — $\mathcal{K}$ est somme directe des sous-complexes que constituent les multiples entiers de l'un de ses éléments de base;

il suffit de prouver les lemmes quand on remplace $\mathcal{K}$ par l'un de ces sous-complexes; alors le lemme 34.1 est évident, le lemme 34.2 résulte du lemme 17.3.

Proposition 34.1. — *a. Soient, sur un même espace* X, *un complexe basique* $\mathcal{K}$ *et un faisceau différentiel-filtré* $\mathcal{B}$; *on a*

$$\boxed{\mathcal{H}_{l+1}(\mathcal{K}^l \otimes \mathcal{B}) = \mathcal{H}(\mathcal{K}^l \otimes \mathcal{F}_l \mathcal{B}),} \tag{34.2}$$

$\mathcal{F}_l\mathcal{B}$ *étant muni de sa différentielle* δ_l;

b. Soient, sur un même espace X, *un complexe basique* $\mathcal{K}$ *et un complexe filtré* $\mathcal{K}^*$; *on a*

$$\boxed{\mathcal{H}_{l+1}(\mathcal{K}^l \bigcirc \mathcal{K}^*) = \mathcal{H}(\mathcal{K}^l \otimes \mathcal{F}_l \mathcal{K}^*),} \tag{34.3}$$

$\mathcal{F}_l\mathcal{K}^*$ *étant muni de sa différentielle* δ_l.

Nota. — On opposera cette formule aux formules (36.6) et (36.7).

Preuve de a. — Soit δ' la différentielle nulle sur $\mathcal{K}$, égale sur $\mathcal{B}$ à celle de $\mathcal{B}$; sur $\mathcal{K}^l \otimes \mathcal{B}$, $f(\delta - \delta') = l$; d'après la proposition 10.7 et le lemme 34.2,

$$\mathcal{H}_l(\mathcal{K}^l \otimes \mathcal{B}) = \mathcal{K}^l \otimes \mathcal{F}_l \mathcal{B};$$

d'après la proposition 10.7 la différentielle δ_l de $\mathcal{H}_l(\mathcal{K}^l \otimes \mathcal{B})$ s'obtient en utilisant δ sur $\mathcal{K}$ et δ_l sur $\mathcal{F}_l\mathcal{B}$; d'où la formule (34.2), puisque $\mathcal{H}_{l+1}$ est l'anneau d'homologie de $\mathcal{H}_l$.

Preuve de b. — *b* résulte de *a* et du lemme 34.1.

35. Définition du complexe gradué-filtré $\mathcal{K}^l \bigcirc \mathcal{B}$ intersection du complexe canonique $\mathcal{K}$ et du faisceau différentiel-gradué-filtré-propre $\mathcal{B}$. — Lemme 35.1. — *Soient un complexe canonique* $\mathcal{K}$ *et un faisceau différentiel-gradué-filtré-propre* $\mathcal{B}$, *définis sur un espace* X; *soient* $k \in \mathcal{K}$ *et* $b \in \mathcal{B}[S(k)]$; *posons*

$$x(k \otimes b) = xk \otimes xb \quad \text{si} \quad x \in S(k);$$
$$x(k \otimes b) = 0 \quad \text{sinon}.$$

Je dis que l'ensemble $S\left(\sum_\mu k_\mu \otimes b_\mu\right)$ *des points* x *tels que* $x\left(\sum_\mu k_\mu \otimes b_\mu\right) \neq 0$ *et que l'ensemble* $S^{(p)}\left(\sum_\mu k_\mu \otimes b_\mu\right)$ *des points* x *tels que* $f\left[x\left(\sum_\mu k_\mu \otimes b_\mu\right)\right] \leqq p$ *sont compacts.*

Preuve. — D'après les conditions e et g du n° **23**, xb_μ n'est défini et non nul que si x appartient à une partie compacte K_μ de $S(k_\mu)$; donc

$$S^{(p)}\left(\sum_\mu k_\mu \otimes b_\mu\right) \subset S\left(\sum_\mu k_\mu \otimes b_\mu\right) \subset \bigcup_\mu K_\mu$$

pour prouver que $S^{(p)}\left(\sum_\mu k_\mu \otimes b_\mu\right)$ et $S\left(\sum_\mu b_\mu \otimes b_\mu\right)$ sont compacts il suffit donc de prouver qu'ils sont fermés, c'est-à-dire de prouver la proposition suivante : *Si*

$$(35.1) \qquad x\left(\sum_\mu k_\mu \otimes b_\mu\right) = 0 \quad \text{ou} \quad f\left[x\left(\sum_\mu k_\mu \otimes b_\mu\right)\right] \geqq p,$$

il existe un voisinage V *de* x *tel que*

$$(35.2) \qquad y\left(\sum_\mu k_\mu \otimes b_\mu\right) = 0 \quad \text{ou} \quad f\left[y\left(\sum_\mu k_\mu \otimes b_\mu\right)\right] \geqq p \quad \text{pour } y \in V.$$

Nous ne modifions pas le fait à démontrer en supprimant les k_μ dont le support ne contient pas x et, vu les conditions g et h du n° **23**, en supposant

$$b_\mu \in \mathcal{B}[S(k_\mu) \cup W],$$

W étant un voisinage convenable de x; l'hypothèse (35.1) s'écrit

$$\sum_\mu (xk_\mu) \otimes xb_\mu = 0 \quad \text{ou} \quad f\left[\sum_\mu (xk_\mu) \otimes xb_\mu\right] \geqq p;$$

elle résulte :

1° d'un nombre fini de relations entre des éléments de $x\mathcal{K}$ et de $x\mathcal{B}(W)$;

2° des filtrations d'un nombre fini d'éléments de $x\mathcal{B}(W)$.

Ces relations expriment que x n'appartient pas aux supports de certains éléments de $\mathcal{K}$ et que la section de certains éléments de $\mathcal{B}(W)$ par x est nulle; puisque les supports des éléments de $\mathcal{K}$ sont fermés et que $\mathcal{B}$ est propre, on n'altère pas ces relations et l'on ne diminue pas ces filtrations en remplaçant x par un point arbitraire y d'un voisinage convenable de x; (35.2) est donc exact.

Définition 35.1. — *Soient un complexe canonique $\mathcal{K}$ et un faisceau différentiel propre, définis sur un espace* X; *nous nommerons $\mathcal{K} \bigcirc \mathcal{B}$ le complexe associé au complexe non séparé que constituent l'anneau $\mathcal{K} \otimes \mathcal{B}$ et les supports compacts* $S\left(\sum_\mu k_\mu \otimes b_\mu\right)$ *définis par le lemme* 35.1;

$x(\mathcal{K} \bigcirc \mathcal{B}) \subset x\mathcal{K} \otimes \mathcal{B}(x)$; *l'élément associé à $k \otimes b$ est noté $k \bigcirc b$. Supposons $\mathcal{B}$ différentiel-gradué-filtré-propre; utilisons sur $x(\mathcal{K} \bigcirc \mathcal{B})$ la filtration de $(x\mathcal{K})^l \otimes \mathcal{B}(x)$* (n° **14**); *nous définissons ainsi, d'après le lemme* 35.1, *une filtration du complexe $\mathcal{K} \bigcirc \mathcal{B}$; posons*

$$\text{degré } (k^{[p]} \bigcirc b^{[q]}) = lp + q,$$

si p et q sont les degrés de $k^{[p]}$ et $b^{[q]}$; *$\mathcal{K} \bigcirc \mathcal{B}$, ainsi gradué et filtré, sera noté $\mathcal{K}^l \bigcirc \mathcal{B}$.*

Remarque. — Si $\mathcal{B}$ est filtré et a le degré nul, alors la filtration de $\mathcal{K}^l \bigcirc \mathcal{B}$ est celle de $\mathcal{K}^0 \bigcirc \mathcal{B}$ augmentée de l fois le degré de $\mathcal{K}^1 \bigcirc \mathcal{B}$.

Propriétés de $\mathcal{K}^l \bigcirc \mathcal{B}$. — La définition précédente équivaut aux règles de calcul suivantes : $k \bigcirc b$ est défini si $k \in \mathcal{K}$, $b \in \mathcal{B}(F)$, $S(k) \subset F$; si le premier membre est défini,

(35.3) $$k \bigcirc b + k_1 \bigcirc b = (k + k_1) \bigcirc b;$$

(35.4) $$k \bigcirc b + k \bigcirc b_1 = k \bigcirc [S(k)b + S(k)b_1];$$

(35.5) $$k \bigcirc b = k \bigcirc [S(k)b];$$

(35.6) $$m(k \bigcirc b) = (mk) \bigcirc b = k \bigcirc mb \qquad (m : \text{entier});$$

(35.7) $$(k \bigcirc b)(k^{[p]} \bigcirc b_1) = kk^{[p]} \bigcirc S(kk^{[p]})\alpha^{-q} b . S(kk^{[p]}) b_1;$$

(35.8) $$\alpha(k^{[p]} \bigcirc b) = (-1)^p k^{[p]} \bigcirc \alpha b;$$

(35.9) $$\delta(k^{[p]} \bigcirc b) = \delta k^{[p]} \bigcirc b + (-1)^p k^{[p]} \bigcirc \delta b;$$

(35.10) $$\begin{cases} x(k \bigcirc b) = xk \otimes xb & \text{si } x \in S(k); \\ x(k \bigcirc b) = 0 & \text{sinon } (x \in X); \end{cases}$$

(35.11) $\sum_\mu k_\mu \bigcirc b_\mu = 0$ si et seulement si $x \sum_\mu k_\mu \bigcirc b_\mu = 0$ quel que soit $x \in X$;

(35.12) $$f\left(\sum_\mu k_\mu \bigcirc b_\mu\right) = \operatorname*{Borne\ inf.}_{x \in X} f\left[x\left(\sum_\mu k_\mu \bigcirc b_\mu\right)\right];$$

(35.13) $$\text{degré } k^{[p]} \bigcirc b^{[q]} = lp + q.$$

PROPOSITION 35.1. — *Si $\mathcal{K}$ est un complexe canonique, si $\mathcal{K}^*$ est un complexe à supports compacts et si $\mathcal{B}^*$ est le faisceau associé à $\mathcal{K}^*$, alors*

$$\mathcal{K} \bigcirc \mathcal{B}^* = \mathcal{K} \bigcirc \mathcal{K}^*;$$

si $\mathcal{K}^*$ est gradué-filtré, alors

$$\mathcal{K}^l \bigcirc \mathcal{B}^* = \mathcal{K}^l \bigcirc \mathcal{K}^*.$$

Preuve. — On identifie aisément la définition et les règles de calcul de $\mathcal{K} \bigcirc \mathcal{B}^*$ et $\mathcal{K} \bigcirc \mathcal{K}^*$.

36. PROPRIÉTÉS DE $\mathcal{K}^l \bigcirc \mathcal{B}$, QUAND $\mathcal{K}$ EST FIN. — PROPOSITION 36.1. — *Soient, sur un même espace X, un complexe canonique-fin $\mathcal{K}$ et un faisceau différentiel-gradué-filtré-propre $\mathcal{B}$:*

a. $\mathcal{K}^l \bigcirc \mathcal{B}$ est un complexe gradué-filtré-fin.

b. $x(\mathcal{K}^l \bigcirc \mathcal{B}) = (x\mathcal{K})^l \otimes \mathcal{B}(x)$.

c. Si $\mathcal{B}'$ est un second faisceau différentiel-gradué-filtré-propre défini sur X, si λ est un homomorphisme de $\mathcal{B}'$ dans $\mathcal{B}$ et si λ constitue, quel que soit $x \in X$, un isomorphisme, respectant le degré et la filtration, de $\mathcal{B}'(x)$ sur $\mathcal{B}(x)$; alors λ définit un isomorphisme de $\mathcal{K}^l \bigcirc \mathcal{B}'$ sur $\mathcal{K}^l \bigcirc \mathcal{B}$; cet isomorphisme respecte le degré et la filtration.

d. Si $\mathcal{K}'$ est un complexe canonique, défini sur X,

$$(\mathcal{K}' \bigcirc \mathcal{K})^l \bigcirc \mathcal{B} = \mathcal{K}'^l \bigcirc (\mathcal{K}^l \bigcirc \mathcal{B}).$$

e. Si F est une partie fermée de X,

$$F(\mathcal{K}^l \bigcirc \mathcal{B}) = (F\mathcal{K})^l \bigcirc \mathcal{B}.$$

f. Si G est une partie ouverte de X et si $\mathcal{B}(F) = 0$ sauf si F est une partie compacte de G,

$$\mathcal{K}^l \bigcirc \mathcal{B} = (G\mathcal{K})^l \bigcirc \mathcal{B}.$$

g. Si $\mathcal{K}^*$ est le sous-complexe de $\mathcal{K}$ constitué par les éléments de $\mathcal{K}$ dont le support est compact, $\mathcal{K}^*$ est un complexe canonique fin et

$$\mathcal{K}^{*l} \bigcirc \mathcal{B} = \mathcal{K}^l \bigcirc \mathcal{B}.$$

Preuve de a. — On pose

$$\lambda_\nu(k \bigcirc b) = (\lambda_\nu k) \bigcirc b.$$

Preuve de b. — Par définition

$$x(\mathcal{K}^l \bigcirc \mathcal{B}) \subset (x\mathcal{K})^l \otimes \mathcal{B}(x).$$

Il s'agit donc, étant donnés $k \in \mathcal{K}$ et $b \in \mathcal{B}(x)$, de prouver que

$$(xk) \otimes b \in x(\mathcal{K} \bigcirc \mathcal{B}).$$

Puisque $\mathcal{B}$ est propre, il existe un voisinage fermé V' de x et un élément b' de $\mathcal{B}(V')$ tels que $b = xb'$; d'après la proposition 32.1 *a* il existe un élément k' de $\mathcal{K}$ tel que

$$S(k') \subset V', \qquad xk' = xk,$$

d'où

$$(xk) \otimes b = (xk') \otimes (xb') = x(k' \bigcirc b') \in x(\mathcal{K} \bigcirc \mathcal{B}).$$

Preuve de c. — λ définit un homomorphisme de l'anneau de $\mathcal{K}^l \bigcirc \mathcal{B}'$ dans l'anneau de $\mathcal{K}^l \bigcirc \mathcal{B}$ et, vu *b*, un isomorphisme, respectant degré et filtration, de $x(\mathcal{K}^l \bigcirc \mathcal{B}') = (x\mathcal{K})^l \otimes \mathcal{B}'(x)$ sur $x(\mathcal{K}^l \bigcirc \mathcal{B}) = (x\mathcal{K})^l \otimes \mathcal{B}(x)$, quel que soit $x \in X$. Pour conclure il suffit d'appliquer les propositions *a* et 32.2.

Preuve de d. — D'après *b* et la formule (30.3),

$$x[\mathcal{K}'^l \bigcirc (\mathcal{K}^l \bigcirc \mathcal{B})] = (x\mathcal{K}')^l \otimes (x\mathcal{K})\mathcal{K}^l \otimes \mathcal{B}(x) = x[(\mathcal{K}' \bigcirc \mathcal{K})^l \bigcirc \mathcal{B}],$$

l'homomorphisme

$$k' \bigcirc (k \bigcirc b) \to (k' \bigcirc k) \bigcirc b$$

définit donc un isomorphisme de $x[\mathcal{K}''^l \bigcirc (\mathcal{K}^l \bigcirc \mathcal{B})]$ sur $x[(\mathcal{K} \bigcirc \mathcal{K}')^l \bigcirc \mathcal{B}]$; pour conclure il suffit d'appliquer la proposition 32.2, en notant que $\mathcal{K}''^l \bigcirc (\mathcal{K}^l \bigcirc \mathcal{B})$ est gradué-filtré-fin.

Preuve de e. — On applique de même la proposition 32.2 à l'homomorphisme

$$F(k \bigcirc b) \to (Fk) \bigcirc b.$$

Preuve de f. — D'après la proposition 22.2 *a*, $\mathcal{B}$ constitue un faisceau propre sur le sous-espace G; $(G\mathcal{K})^l \bigcirc \mathcal{B}$ est donc défini. D'autre part les supports de tous les éléments de $\mathcal{K}^l \bigcirc \mathcal{B}$ appartiennent à G et par suite $\mathcal{K}^l \bigcirc \mathcal{B} = G(\mathcal{K}^l \bigcirc \mathcal{B})$. On applique la proposition 32.2 à l'homomorphisme

$$G(k \bigcirc b) \to (Gk) \bigcirc b.$$

Preuve de g. — La proposition 32.1 *b* permet d'appliquer la proposition 32.2 à l'homomorphisme canonique de $\mathcal{K}^{*l} \bigcirc \mathcal{B}$ dans $\mathcal{K}^l \bigcirc \mathcal{B}$.

LEMME 36.1. — *Soient, sur un espace X, un complexe canonique fin sans torsion $\mathcal{K}$ et un faisceau gradué-fitré-propre $\mathcal{B}$;*

a. *si $\mathcal{B}'$ est un sous-faisceau propre de $\mathcal{B}$,*

$$\mathcal{K}^l \bigcirc \mathcal{B}' \subset \mathcal{K}^l \bigcirc \mathcal{B}; \tag{36.1}$$

b. *si $\mathcal{B}'$ est un idéal propre de $\mathcal{B}$ on a, entre les anneaux de $\mathcal{K}^l \bigcirc \mathcal{B}$, $\mathcal{K}^l \bigcirc \mathcal{B}'$ et $\mathcal{K}^l \bigcirc (\mathcal{B}/\mathcal{B}')$ la relation*

$$\mathcal{K}^l \bigcirc \mathcal{B}/\mathcal{K}^l \bigcirc \mathcal{B}' = \mathcal{K}^l \bigcirc (\mathcal{B}/\mathcal{B}'). \tag{36.2}$$

Preuve de a. — L'homomorphisme canonique de $\mathcal{K}^l \bigcirc \mathcal{B}'$ dans $\mathcal{K}^l \bigcirc \mathcal{B}$ est un isomorphisme respectant support, degré et filtration, car, vu (17.1) et la proposition 36.1 *b*,

$$x(\mathcal{K}^l \bigcirc \mathcal{B}') = (x\mathcal{K})^l \otimes \mathcal{B}'(x) \subset (x\mathcal{K})^l \otimes \mathcal{B}(x) = x(\mathcal{K}^l \bigcirc \mathcal{B}).$$

Preuve de b. — Soit λ l'homomorphisme canonique de $\mathcal{K}^l \bigcirc \mathcal{B}$ dans $\mathcal{K}^l \bigcirc (\mathcal{B}/\mathcal{B}')$; soit $\mathcal{N}$ l'ensemble des éléments de $\mathcal{K}^l \bigcirc \mathcal{B}$ que λ annule; vu *a*

$$\mathcal{K}^l \bigcirc \mathcal{B}' \subset \mathcal{N};$$

d'après la proposition 36.1 *b* et la formule (17.2)

$$x(\mathcal{K}^l \bigcirc \mathcal{B}') = (x\mathcal{K})^l \otimes \mathcal{B}'(x) = x\mathcal{N};$$

donc, vu le lemme 32.1,

$$\mathcal{K}^l \bigcirc \mathcal{B}' = \mathcal{N}.$$

LEMME 36.2. — *Remplaçons dans les définitions du* n° **9** *l'anneau différentiel-filtré $\mathcal{A}$ par un faisceau différentiel-filtré $\mathcal{B}$ ou un complexe* *filtré $\mathcal{K}^*$; $\mathcal{C}^p_r$, $\mathcal{D}^p_r$ deviennent (abstraction faite de la différentiation et de la multiplication) des sous-faisceaux de $\mathcal{B}$, que nous noterons $\mathcal{C}^p_r\mathcal{B}$, $\mathcal{D}^p_r\mathcal{B}$, ou des sous-complexes de $\mathcal{K}^*$, que nous noterons $\mathcal{C}^p_r\mathcal{K}^*$, $\mathcal{D}^p_r\mathcal{K}^*$. Soient sur un espace X un complexe canonique-fin sans torsion $\mathcal{K}$ et un faisceau différentiel-filtré-propre $\mathcal{B}$; si $\delta = 0$ sur $\mathcal{K}$, on a*

$$\mathcal{C}^p_r(\mathcal{K}^0 \bigcirc \mathcal{B}) = \mathcal{K}^0 \bigcirc \mathcal{C}^p_r\mathcal{B}; \tag{36.3}$$

$$\mathcal{D}^p_r(\mathcal{K}^0 \bigcirc \mathcal{B}) = \mathcal{K}^0 \bigcirc \mathcal{D}^p_r\mathcal{B}. \tag{36.4}$$

Preuve. — $\mathcal{K}^0 \bigcirc \mathcal{C}^p_r\mathcal{B} \subset \mathcal{C}^p_r(\mathcal{K}^0 \bigcirc \mathcal{B})$ d'après le lemme 36.1 *a*; d'après les formules (32.7), (17.3) et la proposition 36.1 *b*,

$$x(\mathcal{K}^0 \bigcirc \mathcal{C}^p_r\mathcal{B}) = x\mathcal{C}^p_r(\mathcal{K}^0 \bigcirc \mathcal{B});$$

d'où (36.3), vu le lemme 32.1. On prouve de même (36.4).

LEMME 36.3. — *Soient sur un espace X un complexe canonique-fin sans torsion $\mathcal{K}$ et un faisceau différentiel-filtré-propre $\mathcal{B}$; si $\delta = 0$ sur $\mathcal{K}$, on a*

$$\mathcal{H}_r(\mathcal{K}^l \bigcirc \mathcal{B}) = \mathcal{K}^l \bigcirc \mathcal{F}_r\mathcal{B}. \tag{36.5}$$

Preuve pour $l = 0$. — On porte (36.3) et (36.4) dans la définition (9.9) de $\mathcal{H}_r$; on utilise le lemme 36.1 *b*.

Preuve pour $l \neq 0$. — Donnons à $\mathcal{B}$ un degré nul; sur $\mathcal{K}^1 \bigcirc \mathcal{B}$, δ est homogène de degré nul; augmentons la filtration de $\mathcal{K}^0 \bigcirc \mathcal{B}$ de l fois le degré de $\mathcal{K}^1 \bigcirc \mathcal{B}$: on obtient la filtration de $\mathcal{K}^l \bigcirc \mathcal{B}$ vu la remarque du n° **35** et la formule (36.5) vu la remarque du n° **11**.

PROPOSITION 36.2. — *a. Soient sur un espace X un complexe canonique-fin sans torsion $\mathcal{K}$ et un faisceau différentiel-filtré-propre $\mathcal{B}$; on a*

$$\boxed{\mathcal{H}_{l+1}(\mathcal{K}^l \bigcirc \mathcal{B}) = \mathcal{H}(\mathcal{K}^l \bigcirc \mathcal{F}_l\mathcal{B}),} \tag{36.6}$$

$\mathcal{F}_l$ étant muni de sa différentielle δ_l;

b. Soient sur un espace X un complexe canonique-fin sans torsion $\mathcal{K}$ et un complexe filtré $\mathcal{K}^*$; on a

$$\boxed{\mathcal{H}_{l+1}(\mathcal{K}^l \bigcirc \mathcal{K}^*) = \mathcal{H}(\mathcal{K}^l \bigcirc \mathcal{F}_l\mathcal{K}^*),} \tag{36.7}$$

$\mathcal{F}_l$ étant muni de sa différentielle δ_l.

Preuve de a. — Soit δ' la différentielle de $\mathcal{K}^l \bigcirc \mathcal{B}$ nulle sur $\mathcal{K}$, égale à δ sur $\mathcal{B}$; $f(\delta - \delta') = l$; donc, vu la proposition 10.7 *a*,

$$\mathcal{H}_l(\mathcal{K}^l \bigcirc \mathcal{B}) = \mathcal{H}'_l(\mathcal{K}^l \bigcirc \mathcal{B}),$$

c'est-à-dire, vu (36.5)

$$\mathcal{H}_l(\mathcal{K}^l \bigcirc \mathcal{B}) = \mathcal{K}^l \bigcirc \mathcal{F}_l \mathcal{B}.$$

D'après la proposition 10.7 *c*, δ_l s'obtient en utilisant au second membre δ sur $\mathcal{K}$ et δ_l sur $\mathcal{F}_l \mathcal{B}$; d'où (36.6), puisque $\mathcal{H}_{l+1}$ est l'anneau d'homologie de $\mathcal{H}_l$.

Preuve de b. — On utilise *a* et la proposition 35.1.

IV. — Couverture.

37. Définition et propriétés des couvertures. — Définition. — *Nous nommerons couverture d'un espace* X *tout complexe* $\mathcal{K}$ *défini sur* X *ayant les propriétés que voici :*

a. $\mathcal{K}$ *est un complexe canonique, sans torsion, dont le degré est* $\geqq 0$;
b. $\mathcal{K}$ *possède une unité u telle que* $S(u) = X$;
c. *quel que soit* $x \in X$, *les éléments de* $\mathcal{H}x\mathcal{K}$ *sont les multiples entiers de la classe d'homologie contenant* xu.

Proposition 37.1. — *u est un cycle homogène de degré nul; la classe d'homologie* v *de* u *est une unité de* $\mathcal{H}\mathcal{K}$; *si* $m =$ *entier* $\neq 0$, *alors* $mu \neq 0$, $mv \neq 0$, $mxu \neq 0$, $mxv \neq 0$, *où* $x \in X$; u, v, xu, xv *ne sont divisibles par aucun entier autre que* ± 1.

Preuve. — u est un cycle de degré nul d'après la remarque du n° 4. $mxu \neq 0$, car $\mathcal{K}$ est sans torsion. Si $mxv = 0$, alors $mxu \sim 0$, c'est-à-dire, vu que u est de degré minimum et δ de degré $+1$, $mxu = 0$, ce qui ne se peut. Supposons $xv = mh$, où $h \in \mathcal{H}x\mathcal{K}$; on peut remplacer h par sa composante homogène de degré nul; d'après *c*, il existe un entier n tel que $h = nxv$; d'où $mn = 1$, $m = \pm 1$. Supposons $xu = mk$, où $k \in x\mathcal{K}$; on a $m\delta k = 0$, donc $\delta k = 0$; soit h la classe d'homologie de k; $xv = mh$; donc $m = \pm 1$.

Proposition 37.2. — *Si $\mathcal{K}$ est une couverture de l'espace* X, *si* θ *est une application continue d'un espace* X' *dans* X, *alors* $\overset{-1}{\theta}\mathcal{K}$ *est une couverture de* X'.

Cette proposition est évidente; elle a pour cas particulier la suivante :

Proposition 37.3. — *Si $\mathcal{K}$ est une couverture de l'espace* X, *si* X_1 *est un sous-espace de* X, $X_1\mathcal{K}$ *est une couverture de* X.

Proposition 37.4. — *Si $\mathcal{K}$ et $\mathcal{K}'$ sont deux couvertures d'un espace* X, $\mathcal{K} \bigcirc \mathcal{K}'$ *et* $\mathcal{K}' \bigcirc \mathcal{K}$ *sont deux couvertures de* X, *canoniquement isomorphes.*

Preuve. — $\mathcal{K} \bigcirc \mathcal{K}'$ est canonique, d'après la proposition 30.2, et possède l'unité $u \bigcirc u'$. D'après (30,3),

$$x(\mathcal{K} \bigcirc \mathcal{K}') = (x\mathcal{K}) \otimes (x\mathcal{K}'), \tag{37.1}$$

$x\mathcal{K}$ et $x\mathcal{K}'$ sont sans torsion; on déduit aisément des propositions 17.1 et 17.2 que le produit tensoriel de deux anneaux sans torsion est sans torsion; donc $x(\mathcal{K} \bigcirc \mathcal{K}')$ est sans torsion; donc $\mathcal{K} \bigcirc \mathcal{K}'$ est sans torsion. Enfin (37.1) et la proposition 18.1 *d* prouvent que

$$\mathcal{H}[x(\mathcal{K} \bigcirc \mathcal{K}')] = \mathcal{H}(x\mathcal{K}) \otimes \mathcal{H}(x\mathcal{K}');$$

$\mathcal{H}[x(\mathcal{K} \bigcirc \mathcal{K}')]$ est donc l'ensemble des multiples entiers de la classe d'homologie contenant $x(u \bigcirc u')$. La proposition 30.2 prouve que $\mathcal{K} \bigcirc \mathcal{K}'$ et $\mathcal{K}' \bigcirc \mathcal{K}$ sont canoniquement isomorphes, cet isomorphisme conservant degré et supports.

Proposition 37.5. — *Si $\mathcal{K}$ est une couverture de* X, *si u est l'unité de* $\mathcal{K}$ *et si* $\mathcal{K}^*$ *est un complexe gradué-filtré défini sur* X, *alors* $u \bigcirc k^*$ *est un isomorphisme canonique, respectant support, degré et filtration, de* $\mathcal{K}^*$ *dans* $\mathcal{K}^l \bigcirc \mathcal{K}^*$.

Preuve. — On utilise les propositions 31.1 et 37.1.

Lemme 37.1. — *Soit $\mathcal{K}$ une couverture de* X; *soit u son unité; soit* $\mathcal{K}^*$ *un complexe défini sur* X, *fin, à supports compacts, sur lequel* $\delta = 0$.

L'isomorphisme canonique de $\mathcal{K}^*$ dans $\mathcal{K} \bigcirc \mathcal{K}^*$ (proposition 37.5) *définit un isomorphisme canonique de $\mathcal{K}^*$ sur $\mathcal{H}(\mathcal{K} \bigcirc \mathcal{K}^*)$.*

Preuve. — Étant donné un cycle c de $\mathcal{K} \bigcirc \mathcal{K}^*$, il s'agit de prouver qu'il existe un élément unique k^* de $\mathcal{K}^*$ tel que

(37.2) $$c \sim u \bigcirc k^*.$$

Soit $x \in X$; d'après (30.3) et la proposition 18.1 *d*

(37.3) $$\mathcal{H}[x(\mathcal{K} \bigcirc \mathcal{K}^*)] = \mathcal{H}(x\mathcal{K}) \otimes x\mathcal{K}^*;$$

il existe donc un élément *unique* xk_x^* de $x\mathcal{K}^*$ tel que

(37.4) $$xc \sim x(u \bigcirc k_x^*);$$

d'après le lemme 30.1, x possède un voisinage ouvert V_x tel que

$$\overline{V}_x c \sim \overline{V}_x(u \bigcirc k_x^*);$$

on peut recouvrir $S(c)$, qui est compact d'après la proposition 30.1, avec un nombre fini de tels voisinages, les $V_\nu (\nu = 1, 2, \ldots, \omega)$;

(37.5) $$\overline{V}_\nu c \sim \overline{V}_\nu(u \bigcirc k_\nu^*);$$

d'après la proposition 22.2 *b*, il existe une partie ouverte V_0 de X telle que $\overline{V_0} \cap S(c) = \emptyset$ et que $\bigcup_{0 \leq \nu \leq \omega} V_\nu = X$; soit $k_0^* = 0$; (37.5) vaut pour $0 \leqq \nu \leqq \omega$. Utilisons l'hypothèse que $\mathcal{K}^*$ est fin, la formule (32.6) et le fait que les λ_ν respectent δ et les homologies, car $\delta\mathcal{K}^* = 0$; (37.5) donne

(37.6) $$\lambda_\nu c \sim u \bigcirc \lambda_\nu k_\nu^*,$$

d'où résulte (37.2), puisque $\sum_\nu \lambda_\nu$ est l'identité. Il reste à prouver que (37.2) détermine k^* sans ambiguité; de (37.2) et (37.4) résulte

(37.7) $$xk^* = xk_x^*;$$

xk_x^* est déterminé sans ambiguité; donc xk^* et par suite k^* sont déterminés sans ambiguité.

Proposition 37.6. — *Soit $\mathcal{K}$ une couverture d'un espace* X; *soit $\mathcal{K}^*$ un complexe défini sur* X, *fin et à supports compacts. L'isomorphisme cano-*

nique λ *de* $\mathcal{K}^*$ *dans* $\mathcal{K} \bigcirc \mathcal{K}^*$ (proposition 37.5) *définit un isomorphisme de* $\mathcal{H}\mathcal{K}^*$ *sur* $\mathcal{H}(\mathcal{K} \bigcirc \mathcal{K}^*)$.

Preuve. — Utilisons sur $\mathcal{K}^*$ une filtration nulle; soit δ' la différentielle égale à δ sur $\mathcal{K}$ et à o sur $\mathcal{K}^*$; d'après le lemme 37.1 et la proposition 10.9, λ définit un isomorphisme de $\mathcal{K}^*$ sur $\mathcal{H}'(\mathcal{K}^{-1} \bigcirc \mathcal{K}^*) = \mathcal{K}'_0(\mathcal{K}^{-1} \bigcirc \mathcal{K}^*)$; donc, vu la proposition 10.7, λ définit un isomorphisme de $\mathcal{K}^*$ sur $\mathcal{H}_0(\mathcal{K}^{-1} \bigcirc \mathcal{K}^*)$; λ définit donc (proposition 10.6) un isomorphisme de $\mathcal{H}_1 \mathcal{K}^* = \mathcal{H}\mathcal{K}^*$ sur $\mathcal{H}_1(\mathcal{K}^{-1} \bigcirc \mathcal{K}^*)$, qui est donc de degré nul et par suite (proposition 10.4) identique à $\mathcal{H}(\mathcal{K} \bigcirc \mathcal{K}^*)$.

Proposition 37.7. — *Tout espace* X (*de dimension n*) *possède une couverture fine* (*dont le degré a pour maximum n*).

Cette proposition résulte des exemples de couvertures fines donnés aux n^os^ **38** et **40**.

38. Couvertures fines d'Alexander et de Cech. — Définition. — *Étant donné un espace* X [*dont les points sont totalement ordonnés*] *envisageons* (n° **16**) *l'anneau d'Alexander* [*de Čech*] $\mathcal{K}$ *attaché à* X : *ses éléments homogènes de degré p sont les fonctions* $k(x_0, x_1, \ldots, x_p)$ *des points* $x_0, x_1, \ldots, x_p$ *de* X [*tels que* $x_0 < x_1 < \ldots < x_p$]. *Définissons* $S(k)$ *comme l'ensemble des points x de* X *dont tout voisinage contient* $p+1$ *points* $x_0, x_1, \ldots, x_p$ *tels que* $k(x_0, x_1, \ldots, x_p) \neq 0$ [*et* $x_0 < x_1 < \ldots < x_p$]. *Cet anneau muni de ces supports constitue un complexe non séparé. Le complexe séparé* $\mathcal{X}$ *associé à* $\mathcal{K}$ *sera nommé couverture fine d'Alexander* [*de Čech*] ([1]) *de l'espace* X.

Justification. — $\mathcal{X}$ est canonique, sans torsion; ses éléments sont de degrés ≥ 0; $\mathcal{X}$ possède une unité : la fonction $u(x_0) = 1$; $S(k)$ est fermé. Il faut prouver que $\mathcal{H}(x\mathcal{X})$ se réduit aux multiples entiers de la classe d'homologie de xu : soit xk l'image canonique de k dans $x\mathcal{X}$, si xk est un cycle, c'est que δk est nul quand ses arguments appartiennent à un voisinage de x; donc d'après la proposition 16.1 :

si $p > 0$, k est égal à une différentielle au voisinage de x et $xk \sim 0$;

([1]) Notre définition s'inspire d'Alexander et de Čech, [1].

si $p=0$, k est constant au voisinage de x et xk est un multiple entier de xu.

Il reste à prouver que $\mathfrak{X}$ est fin : soient $V_\nu (\nu = 1, 2, \ldots, \omega)$ des parties ouvertes de X telles que $\bigcup_\nu V_\nu = X$; soit $u_\nu(x_0)$ la fonction égale à 1 en les points de V_ν n'appartenant pas à $V_1, V_2, \ldots, V_{\nu-1}$, nulle ailleurs; les relations (32.4) sont satisfaites.

39. Couverture et complexe basique de Čech attachés à un recouvrement fermé, localement fini R. — Définition 39.1. — *Soit un espace* X. *Soit un recouvrement fermé, localement fini, totalement ordonné* R *de* X : *c'est un ensemble totalement ordonné de parties fermées* F_μ *de* X *ayant les propriétés suivantes :* $\bigcup_\mu F_\mu = X$; *les* F_μ *rencontrant une partie compacte de* X *sont en nombre fini. Envisageons l'anneau de Čech* (²) *attaché à l'ensemble* R *des* F_μ : *ses éléments homogènes de degré p sont les fonctions* $k(F_0, F_1, \ldots, F_p)$ *de* $p+1$ *éléments de* R *tels que* $F_0 < F_1 < \ldots < F_p$. *Définissons* $S(k)$ *comme l'ensemble des points x de* X *appartenant à* $p+1$ *éléments* $F_0, F_1, \ldots, F_p$ *de* X *tels que* $F_0 < F_1 < \ldots < F_p$ *et* $k(F_0, F_1, \ldots, F_p) \neq 0$. *Cet anneau, muni de ces supports, est un complexe non séparé. Le complexe séparé associé,* $\mathcal{K}$, *sera nommé couverture de Čech de* X *attachée au recouvrement* R. Pour que l'image de k dans $\mathcal{K}$ soit nulle il faut et il suffit que $k(F_0, F_1, \ldots, F_p) = 0$ chaque fois que $F_0 < F_1 < \ldots < F_p$ et $F_0 \cap F_1 \cap \ldots \cap F_p \neq \emptyset$. On peut donc convenir que *les éléments homogènes de* $\mathcal{K}$ *sont les fonctions à valeurs entières* $k(F_0, F_1, \ldots, F_p)$ *qui sont définies quand* $F_0 < F_1 < \ldots < F_p$ *et* $F_0 \cap F_1 \cap \ldots \cap F_p \neq \emptyset$.

Justification. — $S(k)$ est la réunion des $F_0 \cap F_1 \cap \ldots \cap F_p$ tels que $F_0 < F_1 < \ldots < F_p$ et $k(F_0, F_1, \ldots, F_p) \neq 0$; puisque R localement fini, $S(k)$ est donc fermé. L'anneau $x\mathcal{K}$ est l'anneau de Čech défini par l'ensemble des xF_μ non vides; vu la proposition 16.1, $\mathcal{H}(x\mathcal{K})$ est donc l'anneau des entiers.

(²) En utilisant un anneau d'Alexander, on définirait la couverture d'Alexander attachée à R; son emploi est moins avantageux : elle a des éléments non nuls de tous les degrés ≥ 0, alors que la couverture de Čech vérifie la proposition 39.1.

DÉFINITION 39.2. — *Nous nommerons complexe basique de Čech, attaché au recouvrement* R, *le sous-complexe* $\mathcal{K}^*$ *de la couverture de Čech* $\mathcal{K}$ *attachée à* R *qu'engendrent les fonctions* $k(F_0, F_1, \ldots, F_p)$ *qui ne diffèrent de* o *que pour un nombre fini de systèmes d'arguments* : une base de $\mathcal{K}^*$ est constituée par les fonctions $k(F_0, F_1, \ldots, F_p)$ valant 1 pour un système d'arguments, o pour les autres. $\mathcal{K} = \mathcal{K}^*$ *lorsque* R *est fini.*

La proposition suivante est évidente :

PROPOSITION 39.1. — *Le maximum du degré de la couverture et du complexe basique de Čech attachés au recouvrement* R *est* $n-1$, n *étant l'ordre de* R, *c'est-à-dire le plus petit entier tel que l'intersection de* $n+1$ *éléments de* R *soit toujours vide.*

PROPOSITION 39.2. — *Soient* $\mathcal{K}$ *et* $\mathcal{K}^*$ *la couverture et le complexe basique de Čech attachés à un recouvrement d'un espace* X; *soit* $\mathcal{K}'$ *un complexe gradué-filtré défini sur* X; *on a*

$$\mathcal{K}^l \bigcirc \mathcal{K}' = \mathcal{K}^{*l} \bigcirc \mathcal{K}'. \tag{39.1}$$

Preuve. — Étant donné $k \in \mathcal{K}$ et $k' \in \mathcal{K}'$, il existe $k^* \in \mathcal{K}^*$ tel que $k \bigcirc k' = k^* \bigcirc k'$ puisque $S(k')$ est compact.

40. COUVERTURE FINE DE DEGRÉ n D'UN ESPACE A n DIMENSIONS. — Rappelons trois définitions importantes des espaces à n dimensions; l'équivalence de ces trois définitions est classique (¹) :

DÉFINITION 40.1 (Lebesgue). — *Un espace est de dimension* $\leqq n$ *quand il est métrique* (²), *séparable* (³), *et qu'à chacun de ses recouvrements*

(¹) *Voir :* HUREWICZ et WALLMAN, *Dimension theory* [*Princeton Univ. Press*, 1941, (théor. V 5 et V 8, ex. III 6)]. Une partie de cette théorie est exposée dans la *Topologie* d'Alexandroff et Hopf : Chap. IX, §. 3. Il existe d'autres définitions de la dimension : *voir* ALEXANDROFF, HOPF et PONTRJAGIN, *Comp. Math.*, t. 4, p. 239-255.

(²) Un espace X est métrique quand sa topologie peut être définie à l'aide d'une distance $\rho(x, y)$: si $x, y, z \in X$,

$$\rho(x, y) \geqq 0; \quad \rho(x, y) > 0 \quad \text{si} \quad x \neq y; \quad \rho(x, y) = \rho(y, x);$$
$$\rho(x, z) \leqq \rho(x, y) + \rho(y, z).$$

(³) Un espace séparable est la fermeture d'une des ses parties dénombrables.

finis ouverts peut-être associé un recouvrement fini ouvert, plus fin ([4]), *d'ordre* $\leqq n+1$.

Définition 40.2 (Menger-Urysohn). — *Un espace est de dimension* $\leqq n$ *quand il est métrique, séparable et que chacun de ses points possède des voisinages arbitrairement petits dont les frontières sont de dimensions* $< n$. *L'espace vide est de dimension* -1.

Définition 40.3 (Menger-Nöbeling). — *Soit* E_{2n+1} *l'espace euclidien à* $2n+1$ *dimensions; un espace* X *est de dimension* $\leqq n$ *s'il est homéomorphe à une partie fermée de* E_{2n+1} *ne contenant aucun point ayant plus de n coordonnées rationnelles.*

Remarque 40.1. — Si X est de dimension n et si $X \subset E_{2n+1}$, l'un au moins des points de X a n coordonnées rationnelles.

Proposition 40.1. — *Un espace de dimension n possède une couverture fine dont le degré a pour maximum n.*

Nous déduirons cette proposition de la définition 40.3 et des deux lemmes suivants :

Lemme 40.1. — *La droite euclidienne* E_1 *possède une couverture fine* $\mathcal{E}_1$, *dont le degré vaut* 0 *ou* 1, *et telle que la réunion des supports des éléments homogènes de degré* 1 *de* $\mathcal{E}_1$ *est l'ensemble des points de* E_1 *d'abscisses rationnelles.*

Preuve. — Définissons $\mathcal{E}_1$ comme suit : L'anneau des éléments de $\mathcal{E}_1$ de degré 0 est l'anneau des fonctions $k(x)$ du type suivant : $x \in E_1$; $k(x)$ est défini sur E_1 sauf ([1]) pour un nombre fini de valeurs rationnelles de x : $x_1, x_2, \ldots, x_\omega$; $k(x)$ a une valeur entière constante sur chacun des intervalles : $x < x_1$, $x_1 < x < x_2$, .., $x_\omega < x$. Le groupe des éléments de $\mathcal{E}_1$ de degré 1 est constitué par le groupe additif des

---

([4]) Le recouvrement R′ est plus fin que le recouvrement R si tout élément de R′ est compris dans au moins un élément de R.

([1]) On convient d'identifier $k(x)$ et $k_1(x)$ si $k(x) = k_1(x)$ sauf pour un nombre fini de valeurs de x.

fonctions $l(x)$, nulles sauf en un nombre fini de valeurs rationnelles de x.

Soit :

$$\varepsilon > 0, \quad \varepsilon \to 0; \quad k(x-0) = \lim k(x-\varepsilon); \quad k(x+0) = \lim k(x+\varepsilon);$$

définissons comme suit le produit et la différentiation de $\mathcal{E}_1$:

$$l(x)\,k(x) = l(x)\,k(x+0); \quad k(x)\,l(x) = k(x-0)\,l(x); \quad l(x)\,l_1(x) = 0;$$
$$\delta k(x) = k(x+0) - k(x-0); \quad \delta l = 0;$$

nous obtenons un anneau canonique; en effet

$$\begin{aligned}\delta(kk_1) &= k(x+0)\,k_1(x+0) - k(x-0)\,k_1(x-0) \\ &= [k(x+0) - k(x-0)]\,k_1(x+0) + k(x-0)\,[k_1(x+0) - k_1(x-0)] \\ &= \delta k . k_1 + k . \delta k_1.\end{aligned}$$

Soit $S(k)$ l'ensemble des points de E_1 dont tout voisinage contient un point x tel que $k(x) \neq 0$; soit $S(l)$ l'ensemble des points de E_1 où $l(x) \neq 0$. Le complexe $\mathcal{E}_1$ ainsi défini est évidemment une couverture fine de E_1.

LEMME 40.2. — *L'espace euclidien à m dimensions* E_m *possède une couverture fine* $\mathcal{E}_m$ *dont le maximum du degré est m, et telle que la réunion des supports des éléments homogènes de degré p de* $\mathcal{E}_m$ *est l'ensemble des points de* E_m *ayant au moins p coordonnées rationnelles.*

Preuve. — E_m est le produit $E_1 \times E_{m-1}$; soient φ_1 et φ_{m-1} les projections canoniques de E_m sur E_1 et E_{m-1}; on prend

$$\mathcal{E}_m = \overset{-1}{\varphi}(\mathcal{E}_1) \bigcirc \overset{-1}{\varphi}(\mathcal{E}_{m-1});$$

$\mathcal{E}_m$ est une couverture de E_m, vu les propositions 37.2 et 37.4; on vérifie aisément qu'elle est fine.

Preuve de la propositon 40.1. — La définition 40.3 permet de supposer que l'espace à n dimensions envisagé est une partie fermée X de E_{2n+1} ne contenant aucun point ayant plus de n coordonnées rationnelles; d'après la remarque 40.1 l'un au moins des points de X a n coordonnées rationnelles; $X\mathcal{E}_{2n+1}$ est donc une couverture fine de X dont le maximum du degré est n.

V. — Les anneaux d'homologie d'un espace.

41. L'ANNEAU D'HOMOLOGIE $\mathcal{H}(X \bigcirc \mathcal{B})$ D'UN ESPACE X RELATIF A UN FAISCEAU DIFFÉRENTIEL PROPRE $\mathcal{B}$. — Soit X un espace localement compact; soit $\mathcal{B}$ un faisceau différentiel propre défini sur X; soient $\mathcal{X}_1$, $\mathcal{X}_2$, $\mathcal{X}_3$ trois couvertures fines de X; soient u_1, u_2, u_3 leurs unités et k_1, k_2, k_3 leurs éléments; envisageons les isomorphismes canoniques (propositions 37.5 et 37.4) λ_{21}^1 de $\mathcal{X}_1$ *dans* $\mathcal{X}_2 \bigcirc \mathcal{X}_1$, λ_{12}^2 de $\mathcal{X}_2$ *dans* $\mathcal{X}_1 \bigcirc \mathcal{X}_2$, λ_{21}^{12} de $\mathcal{X}_1 \bigcirc \mathcal{X}_2$ *sur* $\mathcal{X}_2 \bigcirc \mathcal{X}_1$:

$$\lambda_{21}^1 k_1 = u_2 \bigcirc k_1; \qquad \lambda_{12}^2 k_2 = u_1 \bigcirc k_2; \qquad \lambda_{21}^{12}(k_1 \bigcirc k_2) = (-1)^{pq} k_2 \bigcirc k_1,$$

si k_1 et k_2 sont homogènes, de degrés p et q; d'après les propositions 36.1 *a* et 37.6, λ_{21}^1 définit un isomorphisme λ'^1_{21} de $\mathcal{H}(\mathcal{X}_1 \bigcirc \mathcal{B})$ *sur* $\mathcal{H}(\mathcal{X}_2 \bigcirc \mathcal{X}_1 \bigcirc \mathcal{B})$ et λ_{12}^2 définit un isomorphisme λ'^2_{12} de $\mathcal{H}(\mathcal{X}_2 \bigcirc \mathcal{B})$ *sur* $\mathcal{H}(\mathcal{X}_1 \bigcirc \mathcal{X}_2 \bigcirc \mathcal{B})$; λ_{21}^{12} définit un isomorphisme λ'^{12}_{21} de $\mathcal{H}(\mathcal{X}_1 \bigcirc \mathcal{X}_2 \bigcirc \mathcal{B})$ *sur* $\mathcal{H}(\mathcal{X}_2 \bigcirc \mathcal{X}_1 \bigcirc \mathcal{B})$; $\lambda'^2_1 = (\lambda'^1_{21})^{-1} \lambda'^{12}_{21} \lambda'^2_{12}$ est donc un isomorphisme canonique de $\mathcal{H}(\mathcal{X}_2 \bigcirc \mathcal{B})$ *sur* $\mathcal{H}(\mathcal{X}_1 \bigcirc \mathcal{B})$. En permutant les rôles de $\mathcal{X}_1$ et $\mathcal{X}_2$ on définit l'isomorphisme canonique $\lambda'^1_2 = (\lambda'^2_{12})^{-1} \lambda'^{21}_{12} \lambda'^1_{21}$, qui est $(\lambda'^2_1)^{-1}$, car $(\lambda_{21}^{12})^{-1} = \lambda_{12}^{21}$.

Prouvons que

$$(41.1) \qquad \lambda'^2_3 \lambda'^1_2 = \lambda'^1_3.$$

Définissons les isomorphismes λ_{123}^μ $(\mu = 1, 2, 3)$ de $\mathcal{X}_\mu$ dans $\mathcal{X}_1 \bigcirc \mathcal{X}_2 \bigcirc \mathcal{X}_3$:

$$\lambda_{123}^1 k_1 = k_1 \bigcirc u_2 \bigcirc u_3; \qquad \lambda_{123}^2 k_2 = u_1 \bigcirc k_2 \bigcirc u_3; \qquad \lambda_{123}^3 k_3 = u_1 \bigcirc u_2 \bigcirc k_3;$$

λ_{123}^μ définit un isomorphisme de $\mathcal{H}(\mathcal{X}_\mu \bigcirc \mathcal{B})$ *sur* $\mathcal{H}(\mathcal{X}_1 \bigcirc \mathcal{X}_2 \bigcirc \mathcal{X}_3 \bigcirc \mathcal{B})$; on vérifie aisément la formule

$$\lambda'^\mu_\nu = (\lambda'^\nu_{123})^{-1} \lambda'^\mu_{123},$$

qui établit (41.1).

A un isomorphisme canonique près, *l'anneau* $\mathcal{H}(\mathcal{X} \bigcirc \mathcal{B})$ *est donc indépendant du choix de la couverture fine* $\mathcal{X}$ *de* X. *Cet anneau sera noté* $\mathcal{H}(X \bigcirc \mathcal{B})$ *et nommé anneau d'homologie de* X *relatif au faisceau différentiel propre* $\mathcal{B}$.

Plus généralement le faisceau d'homologie (n° **28**) $\mathcal{F}(\mathcal{X} \bigcirc \mathcal{B})$ du complexe $\mathcal{X} \bigcirc \mathcal{B}$ est indépendant du choix de la couverture fine $\mathcal{X}$ de X; il sera noté $\mathcal{F}(X \bigcirc \mathcal{B})$ et nommé *faisceau d'homologie de* X *relatif au faisceau différentiel propre* $\mathcal{B}$; *il est constitué par les anneaux d'homologie* $\mathcal{H}(F \bigcirc \mathcal{B})$ *des parties fermées* F *de* X; *il est continu* (proposition 28.1) et par suite propre (proposition 23.1).

THÉORÈME 41.1. — *Si* X *est un point* x, *alors* $\mathcal{H}(x \bigcirc \mathcal{B}) = \mathcal{H}\mathcal{B}(x)$.

Preuve. — Il existe une couverture fine $\mathcal{X}$ de x constituée par une unité et ses multiples entiers; $\mathcal{X} \bigcirc \mathcal{B} = \mathcal{B}(x)$ d'après les propositions 17.1 *a* et 36.1 *b*.

LEMME 41.1. — *Soient* F *une partie fermée de* X *et* $h \in \mathcal{H}(X \bigcirc \mathcal{B})$, *tels que* $Fh = 0$; *soit* $\mathcal{X}$ *une couverture fine de* X. *La classe d'homologie* h *contient un cycle* c *appartenant à* $\mathcal{X} \bigcirc \mathcal{B}$ *et tel que* $F \cap S(c) = \emptyset$.

Preuve. — Soit c_1 un cycle de $\mathcal{X} \bigcirc \mathcal{B}$ appartenant à h; $F\mathcal{X}$ est une couverture fine de F (n° **32** et proposition 37.3); Fc_1 est donc la différentielle d'un élément de $F(\mathcal{X} \bigcirc \mathcal{B}) = (F\mathcal{X}) \bigcirc \mathcal{B}$ (proposition 36.1 *e*): $Fc_1 = F\delta a$; on choisit $c = c_1 - \delta a$.

THÉORÈME 41.2. — *Soit* $h \in \mathcal{H}(X \bigcirc \mathcal{B})$; *si* xh *est nilpotent quel que soit* $x \in X$, *alors* h *est nilpotent* (c'est-à-dire : il existe un exposant entier $q > 0$ tel que $h^q = 0$).

Preuve. — Soit $x \in X$; il existe par hypothèse un entier $q_x > 0$ tel que $xh^{q_x} = 0$. Soit $\mathcal{X}$ une couverture fine de X; d'après le lemme 41.1, il existe un cycle c_x de $\mathcal{X} \bigcirc \mathcal{B}$ tel que

$$c_x \in h^{q_x}, \qquad x \cap S(c_x) = \emptyset.$$

Donc $\bigcap_{x \in X} S(c_x) = \emptyset$; or les $S(c_x)$ sont compacts; donc ([3], Chap. I, § 10, C″) il existe un nombre fini de c_x, les c_ν ($\nu = 1, \ldots, \omega$) tels que $\bigcap_{1 \leq \nu \leq \omega} S(c_\nu) = \emptyset$; d'où $S\left(\prod_{1 \leq \nu \leq \omega} c_\nu\right) = \emptyset$; d'où $\prod_{1 \leq \nu \leq \omega} c_\nu = 0$; d'où $h^q = 0$, pour $q = \sum_{1 \leq \nu \leq \omega} q_\nu$.

42. L'ANNEAU D'HOMOLOGIE GRADUÉ $\mathcal{H}(X' \bigcirc \mathcal{B})$ D'UN ESPACE X RELATIF A UN FAISCEAU DIFFÉRENTIEL-GRADUÉ PROPRE $\mathcal{B}$. — Si $\mathcal{B}$ est un faisceau gradué propre, $\mathcal{X}^l \bigcirc \mathcal{B}$ est un complexe gradué (définition 35.1); *si* $\mathcal{B}$ *a une différentielle homogène de degré* l, $\mathcal{X}^l \bigcirc \mathcal{B}$ a une différentielle homogène de même degré; $\mathcal{H}(\mathcal{X}^l \bigcirc \mathcal{B})$ est donc gradué (n° **8**) : c'est $\mathcal{H}(X \bigcirc \mathcal{B})$ muni d'un degré; ce degré ne dépend pas du choix de $\mathcal{X}$, car les isomorphismes $\lambda_2'^{1}$ du n° **41** conservent le degré, vu la proposition 37.1; $\mathcal{H}(X \bigcirc \mathcal{B})$ *ainsi gradué sera noté* $\mathcal{H}(X^l \bigcirc \mathcal{B})$.

THÉORÈME 42.1. — *Si* X *est un point* x, *alors* $\mathcal{H}(x^l \bigcirc \mathcal{B}) = \mathcal{H}\mathcal{B}(x)$.

Preuve. — Identique à celle du théorème 41.1.

THÉORÈME 42.2. — *Soit* $\mathcal{B}$ *un faisceau différentiel-gradué propre, défini sur l'espace* X, *et dont la différentielle est homogène de degré* l.

a. Le degré de $\mathcal{H}(X^l \bigcirc \mathcal{B})$ *est minoré et majoré par les Bornes inf. et sup. de*

$$lp + \text{degré } b,$$

où

$$0 \leqq p \leqq \dim X, \qquad b \in \mathcal{B}(x), \qquad x \in X.$$

b. Supposons $l \neq 0$, $h \in \mathcal{H}(X^l \bigcirc \mathcal{B})$, $xh = 0$ *quel que soit* $x \in X$ *et degré* $h = \text{Borne inf.}_{x\in X}$ *degré* $\mathcal{B}(x)$ *si* $l > 0$, *degré* $h = \text{Borne sup.}_{x\in X}$ *degré* $\mathcal{B}(x)$ *si* $l < 0$; *alors* $h = 0$.

c. Si, quel que soit $x \in X$, *les éléments de* $\mathcal{H}\mathcal{B}(x)$ *homogènes de degré* p *sont nilpotents, alors les éléments de* $\mathcal{H}(X^l \bigcirc \mathcal{B})$ *homogènes de degré* p *sont nilpotents.*

Preuve de a. — Soit $\mathcal{X}$ une couverture fine de X dont le maximum du degré est dim X (proposition 37.7). D'après la définition 35.1, le degré de $\mathcal{X}^l \bigcirc \mathcal{B}$ est compris entre

Borne inf. degré $\mathcal{B}(x)$ et $l \dim X +$ Borne sup. degré $\mathcal{B}(x)$ si $l \geqq 0$,

$l \dim X +$ Borne inf. degré $\mathcal{B}(x)$ et Borne sup. degré $\mathcal{B}(x)$ si $l \leqq 0$.

Preuve de b. — Supposons $l > 0$: le cas $l < 0$ se ramène au cas $l > 0$ en changeant le signe du degré. Soit $\mathcal{X}$ une couverture fine de X; soit c un cycle de $\mathcal{X}^l \bigcirc \mathcal{B}$ appartenant à la classe h; $xc \sim 0$ et le degré de c est le minimum du degré du complexe $\mathcal{X}^l \bigcirc \mathcal{B}$, dont la différentielle est homogène de degré > 0; donc $xc = 0$; donc $S(c) = \emptyset$; donc $c = 0$.

Preuve de c. — Théorèmes 42.1 et 41.2.

DÉFINITION 42.1. — Soit $\mathcal{B}$ un *faisceau canonique* propre défini sur un espace X; nous nommerons *degré canonique de* $\mathcal{H}(X \bigcirc \mathcal{B})$ le degré de $\mathcal{H}(X^1 \bigcirc \mathcal{B})$: le complexe $\mathcal{X}^1 \bigcirc \mathcal{B}$ est en effet canonique.

THÉORÈME 42.3. — *Soit $\mathcal{B}$ un faisceau canonique propre défini sur un espace X et tel que*

$$(42.1) \qquad bb_1 = (-1)^{pq} b_1 b,$$

quels que soient b et $b_1 \in \mathcal{B}(x)$, homogènes de degrés arbitraires p et q; alors

$$(42.2) \qquad hh_1 = (-1)^{rs} h_1 h,$$

quels que soient h et $h_1 \in \mathcal{H}(X \bigcirc \mathcal{B})$, homogènes de degrés canoniques r et s.

Preuve. — Soient $\mathcal{X}$ et $\mathcal{X}'$ deux couvertures fines de X, u et u' leurs unités, $k^{[p]} \in \mathcal{X}$, $b^{[q]} \in \mathcal{B}[S(k^{[p]})]$, $k'^{[r]} \in \mathcal{X}'$, $b'^{[s]} \in \mathcal{B}[S(k'^{[r]})]$, homogènes de degrés p, q, r, s; soit λ l'isomorphisme canonique de $\mathcal{X} \bigcirc \mathcal{X}' \bigcirc \mathcal{B}$ sur $\mathcal{X}' \bigcirc \mathcal{X} \bigcirc \mathcal{B}$ (proposition 37.4); d'après (31.6), (31.7), (35.7) (35.8) et (42.1)

$$\lambda[(k^{[p]} \bigcirc u' \bigcirc b^{[q]})(u \bigcirc k'^{[r]} \bigcirc b'^{[s]})] \\ = (-1)^{(p+q)(r+s)} (k'^{[r]} \bigcirc u \bigcirc b'^{[s]})(u' \bigcirc k^{[p]} \bigcirc b^{[q]}),$$

cette formule a pour conséquence (42.2), puisque λ définit, d'après les conventions du n° **41**, l'isomorphisme identique de $\mathcal{H}(X \bigcirc \mathcal{B})$ sur lui-même.

43. L'ANNEAU SPECTRAL $\mathcal{H}_r(X^l \bigcirc \mathcal{B})$ ET L'ANNEAU FILTRÉ $\mathcal{H}(X^l \bigcirc \mathcal{B})$ D'HOMOLOGIE D'UN ESPACE X RELATIFS A UN FAISCEAU DIFFÉRENTIEL-FILTRÉ-PROPRE $\mathcal{B}$. — Soit X un espace localement compact; soit $\mathcal{B}$ un faisceau différentiel-filtré-propre défini sur X; soient $\mathcal{X}_1$ et $\mathcal{X}_2$ deux couvertures fines de X; l'isomorphisme canonique λ_{21}^1 de $\mathcal{X}_1$ dans $\mathcal{X}_2 \bigcirc \mathcal{X}_1$ définit un isomorphisme, conservant la filtration, de $\mathcal{X}_1^l \bigcirc \mathcal{B}$ dans $\mathcal{X}_2^l \bigcirc \mathcal{X}_1^l \bigcirc \mathcal{B}$ (proposition 37.5); d'après le n° **41**, λ_{21}^1 définit un isomorphisme

$$\text{de } \mathcal{H}_{l+1}(\mathcal{X}_1^l \bigcirc \mathcal{B}) = \mathcal{H}(\mathcal{X}_1^l \bigcirc \mathcal{F}_l \mathcal{B}) \qquad \text{(proposition 36.2}a) \\ \text{sur } \mathcal{H}_{l+1}(\mathcal{X}_2^l \bigcirc \mathcal{X}_1^l \bigcirc \mathcal{B}) = \mathcal{H}(\mathcal{X}_2^l \bigcirc \mathcal{X}_1^l \bigcirc \mathcal{F}_l \mathcal{B})$$

et de $\mathcal{H}(\mathcal{X}_1 \bigcirc \mathcal{B})$ sur $\mathcal{H}(\mathcal{X}_2 \bigcirc \mathcal{X}_1 \bigcirc \mathcal{B})$; donc, vu la proposition 10.6*a*, λ_{21}^1 définit un isomorphisme, respectant le degré, de $\mathcal{H}_r(\mathcal{X}_1^l \bigcirc \mathcal{B})$

sur $\mathcal{H}_r(\mathfrak{X}_2^l \bigcirc \mathfrak{X}_1^l \bigcirc \mathcal{B})$ pour $l < r$ et un isomorphisme, respectant la filtration, de $\mathcal{H}(\mathfrak{X}_1^l \bigcirc \mathcal{B})$ sur $\mathcal{H}(\mathfrak{X}_2^l \bigcirc \mathfrak{X}_1^l \bigcirc \mathcal{B})$. On en déduit, comme au nº **41**, un isomorphisme canonique $\lambda_2'^1$, vérifiant (41.1), de l'anneau spectral $\mathcal{H}_r(\mathfrak{X}_1^l \bigcirc \mathcal{B})$ sur l'anneau spectral $\mathcal{H}_r(\mathfrak{X}_2^l \bigcirc \mathcal{B})$, si $l < r$, et de l'anneau filtré $\mathcal{H}(\mathfrak{X}_1^l \bigcirc \mathcal{B})$ sur l'anneau filtré $\mathcal{H}(\mathfrak{X}_2^l \bigcirc \mathcal{B})$; $\lambda_2'^1$ respecte degré et filtration.

A un isomorphisme canonique près, *l'anneau spectral* $\mathcal{H}_r(\mathfrak{X}^l \bigcirc \mathcal{B})$, *où* $l < r$, *et l'anneau filtré* $\mathcal{H}(\mathfrak{X}^l \bigcirc \mathcal{B})$ *sont donc indépendants du choix de la couverture fine* $\mathfrak{X}$ *de* X. *Ces anneaux seront notés* $\mathcal{H}_r(X^l \bigcirc \mathcal{B})$, *où* $l < r$, *et* $\mathcal{H}(X^l \bigcirc \mathcal{B})$; *ils seront nommés anneau spectral et anneau filtré d'homologie de* X *relatifs à l'entier* l *et au faisceau différentiel-filtré-propre* $\mathcal{B}$. On a, d'après les formules (36.6) et (9.17),

$$\mathcal{H}_{l+1}(X^l \bigcirc \mathcal{B}) = \mathcal{H}(X^l \bigcirc \mathcal{F}_l\mathcal{B}), \tag{43.1}$$

$\mathcal{F}_l\mathcal{B}$ *étant muni de sa différentielle* δ_l;

$$\mathcal{G}\mathcal{H}(X^l \bigcirc \mathcal{B}) \subset \lim_{r \to +\infty} \mathcal{H}_r(X^l \bigcirc \mathcal{B}). \tag{43.2}$$

L'ensemble des anneaux $\mathcal{H}_r(X^l \bigcirc \mathcal{B})$ *et* $\mathcal{H}(X^l \bigcirc \mathcal{B})$ *sera noté* $\mathcal{H}_*(X^l \bigcirc \mathcal{B})$.

Plus généralement le faisceau spectral d'homologie (nº **29**) $\mathcal{F}_r(\mathfrak{X}^l \bigcirc \mathcal{B})$ du complexe filtré $\mathfrak{X}^l \bigcirc \mathcal{B}$ et son faisceau filtré d'homologie $\mathcal{F}(\mathfrak{X}^l \bigcirc \mathcal{B})$ sont indépendants du choix de la couverture fine $\mathfrak{X}$ de X; on les notera $\mathcal{F}_r(X^l \bigcirc \mathcal{B})$, où $l < r$, et $\mathcal{F}(X^l \bigcirc \mathcal{B})$; on les nommera *faisceau spectral d'homologie de* X *et faisceau filtré d'homologie de* X *relatifs à l'entier* l *et au faisceau différentiel-filtré-propre* $\mathcal{B}$; ils sont respectivement constitués par les anneaux $\mathcal{H}_r(F^l \bigcirc \mathcal{B})$ et $\mathcal{H}(F^l \bigcirc \mathcal{B})$, où F est une partie fermée quelconque de X; ils sont respectivement *gradué continu* et *filtré-continu* (nº **26**); on a

$$\mathcal{F}_{l+1}(X^l \bigcirc \mathcal{B}) = \mathcal{F}(X^l \bigcirc \mathcal{F}_l\mathcal{B}), \tag{43.3}$$

$\mathcal{F}_l\mathcal{B}$ *étant muni de sa différentielle* δ_l;

$$\mathcal{G}\mathcal{F}(X^l \bigcirc \mathcal{B}) \subset \lim_{r \to +\infty} \mathcal{F}_r(X^l \bigcirc \mathcal{B}), \tag{43.4}$$

l'ensemble des faisceaux $\mathcal{F}_r(X^l \bigcirc \mathcal{B})$ *et* $\mathcal{F}(X^l \bigcirc \mathcal{B})$ *sera noté* $\mathcal{F}_*(X^l \bigcirc \mathcal{B})$.

THÉORÈME 43.1. — *Les deux membres de* (43.2) *sont égaux, ainsi que les deux membres de* (43.4), *quand les deux conditions suivantes sont simultanément réalisées :*

1° *la filtration de* $\mathcal{B}(x)$ *est bornée supérieurement;*

2° *ou bien* dim X *est finie, ou bien* $l \leqq 0$.

Preuve. — Propositions 10.2 et 37.7; définition 35.1.

THÉORÈME 43.2. — *Si* X *est un point* x, *alors* $\mathcal{H}_*(x^l \bigcirc \mathcal{B}) = \mathcal{H}_* \mathcal{B}(x)$. $\mathcal{H}_* \mathcal{B}(x)$ *désignant l'anneau spectral* $\mathcal{H}_r \mathcal{B}(x)$, *où* $l < r$, *et l'anneau filtré* $\mathcal{H}\mathcal{B}(x)$.

Preuve. — Identique à celle du théorème 41.1.

THÉORÈME 43.3. — *Le degré et la filtration de* $\mathcal{H}_*(X^l \bigcirc \mathcal{B})$ *sont minorés et majorés par les Bornes inf. et sup. de*

$$lp + f(b),$$

où

$$0 \leqq p \leqq \dim X, \qquad b \in \mathcal{B}(x), \qquad x \in X.$$

Preuve. — Propositions 10.1, 37.7 et définition 35.1.

THÉORÈME 43.4. — *a. Supposons qu'il existe un entier p tel que les éléments de* $\mathcal{H}\mathcal{B}(x)$, *dont la filtration* $> p$, *soient nilpotents; alors les éléments de* $\mathcal{H}(X^l \bigcirc \mathcal{B})$, *dont la filtration* $> p$, *sont nilpotents.*

b. Supposons qu'il existe un entier q tel que les éléments de $\mathcal{H}_{l+1} \mathcal{B}(x)$ *homogènes de degré q soient nilpotents; alors les éléments de* $\mathcal{H}_r(X^l \bigcirc \mathcal{B})$ *homogènes de degré q sont nilpotents.*

Preuve de a. — Théorèmes 41.2 et 43.2.

Preuve de b pour $r = l + 1$. — On applique le théorème 41.2 à $\mathcal{H}(X^l \bigcirc \mathcal{F}_l \mathcal{B})$, compte tenu de la formule (43.1) et du théorème 43.2.

Preuve de b pour $r > l + 1$. — $\mathcal{H}_r$ est image d'un sous-anneau de $\mathcal{H}_{l+1}$ (n° **9**).

44. L'ANNEAU CANONIQUE-SPECTRAL $\mathcal{H}_r(X^l \bigcirc \mathcal{B})$ ET L'ANNEAU GRADUÉ-FILTRÉ $\mathcal{H}(X^l \bigcirc \mathcal{B})$ D'HOMOLOGIE D'UN ESPACE X RELATIFS A UN FAISCEAU CANONIQUE-FILTRÉ-PROPRE $\mathcal{B}$. — Soit X un espace localement compact; soit $\mathcal{B}$ un faisceau canonique-filtré-propre défini sur X; soit un entier l; soit $\mathfrak{X}$ une couverture fine de X; soit $\mathfrak{X}^l \bigcirc \mathcal{B}$ le complexe canonique-filtré qui s'obtient en utilisant sur $\mathfrak{X} \bigcirc \mathcal{B}$ le degré de $\mathfrak{X}^l \bigcirc \mathcal{B}$ et la filtration de $\mathfrak{X}^l \bigcirc \mathcal{B}$; les raisonnements des nos **42** et **43** prouvent que $\mathcal{H}_r(\mathfrak{X}^l \bigcirc \mathcal{B})$ et $\mathcal{H}(\mathfrak{X}^l \bigcirc \mathcal{B})$ sont, à un isomorphisme près, indépendants du choix de $\mathfrak{X}$; nous les noterons $\mathcal{H}_r(X^l \bigcirc \mathcal{B})$ et $\mathcal{H}(X^l \bigcirc \mathcal{B})$; vu les nos **11** et **12**, $\mathcal{H}_r(X^l \bigcirc \mathcal{B})$ *est un anneau canonique-gradué; ses deux degrés seront nommés : degré canonique et degré filtrant; sa différentielle* δ_r *est homogène, de degré canonique* $+1$ *et de degré filtrant* r; $\mathcal{H}(X^l \bigcirc \mathcal{B})$ *est un anneau gradué-filtré; son degré sera encore nommé canonique*. L'ensenble des anneaux $\mathcal{H}_r(X^l \bigcirc \mathcal{B})$ et $\mathcal{H}(X^l \bigcirc \mathcal{B})$ sera noté $\mathcal{H}_*(X^l \bigcirc \mathcal{B})$.

THÉORÈME 44.1. — *Soit* $\mathcal{B}$ *un faisceau canonique-filtré-propre, défini sur un espace* X; *si* $h \in \mathcal{H}_*(X^l \bigcirc \mathcal{B})$, *si* $xh = 0$ *quel que soit* $x \in X$ *et si le degré canonique de* h *est la borne inférieure du degré canonique de* $\mathcal{B}(x)$, *alors* $h = 0$.

Preuve. — Soit p ce degré minimum; puisque δ_r est de degré canonique $+1$, la restriction de χ_r^{l+1} (n° **9**) à l'ensemble des éléments de $\mathcal{H}_{l+1}(X^l \bigcirc \mathcal{B})$ de degré canonique p en lesquels χ_r^{l+1} est défini, est un isomorphisme sur l'ensemble des éléments de $\mathcal{H}_r(X^l \bigcirc \mathcal{B})$ de degré canonique p; il suffit donc de prouver le théorème quand

$$h \in \mathcal{H}_{l+1}(X^l \bigcirc \mathcal{B}) = \mathcal{H}(X^l \bigcirc \mathcal{F}_l \mathcal{B})$$

et quand $h \in \mathcal{H}(X^l \bigcirc \mathcal{B})$; il résulte alors du théorème 42.2*b*, le degré employé étant le degré canonique.

Théorème 44.2. — *Soit $\mathcal{B}$ un faisceau canonique-filtré-propre, défini sur un espace* X *et tel que*

$$bb_1 = (-1)^{pq} b_1 b, \tag{44.1}$$

quels que soient b et $b_1 \in \mathcal{B}(x)$, homogènes, de degrés canoniques p et q; on a

$$hh_1 = (-1)^{rs} h_1 h, \tag{44.2}$$

si h et h_1 sont des éléments de $\mathcal{H}_*(X^l \bigcirc \mathcal{B})$, homogènes de degrés canoniques r et s.

Preuve. — Identique à celle du théorème 42.3.

45. Modifications de l'espace X n'altérant pas $\mathcal{H}_*(X^l \bigcirc \mathcal{B})$. — Théorème 45.1. — *Soient un espace* X *et une partie fermée* F *de* X; *soit $\mathcal{B}$ un faisceau différentiel-filtré-propre ou canonique-filtré-propre, défini sur* X *et tel que $\mathcal{B}(x) = 0$ quand $x \in X, \notin F$*; on a

$$\mathcal{H}_*(X^l \bigcirc \mathcal{B}) = \mathcal{H}_*(F^l \bigcirc \mathcal{B}). \tag{45.1}$$

Preuve. — Soit $\mathfrak{X}$ une couverture fine de X; les supports des éléments de $\mathfrak{X} \bigcirc \mathcal{B}$ appartiennent à F; donc

$$\mathfrak{X}^l \bigcirc \mathcal{B} = F(\mathfrak{X}^l \bigcirc \mathcal{B}),$$

d'où, vu la proposition 36.1*e*,

$$\mathfrak{X}^l \bigcirc \mathcal{B} = (F\mathfrak{X})^l \bigcirc \mathcal{B};$$

or $F\mathfrak{X}$ est une couverture fine de F (n° **32** et proposition 37.3).

Théorème 45.2. — *Soient un espace* X *et une partie ouverte* G *de* X; *soit $\mathcal{B}$ un faisceau différentiel-filtré-propre ou canonique-filtré-propre,* *défini sur* X *et tel que* $\mathcal{B}(\mathrm{F}) = 0$ *quand* F *n'est pas une partie compacte de* G (*cf.* corollaire 46.2); *on a*

$$(45.2) \qquad \mathcal{H}_*(\mathrm{X}^l \bigcirc \mathcal{B}) = \mathcal{H}_*(\mathrm{G}^l \bigcirc \mathcal{B}).$$

Preuve. — Soit $\mathfrak{X}$ une couverture fine de X; $\mathrm{G}\mathfrak{X}$ est une couverture fine de G (n° **32**, proposition 37.3); d'après la proposition 36.1 *f*,

$$\mathfrak{X}^l \bigcirc \mathcal{B} = (\mathrm{G}\mathfrak{X})^l \bigcirc \mathcal{B}.$$

46. Modifications du faisceau $\mathcal{B}$ n'altérant pas $\mathcal{H}_*(\mathrm{X}^l \bigcirc \mathcal{B})$. — Théorème 46.1. — *Soient* $\mathcal{B}$ *et* $\mathcal{B}'$ *deux faisceaux différentiels-filtrés-propres définis sur un espace* X; *soit* λ *un homomorphisme de* $\mathcal{B}'$ *dans* $\mathcal{B}$; *supposons que* λ *définisse un isomorphisme, respectant la filtration, de* $\mathcal{B}'(x)$ *sur* $\mathcal{B}(x)$, *quel que soit* $x \in \mathrm{X}$; *alors* λ *définit un isomorphisme de* $\mathcal{H}_*(\mathrm{X}^l \bigcirc \mathcal{B}')$ *sur* $\mathcal{H}_*(\mathrm{X}^l \bigcirc \mathcal{B})$.

Preuve. — Proposition 36.1 *c*.

Corollaire 46.1. — *Si* $\mathcal{B}'$ *est un sous-faisceau propre de* $\mathcal{B}$ *tel que* $\mathcal{B}'(x) = \mathcal{B}(x)$ *quel que soit* $x \in \mathrm{X}$, *alors*

$$\mathcal{H}_*(\mathrm{X}^l \bigcirc \mathcal{B}') = \mathcal{H}_*(\mathrm{X}^l \bigcirc \mathcal{B}).$$

Corollaire 46.2. — *Soit* $\mathcal{B}'$ *le faisceau qui se déduit de* $\mathcal{B}$ *en annulant* $\mathcal{B}(\mathrm{F})$ *quand* F *n'est pas compact*,

$$\mathcal{H}_*(\mathrm{X}^l \bigcirc \mathcal{B}') = \mathcal{H}_*(\mathrm{X}^l \bigcirc \mathcal{B}).$$

Théorème 46.2. — *Soit* $\mathcal{B}$ *un faisceau différentiel-gradué-propre défini sur un espace* X *et possédant les propriétés suivantes : le degré des éléments de* $\mathcal{B}$ *est borné inférieurement; la différentielle de* $\mathcal{B}$ *est homogène de degré* > 0; $\mathcal{H}\mathcal{B}(x)$ *est homogène de degré nul quel que soit* $x \in \mathrm{X}$. *On a*

$$(46.1) \qquad \mathcal{H}(\mathrm{X} \bigcirc \mathcal{B}) = \mathcal{H}(\mathrm{X} \bigcirc \mathcal{F}\mathcal{B}).$$

Preuve. — Utilisons sur $\mathcal{B}$ la filtration associée au degré changé de signe (n° **6**); d'après la proposition 10.9, $\mathcal{F}_0\mathcal{B} = \mathcal{F}\mathcal{B}$, $\delta_0 = 0$; donc d'après (43.1),

$$\mathcal{H}_1(\mathrm{X}^0 \bigcirc \mathcal{B}) = \mathcal{H}(\mathrm{X}^0 \bigcirc \mathcal{F}\mathcal{B});$$

cet anneau est de degré nul, vu le théorème 42.2 *a*; d'où, vu la proposition 10.4, la formule (46.1).

THÉORÈME 46.3. — *Soit $\mathcal{B}$ un faisceau différentiel-filtré-propre défini sur un espace* X; *soit un entier $l > 0$; supposons la filtration de $\mathcal{B}(x)$ bornée supérieurement, le degré de $\mathcal{H}_l\mathcal{B}(x)$ borné inférieurement et le degré de $\mathcal{H}_{l+1}\mathcal{B}(x)$ nul en chaque point x de* X. *On ne modifie pas $\mathcal{H}_*(X^l \bigcirc \mathcal{B})$ en remplaçant la filtration de $\mathcal{B}$ par la filtration nulle.*

Preuve. — La formule (43.1) et le théorème précédent donnent

$$\mathcal{H}_{l+1}(X^l \bigcirc \mathcal{B}) = \mathcal{H}(X^l \bigcirc \mathcal{F}_{l+1}\mathcal{B}). \tag{46.2}$$

Soit $\mathcal{B}'$ le faisceau $\mathcal{B}$ muni de la filtration f' suivante :

$$\text{si } f(b) \geqq 0, \quad f'(b) = 0; \qquad \text{sinon } f'(b) = f(b) \leqq 0;$$

soit λ l'isomorphisme canonique de $\mathcal{B}'$ sur $\mathcal{B}$; sa filtration est $\geqq 0$; d'après la proposition 10.5, $\mathcal{B}'$ vérifie les conditions imposées à $\mathcal{B}$ et λ définit un isomorphisme de $\mathcal{H}_{l+1}\mathcal{B}'(x)$ sur $\mathcal{H}_{l+1}\mathcal{B}(x)$; donc, vu (46.2) et le théorème 46.1, λ définit un isomorphisme de $\mathcal{H}_{l+1}(X^l \bigcirc \mathcal{B}')$ sur $\mathcal{H}_{l+1}(X^l \bigcirc \mathcal{B})$; donc, vu la proposition 10.6 *a*, λ définit un isomorphisme, respectant filtration et degré, de $\mathcal{H}_*(X^l \bigcirc \mathcal{B}')$ sur $\mathcal{H}_*(X^l \bigcirc \mathcal{B})$. Soit $\mathcal{B}''$ le faisceau $\mathcal{B}$ muni de la filtration nulle; soit λ' l'isomorphisme canonique de $\mathcal{B}'$ sur $\mathcal{B}''$; sa filtration est $\geqq 0$; d'après les propositions 10.4 et 10.9, λ' définit un isomorphisme de $\mathcal{H}_{l+1}\mathcal{B}'(x)$ sur $\mathcal{H}_{l+1}\mathcal{B}''(x)$; donc, vu (46.2) et le théorème 46.1, λ' définit un isomorphisme de $\mathcal{H}_{l+1}(X^l \bigcirc \mathcal{B}')$ sur $\mathcal{H}_{l+1}(X^l \bigcirc \mathcal{B}'')$; donc, vu la proposition 10.6 *a*, λ' définit un isomorphisme, respectant la filtration et le degré, de $\mathcal{H}_*(X^l \bigcirc \mathcal{B}')$ sur $\mathcal{H}_*(X^l \bigcirc \mathcal{B}'')$. D'où un isomorphisme canonique de $\mathcal{H}_*(X^l \bigcirc \mathcal{B})$ sur $\mathcal{H}_*(X^l \bigcirc \mathcal{B}'')$.

THÉORÈME 46.4. — *Soit $\mathcal{B}$ un faisceau canonique-filtré-propre défini sur un espace* X *et possédant les propriétés suivantes : la filtration de $\mathcal{B}(x)$ est bornée supérieurement; le degré de $\mathcal{B}(x)$ est borné inférieurement; le degré canonique de $\mathcal{H}_{l+1}\mathcal{B}(x)$ est nul. On ne modifie pas $\mathcal{H}_*(X^l \bigcirc \mathcal{B})$ en remplaçant $\mathcal{B}$ par $\mathcal{F}\mathcal{B}$.*

Nota. — Le faisceau $\mathcal{F}\mathcal{B}$ est gradué-filtré-propre.

Preuve. — D'après la formule (43.1)

$$\mathcal{H}_{l+1}(X^l \bigcirc \mathcal{B}) = \mathcal{H}(X^l \bigcirc \mathcal{F}_l\mathcal{B});$$

$\mathcal{H}_l\mathcal{B}(x)$ a une différentielle homogène de degré canonique $+1$ et le degré canonique de $\mathcal{H}_{l+1}\mathcal{B}(x)$ est nul; donc, vu (46.1),

$$(46.3) \qquad \mathcal{H}_{l+1}(X^l \bigcirc \mathcal{B}) = \mathcal{H}(X^l \bigcirc \mathcal{F}_{l+1}\mathcal{B}).$$

Soit $r > l$; le degré canonique de $\mathcal{H}_r\mathcal{B}(x)$ est nul; δ_r, qui est homogène de degré canonique 1 (nos **11** et **12**), est donc nul sur $\mathcal{H}_r\mathcal{B}(x)$; donc, vu la proposition 10.3,

$$(46.4) \qquad \mathcal{H}_{l+1}\mathcal{B}(x) = \mathcal{G}\mathcal{H}\mathcal{B}(x).$$

Le théorème 46.1 permet de déduire de (46.3) et (46.4) que

$$(46.5) \qquad \mathcal{H}_{l+1}(X^l \bigcirc \mathcal{B}) = \mathcal{H}(X^l \bigcirc \mathcal{G}\mathcal{F}\mathcal{B}).$$

De (46.4) résulte que le degré canonique de $\mathcal{G}\mathcal{H}\mathcal{B}(x)$ est nul; donc, vu la définition de $\mathcal{G}$, puisque la filtration de $\mathcal{H}\mathcal{B}(x)$ est bornée supérieurement, le degré canonique de $\mathcal{H}\mathcal{B}(x)$ est nul; d'où, vu (46.1),

$$(46.6) \qquad \mathcal{H}(X \bigcirc \mathcal{B}) = \mathcal{H}(X \bigcirc \mathcal{F}\mathcal{B}).$$

Soit $\mathcal{B}'$ le sous-faisceau de $\mathcal{B}$ que constituent les éléments de $\mathcal{B}$ de degrés négatifs et les cycles de $\mathcal{B}$ de degré nul; $\mathcal{B}'$ vérifie les conditions imposées à $\mathcal{B}$, car le groupe additif des éléments de $\mathcal{F}_r\mathcal{B}'$ homogène de degré canonique p est nul si $p > 0$, est celui de $\mathcal{F}_r\mathcal{B}$ si $p < 0$, vu la définition 9.9; soit λ l'isomorphisme canonique de $\mathcal{B}'$ dans $\mathcal{B}$; λ définit un isomorphisme, respectant la filtration, de $\mathcal{F}\mathcal{B}'$ sur $\mathcal{F}\mathcal{B}$; donc, vu (46.5), (46.6) et la proposition 10.6*a*, un isomorphisme, respectant la filtration et le degré, de $\mathcal{H}_*(X^l \bigcirc \mathcal{B}')$ sur $\mathcal{H}_*(X^l \bigcirc \mathcal{B})$.

Soit λ' l'homomorphisme de $\mathcal{B}'$ sur $\mathcal{F}\mathcal{B}' = \mathcal{F}\mathcal{B}$ qui annule les éléments de $\mathcal{B}'$ de degrés < 0 et qui applique sur leur classe d'homologie les éléments de $\mathcal{B}'$ de degré nul; puisque (46.5) et (46.6) valent quand on remplace $\mathcal{B}$ par $\mathcal{B}'$, λ' applique identiquement $\mathcal{H}_{l+1}(X^l \bigcirc \mathcal{B}')$ et $\mathcal{H}(X \bigcirc \mathcal{B}')$ sur $\mathcal{H}_{l+1}(X^l \bigcirc \mathcal{F}\mathcal{B})$ et $\mathcal{H}(X \bigcirc \mathcal{F}\mathcal{B})$, donc, vu la proposition 10.6*a*, $\mathcal{H}_*(X^l \bigcirc \mathcal{B}')$ sur $\mathcal{H}_*(X^l \bigcirc \mathcal{F}\mathcal{B})$.

D'où un isomorphisme canonique de $\mathcal{H}_*(X^l \bigcirc \mathcal{B})$ sur $\mathcal{H}_*(X^l \bigcirc \mathcal{F}\mathcal{B})$.

47. L'homomorphisme $\overset{-1}{\theta}$ réciproque de l'application continue θ. — Soit θ une application continue d'un espace X' dans un espace X; soient $\mathcal{B}$ et $\mathcal{B}'$ deux faisceaux différentiels-filtrés-propres, définis respectivement sur X et sur X', tels que

$$\theta\mathcal{B}' = \mathcal{B} \quad \text{sur } \overline{\theta(X')};$$

ceci signifie que $\mathcal{B}(F) = \mathcal{B}'\big[\overset{-1}{\theta}(F)\big]$ quand F est une partie fermée de l'adhérence $\overline{\theta(X')}$ de $\theta(X')$. Soient $\mathcal{X}$ et $\mathcal{X}'$ deux couvertures fines de X et X'; soient u et u' leurs unités; soit $k \bigcirc b \in \mathcal{X} \bigcirc \mathcal{B} : k \in \mathcal{X}$, $b \in \mathcal{B}[S(k)]$; l'homomorphisme

$$k \bigcirc b \rightarrow u' \bigcirc \overset{-1}{\theta} k \bigcirc b', \qquad \text{où} \quad b' = [S(k) \cap \overline{\theta(X')}]b \in \mathcal{B}'\big[\overset{-1}{\theta}(S(k))\big]$$

est un homomorphisme de $\mathcal{X}^l \bigcirc \mathcal{B}$ dans $\big(\mathcal{X}' \bigcirc \overset{-1}{\theta}\mathcal{X}\big)^l \bigcirc \mathcal{B}'$; sa filtration est $\geqq 0$; il définit donc (définition 10.1 et n° **43**) un *homomorphisme, de filtration* $\geqq 0$, *conservant le degré, de* $\mathcal{H}_*(X^l \bigcirc \mathcal{B})$ *dans* $\mathcal{H}_*(X'^l \bigcirc \mathcal{B}')$; *cet homomorphisme sera noté* $\overset{-1}{\theta}$ *et nommé homomorphisme réciproque de l'application* θ; les raisonnements du n° **41** prouvent qu'il est indépendant des choix des couvertures fines $\mathcal{X}$ et $\mathcal{X}'$.

Théorème 47.1. — *a. Si* θ' *applique* X'' *dans* X', *si* θ *applique* X' *dans* X *et si* $\theta'\mathcal{B}'' = \mathcal{B}'$ *sur* $\overline{\theta'(X'')}$, $\theta\mathcal{B}' = \mathcal{B}$ *sur* $\overline{\theta(X')}$ *et* $\theta\theta'\mathcal{B}'' = \mathcal{B}$ *sur* $\overline{\theta\theta'(X)}$, *alors* $\theta\theta'$ *a pour homomorphisme réciproque l'homomorphisme composé* $\overset{-1}{\theta'}\,\overset{-1}{\theta}$.

b. Si θ *est l'application canonique dans* X *de la partie fermée* F *de* X, *alors* $\overset{-1}{\theta}$ *est la section par* F *de* $\mathcal{H}_*(X^l \bigcirc \mathcal{B})$.

Preuves de *a* : formule (30.6); de *b* : proposition 36.1 *e*.

Ce théorème justifie la remarque suivante :

Remarque 47.1. — L'homomorphisme $\overset{-1}{\theta}$ de $\mathcal{H}_*(F^l \bigcirc \mathcal{B})$ dans $\mathcal{H}_*(F'^l \bigcirc \mathcal{B}')$, où F est une partie fermée de X et $F' = \overset{-1}{\theta}(F)$ constitue un *homomorphisme* canonique de $\mathcal{F}_*(X^l \bigcirc \mathcal{B})$ dans $\theta\mathcal{F}_*(X'^l \bigcirc \mathcal{B}')$.

48. L'homomorphisme canonique Π de $\mathcal{H}_*\mathcal{B}(X)$ dans $\mathcal{H}_*(X^l \bigcirc \mathcal{B})$. — Définition 48.1. — Soit un faisceau différentiel-filtré-propre $\mathcal{B}$, défini sur un espace X; soit π l'application de X sur un point y; d'apres le théorème 43.2, $\mathcal{H}_*(y^l \bigcirc \pi\mathcal{B}) = \mathcal{H}_*\mathcal{B}(X)$; $\overset{-1}{\pi}$ constitue donc *un homomorphisme canonique, que nous noterons* Π, *de* $\mathcal{H}_*\mathcal{B}(X)$ *dans* $\mathcal{H}_*(X^l \bigcirc \mathcal{B})$.

Π *conserve le degré; sa filtration est* $\geqq 0$,

$$(48.1) \qquad x\Pi h = xh, \quad \text{si} \quad x \in X, \quad h \in \mathcal{H}_*\mathcal{B}(X),$$

vu le théorème 43.2.

THÉORÈME 48.1. — *Supposons* $\mathcal{B}$ *canonique-filtré-propre;* Π *conserve le degré canonique; si* $h \in \mathcal{H}_*\mathcal{B}(X)$ *a pour degré canonique la borne inférieure du degré de* $\mathcal{B}(x)$, *alors la condition* $\Pi h = 0$ *équivaut à* $xh = 0$ *quel que soit* $x \in X$.

Preuve. — Théorème 44.1.

DÉFINITION 48.2. — *Quand* Π *est un isomorphisme de* $\mathcal{H}\mathcal{B}(X)$ *sur* $\mathcal{H}(X \bigcirc \mathcal{B})$ *ou un isomorphisme de* $\mathcal{H}_*\mathcal{B}(X)$ *sur* $\mathcal{H}_*(X^l \bigcirc \mathcal{B})$ *nous écrirons*

$$\mathcal{H}(X \bigcirc \mathcal{B}) = \mathcal{H}\mathcal{B}(X), \qquad \mathcal{H}_*\mathcal{B}(X) = \mathcal{H}_*(X^l \bigcirc \mathcal{B}).$$

THÉORÈME 48.2. — *Pour que* $\mathcal{H}_*(X^l \bigcirc \mathcal{B}) = \mathcal{H}_*\mathcal{B}(X)$, *il faut et il suffit que*

$$\mathcal{H}(X \bigcirc \mathcal{F}_l\mathcal{B}) = \mathcal{H}_{l+1}\mathcal{B}(X) \quad \text{et} \quad \mathcal{H}(X \bigcirc \mathcal{B}) = \mathcal{H}\mathcal{B}(X).$$

Preuve. — Proposition 10.6 *a*.

THÉORÈME 48.3. — $\mathcal{H}_*(X^l \bigcirc \mathcal{B}) = \mathcal{H}_*\mathcal{B}(X)$ *quand les conditions suivantes sont simultanément réalisées :* $\mathcal{H}(X^l \bigcirc \mathcal{F}_l\mathcal{B}) = \mathcal{H}_{l+1}\mathcal{B}(X)$; *la filtration de* $\mathcal{B}$ *est bornée supérieurement; ou bien* X *est de dimension finie, ou bien* $l \leqq 0$.

Preuve. — Soit $\mathfrak{X}$ une couverture fine de X, ayant un degré borné si $l > 0$ (proposition 37.7); Π est défini par un homomorphisme de $\mathcal{B}(X)$ dans $\mathfrak{X}^l \bigcirc \mathcal{B}$; on applique la proposition 10.6 à cet homo morphisme.

DÉFINITION 48.3. — *Soit* F *une partie fermée quelconque de* X; *l'homomorphisme* Π *de* $\mathcal{H}_*\mathcal{B}(F)$ *dans* $\mathcal{H}_*(F^l \bigcirc \mathcal{B})$ *constitue un homomorphisme, que nous noterons également* Π, *de* $\mathcal{F}_*\mathcal{B}$ *dans* $\mathcal{F}_*(X^l \bigcirc \mathcal{B})$.

49. Relation entre l'anneau d'homologie d'un espace et les anneaux d'homologie des intersections des éléments d'un recouvrement fermé, localement fini de cet espace. — Définition 49.1. — *Soit un faisceau différentiel-filtré-propre défini sur un espace* X; *soit* $\mathcal{K}^*$ *le complexe basique de Čech* (n° **39**) *défini par un recouvrement fermé, localement fini, ordonné de* X; *soient deux entiers* : $l < m$. *Ces données définissent un anneau spectral, noté* $\mathcal{H}_r(\mathcal{K}^{*m} \bigcirc X^l \bigcirc \mathcal{B})$ $(l < m < r)$ *tel que*

$$(49.1)\qquad \mathcal{H}_{m+1}(\mathcal{K}^{*m} \bigcirc X^l \bigcirc \mathcal{B}) = \mathcal{H}[\mathcal{K}^{*m} \otimes \mathcal{F}_m(X^l \bigcirc \mathcal{B})];$$

$$(49.2)\qquad \mathcal{G}\mathcal{H}(\mathcal{K}^{*m} \bigcirc X^l \bigcirc \mathcal{B}) \subset \lim_{r \to +\infty} \mathcal{H}_r(\mathcal{K}^{*m} \bigcirc X^l \bigcirc \mathcal{B});$$

$\mathcal{H}(\mathcal{K}^{*m} \bigcirc X^l \bigcirc \mathcal{B})$ *désignant* $\mathcal{H}(X \bigcirc \mathcal{B})$ *muni d'une filtration définie par ces données.*

L'ensemble des anneaux $\mathcal{H}_r(\mathcal{K}^{*m} \bigcirc X^l \bigcirc \mathcal{B})$ et $\mathcal{H}(\mathcal{K}^{*m} \bigcirc X^l \bigcirc \mathcal{B})$ sera noté $\mathcal{H}_*(\mathcal{K}^{*m} \bigcirc X^l \bigcirc \mathcal{B})$.

Remarque 49.1. — Les deux membres de (49.2) sont égaux quand les trois conditions suivantes sont simultanément réalisées :

1° la filtration de $\mathcal{B}(x)$ est bornée supérieurement;
2° ou bien dim X est finie, ou bien $l \leqq 0$;
3° ou bien l'ordre de $\mathcal{K}^*$ est fini, ou bien $m \leqq 0$.

Remarque 49.2. — Soient F_μ les parties fermées de X constituant le recouvrement qui définit $\mathcal{K}^*$; la donnée des anneaux

$$\mathcal{H}_m[(F_{\mu_1} \cap F_{\mu_2} \cap \ldots \cap F_{\mu_p})^l \bigcirc \mathcal{B}]$$

et de leurs sections par les F_μ définit $\mathcal{K}^{*m} \otimes \mathcal{F}_m(X^l \bigcirc \mathcal{B})$; le théorème 49.1 établit donc une relation entre ces données et $\mathcal{H}(X \bigcirc \mathcal{B})$.

Preuve. — Soit $\mathcal{X}$ une couverture fine de X; vu les propositions 34.1 *b*, 39.2 et le n° **41**, les anneaux

$$\mathcal{H}_{m+1}(\mathcal{K}^{*m} \bigcirc \mathcal{X}^l \bigcirc \mathcal{B}) = \mathcal{H}[\mathcal{K}^{*m} \otimes \mathcal{F}_m(\mathcal{X}^l \bigcirc \mathcal{B})] = \mathcal{H}[\mathcal{K}^{*m} \otimes \mathcal{F}_m(X^l \bigcirc \mathcal{B})]$$

et

$$\mathcal{H}(\mathcal{K}^* \bigcirc \mathcal{X} \bigcirc \mathcal{B}) = \mathcal{H}(\mathcal{K} \bigcirc \mathcal{X} \bigcirc \mathcal{B}) = \mathcal{H}(X \bigcirc \mathcal{B})$$

sont indépendants du choix de $\mathcal{X}$. Les raisonnements du n° **41** et la proposition 10.6 *a* permettent d'en déduire que l'anneau spectral et l'anneau filtré, $\mathcal{H}_r(\mathcal{K}^{*m} \bigcirc \mathcal{X}^l \bigcirc \mathcal{B})$ $(l < m < r)$ et $\mathcal{H}(\mathcal{K}^{*m} \bigcirc \mathcal{X}^l \bigcirc \mathcal{B})$, sont indépendants de ce choix; nous substituons dans leurs notations X à $\mathcal{X}$. La remarque 1 résulte des propositions 10.2, 37.7 et 39.1.

Explicitons la définition 49.1 dans le cas le plus simple : le recouvrement n'a que deux éléments; la filtration de $\mathcal{B}$ est nulle; $l = 0$; $m = 1$. On obtient, compte tenu de la proposition 10.3, une proposition connue [1].

THÉORÈME 49.1. — *Soit un faisceau différentiel-filtré-propre défini sur un espace* X; *soient* F_1 *et* F_2 *deux parties fermées de* X *telles que* $F_1 \cup F_2 = X$. *Il existe une filtration de* $\mathcal{H}(X \bigcirc \mathcal{B})$, *de valeurs* 0 *et* 1, *telle que* $\mathcal{G}\mathcal{H}(X \bigcirc \mathcal{B})$ *soit l'anneau d'homologie de l'anneau canonique que constituent le groupe additif*

$$\underset{(\text{degré } 0)}{\mathcal{H}(F_1 \bigcirc \mathcal{B})} + \underset{(\text{degré } 0)}{\mathcal{H}(F_2 \bigcirc \mathcal{B})} + \underset{(\text{degré } 1)}{\mathcal{H}[(F_1 \cap F_2) \bigcirc \mathcal{B}]}$$

et les règles de multiplication et de différentiation suivantes : soient

$$h_1 \in \mathcal{H}(F_1 \bigcirc \mathcal{B}), \qquad h_2 \in \mathcal{H}(F_2 \bigcirc \mathcal{B}), \qquad h_{12} \in \mathcal{H}[(F_1 \cap F_2) \bigcirc \mathcal{B}];$$

on garde la loi de multiplication de $\mathcal{H}(F_1 \bigcirc \mathcal{B})$ *et celle de* $\mathcal{H}(F_2 \bigcirc \mathcal{B})$; *on pose*

$$h_1 h_2 = h_2 h_1 = 0;$$

$$h_{12} h_1 = h_2 h_{12} = 0; \qquad h_1 h_{12} = [(F_1 \cap F_2) h_1] . h_{12}; \qquad h_{12} h_2 = h_{12} . [(F_1 \cap F_2) h_2],$$

les seconds membres étant calculés suivant la loi de multiplication de $\mathcal{H}[(F_1 \cap F_2) \bigcirc \mathcal{B}]$; *on pose*

$$\delta h_1 = -(F_1 \cap F_2) h_1; \qquad \delta h_2 = (F_1 \cap F_2) h_2; \qquad \delta h_{12} = 0.$$

DÉFINITION 49.2. — Soit un faisceau différentiel-filtré-propre $\mathcal{B}$ défini sur un espace X; soit un *recouvrement* de X, fermé, localement fini : $\bigcup_\mu F_\mu = X$. Soient $\mathcal{K}$ et $\mathcal{K}^*$ la couverture de Čech et le complexe basique de Čech définis par ce recouvrement, soit u l'unité d'une couverture fixe $\mathcal{X}$ de X; l'homomorphisme λ

$$k \otimes b \rightarrow k \bigcirc u \bigcirc b$$

---

[1] Théorème d'addition de Mayer-Vietoris. *Cf.* ALEXANDROFF et HOPF, *Topologie*, Chap. VII, § 2; [9], p. 179-183.

de $\mathcal{K}^* \otimes \mathcal{B}$ dans $\mathcal{K} \bigcirc \mathcal{X} \bigcirc \mathcal{B}$ définit évidemment *un homomorphisme canonique de* $\mathcal{H}_*(\mathcal{K}^{*m} \otimes \mathcal{B})$ *dans* $\mathcal{H}_*(X^m \bigcirc \mathcal{B})$; *cet homomorphisme conserve le degré; sa filtration est* $\geqq 0$. Quand cet homomorphisme est un *isomorphisme* de $\mathcal{H}_*(\mathcal{K}^{*m} \otimes \mathcal{B})$ sur $\mathcal{H}_*(X^m \bigcirc \mathcal{B})$, nous écrirons

$$\mathcal{H}_*(\mathcal{K}^{*m} \otimes \mathcal{B}) = \mathcal{H}_*(X^m \bigcirc \mathcal{B}); \tag{49.3}$$

quand c'est un *isomorphisme* de $\mathcal{H}(\mathcal{K}^* \otimes \mathcal{B})$ sur $\mathcal{H}(X \bigcirc \mathcal{B})$, nous écrirons

$$\mathcal{H}(\mathcal{K}^* \otimes \mathcal{B}) = \mathcal{H}(X \bigcirc \mathcal{B}). \tag{49.4}$$

THÉORÈME 49.2. — *Supposons que le recouvrement* $\bigcup_\mu F_\mu = X$, *auquel* $\mathcal{K}$ *est associé, soit d'ordre fini :*

a. Si $\mathcal{H}(F \bigcirc \mathcal{B}) = \mathcal{H}\mathcal{B}(F)$ *quand* F *est une intersection non vide de* F_μ, *alors*

$$\mathcal{H}(\mathcal{K}^* \otimes \mathcal{B}) = \mathcal{H}(X \bigcirc \mathcal{B}).$$

b. S'il existe un entier l tel que $\mathcal{H}_*(F^l \bigcirc \mathcal{B}) = \mathcal{H}_*\mathcal{B}(F)$ *quand* F *est une intersection non vide de* F_μ, *alors*

$$\mathcal{H}_*(\mathcal{K}^{*m} \otimes \mathcal{B}) = \mathcal{H}_*(X^m \bigcirc \mathcal{B}) \quad \text{si} \quad l < m.$$

Preuve de a. — Utilisons la filtration nulle de $\mathcal{B}$; d'après la proposition 10.9,

$$\mathcal{H}_1\mathcal{B}(F) = \mathcal{H}_1(F^0 \bigcirc \mathcal{B}),$$

quand F est une intersection de F_μ; donc, vu les formules (34.2) et (49.1), λ définit un isomorphisme de $\mathcal{H}_2(\mathcal{K}^{*1} \otimes \mathcal{B})$ sur $\mathcal{H}_2(\mathcal{K}^{*1} \bigcirc X^0 \bigcirc \mathcal{B})$; vu les propositions 10.6 *b* et 39.1, λ définit donc un isomorphisme de $\mathcal{H}(\mathcal{K}^{*1} \otimes \mathcal{B})$ sur $\mathcal{H}(\mathcal{K}^{*1} \bigcirc X^0 \bigcirc \mathcal{B}) = \mathcal{H}(X \bigcirc \mathcal{B})$.

Preuve de b. — D'après *a*, λ définit un isomorphisme de $\mathcal{H}(\mathcal{K}^* \otimes \mathcal{F}_m\mathcal{B})$ sur $\mathcal{H}(X \bigcirc \mathcal{F}_m\mathcal{B})$, c'est-à-dire, vu les formules (34.2) et (43.1), de $\mathcal{H}_{m+1}(\mathcal{K}^{*m} \otimes \mathcal{B})$ sur $\mathcal{H}_{m+1}(X^m \bigcirc \mathcal{B})$; d'après *a*, λ définit un isomorphisme $\mathcal{H}(\mathcal{K}^* \otimes \mathcal{B})$ sur $\mathcal{H}(X \bigcirc \mathcal{B})$; la proposition 10.6 *a* achève la preuve.

VI. — Les anneaux d'homologie d'une application continue.

50. DÉFINITION. — Soient un espace localement compact X, un faisceau différentiel-filtré-propre $\mathcal{B}$ défini sur X, une application continue ξ de X dans un espace localement compact Y et deux entiers $l < m$. Soient $\mathfrak{X}$ et $\mathfrak{Y}$ deux couvertures fines de X et Y; envisageons le complexe filtré (*voir* proposition 32.3)

$$(50.1)\qquad \mathfrak{Y}^m \bigcirc \xi(\mathfrak{X}^l \bigcirc \mathcal{B}) = \xi(\overset{-1}{\xi}\,\mathfrak{Y}^m \bigcirc \mathfrak{X}^l \bigcirc \mathcal{B}).$$

D'après les propositions 37.2 et 37.4, $\overset{-1}{\xi}\,\mathfrak{Y} \bigcirc \mathfrak{X}$ est une couverture fine de X; donc $\mathcal{H}(\overset{-1}{\xi}\,\mathfrak{Y}^m \bigcirc \mathfrak{X}^l \bigcirc \mathcal{B})$ est $\mathcal{H}(X \bigcirc \mathcal{B})$ muni d'une certaine filtration, qu'on augmente en remplaçant l par m, qu'on diminue en remplaçant m par l : cette filtration est inférieure à celle de $\mathcal{H}(X^m \bigcirc \mathcal{B})$ et est supérieure à celle de $\mathcal{H}(X^l \bigcirc \mathcal{B})$. D'après la formule (50.1) et la proposition 36.2 *b*

$$\mathcal{H}_{m+1}(\overset{-1}{\xi}\,\mathfrak{Y}^m \bigcirc \mathfrak{X}^l \bigcirc \mathcal{B}) = \mathcal{H}_{m+1}[\mathfrak{Y}^m \bigcirc \xi(\mathfrak{X}^l \bigcirc \mathcal{B})] =$$
$$\mathcal{H}[\mathfrak{Y}^m \bigcirc \xi\mathcal{F}_m(\mathfrak{X}^l \bigcirc \mathcal{B})] = \mathcal{H}[Y^m \bigcirc \xi\mathcal{F}_m(X^l \bigcirc \mathcal{B})], \qquad \text{puisque} \quad l < m.$$

Ainsi $\mathcal{H}(\overset{-1}{\xi}\,\mathfrak{Y} \bigcirc \mathfrak{X} \bigcirc \mathcal{B})$ et $\mathcal{H}_{m+1}(\overset{-1}{\xi}\,\mathfrak{Y}^m \bigcirc \mathfrak{X}^l \bigcirc \mathcal{B})$ sont, au sens des nos **41** et **43**, indépendants des choix de $\mathfrak{X}$ et $\mathfrak{Y}$; vu la proposition 10.6 *a*, l'anneau spectral $\mathcal{H}_r(\overset{-1}{\xi}\,\mathfrak{Y}^m \bigcirc \mathfrak{X}^l \bigcirc \mathcal{B})$ $(l < m < r)$ et l'anneau filtré $\mathcal{H}(\overset{-1}{\xi}\,\mathfrak{Y}^m \bigcirc \mathfrak{X}^l \bigcirc \mathcal{B})$ sont donc indépendants du choix de $\mathfrak{X}$ et $\mathfrak{Y}$; aussi les noterons-nous $\mathcal{H}_r(\overset{-1}{\xi}\,Y^m \bigcirc X^l \bigcirc \mathcal{B})$ et $\mathcal{H}(\overset{-1}{\xi}\,Y^m \bigcirc X \bigcirc \mathcal{B})$. L'ensemble de ces anneaux sera noté $\mathcal{H}_*(\overset{-1}{\xi}\,Y^m \bigcirc X^l \bigcirc \mathcal{B})$.

En résumé :

La donnée de l'application continue ξ de X dans Y, du faisceau différentiel-filtré-propre $\mathcal{B}$ sur X et des deux entiers $l < m$ définit un anneau spectral $\mathcal{H}_r(\overset{-1}{\xi}\,Y^m \bigcirc X^l \bigcirc \mathcal{B})$ $(l < m < r)$ nommé anneau spectral d'homologie de ξ;

$$(50.2)\qquad \boxed{\mathcal{H}_{m+1}(\overset{-1}{\xi}\,Y^m \bigcirc X^l \bigcirc \mathcal{B}) = \mathcal{H}[Y^m \bigcirc \xi\mathcal{F}_m(X^l \bigcirc \mathcal{B})],}$$

$\mathcal{F}_m$ étant muni de sa différentielle δ_m;

$$(55.3)\qquad \boxed{\mathcal{G}\mathcal{H}(\overset{-1}{\xi}\,Y^m \bigcirc X^l \bigcirc \mathcal{B}) \subset \lim_{r \to +\infty} \mathcal{H}_r(\overset{-1}{\xi}\,Y^m \bigcirc X^l \bigcirc \mathcal{B}),}$$

où $\mathcal{H}(\overset{-1}{\xi}\, Y^m \bigcirc X^l \bigcirc \mathcal{B})$ *désigne* $\mathcal{H}(X \bigcirc \mathcal{B})$ *muni d'une filtration dépendant de* ξ, l, m*; cette filtration est supérieure ou égale à celle de* $\mathcal{H}(X^l \bigcirc \mathcal{B})$, *inférieure ou égale à celle de* $\mathcal{H}(X^m \bigcirc \mathcal{B})$.

Plus généralement les faisceaux $\mathcal{F}(\overset{-1}{\xi}\, \mathcal{Y}^m \bigcirc \mathcal{X}^l \bigcirc \mathcal{B})$ et $\mathcal{F}_r(\overset{-1}{\xi}\, \mathcal{Y}^m \bigcirc \mathcal{X}^l \bigcirc \mathcal{B})$ $(l < m < r)$ sont indépendants des choix de $\mathcal{X}$ et $\mathcal{Y}$; on les notera $\mathcal{F}(\overset{-1}{\xi}\, Y^m \bigcirc X^l \bigcirc \mathcal{B})$ et $\mathcal{F}_r(\overset{-1}{\xi}\, Y^m \bigcirc X^l \bigcirc \mathcal{B})$. L'ensemble de ces faisceaux sera noté $\mathcal{F}_*(\overset{-1}{\xi}\, Y^m \bigcirc X^l \bigcirc \mathcal{B})$.

Ce sont des faisceaux filtré-continu et gradué-continu définis sur X; *ils sont constitués par les anneaux*

$$\mathcal{H}(\overset{-1}{\xi_F}\, Y^m \bigcirc F^l \bigcirc \mathcal{B}) \quad \text{et} \quad \mathcal{H}_r(\overset{-1}{\xi_F}\, Y^m \bigcirc F^l \bigcirc \mathcal{B}),$$

où F *désigne une partie fermée de* X *et* ξ_F *la restriction de* ξ *à* F;

$$\xi \mathcal{F}_{m+1}(\overset{-1}{\xi}\, Y^m \bigcirc X^l \bigcirc \mathcal{B}) = \mathcal{F}[Y^m \bigcirc \xi \mathcal{F}_m(X^l \bigcirc \mathcal{B})], \tag{50.4}$$

$\mathcal{F}_m$ *étant muni de la différentielle* δ_m;

$$\mathcal{G}\mathcal{F}(\overset{-1}{\xi}\, Y^m \bigcirc X^l \bigcirc \mathcal{B}) \subset \lim_{r \to +\infty} \mathcal{F}_r(\overset{-1}{\xi}\, Y^m \bigcirc X^l \bigcirc \mathcal{B}), \tag{50.5}$$

où $\mathcal{F}(\overset{-1}{\xi}\, Y^m \bigcirc X^l \bigcirc \mathcal{B})$ *désigne* $\mathcal{F}(X \bigcirc \mathcal{B})$ *muni d'une filtration dépendant de* ξ, l, m*; cette filtration est supérieure ou égale à celle de* $\mathcal{F}(X^l \bigcirc \mathcal{B})$, *inférieure ou égale à celle de* $\mathcal{F}(X^m \bigcirc \mathcal{B})$.

Remarque. — Les seconds membres de (50.2) et (50.4) ont un sens vu la continuité de $\mathcal{F}_*(X^l \bigcirc \mathcal{B})$ (nº **43**), les propositions 24.1 et 23.1.

THÉORÈME 50.1. — *Les deux membres de* (50.3) *sont égaux, ainsi que les deux membres de* (50.5), *quand les trois conditions suivantes sont simultanément réalisées :*

1º *la filtration de* $\mathcal{B}(x)$ *est bornée supérieurement;*
2º *ou bien dim.* X *est finie, ou bien* $l \leqq 0$;
3º *ou bien dim.* Y *est finie, ou bien* $m \leqq 0$.

Preuve. — Propositions 10.2 et 37.7.

THÉORÈME. 50.2 — *a. Si l'application* ξ *est constante,*

$$\mathcal{H}_*(\overset{-1}{\xi}\, Y^m \bigcirc X^l \bigcirc \mathcal{B}) = \mathcal{H}_*(X^l \bigcirc \mathcal{B}).$$

b. Si X = Y *et si* ξ *est l'identité,*

$$\mathcal{H}_*\left(\overset{-1}{\xi}\, Y^m \bigcirc X^l \bigcirc \mathcal{B}\right) = \mathcal{H}_*(X^m \bigcirc \mathcal{B}).$$

c. Si X *est un point* x,

$$\mathcal{H}_*\left(\overset{-1}{\xi}\, Y^m \bigcirc X^l \bigcirc \mathcal{B}\right) = \mathcal{H}_*(x).$$

Preuve de a. — Le théorème 52.1 *c* permet de supposer que Y est un point; on choisit $\mathcal{Y}$ identique à l'anneau des entiers; on utilise la proposition 17.1.

Preuve de b. — L'homomorphisme Π (n° **48**) de $\mathcal{F}_m\mathcal{B}$ dans $\mathcal{F}_m(X^l \bigcirc \mathcal{B})$ définit un isomorphisme de $\mathcal{H}_m\mathcal{B}(x)$ sur $\mathcal{H}_m(x^l \bigcirc \mathcal{B})$, donc, vu le théorème 46.1, un isomorphisme de $\mathcal{H}(X^m \bigcirc \mathcal{F}_m\mathcal{B})$ sur $\mathcal{H}[X^m \bigcirc \mathcal{F}_m(X^l \bigcirc \mathcal{B})]$, c'est-à-dire de $\mathcal{H}_{m+1}(X^m \bigcirc \mathcal{B})$ sur $\mathcal{H}_{m+1}(X^m \bigcirc X^l \bigcirc \mathcal{B})$; la proposition 10.6 *a* achève la preuve.

Preuve de c. — *a.* et le théorème 43.2.

Théorème 50.3. — *La filtration de* $\mathcal{H}\left(\overset{-1}{\xi}\, Y^m \bigcirc X^l \bigcirc \mathcal{B}\right)$ *est majorée et minorée par :*

a. Borne inf. $[lp + f(b)]$ *et* Borne sup. $[mp + f(b)]$, *où* $0 \leqq p \leqq \dim X$, $b \in \mathcal{B}(x)$, $x \in X$;

b. Borne inf. $[lp + mq + f(b)]$ *et* Borne sup. $[lp + mq + f(b)]$, *où* $0 \leqq p \leqq \underset{y \in Y}{\text{Borne sup.}} \dim \overset{-1}{\xi}(y)$, $0 \leqq q \leqq \dim Y$, $b \in \mathcal{B}(x)$, $x \in X$.

Nota. — La majoration *b* suppose cette filtration finie; c'est par exemple le cas quand la majoration *a* est finie.

Preuve de a. — La filtration de $\mathcal{H}\left(\overset{-1}{\xi}\, Y^m \bigcirc X^l \bigcirc \mathcal{B}\right)$ est minorée et majorée par celles de $\mathcal{H}(X^l \bigcirc \mathcal{B})$ et $\mathcal{H}(X^m \bigcirc \mathcal{B})$, auxquelles s'applique le théorème 43.3.

Preuve de b. — D'après le théorème 43.3, le degré de $\mathcal{H}_m\left[\left(\overset{-1}{\xi}(y)\right)^l \bigcirc \mathcal{B}\right]$ est minoré et majoré par les bornes inférieure et supérieure de $lp + f(b)$; vu la proposition 37.7, le degré de $\mathcal{Y}^m \bigcirc \xi\, \mathcal{F}_m(X^l \bigcirc \mathcal{B})$ est donc minoré et majoré par les bornes inférieure et supérieure de $lp + mq + f(b)$; vu les formules (50.2) et (50.3), le degré de $\mathcal{G}\mathcal{H}\left(\overset{-1}{\xi}\,Y^m \bigcirc X^l \bigcirc \mathcal{B}\right)$ est minoré et majoré par ces bornes; d'ou b si la filtration de $\mathcal{H}\left(\overset{-1}{\xi}\,Y^m \bigcirc X^l \bigcirc \mathcal{B}\right)$ est finie.

THÉORÈME 50.4. — *a. Supposons qu'il existe un entier p tel que les éléments de $\mathcal{H}\mathcal{B}(x)$, dont la filtration est $> p$, soient nilpotents; alors les éléments de $\mathcal{H}\left(\overset{-1}{\xi}\,Y^m \bigcirc X^l \bigcirc \mathcal{B}\right)$, dont la filtration est $> p$, sont nilpotents.*

b. Supposons qu'il existe un entier q tel que les éléments de $\mathcal{H}_{l+1}\mathcal{B}(x)$ homogènes de degré q soient nilpotents; alors les éléments de $\mathcal{H}_r\left(\overset{-1}{\xi}\,Y^m \bigcirc X^l \bigcirc \mathcal{B}\right)$ homogènes de degré q sont nilpotents.

Preuve de a. — Soit $h \in \mathcal{H}(X \bigcirc \mathcal{B})$; si sa filtration dans $\mathcal{H}\left(\overset{-1}{\xi}\,Y^m \bigcirc X^l \bigcirc \mathcal{B}\right)$ est $> p$, alors sa filtration dans $\mathcal{H}(X^m \bigcirc \mathcal{B})$ est $> p$ et il est nilpotent d'après le théorème 43.4 *a*.

Preuve de b. — D'après le théorème 43.4 *b*, les éléments de $\mathcal{F}_{m+1}(X^l \bigcirc \mathcal{B})$ de degré q sont nilpotents; donc, vu les théorèmes 42.1 et 42.2 *c*, les éléments de $\mathcal{H}[Y^m \bigcirc \xi\,\mathcal{F}_m(X^l \bigcirc \mathcal{B})]$ de degré q sont nilpotents. Or $\mathcal{H}_r\left(\overset{-1}{\xi}\,Y^m \bigcirc X^l \bigcirc \mathcal{B}\right)$ est une image de $\mathcal{H}[Y^m \bigcirc \xi\,\mathcal{F}_m(X^l \bigcirc \mathcal{B})]$.

51. CAS OU $\mathcal{B}$ EST UN FAISCEAU CANONIQUE-FILTRÉ-PROPRE. — $\overset{-1}{\xi}\,\mathcal{Y}^m \bigcirc \mathcal{X}^l \bigcirc \mathcal{B}$ est un complexe canonique-filtré (*cf.* n° **44**); donc *$\mathcal{H}_r\left(\overset{-1}{\xi}\,Y^m \bigcirc X^l \bigcirc \mathcal{B}\right)$ est un anneau canonique-gradué; ses deux degrés sont nommés : degré canonique et degré filtrant; sa différentielle δ_r est homogène, de degré canonique $+1$ et de degré filtrant r; $\mathcal{H}\left(\overset{-1}{\xi}\,Y^m \bigcirc X^l \bigcirc \mathcal{B}\right)$ est un anneau gradué-filtré, dont le degré sera encore nommé canonique.*

On étend aisément les théorèmes du n° **44** :

THÉORÈME 51.1. — *Si $h \in \mathcal{H}_*\left(\overset{-1}{\xi}\,Y^m \bigcirc X^l \bigcirc \mathcal{B}\right)$, si $xh = 0$ quel que soit $x \in X$ et si le degré canonique de h est la borne inférieure du degré canonique de $\mathcal{B}(x)$, alors $h = 0$.*

THÉORÈME 51.2. — *Si* $bb_1 = (-1)^{pq} b_1 b$, *quels que soient* b *et* $b_1 \in \mathcal{B}(x)$, *de degrés* p *et* q, *alors* $hh_1 = (-1)^{rs} h_1 h$, *quels que soient* h *et* $h_1 \in \mathcal{H}_*\left(\overset{-1}{\xi}\, Y^m \bigcirc X^l \bigcirc \mathcal{B}\right)$, *de degrés canoniques* r *et* s.

52. MODIFICATIONS DE X ET Y N'ALTÉRANT PAS $\mathcal{H}_*\left(\overset{-1}{\xi}\, Y^m \bigcirc X^l \bigcirc \mathcal{B}\right)$. — THÉORÈME 52.1. — *On ne modifie pas* $\mathcal{H}_*\left(\overset{-1}{\xi}\, Y^m \bigcirc X^l \bigcirc \mathcal{B}\right)$:

a. en remplaçant X *par* F, *quand* F *est une partie fermée de* X *telle que* $\mathcal{B}(x) = 0$ *si* x *est un point du complémentaire de* F ;

b. en remplaçant X *par* G, *quand* G *est une partie ouverte de* X *telle que* $\mathcal{B}(F) = 0$ *quand* F *n'est pas une partie compacte de* G ;

c. en remplaçant Y *par un de ses sous-espaces contenant* $\xi(X)$.

Preuve de a. — Celle du théorème 45.1.

Preuve de b. — Celle du théorème 45.2.

Preuve de c. — Le complexe $\mathcal{Y} \bigcirc \xi(\mathcal{X} \bigcirc \mathcal{B})$ est identique à sa section par un de ses sous-espaces contenant $\xi(X)$.

53. MODIFICATION DE $\mathcal{B}$ N'ALTÉRANT PAS $\mathcal{H}_*\left(\overset{-1}{\xi}\, Y^m \bigcirc X^l \bigcirc \mathcal{B}\right)$. — On généralise aisément le n° **46** :

THÉORÈME 53.1. — *On ne modifie pas* $\mathcal{H}_*\left(\overset{-1}{\xi}\, Y^m \bigcirc X^l \bigcirc \mathcal{B}\right)$:

a. en remplaçant $\mathcal{B}$ *par un sous-faisceau propre* $\mathcal{B}'$ *tel que* $\mathcal{B}(x) = \mathcal{B}'(x)$ *quel que soit* $x \in X$;

b. en remplaçant la filtration de $\mathcal{B}$ *par la filtration nulle quand toutes les conditions suivantes sont réalisées :* $l > 0$; *la filtration de* $\mathcal{B}(x)$ *est bornée supérieurement; le degré de* $\mathcal{H}_l \mathcal{B}(x)$ *est borné inférieurement; le degré de* $\mathcal{H}_{l+1} \mathcal{B}(x)$ *est nul;*

c. en remplaçant $\mathcal{B}$ *par* $\mathcal{F}\mathcal{B}$ *quand toutes les conditions suivantes sont réalisées :* $\mathcal{B}$ *est un faisceau canonique-filtré-propre; la filtration de* $\mathcal{B}(x)$ *est bornée supérieurement; le degré de* $\mathcal{B}(x)$ *est borné inférieurement; le degré canonique de* $\mathcal{H}_{l+1} \mathcal{B}(x)$ *est nul.*

54. L'HOMOMORPHISME $\overset{-1}{\theta}$ RÉCIPROQUE DE LA REPRÉSENTATION CONTINUE θ D'UNE APPLICATION CONTINUE ξ' DANS UNE APPLICATION CONTINUE ξ. — *Soient une appli-*

cation continue ξ *d'un espace* X *dans un espace* Y *et une application continue* ξ' *d'un espace* X' *dans un espace* Y'; *nous nommerons représentation continue de* ξ' *dans* ξ *toute application continue* θ *de* X' *dans* X *à laquelle on peut associer une application continue* τ *de* Y' *dans* Y *telle que*

(54.1) $$\tau\xi' = \xi\theta,$$

Soient $\mathcal{B}$ et $\mathcal{B}'$ deux faisceaux différentiels-filtrés-propres, définis

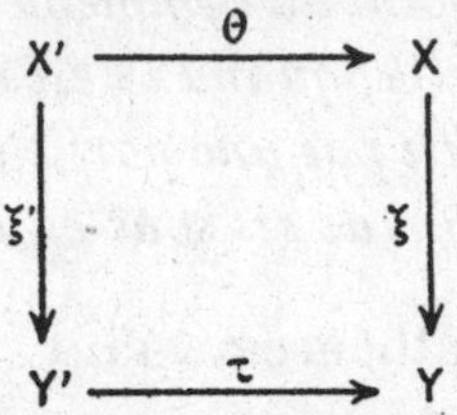

θ représente ξ' dans ξ.

Fig. 1.

sur X et X', tels que $\theta\mathcal{B}' = \mathcal{B}$ sur $\overline{\theta(X')}$. Soient $\mathcal{X}$, $\mathcal{Y}$, $\mathcal{X}'$, $\mathcal{Y}'$ des couvertures fines de X, Y, X', Y'; soient u, v, u', v' leurs unités; soit

$$\overset{-1}{\xi}\, l \bigcirc k \bigcirc b \in \overset{-1}{\xi}\, \mathcal{Y} \bigcirc \mathcal{X} \bigcirc \mathcal{B} : k \in \mathcal{X},\ l \in \mathcal{Y},\ b \in \mathcal{B}[S(k)];$$

soit

$$b' = [S(k) \cap \overline{\theta(X')}]\, b \in \mathcal{B}'[\overset{-1}{\theta}\, S(k)];$$

l'homomorphisme

(54.2) $$\overset{-1}{\xi}\, l \bigcirc k \bigcirc b \to \overset{-1}{\xi'}\, v' \bigcirc \overset{-1}{\theta}\, \overset{-1}{\xi}\, l \bigcirc u' \bigcirc \overset{-1}{\theta}\, k \bigcirc b',$$

c'est-à-dire, vu (54.1) et (28.7),

(54.3) $$\overset{-1}{\xi}\, l \bigcirc k \bigcirc b \to \overset{-1}{\xi'}\, (v' \bigcirc \overset{-1}{\tau}\, l) \bigcirc (u' \bigcirc \overset{-1}{\theta}\, k) \bigcirc b'$$

est un honomorphisme de $\overset{-1}{\xi}\, \mathcal{Y}^m \bigcirc \mathcal{X}^l \bigcirc \mathcal{B}$ dans

$$\overset{-1}{\xi'}\, (\mathcal{Y}' \bigcirc \overset{-1}{\tau}\, \mathcal{Y})^m \bigcirc (\mathcal{X}' \bigcirc \overset{-1}{\theta}\, \mathcal{X})^l \bigcirc \mathcal{B}';$$

sa filtration est $\geqq 0$; il définit donc (définition 10.1 et n° 50) *un homomorphisme de filtration* $\geqq 0$, *conservant le degré, de* $\mathcal{H}_*(\overset{-1}{\xi}\, Y^m \bigcirc X^l \bigcirc \mathcal{B})$

dans $\mathcal{H}_*\left(\overset{-1}{\xi'} Y'^m \bigcirc X''^l \bigcirc \mathcal{B}'\right)$; *cet homomorphisme sera noté* $\overset{-1}{\theta}$ *et nomme homomorphisme réciproque de la représentation* θ. Il est indépendant du choix des couvertures fines et, vu (54.2), du choix de l'application τ associée à θ [D'ailleurs (54.1) définit τ sans embiguïté sur $\overline{\xi'(X')}$].

Remarque 54.1. — L'homomorphisme $\overset{-1}{\theta}$, que définit le n° **47**, de $\mathcal{H}(X^n \bigcirc \mathcal{B})$ dans $\mathcal{H}(X'^n \bigcirc \mathcal{B}')$ et l'homomorphisme $\overset{-1}{\theta}$, que nous venons de définir, de $\mathcal{H}\left(\overset{-1}{\xi} Y^m \bigcirc X^l \bigcirc \mathcal{B}\right)$ dans $\mathcal{H}\left(\overset{-1}{\xi'} Y'^m \bigcirc X''^l \bigcirc \mathcal{B}\right)$ constituent le même homomorphisme de l'anneau $\mathcal{H}(X \bigcirc \mathcal{B})$ dans l'anneau $\mathcal{H}(X' \bigcirc \mathcal{B}')$.

Remarque 54.2. — L'homomorphisme canonique de $\mathcal{F}_m(X^l \bigcirc \mathcal{B})$ dans $\theta\mathcal{F}_m(X''^l \bigcirc \mathcal{B}')$ (remarque 47.1) définit un homomorphisme canonique de $\xi\mathcal{F}_m(X^l \bigcirc \mathcal{B})$ dans $\xi\theta\mathcal{F}_m(X''^l \bigcirc \mathcal{B}')$, c'est-à-dire, vu (54.1), dans $\tau\xi'\mathcal{F}_m(X''^l \bigcirc \mathcal{B}')$; d'où un homomorphisme canonique de $\mathcal{H}[Y \bigcirc \xi\mathcal{F}_m(X^l \bigcirc \mathcal{B})]$ dans $\mathcal{H}[Y \bigcirc \tau\xi'\mathcal{F}_m(X''^l \bigcirc \mathcal{B}')]$; en composant cet homomorphisme et l'homomorphisme $\overset{-1}{\tau}$ de $\mathcal{H}[Y \bigcirc \tau\xi'\mathcal{F}_m(X''^l \bigcirc \mathcal{B}')]$, on obtient un homomorphisme de $\mathcal{H}[Y \bigcirc \xi\mathcal{F}_m(X^l \bigcirc \mathcal{B})]$ dans $\mathcal{H}[Y' \bigcirc \xi'\mathcal{F}_m(X''^l \bigcirc \mathcal{B}')]$, c'est-à-dire, vu (50.2), de $\mathcal{H}_{m+1}\left(\overset{-1}{\xi} Y^m \bigcirc X^l \bigcirc \mathcal{B}\right)$ dans $\mathcal{H}_{m+1}\left(\overset{-1}{\xi'} Y'^m \bigcirc X''^l \bigcirc \mathcal{B}'\right)$; l'homomorphisme ainsi obtenu est $\overset{-1}{\theta}$, comme on le voit en explicitant les définitions de ces divers homomorphismes.

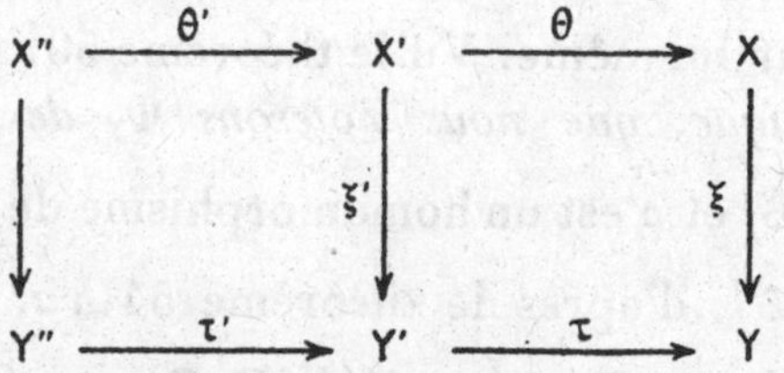

θ' représente ξ'' dans ξ'; θ représente ξ' dans ξ;
$\theta\theta'$ représente ξ'' dans ξ.

Fig. 2.

THÉORÈME 54.1. — *a. Si* θ' *représente* ξ'' *dans* ξ', *si* θ *représente* ξ' *dans* ξ *et si* $\theta'\mathcal{B}'' = \mathcal{B}'$ *sur* $\overline{\theta'(X'')}$, $\theta(\mathcal{B}') = \mathcal{B}$ *sur* $\overline{\theta(X')}$ *et* $\theta\theta'\mathcal{B}'' = \mathcal{B}$

sur $\overline{\theta\theta'(X)}$, *alors la représentation composée* $\theta\theta'$ *a pour homomorphisme réciproque l'homomorphisme composé* $\overset{-1}{\theta'}\,\overset{-1}{\theta}$ (*fig.* 2).

b. Si ξ' *est la restriction de* ξ *à une partie fermée* F *de* X *et si* θ *est la représentation canonique de* ξ' *dans* ξ (*c'est-à-dire la représentation que définit l'application canonique de* F *dans* X), *alors* $\overset{-1}{\theta}$ *est la section par* F *de* $\mathcal{H}_*\big(\overset{-1}{\xi}\,Y^m \bigcirc X^l \bigcirc \mathcal{B}\big)$.

55. Les homomorphismes canoniques Φ, Ψ et Ω de $\mathcal{H}_*(X^l \bigcirc \mathcal{B})$, $\mathcal{H}_*(Y^m \bigcirc \xi\mathcal{B})$ et $\mathcal{H}_*\mathcal{B}(X)$ dans $\mathcal{H}_*\big(\overset{-1}{\xi}\,Y^m \bigcirc X^l \bigcirc \mathcal{B}\big)$. — Soient une application continue ξ d'un espace X dans un espace Y et un faisceau différentiel-filtré-propre $\mathcal{B}$ défini sur X.

Définition 55.1 (*fig.* 3). — Soient $y \in Y$, ξ' la restriction de ξ à $\overset{-1}{\xi}(y)$, ρ la représentation canonique de ξ' dans ξ, π l'application

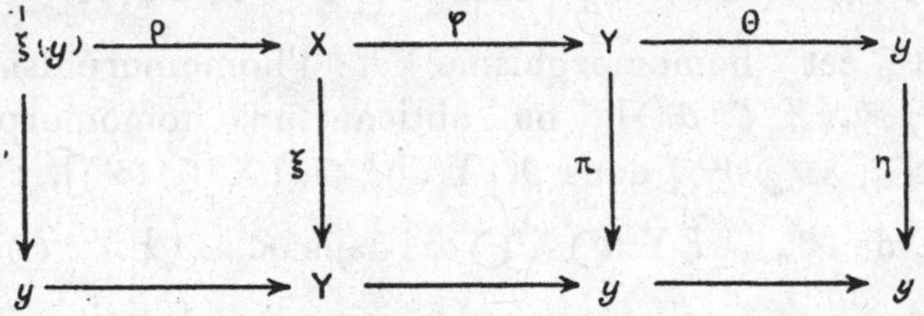

Fig. 3.

de X sur y, φ la représentation de ξ dans π définie par l'application identique de X sur lui-même. Vu le théorème 50.2*a*, $\overset{-1}{\varphi}$ est *un homomorphisme canonique, que nous noterons* Φ, *de* $\mathcal{H}_*(X^l \bigcirc \mathcal{B})$ *dans* $\mathcal{H}_*\big(\overset{-1}{\xi}\,Y^m \bigcirc X^l \bigcirc \mathcal{B}\big)$ et $\overset{-1}{\rho}$ est un homomorphisme de $\mathcal{H}_*\big(\overset{-1}{\xi}\,Y^m \bigcirc X^l \bigcirc \mathcal{B}\big)$ dans $\mathcal{H}_*\big(\overset{-1}{\xi}\,y^l \bigcirc \mathcal{B}\big)$; d'après le théorème 54.1*a*, l'homomorphisme composé $\overset{-1}{\rho}\,\overset{-1}{\varphi}$ est la section de $\mathcal{H}_*(X^l \bigcirc \mathcal{B})$ par $\overset{-1}{\xi}(y)$; d'où, vu les remarques 54.1, 54.2 :

Théorème 55.1. — *a. La restriction de* Φ *à* $\mathcal{H}(X^l \bigcirc \mathcal{B})$ *est l'application identique de cet anneau sur l'anneau* $\mathcal{H}\big(\overset{-1}{\xi}\,Y^m \bigcirc X^l \bigcirc \mathcal{B}\big)$, (*qui ne diffère, rappelons-le, du précédent que par sa filtration*).

b. La restriction de Φ *à* $\mathcal{H}_{m+1}(X^l \bigcirc \mathcal{B})$ *est l'homomorphisme canonique* Π [*définition* 48.1, *où l'on remplace* X *par* Y *et* $\mathcal{B}$ *par* $\xi\mathcal{F}_m(X^l \bigcirc \mathcal{B})$] *de* $\mathcal{H}_{m+1}(X^l \bigcirc \mathcal{B})$ *dans*

$$\mathcal{H}[Y^m \bigcirc \xi\mathcal{F}_m(X^l \bigcirc \mathcal{B})] = \mathcal{H}_{m+1}(\overset{-1}{\xi}\, Y^m \bigcirc X^l \bigcirc \mathcal{B}).$$

c. Si $h \in \mathcal{H}_*(X^l \bigcirc \mathcal{B})$ *est tel que* $\Phi h = 0$, *alors* $\overset{-1}{\xi}(y)h = 0$ *quel que soit* $y \in Y$.

DÉFINITION 55.2 (*fig.* 4). — Supposons $\xi\mathcal{B}$ *propre*. Cette hypothèse est réalisée en particulier dans chacun des deux cas suivants : ξ est propre (proposition 24.2); $\mathcal{B}$ est continu (propositions 24.1 et 23.1).

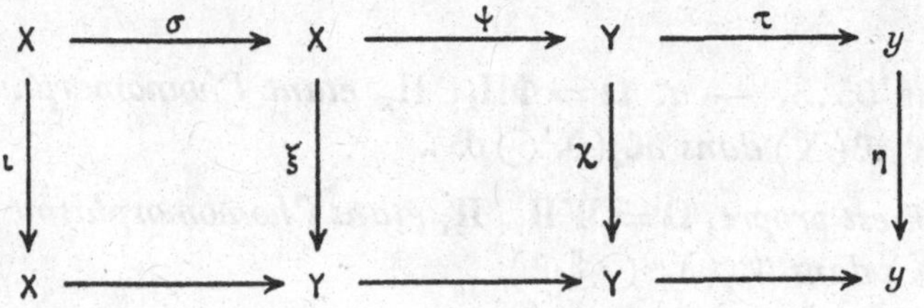

Fig. 4.

Soient ι et χ les applications identiques de X et Y sur eux-mêmes; soit σ la représentation de ι dans ξ définie par l'application identique de X sur lui-même; soit ψ la représentation de ξ dans χ que définit ξ. Vu le théorème 50.2*b*, $\overset{-1}{\psi}$ est un *homomorphisme canonique*, *que nous noterons* Ψ, *de* $\mathcal{H}_*(Y^m \bigcirc \xi\mathcal{B})$ *dans* $\mathcal{H}_*\left(\overset{-1}{\xi}\, Y^m \bigcirc X^l \bigcirc \mathcal{B}\right)$ et $\overset{-1}{\sigma}$ est un homomorphisme de $\mathcal{H}_*\left(\overset{-1}{\xi}\, Y^m \bigcirc X^l \bigcirc \mathcal{B}\right)$ dans $\mathcal{H}_*(X^m \bigcirc \mathcal{B})$; d'après le théorème 54.1*a*, l'homomorphisme composé $\overset{-1}{\sigma}\,\overset{-1}{\psi}$ est l'homomorphisme $\overset{-1}{\xi}$ de $\mathcal{H}_*(Y^m \bigcirc \xi\mathcal{B})$ dans $\mathcal{H}_*(X^m \bigcirc \mathcal{B})$; d'où, vu les remarques 54.1 et 54.2 :

THÉORÈME 55.2. — *a. La restriction de* Ψ *à* $\mathcal{H}(Y^m \bigcirc \xi\mathcal{B})$ *est l'homomorphisme* $\overset{-1}{\xi}$ *de* $\mathcal{H}(Y \bigcirc \xi\mathcal{B})$ *dans* $\mathcal{H}(X \bigcirc \mathcal{B})$.

b. La restriction de Ψ *à* $\mathcal{H}_{m+1}(Y^m \bigcirc \xi\mathcal{B}) = \mathcal{H}(Y^m \bigcirc \xi\mathcal{F}_m\mathcal{B})$ *est l'homomorphisme de* $\mathcal{H}(Y^m \bigcirc \xi\mathcal{F}_m\mathcal{B})$ *dans* $\mathcal{H}[Y^m \bigcirc \xi\mathcal{F}_m(X^l \bigcirc \mathcal{B})]$ *que définit l'homomorphisme* Π *de* $\mathcal{F}_m\mathcal{B}$ *dans* $\mathcal{F}_m(X^l \bigcirc \mathcal{B})$ (*définition* 48.3).

c. Si $h \in \mathcal{H}_*(Y^m \bigcirc \xi\mathcal{B})$ *est tel que* $\Psi h = 0$, *alors* $\overset{-1}{\xi} h = 0$.

Définition 55.3 (*fig.* 3 et 4). — Soit η l'application de $\dot{y}$ sur y; soit ω la représentation de ξ sur η; vu le théorème 50.2*c*, $\overset{-1}{\omega}$ est *un homomorphisme canonique, que nous noterons* Ω, *de* $\mathcal{H}_*\mathcal{B}(X)$ *dans* $\mathcal{H}_*(\overset{-1}{\xi} Y^m \bigcirc X^l \bigcirc \mathcal{B})$. Soit θ la représentation de π dans η; $\overset{-1}{\theta}$ est l'homomorphisme canonique Π_X (définition 48.1) de $\mathcal{H}_*\mathcal{B}(X)$ dans $\mathcal{H}_*(X^l \bigcirc \mathcal{B})$; or $\omega = \theta\varphi$; donc, vu le théorème 54.1*a*, $\Omega = \Phi\Pi_X$. Soit τ la représentation de χ dans η; $\overset{-1}{\tau}$ est l'homomorphisme canonique Π_Y de $\mathcal{H}_*\mathcal{B}(X)$ dans $\mathcal{H}_*(Y^m \bigcirc \xi\mathcal{B})$; or $\omega = \tau\psi$; donc $\Omega = \Psi\Pi_Y$. D'où :

Théorème 55.3. — *a.* $\Omega = \Phi\Pi_X$, Π_X *étant l'homomorphisme canonique de* $\mathcal{H}_*\mathcal{B}(X)$ *dans* $\mathcal{H}_*(X^l \bigcirc \mathcal{B})$.

b. Si $\xi\mathcal{B}$ *est propre*, $\Omega = \Psi\Pi_Y$, Π_Y *étant l'homomorphisme canonique de* $\mathcal{H}_*\mathcal{B}(X)$ *dans* $\mathcal{H}_*(Y^m \bigcirc \xi\mathcal{B})$.

Ce théorème prouve que les conventions suivantes sont compatibles avec la définition 48.2 :

Définition 55.4. — *Quand* Φ *est un isomorphisme de* $\mathcal{H}_*(X^l \bigcirc \mathcal{B})$ *sur* $\mathcal{H}_*(\overset{-1}{\xi} Y^m \bigcirc X^l \bigcirc \mathcal{B})$, *nous écrirons*

$$\mathcal{H}_*(X^l \bigcirc \mathcal{B}) = \mathcal{H}_*(\overset{-1}{\xi} Y^m \bigcirc X^l \bigcirc \mathcal{B}); \tag{55.1}$$

pour qu'il en soit ainsi, il faut et il suffit (proposition 10.6*a) que* Φ *soit un isomorphisme de* $\mathcal{H}_{m+1}(X^l \bigcirc \mathcal{B})$ *sur* $\mathcal{H}_{m+1}(\overset{-1}{\xi} Y^m \bigcirc X^l \bigcirc \mathcal{B})$. *Quand* Ψ *est un isomorphisme de* $\mathcal{H}_*(Y^m \bigcirc \xi\mathcal{B})$ *sur* $\mathcal{H}_*(\overset{-1}{\xi} Y^m \bigcirc X^l \bigcirc \mathcal{B})$, *nous écrirons*

$$\mathcal{H}_*(Y^m \bigcirc \xi\mathcal{B}) = \mathcal{H}_*(\overset{-1}{\xi} Y^m \bigcirc X^l \bigcirc \mathcal{B}). \tag{55.2}$$

Quand Ω *est un isomorphisme de* $\mathcal{H}_*\mathcal{B}(X)$ *sur* $\mathcal{H}_*(\overset{-1}{\xi} Y^m \bigcirc X^l \bigcirc \mathcal{B})$, *nous écrirons*

$$\mathcal{H}_*\mathcal{B}(X) = \mathcal{H}_*(\overset{-1}{\xi} Y^m \bigcirc X^l \bigcirc \mathcal{B}). \tag{55.3}$$

56. CAS OU $\mathcal{H}(F \bigcirc \mathcal{B}) = \mathcal{H}\mathcal{B}(F)$ QUAND $F = \overset{-1}{\xi}(y)$, $y \in Y$. —

LEMME 56.1. — *Si* $\mathcal{H}(F \bigcirc \mathcal{F}_l \mathcal{B}) = \mathcal{H}_{l+1}\mathcal{B}(F)$ *quand* $F = \overset{-1}{\xi}(y)$, $y \in Y$, *alors*

$$\mathcal{H}_{m+1}(\overset{-1}{\xi} Y^m \bigcirc X^l \bigcirc \mathcal{B}) = \mathcal{H}_{m+1}(Y^m \bigcirc \xi\mathcal{B}).$$

Preuve. — L'hypothèse signifie que Π est un isomorphisme de $\mathcal{H}_{l+1}\mathcal{B}(F)$ sur $\mathcal{H}(F \bigcirc \mathcal{F}_l\mathcal{B}) = \mathcal{H}_{l+1}(F^l \bigcirc \mathcal{B})$; donc, vu la proposition 10.6, Π est un isomorphisme de $\mathcal{H}_m\mathcal{B}(F)$ sur $\mathcal{H}_m(F^l \bigcirc \mathcal{B})$; donc, vu le théorème 46.1, Π définit un isomorphisme de $\mathcal{H}(Y \bigcirc \xi\mathcal{F}_m\mathcal{B})$ sur $\mathcal{H}[Y \bigcirc \xi\mathcal{F}_m(X^l \bigcirc \mathcal{B})]$, c'est-à-dire de $\mathcal{H}_{m+1}(Y^m \bigcirc \xi\mathcal{B})$ sur $\mathcal{H}_{m+1}(\overset{-1}{\xi} Y^m \bigcirc X^l \bigcirc \mathcal{B})$; le théorème 55.2*b* prouve que cet isomorphisme est Ψ.

THÉORÈME 56.1. — *Soit* ξ *une application continue d'un espace* X *dans un espace* Y, *dont la dimension est finie; soit* $\mathcal{B}$ *un faisceau différentiel-filtré-propre, défini sur* X*; supposons* $\xi\mathcal{B}$ *propre.*

a. Si $\mathcal{H}(F \bigcirc \mathcal{B}) = \mathcal{H}\mathcal{B}(F)$ *quand* $F = \overset{-1}{\xi}(y)$, $y \in F$, *alors* $\overset{-1}{\xi}$ *est un isomorphisme de* $\mathcal{H}(Y \bigcirc \xi\mathcal{B})$ *sur* $\mathcal{H}(X \bigcirc \mathcal{B})$.

Si $\mathcal{H}_*(F^l \bigcirc \mathcal{B}) = \mathcal{H}_*\mathcal{B}(F)$ *quand* $F = \overset{-1}{\xi}(y)$, $y \in Y$, *alors*

b. $\overset{-1}{\xi}$ *est un isomorphisme de* $\mathcal{H}_*(Y^l \bigcirc \xi\mathcal{B})$ *sur* $\mathcal{H}_*(X^l \bigcirc \mathcal{B})$;

c. $\mathcal{H}_*(Y^m \bigcirc \xi\mathcal{B}) = \mathcal{H}_*(\overset{-1}{\xi} Y^m \bigcirc X^l \bigcirc \mathcal{B})$, *quel que soit* $m > l$.

Preuve de a. — Choisissons $l = 0$, $m = 1$, la filtration de $\mathcal{B}$ nulle; vu la proposition 10.9, l'hypothèse s'énonce

$$\mathcal{H}(F \bigcirc \mathcal{F}_0\mathcal{B}) = \mathcal{H}_1\mathcal{B}(F);$$

donc, vu le lemme 56.1,

$$\mathcal{H}_2(\overset{-1}{\xi} Y^1 \bigcirc X^0 \bigcirc \mathcal{B}) = \mathcal{H}_2(Y^1 \bigcirc \xi\mathcal{B});$$

d'où, vu les propositions 10.6 *b* et 37.7,

$$\mathcal{H}_*(\overset{-1}{\xi} Y^1 \bigcirc X^0 \bigcirc \mathcal{B}) = \mathcal{H}_*(Y^1 \bigcirc \xi\mathcal{B});$$

la définition 55.4 et le théorème 55.2 *a* achèvent la preuve.

Preuve de b. — D'après *a*, $\overset{-1}{\xi}$ est un isomorphisme de $\mathcal{H}(Y \bigcirc \xi\mathcal{B})$, et $\mathcal{H}(Y \bigcirc \xi \mathcal{F}_l \mathcal{B})$ sur $\mathcal{H}(X \bigcirc \mathcal{B})$ et $\mathcal{H}(X \bigcirc \mathcal{F}_l \mathcal{B})$; on applique la proposition 10.6 *a*.

Preuve de c. — D'après *a* et le théorème 55.2 *a*, Ψ applique isomorphiquement $\mathcal{H}(Y^m \bigcirc \xi \mathcal{B})$ sur $\mathcal{H}\left(\overset{-1}{\xi} Y^m \bigcirc X^l \bigcirc \mathcal{B}\right)$; d'après le lemme 56.1, Ψ applique isomorphiquement $\mathcal{H}_{m+1}(Y^m \bigcirc \xi \mathcal{B})$ sur $\mathcal{H}_{m+1}\left(\overset{-1}{\xi} Y^m \bigcirc X^l \bigcirc \mathcal{B}\right)$; donc, vu la proposition 10.6 *a*, Ψ est un isomorphisme, respectant le degré et la filtration, de $\mathcal{H}_*(Y^m \bigcirc \xi \mathcal{B})$ sur $\mathcal{H}_*\left(\overset{-1}{\xi} Y^m \bigcirc X^l \bigcirc B\right)$.

57. Relation entre les anneaux d'homologie d'une application et les anneaux d'homologie de ses restrictions aux intersections des éléments d'un recouvrement de l'espace sur lequel elle est définie. — On généralise aisément la définition 49.2 :

Définition 57.1. — *Soient un espace* X, *un faisceau différentiel-filtré-propre* $\mathcal{B}$ *défini sur* X, *une application continue* ξ *de* X *dans un espace* Y *et le complexe basique de Čech* $\mathcal{K}^*$ (*n*° **39**) *défini par un recouvrement fermé, localement fini, ordonné de* Y; *soient deux entiers* $l < m$. *Il existe un homomorphisme canonique, conservant le degré et de filtration* $\geqq 0$, *des anneaux* $\mathcal{H}_*\left(\overset{-1}{\xi} \mathcal{K}^{*m} \bigcirc X^l \bigcirc \mathcal{B}\right)$ *dans les anneaux* $\mathcal{H}_*\left(\overset{-1}{\xi} Y^m \bigcirc X^l \bigcirc \mathcal{B}\right)$.

Quand cet homomorphisme est un *isomorphisme* des premiers anneaux sur les seconds (il conserve alors la filtration, vu la proposition 10.6 *a*), nous écrirons

$$\mathcal{H}_*\left(\overset{-1}{\xi} \mathcal{K}^{*m} \bigcirc X^l \bigcirc \mathcal{B}\right) = \mathcal{H}_*\left(\overset{-1}{\xi} Y^m \bigcirc X^l \bigcirc \mathcal{B}\right). \tag{57.3}$$

Rappelons que $\mathcal{H}\left(\overset{-1}{\xi} \mathcal{K}^{*m} \bigcirc X^l \bigcirc \mathcal{B}\right)$ désigne $\mathcal{H}(X \bigcirc \mathcal{B})$ muni d'une filtration que minore et majore celles de $\mathcal{H}(X^l \bigcirc \mathcal{B})$ et $\mathcal{H}(X^m \bigcirc \mathcal{B})$.

Théorème 57.1. — (57.3) *a lieu lorsque les deux conditions suivantes sont réalisées : le recouvrement* $\bigcup_\mu F_\mu = Y$, *auquel* $\mathcal{K}^*$ *est associé, est* *d'ordre fini; quand* F *est une intersection non vide de* $\overset{-1}{\xi}(F_\mu)$, *on a*, ξ_F *désignant la restriction de* ξ *à* F,

$$\mathcal{H}_*(\overset{-1}{\xi_F} Y^m \bigcirc F^l \bigcirc \mathcal{B}) = \mathcal{H}_*(F^l \bigcirc \mathcal{B}) \qquad \text{(au sens de la définition 55.4).}$$

Preuve. — Soit I une intersection non vide de F_μ; soit $F = \overset{-1}{\xi}(I)$. Par hypothèse :

$$\mathcal{H}[Y \bigcirc \xi_F \mathcal{F}_m(F^l \bigcirc \mathcal{B})] = \mathcal{H}_{m+1}(F^l \bigcirc \mathcal{B}),$$

d'où, vu le théorème 45.1 :

$$\mathcal{H}[I \bigcirc \xi \mathcal{F}_m(X^l \bigcirc \mathcal{B})] = \mathcal{H}_{m+1}(F^l \bigcirc \mathcal{B}).$$

Le théorème 49.2 *a* s'applique donc quand on remplace dans son énoncé F par I et $\mathcal{B}$ par $\xi\mathcal{F}_m(X^l \bigcirc \mathcal{B})$; il donne

$$\mathcal{H}[\mathcal{K}^* \otimes \xi\mathcal{F}_m(X^l \bigcirc \mathcal{B})] = \mathcal{H}[X \bigcirc \xi\mathcal{F}_m(X^l \bigcirc \mathcal{B})],$$

c'est-à-dire

$$\mathcal{H}_{m+1}(\overset{-1}{\xi} \mathcal{K}^{*m} \bigcirc X^l \bigcirc \mathcal{B}) = \mathcal{H}_{m+1}(\overset{-1}{\xi} Y^m \bigcirc X^l \bigcirc \mathcal{B});$$

pour en conclure que l'homomorphisme canonique des anneaux $\mathcal{H}_*(\overset{-1}{\xi} \mathcal{K}^{*m} \bigcirc X^l \bigcirc \mathcal{B})$ dans les anneaux $\mathcal{H}_*(\overset{-1}{\xi} Y^m \bigcirc X^l \bigcirc \mathcal{B})$ est un isomorphisme des premiers sur les seconds, il suffit d'utiliser les propositions 10.6 *b* et 39.1.

VII. — Les anneaux d'homologie d'une application composée.

58. Soient une application continue ξ d'un espace X dans un espace Y, une application continue η de Y dans un espace Z, un faisceau différentiel-filtré-propre $\mathcal{B}$ défini sur X et trois entiers $l < m < n$; une généralisation aisée du n° **50** définit un anneau spectral

$$\mathcal{H}_r(\overset{-1}{\xi}\,\overset{-1}{\eta} Z^n \bigcirc \overset{-1}{\xi} Y^m \bigcirc X^l \bigcirc \mathcal{B}) \qquad (l < m < n < r),$$

que nous nommerons *anneau spectral d'homologie de l'application composée* $\eta\xi$; on a

$$\mathcal{H}_{n+1}(\overset{-1}{\xi}\,\overset{-1}{\eta} Z^n \bigcirc \overset{-1}{\xi} Y^m \bigcirc X^l \bigcirc \mathcal{B}) = \mathcal{H}[Z^n \bigcirc \eta\xi\mathcal{F}_n(\overset{-1}{\xi} Y^m \bigcirc X^l \bigcirc \mathcal{B})];$$

$$\mathcal{G}\mathcal{H}(\overset{-1}{\xi}\,\overset{-1}{\eta} Z^n \bigcirc \overset{-1}{\xi} Y^m \bigcirc X^l \bigcirc \mathcal{B}) \subset \lim_{r \to +\infty} \mathcal{H}_r(\overset{-1}{\xi}\,\overset{-1}{\eta} Z^n \bigcirc \overset{-1}{\xi} Y^m \bigcirc X^l \bigcirc \mathcal{B});$$

où $\mathcal{H}(\overset{-1}{\xi}\,\overset{-1}{\eta}\,Z^{n} \bigcirc \overset{-1}{\xi}\,Y^{m} \bigcirc X^{l} \bigcirc \mathcal{B})$ désigne $\mathcal{H}(X \bigcirc \mathcal{B})$ muni d'une filtration dépendant des données. Les propriétés des anneaux d'homologie d'une application s'étendent aisément aux anneaux d'homologie d'une application composée.

En particulier, étant donnée une application continue ξ de X en lui-même et un faisceau différentiel-filtré-propre $\mathcal{B}$ défini sur X, on pourra donc envisager $\mathcal{H}_*\left(\ldots \bigcirc \overset{-q}{\xi} X^{n} \bigcirc \overset{-p}{\xi} X^{m} \bigcirc X^{l} \bigcirc \mathcal{B}\right)$, où $l < m < n \ldots$; p et q sont des entiers > 0; $\overset{-q}{\xi}$ est le réciproque de ξ^{q}.

VIII. — Cas où la différentielle et la filtration du faisceau sont nulles.

Nous conviendrons que $\mathcal{B}$ *est canonique, le degré canonique de tous ses éléments étant nul.*

59. Propriétés de $\mathcal{H}_*(X^{l} \bigcirc \mathcal{B})$. — $\mathcal{X}^{l} \bigcirc \mathcal{B}$ est canonique-filtré; sa filtration est associée à l fois le degré canonique; d'après la proposition 10.9

$$\mathcal{H}_r(X^{l} \bigcirc \mathcal{B}) = \mathcal{G}\mathcal{H}(X^{l} \bigcirc \mathcal{B}) = \mathcal{H}(X^{l} \bigcirc \mathcal{B}).$$

$\mathcal{H}_r(X^{l} \bigcirc \mathcal{B})$ *est canonique-gradué, le degré filtrant étant l fois le degré canonique;* $\mathcal{H}(X^{l} \bigcirc \mathcal{B})$ *est gradué-filtré, la filtration étant associée à l fois le degré.*

Les théorèmes 42.2 et 44.1 donnent :

Théorème 59.1. — *Supposons* $\delta\mathcal{B} = 0$; *utilisons sur* $\mathcal{B}$ *un degré canonique nul.*

a. Le degré canonique de $\mathcal{H}(X \bigcirc \mathcal{B})$ *est minoré par* 0, *majoré par* dim X.

b. Si $h \in \mathcal{H}(X \bigcirc \mathcal{B})$ *est de degré canonique nul et si* $xh = 0$ *quel que soit* $x \in X$, *alors* $h = 0$.

c. Les éléments de $\mathcal{H}(X \bigcirc \mathcal{B})$ *dont le degré canonique est* > 0 *sont nilpotents. Si tout élément de* $\mathcal{B}(x)$ *est nilpotent, quel que soit* $x \in X$, *alors tout élément de* $\mathcal{H}(X \bigcirc \mathcal{B})$ *est nilpotent.*

Puisque $\mathcal{F}\mathcal{B} = \mathcal{B}$, Π *est un homomorphisme de* $\mathcal{B}(X)$ *dans* $\mathcal{H}(X^{l} \bigcirc \mathcal{B})$.

Soit $b \in \mathcal{B}(X)$*;* Πb *a un degré et une filtration nuls.* D'après le théorème 48.1 :

THÉORÈME 59.2. — *Supposons* $\delta\mathcal{B} = 0$. *Soit* $b \in \mathcal{B}(X)$*; pour que* $\Pi b = 0$, *il faut et il suffit que* $xb = 0$ *quel que soit* $x \in X$.

60. PROPRIÉTÉS DE $\mathcal{H}_*(\overset{-1}{\xi} Y^m \bigcirc X^l \bigcirc \mathcal{B})$. — *Vu le n°* **51**, $\mathcal{H}_r(\overset{-1}{\xi} Y^m \bigcirc X^l \bigcirc \mathcal{B})$ *est canonique-gradué;* δ_r *a le degré canonique* 1 *et le degré filtrant* r. $\mathcal{H}(\overset{-1}{\xi} Y^m \bigcirc X^l \bigcirc \mathcal{B})$ *est gradué-filtré; son degré sera encore nommé canonique; ce degré canonique est minoré par* 0, *majoré par* dim X. *L'automorphisme* α (*n°* **8**) *multiplie par* $(-1)^p$ *un élément homogène de degré canonique* p. Multiplier l et m par un entier $n > 0$ revient à multiplier par n la filtration, le degré filtrant et l'indice r; ajouter 1 à l et m revient à ajouter 1 à l'indice r et à augmenter du degré canonique la filtration et le degré filtrant (n° **7**); *on pourra donc toujours supposer*, ce qui simplifie le théorème 60.1 :

$l = 0$, $m = 1$ [alors, vu le théorème 50.3 : *la filtration et le degré filtrant sont minorés par* 0, *majorés par* dim Y *et, sur les éléments homogènes,* $\leqq$ *degré canonique*];

ou, ce qui simplifie le théorème 60.2 :

$l = -1$, $m = 0$ [alors *la filtration et le degré filtrant sont minorés par* — $\underset{y \in Y}{\text{Borne sup.}}$ dim $\overset{-1}{\xi}(y)$, *majorés par* 0 *et, sur les éléments homogènes,* $\geqq -$ *degré canonique*].

La formule (50.2) se réduit à

$$\mathcal{H}_{m+1}(\overset{-1}{\xi} Y^m \bigcirc X^l \bigcirc \mathcal{B}) = \mathcal{H}[Y^m \bigcirc \xi\mathcal{F}(X^l \bigcirc \mathcal{B})]; \tag{60.1}$$

d'après le théorème 50.1,

$$\mathcal{G}\mathcal{H}(\overset{-1}{\xi} Y^m \bigcirc X^l \bigcirc \mathcal{B}) = \lim_{r \to +\infty} \mathcal{H}_r(\overset{-1}{\xi} Y^m \bigcirc X^l \bigcirc \mathcal{B}).$$

L'étude des homomorphismes Φ et Ψ se réduit à celle de leurs restrictions $\underline{\Phi}$ et $\underline{\Psi}$ définies ci-dessous.

LEMME 60.1. — *Soit* $h \in \mathcal{H}_{m+1}\left(\overset{-1}{\xi}\, Y^m \bigcirc X^l \bigcirc \mathcal{B}\right)$; *si h est homogène de degré canonique p et de degré filtrant lp, les trois conditions suivantes sont équivalentes;*

a. h a une image canonique nulle dans $\mathcal{G}\mathcal{H}\left(\overset{-1}{\xi}\, Y^m \bigcirc X^l \bigcirc \mathcal{B}\right)$;

b. $\overset{-1}{\xi}(y).h = 0$ *quel que soit* $y \in Y$;

c. $h = 0$.

Preuve. — Nous prouverons que *a* entraîne *b* et que *b* entraîne *c*; puisque *c* entraîne évidemment *a*, le lemme sera prouvé.

a entraîne b. — D'après le théorème 50.2 *a* et le n° **59**, les sections par $\overset{-1}{\xi}(y)$ de $\mathcal{H}_{m+1}\left(\overset{-1}{\xi}\, Y^m \bigcirc X^l \bigcirc \mathcal{B}\right)$ et $\mathcal{G}\mathcal{H}\left(\overset{-1}{\xi}\, Y^m \bigcirc X^l \bigcirc \mathcal{B}\right)$ sont canoniquement isomorphes.

b entraîne c. — Retranchons de la filtration *l* fois le degré canonique; les hypothèses deviennent :

$h \in \mathcal{H}_{m-l+1}\left(\overset{-1}{\xi}\, Y^{m-l} \bigcirc X^0 \bigcirc \mathcal{B}\right)$; $\overset{-1}{\xi}(y).h = 0$ si $y \in Y$; le degré filtrant de *h* est nul;

c'est-à-dire :

$h \in \mathcal{H}[Y \bigcirc \xi\mathcal{F}(X \bigcirc \mathcal{B})]$; $yh = 0$ si $y \in Y$; le degré de *h* est nul quand on utilise le degré canonique de Y et un degré nul sur $\xi\mathcal{F}(X \bigcirc \mathcal{B})$.

Ces hypothèses entraînent *a* d'après le théorème 59.1 *b*.

THÉORÈME 60.1. — *Supposons* $\delta\mathcal{B} = 0$ *et la filtration de* $\mathcal{B}$ *nulle; soit* $\underline{\Phi}$ *l'homomorphisme canonique de* $\mathcal{H}(X \bigcirc \mathcal{B})$ *dans* $\mathcal{H}[Y \bigcirc \xi\mathcal{F}(X \bigcirc \mathcal{B})]$, [*c'est-à-dire : l'homomorphisme* Π *de la définition* 48.1, *où l'on remplace* X *par* Y *et* $\mathcal{B}$ *par* $\xi\mathcal{F}(X \bigcirc \mathcal{B})$; *c'est-à-dire, vu le théorème* 55.1 *b, la restriction à* $\mathcal{H}_{m+1}(X^l \bigcirc \mathcal{B})$ *de l'homomorphisme* Φ *du* n° **55**]. *Soit* $h \in \mathcal{H}(X \bigcirc \mathcal{B})$, *homogène de degré canonique p; sa filtration dans* $\mathcal{H}\left(\overset{-1}{\xi}\, Y^m \bigcirc X^l \bigcirc \mathcal{B}\right)$ *est*

$$f(h) \geqq lp. \tag{60.2}$$

a. $\underline{\Phi}h$ *a pour degré canonique p et pour degré filtrant lp;* $\underline{\Phi}h$ *a une image canonique* (n° **9**, *homomorphisme* x_s^r) *dans* $\mathcal{GH}(\overset{-1}{\xi}Y^m \bigcirc X^l \bigcirc \mathcal{B})$; *cette image est*

$$h \bmod \mathcal{H}^{(lp+1)}(\overset{-1}{\xi}Y^m \bigcirc X^l \bigcirc \mathcal{B}),$$

$\mathcal{H}^{(lp+1)}(\ldots)$ *représentant les termes de* $\mathcal{H}(\ldots)$ *dont la filtration est* $> lp$.

b. Les trois conditions suivantes sont équivalentes :

$$\underline{\Phi}h = 0; \quad \overset{-1}{\xi}(y).h = 0 \text{ quel que soit } y \in Y; \quad f(h) > lp.$$

c. $\underline{\Phi}\mathcal{H}(X \bigcirc \mathcal{B})$ *est le sous-anneau de* $\mathcal{H}[Y \bigcirc \xi\mathcal{F}(X \bigcirc \mathcal{B})]$ *engendré par les éléments homogènes de cet anneau qui possèdent simultanément les deux propriétés suivantes : leur degré filtrant est l fois leur degré canonique ; ils ont une image canonique dans* $\mathcal{GH}(\overset{-1}{\xi}Y^m \bigcirc X^l \bigcirc \mathcal{B})$.

Preuve de (60.2). — La filtration de h dans $\mathcal{H}(X^l \bigcirc \mathcal{B})$ est lp (n° **59**); Φ ne diminue pas la filtration.

Preuve de a. — D'après le n° **59** : $h \in \mathcal{H}_{m+1}(X^l \bigcirc \mathcal{B})$; h a pour degrés canonique et filtrant p et lp; l'image de h dans $\mathcal{GH}(X^l \bigcirc \mathcal{B})$ est

$$h \bmod \mathcal{H}^{(lp+1)}(X^l \bigcirc \mathcal{B}).$$

L'homomorphisme Φ transforme ces propriétés en les suivantes : $\underline{\Phi}h$ a pour degrés canonique et filtrant p et lp; l'image de $\underline{\Phi}h$ dans $\mathcal{GH}(\overset{-1}{\xi}Y^m \bigcirc X^l \bigcirc \mathcal{B})$ est vu le théorème 55.1 *a*,

$$h \bmod \mathcal{H}^{(lp+1)}(\overset{-1}{\xi}Y^m \bigcirc X^l \bigcirc \mathcal{B}).$$

Preuve de b. — *a* et le lemme **60**.1 prouvent l'équivalence des trois conditions :

$$f(h) > lp; \quad y\underline{\Phi}h = 0 \text{ quel que soit } y \in Y; \quad \underline{\Phi}h = 0.$$

$y\underline{\Phi}h = \overset{-1}{\xi}(y).h$ d'après la formule (48.1).

Preuve de c. — Soit $\mathcal{H}'$ le sous-anneau de $\mathcal{H}[Y \bigcirc \xi\mathcal{F}(X \bigcirc \mathcal{B})]$ que *c* affirme être identique à $\underline{\Phi}\mathcal{H}(X \bigcirc \mathcal{B})$; soit $\mathcal{G}'$ le sous-anneau de l'anneau $\mathcal{GH}(\overset{-1}{\xi}Y^m \bigcirc X^l \bigcirc \mathcal{B})$ qu'engendrent les éléments homogènes de cet anneau dont le degré filtrant est l fois le degré canonique; d'après a, $\underline{\Phi}\mathcal{H}(X \bigcirc \mathcal{B}) \subset \mathcal{H}'$ et $\underline{\Phi}\mathcal{H}(X \bigcirc \mathcal{B})$ est appliqué canoniquement *sur* $\mathcal{G}'$; d'après le lemme 60.1, l'application canonique de $\mathcal{H}'$ dans $\mathcal{G}'$ est un *isomorphisme*; donc $\underline{\Phi}\mathcal{H}(X \bigcirc \mathcal{B}) = \mathcal{H}'$.

THÉORÈME 60.2. — *Supposons* $\delta\mathcal{B} = 0$, *la filtration de* $\mathcal{B}$ *nulle et* $\xi\mathcal{B}$ *propre; l'homomorphisme canonique* Π *de* $\mathcal{B}$ *dans* $\mathcal{F}(X \bigcirc \mathcal{B})$ (*définition* 48.3, *où* $\mathcal{F}\mathcal{B} = \mathcal{B}$) *définit un homomorphisme canonique* $\underline{\Psi}$ *de* $\mathcal{H}(Y \bigcirc \xi\mathcal{B})$ *dans* $\mathcal{H}[Y \bigcirc \xi\mathcal{F}(X \bigcirc \mathcal{B})]$ [*vu le théorème* 55 2b, $\underline{\Psi}$ *est la restriction à* $\mathcal{H}_{m+1}(Y^m \bigcirc \xi\mathcal{B})$ *de l'homomorphisme* Ψ *du* n° **55**]. *Soit* $h \in \mathcal{H}(Y \bigcirc \xi\mathcal{B})$, *homogène de degré canonique* p; *la filtration de* $\overset{-1}{\xi} h$ *dans* $\mathcal{H}\left(\overset{-1}{\xi} Y^m \bigcirc X^l \bigcirc \mathcal{B}\right)$ *est*

$$f\left(\overset{-1}{\xi} h\right) = mp, \quad \text{si} \quad \overset{-1}{\xi} h \neq 0. \tag{60.3}$$

a. $\underline{\Psi} h$ *a pour degré canonique* p *et pour degré filtrant* mp; $\underline{\Psi} h$ *a une image canonique* (n° **9**) *dans* $\mathcal{G}\mathcal{H}\left(\overset{-1}{\xi} Y^m \bigcirc X^l \bigcirc \mathcal{B}\right)$; *cette image est*

$$\overset{-1}{\xi} h \bmod \mathcal{H}^{(mp+1)}\left(\overset{-1}{\xi} Y^m \bigcirc X^l \bigcirc \mathcal{B}\right).$$

b. Les deux conditions suivantes sont équivalentes :

$\overset{-1}{\xi} h = 0$; *l'image canonique de* $\underline{\Psi} h$ *dans* $\mathcal{H}_r\left(\overset{-1}{\xi} Y^m \bigcirc X^l \bigcirc \mathcal{B}\right)$ *est nulle quand* r *est suffisamment grand.*

Remarque. — Le théorème 65.2 déterminera, dans un cas particulier, $\underline{\Psi}\mathcal{H}(Y \bigcirc \mathcal{B})$ et $\overset{-1}{\xi}\mathcal{H}(Y \bigcirc \xi\mathcal{B})$.

Preuve de (60.3). — D'après le n° **59**, la filtration de h dans $\mathcal{H}(Y^m \bigcirc \xi\mathcal{B})$ est mp; Ψ ne diminue pas la filtration; donc $f\left(\overset{-1}{\xi} h\right) \geqq mp$. D'après le n° **50**, $f\left(\overset{-1}{\xi} h\right)$ est au plus égal à la filtration de $\overset{-1}{\xi} h$ dans $\mathcal{H}(X^m \bigcirc \mathcal{B})$; celle-ci est mp si $\overset{-1}{\xi} h \neq 0$, vu le n° **59**.

Preuve de a. — D'après le n° **59** : $h \in \mathcal{H}_{m+1}(Y^m \bigcirc \xi\mathcal{B})$; h a pour degrés canonique et filtrant p et mp; h a pour image dans $\mathcal{G}\mathcal{H}(Y^m \bigcirc \xi\mathcal{B})$

$$h \bmod \mathcal{H}^{(mp+1)}(Y^m \bigcirc \xi\mathcal{B}).$$

L'homomorphisme Ψ transforme ces propriétés en les suivantes : $\underline{\Psi} h$ a pour degrés canonique et filtrant p et mp; $\underline{\Psi} h$ a pour image dans $\mathcal{G}\mathcal{H}\left(\overset{-1}{\xi} Y^m \bigcirc X^l \bigcirc \mathcal{B}\right)$, vu le théorème 55.2 *a*.

$$\overset{-1}{\xi} h \bmod \mathcal{H}^{(mp+1)}\left(\overset{-1}{\xi} Y^m \bigcirc X^l \bigcirc \mathcal{B}\right).$$

Preuve de b. — Supposons $\overset{-1}{\xi} h = 0$; d'après *a*, $\underline{\Psi} h$ a une image canonique nulle dans $\mathcal{G}\mathcal{H}\left(\overset{-1}{\xi} Y^m \bigcirc X^l \bigcirc \mathcal{B}\right)$, donc dans

$$\lim_{r \to +\infty} \mathcal{H}_r\left(\overset{-1}{\xi} Y^m \bigcirc X^l \bigcirc \mathcal{B}\right),$$

donc dans $\mathcal{H}_r\left(\overset{-1}{\xi} Y^m \bigcirc X^l \bigcirc \mathcal{B}\right)$ pour r suffisamment grand. Réciproquement, supposons nulle l'image canonique de $\underline{\Psi}$ dans

$$\mathcal{G}\mathcal{H}\left(\overset{-1}{\xi} Y^m \bigcirc X^l \bigcirc \mathcal{B}\right);$$

d'après *a*, $f\left(\overset{-1}{\xi} h\right) > mp$; donc, vu (60.3), $\overset{-1}{\xi} h = 0$.

Le théorème 55.3 devient :

THÉORÈME 60.3. — *Supposons* $\delta\mathcal{B} = 0$, *la filtration de* $\mathcal{B}$ *nulle et* $\xi\mathcal{B}$ *propre; soient* Π_X *et* Π_Y *les homomorphismes canoniques de* $\mathcal{B}(X)$ *dans* $\mathcal{H}(X \bigcirc \mathcal{B})$ *et* $\mathcal{H}(Y \bigcirc \xi\mathcal{B})$; *on a*

$$\underline{\Phi}\Pi_X = \underline{\Psi}\Pi_Y.$$

61. CAS OU $\mathcal{B}$ EST COMMUTATIF. — Les théorèmes 44.2 et 51.2 donnent :

THÉORÈME 61.1. — *Si* $bb_1 = b_1 b$ *quels que soient* b *et* $b_1 \in \mathcal{B}(x)$, *alors* $hh_1 = (-1)^{pq} h_1 h$, *quand* h *et* h_1 *sont des éléments de* $\mathcal{H}_*(X^l \bigcirc \mathcal{B})$ *ou de* $\mathcal{H}_*\left(\overset{-1}{\xi} Y^m \bigcirc X^l \bigcirc \mathcal{B}\right)$ *homogènes de degrés canoniques* p *et* q.

CHAPITRE III.

INVARIANTS TOPOLOGIQUES DES ESPACES LOCALEMENT COMPACTS, DE LEURS APPLICATIONS CONTINUES ET DES CLASSES D'HOMOTOPIE DE CES APPLICATIONS.

$\mathcal{H}_*(X^l \bigcirc \mathcal{B})$ *est un invariant topologique de l'espace* X, $\mathcal{H}_*\left(\overset{-1}{\xi} Y^m \bigcirc X^l \bigcirc \mathcal{B}\right)$ est *un invariant topologique de l'application continue* ξ de X dans Y,

$\mathcal{H}_*(\overset{-1}{\xi}\overset{-1}{\eta} Z^n \bigcirc \overset{-1}{\xi} Y^m \bigcirc X^l \bigcirc \mathcal{B})$ *est un invariant topologique de l'application composée* $\eta\xi$ de X dans Z quand on choisit *le faisceau* $\mathcal{B}$ *identique à un anneau* (§ I) *ou localement isomorphe à un anneau* (§ II).

I. — Faisceau identique à un anneau.

62. Définition. — Le *faisceau* différentiel-gradué-filtré $\mathcal{B}$, défini sur l'espace X, sera dit *identique à un anneau* différentiel-gradué-filtré quand il possédera les propriétés suivantes :

$\mathcal{B}(F) = 0$ quand F est une partie fermée non compacte de X;

si K_1 et K sont deux parties compactes non vides de X et si $K_1 \subset K$, la section de $\mathcal{B}(K)$ par K_1 est un isomorphisme, respectant la différentiation, le degré et la filtration, de $\mathcal{B}(K)$ sur $\mathcal{B}(K_1)$.

On peut donc convenir que $\mathcal{B}(K)$ est un anneau différentiel-gradué-filtré $\mathcal{A}$ indépendant du choix de K, la section de $\mathcal{B}(K)$ par K_1 étant l'application identique de $\mathcal{A}$ sur lui-même : on dira que $\mathcal{B}$ *est identique à* $\mathcal{A}$ et l'on écrira

$$\mathcal{B} = \mathcal{A}.$$

Les propriétés suivantes sont évidentes, vu les définitions des n^{os} **23, 24** et le théorème 45.1.

Le faisceau $\mathcal{A}$, *défini sur l'espace* X *et identique à l'anneau* $\mathcal{A}$, *est propre*.

Soit ξ *une application propre de* X *dans un espace* Y : $\xi(X)$ *est fermé; le faisceau* $\xi\mathcal{A}$ *est propre;* $\xi\mathcal{A} = \mathcal{A}$ *sur* $\xi(X)$ (*au sens du* n° **47**);

$$\mathcal{H}_*(Y^l \bigcirc \xi\mathcal{A}) = \mathcal{H}_*(F^l \bigcirc \mathcal{A}) \quad \text{où} \quad F = \xi(X).$$

Remarques. — Le faisceau $\mathcal{A}$ n'est continu que si X est compact; le faisceau $\xi\mathcal{A}$ n'est propre que si ξ est propre.

63. Relation entre $\mathcal{H}(X)$, $\mathcal{H}_*(\mathcal{A})$ et $\mathcal{H}_*(X^l \bigcirc \mathcal{A})$ quand $\mathcal{A}$ est un anneau différentiel-filtré. — Lemme 63.1. — *Soit, sur un espace* X, *un faisceau identique à un anneau différentiel-filtré* $\mathcal{A}$. *Soit* $\mathcal{X}$ *une couverture fine de* X; *soit* $\mathcal{X}^*$ *l'anneau que constituent les éléments de* $\mathcal{X}$ *à support compact;* $\mathcal{X}^* \otimes \mathcal{A}$ *désignant le produit tensoriel des anneaux* $\mathcal{X}^*$ *et* $\mathcal{A}$, *on a*

$$\mathcal{H}_*(X^l \bigcirc \mathcal{A}) = \mathcal{H}_*(\mathcal{X}^{*l} \otimes \mathcal{A}).$$

Preuve. — Il existe un homomorphisme canonique évident, dont la filtration est $\geqq 0$, de l'anneau $\mathcal{X}^{*l} \otimes \mathcal{A}$ sur l'anneau du complexe $\mathcal{X}^l \bigcirc \mathcal{A}$; nous allons prouver que cet homomorphisme est un isomorphisme respectant la filtration. Autrement dit, k_μ désignant des éléments homogènes à support compact de $\mathcal{X}$, nous allons prouver que si

$$(63.1) \qquad \sum_\mu (xk_\mu) \otimes a_\mu = 0 \quad \text{ou} \quad f\left[\sum_\mu (xk_\mu) \otimes a_\mu\right] \geqq p$$

quel que soit $x \in X$

alors

$$(63.2) \qquad \sum_\mu k_\mu \otimes a_\mu = 0 \quad \text{ou} \quad f\left(\sum_\mu k_\mu \otimes a_\mu\right) \geqq p.$$

Les relations (63.1) résultent d'un nombre fini de relations entre les xk_μ; ces relations expriment que x n'appartient pas aux supports d'un nombre fini d'éléments de $\mathcal{X}$; soit V un voisinage de x dont l'adhérence est étrangère à ces supports; on a

$$\sum_\mu (\overline{V} k_\mu) \otimes a_\mu = 0 \quad \text{ou} \quad f\left[\sum_\mu (\overline{V} k_\mu) \otimes a_\mu\right] \geqq p$$

On peut recouvrir $\bigcup_\mu S(k_\mu)$, qui est compact, avec un nombre fini de tels voisinages, les V_ν $(1 \leqq \nu \leqq \omega)$. Soit V_0 un voisinage de l'∞ tel que $\overline{V}_0 \cap \bigcup_\mu S(k_\mu) = \emptyset$ et $\bigcup_{0 \leq \nu \leq \omega} V_\nu = X$; on a

$$\sum_\mu (\overline{V}_\nu k_\mu) \otimes a_\mu = 0 \quad \text{ou} \quad f\left[\sum_\mu (\overline{V}_\nu k_\mu) \otimes a_\mu\right] \geqq p \qquad (0 \leqq \nu \leqq \omega).$$

Utilisons l'hypothèse que $\mathcal{X}$ est fin et la formule (32.6); il vient

$$\sum_\mu \lambda_\nu k_\mu \otimes a_\mu = 0 \quad \text{ou} \quad f\left[\sum_\mu \lambda_\nu k_\mu \otimes a_\mu\right] \geqq p;$$

d'où (63.2), en sommant par rapport à ν, puisque $\sum_\nu \lambda_\nu$ est l'identité.

Le lemme 63.1, vu les propositions 18.1, 19.1, 19.2 et 20.1, a les conséquences suivantes :

Définition 63.1. — $\mathcal{H}(X \bigcirc \mathcal{A})$ sera noté $\mathcal{H}X$ quand $\mathcal{A}$ est l'anneau des entiers ($\delta\mathcal{A} = 0$); d'après le lemme 63.1, $\mathcal{H}X = \mathcal{H}\mathcal{X}^\star$.

Théorème 63.1. — Soit $\mathcal{A}$ un anneau différentiel.

a. Il existe un homomorphisme canonique $\overline{\Pi}$ de $\mathcal{H}X \otimes \mathcal{H}\mathcal{A}$ dans $\mathcal{H}(X \bigcirc \mathcal{A})$; on peut donc convenir que

$$\mathcal{H}X \otimes \mathcal{H}\mathcal{A} \subset \mathcal{H}(X \bigcirc \mathcal{A}).$$

[Faisons dans le n° **48** $\mathcal{B} = \mathcal{A}$: si X est compact, $\mathcal{H}X$ a une unité u (proposition 37.1, et remarque 8.1) et l'homomorphisme que le n° **48** nomme Π est la restriction à $u \otimes \mathcal{H}\mathcal{A}$ de l'isomorphisme $\overline{\Pi}$; si X n'est pas compact, $\mathcal{H}X$ n'a pas d'unité et Π a un champ de définition nul].

b. Le $\mathcal{H}X \otimes \mathcal{H}\mathcal{A}$- module $\mathcal{H}(X \bigcirc \mathcal{A})/\mathcal{H}X \otimes \mathcal{H}\mathcal{A}$ ne dépend que de $\mathcal{H}X$ et $\mathcal{H}\mathcal{A}$ et en dépend additivement : si $\mathcal{K}_\mu$ et $\mathcal{A}_\nu$ sont des anneaux canoniques sans torsion et des anneaux différentiels tels que $\mathcal{H}X = \sum_\mu \mathcal{H}\mathcal{K}_\mu$ et $\mathcal{H}\mathcal{A} = \sum_\nu \mathcal{H}\mathcal{A}_\nu$, alors

$$\mathcal{H}(X \bigcirc \mathcal{A})/\mathcal{H}X \otimes \mathcal{H}\mathcal{A} = \sum_{\mu,\nu} \mathcal{H}(\mathcal{K}_\mu \otimes \mathcal{A}_\nu)/\mathcal{H}\mathcal{K}_\mu \otimes \mathcal{H}\mathcal{A}_\nu \cdot \qquad (\text{sommes directes}).$$

c. Le groupe additif $\mathcal{H}(X \bigcirc \mathcal{A})/\mathcal{H}X \otimes \mathcal{H}\mathcal{A}$ ne dépend que des groupes de torsion de $\mathcal{H}X$ et $\mathcal{H}\mathcal{A}$ et en dépend additivement.

d. En particulier, si $\mathcal{H}X$ ou $\mathcal{H}\mathcal{A}$ est sans torsion

$$\mathcal{H}(X \bigcirc \mathcal{A}) = \mathcal{H}X \otimes \mathcal{H}\mathcal{A}.$$

Théorème 63.2. — Soit $\mathcal{A}$ un anneau différentiel-filtré. Il existe un homomorphisme canonique $\overline{\Pi}$ de $(\mathcal{H}X)^l \otimes \mathcal{H}_\star \mathcal{A}$ dans $\mathcal{H}_\star(X^l \bigcirc \mathcal{A})$; la restriction de $\overline{\Pi}$ à l'anneau $(\mathcal{H}X)^l \otimes \mathcal{H}_{l+1}\mathcal{A}$ est l'isomorphisme $\overline{\Pi}$ du théorème 63.1 a de cet anneau dans $\mathcal{H}(X \bigcirc \mathcal{H}_l\mathcal{A}) = \mathcal{H}_{l+1}(X^l \bigcirc \mathcal{A})$; la restriction de $\overline{\Pi}$ à l'anneau $(\mathcal{H}X)^l \otimes \mathcal{H}\mathcal{A}$ est l'isomorphisme $\overline{\Pi}$ du théorème 63.1 a.

Théorème 63.3. — Soit $\mathcal{A}$ un anneau différentiel-filtré.
Si $\mathcal{H}X$ ou $\mathcal{H}_\star\mathcal{A}$ est sans torsion,

$$\mathcal{H}_\star(X^l \bigcirc \mathcal{A}) = (\mathcal{H}X^l) \otimes \mathcal{H}_\star\mathcal{A}.$$

THÉORÈME 63.4. — *Si $\mathcal{A}$ est une algèbre différentielle-filtrée sur un corps commutatif $\mathcal{M}$,*

$$\mathcal{H}_*(X^l \bigcirc \mathcal{A}) = [\mathcal{H}(X \bigcirc \mathcal{M})]^l \overset{\mathcal{M}}{\otimes} \mathcal{H}_* \mathcal{A}.$$

64. RELATION ENTRE $\mathcal{H}(X)$, $\mathcal{H}_*(Y^l \bigcirc \mathcal{A})$ ET $\mathcal{H}_*[(X \times Y)^l \bigcirc \mathcal{A}]$. — Soient θ et τ les projections canoniques sur X et Y du produit $X \times Y$ de ces deux espaces; soient $\mathcal{X}$ et $\mathcal{Y}$ des couvertures fines de X et Y; soient $\mathcal{X}^*$ et $\mathcal{Y}^*$ les anneaux que constituent les éléments de $\mathcal{X}$ et $\mathcal{Y}$ à supports compacts; on prouve aisément que $\overset{-1}{\theta}\mathcal{X} \bigcirc \overset{-1}{\tau}\mathcal{Y}$ est une couverture fine de $X \times Y$ et que ses éléments à supports compacts constituent l'anneau $\mathcal{X}^* \otimes \mathcal{Y}^*$; d'où, vu le lemme 63.1,

$$\mathcal{H}_*[(X \times Y)^l \bigcirc \mathcal{A}] = \mathcal{H}_*(\mathcal{X}^{*l} \otimes \mathcal{Y}^{*l} \otimes \mathcal{A}).$$

De cette formule et des propositions 18.1, 19.1, 19.2 et 20.1 résultent les extensions suivantes des théorèmes précédents.

THÉORÈME 64.1. — *Soit $\mathcal{A}$ un anneau différentiel*

$$\mathcal{H}X \otimes \mathcal{H}(Y \bigcirc \mathcal{A}) \subset \mathcal{H}(X \times Y \bigcirc \mathcal{A}).$$

Le $\mathcal{H}X \otimes \mathcal{H}(Y \bigcirc \mathcal{A})$-module $\mathcal{H}(X \times Y \bigcirc \mathcal{A})/\mathcal{H}X \otimes \mathcal{H}(Y \bigcirc \mathcal{A})$ ne dépend que de $\mathcal{H}X$ et $\mathcal{H}(Y \bigcirc \mathcal{A})$ et en dépend additivement; en tant que groupe additif, il ne dépend que des groupes de torsion de $\mathcal{H}X$ et $\mathcal{H}(Y \bigcirc \mathcal{A})$. Si $\mathcal{H}X$ ou $\mathcal{H}(Y \bigcirc \mathcal{A})$ est sans torsion,

$$\mathcal{H}(X \times Y \bigcirc \mathcal{A}) = \mathcal{H}X \otimes \mathcal{H}(Y \bigcirc \mathcal{A}).$$

THÉORÈME 64.2. — *Soit $\mathcal{A}$ un anneau différentiel-filtré; il existe un homomorphisme canonique de $(\mathcal{H}X)^l \otimes \mathcal{H}_*(Y^l \bigcirc \mathcal{A})$ dans $\mathcal{H}_*[(X \times Y)^l \bigcirc \mathcal{A}]$; il a pour restrictions les isomorphismes canoniques (théorème 64.1) de $(\mathcal{H}X)^l \otimes \mathcal{H}_{l+1}(Y^l \bigcirc \mathcal{A}) = (\mathcal{H}X)^l \otimes \mathcal{H}(Y^l \bigcirc \mathcal{H}_l \mathcal{A})$ dans*

$$\mathcal{H}[(X \times Y)^l \bigcirc \mathcal{H}_l \mathcal{A}] = \mathcal{H}_{l+1}[(X \times Y)^l \bigcirc \mathcal{A}]$$

et de $(\mathcal{H}X)^l \otimes \mathcal{H}(Y^l \bigcirc \mathcal{A})$ dans $\mathcal{H}[(X \times Y)^l \bigcirc \mathcal{A}]$.

THÉORÈME 64.3. — *Soit $\mathcal{A}$ un anneau différentiel-filtré. Si $\mathcal{H}X$ ou $\mathcal{H}_*(Y^l \bigcirc \mathcal{A})$ est sans torsion,*

$$\mathcal{H}_*[(X \times Y)^l \bigcirc \mathcal{A}] = (\mathcal{H}X)^l \otimes \mathcal{H}_*(Y^l \bigcirc \mathcal{A}).$$

THÉORÈME 64.4. — *Si $\mathfrak{A}$ est une algèbre différentielle-filtrée sur un corps commutatif $\mathfrak{M}$*

$$\mathcal{H}_*[(X\times Y)^l \bigcirc \mathfrak{A}] = [\mathcal{H}(X\bigcirc \mathfrak{M})]^l \overset{\mathfrak{M}}{\otimes} [(\mathcal{H}(Y\bigcirc \mathfrak{M})]^l \overset{\mathfrak{M}}{\otimes} \mathcal{H}_*\mathfrak{A}.$$

65. CAS OU $\mathfrak{A}$ EST UN ANNEAU DE DIFFÉRENTIELLE NULLE ET DE FILTRATION NULLE. — C'est un cas particulier de celui qu'étudient les nos **59**, **60** et **61**; nous allons préciser les propriétés de Π et $\underline{\Psi}$. Le théorème 59.2 s'énonce comme suit : *si* X *est compact*, Π *est un isomorphisme de l'anneau $\mathfrak{A}$ dans le sous-anneau $\mathcal{H}^{[0]}(X\bigcirc\mathfrak{A})$ que constituent les éléments de $\mathcal{H}(X\bigcirc\mathfrak{A})$ dont le degré canonique est nul*. Ce théorème peut être complété comme suit :

THÉORÈME 65.1. — *Supposons $\delta\mathfrak{A}=0$ et la filtration de $\mathfrak{A}$ nulle.*

a. Si X *est compact et connexe*, Π *est un isomorphisme de $\mathfrak{A}$ sur $\mathcal{H}^{[0]}(X\bigcirc\mathfrak{A})$.*

b. Si aucune composante connexe de X ([3], Chap. I, § 11) *n'est compacte, alors*

$$\mathcal{H}^{[0]}(X\bigcirc\mathfrak{A})=0.$$

Nous déduirons ce théorème du lemme suivant :

LEMME 65.1. — *Soit $h\in\mathcal{H}(X\bigcirc\mathfrak{A})$; xh est une fonction de $x\in X$ prenant ses valeurs dans $\mathfrak{A}$; je dis que cette fonction est constante au voisinage de chaque point de* X.

Preuve du lemme 65.1. — Remplaçons X par un voisinage compact d'un de ses points et h par sa section par ce voisinage : nous sommes ramenés au cas où X est compact. D'après la formule 48.1,

$$x\Pi a = a; \tag{65.1}$$

d'où

$$x(h-\Pi xh)=0;$$

vu la continuité de $\mathcal{F}(X\bigcirc\mathfrak{A})$, x possède un voisinage V tel que

$$y(h-\Pi xh)=0 \quad \text{quand} \quad y\in V;$$

d'où, vu (65.1),

$$yh=xh \quad \text{quand} \quad y\in V.$$

Preuve du théorème 65.1 *a.* — Soit $h \in \mathcal{H}^{[0]}(X \bigcirc \mathcal{A})$. Puisque X est connexe, le lemme 65.1 prouve que xh a une valeur a indépendante de x :

$$x(h - \Pi a) = 0 \qquad \text{quel que soit } x \in X;$$

d'où vu le théorème 59.1 *b*

$$h = \Pi a,$$

Preuve du théorème 65.1 *b.* — Soit $h \in \mathcal{H}^{[0]}(X \bigcirc \mathcal{A})$; d'après le lemme 65.1, xh est constant sur chaque composante connexe de X; vu la continuité de $\mathcal{F}(X \bigcirc \mathcal{A})$, $xh = 0$ au voisinage de l'∞; donc $xh = 0$ quel que soit $x \in X$; le théorème 59.1 *b* achève la preuve.

L'homomorphisme $\underline{\Psi}$ (théorème 60.2) n'est défini que si $\xi\mathcal{A}$ est propre, c'est-à-dire (n° **62**) si ξ est *propre*; rappelons que $\overset{-1}{\xi}(y)$ est alors compact quel que soit $y \in Y$.

THÉORÈME 65.2. — *Supposons $\delta\mathcal{A} = 0$, la filtration de $\mathcal{A}$ nulle, ξ propre, $Y = \xi(X)$ et $\overset{-1}{\xi}(y)$ connexe quel que soit $y \in Y$. Alors :*

a. $\underline{\Psi}$ est un isomorphisme de $\mathcal{H}(Y \bigcirc \mathcal{A})$ sur le sous-anneau de l'anneau

$$\mathcal{H}_{m+1}(\overset{-1}{\xi} Y^m \bigcirc X^l \bigcirc \mathcal{A}) = \mathcal{H}[Y \bigcirc \xi\mathcal{F}(X \bigcirc \mathcal{A})]$$

qu'engendrent ses éléments homogènes de degré canonique p et de degré filtrant mp (p arbitraire).

b. Le sous-anneau $\overset{-1}{\xi}\mathcal{H}(Y \bigcirc \mathcal{A})$ de l'anneau $\mathcal{H}(\overset{-1}{\xi} Y^m \bigcirc X^l \bigcirc \mathcal{A})$ est le sous-anneau qu'engendrent les éléments de cet anneau dont le degré canonique est p et la filtration mp (p arbitraire).

Diminuons la filtration de m fois le degré canonique : nous nous trouvons ramené au cas $l < 0$, $m = 0$.

Preuve de a. — D'après le théorème 65.1 *a*, Π est un isomorphisme de $\mathcal{A}$ sur $\mathcal{H}^{[0]}(F \bigcirc \mathcal{A})$ quand $F = \overset{-1}{\xi}(y)$, $y \in Y$; donc $\underline{\Psi}$, vu sa définition (théorème 60.2) et le théorème 46.1, est un isomorphisme de $\mathcal{H}(Y \bigcirc \mathcal{A})$ sur $\mathcal{H}[Y \bigcirc \xi\mathcal{F}^{[0]}(X \bigcirc \mathcal{A})]$.

Preuve de b. — D'après *a* tout élément de $\mathcal{H}_1(\overset{-1}{\xi} Y^0 \bigcirc X^l \bigcirc \mathcal{A})$, dont le degré filtrant est nul, est du type $\underline{\Psi} h$ où $h \in \mathcal{H}(Y \bigcirc \mathcal{A})$; donc, tout élément de $\mathcal{G}\mathcal{H}(\overset{-1}{\xi}Y^0 \bigcirc X^l \bigcirc \mathcal{A})$, dont le degré filtrant est nul, est image d'un $\overline{\Psi h}$, c'est-à-dire, vu le théorème 60.2*a*, est du type $\overset{-1}{\xi}h \bmod \mathcal{H}^{(1)}(\overset{-1}{\xi}Y^0 \bigcirc X^l \bigcirc \mathcal{A})$; cela signifie que tout élément de $\mathcal{H}(\overset{-1}{\xi}Y^0 \bigcirc X^l \bigcirc \mathcal{A})$ dont la filtration est nulle est du type $\overset{-1}{\xi}h$. Réciproquement $f(\overset{-1}{\xi}h) = 0$ d'après (60.3).

66. Cas où $\mathcal{A}$ est un anneau différentiel muni d'une filtration nulle. — Le lemme 63.1 et la proposition 21.1 ont la conséquence suivante :

Théorème 66.1. — *Soit $\mathcal{A}$ un anneau différentiel muni d'une filtration nulle; la filtration des éléments non nuls de $\mathcal{H}(X^l \bigcirc \mathcal{A})$ est finie; $\delta_r = 0$; $\mathcal{H}_r(X^l \bigcirc \mathcal{A}) = \mathcal{G}\mathcal{H}(X^l \bigcirc \mathcal{A}) = \mathcal{H}(X^l \bigcirc \mathcal{H}\mathcal{A})$ si $0 < l < r$.*

Les propriétés d'homomorphisme canonique Π et de l'ensemble $\mathcal{H}^{(1)}(X^l \bigcirc \mathcal{A})$ des éléments de $\mathcal{H}(X^l \bigcirc \mathcal{A})$ de filtration > 0 sont les suivantes :

Théorème 66.2. — *Soit $\mathcal{A}$ un anneau différentiel muni d'une filtration nulle; soit $l > 0$.*

a. *Si* X *est compact,* Π *est un isomorphisme de $\mathcal{H}\mathcal{A}$ dans $\mathcal{H}(X^l \bigcirc \mathcal{A})$; la filtration est nulle sur $\Pi\,\mathcal{H}\mathcal{A}$.*

b. *Si* X *est compact et connexe,*

$$\mathcal{H}(X^l \bigcirc \mathcal{A}) = \Pi\,\mathcal{H}\mathcal{A} + \mathcal{H}^{(1)}(X^l \bigcirc \mathcal{A}) \qquad (\textit{somme directe}).$$

c. *Si aucune composante connexe de* X *n'est compacte,*

$$\mathcal{H}(X^l \bigcirc \mathcal{A}) = \mathcal{H}^{(1)}(X^l \bigcirc \mathcal{A}).$$

Preuve de a. — D'après le n° **65**, Π est un isomorphisme, conservant le degré, de $\mathcal{G}\mathcal{H}\mathcal{A} = \mathcal{H}\mathcal{A}$ dans $\mathcal{G}\mathcal{H}(X^l \bigcirc \mathcal{A}) = \mathcal{H}(X^l \bigcirc \mathcal{H}\mathcal{A})$; vu la proposition 6.1, Π est donc un homomorphisme, respectant la filtration, de $\mathcal{H}\mathcal{A}$ dans $\mathcal{H}(X^l \bigcirc \mathcal{A})$, et par suite un isomorphisme, vu le théorème 66.1.

Preuve de b. — Soit $h \in \mathcal{H}(X^l \bigcirc \mathcal{A})$; posons

$$h' = h \bmod \mathcal{H}^{(1)}(X^l \bigcirc \mathcal{A}) \in \mathcal{H}^{[0]}(X^l \bigcirc \mathcal{H}\mathcal{A}) = \mathcal{H}\mathcal{A} \qquad (\text{théorème } 65.1\,a);$$

on a

$$h - \Pi h' \in \mathcal{H}^{(1)}(X^l \bigcirc \mathcal{A}).$$

Preuve de c. — D'après le théorème 65.1 *b*,

$$\mathcal{G}\mathcal{H}(X^l \bigcirc \mathcal{A}) = \mathcal{H}(X^l \bigcirc \mathcal{H}\mathcal{A})$$

n'a pas de terme de degré nul.

Supposons $0 < l < m$; d'après le théorème 66.1, la formule (50.2) se réduit à

$$(66.1) \quad \boxed{\mathcal{H}_{m+1}(\overset{-1}{\xi} Y^m \bigcirc X^l \bigcirc \mathcal{A}) = \mathcal{H}[Y \bigcirc \xi \mathcal{F}(X \bigcirc \mathcal{H}\mathcal{A})] \qquad (0 < l < m),}$$

le *degré filtrant* du second membre s'obtient en utilisant m fois le degré canonique sur Y et l fois le degré canonique sur X; $\mathcal{F}(X \bigcirc \mathcal{H}\mathcal{A})$ a un degré canonique, qui s'obtient en convenant que le degré canonique de $\mathcal{H}\mathcal{A}$ est nul; l'anneau (66.1) a donc *un degré canonique;* mais en général δ_{m+1} n'est pas homogène par rapport au degré canonique qui ne peut donc en général pas être défini sur $\mathcal{H}_r(\overset{-1}{\xi} Y^m \bigcirc X^l \bigcirc \mathcal{A})$ pour $r > m+1$.

L'étude des homomorphismes Φ et Ψ (nº **55**) se réduit à celle de leurs restrictions $\underline{\Phi}$ et $\underline{\Psi}$ définies ci-dessous; nous n'énoncerons que les conclusions de cette étude, qui est identique à celle que développe le nº **60**; la preuve du théorème 66.4*c* est identique à celle du théorème 65.2*a*.

Théorème 66.3. — *Soit $\mathcal{A}$ un anneau différentiel muni de la filtration nulle; soit $0 < l < m$; soit $\underline{\Phi}$ l'homomorphisme canonique de $\mathcal{H}(X \bigcirc \mathcal{H}\mathcal{A})$ dans $\mathcal{H}[Y \bigcirc \xi \mathcal{F}(X \bigcirc \mathcal{H}\mathcal{A})]$ [c'est-à-dire : l'homomorphisme* Π *(définition* 48.1), *où l'on remplace* X *par* Y *et* $\mathcal{B}$ *par* $\xi \mathcal{F}(X \bigcirc \mathcal{H}\mathcal{A})$; *c'est-à-dire la restriction à* $\mathcal{H}_{m+1}(X^l \bigcirc \mathcal{A})$ *de* Φ]. *Soit* $h \in \mathcal{H}(X \bigcirc \mathcal{H}\mathcal{A})$, *homogène de degré canonique* p; $h \in \mathcal{G}\mathcal{H}(X^l \bigcirc \mathcal{A})$; *il existe donc* $h' \in \mathcal{H}^{(lp)}(X^l \bigcirc \mathcal{A})$ *tel que*

$$h = h' \bmod \mathcal{H}^{(lp+1)}(X^l \bigcirc \mathcal{A});$$

$f(h')$ *désignera la filtration de* h' *dans* $\mathcal{H}(\overset{-1}{\xi} Y^m \bigcirc X^l \bigcirc \mathcal{A})$;

$$f(h') \geq lp.$$

a. Φh *a pour degré canonique p et pour degré filtrant lp;* Φh *a une image canonique dans* $\mathcal{G}\mathcal{H}(\overset{-1}{\xi} Y^m \bigcirc X^l \bigcirc \mathcal{A})$; *c'est*

$$h' \bmod \mathcal{H}^{(lp+1)}(\overset{-1}{\xi} Y^m \bigcirc X^l \bigcirc \mathcal{A}).$$

b. Les trois conditions suivantes sont équivalentes :

$$\Phi h = 0; \qquad \overset{-1}{\xi}(y)\, h = 0 \text{ quel que soit } y \in Y; \qquad f(h') > lp.$$

THÉORÈME 66.4. — *Soit* $\mathcal{A}$ *un anneau différentiel muni de la filtration nulle; soit* $0 < l < m$, *supposons* ξ *propre et* $Y = \xi(X)$; *l'homomorphisme canonique* Π *du faisceau de* X *identique à* $\mathcal{H}\mathcal{A}$ *dans le faisceau* $\mathcal{F}(X \bigcirc \mathcal{H}\mathcal{A})$ *définit un homomorphisme canonique* $\underline{\Psi}$ *de* $\mathcal{H}(Y \bigcirc \mathcal{H}\mathcal{A})$ *dans* $\mathcal{H}[Y \bigcirc \xi\mathcal{F}(X \bigcirc \mathcal{H}\mathcal{A})]$ [$\underline{\Psi}$ *est la restriction à* $\mathcal{H}_{m+1}(Y^m \bigcirc \mathcal{A})$ *de* Ψ]. *Soit* $h \in \mathcal{H}(Y \bigcirc \mathcal{H}\mathcal{A})$, *homogène de degré canonique p;* $h \in \mathcal{G}\mathcal{H}(Y^m \bigcirc \mathcal{A})$; *il existe donc* $h' \in \mathcal{H}^{(mp)}(Y^m \bigcirc \mathcal{A})$ *tel que*

$$h = h' \bmod \mathcal{H}^{(mp+1)}(Y^m \bigcirc \mathcal{A});$$

la filtration de $\overset{-1}{\xi} h'$ *dans* $\mathcal{H}(\overset{-1}{\xi} Y^m \bigcirc X^l \bigcirc \mathcal{A})$ *est*

$$f(\overset{-1}{\xi} h') \geqq mp.$$

a. $\underline{\Psi} h$ *a pour degré canonique p et pour degré filtrant mp;* $\underline{\Psi} h$ *a une image canonique dans* $\mathcal{G}\mathcal{H}(\overset{-1}{\xi} Y^m \bigcirc X^l \bigcirc \mathcal{A})$; *c'est*

$$\overset{-1}{\xi} h' \bmod \mathcal{H}^{(mp+1)}(\overset{-1}{\xi} Y^m \bigcirc X^l \bigcirc \mathcal{A}).$$

b. Supposons X *compact; soient* Π_X *et* Π_Y *les homomorphismes canoniques de* $\mathcal{H}\mathcal{A}$ *dans* $\mathcal{H}(X \bigcirc \mathcal{H}\mathcal{A})$ *et* $\mathcal{H}(Y \bigcirc \mathcal{H}\mathcal{A})$;

$$\underline{\Phi}\Pi_X = \underline{\Psi}\Pi_Y.$$

c. Supposons $\xi(y)$ *connexe quel que soit* $y \in Y$; *alors* $\underline{\Psi}$ *est un isomorphisme de* $\mathcal{H}(Y \bigcirc \mathcal{H}\mathcal{A})$ *sur le sous-anneau de l'anneau* $\mathcal{H}[Y \bigcirc \xi\mathcal{F}(X \bigcirc \mathcal{H}\mathcal{A})]$ *qu'engendrent ses éléments homogènes de degré canonique p et de degré filtrant mp.*

67. HOMOMORPHISME RÉCIPROQUE D'UNE APPLICATION PROPRE; RÉTRACTE; HOMOTOPIE. — Soit une application propre θ d'un espace X' dans un espace X; soit un anneau différentiel-filtré $\mathcal{A}$; le n° **47** définit, vu le n° **62**, un homomorphisme $\overset{-1}{\theta}$ de $\mathcal{H}_*(X' \bigcirc \mathcal{A})$ dans $\mathcal{H}_*(X'' \bigcirc \mathcal{A})$; *cet homomorphisme* ne diminue pas la filtration et conserve le degré; nous allons prouver qu'*il ne dépend que de la classe d'homotopie de* θ (*théorème* 67.1).

LEMME 67.1. — *Soient deux anneaux $\mathcal{A}'$ et $\mathcal{A}$ et un homomorphisme λ_t de $\mathcal{A}'$ dans $\mathcal{A}$ possédant les propriétés suivantes :*

a. λ_t dépend du paramètre t qui décrit un espace connexe T;

b. Si $s \in$ T, si $a' \in \mathcal{A}'$ et si $\lambda_s a' = 0$, il existe un voisinage V *de s tel que $\lambda_t a' = 0$ quand $t \in$ V;*

c. Il existe un homomorphisne λ de $\mathcal{A}$ dans $\mathcal{A}'$ tel que $\lambda_t \lambda a = a$, quels que soient $t \in$ T et $a \in \mathcal{A}$.

Je dis que λ_t est indépendant de t.

Preuve. — Soient $a' \in \mathcal{A}'$, $a \in \mathcal{A}$ et $s \in$ T tels que $\lambda_s a' = a$; on a $\lambda_s(a' - \lambda a) = 0$; donc $\lambda_t(a' - \lambda a) = 0$ quand t appartient à un voisinage convenable V de s; c'est-à-dire $\lambda_t a' = a$ pour $t \in$ V. Étant donnés $a' \in \mathcal{A}'$ et $a \in \mathcal{A}$ l'ensemble des points t de T tels que $\lambda_t a' = a$ est donc ouvert. Si $\lambda_t a'$ n'est pas indépendant de t, T est donc la réunion de plusieurs ensembles ouverts non vides, n'ayant deux à deux aucun point commun; T n'est donc pas connexe.

LEMME 67.2. — *Soient deux espaces* X' *et* T (T *compact, connexe*) *et leur produit* $X = X' \times T$; $\zeta_t(x') = x' \times t$ *est, pour chaque valeur de t, une application propre de* X' *dans* X. *Soit un anneau différentiel-filtré $\mathcal{A}$. Je dis que l'homomorphisme $\overset{-1}{\zeta_t}$ de $\mathcal{H}_*(X' \bigcirc \mathcal{A})$ dans $\mathcal{H}_*(X'' \bigcirc \mathcal{A})$ est indépendant de t.*

Preuve. — Soit $\varpi(x', t) = x'$ la projection de X sur X'; $\varpi\zeta_t(x') = x'$; donc, d'après le théorème 47.1*a*, l'homomorphisme $\overset{-1}{\zeta_t}\,\overset{-1}{\varpi}$ de $\mathcal{H}(X'' \bigcirc \mathcal{A})$ en lui-même est l'identité. Pour prouver que l'homomorphisme $\overset{-1}{\zeta_t}$ de $\mathcal{H}_*(X' \bigcirc \mathcal{A})$ dans $\mathcal{H}_*(X'' \bigcirc \mathcal{A})$ est indépendant de t il suffit donc, vu le lemme 67.1, de prouver la proposition suivante :

Si $s \in T$, si $h \in \mathcal{H}_*(X' \bigcirc \mathfrak{A})$ et si $\overset{-1}{\zeta}_s h = 0$, alors s possède un voisinage V tel que $\overset{-1}{\zeta}_t h = 0$ pour $t \in V$.

Soit X_t l'ensemble des points $x' \times t$, x' décrivant X', t étant fixe; la condition $\overset{-1}{\zeta}_t h = 0$ équivaut à $X_t h = 0$ d'après le théorème 47.1*b*. La proposition à prouver peut donc s'énoncer comme suit :

Si $s \in T$, si $h \in \mathcal{H}_*(X' \bigcirc \mathfrak{A})$ et si $X_s h = 0$, alors s possède un voisinage V tel que $X_t h = 0$ pour $t \in V$. Puisque $\mathcal{F}(X' \bigcirc \mathfrak{A})$ est continu, il existe un voisinage ouvert W de $X_s \cup \infty$ tel que $\overline{W} h = 0$; le complémentaire de W est compact et a sur T une projection compacte (proposition 22.1) ne contenant pas s; V sera le complémentaire de cette projection.

Définition 67.1. — *Soient* $\theta_1(x')$ *et* $\theta_2(x')$ *deux applications propres d'un espace* X' *dans un espace* X; *on dit que* θ_1 *et* θ_2 *sont homotopes dans* X *lorsqu'il existe un espace compact et connexe* T, *une application propre* $\theta(x', t)$ *du produit* $X' \times T$ *dans* X *et deux points* t_1 *et* t_2 *de* T *tels que* $\theta_1(x') = \theta(x', t_1)$ *et* $\theta_2(x') = \theta(x', t_2)$.

Théorème 67.1. — *Si* $\theta_1(x')$ *et* $\theta_2(x')$ *sont deux applications propres de* X' *dans* X *et si elles sont homotopes entre elles dans* X, *alors les homomorphismes* $\overset{-1}{\theta}_1$ *et* $\overset{-1}{\theta}_2$ *de* $\mathcal{H}_*(X' \bigcirc \mathfrak{A})$ *dans* $\mathcal{H}_*(X'' \bigcirc \mathfrak{A})$ *coïncident.*

Preuve. — Soit $\zeta_t(x') = x' \times t$; on a

$$\theta_1(x') = \theta\zeta_{t_1}(x'), \qquad \theta_2(x') = \theta\zeta_{t_2}(x');$$

les homomorphismes réciproques des applications θ_1 et θ_2 sont donc

$$\overset{-1}{\theta}_1 = \overset{-1}{\zeta}_{t_1}\overset{-1}{\theta}, \qquad \overset{-1}{\theta}_2 = \overset{-1}{\zeta}_{t_2}\overset{-1}{\theta},$$

or l'homomorphisme ζ_t est indépendant de t d'après le lemme 67.2.

Définition 67.2. — *On dit qu'une partie* F *d'un espace* X *est un rétracte de* X *lorsqu'il existe une application propre* $\theta(x)$ *de* X *sur* F *telle que* $\theta(x) = x$ *quand* $x \in F$; $\theta(x)$ *est nommée rétraction de* X *sur* F. D'après le n° **22** F *est fermé;* F *est compact si et seulement si* X *est compact.*

Définition 67.3. — *On dit qu'un espace* X *est homotope en lui-même à l'une de ses parties* F *lorsque* F *est un rétracte de* X *et que la rétraction de* X *sur* F *est homotope dans* X *à l'application identique de* X *sur lui-même.*

THÉORÈME 67.2. — *Soient un anneau différentiel-filtré* $\mathcal{A}$, *un espace* X *et un rétracte* F *de* X*; soit* θ *la rétraction de* X *sur* F.

a. $F\overset{-1}{\theta}$ *est l'isomorphisme identique de* $\mathcal{H}_*(F^l \bigcirc \mathcal{A})$;

b. $\mathcal{H}_*(X^l \bigcirc \mathcal{A})$ *est somme directe du sous-anneau* $\overset{-1}{\theta}\mathcal{H}_*(F^l \bigcirc \mathcal{A})$, *qui est isomorphe à* $\mathcal{H}_*(F^l \bigcirc \mathcal{A})$, *et de l'idéal constitué par les éléments de* $\mathcal{H}_*(X^l \bigcirc \mathcal{A})$ *dont la section par* F *est nulle.*

Preuve de a. — Soit φ l'application canonique de F dans X; $\overset{-1}{\varphi}\,\overset{-1}{\theta}$ est l'identité et est identique à $F\overset{-1}{\theta}$ d'après le théorème 47.1.

Preuve de b. — Les composantes de $h \in \mathcal{H}(X^l \bigcirc \mathcal{A})$ sont

$$\overset{-1}{\theta}Fh \quad \text{et} \quad h - \overset{-1}{\theta}Fh.$$

THÉORÈME 67.3. — *Soient un anneau différentiel-filtré* $\mathcal{A}$ *et un espace* X, *homotope en lui-même à l'une de ses parties* F. *La section par* F *est un isomorphisme, respectant la filtration et le degré, de* $\mathcal{H}_*(X^l \bigcirc \mathcal{A})$ *sur* $\mathcal{H}_*(F^l \bigcirc \mathcal{A})$.

Preuve. — Soit θ la rétraction de X sur F; l'homomorphisme $\overset{-1}{\theta}F$ est l'isomorphisme identique, puisque $\varphi\theta$ est homotope à l'identité; $F\overset{-1}{\theta}$ est également l'isomorphisme identique, d'après le théorème 67.2*a*.

L'isomorphisme réciproque de la section par F est $\overset{-1}{\theta}$, qui est identique à Π (nº **48**) si F est un point; donc, vu la définition 48.2.

COROLLAIRE 67.1. — *Si l'espace* X (*nécessairement compact*) *est homotope en lui-même à un point, alors* $\mathcal{H}_*(X^l \bigcirc \mathcal{A}) = \mathcal{H}_*\mathcal{A}$.

68. HOMOMORPHISME RÉCIPROQUE D'UNE REPRÉSENTATION PROPRE; RÉTRACTE; HOMOTOPIE. — Soient une application continue ξ d'un espace X dans un espace Y et une application continue ξ' d'un espace X′ dans un espace Y′; soit une représentation θ de ξ' dans ξ; supposons θ *propre*, c'est-à-dire définie par une application propre de X′ dans X; le nº **54**, où l'on choisit $\mathcal{B}$ et $\mathcal{B}'$ identiques à un anneau différentiel-filtré $\mathcal{A}$

(n° 55), définit un homomorphisme $\overset{-1}{\theta}$ de $\mathcal{H}_*(\overset{-1}{\xi} Y'^m \bigcirc X' \bigcirc \mathcal{A})$ dans $\mathcal{H}_*(\overset{-1}{\xi'} Y'^m \bigcirc X'' \bigcirc \mathcal{A})$; *cet homomorphisme* ne diminue pas la filtration et conserve le degré; nous allons prouver qu'*il ne change pas quand on modifie* ξ *continûment.*

Lemme 68.1. — *Soient une application* ξ' *de l'espace* X' *dans l'espace* Y'; *soit un espace* T *connexe; posons*

$$X' \times T = X, \qquad Y' \times T = Y, \qquad \xi'(x') \times t = \xi(x' \times t);$$

$\zeta_t(x') = x' \times t$ *est, pour chaque valeur de* t, *une représentation propre de* ξ' *dans* ξ. *Je dis que l'homomorphisme* $\overset{-1}{\zeta_t}$ *de* $\mathcal{H}_*(\overset{-1}{\xi} Y^m \bigcirc X' \bigcirc \mathcal{A})$ *dans* $\mathcal{H}_*(\overset{-1}{\xi'} Y'^m \bigcirc X'' \bigcirc \mathcal{A})$ *est indépendant de* t.

Preuve. — Analogue à celle du lemme 67.2 : la projection $\varpi(x', t) = x'$ de X sur X' est une représentation de ξ dans ξ'; $\varpi\zeta_t$ est la représentation identique de ξ' sur elle-même; donc, vu le théorème 54.1*a*, l'homomorphisme $\overset{-1}{\zeta_t}\,\overset{-1}{\varpi}$ est l'identité; pour prouver que l'homomorphisme $\overset{-1}{\zeta_t}$ est indépendant de t, il suffit donc, vu le lemme 67.1, de prouver la proposition suivante.

Si $s \in T$, si $h \in \mathcal{H}_*(\overset{-1}{\xi} Y^m \bigcirc X' \bigcirc \mathcal{A})$ et si $\overset{-1}{\zeta_s} h = 0$, alors s possède un voisinage V tel que $\overset{-1}{\zeta_t} h = 0$ pour $t \in V$. Or $\overset{-1}{\zeta_t} h$ est la section de h par $X' \times t$ d'après le théorème 54.1*b*; la proposition énoncée résulte donc de la continuité du faisceau $\mathcal{F}_*(\overset{-1}{\xi} Y^m \bigcirc X' \bigcirc \mathcal{A})$.

Définition 68.1. — *Soient une application continue* ξ *d'un espace* X *dans un espace* Y *et une application continue* ξ' *d'un espace* X' *dans un espace* Y'; *soient* $\theta_1(x')$ *et* $\theta_2(x')$ *deux représentations propres de* ξ' *dans* ξ; *nous dirons que* $\theta_1(x')$ *et* $\theta_2(x')$ *sont homotopes dans* ξ *lorsqu'il existe un espace compact et connexe* T, *une représentation propre* $\theta(x', t)$ *de l'application* $\xi'(x') \times t$ *dans l'application* $\xi(x)$ *et deux points* t_1 *et* t_2 *de* T *tels que* $\theta_1(x') = \theta(x', t_1)$, $\theta_2(x') = \theta(x', t_2)$.

Théorème 68.1. — *Si* $\theta_1(x')$ *et* $\theta_2(x')$ *sont deux applications propres de l'application* ξ' *dans l'application* ξ *et si elles sont homotopes entre elles dans* ξ, *alors les homomorphismes* $\overset{-1}{\theta}_1$ *et* $\overset{-1}{\theta}_2$ *de* $\mathcal{H}_*(\overset{-1}{\xi}Y^m \bigcirc X^l \bigcirc \mathcal{A})$ *dans* $\mathcal{H}_*(\overset{-1}{\xi'}Y'^m \bigcirc X''^l \bigcirc \mathcal{A})$ *coïncident.*

Preuve. — Identique à celle du théorème 67.1 : $\overset{-1}{\theta}_1 = \overset{-1}{\zeta}_{t_1}\overset{-1}{\theta}$, $\overset{-1}{\theta}_2 = \overset{-1}{\zeta}_{t_2}\overset{-1}{\theta}$; $\overset{-1}{\zeta}_t$ est indépendant de t d'après le lemme 68.1.

Définition 68.2. — *Soit* ξ *une application continue d'un espace* X *dans un espace* Y; *soit* F *une partie de* X; *nous dirons que la restriction* ξ_F *de* ξ *à* F *est un rétracte de* ξ *quand il existe une rétraction de* X *sur* F *qui représente* ξ *sur* ξ_F. On vérifie aisément que ξ_F *est propre si et seulement si* ξ *est propre.*

Définition 68.3. — *Soit* ξ *une application continue d'un espace* X *dans un espace* Y; *soit* F *une partie de* X; *nous dirons que* ξ *est homotope en elle-même à sa restriction* ξ_F *à* F *quand* ξ_F *est un rétracte de* ξ *et que la rétraction de* ξ *sur* ξ_F *est homotope dans* ξ *à la représentation identique de* ξ *sur elle-même.*

On démontre, comme au nº **67**, les deux théorèmes suivants :

Théorème 68.2. — *Supposons que la restriction* ξ_F *de* ξ *à* F *soit un rétracte de* ξ *et soit* θ *la rétraction de* ξ *sur* ξ_F;

a. $F\overset{-1}{\theta}$ *est l'isomorphisme identique de* $\mathcal{H}_*(\overset{-1}{\xi}_F Y^m \bigcirc F^l \bigcirc \mathcal{A})$.

b. $\mathcal{H}_*(\overset{-1}{\xi}Y^m \bigcirc X^l \bigcirc \mathcal{A})$ *est somme directe du sous-anneau* $\overset{-1}{\theta}\mathcal{H}_*(\overset{-1}{\xi}_F Y^m \bigcirc F^l \bigcirc \mathcal{A})$, *qui est isomorphe à* $\mathcal{H}_*(\overset{-1}{\xi}_F Y^m \bigcirc F^l \bigcirc \mathcal{A})$, *et de l'idéal constitué par les éléments de* $\mathcal{H}_*(\overset{-1}{\xi}Y^m \bigcirc X^l \bigcirc \mathcal{A})$ *dont la section par* F *est nulle.*

Théorème 68.3. — *Supposons l'application* ξ *homotope en elle-même à sa restriction* ξ_F *à* F. *La section par* F *est un isomorphisme, conservant filtration et degré, de* $\mathcal{H}_*(\overset{-1}{\xi}Y^m \bigcirc X^l \bigcirc \mathcal{A})$ *sur* $\mathcal{H}_*(\overset{-1}{\xi}_F Y^m \bigcirc F^l \bigcirc \mathcal{A})$.

Le nº **76** utilisera le cas particulier suivant :

Corollaire 68.1. — *Si* ξ *est homotope en elle-même à une application constante,*

$$\mathcal{H}_*(\overset{-1}{\xi}Y^m \bigcirc X^l \bigcirc \mathcal{A}) = \mathcal{H}_*(X^l \bigcirc \mathcal{A}).$$

Preuve. — Cette application constante est la restriction ξ_F de ξ à une partie fermée F de X; d'après le théorème 50.2*a*

$$\mathcal{H}_*(\overset{-1}{\xi_F} Y^m \bigcirc F^l \bigcirc \mathcal{A}) = \mathcal{H}_*(F^l \bigcirc \mathcal{A});$$

or la section par F est un isomorphisme de $\mathcal{H}_*(\overset{-1}{\xi} Y^m \bigcirc X^l \bigcirc \mathcal{A})$ sur $\mathcal{H}_*(\overset{-1}{\xi_F} Y^m \bigcirc F^l \bigcirc \mathcal{A})$ (théorème 68.3) et de $\mathcal{H}_*(X^l \bigcirc \mathcal{A})$ sur $\mathcal{H}_*(F^l \bigcirc \mathcal{A})$ (théorème 67.3).

II. — Faisceau localement isomorphe à un anneau.

69. Définition. — Empruntons les conventions suivantes à la théorie des structures uniformes ([3], Chap. II) : $X \times X$ désigne le produit de l'espace X par lui-même; la diagonale de $X \times X$ est l'ensemble des points $x \times x$ ($x \in X$); V étant un voisinage de la diagonale de $X \times X$, on dit qu'une partie X_1 de X est *petite d'ordre* V quand $X_1 \times X_1 \subset V$; $\overset{2}{V}$ est l'ensemble des couples $x \times x_1$ de points de X tels qu'il existe $x_2 \in X$ vérifiant $x \times x_2 \in V$, $x_2 \times x_1 \in V$.

Continuons à supposer X *localement compact*; supposons en outre X *globalement et localement connexe*. Précisons que X n'est pas supposé muni d'une structure uniforme. Soit $\mathcal{B}$ un faisceau différentiel-gradué-filtré-propre défini sur X; $\mathcal{B}$ sera dit *localement isomorphe à un anneau* différentiel-gradué-filtré quand il existera un voisinage ouvert V de la diagonale de $X \times X$ tel que la propriété suivante ait lieu : si K_1 et K sont deux parties compactes de X, si K est connexe et petit d'ordre V et si $\emptyset \neq K_1 \subset K$, alors la section de $\mathcal{B}(K)$ par K_1 est un isomorphisme de $\mathcal{B}(K)$ sur $\mathcal{B}(K_1)$; cet isomorphisme respecte la différentielle, le degré et la filtration.

Si K est compact, n'est pas vide et appartient à une partie de X compacte, connexe et petite d'ordre V, il existe donc un isomorphisme *non canonique* de $\mathcal{B}(K)$ sur un anneau $\mathcal{A}$ indépendant de K : nous dirons que *$\mathcal{B}$ est isomorphe à $\mathcal{A}$ sur chaque partie de* X *compacte, connexe et petite d'ordre* V, ou, de façon moins précise, que *$\mathcal{B}$ est localement isomorphe à $\mathcal{A}$ sur* X.

Il est aisé de prouver la proposition suivante :

Théorème 69.1. — *Soit ξ une application propre de* X *dans un second* *espace* Y; *supposons que, quel que soit* $y \in Y$, $\overset{-1}{\xi}(y)$ *appartienne à une partie de* X *compacte, connexe et petite d'ordre* V; *soit un faisceau* $\mathcal{B}$ *isomorphe à l'anneau* $\mathcal{A}$ *sur chaque partie de* X *compacte, connexe et petite d'ordre* $\overset{2}{V}$ [*ou seulement d'ordre* V *si* $\overset{-1}{\xi}(y)$ *est toujours connexe*]. *Alors, sur le sous-espace fermé* $F = \xi(X)$, $\xi\mathcal{B}$ *est localement* (¹) *isomorphe à* $\mathcal{A}$ *et* $\mathcal{H}_*(Y^l \bigcirc \xi\mathcal{B}) = \mathcal{H}_*(F^l \bigcirc \xi\mathcal{B})$.

Afin de classer les faisceaux localement isomorphes à $\mathcal{A}$ sur X nous allons définir une topologie sur le groupe fondamental de X.

70. Rappel de la définition du groupe fondamental $\mathfrak{T}(X, x)$ de l'espace X. — Une application continue $\tau(t)$ d'un segment rectiligne orienté T dans l'espace X constitue un *arc* l de X; on convient que deux telles applications $\tau(t)$ et $\tau'(t')$ de T et T′ dans X constituent le même arc l quand, il existe une application bicontinue $\theta(t')$ de T′ sur T conservant l'orientation et telle que $\tau'(t') = \tau\theta(t')$. On nomme origine et extrémité de l les images de l'origine et de l'extrémité de T. Nous noterons l^- l'arc qui se déduit de l en changeant l'orientation de T. On définit le produit $l'l$ de deux arcs l' et l tels que l'extrémité de l soit l'origine de l' : si l et l' sont définis par l'application $\tau(t)$ des segments $0 \leqq t \leqq 1$ et $1 \leqq t \leqq 2$, $l'l$ est défini par l'application $\tau(t)$ du segment $0 \leqq t \leqq 2$. Si les extrémités de l et l' sont les origines respectives de l' et l'', on a

$$l''(l'l) = (l''l')l = l''l'l; \qquad (l'l)^- = l^- l'^-.$$

Deux arcs l et l' de même origine et de même extrémité sont dits *homotopes* quand on peut trouver une application continue dans X d'un cercle $t^2 + u^2 \leqq 1$ telle que ses restrictions aux demi-circonférences $t^2 + u^2 = 1$, $u \geqq 0$ et $u \leqq 0$ définissent les arcs l et l'. Par exemple $l^- l$ est homotope à l'arc confondu avec l'origine de l.

L'homotopie est une relation d'équivalence (²); on nomme *classes*

(¹) Soit V′ le voisinage de la diagonale de $Y \times Y$ que constituent les points $y \times y_1$ tels que $\overset{-1}{\xi}(y) \times \overset{-1}{\xi}(y_1)$ appartienne à une partie de X compacte, connexe et petite d'ordre V; on constate que $\xi\mathcal{B}$ est isomorphe à $\mathcal{A}$ sur chaque partie de Y compacte, connexe et petite d'ordre V′.

(²) Bourbaki, *Éléments mathématiques*, Livre I, § 5.

d'arcs les classes qu'elle définit; les arcs d'une même classe ont même origine et même extrémité, nommées origine et extrémité de la classe. Si les arcs l constituent la classe L, les arcs l^- constituent une classe notée L^-. Soient deux classes L et L′, l'extrémité de L étant l'origine de L′; les arcs $l'l$, où $l \in L$ et $l' \in L'$, appartiennent à une même classe, qu'on nomme produit des classes L et L′ et qu'on note L′L; on a, quand les premiers membres sont définis

(70.1) $$L''(L'L) = (L''L')L = L''L'L; \qquad (L'L)^- = L^-L'^-;$$

(70.2) L^-L est la classe de l'arc confondu avec l'origine de L.

Les classes ayant pour origine et extrémité un point donné x de X constituent donc un groupe; on le nomme *groupe fondamental* ou *groupe de Poincaré* de X relatif à x; nous le noterons $\mathfrak{L}(X, x)$; la classe de l'arc confondu avec x est l'unité de ce groupe; l'inverse de l'élément L de $\mathfrak{L}(X, x)$ est L^-.

DÉFINITION 70.1. — *L'espace* X *est dit connexe par arcs quand, étant donnés deux de ses points x et y, il existe un arc d'origine x et d'extrémité y.* Il est évident que X est alors connexe.

Supposons X connexe par arcs; soit L une classe d'arcs d'origine x, d'extrémité y; soit L_x (ou L_y) une classe d'arcs d'origine et d'extrémité x (ou y); l'application

(70.3) $$L_y = L L_x L^-$$

est *un isomorphisme, non canonique, de* $\mathfrak{L}(X, x)$ *sur* $\mathfrak{L}(X, y)$.

71. LA TOPOLOGIE DU GROUPE FONDAMENTAL [1]. — Soit V un *voisinage ouvert de la diagonale de* X×X; nous dirons que deux arcs l et l' sont V-*voisins* quand ils ont même origine, même extrémité et qu'on peut les décomposer en produits

$$l = l_\omega \ldots l_2 l_1, \qquad l' = l'_\omega \ldots l'_2 l'_1,$$

tels que la réunion des points de l_μ et l'_μ appartienne à une partie de X

---

[1] Cette topologie est la topologie discrète quand X est un polyèdre compact ou une multiplicité compacte.

compacte, connexe et petite d'ordre V ($1 \leqq \mu \leqq \omega$); nous dirons que deux arcs l et l' sont V-*homotopes* quand on peut trouver une suite d'arcs $l_1, l_2, \ldots, l_\omega$ tels que

$$(71.1) \quad l_1 = l, \qquad l_\omega = l', \qquad l_\mu \text{ et } l_{\mu+1} \text{ sont V-voisins} \qquad (1 \leqq \mu < \omega);$$

deux arcs V-homotopes ont même origine et même extrémité.

La V-homotopie est une relation d'équivalence; nous nommerons V-*classes d'arcs* les classes qu'elle définit; une V-classe d'arcs L a une extrémité et une origine, qui sont des points; quand l'arc l décrit la V-classe L, l^- décrit une V-classe qui sera notée L^-. Soient deux V-classes L et L', l'extrémité de L étant l'origine de L'; leur produit L'L est la V-classe qui contient $l'l$ quels que soient $l \in L$, $l' \in L'$; les V-classes possèdent les propriétés (70.1) et (70.2).

Les V-classes ayant pour origine et pour extrémité un point donné x de X constituent un groupe, que nous noterons $\mathfrak{L}(X, V, x)$; quand X est connexe par arcs la formule (70.3), où l'on choisit pour L, L_x et L_y des V-classes, définit un isomorphisme de $\mathfrak{L}(X, V, x)$ sur $\mathfrak{L}(X, V, y)$. Toute classe d'arc fait partie d'une V-classe unique; d'où *un homomorphisme canonique de* $\mathfrak{L}(X, x)$ *sur* $\mathfrak{L}(X, V, x)$; (70.3) transforme cet homomorphisme canonique en celui de $\mathfrak{L}(X, y)$ sur $\mathfrak{L}(X, V, y)$.

Nommons *entourage* W *associé à* V l'ensemble des couples de classes d'arcs appartenant à une même V-classe;

$$(71.2) \quad W = \overset{2}{W} = \overset{-1}{W}; \quad W \subset W' \text{ si } V \subset V' \quad (W \text{ et } W' \text{ sont associés à V et V'}).$$

L'espace dont les points sont les classes d'arcs de X et en particulier $\mathfrak{L}(X, x)$ seront munis de *la structure uniforme* ([3], Chap. II) dont un système fondamental d'entourages est constitué par les entourages W associés à tous les voisinages ouverts V de la diagonale de X×X. L'isomorphisme (70.3) transforme deux classes d'arcs voisines d'ordre W en deux classes voisines d'ordre W; en particulier *le voisinage d'ordre* W *de l'unité de* $\mathfrak{L}(X, x)$ *est un sous-groupe invariant de* $\mathfrak{L}(X, x)$; $\mathfrak{L}(X, V, x)$ *est le quotient de* $\mathfrak{L}(X, x)$ *par ce sous-groupe.*

Remarque 71.1. — La topologie de $\mathfrak{L}(X, x)$ n'est pas nécessairement séparée; mais l'adhérence de l'unité de $\mathfrak{L}(X, x)$ est identique à la composante connexe de cette unité ([1]) et est un sous-groupe invariant; le quotient de $\mathfrak{L}(X, x)$ par ce sous-groupe est un espace uniforme séparé; c'est un groupe topologique totalement discontinu, limite projective ([2]) des groupes $\mathfrak{L}(X, V, x)$.

72. Seconde définition de $\mathfrak{L}(X, V, x)$, quand X est localement connexe par arcs. Définition 72.1. — *L'espace X est dit localement connexe par arcs quand la réunion des arcs qui ont pour origine $x \in X$ et qui appartiennent à un voisinage donné de x est toujours un voisinage de x;* X est alors localement connexe. Si X est connexe et localement connexe par arcs, X est connexe par arcs vu le lemme 72.1; X sera dit *globalement et localement connexe par arcs.*

Lemme 72.1. — *Soit* X *un espace localement connexe par arcs; soit* K *une partie connexe de* X; *soient x et y deux points de* K *soit* U *un voisinage de* K. *Il existe dans* U *un arc d'origine x et d'extrémité y.*

Preuve. — L'existence dans U d'un arc d'origine x et d'extrémité y est une relation d'équivalence qui définit une partition de K en parties ouvertes; puisque K est connexe, cette partition se compose d'une seule partie, identique à K.

Définition 72.2. — Soit V un voisinage ouvert de la diagonale de $X \times X$; un V-*chaînon* l sera constitué par une partie $S(l)$ de X, compacte, connexe, petite d'ordre V et par deux parties compactes, non vides de $S(l)$, nommées l'une origine, l'autre extrémité de l. Le chaînon qui se déduit de l en permutant l'origine et l'extrémité sera noté l^-. Un produit $l_\omega \ldots l_2 l_1$ de V-chaînons sera une suite de V-chaînons l_μ telle que l'extrémité de l_μ soit l'origine de $l_{\mu+1}$ $(1 \leq \mu < \omega)$; ce produit sera nommé V-*chaînage*; son origine sera celle de l_1 et son extrémité celle de l_ω; on pose

$$S(l_\omega \ldots l_2 l_1) = S(l_\omega) \cup \ldots S(l_2) \cup S(l_1); \qquad (l_\omega \ldots l_2 l_1)^- = l_1^- l_2^- \ldots l_\omega^-;$$

([1]) Vu [3], Chap. II, § 4, proposition 3, car d'après (71.2) toute W-chaîne est petite d'ordre W.

([2]) Au sens de A. Weil, *L'intégration dans les groupes topologiques* (Hermann, 1940).

le produit de deux V-chaînages l et l' tels que l'extrémité de l soit l'origine de l' est le V-chaînage $l'l$ que constitue la suite des V-chaînons formant l et l'. Deux V-chaînages l et l' sont dits V-*voisins* quand ils ont même origine, même extrémité et qu'on peut les décomposer en produits de V-chaînages

$$l = l_\omega \ldots l_2 l_1, \qquad l' = l'_\omega \ldots l'_2 l'_1,$$

tels que $S(l_\mu) \cup S(l'_\mu)$ appartienne à une partie de X compacte, connexe et petite d'ordre V ($1 \leq \mu \leq \omega$); deux V-chaînages l et l' sont dits V-*homotopes* quand on peut trouver une suite de V-chaînages l_1, l_2, ..., l_ω vérifiant (71.1).

La V-homotopie des V-chaînages est une relation d'équivalence; nous nommerons V-classes de V-chaînage les classes qu'elle définit; une V-classe de V-chaînage L a une origine et une extrémité, qui sont des parties compactes de X appartenant chacune à une partie de X compacte, connexe, petite d'ordre V. On définit de façon évidente L^- et $L'L$, quand l'extrémité de L est l'origine de L'.

Proposition 72.1. — *Si* X *est localement connexe par arcs,* $\mathfrak{L}(X, V, x)$ *est canoniquement isomorphe au groupe que constituent les* V-*classes de* V-*chaînages ayant* x *pour origine et pour extrémité.*

Preuve. — Tout arc l peut être décomposée en un produit d'arcs petits d'ordre V; ce produit constitue un V-chaînage; les V-chaînages qu'on déduit ainsi d'un même arc ou de deux arcs V-homotopes sont évidemment V-homotopes. Un homomorphisme canonique de $\mathfrak{L}(X, V, x)$ dans le groupe que constituent les V-classes de V-chaînages, ayant x pour origine et pour extrémité, se trouve ainsi défini. Pour prouver que c'est un isomorphisme de $\mathfrak{L}(X, V, x)$ sur ce groupe il suffit évidemment de prouver ceci :

a. Toute V-classe de V-chaînages, ayant pour origine et pour extrémité des points, contient un produit d'arcs petits d'ordre V.

b. Si deux produits d'arcs petits d'ordre V appartiennent à une même V-classe de V-chaînages, ils appartiennent à une même V-classe d'arcs.

Preuve de a. — Soit un V-chaînage l ayant pour origine et pour extrémité des points; soit L sa V-classe; on ne modifie pas L en remplaçant l'origine et l'extrémité des V-chaînons de l par un de leurs points; on ne modifie pas L en remplaçant, à l'aide du lemme 72.1, chaque V-chaînon l_μ de l par un arc l'_μ, de même origine et de même extrémité, appartenant à un voisinage de $(\mathrm{S}l_\mu)$ compact, connexe et petit d'ordre V. Un tel voisinage de $\mathrm{S}(l_\mu)$ existe : les voisinages compacts et connexes de tout point de X et par suite ceux de toute partie compacte et connexe de X constituent un système fondamental de voisinages.

Preuve de b. — On constate que deux produits l et l' d'arcs petits d'ordre V sont dans une même V-classe de V-chaînages au moyen d'un nombre fini de V-chaînons, dont certains couples appartiennent à des parties de X compactes, connexes et petites d'ordre V. On peut remplacer par des points les origines et les extrémités de ces V-chaînons; le lemme 72.1 permet alors de remplacer successivement chaque V-chaînon par un arc de même origine et de même extrémité sans altérer la propriété qu'ont ces couples de V-chaînons d'appartenir à de telles parties de X; il devient ainsi évident que l et l' sont dans une même V-classe d'arcs.

Remarque 72.1. — Au lieu de supposer X localement connexe *par arcs* on pourrait procéder comme suit : nommer $\mathfrak{L}(X, V, x)$ le groupe des V-classes de V-chaînages d'origine et d'extrémité x; supposer X localement connexe, ce qui entraîne que, si $V \subset V'$, l'homomorphisme canonique évident de $\mathfrak{L}(X, V, x)$ dans $\mathfrak{L}(X, V', x)$ est un homomorphisme sur $\mathfrak{L}(X, V', x)$; nommer $\mathfrak{L}(X, x)$ la limite inverse des $\mathfrak{L}(X, V, x)$; *supposer* que cette limite inverse est une limite projective; c'est-à-dire que l'homomorphisme de $\mathfrak{L}(X, x)$ dans $\mathfrak{L}(X, V, x)$ est un homomorphisme *sur* $\mathfrak{L}(X, V, x)$. Le théorème 73.1 subsisterait.

73. Classification, d'après N.E. Steenrod [14], des faisceaux d'un espace donné localement isomorphes a un anneau donné. — Théorème 73.1. *Soit* X *un espace globalement et localement connexe par arcs ; choisissons arbitrairement un point x de* X.

a. A tout faisceau $\mathcal{B}$, localement isomorphe sur X *à un anneau différentiel-gradué-filtré, est canoniquement associé un homomorphisme, loca-*

lement constant (¹), β *du groupe fondamental* $\mathfrak{T}(X, x)$ *dans le groupe des automorphismes de l'anneau* $\mathcal{B}(x)$.

b. Les anneaux d'homologie

(73.1) $$\mathcal{H}_*(X^l \bigcirc \mathcal{B}), \qquad \mathcal{H}_*(\overset{-1}{\xi} Y^m \bigcirc X^l \bigcirc \mathcal{B})$$

ne dépendent que de X, ξ, *l*, *m*, $\mathcal{B}(x)$ *et* β.

c. Soit β *un homomorphisme localement constant du groupe* $\mathfrak{T}(X, x)$ *dans le groupe des automorphismes d'un anneau différentiel-gradué-filtré* $\mathcal{A}$; *il existe sur* X *un faisceau, localement isomorphe à* $\mathcal{A}$, *dont l'homomorphisme associé est* β.

Preuve de a. — Par hypothèse $\mathcal{B}$ est isomorphe à un anneau sur chaque partie de X compacte, connexe et petite d'ordre V. Soit un V-chaînon l d'origine K_0 et d'extrémité K_1 ; soit β_μ la section de $\mathcal{B}[S(l)]$ par $K_\mu (\mu = 0, 1)$: β_μ est un isomorphisme de $\mathcal{B}[S(l)]$ sur $\mathcal{B}(K_\mu)$; $\beta(l) = \beta_1 \beta_0^{-1}$ est donc un isomorphisme de $\mathcal{B}(K_0)$ sur $\mathcal{B}(K_1)$. Soit un produit de V-chaînons : $l = l_\omega \ldots l_2 l_1$; définissons

$$\beta(l) = \beta(l_\omega) \ldots \beta(l_2)\beta(l_1):$$

si K_0 et K_1 sont l'origine et l'extrémité de l, $\beta(l)$ est un isomorphisme de $\mathcal{B}(K_0)$ sur $\mathcal{B}(K_1)$;

$$\beta(l^-) = [\beta(l)]^{-1}; \qquad \beta(l'l)) = \beta(l')\beta(l) \qquad \text{si } l'l \text{ est défini.}$$

On vérifie aisément que $\beta(l)$ ne dépend que de la V-classe L du V-chaînage l; définissons $\beta(L) = \beta(l)$; nous avons

(73.2) $$\beta(L^-) = [\beta(L)]^{-1}; \qquad \beta(L'L) = \beta(L')\beta(L) \qquad \text{si } L'L \text{ est défini.}$$

Supposons que l soit un arc; d'après ce qui précède $\beta(l)$ ne dépend que de la classe d'arcs L de l; définissons $\beta(L) = \beta(l)$; les formules (73.2) s'appliquent encore aux classes d'arcs. La restriction de $\beta(L)$ à $\mathfrak{T}(X, x)$ est donc un homomorphisme β de $\mathfrak{T}(X, x)$ dans le groupe

(¹) C'est-à-dire constant an voisinage de chaque point de $\mathfrak{T}(X, x)$; pour que β soit localement constant, il suffit qu'il soit constant au voisinage de l'unité de $\mathfrak{T}(X, x)$; tout homomorphisme est localement constant quand $\mathfrak{T}(X, x)$ a une topologie discrète, donc quand X est un polyèdre compact ou une multiplicité compacte.

des automorphismes de $\mathcal{B}(x)$; β est constant sur chaque partie petite d'ordre W de $\mathfrak{L}(X, x)$; β est indépendant du choix de V, car β ne change évidemment pas quand on remplace V par $V' \supset V$.

Preuve de b. — Soit $\mathcal{B}'$ le sous-faisceau de $\mathcal{B}$ tel que : $\mathcal{B}'(F) = \mathcal{B}(F)$ si F est une partie compacte d'une partie de X compacte, connexe et petite d'ordre V; $\mathcal{B}'(F) = 0$ sinon. $\mathcal{B}'$ est propre, puisque X est localement connexe; donc, vu le corollaire 46.1 et le théorème 53.1*a*, on ne modifie pas les anneaux (73.1) en y remplaçant $\mathcal{B}$ par $\mathcal{B}'$. Soit K une partie compacte d'une partie de X compacte, connexe et petite d'ordre V; puisque X est connexe par arcs, K est l'extrémité d'un V-chaînage d'origine x; donc tout élément non nul de $\mathcal{B}'$ est du type :

$\beta(L)b$, où L est une V-classe de V-chaînages d'origine x et $b \in \mathcal{B}(x)$;
$\beta(L_1)b_1 = \beta(L_2)b_2$ équivaut à $\beta(L_2^{-}L_1)b_1 = b_2$, où $L_2^{-}L_1 \in \mathfrak{L}(X, V, x)$, b_1 et $b_2 \in \mathcal{B}(x)$.

La donnée de $\mathcal{B}(x)$ et de l'homomorphisme β de $\mathfrak{L}(X, V, x)$ dans le groupe des automorphismes de $\mathcal{B}(x)$ détermine donc $\mathcal{B}'$ et par suite les anneaux (73.1). Or la données de β sur $\mathfrak{L}(X, x)$ définit β sur $\mathfrak{L}(X, V, x)$.

Preuve de c. — Soit W un entourage de $\mathfrak{L}(X, x)$ tel que β soit constant sur le voisinage de l'unité d'ordre W; soit V un voisinage de la diagonale de $X \times X$ dont l'entourage associé soit $\subset W$; si $L \in \mathfrak{L}(X, x)$, $\beta(L)$ ne dépend que de la V-classe de L; vu la proposition 72.1, $\beta(L)$ est donc défini quand L est une V-classe de V-chaînages ayant x pour origine et pour extrémité. Soit K une partie compacte de X, appartenant à une partie de X compacte, connexe et petite d'ordre V; à chaque V-classe L de V-chaînages d'origine x et d'extrémité K associons un anneau $\mathcal{B}(K, L)$ isomorphe à $\mathcal{A}$; notons La l'élément de $\mathcal{B}(K, L)$ qui correspond à $a \in \mathcal{A}$; identifions ces divers anneaux en posant

$$L_1 a_1 = L_2 a_2 \quad \text{quand} \quad \beta(L_2^{-}L_1)\, a_1 = a_2;$$

[a_1 et $a_2 \in \mathcal{A}$; $L_2^{-}L_1$ est une V-classe d'origine et d'extrémité x; $\beta(L_2^{-}L_1)$ est un automorphisme de $\mathcal{A}$]; soit $\mathcal{B}(K)$ l'anneau isomorphe à $\mathcal{A}$ auquel se trouvent ainsi identifiés les anneaux $\mathcal{B}(K, L)$. Soit K' une partie compacte de K; soit L' la V-classe de V-chaînages qui se déduit de L en remplaçant par K' l'extrémité K des V-chaînages constituant L; en associant $L'a$ à La on définit un isomorphisme de $\mathcal{B}(K)$; sur $\mathcal{B}(K')$, car $L'^{-1}_2 L'_1 = L^{-1}_2 L_1$; nous nommerons cet isomorphisme section de $\mathcal{B}(K)$ par K'. Nous poserons $\mathcal{B}(F) = 0$ quand $F = \emptyset$ et quand F est une partie fermée de X n'appartenant à aucune partie de X compacte, connexe et petite d'ordre V. Le faisceau $\mathcal{B}$ ainsi construit a les propriétés énoncées.

Le théorème 73.1 a pour conséquence immédiate la proposition suivante :

Corollaire 73.1. — *Soit X un espace globalement et localement connexe par arcs; soit $\mathcal{B}$ un faisceau localement isomorphe sur X à un anneau différentiel-filtré $\mathcal{A}$; supposons que l'homomorphisme β associé à $\mathcal{B}$ applique $\mathfrak{L}(X, x)$ sur l'automorphisme identique de $\mathcal{B}(x)$; c'est par exemple le cas quand $\mathfrak{L}(X, x)$ se réduit à son unité, c'est-à-dire quand X est « simplement connexe ». On a*

$$\mathcal{H}_*(X^l \bigcirc \mathcal{B}) = \mathcal{H}_*(X^l \bigcirc \mathcal{A}); \qquad \mathcal{H}_*(\overset{-1}{\xi}\, Y^m \bigcirc X^l \bigcirc \mathcal{B}) = \mathcal{H}_*(\overset{-1}{\xi}\, Y^m \bigcirc X^l \bigcirc \mathcal{A}).$$

III. — Détermination effective des anneaux d'homologie relatifs à un faisceau localement isomorphe ou identique à un anneau.

74. Anneaux d'homologie d'un espace. — Le théorème 49.2 et le corollaire 67.1 ont pour conséquence immédiate le théorème suivant :

Théorème 74.1. — *Soit un espace X; soit un voisinage ouvert V de la diagonale de $X \times X$; soit un faisceau $\mathcal{B}$ isomorphe à un anneau sur chaque partie de X compacte, connexe et petite d'ordre V; supposons que X possède un recouvrement compact et d'ordre fini $\bigcup_\mu F_\mu = X$ ayant les propriétés suivantes : chaque F_μ est petit d'ordre V; toute intersection non vide de F_μ est homotope en elle-même à un point. Soit $\mathcal{K}^*$ le complexe basique de Čech attaché à ce recouvrement, arbitrairement ordonné* (n° **39**)*; on a, avec les notations des* nos **33** *et* **34**,

$$\mathcal{H}_*(X^l \bigcirc \mathcal{B}) = \mathcal{H}_*(\mathcal{K}^{*l} \otimes \mathcal{B}).$$

Supposons en outre que X soit compact et que le groupe additif de l'anneau auquel $\mathcal{B}$ est localement isomorphe ait un nombre fini de générateurs; le recouvrement est fini, donc les anneaux $\mathcal{H}_*(X^l \bigcirc \mathcal{B})$ peuvent être déterminés par un *nombre fini d'opérations* et leurs groupes additifs ont un *nombre fini de générateurs*. Mais ces opérations sont en général inextricables; on obtient pratiquement les anneaux d'homologie des espaces en utilisant le théorème 49.1, ceux des n^{os} **63** à **67** et les propriétés énoncées au n° **1**.*a*, *f*, *g*.

75. Cas ou l'espace est un polyèdre. — Le théorème 74.1 est toujours applicable quand X est un polyèdre (1) de dimension finie : X possède une subdivision simpliciale telle que l'étoile barycentrique F_μ de chaque sommet x_μ de cette subdivision soit petite d'ordre V; $F_0 \cap F_1 \cap \ldots \cap F_p$ *est un cône ayant pour sommet le centre de gravité de masses égales placées aux points* $x_0, x_1, \ldots, x_p$, *si ces points sont sommets d'un simplexe de la subdivision; est vide sinon*; les hypothèses du théorème 74.1 sont vérifiées, puisque tout cône compact est homotope en lui-même à son sommet.

Au lieu de dire que les éléments homogènes de $\mathcal{K}^*$ sont les fonctions $k(F_0, F_1, \ldots, F_p)$ qui sont définies quand $F_0 < F_1 < \ldots < F_p$, $F_0 \cap F_1 \cap \ldots \cap F_p \neq \emptyset$ et qui sont nulles sauf pour un nombre fini d'arguments, on peut évidemment faire la convention suivante : les sommets x_μ de la subdivision simpliciale de X utilisée sont ordonnés; les éléments de $\mathcal{K}^*$ homogènes de degré p sont les fonctions $k(x_0, x_1, \ldots, x_p)$ qui sont définies quand $x_0 < x_1 < \ldots < x_p$ sont sommets d'un simplexe de la subdivision et qui sont nulles, sauf pour

---

(1) Alexandroff et Hopf, *Topologie*, Springer, 1935, Chap. III. X est une partie d'un espace euclidien; le *simplexe* ayant pour *sommets* les $p+1$ points $x_0, x_1, \ldots, x_p$ de cet espace est la plus petite partie convexe de l'espace contenant ces points, qui ne doivent appartenir à aucun sous-espace linéaire de dimension $< p$; *une subdivision simpliciale* de X est un ensemble de simplexes tels que l'intersection de deux d'entre eux soit un simplexe de l'ensemble et que X soit la réunion des simplexes de l'ensemble; les sommets de ces simplexes sont nommés sommets de la subdivision. *L'étoile barycentrique* du sommet x_0 appartient aux simplexes ayant ce sommet; son intersection avec le simplexe de sommets $x_0, x_1, \ldots, x_p$ est l'ensemble des centres de gravité de masses a_0, $a_1, \ldots, a_p$ placées en ces sommets et telles que $0 \leq a_\mu \leq a_0 \neq 0$ $(\mu = 1, \ldots, p)$.

un nombre fini de systèmes d'arguments. Le théorème 74.1 identifie alors nos anneaux d'homologie à ceux de N. E. Steenrod [14]. Quand $\mathcal{B}$ est identique à un anneau $\mathcal{A}$, on peut identifier un élément homogène de $\mathcal{K}^\star \otimes \mathcal{A}$ à une fonction $k(x_0, \ldots, x_p)$ du type précédent, prenant ses valeurs non plus dans l'anneau des entiers, mais dans l'anneau $\mathcal{A}$: on retrouve la définition classique de Čech [1] de l'anneau d'homologie d'un polyèdre.

76. Anneaux d'homologie d'une application continue. — Théorème 76.1. — *Soient un anneau différentiel-filtré* $\mathcal{A}$ *et une application continue* ξ *d'un espace* X *dans un espace* Y. *Soit un recouvrement fermé et d'ordre fini* $\bigcup_\nu F_\nu = Y$ *de* Y, *tel que, quand* F *est une intersection non vide de* $\overset{-1}{\xi}(F_\nu)$, *la restriction de* ξ *à* F *soit homotope en elle-même à une appplication constante. Soit* $\mathcal{K}^\star$ *le complexe basique de Čech attaché à ce recouvrement, arbitrairement ordonné; on a*

$$(76.1)\qquad \mathcal{H}_\star\left(\overset{-1}{\xi}\, Y^m \bigcirc X^l \bigcirc \mathcal{A}\right) = \mathcal{H}_\star\left(\overset{-1}{\xi}\, \mathcal{K}^{\star m} \bigcirc X^l \bigcirc \mathcal{A}\right);$$

$$(76.2)\qquad \mathcal{H}_{m+1}\left(\overset{-1}{\xi}\, Y^m \bigcirc X^l \bigcirc \mathcal{A}\right) = \mathcal{H}\left[\mathcal{K}^{\star m} \otimes \xi \mathcal{F}_m (X^l \bigcirc \mathcal{A})\right].$$

Preuve de (76.1). — Théorème 57.1 et corollaire 68.1.

Preuve de (76.2). — Formules (49.1) et (76.1).

Supposons en outre que Y soit compact et que le groupe additif de l'anneau $\mathcal{H}_m(F^l \bigcirc \mathcal{A})$ ait un nombre fini de générateurs quand F est une intersection de $\overset{-1}{\xi}(F_\nu)$; la formule (76.2) permet de déterminer $\mathcal{H}_{m+1}\left(\overset{-1}{\xi}\, Y^m \bigcirc X^l \bigcirc \mathcal{A}\right)$ par *un nombre fini d'opérations;* les groupes additifs des anneaux $\mathcal{H}_r\left(\overset{-1}{\xi}\, Y^m \bigcirc X^l \bigcirc \mathcal{A}\right)$ ont donc *un nombre fini de générateurs*. Plus généralement, on peut déterminer

$$\mathcal{H}_\star\left(\overset{-1}{\xi}\, Y^m \bigcirc X^l \bigcirc \mathcal{A}\right)$$

par un nombre fini d'opérations, que nous ne décrirons pas, quand ξ satisfait certaines conditions, qui sont vérifiées en particulier par les applications simpliciales des polyèdres finis.

77. Cas où l'application est simpliciale. — Théorème 77.1. — *Supposons que ξ soit une application simpliciale d'un polyèdre* X *dans un polyèdre* Y, *de dimension finie : la restriction de ξ à chaque simplexe d'une subdivision simpliciale donnée de* X *est une application affine de ce simplexe sur un simplexe d'une subdivision simpliciale donnée de* Y. *Alors les étoiles barycentriques* F_ν *des sommets* y_ν *de* Y *vérifient les hypothèses du théorème* 76.1. *L'emploi de ce théorème est facilité par la propriété que voici : Soient* $F_0, F_1, \ldots, F_p$, $p+1$ *de ces étoiles ayant une intersection non vide; cette intersection est un cône dont le sommet est le centre de gravité* z *de masses égales placées aux points* $y_0, y_1, \ldots, y_p$, *qui sont les sommets d'un simplexe de* Y; $\mathcal{H}_m(F' \bigcirc \mathcal{A})$ *est alors le même pour*

$$F = \overset{-1}{\xi}(F_0 \cap F_1 \cap \ldots \cap F_p) \quad \text{et} \quad F = \overset{-1}{\xi}(z).$$

Preuve. — Soient $x_{\mu,\nu}$ les sommets de X que ξ applique sur le sommet y_ν de Y; ξ étant simpliciale, applique le centre de gravité x de masses $a_{\mu,\nu} \geqq 0$ placées aux sommets $x_{\mu,\nu}$ d'un simplexe de X sur le centre de gravité $\xi(x)$ des masses $a_\nu = \sum_\mu a_{\mu,\nu}$ placées aux sommets y_ν. Supposons $x \in \overset{-1}{\xi}(F_0 \cap F_1 \cap \ldots \cap F_p)$; on a

$$0 \leqq a_\nu \leqq a_0 = a_1 = \ldots = a_p \neq 0;$$

soit $\theta(x, t)$ le centre de gravité des masses $ta_{\mu,\nu}, a_{\mu,0}, a_{\mu,1}, \ldots, a_{\mu,p}$ ($\nu \neq 0, 1, \ldots, p$; $0 \leqq t \leqq 1$) placées aux points $x_{\mu,\nu}, x_{\mu,0}, x_{\mu,1}, \ldots, x_{\mu,p}$; soit $\tau(x, t)$ le centre de gravité des masses

$$0 \leqq ta_\nu \leqq a_0 = a_1 = \ldots = a_p \quad (\nu \neq 0, 1, \ldots, p)$$

placées aux points $y_\nu, y_0, y_1, \ldots, y_p$; on a

$$\xi\theta(x, t) = \tau[\xi(x), t] \in F_0 \cap F_1 \cap \ldots \cap F_p;$$

$\theta(x, 0)$ et $\theta(x, 1)$ sont donc deux représentations de la restriction de ξ à $\overset{-1}{\xi}(F_0 \cap F_1 \cap \ldots \cap F_p)$ homotopes entre elles dans cette restriction; $\theta(x, 1)$ est la représentation identique de cette restriction sur elle-même; $\theta(x, 0)$ est une rétraction de cette restriction sur la restriction de ξ à $\overset{-1}{\xi}(z)$; vu la définition 68.3, la restriction de ξ

à $\overset{-1}{\xi}(F_0 \cap F_1 \cap \ldots \cap F_p)$ est homotope en elle-même à sa restriction à $\overset{-1}{\xi}(z)$; donc les hypothèses du théorème 76.1 sont vérifiées et $\overset{-1}{\xi}(F_0 \cap F_1 \cap \ldots \cap F_p)$ est homotope en lui-même à $\overset{-1}{\xi}(z)$; on applique le théorème 67.3.

78. Exemple. — Supposons que $\mathcal{A}$ soit l'anneau des entiers ($f = 0$, $\delta = 0$), que X soit la surface d'un tétraèdre de sommets x_0, x_1, x_2, x_3, que Y soit un segment rectiligne d'extrémités y_0 et y_1 et que ξ soit une application simpliciale telle que $\xi(x_0) = y_0$, $\xi(x_1) = \xi(x_2) = \xi(x_3) = y_1$; ξ est affine sur chaque face du tétraèdre. Les théorèmes 77.1 et 76.1 s'appliquent : $\mathcal{K}^*$ a une base constituée par deux éléments k_0 et k_1 de degré 0 et un élément l de degré 1 ; $\delta k_0 = -l$, $\delta k_1 = l$; S(l) est le milieu z de Y ; S(k_0) est le segment $y_0 z$; S(k_1) est le segment $z y_1$; $k_0 + k_1$ est l'unité de $\mathcal{K}^*$. Soit u l'unité de $\mathcal{H}$X; $\mathcal{H}\overset{-1}{\xi}(S(k_\mu))$ a pour base $[\overset{-1}{\xi}(S(k_\mu))]u$ ($\mu = 0, 1$); $\mathcal{H}\overset{-1}{\xi}(z)$ a pour base $\overset{-1}{\xi}(z)u$ et un élément v de degré 1. Donc $\mathcal{K}^* \otimes \xi\mathcal{F}(X)$ a pour base

$$k_0 \otimes u, \quad k_1 \otimes u, \quad l \otimes u, \quad l \otimes v;$$
$$-\delta(k_0 \otimes u) = \delta(k_1 \otimes u) = l \otimes u; \quad \delta(l \otimes u) = \delta(l \otimes v) = 0.$$

Donc $\mathcal{H}[\mathcal{K}^{*1} \otimes \xi\mathcal{F}(X^0)] = \mathcal{H}_2(\overset{-1}{\xi} Y^1 \bigcirc X^0)$ *a pour base une unité de degrés nuls et un élément de degré canonique* 2, *de degré filtrant* 1 ; *puisque* δ_r *est homogène de degré filtrant* $r > 1$,

$$\delta_r = 0 \quad \text{et} \quad \mathcal{GH}(\overset{-1}{\xi} Y^1 \odot X^0) = \mathcal{H}_2(\overset{-1}{\xi} Y^1 \bigcirc X^0) \qquad (\text{n}^\circ\ 60);$$

donc l'anneau gradué-filtré $\mathcal{H}(\overset{-1}{\xi} Y^1 \bigcirc X^0)$ *a une base, constituée par une unité de degré* 0 *et un élément de degré* 2; *ses éléments homogènes de degrés* 0 *et* 2 *ont pour filtrations respectives* 0 *et* 1.

IV. — Invariants topologiques des classes d'homotopie d'applications.

79. Exemple d'applications de X dans Y, homotopes dans Y et n'ayant pas les mêmes anneaux spectraux et filtrés d'homologie. — Soit X la surface d'un tétraèdre; soit Y l'une de ses hauteurs ; soit ξ la projection orthogonale de X sur Y; d'après le n° **78** le degré filtrant et la filtration de $\mathcal{H}_*(\overset{-1}{\xi}\,Y^1 \bigcirc X^0)$ ne sont pas identiquement nuls. Or ξ est homotope dans Y à l'application de X sur un point de Y; d'après le théorème 50.2*a*, quand ξ est cette application

$$\mathcal{H}_*(\overset{-1}{\xi}\,Y^1 \bigcirc X^0) = \mathcal{H}_*(X^0)$$

a un degré filtrant et une filtration nuls.

80. Indications sommaires sur les invariants topologiques des classes d'homotopie d'applications. — Soient deux espaces X et Y; l'homotopie dans Y (définition 67.1) des applications propres de X dans Y constitue une relation d'équivalence de ces applications; les classes suivant cette relation sont nommées classes d'homotopie des applications de X dans Y; d'après le théorème 67.1, l'homomorphisme $\overset{-1}{\xi}$ de $\mathcal{H}(Y \bigcirc \mathcal{A})$ dans $\mathcal{H}(X \bigcirc \mathcal{A})$ est un invariant de la classe d'homotopie de ξ.

Soit $\mathcal{B}$ un faisceau localement isomorphe sur X à un anneau différentiel-filtré $\mathcal{A}$; nous venons de voir que les anneaux

$$\mathcal{H}_*(\overset{-1}{\xi}\,Y^m \bigcirc X^l \bigcirc \mathcal{B})$$

ne sont pas des invariants de la classe d'homotopie de ξ; cependant, quand $\mathcal{B} = \mathcal{A}$, ces anneaux peuvent servir à déterminer les invariants des classes d'homotopie qu'ont définis H. Hopf, W. Gysin, N. E. Steenrod (¹); d'autre part :

Théorème 80.1. — *Soit* $h \in \mathcal{H}(X \bigcirc \mathcal{B})$; *soit* $f_\xi(h)$ *la filtration de* h *dans* $\mathcal{H}(\overset{-1}{\xi}\,Y^m \bigcirc X^l \bigcirc \mathcal{B})$; *quand* ξ *décrit une classe d'homotopie* Ξ *d'applications de* X *dans* Y,

$$f_\Xi(h) = \operatorname*{Borne\ inf.}_{\xi \in \Xi} f_\xi(h)$$

(¹) H. Hopf, *Fundamenta math.*, t. **25**, 1935, p. 427-440; W. Gysin, *Comm. math. helv.*, t. **14**, 1941, p. 61-122; N. E. Steenrod, *Proc. nat. Acad. Sci. U. S. A.*, t. **33**, 1947, p. 124-128.

est une filtration de $\mathcal{H}(X \bigcirc \mathcal{B})$; *cette filtration est évidemment un invariant topologique de* Ξ.

Preuve. — Les filtrations $f_\xi(h)$ sont bornées inférieurement par la filtration de h dans $\mathcal{H}(X' \bigcirc \mathcal{B})$; on applique la proposition 5.1.

BIBLIOGRAPHIE.

[1] ALEXANDER, *Ann. of math*,, t. 37, 1936, p. 698-708; ČECH, *Ibid.*, t. 37, 1936, p. 681-697; E. H. SPANIER, *Ibid.*, t. 49, 1948, p. 407-427.

[2] BOURBAKI, *Éléments de math.*, Livre II, *Algèbre* (Hermann).

[3] BOURBAKI, *Éléments de math.*, Livre III, *Topologie générale* (Hermann).

[4] H. CARTAN, *Colloque de Topologie algébrique* (*C. N. R. S.*, Paris 1949, p. 1-2).

[5] H. CARTAN et J. LERAY, *Colloque de Topologie algébrique*, p. 83-85.

[6] H. CARTAN, *C. R. Acad. Sc.*, t. 226, 1948, p. 148 et 303.

[7] G. HIRSCH, *C. R. Acad. Sc.*, t. 227, 1948, p. 1328; *Bulletin Soc. Math. de Belgique*. 1948, p. 24-33.

[8] J. L. KOSZUL, *Thèse* (*Bul. Soc. math. de France*, t. 78, p. 1950); *C. R. Acad. Sc.*, t. 225, 1947, p. 217 et 477.

[9] J. LERAY, *Journal de math.*, t. 24, 1945, p. 95-248.

[10] J. LERAY, *C. R. Acad. Sc.*, t. 222, 1946, p. 1366 et 1419.

[11] J. LERAY, *Colloque de Topologie algébrique*, p. 61-82.

[12] J. LERAY, *C. R. Acad. Sc.*, t. 223, 1946, p. 395 et 412; t. 228, 1949, p. 1545, 1784 et 1902; t. 229, 1949, p. 281.

[13] MARSTON MORSE, *Mém. Sc. math.*, t. 92 (Gauthier-Villars); *Amer. math. Soc. Colloq. Publ.*, t. 18, 1934; *Ann. of math.*, t. 38, 1937, p. 386-449.

[14] N. E. STEENROD, *Ann. of math.*, t. 44, 1943, p. 610-627.

[15] VAN DER WAERDEN, *Moderne algebra* (Springer).

L'anneau spectral et l'anneau filtré d'homologie d'un espace localement compact et d'une application continue,
par Jean Leray.

(*Journal de Mathématiques*, t. XXIX, 1950, p. 1–139.)

Les erreurs suivantes m'ont été obligeamment signalées par M. M. A. Borel, A. D. Wallace et C. T. Yang :

Page 12, il faut adjoindre aux conditions (5.2) la suivante :

$$\mathcal{A}^{(p)}\mathcal{A}^{(q)} \subset \mathcal{A}^{(p+q)}.$$

Page 54, l'affirmation qui précède la proposition 32.1 doit être précisée comme suit :
$\theta\mathcal{K}$ est un complexe (gradué–, filtré–) fin, si $\mathcal{K}$ est un complexe (gradué–, filtré–) fin, à supports compacts et θ une application propre.

Page 98, dans la figure 3, à la première ligne, Y, doit-être remplacé par X.

Page 45, la proposition 24.2 doit être précisée comme suit :
Une application propre d'un espace sur *un autre espace transforme un faisceau propre en un faisceau propre.*

Page 110, paragraphe 62 : Quand ξ est une application propre de X *dans* Y, sans être une application *sur* Y, alors il est en général *faux* que le faisceau $\xi\mathcal{A}$ soit un faisceau propre.

Page 112, ligne 4, *au lieu de* homomorphisme, *lire* isomorphisme.

Pages 21 et 22, la proposition 10.5 est fausse; la fonction f' qu'elle définit n'est pas, en général, une filtration. La proposition qu'utilise en réalité la suite de l'article (th. 46.3) est la suivante :

Proposition 10.5. — *Soit un anneau différentiel-filtré $\mathcal{A}$ vérifiant les hypothèses de la proposition* 10.4; *soit $\mathcal{A}'$ l'anneau $\mathcal{A}$ muni de la filtration f' suivante :*

$$\text{si}\quad f(a) \geqq 0, \qquad f'(a) = 0; \qquad \text{sinon}\quad f'(a) = f(a) \leqq 0.$$

Alors $\mathcal{A}'$ vérifie aussi les hypothèses de la proposition 10.4; *l'isomorphisme canonique de $\mathcal{A}'$ sur $\mathcal{A}$ définit un isomorphisme de $\mathcal{H}_r\mathcal{A}'$ sur $\mathcal{H}_r\mathcal{A}$ pour $l < r$.*

Preuve. — $f'(a) =$ Borne inf. $[f(a), 0]$ est une filtration d'après la proposition 5.1. Posons $\mathcal{H}_r\mathcal{A}' = \mathcal{H}'_r$ et $\mathcal{H}_r\mathcal{A} = \mathcal{H}_r$; supposons $0 \leqq l < r$. Prouvons d'abord que $\mathcal{H}'^{[p]}_r = 0$ pour $p \neq 0$. D'après la proposition 10.1,

$$\mathcal{H}'^{[p]}_r = 0 \quad \text{si} \quad p > 0, \qquad \text{car} \quad f' \leqq 0.$$

Supposons $p \leqq -r$; on a

$$\mathcal{C}'^{p}_{r} = \mathcal{C}^{p}_{r}, \qquad \mathcal{C}'^{p+1}_{r-1} = \mathcal{C}^{p+1}_{r-1}, \qquad \mathcal{D}'^{p}_{r-1} = \mathcal{D}^{p}_{r-1};$$

donc, vu la définition (9.9),

$$\mathcal{H}'^{[p]}_{r} = \mathcal{H}^{[p]}_{r} = 0.$$

Supposons maintenant $-r < p < 0$; on a

$$\mathcal{C}'^{p}_{r} = \mathcal{C}^{p}, \qquad \mathcal{C}'^{p+1}_{r-1} = \mathcal{C}^{p+1}, \qquad \mathcal{D}'^{p}_{r-1} = \mathcal{D}^{p}_{r-1};$$

donc

$$\mathcal{H}'^{[p]}_{r} = \mathcal{C}^{p}/(\mathcal{C}^{p+1} + \mathcal{D}^{p}_{r-1});$$

or, en vertu de (4.1) et (9.4),

$$\mathcal{C}^{p+1} + \mathcal{D}^{p}_{r-1} = \mathcal{C}^{p} \cap (\mathcal{C}^{p+1}_{r-1} + \mathcal{D}^{p}_{r-1});$$

donc, vu la proposition 4.2,

$$\mathcal{H}'^{[p]}_{r} = (\mathcal{C}^{p} + \mathcal{C}^{p+1}_{r-1} + \mathcal{D}^{p}_{r-1})/(\mathcal{C}^{p+1}_{r-1} + \mathcal{D}^{p}_{r-1})$$
$$\subset \mathcal{C}^{p}_{r}/(\mathcal{C}^{p+1}_{r-1} + \mathcal{D}^{p}_{r-1}) = \mathcal{H}^{[p]}_{r} = 0.$$

Donc $\mathcal{H}'^{[p]}_{r} = 0$ pour $p \neq 0$, $l < r$: $\mathcal{C}'$ vérifie les hypothèses de la proposition 10.4, d'après laquelle

(10.1) $$\mathcal{H}_r\mathcal{C}' = \mathcal{H}\mathcal{C}', \qquad \mathcal{H}_r\mathcal{C} = \mathcal{H}\mathcal{C} \qquad \text{pour} \quad l < r;$$

l'isomorphisme canonique de $\mathcal{C}'$ sur $\mathcal{C}$ définit l'isomorphisme canonique de $\mathcal{H}\mathcal{C}'$ sur $\mathcal{H}\mathcal{C}$ et, par suite, vu (10.1), un ismorphisme de $\mathcal{H}_r\mathcal{C}'$ sur $\mathcal{H}_r\mathcal{C}$ pour $l < r$.

[1950b]

L'homologie d'un espace fibré dont la fibre est connexe

J. Math. Pures Appl. 29 (1950) 169–213

INTRODUCTION.

Les crochets [ ] renvoient à la bibliographie, p. 213. Ayant à parler constamment de cohomologie et jamais d'homologie, je dirai *homologie* là où l'usage est de dire cohomologie.

1. Préliminaires. — Nous avons antérieurement [11] attaché *un anneau spectral* et *un anneau filtré* (1) à une application continue ξ d'un espace localement compact X dans un espace localement compact Y; ces anneaux établissent une relation entre l'anneau d'homologie de X et celui de Y, calculé relativement à un anneau variable, qui est, au point y, l'anneau d'homologie de $\overset{-1}{\xi}(y)$. L'objet de cet article-ci est de préciser les propriétés de ces invariants, quand ξ est la projection d'un espace fibré X sur sa base Y : il explicite [10].

Supposons que X soit un espace connexe, fibré par une fibre F non connexe; soit F′ une composante connexe de F; quand la fibre F décrit X, F′ décrit une composante connexe de X, donc X tout entier; on peut prouver que l'anneau spectral et l'anneau filtré d'homologie de la projection de X sur sa base sont les mêmes, qu'on prenne pour fibre F ou F′; aussi supposerons-nous *la fibre connexe :* sinon une généralité illusoire compliquerait inutilement nos énoncés.

(1) Ces anneaux sont des algèbres quand l'homologie est relative à un anneau ayant une unité.

Nous n'approfondissons pas l'étude des *espaces homogènes,* ni celle des *espaces fibrés principaux :* leur homologie vient d'être étudiée par H. Cartan, J. L. Koszul et moi-même au *Colloque de Topologie de Bruxelles* [6]. Nous ne précisons pas non plus quelles relations peuvent exister entre notre anneau spectral et les généralisations, récemment esquissées par G. Hirsch [9], des classes caractéristiques de E. Stiefel, H. Whitney, N. E. Steenrod [14].

2. Sommaire. — Soit ξ la projection d'un espace fibré X, de fibre connexe F, sur sa base $Y = X/F$. Le Chapitre I envisage, après H. Whitney et N. E. Steenrod [12], l'anneau d'homologie $\mathcal{H}(Y \bigcirc \mathcal{B})$ de Y relativement à un anneau qui, au point y de Y, est l'anneau d'homologie de $\overset{-1}{\xi}(y)$; quand y décrit dans Y un contour fermé, cet anneau est transformé par un automorphisme, qui est l'image de la classe d'homotopie de ce contour par un homomorphisme (1) canonique β; $\mathcal{H}(Y \bigcirc \mathcal{B})$ est l'anneau d'homologie de Y relativement à l'anneau d'homologie de F quand β est constant; c'est évidemment le cas quand Y est simplement connexe; nous indiquons d'autres cas où β est constant, en particulier le suivant :

$$X = U/W, \qquad Y = U/V, \qquad F = V/W,$$

U étant un espace fibré principal, dont la fibre V est un groupe connexe, W étant un sous groupe fermé de V. D'après la théorie générale des applications continues qu'expose [11], $\mathcal{H}(Y \bigcirc \mathcal{B})$ est le premier terme d'un anneau spectral, c'est-à-dire d'une suite d'anneaux différentiels, dont chacun a pour anneau d'homologie le suivant; les termes de cette suite ayant un rang supérieur à la dimension de la base ou à la dimension de la fibre sont identiques à l'anneau gradué de l'anneau d'homologie, convenablement filtré, de X; cet anneau spectral et cette filtration sont des invariants topologiques de la structure fibrée de X; nous rappelons les propriétés de ces invariants. Nous montrons que l'anneau spectral est indépendant de son indice r quand la section par F applique l'anneau d'homologie de X *sur* celui de F.

(1) Cet homomorphisme β applique donc le groupe fondamental de Y dans le groupe des automorphismes de l'anneau d'homologie de la fibre.

Le *Chapitre* II suppose β constant et l'homologie relative à un corps; alors : la caractéristique d'Euler de X est le produit de celles de Y et F; on peut majorer les nombres de Betti de l'un quelconque des trois espaces X, Y, F en fonction de ceux des deux autres; si l'on suppose que X, Y et F sont des variétés orientables, alors l'algèbre spectrale a la dualité de Poincaré et la filtration de l'algèbre d'homologie de X a, elle aussi, la dualité de Poincaré.

Le *Chapitre* III traite trois cas particuliers : la fibre à même homologie qu'une sphère; la fibre a même homologie qu'un produit de sphères de dimensions paires; la base a même homologie qu'une sphère. Le premier de ces cas a été étudié dès 1941 par W. Gysin [8]; nous retrouvons, comme cas particuliers des propriétés d'une application continue quelconque, tous les théorèmes de W. Gysin concernant l'homologie et les théorèmes que viennent de démontrer S. S. Chern et E. Spanier [4]; il est curieux que W. Gysin suppose l'espace et sa base orientables, découvre presque toutes les propriétés qui sont indépendantes de cette hypothèse, ne découvre aucune de celles qu'elle entraîne; S. S. Chern et E. Spanier n'étudient pas non plus les conséquences de la dualité de Poincaré. On sait que W. Gysin démontre ses théorèmes à l'aide d'invariants d'homotopie très importants, dont N. E. Steenrod [13] a simplifié et généralisé la définition; nous n'établirons pas les liens qui existent entre ces invariants d'homotopie et l'anneau spectral (*cf.* [11], n° 80). Quand la base a même homologie qu'une sphère, nous trouvons des invariants dont la structure additive est duale de celle que nous avons obtenue quand la fibre a même homologie qu'une sphère; nous retrouvons et complétons les résultats récents de H. C. Wang [15], qui suppose que la base est, à proprement parler, une sphère; nous n'indiquons pas comment nos conclusions permettent de retrouver les théorèmes de H. Samelson sur les espaces homogènes sphériques et de les étendre aux espaces homogènes ayant même homologie qu'une sphère.

3. Historique. — J'ai annoncé dès 1946 dans [10] les résultats essentiels du présent article; j'ai signalé que, dès cette époque, G. Hirsch avait obtenu la formule (9.9); il l'a depuis énoncée comme

suit : « On peut définir sur l'espace vectoriel $\mathcal{H}(Y \bigcirc \mathfrak{A}) \otimes \mathcal{H}(F \bigcirc \mathfrak{A})$ des différentielles, augmentant de 1 le degré canonique, telle que cet espace vectoriel ait, relativement à l'une quelconque de ces différentielles, $\mathcal{H}(X \bigcirc \mathfrak{A})$ pour espace vectoriel d'homologie ». Depuis G. Hirsch a également énoncé le théorème 7.3 *b* (formules (5) et (7) de ma Note [10]).

Je dois remercier A. Borel d'avoir très utilement collaboré à la mise au point du théorème 4.3, du n° **5** et du n° **11**.

Je dois enfin signaler que A. Borel et J. P. Serre ont découvert la conséquence la plus remarquable de la théorie qu'expose cet article : ils ont prouvé que, *si un espace fibré a même homologie qu'un espace euclidien de dimension p, alors sa base et sa fibre, dont le nombre des composantes connexes est supposé fini, ont même homologie que des espaces euclidiens de dimensions q et p — q*. A l'aide des raisonnements de A. Borel et J. P. Serre j'ai amélioré les énoncés que j'avais primitivement donnés au théorème 9.1 et à son corollaire 9.2, de telle sorte que ce théorème de A. Borel et J. P. Serre est maintenant une conséquence aisée du théorème 9.1 et de leur Note [1].

CHAPITRE I.

CAS GÉNÉRAL.

4. L'HOMOMORPHISME CANONIQUE β, DU GROUPE FONDAMENTAL DE LA BASE, DANS LE GROUPE DES AUTOMORPHISMES DE L'ANNEAU D'HOMOLOGIE DE LA FIBRE. — *Définition* 4.1. — Soient trois espaces X, Y, F, connexes et localement compacts; Y sera en outre localement connexe. Nous dirons que X est *fibré*, a pour *fibre* F et pour *base* $Y = X/F$ quand nous aurons défini une application continue ξ de X *sur* Y telle qu'il existe un voisinage ouvert V de la diagonale (¹) de $Y \times Y$ possédant la propriété suivante : si K est une partie de Y petite d'ordre $\overset{2}{V}$, $\overset{-1}{\xi}(K)$ est homéomorphe au produit $F \times K$, cet homéomorphisme transformant ξ en la projection canonique de $F \times K$ sur K.

(¹) *Cf.* [2], Livre III, Chap. II, *Structures uniformes*.

F et $\overset{-1}{\xi}(y)$ sont donc homéomorphes, quel que soit $y \in Y$; ξ est nommée *projection* de X sur Y.

Remarque. — Cette définition, qui est moins stricte que celle de C. Ehresmann, est celle sur laquelle B. Eckmann base sa théorie de l'homotopie des espaces fibrés [7]. Nous verrons au n° **5** qu'une définition encore moins stricte peut être utilisée, quand X est un espace à fibre homogène.

LEMME 4.1. — *Soit $\mathcal{B}'$ un faisceau propre* [1] *défini sur* Y. *Supposons que la section de $\mathcal{B}'(K)$ par $y \in K$ soit un isomorphisme de $\mathcal{B}'(K)$ sur $\mathcal{B}'(y)$, quand* K *est une partie de* Y *compacte, connexe et petite d'ordre* $\overset{2}{V}$. *Alors il existe un sous-faisceau $\mathcal{B}$ de $\mathcal{B}'$ possédant les propriétés suivantes :*

$\mathcal{B}$ est isomorphe à un anneau sur toute partie de Y *compacte, connexe et petite d'ordre* V;

$$\mathcal{B}(y) = \mathcal{B}'(y) \quad \text{quel que soit} \quad y \in Y; \tag{4.1}$$

$$\mathcal{H}(Y \bigcirc \mathcal{B}) = \mathcal{H}(Y \bigcirc \mathcal{B}'). \tag{4.2}$$

Preuve. — Montrons que si K_1 et K_2 sont deux parties de Y, compactes, connexes, petites d'ordre V, contenant une même partie compacte K de Y, alors les sections par K de $\mathcal{B}'(K_1)$ et $\mathcal{B}'(K_2)$ constituent le même sous-anneau de $\mathcal{B}'(K)$:

$$K\mathcal{B}'(K_1) = K\mathcal{B}'(K_2). \tag{4.3}$$

Soit $K_0 = K_1 \cup K_2$; K_0 est compact, connexe et petit d'ordre $\overset{2}{V}$; soit $y \in K_1 \cap K_2$; puisque les sections par y des anneaux $\mathcal{B}'(K_\mu)$ ($\mu = 0, 1, 2$) sont des isomorphismes de ces anneaux sur $\mathcal{B}'(y)$, la section de $\mathcal{B}'(K_0)$ par $K_\nu (\nu = 1, 2)$ est un isomorphisme de $\mathcal{B}'(K_0)$ *sur* $\mathcal{B}'(K_\nu)$:

$$\mathcal{B}'(K_\nu) = K_\nu \mathcal{B}'(K_0) \quad \text{pour} \quad \nu = 1, 2;$$

donc

$$K\mathcal{B}'(K_\nu) = K\mathcal{B}'(K_0),$$

---

[1] Nous supposons connues les notions définies dans [**11**].

ce qui prouve la formule (4.3). Cette formule permet de définir $\mathcal{B}$ comme suit :

$\mathcal{B}(K_1) = \mathcal{B}'(K_1)$, si K_1 est une partie compacte, connexe et petite d'ordre V de Y;

$\mathcal{B}(K) = K\mathcal{B}'(K_1)$, si la partie fermée K de Y appartient à de telles parties K_1 de Y;

$\mathcal{B}(K) = 0$, sinon.

$\mathcal{B}$ est propre, puisque Y est localement connexe. La formule (4.2) résulte de (4.1) et du corollaire 46.1 de [11].

Lemme 4.2. — *Soit $\mathcal{B}'$ un faisceau propre, défini sur* Y *et possédant les propriétés suivantes : soit* K *une partie de* Y *compacte, connexe et petite d'ordre* $\overset{2}{V}$; *la section de $\mathcal{B}'(K)$ par $y \in K$ est un homomorphisme de $\mathcal{B}'(K)$ sur $\mathcal{B}'(y)$; l'ensemble des éléments de $\mathcal{B}'(K)$ qu'annule la section par y est indépendant de y. La donnée de $\mathcal{B}'$ définit un faisceau $\mathcal{B}$ possédant les propriétés suivantes :*

$\mathcal{B}$ est isomorphe à un anneau sur toute partie de Y *compacte, connexe et petite d'ordre* V;

$$\mathcal{B}(y) = \mathcal{B}'(y) \quad \textit{quel que soit} \quad y \in Y;$$
$$\mathcal{H}(Y \bigcirc \mathcal{B}) = \mathcal{H}(Y \bigcirc \mathcal{B}').$$

Preuve. — Soit K une partie fermée de Y; soit $\mathcal{B}''(K)$ l'ensemble des $b'' \in \mathcal{B}'(K)$ tels que $yb'' = 0$ quel que soit $y \in K$; les anneaux $\mathcal{B}''(K)$ constituent un sous-faisceau propre $\mathcal{B}''$ de $\mathcal{B}'$; $\mathcal{B}''$ est un idéal de $\mathcal{B}'$ tel que $\mathcal{B}''(y) = 0$ quel que soit $y \in Y$. Vu le théorème 46.1 de [11], on ne modifie pas la proposition à prouver quand on remplace $\mathcal{B}'$ par $\mathcal{B}'/\mathcal{B}''$; cette proposition se réduit alors au lemme 4.1.

Lemme 4.3. — *Si* $X = F \times K$, *si* K *est compact et connexe, alors :*

a. La section de $\mathcal{H}(X \bigcirc \mathcal{A})$ par $F \times y$, où $y \in K$, est un homomorphisme de $\mathcal{H}(X \bigcirc \mathcal{A})$ sur $\mathcal{H}(F \bigcirc \mathcal{A})$;

b. L'ensemble des éléments qu'annule cette section est indépendant de y.

Preuve de a. — Soit $f \in F$, $k \in K$; en appliquant $f \times k$ sur $f \times y$, on définit une rétraction de X sur $F \times y$; on applique le théorème 67.2 *a* de [11].

Preuve de b. — $\theta_y(f) = f \times y$ est une application propre de F dans X; elle dépend du paramètre $y \in K$; l'homomorphisme $\overset{-1}{\theta}_y$ de $\mathcal{H}(X \bigcirc \mathfrak{A})$ est indépendant de y, vu le théorème 67.1 de [11]; cet homomorphisme est la section par $F \times y$, d'après le théorème 47.1 *b* de [11].

Choisissons dans le lemme 4.2 $\mathcal{B} = \xi\mathcal{F}(X \bigcirc \mathfrak{A})$; les hypothèses de ce lemme sont vérifiées, vu le lemme 4.3; donc

THÉORÈME 4.1. — *La donnée de l'espace fibré* X, *de l'anneau* $\mathfrak{A}$ *et du voisinage* V *de la diagonale de* $Y \times Y$ *définit un faisceau* $\mathcal{B}$, *isomorphe à l'anneau* $\mathcal{H}(F \bigcirc \mathfrak{A})$ *sur chaque partie de* Y *compacte, connexe et petite d'ordre* V;

$$\boxed{\mathcal{H}[Y \bigcirc \xi\mathcal{F}(X \bigcirc \mathfrak{A})] = \mathcal{H}(Y \bigcirc \mathcal{B}).} \tag{4.4}$$

Supposons Y *globalement et localement connexe par arcs;* soit y un point de Y arbitrairement choisi; notons $\mathfrak{T}(Y)$ le groupe fondamental de Y relatif à y et choisissons $F = \overset{-1}{\xi}(y)$; le théorème 73.1 de [11] associe à $\mathcal{B}$ un homomorphisme β de $\mathfrak{T}(Y)$ dans le groupe des automorphismes de $\mathcal{H}(F \bigcirc \mathfrak{A})$; il est évident que, quand on remplace V par $V' \supset V$, β ne change pas : β est indépendant du choix de V; on peut donc préciser comme suit le théorème 4.1 :

THÉORÈME 4.2. — *Soit un espace fibré* X, *dont la base* Y *est globalement et localement connexe par arcs; soit un anneau* $\mathfrak{A}$. *Ces données définissent un homomorphisme* β, *localement constant, du groupe fondamental* $\mathfrak{T}(Y)$ *de* Y *dans le groupe des automorphismes de l'anneau* $\mathcal{H}(F \bigcirc \mathfrak{A})$. *La relation* (4.4) *vaut quand le faisceau* $\mathcal{B}$ *est localement isomorphe à* $\mathcal{H}(F \bigcirc \mathfrak{A})$ *sur* Y *et que son homomorphisme associé est* β.

Rappelons que H. Whitney puis N. E. Steenrod [12] avaient déjà considéré cet homomorphisme β.

Quand β *est constant, c'est-à-dire égal sur* $\mathfrak{T}(Y)$ *à l'automorphisme identique de* $\mathcal{H}(F \bigcirc \mathfrak{A})$, *on peut choisir le faisceau* $\mathcal{B}$ *indentique à l'anneau* $\mathcal{H}(F \bigcirc \mathfrak{A})$ (*cf.* [11], corollaire 73.1) et la formule (4.4) se réduit donc à la formule

$$\boxed{\mathcal{H}[Y \bigcirc \xi\mathcal{F}(X \bigcirc \mathfrak{A})] = \mathcal{H}[Y \bigcirc \mathcal{H}(F \bigcirc \mathfrak{A})].} \tag{4.5}$$

THÉORÈME 4.3. — *β est constant et la formule (4.5) vaut dans chacun des cas suivants :*

a. $\mathfrak{T}(Y)$ *se réduit à son unité, c'est-à-dire* Y *est « simplement connexe » ;*

b. La fibre $\overset{-1}{\xi}(y)$ *est une variété de dimension d, continûment orientable* (¹), *ayant même anneau d'homologie relativement aux entiers* (²) *que la sphère de dimension d.*

c. X *est un espace fibré, au sens de C. Ehresmann, et son groupe structural est connexe.*

d. Il existe un groupe, localement et globalement connexe, d'homéomorphismes de X *qui appliquent transitivement* (³) *chaque fibre sur elle-même.*

Preuve de a. — β est nécessairement constant.

Preuve sommaire de b, c, d. — Faisons parcourir à y un chemin fermé de Y; suivons par continuité une classe d'homologie de $\overset{-1}{\xi}(y)$; nous retrouvons à l'extrémité de ce chemin la classe choisie à l'origine; donc β est constant.

Dans le cas *d* les hypothèses qu'énonce la définition 4.1 sont superflues, comme nous allons le prouver.

5. ESPACE A FIBRE HOMOGÈNE. — *Définition* **5**.1. — Nous dirons qu'un espace U est *fibré principal* et a pour fibre V quand V est un groupe localement compact d'homéomorphismes de U, dont aucun, sauf l'identité, n'a de point fixe :

$$v \in V \text{ applique } u \in U \text{ en } vu \in U; \quad vu \text{ dépend continûment du couple } (v, u);$$
$$vu \neq u \quad \text{si} \quad v \neq 1.$$

(¹) *Orienter continûment* $\overset{-1}{\xi}(y)$, c'est choisir, si possible, son orientation en sorte que l'homéomorphisme de $\overset{-1}{\xi}(K)$ sur $F \times K$ et la projection de $F \times y$ sur F la transforment en une orientation de F indépendante du choix de y dans K, quel que soit K petit d'ordre $\overset{2}{V}$.

(²) Rappelons que $\mathcal{H}(F \bigcirc \mathfrak{A}) = \mathcal{H}F \otimes \mathfrak{A}$ d'après le théorème 63.3 de [11].

(³) C'est-à-dire : il existe toujours des opérations du groupe qui transforment l'un en l'autre deux points d'une même fibre.

La relation « deux points de U peuvent être transformés l'un en l'autre par une opération de V » est une relation d'équivalence; l'espace quotient de U par cette relation d'équivalence sera nommé *base* de U et noté U/V ([2], Livre III, Chap. I, § 9); nous ferons les deux hypothèses suivantes :

vu est un *homéomorphisme* de V sur V*u*; l'espace U/V est *séparé* (c'est-à-dire de Hausdorff). Ces hypothèses sont en particulier réalisées dans chacun des deux cas suivants : V *est compact*; U est un groupe localement compact et V *est l'un de ses sous-groupes fermés* (l'espace U/V est alors dit *homogène*). L'application canonique η de U sur U/V sera nommée *projection* de U sur sa base :

$$\eta(Vu) \in U/V.$$

Lemme 5.1. — *a.* η *est ouverte, c'est-à-dire applique un ouvert sur un ouvert.*

b. Si U *est localement compact et localement connexe,* U/V *l'est aussi.*

c. Supposons V *connexe; soit* $K \subset U/V$*; si* K *est ouvert et connexe,* $\overset{-1}{\eta}(K)$ *l'est aussi.*

d. Si V *est compact,* η *est propre.*

Preuve de a. — Soit O une partie ouverte de U; $\eta(O) = \eta(VO)$; VO est ouvert; $\eta(VO)$ l'est donc, vu la définition de la topologie de U/V.

Preuve de b et d. — Soit K un voisinage compact et connexe de $u \in U$; puisque η est ouverte et continue, $\eta(K)$ est un voisinage compact et connexe de ηu. Si V est compact, $\overset{-1}{\eta}[\eta(K)] = VK$ est compact.

Preuve de c. — Si $\overset{-1}{\eta}(K)$ est réunion de deux parties ouvertes, sans point commun, K l'est aussi; en effet : $\overset{-1}{\eta}(k)$, où $k \in K$, appartient à une seule de ces parties; η est ouverte.

Définition 5.2. — Soit U un espace fibré principal, de fibre V; soit W un sous-groupe fermé de V; on vérifie aisément que W*u* est homéomorphe à W et que U/W est un espace séparé. Soient η et ζ les projections de U sur U/V et U/W ; soit ξ l'application de U/W sur U/V qui applique $\zeta(\mathrm{W}u) \in \mathrm{U/W}$ sur $\eta(\mathrm{V}u) \in \mathrm{U/V}$:

$$\xi\zeta = \eta;$$

l'image $\overset{-1}{\xi}(y)$ de $y \in \mathrm{U/V}$ est homéomorphe à l'espace homogéne V/W : nous dirons que U/W *a une fibre homogène* V/W et que ξ *est la projection de* U/W *sur sa base* U/V.

Remarque. — Nous ne supposons pas vérifiées les hypothèses qu'énonce la définition 4.1.

THÉORÈME 5.1. — *Soit* U *un espace fibré principal; soit* V *sa fibre, soit* W *un sous-groupe fermé de* V; *supposons* U *localement connexe et* V *connexe : l'espace localement connexe* X = U/W *a pour fibre l'espace homogène et connexe* F = V/W *et a pour base l'espace localement connexe* Y = U/V. *La formule* (4.5) *s'applique.*

Par abus de langage nous dirons que β *est constant quand les hypothèses du théorème* 5.1 *sont vérifiées*, même si Y n'est pas localement connexe par arcs.

Preuve. — Nous avons

$$\zeta:\ \mathrm{U} \to \mathrm{X} = \mathrm{U/W}; \qquad \xi:\ \mathrm{X} = \mathrm{U/W} \to \mathrm{Y} = \mathrm{U/V}; \qquad \xi\zeta = \eta:\ \mathrm{U} \to \mathrm{Y} = \mathrm{U/V}.$$

Soit K une partie ouverte et connexe de Y; soit $\overline{\mathrm{K}}$ son adhérence; soit $u \in \overset{-1}{\eta}(\mathrm{K})$; vu applique V dans $\overset{-1}{\eta}(\overline{\mathrm{K}})$; ζ transforme cette application en une application de F = V/W dans $\zeta\overset{-1}{\eta}(\overline{\mathrm{K}}) = \overset{-1}{\xi}(\overline{\mathrm{K}})$; son homomorphisme réciproque λ_{K} applique $\mathcal{H}[\overset{-1}{\xi}(\overline{\mathrm{K}}) \bigcirc \mathfrak{A}]$ dans $\mathcal{H}(\mathrm{F} \bigcirc \mathfrak{A})$. D'après le lemme 5.1 *c*, $\overset{-1}{\eta}(\mathrm{K})$ est globalement et localement connexe : deux points de $\overset{-1}{\eta}(\mathrm{K})$ appartiennent donc à une même partie compacte et connexe de $\overset{-1}{\eta}(\mathrm{K})$; d'après le théorème 67.1 de [11], λ_{K} est donc indépendant du choix de u dans $\overset{-1}{\eta}(\mathrm{K})$. Soit $y \in \mathrm{Y}$, soit $u \in \overset{-1}{\eta}(y)$, vu est un homéomorphisme de V sur $\mathrm{V}u = \overset{-1}{\eta}(y)$; ζ le transforme en un homéomorphisme de F = V/W sur $\zeta\overset{-1}{\eta}(y) = \overset{-1}{\xi}(y)$;

son homomorphisme réciproque est un isomorphisme λ_y de $\mathcal{H}[\overset{-1}{\xi}(y) \bigcirc \mathcal{A}]$ sur $\mathcal{H}(F \bigcirc \mathcal{A})$. D'après le théorème 47.1 de [11]

$$(5.1) \qquad \lambda_K b = \lambda_y \overset{-1}{\xi}(y) b \quad \text{si} \quad y \in K \quad \text{et} \quad b \in \mathcal{H}[\overset{-1}{\xi}(\overline{K}) \bigcirc \mathcal{A}].$$

Par suite $\lambda_y \overset{-1}{\xi}(y) b$ est indépendant du choix de u dans $\overset{-1}{\eta}(y)$; vu la continuité du faisceau $\mathcal{B} = \xi \mathcal{F}(X \bigcirc \mathcal{A})$, l'isomorphisme λ_y est donc indépendant de ce choix. D'après (5.1) cet isomorphisme vérifie l'hypothèse b du lemme 5.2; ce lemme établit (4.5).

LEMME 5.2. — *Soient un espace* Y, *un faisceau propre* $\mathcal{B}$ *défini sur* Y *et un anneau* $\mathcal{A}$. *Supposons associé à chaque point* y *de* Y *un isomorphisme* λ_y *de* $\mathcal{B}(y)$ *sur* $\mathcal{A}$. *Cet isomorphisme définit un isomorphisme de* $\mathcal{H}(Y \bigcirc \mathcal{B})$ *sur* $\mathcal{H}(Y \bigcirc \mathcal{A})$ *quand l'une des deux hypothèses suivantes est vérifiée :*

a. Si K *est une partie fermée de* Y, *si* $b \in \mathcal{B}(K)$ *et si* $y \in K$, *alors l'élément* $\lambda_y y b$ *de* $\mathcal{A}$ *est indépendant de* y *au voisinage de chaque point de* K*;*

b. Y *est localement connexe;* $\lambda_y y b$ *est indépendant du choix de* y *dans* K, *quand* K *est ouvert et connexe et que* $b \in \mathcal{B}(\overline{K})$.

Preuve de a. — Soit $\mathcal{B}'$ le sous-faisceau de $\mathcal{B}$ que constituent les éléments nuls des $\mathcal{B}(K)$ tels que K ne soit pas compact et les $b' \in \mathcal{B}(K)$ tels que K soit compact et que $\lambda_y y b'$ soit un élément de $\mathcal{A}$ indépendant de $y \in K$. $\mathcal{B}'(y) = \mathcal{B}(y)$; $\mathcal{B}'$ est propre, vu l'hypothèse a. Si $b' \in \mathcal{B}'(K)$ et $y \in K$, $\lambda b' = \lambda_y y b'$ est indépendant de y; λ est donc un homomorphisme de $\mathcal{B}'$ dans le faisceau de Y identique à $\mathcal{A}$. Le théorème 46.1 et le corollaire 46.1 de [11] prouvent que

$$\mathcal{H}(Y \bigcirc \mathcal{B}) = \mathcal{H}(Y \bigcirc \mathcal{B}') = \mathcal{H}(Y \bigcirc \mathcal{A}).$$

Preuve de b. — Puisque $\mathcal{B}$ est propre et Y localement connexe, $\lambda_y y b$ est constant sur K au voisinage de chaque point de K : l'hypothèse a est vérifiée.

6. L'ANNEAU SPECTRAL ET L'ANNEAU FILTRÉ D'HOMOLOGIE D'UN ESPACE FIBRÉ. — Soient un anneau $\mathcal{A}$ et deux entiers : $l < m$; appliquons les n°s 50,

60 et 65 de [11] à la projection ξ de l'espace fibré X sur sa base Y; nous obtenons *des invariants topologiques qui relient l'anneau d'homologie* $\mathcal{H}(X \bigcirc \mathcal{A})$ *de* X *aux anneaux d'homologie de sa fibre* F *et de sa base* Y; ces invariants sont *un anneau spectral* $\mathcal{H}_r = \mathcal{H}_r(\overset{-1}{\xi} Y^m \bigcirc X' \bigcirc \mathcal{A})$ et *une filtration* f de l'anneau $\mathcal{H}(X \bigcirc \mathcal{A})$. Énonçons leurs propriétés en supposant connues les définitions que posent les n°s 4, 5, 6, 7, 8, 9, 11 et 12 de [11] et en notant h_X, h_F et h_Y les éléments de $\mathcal{H}(X \bigcirc \mathcal{A})$, $\mathcal{H}(F \bigcirc \mathcal{A})$ et $\mathcal{H}(Y \bigcirc \mathcal{A})$.

a. $\mathcal{H}_r$ *est un anneau canonique gradué*, dépendant de l'entier $r > m$; ses degrés sont nommés *degré canonique* et *degré filtrant*; *sa différentielle* δ_r *est homogène, de degré canonique* 1 *et de degré filtrant* r; l'automorphisme α associé à δ_r (n° **8** de [11]) multiplie par $(-1)^p$ les éléments homogènes de degré canonique p; $\mathcal{H}_{r+1}$ *est l'anneau d'homologie de* $\mathcal{H}_r$: les éléments homogènes de $\mathcal{H}_r$ annulant δ_r ont une image canonique, ayant les mêmes degrés, dans $\mathcal{H}_{r+1}$.

b. On a

$$\boxed{\mathcal{H}_{m+1} = \mathcal{H}(Y \bigcirc \mathcal{B}),}$$

$\mathcal{B}$ *étant le faisceau, localement isomorphe à* $\mathcal{H}(F \bigcirc \mathcal{A})$ *sur* Y, que définissent les théorèmes 4.1 et 4.2; $\mathcal{B} = \mathcal{H}(F \bigcirc \mathcal{A})$ quand les théorèmes 4.3 et 5.1 s'appliquent; $\mathcal{H}(F \bigcirc \mathcal{A})$ et par suite $\mathcal{B}$ ont un degré, dit canonique; le degré canonique de $\mathcal{H}_{m+1}$ est celui de $\mathcal{H}(Y^1 \bigcirc \mathcal{B})$, le degré utilisé sur $\mathcal{B}$ étant le degré canonique (*voir* le n° 42 de [11]); le degré filtrant de $\mathcal{H}_{m+1}$ est celui de $\mathcal{H}(Y^m \bigcirc \mathcal{B})$, le degré utilisé sur $\mathcal{B}$ étant l fois le degré canonique.

c. $\mathcal{H}(X \bigcirc \mathcal{A})$ a un degré canonique, indépendant de la façon dont X est fibré, et une filtration f, qui en dépend : $\mathcal{H}(X \bigcirc \mathcal{A})$ *est un anneau gradué-filtré, dont l'anneau bigradué est*

$$\boxed{\mathcal{G} = \lim_{r \to +\infty} \mathcal{H}_r.}$$

d. Modifier l et m ne modifie pas essentiellement ces invariants; il est avantageux de choisir tantôt $l = 0$, $m = 1$, tantôt $l = -1$, $m = 0$; *on passe du choix* $l = -1$, $m = 0$ *au choix* $l = 0$, $m = 1$ *en ajoutant* 1 *à l'indice r et en augmentant du degré canonique la filtration f de* $\mathcal{H}(X \bigcirc \mathcal{A})$ *et le degré filtrant de* $\mathcal{H}_r$.

e. Si $l = 0$, $m = 1$, *la filtration et le degré filtrant sont* $\geqq 0$, $\leqq \dim Y$ *et, sur les éléments homogènes,* $\leqq$ *degré canonique. Si* $l = -1$, $m = 0$, *la filtration et le signe filtrant sont* $\geqq -\dim F$, $\leqq 0$ *et, sur les éléments homogènes,* $\geqq -$ *degré canonique.*

f. Soit $F\mathcal{H}(X \bigcirc \mathcal{A}) \subset \mathcal{H}(F \bigcirc \mathcal{A})$ la section de $\mathcal{H}(X \bigcirc \mathcal{A})$ par la fibre F; $F = \overset{-1}{\xi}(y)$, $y \in Y$; les propriétés que nous allons énoncer sont indépendantes du choix de y. Le sous-faisceau de $\mathcal{B}$ localement isomorphe à $F\mathcal{H}(X \bigcirc \mathcal{A})$ est un sous-faisceau du faisceau identique sur Y à $F\mathcal{H}(X \bigcirc \mathcal{A})$; en composant la section de $\mathcal{H}(X \bigcirc \mathcal{A})$ par F, l'isomorphisme canonique Π (*voir* [11], n° 48) de $F\mathcal{H}(X \bigcirc \mathcal{A})$ dans $\mathcal{H}[Y \bigcirc F\mathcal{H}(X \bigcirc \mathcal{A})]$ et l'homomorphisme canonique de $\mathcal{H}[Y \bigcirc F\mathcal{H}(X \bigcirc \mathcal{A})]$ dans $\mathcal{H}(Y \bigcirc \mathcal{B})$, on définit un homomorphisme canonique $\underline{\Phi}$ de $\mathcal{H}(X \bigcirc \mathcal{A})$ dans $\mathcal{H}(Y \bigcirc \mathcal{B})$; les propriétés de $\underline{\Phi}$ sont les suivantes, *quand on choisit* $l = 0$, $m = 1$:

$\underline{\Phi} h_X$ *a un degré filtrant nul et une image canonique dans* $\mathcal{G}$;

Cette image est $h_X \bmod \mathcal{H}^{(1)}$, $\mathcal{H}^{(1)}$ *étant l'ensemble des* h_X *tels que* $f(h_X) > 0$.

Les conditions suivantes sont équivalentes.

$$\underline{\Phi} h_X = 0; \qquad F h_X = 0; \qquad f(h_X) > 0.$$

$\underline{\Phi}\mathcal{H}(X \bigcirc \mathcal{A})$ *est le sous-anneau de* $\mathcal{H}(Y \bigcirc \mathcal{B})$ *que constituent les éléments de* $\mathcal{H}(Y \bigcirc \mathcal{B})$ *dont le degré filtrant est nul et qui ont une image dans* $\mathcal{H}_r$ *quel que soit* $r > 1$. Si Y n'est pas compact, $\underline{\Phi} = 0$, car $F\mathcal{H}(X \bigcirc \mathcal{A}) = 0$, vu la continuité du faisceau d'homologie $\mathcal{F}(X \bigcirc \mathcal{A})$.

g. Supposons F *compact* : ξ est propre. *Choisissons* $l = -1$, $m = 0$: l'isomorphisme canonique Π de $\mathcal{A}$ dans $\mathcal{H}(F \bigcirc \mathcal{A})$ définit (vu le théorème 65.1 *a* de [11]) *un isomorphisme canonique* $\underline{\Psi}$ *de* $\mathcal{H}(Y \bigcirc \mathcal{A})$ *sur l'ensemble des éléments de* $\mathcal{H}(Y \bigcirc \mathcal{B})$ *dont le degré filtrant est nul.*

$\underline{\Psi} h_Y$ *a une image canonique dans* $\mathcal{G}$; *cette image est* $\overset{-1}{\xi} h_Y$.

Les deux conditions suivantes sont équivalentes :

$\overset{-1}{\xi} h_Y = 0$; *l'image canonique de* $\underline{\Psi} h_Y$ *dans* $\mathcal{H}_r$ *est nulle quand r est suffisamment grand.*

$\overset{-1}{\xi}\mathcal{H}(\mathrm{Y}\bigcirc\mathfrak{A})$ *est l'ensemble des* h_{X} *tels que* $f(h_{\mathrm{X}})=0$.

h. Supposons Y et F compacts, c'est-à-dire X *compact*. Soient Π_{X}, Π_{Y} et Π_{F} les isomorphismes canoniques de $\mathfrak{A}$ dans $\mathcal{H}(\mathrm{X}\bigcirc\mathfrak{A})$, $\mathcal{H}(\mathrm{Y}\bigcirc\mathfrak{A})$ et $\mathcal{H}(\mathrm{F}\bigcirc\mathfrak{A})$ (*voir* [11], n° 65); on a

$$\underline{\Phi}\Pi_{\mathrm{X}}=\underline{\Psi}\Pi_{\mathrm{Y}}.$$

$\mathrm{F}\overset{-1}{\xi}$ *applique* $\mathcal{H}(\mathrm{Y}\bigcirc\mathfrak{A})$ *sur* $\Pi_{\mathrm{F}}\mathfrak{A}$; vu le théorème 47.1 de [11], $\mathrm{F}\overset{-1}{\xi}$ est en effet l'homomorphisme Π_{F} réciproque de la restriction ξ_{F} de ξ à $\mathrm{F}=\overset{-1}{\xi}(y)$.

i. Si l'anneau $\mathfrak{A}$ *est commutatif*, c'est-à-dire si $aa_1=a_1a$ quand a et $a_1\in\mathfrak{A}$, alors

$$hh_1=(-1)^{pq}h_1h$$

quand h *et* h_1 *sont deux éléments homogènes, de degrés canoniques* p *et* q, *de l'un quelconque des anneaux* $\mathcal{H}(\mathrm{X}\bigcirc\mathfrak{A})$, $\mathcal{H}(\mathrm{F}\bigcirc\mathfrak{A})$, $\mathcal{H}(\mathrm{Y}\bigcirc\mathfrak{A})$, $\mathcal{H}_r$.

Remarque. — On obtient des invariants de l'espace fibré X en utilisant, au lieu de l'anneau $\mathfrak{A}$, un faisceau localement isomorphe sur X à un anneau; les n°s **4** et **6** subsistent à ceci près : pour pouvoir définir $\underline{\Psi}$ il faut supposer non seulement F compact, mais aussi le faisceau utilisé sur X identique à un anneau sur $\overset{-1}{\xi}(y)$, quel que soit $y\in\mathrm{Y}$. Plus généralement encore, [11] permet d'utiliser au lieu de $\mathfrak{A}$ un faisceau localement isomorphe sur X à un anneau différentiel filtré.

7. Cas ou l'anneau spectral $\mathcal{H}_r$ est indépendant de r. — Pour qu'il en soit ainsi, *il faut et il suffit que* $\delta_r=0$ *quel que soit* $r>m$.

Théorème **7**.1. — *Supposons* $\mathcal{H}_r$ *indépendant de* r:

a. $\mathcal{H}_{m+1}=\mathcal{H}(\mathrm{Y}\bigcirc\mathcal{B})$ *est l'anneau bigradué de l'anneau gradué* $\mathcal{H}(\mathrm{X}\bigcirc\mathfrak{A})$, *convenablement filtré;*

b. Si Y *est compact et est globalement et localement connexe par arcs, alors* $\mathrm{F}\mathcal{H}(\mathrm{X}\bigcirc\mathfrak{A})$ *est l'ensemble des éléments de* $\mathcal{H}(\mathrm{F}\bigcirc\mathfrak{A})$ *que les automorphismes* $\beta\mathfrak{T}(\mathrm{Y})$ *laissent invariants.*

c. Si F *est compact, alors* $\overset{-1}{\xi}$ *est un isomorphisme de* $\mathcal{H}(\mathrm{Y}\bigcirc\mathfrak{A})$ *dans* $\mathcal{H}(\mathrm{X}\bigcirc\mathfrak{A})$.

Preuve de a. — N° **6** *c*.

Preuve de b. — Le théorème 4.2 permet de supposer que $\mathcal{B}$ contient un sous-faisceau $\mathcal{B}'$ identique à l'anneau constitué par les éléments de $\mathcal{H}(F \bigcirc \mathcal{A})$ que les automorphismes $\beta\mathfrak{T}(Y)$ laissent invariants; cet anneau contient le sous-anneau $F\mathcal{H}(X \bigcirc \mathcal{A})$; $\mathcal{B}'$ contient donc un sous-faisceau $\mathcal{B}''$ identique à $F\mathcal{H}(X \bigcirc \mathcal{A})$. Il s'agit de prouver que $\mathcal{B}'' = \mathcal{B}'$; d'après le théorème 65.1 *a* de [11], il suffit de prouver que

$$\mathcal{H}^{[0]}(Y \bigcirc \mathcal{B}'') = \mathcal{H}^{[0]}(Y \bigcirc \mathcal{B}'),$$

$\mathcal{H}^{[0]}\ldots$ désignant l'ensemble des termes de degré nul de $\mathcal{H}\ldots$, quand on utilise un degré nul sur $\mathcal{B}$. Or

$$\mathcal{H}^{[0]}(Y \bigcirc \mathcal{B}'') \subset \mathcal{H}^{[0]}(Y \bigcirc \mathcal{B}') \subset \mathcal{H}^{[0]}(Y \bigcirc \mathcal{B});$$

puisque $\mathcal{B}'' \subset \mathcal{B}' \subset \mathcal{B}$; il suffit donc de prouver que

$$\mathcal{H}^{[0]}(Y \bigcirc \mathcal{B}'') = \mathcal{H}^{[0]}(Y \bigcirc \mathcal{B}),$$

c'est-à-dire que

$$\underline{\Phi}\mathcal{H}(X \bigcirc \mathcal{A}) = \mathcal{H}^{[0]}(Y \bigcirc \mathcal{B});$$

le n° **6** *f* l'affirme.

Preuve de c. — N° **6** *g*.

THÉORÈME 7.2. — *$\mathcal{H}_r$ est indépendant de r, quand les degrés canoniques de tous les éléments de $\mathcal{H}(Y \bigcirc \mathcal{B})$ ont la même parité.*

Preuve. — δ_r, qui augmente de 1 le degré canonique, est nécessairement nul.

THÉORÈME 7.3. — *Supposons que* F *soit compact et que la section de $\mathcal{H}(X \bigcirc \mathcal{A})$ par* F *applique $\mathcal{H}(X \bigcirc \mathcal{A})$ sur $\mathcal{H}(F \bigcirc \mathcal{A})$:*

$$\mathcal{H}(F \bigcirc \mathcal{A}) = F\mathcal{H}(X \bigcirc \mathcal{A});$$

il est nécessaire que X *soit compact;*

a. Si l'anneau $\mathcal{H}(F \bigcirc \mathcal{A})$ ou l'anneau d'homologie $\mathcal{H}Y$ de Y *relativement aux entiers est sans torsion, alors $\mathcal{H}_r$ est indépendant de r; donc :*

$\mathcal{H}Y \otimes \mathcal{H}(F \bigcirc \mathcal{A})$ est l'anneau bigradué de l'anneau gradué $\mathcal{H}(X \bigcirc \mathcal{A})$, muni d'une filtration convenable;

$\overset{-1}{\xi}$ *est un isomorphisme de* $\mathcal{H}(Y \bigcirc \mathcal{A})$ *dans* $\mathcal{H}(X \bigcirc \mathcal{A})$;

b. Si $\mathcal{A}$ *est un corps commutatif* [*ou, plus généralement si* $\mathcal{A}$ *est un anneau commutatif possédant une unité et si l'algèbre* $\mathcal{H}(F \bigcirc \mathcal{A})$ *a une base par rapport à* $\mathcal{A}$], *alors* $\mathcal{H}_r$ *est indépendant de r; donc :*

le produit tensoriel (¹) *d'algèbres* $\mathcal{H}(Y \bigcirc \mathcal{A}) \otimes \mathcal{H}(F \bigcirc \mathcal{A})$ *est l'algèbre bigraduée de l'algèbre* $\mathcal{H}(X \bigcirc \mathcal{A})$, *munie d'une filtration convenable;*

$\overset{-1}{\xi}$ *est un isomorphisme de* $\mathcal{H}(Y \bigcirc \mathcal{A})$ *dans* $\mathcal{H}(X \bigcirc \mathcal{A})$.

Remarque 1. — Les algèbres $\mathcal{H}(X \bigcirc \mathcal{A})$ et $\mathcal{H}(Y \bigcirc \mathcal{A}) \otimes \mathcal{H}(F \bigcirc \mathcal{A})$ ne sont pas isomorphes en général (*voir* dans [6], mon exposé, théorème 2.2 *c*).

Remarque 2. — Le corollaire 9.3 complète ce théorème.

Preuve. — Si X n'est pas compact, alors $F\mathcal{H}(X \bigcirc \mathcal{A}) = 0$ (nº **6** *f*); donc $\mathcal{H}(F \bigcirc \mathcal{A}) = 0$, contrairement à l'hypothèse que F est compact. D'après le nº **6** *f*, le faisceau $\mathcal{B}$ est identique à l'anneau $\mathcal{H}(F \bigcirc \mathcal{A}) = F\mathcal{H}(X \bigcirc \mathcal{A})$; la formule (4.4) se réduit donc à la formule (4.5). Le théorème 63.3 ou 63.4 de [11] prouve que

$$\mathcal{H}_{m+1} = \mathcal{H}Y \otimes \mathcal{H}(F \bigcirc \mathcal{A}) \quad \text{dans le cas } a;$$
$$\mathcal{H}_{m+1} = \mathcal{H}(Y \bigcirc \mathcal{A}) \otimes \mathcal{H}(F \bigcirc \mathcal{A}) \quad \text{dans le cas } b.$$

Notons u_Y et h_Y l'unité et les élements de $\mathcal{H}Y$ (cas *a*) ou $\mathcal{H}(Y \bigcirc \mathcal{A})$ (cas *b*); notons u_F et h_F l'unité et les éléments de $\mathcal{H}(F \bigcirc \mathcal{A})$. D'après le nº **6** *f*, $u_Y \otimes h_F$ appartient à $\underline{\Phi}\mathcal{H}(X \bigcirc \mathcal{A})$ et a donc une image dans $\mathcal{G}$, D'après le nº **6** *g*, $h_Y \otimes u_F$ appartient à $\underline{\Psi}\mathcal{H}(Y \bigcirc \mathcal{A})$ et a donc une image dans $\mathcal{G}$. Donc $(h_Y \otimes u_F).(u_Y \otimes h_F) = h_Y \otimes h_F$ a une image dans $\mathcal{G}$: tout élément de $\mathcal{H}_{m+1}$ a une image dans $\mathcal{G}$: donc $\delta_r = 0$; donc $\mathcal{H}_r$ est indépendant de *r*; on applique le théorème 7.1 *a*,*c*.

(¹) $$(ah_Y) \otimes h_F = h_Y \otimes (ah_F) \quad \text{si} \quad a \in \mathcal{A}$$

et si $\otimes$ désigne un produit tensoriel d'algèbres sur $\mathcal{A}$.

CHAPITRE II.

CAS OU β EST CONSTANT, $\mathfrak{A}$ ÉTANT UN CORPS COMMUTATIF.

8. L'ALGÈBRE SPECTRALE ET L'ALGÈBRE FILTRÉE D'HOMOLOGIE D'UN ESPACE FIBRÉ. — Soient un corps commutatif $\mathfrak{A}$, un espace fibré X, tel que β soit constant, et deux entiers $l < m$. Utilisons la terminologie que définit le n° 20 de [11], toutes les algèbres étant des algèbres sur $\mathfrak{A}$, tous les produits tensoriels $\otimes$ étant des *produits tensoriels d'algèbres* sur $\mathfrak{A}$: $\mathcal{H}(X \bigcirc \mathfrak{A})$, $\mathcal{H}(F \bigcirc \mathfrak{A})$, $\mathcal{H}(Y \bigcirc \mathfrak{A})$ sont des algèbres graduées; nous noterons leurs éléments h_X, h_F, h_Y; quand leurs unités existent, nous les noterons u_X, u_F, u_Y. Les propriétés de l'anneau spectral $\mathcal{H}_r$ et de la filtration de $\mathcal{H}(X \bigcirc \mathfrak{A})$ que définit le n° **6** s'énoncent maintenant comme suit :

a. $\mathcal{H}_r (r > m)$ *est une algèbre canonique graduée: ses degrés sont nommés degré canonique et degré filtrant; sa différentielle* δ_r *est homogène de degré canonique* 1 *et de degré filtrant* r; $\mathcal{H}_{r+1}$ *est l'algèbre d'homologie de* $\mathcal{H}_r$.

b. La formule (4.5), qui s'applique par hypothèse, s'écrit, vu le théorème 63.4 de [11],

$$\boxed{\mathcal{H}_{m+1} = \mathcal{H}(Y \bigcirc \mathfrak{A}) \otimes \mathcal{H}(F \bigcirc \mathfrak{A})} \quad \text{(produit tensoriel d'algèbres)}; \tag{8.1}$$

$h_Y \otimes h_F$ a pour degrés canonique et filtrant : degré $h_Y +$ degré h_F; m degré $h_Y + l$ degré h_F.

c. $\mathcal{H}(X \bigcirc \mathfrak{A})$ est une algèbre graduée-filtrée, dont l'algèbre bigraduée est

$$\boxed{\mathcal{G} = \lim_{r \to +\infty} \mathcal{H}_r.}$$

d, e. Voir n° **6** *d, e.*

f. Choisissons $l = 0$, $m = 1$. *Si* Y *est compact,* $\mathcal{H}(Y \bigcirc \mathfrak{A})$ *a une unité* u_Y;

$$\underline{\Phi} h_X = u_Y \otimes F h_X;$$

$u_Y \otimes F h_X$ *a une image canonique dans* $\mathcal{G}$; *c'est* h_X *mod* $\mathcal{H}^{(1)}$.

Les conditions suivantes sont équivalentes

$$F h_X = 0, \qquad f(h_X) > 0.$$

Pour que $u_Y \otimes h_F$ *ait une image dans* $\mathcal{G}$, *il faut et il suffit que* $h_F \in F\mathcal{H}(X \bigcirc \mathcal{A})$.

Si Y *n'est pas compact*, $F\mathcal{H}(X \bigcirc \mathcal{A}) = 0$, $f(h_X) > 0$.

g. Choisissons $l = -1$, $m = 0$ *et supposons* F *compact;* $\mathcal{H}(F \bigcirc \mathcal{A})$ *a une unité* u_F;

$$\Psi h_Y = h_Y \otimes u_F;$$

$h_Y \otimes u_F$ *a une image canonique dans* $\mathcal{G}$, *c'est* $\overset{-1}{\xi} h_Y$.

Les deux conditions suivantes sont équivalentes :

$\overset{-1}{\xi} h_Y = 0$; *l'image canonique de* $h_Y \otimes u_F$ *dans* $\mathcal{H}_r$ *est nulle quand* r *est suffisamment grand.*

$\overset{-1}{\xi}\mathcal{H}(Y \bigcirc \mathcal{A})$ *est l'ensemble des* h_X *tels que* $f(h_X) = 0$ *et est aussi l'ensemble des éléments de* $\mathcal{G}$ *dont le degré filtrant est nul.*

h. Supposons Y et F compacts, c'est-à-dire X *compact;* $F\overset{-1}{\xi}$ applique $\mathcal{H}(Y \bigcirc \mathcal{A})$ sur l'ensemble des éléments au_F où $a \in \mathcal{A}$.

i. Si h et h_1 *sont deux éléments homogènes, de degrés canoniques p et q*, de l'une quelconque des algèbres précédentes,

$$hh_1 = (-1)^{pq} h_1 h.$$

9. RELATIONS ENTRE LES POLYNOMES DE POINCARÉ DE X, Y, F. — *Définition* 9.1. — *Soit* $\mathcal{K}$ *une algèbre graduée, dont le degré est* $\geqq 0$ *et dont le rang est fini;* soit $\mathcal{K}^{[p]}$ l'ensemble de ses éléments homogènes de degré p;

$$\mathcal{K} = \sum_{p \geq 0} \mathcal{K}^{[p]};$$

soit t une variable auxiliaire;

$$\mathcal{K}_t = \sum_{p \geq 0} t^p . \operatorname{rang} \mathcal{K}^{[p]}$$

est un polynome, à coefficients entiers $\geqq 0$, *que nous nommerons polynôme de Poincaré de* $\mathcal{K}$.

Soit $\mathcal{I}$ un idéal gradué de $\mathcal{K}$; soit $\mathcal{K}' = \mathcal{K}/\mathcal{I}$, on a

$$\mathcal{K}'_t = \mathcal{K}_t - \mathcal{I}_t. \tag{9.1}$$

Preuve. — [2], Livre II, Chap. II, § 3, n° 3, formule (1).

Soient $\mathcal{K}$ et $\mathcal{K}'$ deux algèbres graduées, dont le degré est $\geqq 0$ et dont le rang est fini,

$$(\mathcal{K} \otimes \mathcal{K}')_t = \mathcal{K}_t . \mathcal{K}'_t. \tag{9.2}$$

Preuve. — [2], Livre II, Chap. III, § 1, n° 3, formule (5).

Nous *ordonnerons* (*voir* [2], Livre I, § 6) comme suit les polynomes en t.

$\mathcal{K}_t \leqq \mathcal{K}'_t$ signifiera que $\mathcal{K}'_t - \mathcal{K}_t$ a ses coefficients $\geqq 0$.

LEMME 9.1. — *a. Soit $\mathcal{H}$ l'algèbre d'homologie d'une algèbre canonique $\mathcal{K}$ ayant un rang fini et un degré $\geqq 0$; il existe un polynome $\mathcal{D}_t \geqq 0$ tel que*

$$\mathcal{K}_t - \mathcal{H}_t = (1 + t)\mathcal{D}_t. \tag{9.3}$$

b. Soit $\mathcal{K}'$ un sous-espace gradué de $\mathcal{K}$ tel que $\mathcal{K}' \cap \delta\mathcal{K} = 0$; soit $\mathcal{H}'$ l'image des cycles de $\mathcal{K}'$ dans $\mathcal{H}$; on a

$$\mathcal{K}'_t - \mathcal{H}'_t \leqq \mathcal{D}_t. \tag{9.4}$$

c. Soit $\mathcal{K}''$ un sous-espace gradué de l'algèbre des cycles de $\mathcal{K}$; soit $\mathcal{H}''$ l'image de $\mathcal{K}''$ dans $\mathcal{H}$; on a

$$\mathcal{K}''_t - \mathcal{H}''_t \leqq t\mathcal{D}_t. \tag{9.5}$$

Preuve de a. — Soit $\mathcal{C}$ l'algèbre des cycles de $\mathcal{K}$; soit $\mathcal{D} = \mathcal{K}/\mathcal{C}$; d'après (9.1)

$$\mathcal{D}_t = \mathcal{K}_t - \mathcal{C}_t.$$

δ définit un isomorphisme, qui augmente de 1 le degré, de $\mathcal{D} = \mathcal{K}/\mathcal{C}$ sur $\delta\mathcal{K}$; le polynome de Poincaré de $\delta\mathcal{K}$ est donc $t\mathcal{D}_t$; or $\mathcal{H} = \mathcal{C}/\delta\mathcal{K}$; d'où, vu (9.1),

$$\mathcal{H}_t = \mathcal{C}_t - t\mathcal{D}_t.$$

On obtient (9.3) en éliminant $\mathcal{C}_t$ entre les deux relations précédentes.

Preuve de b. — $\mathcal{H}'$ est isomorphe à l'espace $\mathcal{C}'$ des cycles de $\mathcal{K}'$:

$$\mathcal{H}'_t = \mathcal{C}'_t.$$

δ définit un isomorphisme, qui augmente de 1 le degré, de $\mathcal{K}'/\mathcal{C}'$ dans $\delta\mathcal{K}$; donc

$$\mathcal{K}'_t - \mathcal{C}'_t \leqq \mathcal{D}_t;$$

en éliminant $\mathcal{C}'_t$ entre ces deux relations, on obtient (9.4).

Preuve de c. — Soit $\mathcal{D}'' = \delta\mathcal{K} \cap \mathcal{K}''$;

$$\mathcal{D}''_t \leqq t\mathcal{D}_t.$$

Puisque $\mathcal{K}''/\mathcal{D}'' = \mathcal{H}''$,

$$\mathcal{K}''_t - \mathcal{D}''_t = \mathcal{H}''_t.$$

On obtient (9.5) en éliminant $\mathcal{D}''_t$ entre les deux relations précédentes.

Lemme 9.2. — *Soit $\mathcal{H}_r$ une algèbre canonique spectrale ($r > m$); supposons que $\mathcal{H}_{m+1}$ ait un rang fini et un degré canonique $\geqq 0$; quand r est suffisamment grand, $\mathcal{H}_r$ est une algèbre indépendante de r, que nous noterons $\mathcal{G}$; le degré qui servira à définir les polynomes de Poincaré sera le degré canonique.*

a. Il existe un polynome $D_t \geqq 0$ *tel que*

$$(9.6) \qquad (\mathcal{H}_{m+1})_t - \mathcal{G}_t = (1+t)D_t.$$

b. Soit $\mathcal{H}'_{m+1}$ un sous-espace gradué de $\mathcal{H}_{m+1}$ tel que l'image canonique dans $\mathcal{G}$ d'un élément non nul de $\mathcal{H}'_{m+1}$ diffère de zéro quand elle existe; soit $\mathcal{G}'$ l'image canonique de $\mathcal{H}'_{m+1}$ dans $\mathcal{G}$;

$$(9.7) \qquad (\mathcal{H}'_{m+1})_t - \mathcal{G}_t \leqq D_t \leqq t^{-1}[(\mathcal{H}_{m+1})_t - (\mathcal{H}'_{m+1})_t].$$

c. Soit $\mathcal{H}''_{m+1}$ un sous-espace gradué de $\mathcal{H}_{m+1}$ dont tous les éléments aient une image dans $\mathcal{G}$; soit $\mathcal{G}''$ l'image de $\mathcal{H}''_{m+1}$ dans $\mathcal{G}$,

$$(9.8) \qquad t^{-1}[(\mathcal{H}''_{m+1})_t - \mathcal{G}''_t] \leqq D_t \leqq (\mathcal{H}_{m+1})_t - (\mathcal{H}''_{m+1})_t.$$

Preuve. — $\mathcal{H}_r$ est indépendant de r dès que r dépasse l'oscillation, qui est finie, du degré filtrant. Soient $\mathcal{H}'_r$ et $\mathcal{H}''_r$ les images canoniques de $\mathcal{H}'_{m+1}$ et $\mathcal{H}''_{m+1}$ dans $\mathcal{H}_r$; on a, d'après le lemme 9.1,

$$(\mathcal{H}_r)_t - (\mathcal{H}_{r+1})_t = (1+t)(\mathcal{D}_r)_t, \qquad (\mathcal{H}'_r)_t - (\mathcal{H}'_{r+1})_t \leqq (\mathcal{D}_r)_t,$$

$$(\mathcal{H}''_r)_t - (\mathcal{H}''_{r+1})_t \leqq t(\mathcal{D}_r)_t;$$

en ajoutant membre à membre les relations qu'on obtient en faisant varier r et en posant $D_t = \sum_r (\mathcal{D}_r)_t$, on a (9.6) et

$$(\mathcal{H}'_{m+1})_t - \mathcal{G}'_t \leqq D_t, \qquad (\mathcal{H}''_{m+1})_t - \mathcal{G}''_t \leqq t D_t;$$

ces inégalités et celles qu'on en déduit en majorant $\mathcal{G}'_t$ et $\mathcal{G}''_t$ par l'expression de $\mathcal{G}_t$ que fournit (9.6) donnent (9.7) et (9.8).

LEMME 9.3. — *Soit $\mathcal{H}$ une algèbre graduée-filtrée, dont le degré est $\geqq 0$; soit $\mathcal{G}$ son algèbre bigraduée. Nommons canonique le degré de $\mathcal{H}$ et le degré correspondant de $\mathcal{G}$; utilisons le degré canonique pour définir les polynomes de Poincaré; les rangs de $\mathcal{G}$ et $\mathcal{H}$ sont égaux; quand ils sont finis,*

$$\mathcal{H}_t = \mathcal{G}_t.$$

Preuve. — La relation (9.1) et la définition de l'algèbre bigraduée d'une algèbre bigraduée-filtrée : [11], n° 7.

THÉORÈME 9.1. — *Soit* X *un espace fibré, de fibre* F *et de base* Y ; *soit un corps commutatif $\mathcal{A}$; supposons β constant; supposons $\mathcal{H}(F \bigcirc \mathcal{A})$ et $\mathcal{H}(Y \bigcirc \mathcal{A})$ de rangs finis. Alors $\mathcal{H}(X \bigcirc \mathcal{A})$ est de rang fini. Soient X_t, Y_t, F_t les polynomes de Poincaré de $\mathcal{H}(X \bigcirc \mathcal{A})$, $\mathcal{H}(Y \bigcirc \mathcal{A})$, $\mathcal{H}(F \bigcirc \mathcal{A})$. Étant donné un polynome quelconque, par exemple X_t, notons $\hat{X}_t$ (et $\check{X}_t$) le polynome qui s'obtient en supprimant ses termes de degré maximum (de degré minimum). On a*

$$X_t = Y_t F_t - (1 + t) D_t, \tag{9.9}$$

où

$$0 \leqq D_t \leqq \text{Borne inf.}\,(\hat{Y}_t \check{F}_t,\ t^{-1} \check{Y}_t \hat{F}_t); \tag{9.10}$$

donc (A. Borel et J. P. Serre, *cf.* n° 3) *les termes de plus haut degré (de plus bas degré) de X_t et $Y_t F_t$ sont les mêmes.*

Preuve de (9.9). — Les formules (8.1) et (9.2) donnent

$$(\mathcal{H}_{m+1})_t = Y_t F_t;$$

d'après le lemme 9.2*a*, $\mathcal{G}$ a un rang fini et

$$\mathcal{G}_t = Y_t F_t - (1 + t) D_t, \qquad \text{où} \quad D_t \geqq 0;$$

d'après le lemme 9.3, $\mathcal{H}(X \bigcirc \mathcal{A})$ a un rang fini et $X_t = \mathcal{G}_t$.

Preuve de l'inégalité $D_t \leqq \hat{Y}_t \check{F}_t$. — Puisque δ_r augmente le degré filtrant ($m \geqq 0$), δ_r annule les éléments de degré filtrant maximum; en choisissant $l = 0$, $m = 1$ et $v_Y \in \mathcal{H}(Y \bigcirc \mathfrak{A})$ de degré maximum, on constate que $v_Y \otimes h_F$ a une image dans $\mathcal{G}$; en choisissant $l = -1$, $m = 0$ et $w_F \in \mathcal{H}(F \bigcirc \mathfrak{A})$ de degré minimum, on constate que $h_Y \otimes w_F$ a une image dans $\mathcal{G}$. Le sous-espace vectoriel $\mathcal{H}''_{m+1}$ de $\mathcal{H}_{m+1}$ qu'engendrent ces $v_Y \otimes h_F$ et $h_Y \otimes w_F$ a pour polynome de Poincaré

$$(\mathcal{H}''_{m+1})_t = Y_t F_t - \hat{Y}_t \check{F}_t;$$

la seconde des inégalités (9.8) donne

$$D_t \leqq \hat{Y}_t \check{F}_t.$$

Preuve de l'inégalité $D_t \leqq t^{-1} \check{Y}_t \hat{F}_t$. — Puisque δ_r augmente le degré filtrant ($m \geqq 0$), aucune valeur de δ_r ne peut être de degré filtrant minimum; en choisissant $l = 0$, $m = 1$ et $w_Y \in \mathcal{H}(Y \bigcirc \mathfrak{A})$ de degré minimum, on constate que $w_Y \otimes h_F$, supposé $\neq 0$, ne peut avoir d'image nulle dans $\mathcal{G}$; en choisissant $l = -1$, $m = 0$ et $v_F \in \mathcal{H}(F \bigcirc \mathfrak{A})$ de degré maximum, on constate que $h_Y \otimes v_F$, supposé $\neq 0$, ne peut avoir d'image nulle dans $\mathcal{G}$. Supposons nulle la composante homogène de h_F ayant pour degré le maximum du degré de $\mathcal{H}(F \bigcirc \mathfrak{A})$; puisque l'image dans $\mathcal{G}$ d'un élément de $\mathcal{H}_{m+1}$ n'existe que quand les images de ses composantes homogènes existent et puisqu'elle en est la somme directe, $w_Y \otimes h_F + h_Y \otimes v_F$, supposé $\neq 0$, ne peut avoir d'image nulle dans $\mathcal{G}$. Le sous-espace vectoriel $\mathcal{H}'_{m+1}$ de $\mathcal{H}_{m+1}$ qu'engendre $w_Y \otimes h_F + h_Y \otimes v_F$ a pour polynome de Poincaré

$$(\mathcal{H}'_{m+1})_t = (Y_t - \check{Y}_t)\hat{F}_t + Y_t(F_t - \hat{F}_t) = Y_t F_t - \check{Y}_t \hat{F}_t;$$

la seconde des inégalités (9.7) donne

$$D_t \leqq t^{-1} \check{Y}_t \hat{F}_t.$$

Remarque. — $D_t \leqq \hat{Y}_t \check{F}_t$ équivaut à $D_t \leqq t^{-1} \check{Y}_t \hat{F}_t$ quand Y, F et par suite X sont des variétés compactes orientables.

COROLLAIRE 9.1. — *Quand les hypothèses du théorème* 9.1 *sont satisfaites, les caractéristiques d'Euler* X_{-1}, Y_{-1}, F_{-1} *de* X, Y, F *vérifient la relation*

$$X_{-1} = Y_{-1} . F_{-1}. \tag{9.11}$$

Preuve. — On fait $t = -1$ dans (9.9).

Corollaire 9.2. — *Supposons vérifiées les hypothèses du théorème* 9.1; *on peut majorer comme suit chacun des polynomes* X_t, Y_t, F_t *en fonction des deux autres.*

a. On a

$$X_t \leqq Y_t F_t. \tag{9.12}$$

b. On a

$$Y_t \leqq \frac{X_t}{F_t - (1+t)\check{F}_t}; \tag{9.13}$$

$$Y_t \leqq \frac{X_t}{F_t - (1+t^{-1})\hat{F}_t}; \tag{9.14}$$

le second membre de (9.13) *doit être remplacé par son développement, suivant les puissances croissantes de t, limité à* $t^{\dim Y}$; *le second membre de* (9.14) *doit être remplacé par son développement, suivant les puissances décroissantes de t, limité aux puissances* $\geqq 0$.

c. On a, quand [1] *le dénominateur n'est pas* $\leqq 0$,

$$F_t \leqq \frac{X_t}{Y_t - (1+t^{-1})\check{Y}_t}; \tag{9.15}$$

$$F_t \leqq \frac{X_t}{Y_t - (1+t)\hat{Y}_t}; \tag{9.16}$$

le second membre de (9.15) *doit être remplacé par son développement suivant les puissances croissantes de t, limité à* $t^{\dim F}$; *le second membre de* (9.16) *doit être remplacé par son développement suivant les puissances décroissantes de t, limité aux puissances* $\geqq 0$.

Remarque. — (9.13) équivaut à (9.14) et (9.15) à (9.16) quand Y, F et par suite X sont des variétés compactes orientables.

Preuve de a. — (9.9) et (9.10).

Preuve de (9.13). — D'après (9.9) et (9.10) on a

$$Y_t[F_t - (1+t)\check{F}_t] \leqq X_t;$$

---

[1] C'est par exemple le cas de (9.15) quand Y est compact et simplement connexe.

on multiplie les deux membres par le développement, suivant les puissances croissantes de t, de $[F_t-(1+t)\check{F}_t]^{-1}$; tous les coefficients de ce développement sont $\geqq 0$ car le seul terme >0 de $[F_t-(1+t)\check{F}_t]$ est son terme de degré minimum.

Les preuves de (9.14), (9.15) *et* (9.16) sont analogues.

THÉORÈME 9.2. — *Supposons vérifiées les hypothèses du théorème* 9.1.

a. Posons

$$P = F\mathcal{H}(X \bigcirc \mathcal{A}) \subset \mathcal{H}(F \bigcirc \mathcal{A});$$

on a

$$(9.17) \qquad 0 \leqq P_t \leqq \text{Borne inf. } (F_t, X_t);$$

si Y *est compact*

$$(9.18) \qquad F_t - P_t \leqq D_t;$$

sinon $P=0$.

b. Supposons F *compact : la projection* ξ *de* X *sur* Y *est propre; posons*

$$Q = \overset{-1}{\xi}\mathcal{H}(Y \bigcirc \mathcal{A}) \subset \mathcal{H}(X \bigcirc \mathcal{A});$$

on a

$$(9.19) \qquad 0 \leqq Q_t \leqq \text{Borne inf. } (Y_t, X_t),$$

$$(9.20) \qquad t^{-1}(Y_t - Q_t) \leqq D_t.$$

c. Supposons F *et* Y *compacts, c'est-à-dire* X *compact; on a* (9.18) *et les inégalités précisant* (9.10), (9.17), (9.19) *et* (9.20)

$$(9.21) \qquad 1 \leqq P_t \leqq F_t; \qquad 1 \leqq Q_t \leqq Y_t; \qquad P_t + Q_t - 1 \leqq X_t;$$

$$(9.22) \qquad t^{-1}(Y_t - Q_t)P_t \leqq D_t \leqq \hat{Y}_t(F_t - P_t);$$

$$(9.23) \qquad D_t \leqq t^{-1}(\check{Y}_t\hat{F}_t - \check{Q}_t) \quad \text{si} \quad F_t \neq 1.$$

Preuve de (9.17). — La définition de P. Si Y n'est pas compact, $P=0$ (n° **6** *f*).

Preuve de (9.18). — D'après le n° **8** *f*, $u_Y \otimes h_F$ n'a d'image canonique dans $\mathcal{G}$ que si $h_F \in P$ et cette image n'est nulle que si $h_F = 0$; d'où, vu (9.7),

$$F_t - P_t \leqq D_t.$$

Preuve de (9.19). — La définition de Q.

Preuve de (9.20). — D'après le n° **8**g, $h_Y \otimes u_F$ a une image canonique dans $\mathcal{G}$ et cette image est $\overset{-1}{\xi} h_Y$; d'où vu (9.8),

$$t^{-1}(Y_t - Q_t) \leqq D_t.$$

Preuve de (9.21). — $P = F\mathcal{H}(X \bigcirc \mathfrak{A})$ possède une unité, image de l'unité de $\mathcal{H}(X \bigcirc \mathfrak{A})$, vu [11], définition 48.3 et n° 65; donc $1 \leqq P_t$. De même $Q = \overset{-1}{\xi}\mathcal{H}(Y \bigcirc \mathfrak{A})$ possède une unité, image de l'unité de $\mathcal{H}(Y \bigcirc \mathfrak{A})$; donc $1 \leqq Q_t$. D'après le n° **8**h, FQ a pour polynome de Poincaré 1; les éléments de Q que la section par F annule constituent une algèbre, dont le polynome de Poincaré est donc, vu (9.1), $Q_t - 1$; c'est une sous-algèbre de l'algèbre que constituent les éléments de $\mathcal{H}(X \bigcirc \mathfrak{A})$ que la section par F annule et dont le polynome de Poincaré est $X_t - P_t$ d'après (9.1); donc

$$Q_t - 1 \leqq X_t - P_t.$$

Preuve de la première des inégalités (9.22). — Puisque $u_Y \otimes Fh_X$ et $h_Y \otimes u_F$ ont des images dans $\mathcal{G}$, leur produit $h_Y \otimes Fh_X$ a dans $\mathcal{G}$ une image, qui est le produit des images de $u_Y \otimes Fh_X$ et $h_Y \otimes u_F$. Donc $\mathcal{H}_{m+1}$ contient la sous-algèbre $\mathcal{H}''_{m+1} = \mathcal{H}(Y \bigcirc \mathfrak{A}) \otimes F\mathcal{H}(X \bigcirc \mathfrak{A})$, dont le polynome de Poincaré est $Y_t P_t$ et dont chaque élément a une image dans $\mathcal{G}$; l'ensemble $\mathcal{G}''$ de ces images est, d'après le n° **8**f et g, une image de $\overset{-1}{\xi}\mathcal{H}(Y \bigcirc \mathfrak{A}) \otimes F\mathcal{H}(X \bigcirc \mathfrak{A})$; donc $\mathcal{G}''_t \leqq Q_t P_t$. D'après (9.8) on a donc

$$t^{-1}(Y_t - Q_t) P_t \leqq D_t.$$

Preuve de la seconde des inégalités (9.22). — Nous venons de voir que $h_Y \otimes Fh_X$ a une image dans $\mathcal{G}$; nous avons vu (théorème 9.1, preuve de $D_t \leqq \hat{Y}_t \check{F}_t$) que $\dot{v}_Y \otimes h_F$ a une image dans $\mathcal{G}$, quand v_Y est un élement de degré maximum de $\mathcal{H}(Y \bigcirc \mathfrak{A})$. Ces éléments $h_Y \otimes Fh_X$ et $v_Y \otimes h_F$ engendrent un sous-espace vectoriel $\mathcal{H}''_{m+1}$ de $\mathcal{H}_{m+1}$, dont le polynome de Poincaré est

$$\hat{Y}_t P_t + (Y_t - \hat{Y}_t) F_t = Y_t F_t - \hat{Y}_t (F_t - P_t);$$

d'après (9.8) on a donc

$$D_t \leqq \hat{Y}_t (F_t - P_t).$$

Preuve de (9.23). — Nous avons vu (théorème 9.1, preuve de $D_t \leqq t^{-1} \check{Y}_t \hat{F}_t$) que $u_Y \otimes h_F + h_Y \otimes v_F$, supposé $\neq 0$, ne peut avoir d'image nulle dans $\mathcal{G}$, si la composante homogène de degré maximum de h_F est nulle; d'après le n° **8***g*, $h'_Y \otimes u_F$, supposé $\neq 0$, ne peut avoir d'image nulle dans $\mathcal{G}$ si h'_Y appartient à un sous-espace de $\mathcal{H}(Y \bigcirc \mathfrak{A})$ isomorphe à Q; supposons le degré de $h'_Y > 0$; puisque l'image dans $\mathcal{G}$ d'un élément de $\mathcal{H}_{m+1}$ n'existe que quand les images de ses composantes homogènes existent et puisqu'elle en est la somme directe,

$$h_{m+1} = u_Y \otimes h_F + h_Y \otimes v_F + h'_Y \otimes u_F,$$

supposé $\neq 0$, ne peut avoir d'image nulle dans $\mathcal{G}$. Le sous-espace vectoriel $\mathcal{H}'_{m+1}$ de $\mathcal{H}_{m+1}$ qu'engendre h_{m+1} a pour polynome de Poincaré

$$(\mathcal{H}'_{m+1})_t = \hat{F}_t + Y_t(F_t - \hat{F}_t) + \check{Q}_t = Y_t F_t - \check{Y}_t \hat{F}_t + \check{Q}_t;$$

la seconde des inégalités (9.7) donne (9.23).

COROLLAIRE 9.3. — *Soit* X *un espace de fibre* F *et de base* Y; *soit un corps commutatif* $\mathfrak{A}$; *supposons que les algèbres* $\mathcal{H}(Y \bigcirc \mathfrak{A})$ *et* $\mathcal{H}(F \bigcirc \mathfrak{A})$ *aient des rangs finis.*

a. Si F *est compact et si la section par* F *est un homomorphisme de* $\mathcal{H}(X \bigcirc \mathfrak{A})$ SUR $\mathcal{H}(F \bigcirc \mathfrak{A})$, *alors* X *est compact et*

$$X_t = Y_t F_t, \qquad Q_t = Y_t.$$

b. Réciproquement, si β *est constant, si* Y *est compact et si* $X_t = Y_t F_t$, *alors la section par* F *est un homomorphisme de* $\mathcal{H}(X \bigcirc \mathfrak{A})$ SUR $\mathcal{H}(F \bigcirc \mathfrak{A})$.

Preuve de a. — Théorème 7.3*b*.

Preuve de b. — De (9.9) résulte que si $X_t = Y_t F_t$, alors $D_t = 0$; d'où, vu (9.18), $F_t = P_t$; cette relation exige que $F\mathcal{H}(X \bigcirc \mathfrak{A}) = \mathcal{H}(F \bigcirc \mathfrak{A})$.

10. CAS OÙ Y ET F SONT ORIENTABLES : DUALITÉ DE POINCARÉ. — *Définition* 10.1. — Soient, sur le corps commutatif $\mathfrak{A}$, deux espaces vectoriels $\mathcal{E}$ et $\mathcal{E}^*$ de dimensions finies; nous nommerons *dualité* de $\mathcal{E}$ et $\mathcal{E}^*$ toute fonction bilinéaire $\langle e, e^* \rangle$, définie sur le produit $\mathcal{E} \times \mathcal{E}^*$

de ces deux espaces, prenant ses valeurs dans $\mathcal{A}$ et possédant la propriété suivante :

si $e \in \mathcal{E}$ est tel que $\langle e, e^* \rangle = 0$, quel que soit $e^* \in \mathcal{E}^*$, alors $e = 0$;
si $e^* \in \mathcal{E}^*$ est tel que $\langle e, e^* \rangle = 0$, quel que soit $e \in \mathcal{E}$, alors $e^* = 0$;

Quand existe une telle dualité, $\mathcal{E}$ et $\mathcal{E}^*$ ont *même dimension* et *chacun d'eux peut être identifié au dual de l'autre* ([2]. Livre II, Chap. II, § 4, déf. 1 et prop. 6). On dit que e et e^* sont *orthogonaux* quand $\langle e, e^* \rangle = 0$. On nomme sous-espace de $\mathcal{E}$ *complètement orthogonal* au sous-espace $\mathcal{F}^*$ de $\mathcal{E}^*$ l'ensemble des $e \in \mathcal{E}$ tels que $\langle e, f^* \rangle = 0$, quel que soit $f^* \in \mathcal{F}^*$; on définit de même le sous-espace $\mathcal{F}^*$ de $\mathcal{E}^*$ complètement orthogonal au sous-espace $\mathcal{F}$ de $\mathcal{E}$; rappelons que si $\mathcal{F}$ est complètement orthogonal à $\mathcal{F}^*$, alors $\mathcal{F}^*$ est complètement orthogonal à $\mathcal{F}$ ([2], Livre II, Chap. II, § 4, prop. 7) : nous dirons que $\mathcal{F}$ et $\mathcal{F}^*$ sont complètement orthogonaux.

Définition 10.2. — Nous dirons que l'algèbre $\mathcal{K}$ sur $\mathcal{A}$ possède la *dualité de Poincaré* quand elle a les propriétés que voici : $\mathcal{K}$ est de rang fini; $\mathcal{K}$ est graduée (ou bigraduée, le degré utilisé étant le degré canonique); son degré est $\geqq 0$; $\mathcal{K}$ possède une unité, dont les produits par les éléments de $\mathcal{A}$ constituent l'ensemble des éléments de $\mathcal{K}$ homogènes de degré nul; si d est le maximum du degré de $\mathcal{K}$, tout élément homogène de degré d est divisible par tout élément non nul de $\mathcal{K}$.

Nous supposerons

$$k^{[p]} \cdot k^{[q]} = (-1)^{pq} k^{[q]} \cdot k^{[p]};$$

nous n'aurons donc pas à distinguer la divisibilité à droite de la divisibilité à gauche.

Soit $\mathcal{K}^{[p]}$ l'ensemble des éléments de $\mathcal{K}$ homogènes de degré p. Par hypothèse, $\mathcal{K}^{[d]}$ est un espace vectoriel de rang 1 ; en notant

$$\langle k, k' \rangle \text{ la composante homogène de degré } d \text{ de } k.k' \qquad (k \text{ et } k' \in \mathcal{K}),$$

on définit évidemment une *dualité* de $\mathcal{K}$ avec lui-même : dire que *deux sous-espaces vectoriels de $\mathcal{K}$ sont complètement orthogonaux* aura un sens. Cette dualité constitue une dualité de $\mathcal{K}^{[p]}$ et $\mathcal{K}^{[d-p]}$; par suite :

PROPOSITION 10.1. — *Si $\mathcal{K}$ a la dualité de Poincaré, alors*

$$\mathcal{K}_t = t^d \mathcal{K}_{t^{-1}},$$

$\mathcal{K}_{t^{-1}}$ se déduisant du polynome $\mathcal{K}_t$ en y remplaçant la variable t par t^{-1}.

PROPOSITION 10.2. — *Soit $\mathcal{J}$ un idéal gradué de l'algèbre $\mathcal{K}$, qui a la dualité de Poincaré.*

$$\mathcal{J} \text{ et Ann. } \mathcal{J} \text{ sont complètement orthogonaux};$$
$$\text{Ann. (Ann. } \mathcal{J}) = \mathcal{J}.$$

Ann. $\mathcal{J}$ désigne l'annulateur de $\mathcal{J}$, c'est-à-dire l'ensemble des $k \in \mathcal{K}$ tels que $ki = 0$ quel que soit $i \in \mathcal{J}$; il n'y a pas lieu de distinguer annulateur à gauche et à droite de $\mathcal{J}$: ils sont identiques.

Preuve. — Soit $n \in \mathcal{N} =$ Ann. $\mathcal{J}$; soit $i \in \mathcal{J}$; $ni = 0$; donc $\langle n, i \rangle = 0$: n est orthogonal à $\mathcal{J}$. Soit $n \notin \mathcal{N}$: il existe $i \in \mathcal{J}$ tel que $ni \neq 0$; puisque $\mathcal{K}$ a la dualité de Poincaré, il existe $k \in \mathcal{K}$ tel que nik soit un élément non nul de degré maximum : $\langle n, ik \rangle \neq 0$; or $ik \in \mathcal{J}$, puisque $\mathcal{J}$ est un idéal; donc n n'est pas orthogonal à $\mathcal{J}$.

Par suite $\mathcal{N}$ et $\mathcal{J}$ sont complètement orthogonaux. De même $\mathcal{N}$ et Ann. $\mathcal{N}$ sont complètement orthogonaux. Donc $\mathcal{J} =$ Ann. $\mathcal{N}$.

LEMME 10.1. — *Si $\mathcal{K}$ est une algèbre canonique, ayant la dualité de Poincaré, alors son algèbre d'homologie $\mathcal{H}$ a la dualité de Poincaré, si le maximum du degré de $\mathcal{H}$ n'est pas inférieur au maximum du degré de $\mathcal{K}$.*

Preuve. — Soit $k^{[d]}$ un élément non nul de $\mathcal{K}^{[d]}$: $\mathcal{K}^{[d]}$ est l'ensemble des $ak^{[d]} (a \in \mathcal{A})$; donc $k^{[d]} \not\sim 0$: sinon $\mathcal{H}^{[d]}$ serait nul, contrairement à l'hypothèse. Par suite

$$\delta \mathcal{K}^{[d-1]} = 0. \tag{10.1}$$

Soit $\mathcal{C}^{[p]}$ l'ensemble des cycles de $\mathcal{K}^{[p]}$; soit $\mathcal{D}^{[p]}$ l'ensemble des éléments de $\mathcal{C}^{[p]}$ homologues à zéro; cherchons le sous-espace de $\mathcal{K}^{[d-p]}$ complètement orthogonal à $\mathcal{D}^{[p]}$: la condition que $k^{[d-p]}$ soit orthogonal à $\mathcal{D}^{[p]}$ s'écrit

$$\delta k^{[p-1]} . k^{[d-p]} = 0 \quad \text{quel que soit} \quad k^{[p-1]} \in \mathcal{K}^{[p-1]};$$

puisque, vu (10.1), $\delta(k^{[p-1]}.k^{[d-p]}) = 0$, cette condition s'écrit

$$k^{[p-1]}.\delta k^{[d-p]} = 0 \quad \text{quel que soit} \quad k^{[p-1]} \in \mathcal{K}^{[p-1]},$$

c'est-à-dire, puisque $\mathcal{K}$ a la dualité de Poincaré,

$$\delta k^{[d-p]} = 0$$

c'est-à-dire

$$k^{[d-p]} \in \mathcal{C}^{[d-p]}.$$

Donc

(10.2) $\mathcal{D}^{[p]}$ et $\mathcal{C}^{[d-p]}$ sont des sous-espaces complètement orthogonaux de $\mathcal{K}^{[p]}$ et $\mathcal{K}^{[d-p]}$.

Soit $c^{[p]} \in \mathcal{C}^{[p]}$ tel que $c^{[p]}.c^{[d-p]} \sim 0$ quel que soit $c^{[d-p]} \in \mathcal{C}^{[d-p]}$; on a, d'après (10.1), $c^{[p]}.c^{[d-p]} = 0$ quel que soit $c^{[d-p]} \in \mathcal{C}^{[d-p]}$; donc, vu (10.2), $c^{[p]} \in \mathcal{D}^{[p]}$, c'est-à-dire $c^{[p]} \sim 0$. Par suite, si $h^{[p]} \in \mathcal{H}^{[p]}$ est tel que $h^{[p]}.h^{[d-p]} = 0$ quel que soit $h^{[d-p]} \in \mathcal{H}^{[d-p]}$, alors $h^{[p]} = 0$: $\mathcal{H}$ a la dualité de Poincaré.

H. Cartan [3] a donné au *théorème de dualité de Poincaré* un énoncé ayant la conséquence suivante : Soit X une variété compacte, connexe et orientable, de dimension d; (une variété de dimension d est un espace dont chaque point a un voisinage homéomorphe à la boule de dimension d); soit $\mathcal{A}$ un corps commutatif; l'algèbre d'homologie $\mathcal{H}(X \bigcirc \mathcal{A})$ a la dualité de Poincaré; le maximum de son degré est d. En particulier, vu la proposition 10.1, le polynome de Poincaré X_t de X vérifie donc la relation

$$X_t = t^d X_{t^{-1}}.$$

THÉORÈME 10.1. — *Soit* X *un espace fibré, de fibre* F *et de base* Y; *soit un corps commutatif* $\mathcal{A}$; *supposons que* β *soit constant et que* X *et* Y *soient des variétés orientables, compactes et connexes;* F *est donc aussi une telle variété. On peut compléter comme suit les n*os **8** *et* **9** :

a. $D_t = t^{\dim X - 1} D_{t^{-1}}$.

b. *L'anneau spectral* $\mathcal{H}_r$ *a la dualité de Poincaré; le maximum de son degré canonique est* $\dim X$; *ses éléments homogènes de degré canonique* $\dim X$ *ont le degré filtrant* $m \dim Y + l \dim F$.

c. *Les éléments homogènes de* $\mathcal{H}(X \bigcirc \mathcal{A})$ *dont le degré est* $\dim X$ *ont pour filtration* $m \dim Y + l \dim F$. *Soit* $\mathcal{H}^{(q)}$ *l'ensemble des éléments de*

$\mathcal{H}(X \bigcirc \mathcal{A})$ *dont la filtration est* $\geqq q$; *si* $l = 0$ *et* $m = 1$, $\mathcal{H}^{(q)}$ *est l'annulateur de* $\mathcal{H}^{(\dim Y+1-q)}$, *c'est-à-dire, vu la proposition* 10.2, *le sous-espace de* $\mathcal{H}$ *complètement orthogonal à* $\mathcal{H}^{(\dim Y+1-q)}$.

Preuve de a. — On a

$$\dim X = \dim Y + \dim F$$

et, d'après le théorème de dualité de Poincaré,

$$X_t = t^{\dim X} X_{t-1}, \qquad Y_t = t^{\dim Y} Y_{t-1}, \qquad F_t = t^{\dim F} F_{t-1};$$

on porte ces relations dans (9.9).

Preuve de b. — Il existe un élément non nul et de degré canonique $\dim X$ dans $\mathcal{H}(X \bigcirc \mathcal{A})$, donc dans $\mathcal{G}$, donc dans chacun des $\mathcal{H}_r$. D'après (8.1) le maximum du degré canonique de $\mathcal{H}_{m+1}$ est $\dim X$. Donc le maximum du degré canonique de $\mathcal{H}_r$ est exactement $\dim X$, quel que soit $r > m$. D'après (8.1) et le théorème de dualité de Poincaré, $\mathcal{H}_{m+1}$ a la dualité de Poincaré. Vu le lemme 10.1, $\mathcal{H}_r$ a donc la dualité de Poincaré. Pour établir que les éléments de $\mathcal{H}_r$, dont le degré canonique est $\dim X$, ont le degré filtrant $m \dim Y + l \dim F$, il suffit de le vérifier quand $r = m + 1$; c'est alors une conséquence évidente du n° **8**b.

Preuve de c. — S'il existait un élément de $\mathcal{H}$ ayant le degré canonique $\dim X$ et une filtration $\neq m \dim Y + l \dim F$, il exiterait un élément de $\mathcal{G}$ ayant le degré canonique $\dim X$ et un degré filtrant $\neq m \dim Y + l \dim F$; ce serait contraire à b, puisque $\mathcal{G} = \mathcal{H}_r$ quand r est très grand. D'après b, $\mathcal{G}$ a la dualité de Poincaré : étant donné l'élément g de $\mathcal{G}$, il existe un élément homogène g_1 de $\mathcal{G}$ tel que, si $l = 0$, $m = 1$,

$$g g_1 \neq 0; \qquad \text{degré filtrant } g_1 = \dim Y - \text{degré filtrant } g;$$

par suite, étant donné $h \in \mathcal{H}(X \bigcirc \mathcal{A})$, il existe $h_1 \in \mathcal{H}(X \bigcirc \mathcal{A})$ tel que

$$h h_1 \neq 0; \qquad f(h_1) = \dim Y - f(h);$$

donc, si $f(h) < q$,

$$h \notin \text{Ann.}\, \mathcal{H}^{(\dim Y+1-q)}.$$

Réciproquement, supposons $f(h) \geqq q$; si $h_1 \in \mathcal{H}^{(\dim Y+1-q)}$, alors

$$f(hh_1) \geqq f(h) + f(h_1) > \dim Y;$$

donc $hh_1 = 0$:

$$h \in \text{Ann. } \mathcal{H}^{(\dim Y+1-q)}.$$

Donc

$$\mathcal{H}^{(q)} = \text{Ann. } \mathcal{H}^{(\dim Y+1-q)}.$$

Si l'on choisit l et m quelconques au lieu de $l = 0$, $m = 1$, on appliquera la proposition suivante :

VARIANTE AU THÉORÈME **10.1** *c*. — *Soit* $\mathcal{H}^{[p]}$ *l'espace vectoriel que constituent les éléments de* $\mathcal{H}(X \bigcirc \mathcal{A})$ *homogènes de degré canonique* p : $0 \leqq p \leqq \dim X$; *la filtration est nulle sur* $\mathcal{H}^{[0]}$, *égale à* $m \dim Y + l \dim F$ *sur* $\mathcal{H}^{[\dim X]}$; $\mathcal{H}^{[p]}$ *et* $\mathcal{H}^{[\dim X-p]}$ *sont duals; le sous-espace de* $\mathcal{H}^{[p]}$ *constitué par ses éléments de filtration* $\geqq q$ *est complètement orthogonal au sous-espace de* $\mathcal{H}^{[\dim X-p]}$ *constitué par ses éléments de filtration* $> m \dim Y + l \dim F - q$.

Preuve. — Cette proposition n'est pas altérée quand on augmente la filtration du degré canonique (n° **6** *d*), ni quand on multiplie l et m par un même entier > 0; or elle est vraie, vu le théorème **10.1** *c*, quand $l = 0$, $m = 1$.

CHAPITRE III.

CAS PARTICULIERS.

I. — Cas où la fibre a l'homologie d'une sphère.

11. GÉNÉRALITÉS. — THÉORÈME **11.1**. — *Soit* $\mathcal{A}$ *un anneau commutatif, ayant une unité. Soit* ξ *la projection sur sa base* Y *d'un espace fibré, dont la fibre* F *est compacte et a, relativement à* $\mathcal{A}$, *même algèbre d'homologie que la sphère de dimension d. Supposons* β *constant* (¹). *Il*

(¹) Cette hypothèse, quand F est une variété orientable, signifie qu'elle est continûment orientable (théorème **4.3** *b*).

existe un endomorphisme linéaire μ *de* $\mathcal{H}(\mathrm{Y} \bigcirc \mathcal{A})$, *augmentant le degré de* $d+1$, *vérifiant*

$$(11.1) \quad \mu(h_{\mathrm{Y}} h'_{\mathrm{Y}}) = \mu h_{\mathrm{Y}} . h'_{\mathrm{Y}} = (-1)^{p(d+1)} h_{\mathrm{Y}} . \mu h'_{\mathrm{Y}} \quad (h_{\mathrm{Y}} \text{ homogène de degré } p)$$

et possédant les propriétés suivantes :

a. Soit $\mathrm{M} = \mu \, \mathcal{H}(\mathrm{Y} \bigcirc \mathcal{A})$; *les conditions que voici sont équivalentes :*

$$\overset{-1}{\xi} h_{\mathrm{Y}} = 0, \qquad h_{\mathrm{Y}} \in \mathrm{M}.$$

b. Soit N *l'ensemble des* h_{Y} *tels que* $\mu h_{\mathrm{Y}} = 0$; *il existe un isomorphisme* ([2]) *canonique, augmentant le degré de* d, *de* N *sur le* $\mathcal{H}(\mathrm{Y} \bigcirc \mathcal{A})$*-module* $\mathcal{H}(\mathrm{X} \bigcirc \mathcal{A}) / \overset{-1}{\xi} \mathcal{H}(\mathrm{Y} \bigcirc \mathcal{A})$.

c. Supposons Y *compact; soit* Π_{Y} *l'isomorphisme canonique de* $\mathcal{A}$ *dans* $\mathcal{H}(\mathrm{Y} \bigcirc \mathcal{A})$; *soit* v_{F} *une base du* $\mathcal{A}$*-module que constituent les éléments de* $\mathcal{H}(\mathrm{F} \bigcirc \mathcal{A})$ *homogènes de degré* d; *les deux conditions suivantes sont équivalentes.*

$$a v_{\mathrm{F}} \in \mathrm{F} \mathcal{H}(\mathrm{X} \bigcirc \mathcal{A}); \qquad \Pi_{\mathrm{Y}} a \in \mathrm{N}.$$

d. Si Y *est compact, il existe un élément* m_{Y} *de* $\mathcal{H}(\mathrm{Y} \bigcirc \mathcal{A})$ *tel que*

$$\mu h_{\mathrm{Y}} = m_{\mathrm{Y}} h_{\mathrm{Y}}; \qquad \text{degré } m_{\mathrm{Y}} = d+1;$$

m_{Y} *est nommée classe caractéristique.*

e. Si Y *est compact, et si* d *est pair, alors*

$$2 m_{\mathrm{Y}} = 0.$$

Remarque. — S. S. Chern et E. Spanier [4] démontrent *a* et *b*, qu'ils énoncent comme suit : il existe une suite exacte d'homomorphismes canoniques

$$\mathcal{H}^{[p]}(\mathrm{Y} \bigcirc \mathcal{A}) \overset{\overset{-1}{\xi}}{\rightarrow} \mathcal{H}^{[p]}(\mathrm{X} \bigcirc \mathcal{A}) \rightarrow \mathcal{H}^{[p-d]}(\mathrm{Y} \bigcirc \mathcal{A}) \overset{\mu}{\rightarrow} \mathcal{H}^{[p+1]}(\mathrm{Y} \bigcirc \mathcal{A}).$$

([2]) Isomorphisme de modules : la multiplication de $n \in \mathrm{N}$ par $h_{\mathrm{Y}} \in \mathcal{H}(\mathrm{Y} \bigcirc \mathcal{A})$ est la multiplication dans $\mathcal{H}(\mathrm{Y} \bigcirc \mathcal{A})$; la multiplication de h_{X} mod $\overset{-1}{\xi} \mathcal{H}(\mathrm{Y} \bigcirc \mathcal{A})$ par h_{Y} est la multiplication dans $\mathcal{H}(\mathrm{X} \bigcirc \mathcal{A})$, calculée mod $\overset{-1}{\xi} \mathcal{H}(\mathrm{Y} \bigcirc \mathcal{A})$, de h_{X} par $\overset{-1}{\xi} h_{\mathrm{Y}}$.

Définition de μ; *notations.* — $\mathfrak{S}$ sera l'anneau d'homologie, relativement aux entiers, d'une sphère de dimension d : $\mathfrak{S}$ a une base, constituée par une unité u et un élément v de degré d; $v^2=0$; par hypothèse

$$\mathcal{H}(\mathrm{F}\bigcirc\mathcal{A})=\mathcal{A}\otimes\mathfrak{S};$$

c'est une algèbre ayant pour base

$$u_{\mathrm{F}}=1\otimes u; \qquad v_{\mathrm{F}}=1\otimes v.$$

Donc, vu le n° **6**, en choisissant $l=-1$, $m=0$,

$$\mathcal{H}_1=\mathcal{H}(\mathrm{Y}\bigcirc\mathcal{A})\otimes\mathfrak{S};$$

autrement dit tout élément de $\mathcal{H}_1$ est du type

$$h_{\mathrm{Y}}\otimes u+h'_{\mathrm{Y}}\otimes v;$$

$h_{\mathrm{Y}}\otimes u$ et $h'_{\mathrm{Y}}\otimes v$ ont pour degrés filtrants respectif o et $-d$. D'après le n° **6** les homomorphismes $\underline{\Phi}$ et $\underline{\Psi}$ se définissent comme suit :

(11.2) $\underline{\Phi}h_{\mathrm{X}}=\Pi_{\mathrm{Y}}a\otimes u+\Pi_{\mathrm{Y}}a'\otimes v$, si Y est compact et $\mathrm{F}h_{\mathrm{X}}=au_{\mathrm{F}}+a'v_{\mathrm{F}}$;

(11.3) $\underline{\Psi}h_{\mathrm{Y}}=h_{\mathrm{Y}}\otimes u$, où $h'_{\mathrm{Y}}\in\mathcal{H}(\mathrm{Y}\bigcirc\mathcal{A})$.

Puisque le degré filtrant a pour seules valeurs o et $-d$ et que δ_r augmente de r le degré filtrant, on a $\delta_r=0$ pour $r\neq d$:

(11.4) $\mathcal{H}_r=\mathcal{H}_1$ pour $r\leq d$; $\mathcal{H}_{d+1}=\mathcal{H}_r=\mathcal{G}$ pour $d<r$.

Pour la même raison il existe un endomorphisme linéaire μ de $\mathcal{H}(\mathrm{Y}\bigcirc\mathcal{A})$, augmentant de $d+1$ le degré, tel que

(11.5) $\delta_d(h_{\mathrm{Y}}\otimes u)=0$; $\delta_d(h_{\mathrm{Y}}\otimes v)=(-1)^{pd}\mu h_{\mathrm{Y}}\otimes u$,

si h_{Y} est homogène de degré p.

Preuve de (11.1). — Si h_{Y} et h'_{Y} ont les degrés p et q, on a

$$\begin{aligned}\delta_d(h_{\mathrm{Y}}h'_{\mathrm{Y}}\otimes v)&=\delta_d[(h_{\mathrm{Y}}\otimes u).(h'_{\mathrm{Y}}\otimes v)]\\&=(-1)^{p+qd}(h_{\mathrm{Y}}\otimes u).(\mu h'_{\mathrm{Y}}\otimes u)=(-1)^{p+qd}h_{\mathrm{Y}}.\mu h'_{\mathrm{Y}}\otimes u;\end{aligned}$$

$$\begin{aligned}\delta_d(h_{\mathrm{Y}}h'_{\mathrm{Y}}\otimes v)&=(-1)^{qd}\delta_d[(h_{\mathrm{Y}}\otimes v).(h'_{\mathrm{Y}}\otimes u)]\\&=(-1)^{(p+q)d}(\mu h_{\mathrm{Y}}\otimes u).(h'_{\mathrm{Y}}\otimes u)=(-1)^{(p+q)d}\mu h_{\mathrm{Y}}.h'_{\mathrm{Y}}\otimes u.\end{aligned}$$

Preuve de a. — D'après le n° **6***g*, la condition

$$\overset{-1}{\xi}\, h_Y = 0$$

équivaut à la condition :

l'image dans $\mathcal{H}_r$ de $\underline{\Psi} h_Y = h_Y \otimes u$ est nulle pour r assez grand; donc à la condition

$$h_Y \otimes u \in \delta_d \mathcal{H}_d,$$

donc, vu (11.5), à

$$h_Y \in M.$$

Preuve de b. — D'après (11.4) et (11.5), $\mathcal{G}$ est la somme directe

(11.6) $$\mathcal{G} = \underset{\text{(degré filtrant nul)}}{[\mathcal{H}(Y \bigcirc \mathcal{C}\!\ell)/M] \otimes u} + \underset{\text{(degré filtrant } - d)}{N \otimes v}.$$

L'ensemble des éléments de $\mathcal{H}(X \bigcirc \mathcal{C}\!\ell)$ dont la filtration est nulle est, d'après le n° **6***g*, $\overset{-1}{\xi}\, \mathcal{H}(Y \bigcirc \mathcal{C}\!\ell)$; d'où, puisque la filtration vaut 0 ou $-d$,

(11.7) $$\mathcal{G} = \underset{\text{(degré filtrant nul)}}{\overset{-1}{\xi}\, \mathcal{H}(Y \bigcirc \mathcal{C}\!\ell)} + \underset{\text{(degré filtrant } - d)}{\mathcal{H}(X \bigcirc \mathcal{C}\!\ell)/\overset{-1}{\xi}\, \mathcal{H}(Y \bigcirc \mathcal{C}\!\ell)}.$$

La comparaison de (11.6) et (11.7) prouve *b*.

Preuve de c. — D'après (11.2) la condition

$$a v_F \in F\, \mathcal{H}(X \bigcirc \mathcal{C}\!\ell)$$

équivaut à

$$\Pi_Y a \otimes v \in \underline{\Phi}\, \mathcal{H}(X \bigcirc \mathcal{C}\!\ell);$$

c'est-à-dire, vu le n° **6***f*, à

$$\Pi_Y a \otimes v \quad \text{a une image dans } \mathcal{G};$$

c'est-à-dire, vu (11.4), à

$$\delta_d(\Pi_Y a \otimes v) = 0;$$

c'est-à-dire, vu (11.5), à

$$\mu \Pi_Y a = 0.$$

Preuve de d. — $\mathcal{H}(Y \bigcirc \mathcal{C}\!\ell)$ a une unité u_Y; on pose $\mu u_Y = m_Y$; on applique (11.1).

Preuve de e. — On a

$$(u_Y \otimes v)^2 = 0 \qquad \text{car} \quad v^2 = 0;$$
$$\delta(u_Y \otimes v)^2 = 2(u_Y \otimes v).(m_Y \otimes u) = 2 m_Y \otimes v.$$

Le théorème suivant est évident, vu [11], théorème 63.1 *a* et *d* :

THÉORÈME 11.2. — *Si l'algèbre d'homologie* $\mathcal{H}$F *de* F *relativement à l'anneau des entiers est l'algèbre d'homologie de la sphère de dimension d, alors :*

Les hypothèses du théorème 11.1 *sont vérifiées;*

$$\mu(h_Y \otimes a) = \mu h_Y \otimes a, \quad \text{où } h_Y \in \mathcal{H}Y, \quad h_Y \otimes a \in \mathcal{H}Y \otimes \mathcal{A} \subset \mathcal{H}(Y \bigcirc \mathcal{A});$$

en particulier, si Y *est compact, la classe caractéristique de* $\mathcal{H}(Y \bigcirc \mathcal{A})$ *est l'image canonique de celle de* $\mathcal{H}$Y.

12. CAS OÙ $\mathcal{A}$ EST UN CORPS COMMUTATIF. — THÉORÈME 12.1. — *On peut compléter comme suit le théorème* 11.1, *quand on adjoint à ses hypothèses celle que* $\mathcal{A}$ *est un corps commutatif :*

a. Les polynomes de Poincaré X_t, Y_t, Q_t *des trois algèbres sur* $\mathcal{A}$: $\mathcal{H}(X \bigcirc \mathcal{A})$, $\mathcal{H}(Y \bigcirc \mathcal{A})$, $\overset{-1}{\xi}\mathcal{H}(Y \bigcirc \mathcal{A})$ *vérifient les relations*

$$tX_t = (1+t)Q_t + (t^{d+1} - 1)Y_t; \qquad 1 \leqq Q_t \leqq \text{Borne inf.}\,(Y_t, X_t).$$

b. Supposons X *compact; les trois conditions suivantes sont équivalentes :*

$$\mathcal{H}(F \bigcirc \mathcal{A}) = F\mathcal{H}(X \bigcirc \mathcal{A}); \qquad X_t = (1+t^d)Y_t; \qquad Q_t = Y_t.$$

c. Ces conditions sont réalisées en particulier quand d est pair, la caractéristique du corps $\mathcal{A}$ *étant* $\neq 2$.

Preuve de a. — μ définit un isomorphisme de $\mathcal{H}(Y \bigcirc \mathcal{A})/N$ sur M; cet isomorphisme augmente le degré de $d+1$; donc, vu la formule (9.1),

(12.1) $$t^{d+1} Y_t = t^{d+1} N_t + M_t.$$

En appliquant cette même formule (9.1) aux deuxièmes membres de (11.6) et (11.7) on obtient

(12.2) $$Y_t = M_t + Q_t; \qquad X_t = Q_t + t^d N_t.$$

L'élimination de N_t et M_t entre (12.1) et (12.2) donne l'égalité énoncée. L'inégalité énoncée est l'inégalité (9.19).

Preuve de b. — D'après le corollaire 9.3, les deux premières conditions sont équivalentes. D'après le théorème 11.1*c*, la condition $\mathcal{H}(F \bigcirc \mathfrak{A}) = F\mathcal{H}(X \bigcirc \mathfrak{A})$ équivaut à la condition que N contienne l'unité de $\mathcal{H}(Y \bigcirc \mathfrak{A})$, c'est-à-dire à $m_Y = 0$, c'est-à-dire, vu (12.2), à $Y_t = Q_t$.

Preuve de c. — Théorème 11.1*e*.

13. Cas où X, Y et F sont orientables, $\mathfrak{A}$ étant un corps commutatif. — Théorème 13.1. — *Soit une variété compacte* X *de dimension* D, *ayant pour fibre une variété* F *de dimension d et pour base une variété* Y *de dimension* D — *d; faisons l'une des trois hypothèses équivalentes, qui entraînent que* β *est constant :* X *et* Y *sont orientables;* X *est orientable et* F *est continûment orientable;* Y *est orientable et* F *est continûment orientable. Soit un corps* $\mathfrak{A}$*; supposons que* Y *ait, relativement à* $\mathfrak{A}$, *même algèbre d'homologie que la sphère de dimension d. On peut alors compléter comme suit le théorème* 11.1 :

a. M *et* N *sont complètement orthogonaux* (définition 10.2);

$$M = \text{Ann. } N; \qquad N = \text{Ann. } M.$$

b. Le sous-espace de $\mathcal{H}^{[p]}(X \bigcirc \mathfrak{A})$ *complètement orthogonal à* $\overset{-1}{\xi}\,\mathcal{H}^{[D-p]}(Y \bigcirc \mathfrak{A})$ *est* $\overset{-1}{\xi}\,\mathcal{H}^{[p]}(Y \bigcirc \mathfrak{A})$.

c. Les polynomes de Poincaré X_t *et* Y_t *de* $\mathcal{H}(X \bigcirc \mathfrak{A})$ *et* $\mathcal{H}(Y \bigcirc \mathfrak{A})$ *s'expriment en fonction du polynome de Poincaré* Q_t *de* $\overset{-1}{\xi}\,\mathcal{H}(Y \bigcirc \mathfrak{A})$ *par les formules*

$$X_t = Q_t + t^D Q_{t^{-1}}; \tag{13.1}$$

$$Y_t = \frac{Q_t - t^{D+1} Q_{t^{-1}}}{1 - t^{d+1}}, \qquad \text{où} \quad 1 \leqq Q_t \leqq Y_t. \tag{13.2}$$

Remarque. — Le théorème 12.1 *b*, *c* complète ce théorème.

Preuve de a. — Par définition N = Ann. M; on applique la proposition 10.2.

Preuve de b. — On applique la variante au théorème 10.1*c*, ($l = -1$, $m = 0$) en notant que la filtration vaut $-d$ ou 0 et que l'ensemble des éléments de filtration 0 est $\overset{-1}{\xi}\mathcal{H}(Y \bigcirc \mathcal{A})$.

Preuve de c. — D'après *b* les modules $\overset{-1}{\xi}\mathcal{H}^{[D-p]}(Y \bigcirc \mathcal{A})$ et $\mathcal{H}^{[p]}(X \bigcirc \mathcal{A}) / \overset{-1}{\xi}\mathcal{H}^{[p]}(Y \bigcirc \mathcal{A})$ ont même rang; c'est ce qu'exprime (13.1). La relation (13.2) résulte de (13.1) et du théorème 12.1*a*.

Théorème 13.2. — *Conservons les hypothèses du théorème* 13.1.

a. Si $\mathcal{H}(X \bigcirc \mathcal{A})$ possède un élément w_X, de degré > 0, tel que

$$w_X . \overset{-1}{\xi} h_Y \in \overset{-1}{\xi}\mathcal{H}(Y \bigcirc \mathcal{A}) \quad \text{entraîne} \quad \overset{-1}{\xi} h_Y = 0,$$

alors $\mathcal{H}(Y \bigcirc \mathcal{A})$ possède un élément n_Y vérifiant les deux relations équivalentes :

(13.3) $$\text{Mult. } m_Y = \text{Ann. } n_Y;$$

(13.4) $$\text{Ann. } m_Y = \text{Mult. } n_Y.$$

b. Réciproquement, si $\mathcal{H}(Y \bigcirc \mathcal{A})$ possède un élément n_Y vérifiant ces relations, alors $\mathcal{H}(X \bigcirc \mathcal{A})$ possède au moins un élément w_X tel que tout $h_X \in \mathcal{H}(X \bigcirc \mathcal{A})$ puisse être mis d'une façon et d'une seule sous la forme

(13.5) $$h_X = \overset{-1}{\xi} h_Y + w_X . \overset{-1}{\xi} h'_Y;$$

on a

(13.6) $$\text{degré } w_X = d + \text{degré } n_Y.$$

Supposons le corps $\mathcal{A}$ de caractéristique $\neq 2$. Si w_X est de degré impair, alors $w_X^2 = 0$ et par suite $\mathcal{H}(X \bigcirc \mathcal{A})$ est le produit tensoriel de $\overset{-1}{\xi}\mathcal{H}(Y \bigcirc \mathcal{A})$ par l'algèbre extérieure d'un module de rang 1. *Si w_X est de degré pair, alors on peut choisir w_X tel que*

(13.7) $$w_X^2 \in \overset{-1}{\xi}\mathcal{H}(Y \bigcirc \mathcal{A});$$

cette condition détermine w_X à la multiplication près par un élément de $\mathcal{A}$.

Remarque. — Si $m_Y = 0$, alors n_Y existe : c'est l'unité de $\mathcal{H}(Y \bigcirc \mathcal{A})$.

Preuve de a. — D'après le théorème 11.1 *b*, w_X a une image canonique n_Y dans N et la condition

$$(13.8) \qquad w_X . \overset{-1}{\xi} h_Y \in \overset{-1}{\xi} \mathcal{H}(Y \bigcirc \mathfrak{A}).$$

équivaut à la condition $n_Y h_Y = 0$, c'est-à-dire à

$$(13.9) \qquad h_Y \in \text{Ann.}\, n_Y.$$

Par hypothèse (13.8) équivaut à $\overset{-1}{\xi} h_Y = 0$, c'est-à-dire, vu le théorème 11.1 *a*, à

$$(13.10) \qquad h_Y \in \text{Mult.}\, m_Y.$$

L'équivalence de (13.9) et (13.10) prouve (13.3). La proposition 10.2 prouve l'équivalence de (13.3) et (13.4).

Preuve de b. — Le théorème 11.1 *a* définit un isomorphisme de $\overset{-1}{\xi} \mathcal{H}(Y \bigcirc \mathfrak{A})$ sur $\mathcal{H}(Y \bigcirc \mathfrak{A})/M$; puisque $M = \text{Ann.}\, n_Y$ et $N = \text{Mult.}\, n_Y$, la multiplication par n_Y définit un isomorphisme (augmentant le degré du degré de n_Y) de $\mathcal{H}(Y \bigcirc \mathfrak{A})/M$ sur N; le théorème 11.1 *b* définit un isomorphisme (augmentant le degré de *d*) de N sur le $\mathcal{H}(Y \bigcirc \mathfrak{A})$-module $\mathcal{H}(X \bigcirc \mathfrak{A})/\overset{-1}{\xi} \mathcal{H}(Y \bigcirc \mathfrak{A})$; en composant ces trois isomorphismes, on obtient un isomorphisme (augmentant le degré de $d +$ degré n_Y) de $\overset{-1}{\xi} \mathcal{H}(Y \bigcirc \mathfrak{A})$ sur $\mathcal{H}(X \bigcirc \mathfrak{A})/\overset{-1}{\xi} \mathcal{H}(Y \bigcirc \mathfrak{A})$. Par suite $\mathcal{H}(X \bigcirc \mathfrak{A})/\overset{-1}{\xi} \mathcal{H}(Y \bigcirc \mathfrak{A})$ est un $\overset{-1}{\xi} \mathcal{H}(Y \bigcirc \mathfrak{A})$-module de rang 1; soit l'un de ses éléments de base; soit w_X l'un des éléments de $\mathcal{H}(X \bigcirc \mathfrak{A})$ dont il est l'image : étant donné $h_X \in \mathcal{H}(X \bigcirc \mathfrak{A})$, il existe un élément unique $\overset{-1}{\xi} h'_Y$ de $\overset{-1}{\xi} \mathcal{H}(Y \bigcirc \mathfrak{A})$ tel que

$$h_X - w_X . \overset{-1}{\xi} h'_Y \in \overset{-1}{\xi} \mathcal{H}(Y \bigcirc \mathfrak{A});$$

autrement dit, h_X peut être mis d'une façon et d'une seule sous la forme (13.5). Supposons w_X de degré pair; on a en particulier

$$w_X^2 = \overset{-1}{\xi} h''_Y + w_X . \overset{-1}{\xi} h'''_Y;$$

tous les autres choix possibles w'_X de w_X sont donnés par la formule

$$w'_X = a\left(w_X - \overset{-1}{\xi} h_Y\right), \quad \text{où} \quad a \in \mathfrak{A};$$

ceux de ces choix qui vérifient la condition (13.7) sont ceux pour lesquels $2\overset{-1}{\xi} h_Y = \overset{-1}{\xi} h_Y'''$; cette condition détermine donc w_X' à la multiplication près par $a \in \mathcal{A}$.

II. — Cas où la fibre a l'homologie d'un produit de sphères de dimensions paires.

14. Théorème 14.1. — *Soit $\mathcal{A}$ un anneau commutatif, ayant une unité et dans lequel la division par 2 soit possible. Soit ξ la projection sur sa base* Y, *d'un espace fibré* X, *dont la fibre* F *a même algèbre d'homologie, par rapport à $\mathcal{A}$, que le produit* P *de ω sphères de dimensions paires; supposons* X *compact,* Y *globalement et localement connexe par arcs et simplement connexe. Alors :*

a. $\mathcal{H}(Y \bigcirc \mathcal{A}) \otimes \mathcal{H}P$ *est l'algèbre bigraduée de l'algèbre graduée* $\mathcal{H}(X \bigcirc \mathcal{A})$, *munie d'une filtration convenable;*

b. $\mathcal{H}(F \bigcirc \mathcal{A}) = F\mathcal{H}(X \bigcirc \mathcal{A})$;

c. $\overset{-1}{\xi}$ *est un isomorphisme de* $\mathcal{H}(Y \bigcirc \mathcal{A})$ *dans* $\mathcal{H}(X \bigcirc \mathcal{A})$.

Preuve de a. — L'anneau d'homologie $\mathcal{H}P$ de P relativement aux entiers est (*voir* [11], théorème 64.1) l'anneau des polynomes de ω variables commutatives $v_1, \ldots, v_\omega$, calculées mod $v_1^2, \ldots, v_\omega^2$: $\mathcal{H}P$ a une base constituée par une unité u et les monomes $v_\lambda v_\mu \ldots v_\nu$ où $1 \leqq \lambda < \mu < \ldots < \nu \leqq \omega$. D'après le théorème 63.1*d* de [11], l'hypothèse énoncée est que

$$\mathcal{H}(F \bigcirc \mathcal{A}) = \mathcal{A} \otimes \mathcal{H}P;$$

$\mathcal{H}(F \bigcirc \mathcal{A})$ est une algèbre sur $\mathcal{A}$ ayant une base. Donc, vu le théorème 4.3*a* et le n° **6**, l'algèbre spectrale $\mathcal{H}_r$ a pour premier terme, quand on choisit $l = -1$, $m = 0$:

$$\mathcal{H}_1 = \mathcal{H}(Y \bigcirc \mathcal{A}) \otimes \mathcal{H}P.$$

Supposons prouvé que $\delta_1 = \ldots = \delta_{r-1} = 0$: on a

$$\mathcal{H}_r = \mathcal{H}(Y \bigcirc \mathcal{A}) \otimes \mathcal{H}P;$$

prouvons que $\delta_r = 0$. δ_r annule les termes de degré filtrant maximum :

$$(14.1) \qquad \delta_r(h_Y \otimes u) = 0.$$

Soit u_Y l'unité de $\mathcal{H}(Y \bigcirc \mathcal{A})$; posons

$$\delta_r(u_Y \otimes v_\lambda) = \sum_{\mu, \ldots, \nu} h_{\mu, \ldots, \nu} \otimes v_\mu \ldots v_\nu;$$

puisque δ_r augmente de r le degré filtrant,

$$-r + \text{degré } v_\lambda = \text{degré } v_\mu + \ldots + \text{degré } v_\nu;$$

donc

$$\text{degré } v_\lambda > \text{Max. } (\text{degré } v_\mu, \ldots, \text{degré } v_\nu),$$

aucun des indices $\mu, \ldots, \nu$ n'est donc égal à λ; en appliquant δ_r à

$$u_Y \otimes v_\lambda^2 = 0,$$

on obtient

$$2 \sum_{\mu, \ldots, \nu} h_{\mu, \ldots, \nu} \otimes v_\lambda v_\mu \ldots v_\nu = 0$$

qui entraîne donc

$$h_{\mu, \ldots, \nu} = 0,$$

c'est-à-dire

(14.2) $$\delta_r(u_Y \otimes v_\lambda) = 0.$$

De (14.1) et (14.2) résulte $\delta_r = 0$. Donc $\mathcal{H}_r$ est indépendant de r : $\mathcal{H}_1 = \mathcal{G}$, ce qui prouve a.

Preuve de b et c. — Le théorème 7.1 b, c.

III. — Cas où la base a l'homologie d'une sphère.

15. Généralités. — *Définition* 15.1. — Soit un anneau $\mathcal{H}$; rappelons qu'un endomorphisme linéaire θ de $\mathcal{H}$ vérifiant la condition

$$\theta(hh') = \theta h.h' + h.\theta h', \qquad \text{où } h \text{ et } h' \in \mathcal{H},$$

ou la condition

$$\theta(hh') = \theta h.h' + (-1)^p h.\theta h', \qquad \text{où } h \text{ est homogène de degré } p,$$

a été nommé par J. L. Koszul *dérivation* ou *antidérivation*.

Théorème 15.1. — *Soit $\mathcal{A}$ un anneau commutatif ayant une unité. Soit ξ la projection sur sa base* Y *d'un espace fibré* X, *de fibre* F; *suppo-*

sons que Y *soit un espace compact, connexe par arcs, simplement connexe, ayant même anneau d'homologie relativement aux entiers que la sphère de dimension* $d > 1$. $\mathcal{H}(F \bigcirc \mathcal{A})$ *possède, si d est impair, une dérivation* θ, *si d est pair, une antidérivation* θ, *qui abaisse le degré de* $d-1$ *et dont les propriétés sont les suivantes :*

a. $\theta h_F = 0$ *équivaut à* $h_F = F\mathcal{H}(X \bigcirc \mathcal{A})$;
donc $\theta(h_F . F h_X) = \theta h_F . F h_X$ *et par suite*

$$\theta\mathcal{H}(F \bigcirc \mathcal{A}) \text{ est un } \mathcal{H}(X \bigcirc \mathcal{A})\text{-module.}$$

b. L'ensemble des $h_X \in \mathcal{H}(X \bigcirc \mathcal{A})$ *tels que* $F h_X = 0$ *est un idéal* N;

$$N^2 = 0, \qquad \text{c'est-à-dire} \quad nn' = 0 \qquad \text{si} \quad n \text{ et } n' \in N;$$

il existe un isomorphisme (¹) *canonique, diminuant le degré de d, de* N *sur le* $\mathcal{H}(X \bigcirc \mathcal{A})$*-module* $\mathcal{H}(F \bigcirc \mathcal{A})/\theta\mathcal{H}(F \bigcirc \mathcal{A})$.

c. Supposons F *compact et nommons* Π_F *l'isomorphisme canonique de* $\mathcal{A}$ *dans* $\mathcal{H}(F \bigcirc \mathcal{A})$. *Soit* v_Y *une base du* $\mathcal{A}$*-module que constituent les éléments de* $\mathcal{H}(Y \bigcirc \mathcal{A})$ *homogènes de degré d. Les* $\overset{-1}{\xi}(a v_Y)$ *constituent l'ensemble des éléments homogènes de* N *ayant le degré d; les deux conditions suivantes sont équivalentes :*

$$\overset{-1}{\xi}(a v_Y) = 0; \qquad \Pi_F a \in \theta\mathcal{H}(F \bigcirc \mathcal{A}).$$

Remarque. — H. C. Wang [15], quand Y est une sphère, démontre *a* et *b* qu'il énonce comme suit : il existe une suite exacte d'homomorphismes canoniques

$$\mathcal{H}^{[p]}(F \bigcirc \mathcal{A}) \xrightarrow{\theta} \mathcal{H}^{[p-d+1]}(F \bigcirc \mathcal{A}) \rightarrow \mathcal{H}^{[p+1]}(X \bigcirc \mathcal{A}) \xrightarrow{F} \mathcal{H}^{[p+1]}(F \bigcirc \mathcal{A}).$$

Définition de θ; *notations.* — $\mathcal{S}$ sera l'anneau d'homologie, relativement aux entiers, d'une sphère de dimension d : $\mathcal{S}$ a une base, constituée par une unité u et un élément v de degré d; par hypothèse

$$\mathcal{H}Y = \mathcal{S};$$

(¹) Isomorphisme de modules : la multiplication de $n \in N$ par h_X est la multiplication dans $\mathcal{H}(X \bigcirc \mathcal{A})$; la multiplication de h_F par h_X est la multiplication dans $\mathcal{H}(F \bigcirc \mathcal{A})$ de h_F par $F h_X$.

donc, vu le théorème 63.3 de [11] :

$$\mathcal{H}(Y \bigcirc \mathfrak{A}) = \mathcal{H}Y \otimes \mathfrak{A};$$

c'est une algèbre ayant pour base

$$u_Y = u \otimes 1, \qquad v_Y = v \otimes 1.$$

On a, vu le théorème 4.3*a* et le n° **6**, en choisissant $l = 0$, $m = 1$,

$$\mathcal{H}_2 = \mathfrak{S} \otimes \mathcal{H}(F \bigcirc \mathfrak{A});$$

autrement dit tout élément de $\mathcal{H}_2$ est du type

$$u \otimes h_F + v \otimes h'_F;$$

$u \otimes h_F$ et $v \otimes h'_F$ ont pour degrés filtrants respectifs 0 et d. L'homomorphisme $\underline{\Phi}$ et, si F est compact, l'homomorphisme $\underline{\Psi}$ se définissent comme suit :

(15.1) $$\underline{\Phi} h_X = u \otimes F h_X;$$

(15.2) $$\underline{\Psi}(au_Y) = u \otimes \Pi_F a; \qquad \underline{\Psi}(av_Y) = v \otimes \Pi_F a.$$

Puisque le degré filtrant a pour seules valeurs 0 et d et que δ_r augmente de r le degré filtrant r, on a $\delta_r = 0$ pour $r \neq d$:

(15.3) $$\mathcal{H}_r = \mathcal{H}_2 \quad \text{pour} \quad r \leqq d; \qquad \mathcal{H}_{d+1} = \mathcal{H}_r = \mathcal{G} \quad \text{pour} \quad d < r.$$

Pour la même raison

(15.4) $$\delta_d(u \otimes h_F) = v \otimes \theta h_F; \qquad \delta_d(v \otimes h_F) = 0,$$

θ étant un endomorphisme linéaire de $\mathcal{H}(F \bigcirc \mathfrak{A})$; θ diminue le degré de $d - 1$; θ est une dérivation quand d est impair et une antidérivation quand d est pair, car on a, si h_F est homogène de degré p,

$$\begin{aligned} v \otimes \theta(h_F h'_F) &= \delta_d(u \otimes h_F h'_F) = \delta_d[(u \otimes h_F).(u \otimes h'_F)] \\ &= \delta_d(u \otimes h_F).(u \otimes h'_F) + (-1)^p (u \otimes h_F).\delta_d(u \otimes h'_F) \\ &= (v \otimes \theta h_F).(u \otimes h'_F) + (-1)^p (u \otimes h_F).(v \otimes \theta h'_F) \\ &= v \otimes (\theta h_F . h'_F + (-1)^{p+pd} h_F . \theta h'_F). \end{aligned}$$

Preuve de a. — D'après (15.1) la condition

$$h_F \in F\mathcal{H}(X \bigcirc \mathfrak{A})$$

équivaut à la condition

$$u \otimes h_F \in \underline{\Phi}\, \mathcal{H}(X \bigcirc \mathfrak{A}),$$

c'est-à-dire, vu le n° **6** *f*, à la condition que $u \otimes h_F$ ait une image dans $\mathcal{G}$, c'est-à-dire, vu (15.3), à

$$\delta_d(u \otimes h_F) = 0$$

et, vu (15.4), à

$$\theta h_F = 0.$$

Preuve de b. — Puisque les éléments que θ annule constituent $F\mathcal{H}(X \bigcirc \mathfrak{A})$, on a d'après (15.3) et (15.4)

$$(15.5) \qquad \mathcal{G} = \underset{\text{(degré filtrant nul)}}{u \otimes F\mathcal{H}(X \bigcirc \mathfrak{A})} + \underset{\text{(degré filtrant } d)}{v \otimes \mathcal{H}(F \bigcirc \mathfrak{A})/\theta\mathcal{H}(F \bigcirc \mathfrak{A})}.$$

La filtration de $\mathcal{H}(X \bigcirc \mathfrak{A})$ vaut 0 ou d; d'après le n° **6** *f*, les éléments de filtration d constituent N, ce qui a deux conséquences :

le produit de deux éléments de N a une filtration $\geqq 2d$ et est donc nul;

$$(15.6) \qquad \mathcal{G} = \underset{\text{(degré filtrant nul)}}{\mathcal{H}(X \bigcirc \mathfrak{A})/N} + \underset{\text{(degré filtrant } d)}{N}.$$

La comparaison de (15.5) et (15.6) achève la preuve de *b*.

Preuve de c. — D'après le n° **6** *g*, l'ensemble des éléments homogènes de $\overset{-1}{\xi}\,\mathcal{H}(Y \bigcirc \mathfrak{A})$ est l'ensemble des éléments homogènes de $\mathcal{H}(X \bigcirc \mathfrak{A})$ dont la filtration égale le degré, quand on prend $l = 0$, $m = 1$; $\overset{-1}{\xi}\,\mathcal{H}^{[d]}(Y \bigcirc \mathfrak{A})$ est donc l'ensemble des $\mathcal{H}^{[d]}(X \bigcirc \mathfrak{A})$ de filtration d, c'est-à-dire $N^{[d]}$. D'après le n° **6** *g*, la condition $\overset{-1}{\xi}(a v_Y) = 0$ équivaut à la condition

$$\underline{\Psi}(a v_Y) = v \otimes \Pi_F a \quad \text{a une image nulle dans } \mathcal{G};$$

donc, vu (15.3) et (15.4), à la condition

$$\Pi_F a \in \theta\mathcal{H}(F \bigcirc \mathfrak{A}).$$

16. Cas où $\mathfrak{A}$ est un corps commutatif. — Théorème 16.1. — *On peut compléter comme suit le théorème* 15.1, *quand on adjoint à ses hypothèses celle que* $\mathfrak{A}$ *est un corps commutatif.*

a. Les polynomes de Poincaré X_t, F_t, P_t *des trois algèbres sur* $\mathfrak{A}$: $\mathcal{H}(X \bigcirc \mathfrak{A})$, $\mathcal{H}(F \bigcirc \mathfrak{A})$, $F\mathcal{H}(X \bigcirc \mathfrak{A})$ *vérifient les relations*

$$X_t = (1+t)\,P_t + (t^d - t)\,F_t; \qquad 0 \leqq P_t \leqq \text{Borne inf.}\,(F_t, X_t);$$

$F_t - P_t$ *et* $X_t - P_t$ *sont respectivement divisibles par* t^{d-1} *et* t^d.

b. Supposons F *compact;*

si $\overset{-1}{\xi}\nu_Y = 0$, *alors* $[t^{1-d}(F_t - P_t)]_{t=0} = 1$, $[t^{-d}(X_t - P_t)]_{t=0} = 0$;

si $\overset{-1}{\xi}\nu_Y \neq 0$, *alors* $[t^{1-d}(F_t - P_t)]_{t=0} = 0$, $[t^{-d}(X_t - P_t)]_{t=0} = 1$.

Preuve de a. — D'après la formule (9.1) et le théorème 15.1 *a*, le polynome de Poincaré de $\theta\mathcal{H}(F \bigcirc \mathcal{A})$ est $t^{1-d}(F_t - P_t)$; donc, d'après le théorème 15.1 *b*,

(16.1) $$N_t = t^d[F_t - t^{1-d}(F_t - P_t)];$$

on a, puisque $F\mathcal{H}(X \bigcirc \mathcal{A}) = \mathcal{H}(X \bigcirc \mathcal{A})/N$,

(16.2) $$P_t = X_t - N_t.$$

Donc : $F_t - P_t$ est divisible par t^{d-1}; $N_t = X_t - P_t$ est divisible par t^d;

(16.3) $$X_t = P_t + N_t = (1 + t)\,P_t + (t^d - t)\,F_t.$$

Preuve de b. — D'après le théorème 15.1 *c*, $\overset{-1}{\xi}\nu_Y = 0$ ou $\neq 0$ suivant que le coefficient de t^d dans N_t vaut 0 ou 1, c'est-à-dire, vu (16.2) et (16.3), suivant que

$$t^{-d}(X_t - P_t) = F_t - t^{1-d}(F_t - P_t)$$

vaut 0 ou 1 pour $t = 0$; or $F_0 = 1$.

17. Cas où X, Y, F sont des variétés orientables, $\mathcal{A}$ étant un corps commutatif. — Théorème 17.1. — *Adjoignons aux hypothèses du théorème* 15.1 *les suivantes :* $\mathcal{A}$ *est un corps commutatif,* X, Y *et* F *sont des variétés orientables, de dimensions* D, *d et* D — *d. On peut alors compléter ce théorème comme suit :*

a. $F\mathcal{H}(X \bigcirc \mathcal{A})$ *et* $\theta\mathcal{H}(F \bigcirc \mathcal{A})$ *sont complètement orthogonaux* (*définition* 10.2).

b. N *est son propre annulateur;* N *est donc complètement orthogonal à lui-même.*

c. Les polynomes de Poincaré X_t *et* F_t *de* $\mathcal{H}(X \bigcirc \mathcal{A})$ *et* $\mathcal{H}(F \bigcirc \mathcal{A})$ *s'expriment en fonction du polynome de Poincaré* P_t *de* $F\mathcal{H}(X \bigcirc \mathcal{A})$ *par les formules*

(17.1) $$X_t = P_t + t^D P_{t^{-1}};$$

(17.2) $$F_t = \frac{P_t - t^{D-1} P_{t^{-1}}}{1 - t^{d-1}}, \quad \text{où} \quad 1 \leqq P_t \leqq F_t.$$

Remarque. — Le théorème 16.1 *b* complète ce théorème.

Preuve de a. — D'après le théorème 10.1 *b*, $\mathcal{G}$ a la dualité de Poincaré; on utilise l'expression (15.5) de $\mathcal{G}$.

Preuve de b. — D'après le théorème 10.1 *c*, l'ensemble des éléments de $\mathcal{H}(X \bigcirc \mathcal{A})$ de filtration $\geqq d$ est l'annulateur de l'ensemble des éléments de $\mathcal{H}(X \bigcirc \mathcal{A})$ de filtrations > 0; et il lui est complètement orthogonal. Or ces deux ensembles sont identiques à N.

Preuve de c. — D'après *b* les modules $N^{[p]}$ et $\mathcal{H}^{[D-p]}(X \bigcirc \mathcal{A})/N^{[D-p]}$ ont même rang; donc, vu (9.1),

$$N_t = t^D(X_{t^{-1}} - N_{t^{-1}});$$

remplaçons N_t par son expression (16.2); on obtient (17.1); (17.2) résulte de (17.1) et du théorème 16.1 *a*.

BIBLIOGRAPHIE.

[1] A. Borel et J. P. Serre, *C. R. Acad. Sc.*, t. **230**, 1950, p. 2258.

[2] N. Bourbaki, *Éléments de mathématiques*, Première Partie, Livres I, II, III, (Hermann).

[3] H. Cartan, *Séminaire dactylographié de l'École Normale Supérieure*, 1948-1949.

[4] S. S. Chern et E. Spanier, *Proceedings of Nat. Ac. of Sc.*; t. **36**, 1950, p. 248-255.

[6] *Colloque de Topologie*, Bruxelles 1950.

[7] B. Eckmann. *Comm. Math. Helv.*, t. **14**, 1941, p. 141-192.

[8] W. Gysin, *Comm. Math. Helv.*, t. **14**, 1941, p. 61-122.

[9] G. Hirsch, *Bull. Soc. math. Belgique*, 1947-1948, p. 24-33; *C. R. Acad. Sc.*; t. **227**, 1948, p. 1328; t. **229**, 1949, p. 1297; t. **230**, 1950, p. 46.

[10] J. Leray, *C. R. Acad. Sc.*, t. **223**, 1946, p. 395.

[11] J. Leray, *Journal Math.*, t. **29**, 1950, p. 1-139.

[12] N. E. Steenrod, *Ann. of Math.*, t. **44**, 1943, p. 610-627.

[13] N. E. Steenrod, *Ann. of Math.*, t. **50**, 1949, p. 954-988.

[14] E. Stiefel, *Comm. Math. Helv.*, t. 8 1935, p. 3-51; H. Whitney, *Bull. Amer. Soc.*, t. **43**, 1937, p. 785-805; N. E. Steenrod, *Ann. of Math.*, t. **43**, 1942, p. 116-131.

[15] H. C. Wang, *Duke Math. Journal*, t. **16**, 1949, p. 33-38.

[1950c]

Sur l'homologie des groupes de Lie, des espaces homogènes et des espaces fibrés principaux

Colloque de Topologie C.B.R.M., Bruxelles. Masson, Paris 1950, pp. 101–115

Les crochets [ ] renvoient à la bibliographie, p. 115. Ayant à parler constamment de cohomologie et jamais d'homologie, nous disons *homologie* là où l'usage est de dire cohomologie.

1. Notations

Soit X *un espace compact, localement connexe et fibré principal, de fibre* F : F est un groupe *compact* d'homéomorphismes de X dont aucun, sauf l'identité, n'a de point fixe :

$$f \in F \text{ applique } x \in X \text{ sur } fx \in X\,;$$

fx dépend continûment du couple f, x ; $fx \neq x$ si $f \neq 1$. La relation « deux points de X peuvent être transformés l'un en l'autre par des éléments de F » est une relation d'équivalence. Le quotient X/F de X par cette relation d'équivalence est nommé *base* de X; c'est un espace compact et localement connexe. L'application canonique X ⟶ X/F est nommée *projection* de X sur X/F.

Nous supposons que F est *un groupe de Lie de rang l*. Soit G son sous-groupe connexe maximum : F/G est un groupe fini. Soit T l'un des sous-groupes abéliens maximum de G : T est un tore de dimension l. Soit N le normalisateur de T dans G, c'est-à-dire l'ensemble des $n \in G$ tels que

$$nTn^{-1} = T\,;$$

le groupe fini $\Phi = N/T$ est un groupe d'automorphismes de T, dont [4] expose les propriétés. S désignera un tore sous-groupe de T :

S	$\subset$	T	$\subset$	N	$\subset$	G	$\subset$	F	$\subset$	X
Tore		Tore max.		Norm. de T dans G		Sous-groupe connexe max. de F		Fibre de X		Fibré principal

$$\Phi = N/T \, ; \qquad \dim . T = l \, .$$

Soient L_S et L_T les espaces vectoriels tangents à S et à T à l'origine : $L_S \subset L_T$. Soient $\mathfrak{L}_S$ (et $\mathfrak{L}_T$) les algèbres que constituent les polynomes dont les arguments sont les coordonnées d'un point de L_S (de L_T) ; nous convenons que *le degré de ces arguments est 2*. La restriction à L_S d'un élément de $\mathfrak{L}_T$ définit un *homomorphisme canonique de* $\mathfrak{L}_T$ *sur* $\mathfrak{L}_S$. Le groupe Φ opère sur L_T et $\mathfrak{L}_T$.

Soit M *le normalisateur de* T *dans* F, c'est-à-dire l'ensemble des $m \in F$ tels que

$$mTm^{-1} = T \, ;$$

$N = M \cap G$. L'homéomorphisme $x \longrightarrow mx$ de X applique Tx sur $mTx = Tmx$; la projection de X sur X/T le transforme donc en un homéomorphisme de X/T sur lui-même, homéomorphisme qui ne dépend que de l'image de m dans M/T : *le groupe fini* M/T *opère sur* X/T. En particulier : Φ *opère sur* G/T.

Nous notons $\mathcal{H}_X$ *l'algèbre d'homologie* de X relative au corps des nombres réels et $\otimes$ *le produit tensoriel* d'algèbres sur ce corps. Nous supposons connues ([6], n°s 4, 5, 6, 7, 8, 9, 11, 12, 20; [7], n° 8) la définition des *algèbres graduées, filtrées, différentielles* et la définition de *l'algèbre spectrale* $\mathcal{H}_r$ *de la projection d'un espace fibré sur sa base;* $\mathcal{H}_r$ *est une algèbre différentielle bigraduée;* [6] et [7] nomment ses degrés : degré canonique et degré filtrant; la différentielle δ_r de $\mathcal{H}_r$ augmente ces degrés respectivement de 1 et r; la valeur du degré filtrant dépend du choix de deux entiers : $l < m$; il est commode pour la suite de choisir $l = -1$, $m = 0$ et de nommer degré extérieur le degré filtrant changé de signe : $\mathcal{H}_r$ a deux degrés vérifiant les inégalités :

$$0 \leqslant \textit{degré extérieur} \leqslant \textit{degré canonique} \, ; \qquad 1 \leqslant r \, ;$$

δ_r *augmente de 1 le degré canonique et diminue de* r *le degré extérieur.*

2. Enoncé des conclusions

En nous aidant d'un raisonnement par récurrence dû à A. Borel et d'un théorème d'algèbre dû à C. Chevalley nous établirons une série de propositions, que récapitulent les trois théorèmes suivants :

THÉOREME 2.1. — a) *Notons $\mathfrak{P}_G$ la sous-algèbre de $\mathfrak{P}_T$ que constituent ses éléments invariants par Φ; il existe un sous-espace vectoriel $\mathfrak{Q}_G$ de $\mathfrak{P}_G$ qui a la dimension l et qui engendre* [1] *les éléments de degrés > 0 de $\mathfrak{P}_G$ (C. Chevalley).*

b) *Soit $\mathcal{R}_G$ le plus petit idéal de $\mathfrak{P}_T$ contenant $\mathfrak{Q}_G$; on a*

$$\mathcal{H}_{G/T} = \mathfrak{P}_T/\mathcal{R}_G ;$$

la représentation linéaire de Φ que constitue l'espace vectoriel $\mathcal{H}_{G/T} = \mathfrak{P}_T/\mathcal{R}_G$ est équivalente à l'algèbre du groupe Φ.

c) *Il existe un isomorphisme canonique, diminuant de 1 le degré, de $\mathfrak{Q}_G$ sur un sous-espace vectoriel $\mathcal{V}_G$ de $\mathcal{H}_G$; $\mathcal{H}_G$ est l'algèbre extérieure de $\mathcal{V}_G$.*

(Par un raisonnement que nous n'utilisons pas, H. Hopf avait prouvé que $\mathcal{H}_G$ est l'algèbre extérieure d'un espace vectoriel de dimension l.)

Remarque 2.1. — Il existe donc un isomorphisme canonique de $1 \otimes \mathcal{V}_G$ sur $\mathfrak{Q}_G \otimes 1$; il existe sur $\mathfrak{P}_T \otimes \mathcal{H}_G$ *une différentielle* et une seule dont la restriction à $1 \otimes \mathcal{V}_G$ soit cet isomorphisme et dont la restriction à $\mathfrak{P}_T \otimes 1$ soit nulle : c'est cette différentielle que nous utiliserons sur $\mathfrak{P}_T \otimes \mathcal{H}_G$ et sur son image $\mathfrak{P}_S \otimes \mathcal{H}_G$. Elle augmente de 1 le degré canonique [2] et abaisse de 1 le degré extérieur, qui, par définition, vaudra 1 sur $1 \otimes \mathcal{V}_G$ et 0 sur $\mathfrak{P}_T \otimes 1$ et $\mathfrak{P}_S \otimes 1$.

THÉORÈME 2.2. — a) *L'homomorphisme réciproque de la projection $X/T \rightarrow X/F$ est un isomorphisme de $\mathcal{H}_{X/F}$* SUR *l'ensemble des éléments de $\mathcal{H}_{X/T}$ invariants par M/T. Par suite $\mathcal{H}_{X/F}$ ne dépend que de X et M; en particulier*

$$\mathcal{H}_{X/F} = \mathcal{H}_{X/M} .$$

b) *Si U est un sous-groupe de F ayant même rang que F, alors la projection $X/U \rightarrow X/F$ a pour réciproque un isomorphisme de $\mathcal{H}_{X/F}$ dans $\mathcal{H}_{X/U}$.*

c) *Si U est un sous-groupe de G ayant même rang que G, alors :*

L'homéomorphisme $G/U \subset X/U$ a pour réciproque un homomorphisme de $\mathcal{H}_{X/U}$ SUR *$\mathcal{H}_{G/U}$;*

[1] Autrement dit : la plus petite sous-algèbre de $\mathfrak{P}_T$ contenant $\mathfrak{Q}_G$ est l'ensemble des éléments de $\mathfrak{P}_G$ de degrés > 0.

[2] Rappelons que le degré canonique de $x \otimes y$ est toujours la somme des degrés de x et y.

Les espaces vectoriels $\mathcal{H}_{X/U}$ *et* $\mathcal{H}_{X/G} \otimes \mathcal{H}_{G/U}$ *sont isomorphes;*

Mais les algèbres $\mathcal{H}_{X/U}$ *et* $\mathcal{H}_{X/G} \otimes \mathcal{H}_{G/U}$ *ne le sont pas en général.*

d) *Soit* U *un sous-groupe connexe de* G *ayant même rang que* G; *soient*

$$G_t = (1 + t^{2m_1-1}) \dots (1 + t^{2m_l-1}) ;$$
$$U_t = (1 + t^{2n_1-1}) \dots (1 + t^{2n_l-1})$$

les polynomes de Poincaré de G *et* U; *ceux de* X/G *et* X/U *sont liés par la relation*

$$(X/U)_t = \frac{(1 - t^{2m_1}) \dots (1 - t^{2m_l})}{(1 - t^{2n_1}) \dots (1 - t^{2n_l})} (X/G)_t.$$

Remarque 2.2. — Si U est un sous-groupe connexe de G ayant même rang que G, on a en particulier

$$(G/U)_t = \frac{(1 - t^{2m_1}) \dots (1 - t^{2m_l})}{(1 - t^{2n_1}) \dots (1 - t^{2n_l})}$$

conformément à une hypothèse de G. Hirsch, dont J. L. Koszul [1] a achevé la démonstration dans le cas particulier où l'espace G/U est symétrique.

Le théorème 2.2*a* réduit l'étude de l'homologie d'un espace homogène à celle de G/S et de la façon dont le normalisateur de S dans G opère sur $\mathcal{H}_{G/S}$; nous amorçons l'étude de l'homologie de G/S en prouvant le théorème suivant :

Théorème 2.3. — *L'algèbre spectrale* $\mathcal{H}_r$ *de la projection* G/S $\longrightarrow$ G/T *a pour second élément*

$$\mathcal{H}_2 = \mathcal{H}(\mathcal{P}_S \otimes \mathcal{H}_G) ;$$

la différentielle à utiliser sur $\mathcal{P}_S \otimes \mathcal{H}_G$ *est celle que définit la remarque 2.1.*

3. Comparaison de nos conclusions et de nos méthodes avec celles de l'exposé de H. Cartan [1]

La conclusion de l'exposé de H. Cartan équivaut à la formule

$$\mathcal{H}_{G/S} = \mathcal{H}(\mathcal{P}_S \otimes \mathcal{H}_G) ;$$

ce résultat n'est compatible avec le théorème 2.3 que si l'algèbre spectrale $\mathcal{H}_r$ de la projection G/S $\longrightarrow$ G/T est indépendante de r pour $r \geqslant 2$; il serait intéressant de le prouver directement.

La comparaison des conclusions de H. Cartan et des nôtres

utilise un isomorphisme canonique de l'algèbre I(G) des polynomes invariants que considère H. Cartan sur l'algèbre que nous notons $\mathfrak{P}_G$; cet isomorphisme est *la restriction à* L_T *des éléments de* I(G) : les polynomes que nous utilisons ont beaucoup moins d'arguments que ceux qu'utilise H. Cartan; il est indispensable d'utiliser nos polynomes pour appliquer effectivement la théorie à des cas particuliers.

Nous n'utilisons ni les algèbres de Lie, ni, *a fortiori*, les algèbres de Weil, mais seulement les notions beaucoup plus simples qui figurent dans nos conclusions : *nous étudions le groupe* G *à l'aide de son diagramme*, au sens de E. Stiefel [4]; plus précisément il nous suffit de savoir comment le groupe fini Φ opère sur l'espace vectoriel L_T.

Nous étudions les espaces fibrés principaux sans supposer qu'ils soient des variétés différentiables, ni qu'ils soient fibrés au sens de C. Ehresmann [1].

4. Historique

J'ai énoncé dès 1946 [8] le théorème 2.1, quand G est un groupe simple d'une des quatre grandes classes. En 1949 [8], afin de vérifier l'hypothèse de G. Hirsch que cite la remarque 2.2, j'ai établi les théorèmes 2.1, 2.2 et 2.3, en me restreignant aux groupes localement isomorphes à des produits de groupes simples des quatre grandes classes : c'est cette démonstration que j'ai exposée au Colloque. Depuis, A. Borel a réussi à lever cette restriction au moyen du raisonnement par récurrence que résume le n° 12; ce raisonnement de A. Borel m'a permis de simplifier notablement ma démonstration et d'éviter en particulier les considérations que résume [9]; c'est cette démonstration, ainsi complétée et simplifiée, qui est sommairement exposée ici. Elle utilise un résultat inédit de C. Chevalley (théorème 2.1*a*; proposition 6.1).

II. L'HOMOLOGIE DE G/T ET DE G

5. L'algèbre spectrale de la projection G ⟶ G/T; ses automorphismes

Soit $\mathcal{H}_r$ l'algèbre spectrale de la projection G ⟶ G/T; d'après le théorème 5.1 de [7]

$$\mathcal{H}_1 = \mathcal{H}_{G/T} \otimes \mathcal{H}_T;$$

si $h_{G/T}^{[p]} \in \mathcal{H}_{G/T}$ et $h_T^{[q]} \in \mathcal{H}_T$ sont homogènes de degrés p et q, alors

$h_{G/T}^{[p]} \otimes h_T^{[q]}$ a le degré canonique $p+q$ et le degré extérieur q.

Soient $n \in N$ et $g \in G$; l'application

$$(5.1) \qquad n : g \longrightarrow ngn^{-1}$$

applique Tg sur $nTgn^{-1} = Tngn^{-1}$, donc commute avec la projection $G \longrightarrow G/T$; elle applique T sur lui-même; elle définit donc un automorphisme de $\mathcal{H}_{G/T}$, $\mathcal{H}_T$, $\mathcal{H}_r$, $\mathcal{H}_G$; cet automorphisme ne change pas quand n décrit une composante connexe de N([6], théorèmes 67.1 et 68.1) : il ne dépend que de l'image de n dans $\Phi = N/T$. Puisque $n \in G$ et que G est connexe, l'automorphisme de $\mathcal{H}_G$ que définit n est toujours l'identité (*loc. cit.*) ; pour la même raison, (5.1) définit le même automorphisme de $\mathcal{H}_{G/T}$ que l'application

$$(5.2) \qquad n : g \longrightarrow ng\,.$$

Nous supposerons vrai le lemme suivant, que nous démontrerons au n° 13, à l'aide d'un raisonnement par récurrence dû à A. Borel :

LEMME 5.1. — *Les éléments de $\mathcal{H}_{G/T}$ invariants sur Φ sont ceux de degré nul.*

En résumé : Le groupe fini $\Phi = N/T$ opère sur $\mathcal{H}_{G/T}$, $\mathcal{H}_T$, $\mathcal{H}_r$, $\mathcal{H}_G$; Φ opère sur T et $\mathcal{H}_T$ comme l'indique (5.1) ; Φ opère sur $\mathcal{H}_{G/T}$ comme l'indique (5.2) ; les éléments de $\mathcal{H}_{G/T}$ invariants par Φ sont ceux de degré nul; Φ laisse invariant chaque élément de $\mathcal{H}_G$ et par suite ([7], n° 8) chaque élément de $\lim_{r \to +\infty} \mathcal{H}_r$.

6. L'ALGÈBRE DIFFÉRENTIELLE BIGRADUÉE $(\mathfrak{P}_T/\mathcal{R}_G) \otimes \mathcal{E}$

PROPOSITION 6.1 (C. Chevalley). — *$\mathfrak{P}_T$ contient un sous-espace vectoriel de dimension l, $\mathfrak{Q}_G$, qui engendre l'ensemble des éléments de $\mathfrak{P}_T$ de degré >0, invariants par Φ. Soit $\mathcal{R}_G$ le plus petit idéal de $\mathfrak{P}_T$ contenant $\mathfrak{Q}_G$; la dimension ([10], ch. XIII,* Polynomidéale) *de la variété algébrique de $\mathcal{R}_G$ est :*

$$\dim. \mathcal{R}_G = 0\,.$$

REMARQUE 6.1. — On peut compléter comme suit cette proposition : soient $p_1, \dots p_l$ les coordonnées de L_T; soient $q_1, \dots q_l$ des éléments de $\mathfrak{P}_T$ invariants par Φ; pour qu'ils constituent une base de $\mathfrak{Q}_G$, il faut et il suffit que

$$\frac{D(q_1, \dots q_l)}{D(p_1, \dots p_l)}$$

soit un polynome non nul de degré égal à dim. G/T; s'il en est ainsi, ce polynome n'appartient pas à $\mathcal{R}_G$ et est égal à la racine carrée du produit des racines de l'équation de Killing du groupe G.

C. Chevalley déduit la proposition 6.1 du seul fait que les automorphismes de L_T définis par Φ sont engendrés par des symétries relatives à des hyperplans.

Remarque 6.2. — Il est aisé de vérifier la proposition 6.1 et il est intéressant d'expliciter $\mathfrak{Q}_G$ quand G est un produit de groupes simples des quatre grandes classes; il suffit de le faire quand G appartient à l'une de ces quatre grandes classes, c'est-à-dire est l'un des groupes A_l, B_l, C_l, D_l (cf. [4]).

Cas où $G = A_l$. — On peut choisir des coordonnées $p_1, \dots p_l$ de L_T telles que, si l'on pose $-p_0 = p_1 + \dots p_l$, les opérations de Φ consistent à permuter $p_0, \dots p_l$; on obtient donc une base de $\mathfrak{Q}_G$ en prenant l fonctions symétriques de $p_0, \dots p_l$ qui, jointes à $p_0 + \dots p_l$, engendrent toutes les fonctions symétriques de $p_0, \dots p_l$. Les racines de l'équation de Killing de G sont les fonctions $i(p_\mu - p_\nu)$, où $i = \sqrt{-1}$

Cas où $G = B_l$ *et où* $G = C_l$. — On peut choisir des coordonnées $p_1, \dots p_l$ de L_T telles que les opérations de Φ consistent à permuter et changer de signe ces coordonnées; on obtient donc une base de $\mathfrak{Q}_G$ en prenant l fonctions symétriques de $p_1^2, \dots p_l^2$ qui engendrent toutes les fonctions symétriques de $p_1^2, \dots p_l^2$. Les racines de l'équation de Killing de G sont les fonctions $i(\pm p_\mu \pm p_\nu)$ et $\pm i p_\mu$ (ou $\pm 2 i p_\mu$).

Cas où $G = D_l$. — On peut choisir des coordonnées $p_1, \dots p_l$ de L_T telles que les opérations de Φ consistent à les permuter et à en changer de signe un nombre pair; on obtient donc une base de $\mathfrak{Q}_G$ en prenant la fonction $p_1 \dots p_l$ et $l-1$ fonctions symétriques de $p_1^2, \dots p_l^2$ qui, jointes à $p_1^2 \dots p_l^2$, engendrent toutes les fonctions symétriques de $p_1^2, \dots p_l^2$; les racines de l'équation de Killing de G sont les fonctions $i(\pm p_\mu \pm p_\nu)$.

Le § 98 de [10]) (t. 2, ch. XIII, *Ungemischte Ideale*) permet de déduire de la proposition 6.1 le lemme suivant :

Lemme 6.1. — *Si le polynome de Poincaré* (¹) *de* $\mathfrak{Q}_G$ *est* $t^{2m_1} + \dots t^{2m_l}$ *alors le polynome de Poincaré de* $\mathfrak{P}_T/\mathcal{R}_G$ *est*

$$\frac{(1-t^{2m_1})\dots(1-t^{2m_l})}{(1-t^2)^l}.$$

(¹) Dire que le polynome de Poincaré de l'espace vectoriel $\mathfrak{Q}_G$ est

$$t^{2m_1} + \dots t^{2m_l},$$

c'est dire que ses éléments de base ont les degrés $2m_1, \dots 2m_l$.

Définition 6.1. — Soit $\mathfrak{Q}$ un sous-espace vectoriel (¹) de $\mathfrak{P}_T$; soit $\mathcal{V}$ un espace vectoriel isomorphe à $\mathfrak{Q}$; soit $\mathcal{E}$ l'algèbre extérieure de $\mathcal{V}$. Nous utiliserons sur $\mathcal{E}$ deux degrés : *un degré canonique*, prenant sur $\mathcal{V}$ des valeurs telles que l'isomorphisme de $\mathcal{V}$ sur $\mathfrak{Q}$ augmente de 1 le degré; *un degré extérieur* valant 1 sur $\mathcal{V}$. *Nous utiliserons sur $\mathfrak{P}_T \otimes \mathcal{E}$ aussi un degré canonique et un degré extérieur :* si $p \in \mathfrak{P}_T$ et $e \in \mathcal{E}$,

$$\text{degré canon. } p \otimes e = \text{degré } p + \text{degré canon. } e\,;$$

$$\text{degré ext. } p \otimes e = \text{degré ext. } e\,.$$

Nous utiliserons sur $\mathfrak{P}_T \otimes \mathcal{E}$ une différentielle δ, dont la restriction à $\mathfrak{P}_T \otimes 1$ est nulle et dont la restriction à $1 \otimes \mathcal{V}$ est l'isomorphisme donné de $1 \otimes \mathcal{V}$ dans $\mathfrak{P}_T \otimes 1$: δ augmente de 1 le degré canonique et diminue de 1 le degré extérieur.

Soit $\mathcal{J}$ un idéal de $\mathfrak{P}_T$; $(\mathfrak{P}_T/\mathcal{J}) \otimes \mathcal{E}$ est une algèbre différentielle bigraduée, image de $\mathfrak{P}_T \otimes \mathcal{E}$; son algèbre d'homologie $\mathcal{H}(\mathfrak{P}_T/\mathcal{J} \otimes \mathcal{E})$ est bigraduée. Notons $\mathfrak{Q}\mathcal{J}$ le plus petit idéal de $\mathfrak{P}_T$ contenant les produits de chaque élément de $\mathfrak{Q}$ par chaque élément de $\mathcal{J}$; on prouve aisément ceci :

Lemme 6.2. — *L'ensemble des termes de $\mathcal{H}(\mathfrak{P}_T/\mathcal{J} \otimes \mathcal{E})$ de degré extérieur 1 est l'image de l'espace vectoriel $\mathcal{J}/\mathfrak{Q}\mathcal{J}$ par un isomorphisme canonique, qui diminue de 1 le degré canonique.*

Quand $\mathfrak{Q} = \mathfrak{Q}_G$, $\mathcal{E}$ est noté $\mathcal{E}_G$. La proposition 6.1, les propositions 10.4 et 17.5 de [6] et le § 98 de [10] ont la conséquence suivante :

Lemme 6.3. — *Soit $\mathcal{R}$ le plus petit idéal de $\mathfrak{P}_T$ contenant $\mathfrak{Q}$; soit dim. $\mathcal{R}$ la dimension de la variété algébrique ([10], chap. XIII) définie par cet idéal. Si*

$$\text{dim. } \mathfrak{Q} + \text{dim. } \mathcal{R} = l\,,$$

alors, il existe un isomorphisme canonique qui respecte les degrés canonique et extérieur, de $\mathcal{H}(\mathfrak{P}_T/\mathcal{R}_G \otimes \mathcal{E})$ sur $\mathcal{H}(\mathfrak{P}_T/\mathcal{R} \otimes \mathcal{E}_G)$.

L'hypothèse que dim. $\mathfrak{Q}$ + dim. $\mathcal{R} = l$ est en particulier vérifiée quand tous les polynomes constituant $\mathfrak{Q}$ sont linéaires, c'est-à-dire de degré 2; donc

Lemme 6.4. — *Si les éléments de $\mathfrak{Q}$ sont tous de degré 2, alors*

$$\mathcal{H}(\mathfrak{P}_T/\mathcal{R}_G \otimes \mathcal{E}) = \mathcal{H}(\mathfrak{P}_T/\mathcal{R} \otimes \mathcal{E}_G)\,.$$

Notations. — Nous notons $\mathfrak{A}^{[m]}$ l'ensemble des éléments

(¹) Tous les sous-espaces envisagés sont gradués : ils contiennent les composantes homogènes de chacun de leurs éléments.

de degré m (ou de degré canonique m) d'une algèbre $\mathcal{A}$ graduée (ou bigraduée).

$\mathcal{H}_T^{[1]}$ est canoniquement isomorphe à $\mathcal{P}_T^{[2]}$; si $\mathcal{Q} = \mathcal{P}_T^{[2]}$; on a donc $\mathcal{E} = \mathcal{H}_T$: *$\mathcal{P}_T \otimes \mathcal{H}_T$ est une algèbre différentielle bigraduée.* D'après le lemme 6.4

Lemme 6.5. — $\mathcal{H}(\mathcal{P}_T/\mathcal{R}_G \otimes \mathcal{H}_T) = \mathcal{E}_G$.

7. L'isomorphisme canonique de $\mathcal{P}_T/\mathcal{R}_G$ sur $\mathcal{H}_{G/T}$

Définition 7.1. — Nous nommerons λ l'homomorphisme de $\mathcal{P}_T$ dans $\mathcal{H}_{G/T}$ qui définit un homomorphisme, respectant la différentiation et les degrés, de $\mathcal{P}_T \otimes \mathcal{H}_T$ dans $\mathcal{H}_1 = \mathcal{H}_{G/T} \otimes \mathcal{H}_T$; cet homomorphisme λ se définit comme suit : si $p_T^{[2]} \in \mathcal{P}_T^{[2]}$ est l'image canonique de $h_T^{[1]} \in \mathcal{H}_T^{[1]}$, alors

$$\lambda p_T^{[2]} \otimes 1 = \delta_1(1 \otimes h_T^{[1]}), \ \delta_1 \text{ étant la différentielle de } \mathcal{H}_1.$$

L'homomorphisme λ conserve le degré et commute avec Φ. Nous noterons $\mathcal{I}_G$ l'ensemble des éléments de $\mathcal{P}_T$ que λ annule.

Lemme 7.1. — $\mathcal{R}_G \subset \mathcal{I}_G$.

Preuve. — Supposons : $p \in \mathcal{P}_T$; p invariant par Φ; degré $p > 0$. Alors : $\lambda p \in \mathcal{H}_{G/T}$; λp est invariant par Φ; degré $\lambda p > 0$. Donc, vu le lemme 5.1, $\lambda p = 0$.

λ définit donc un homomorphisme de $\mathcal{P}_T/\mathcal{R}_G$ dans $\mathcal{H}_{G/T}$. Le lemme 6.5 a pour corollaire évident le suivant :

Lemme 7.2. — *Si λ définit un isomorphisme de $\mathcal{P}_T^{[m]}/\mathcal{R}_G^{[m]}$ sur $\mathcal{H}_{G/T}^{[m]}$ quand $m < n$, alors $\mathcal{H}^{[m]}(\mathcal{H}_{G/T} \otimes \mathcal{H}_T)$ est engendré, quand $m < n$, par les éléments de $\mathcal{H}(\mathcal{H}_{G/T} \otimes \mathcal{H}_T)$ dont le degré extérieur est $\leqslant 1$.*

La différentielle δ_r annule ces éléments, quand $r > 1$, puisqu'elle diminue de r le degré extérieur; par suite, si l'hypothèse du lemme 7.2 est vérifiée, δ_r est nul sur $\mathcal{H}_r^{[n-1]}$ et ceux des éléments de $\mathcal{H}_2^{[n]}$ dont le degré extérieur est $\leqslant 1$ sont donc appliqués isomorphiquement dans l'algèbre $\lim_{r \to +\infty} \mathcal{H}_r$; les éléments de cette algèbre sont invariants par Φ (n° 5) ; les éléments de $\mathcal{H}_2^{[n]}$ envisagés sont donc invariants par Φ :

Lemme 7.3. — *Si λ définit un isomorphisme de $\mathcal{P}_T^{[m]}/\mathcal{R}_G^{[m]}$ sur $\mathcal{H}_{G/T}^{[m]}$, quand $m < n$, alors tout élément de $\mathcal{H}_2^{[n]}$ ayant un degré extérieur $\leqslant 1$ est invariant par Φ.*

Lemme 7.4. — *λ définit un isomorphisme de $\mathcal{P}_T^{[n]}/\mathcal{R}_G^{[n]}$ sur $\mathcal{H}_{G/T}^{[n]}$.*

Preuve. — C'est évident si $n = 0$; nous pouvons donc

supposer $n > 0$ et l'hypothèse du lemme 7.3 vérifiée. D'après ce lemme $h \otimes 1 \in \mathcal{H}_{G/T}^{[n]} \otimes 1 \subset \mathcal{H}_1$ a même image dans $\mathcal{H}_2$ que sa moyenne par Φ, qui est nulle d'après le lemme 5.1 : cette image est nulle; donc

$$h \otimes 1 \in \delta_1(\mathcal{H}_{G/T}^{[n-2]} \otimes \mathcal{H}_T^{[1]}) ;$$

d'où $h \in \lambda \mathfrak{P}_T$, puisque, par hypothèse, $\mathcal{H}_{G/T}^{[n-2]} \subset \lambda \mathfrak{P}_T$.

Donc λ définit un isomorphisme de $\mathcal{H}^{[n-1]}(\mathfrak{P}_T / \mathfrak{J}_G \otimes \mathcal{H}_T)$ sur $\mathcal{H}_2^{[n-1]}$; d'après le lemme 6.2, l'ensemble des éléments de $\mathcal{H}_2^{[n-1]}$ de degré extérieur 1 est donc isomorphe à

$$\mathfrak{J}_G^{[n]} / \mathfrak{P}_T^{[2]} \mathfrak{J}_G^{[n-2]},$$

où $\mathfrak{J}_G^{[n-2]} = \mathcal{R}_G^{[n-2]}$; d'après le lemme 7.3 ces éléments sont invariants par Φ; d'où, vu le lemme 7.1, $\mathfrak{J}_G^{[n]} = \mathcal{R}_G^{[n]}$.

Proposition 7.1. — $\mathcal{H}_{G/T} = \mathfrak{P}_T / \mathcal{R}_G$; $\mathcal{H}_G = \mathcal{E}_G$.

Preuve. — D'après le lemme 7.4

$$\mathcal{H}_{G/T} = \mathfrak{P}_T / \mathcal{R}_G .$$

Donc, vu le lemme 6.5,

$$\mathcal{H}_2 = \mathcal{E}_G ;$$

$\mathcal{H}_2$ est donc l'algèbre extérieure d'un espace vectoriel dont les éléments ont le degré extérieur 1; d'où $\delta_r = 0$ pour $r > 1$:

$$\lim_{r \to +\infty} \mathcal{H}_r = \mathcal{E}_G ;$$

l'algèbre extérieure $\mathcal{E}_G$ est donc l'algèbre bigraduée de l'algèbre $\mathcal{H}_G$, convenablement filtrée; il en résulte que $\mathcal{H}_G$ est une algèbre extérieure isomorphe à $\mathcal{E}_G$.

La proposition 7.1 et le lemme 6.1 donnent :

Lemme 7.5. — *Si le polynome de Poincaré de* $\mathfrak{Q}_G$ *est*

$$t^{2m_1} + \dots t^{2m_l},$$

ceux de G *et* G/T *sont*

$$(G)_t = (1 + t^{2m_1 - 1}) \dots (1 + t^{2m_l - 1}) ;$$

$$(G/T)_t = \frac{(1 - t^{2m_1}) \dots (1 - t^{2m_l})}{(1 - t^2)^l} .$$

Remarque 7.1. — D'après la remarque 6.2 on a :

si $G = A_l$, $\quad m_\lambda = \lambda + 1$ pour $1 \leqslant \lambda \leqslant l$;
si $G = B_l$ ou C_l, $m_\lambda = 2\lambda$ pour $1 \leqslant \lambda \leqslant l$;
si $G = D_l$, $\quad m_\lambda = 2\lambda$ pour $1 \leqslant \lambda < l$ et $m_l = l$.

III. L'HOMOLOGIE DE X/F

8. Comparaison des homologies de X/T et X/F

Lemme 8.1. — a) *La section par* G/T *applique* $\mathcal{H}_{X/T}$ sur $\mathcal{H}_{G/T}$.

b) *La projection* X/T ⟶ X/G *a pour réciproque un isomorphisme de* $\mathcal{H}_{X/G}$ *sur l'ensemble des éléments de* $\mathcal{H}_{X/T}$ *invariants par* Φ.

Preuve de a. — D'après la proposition 7.1, λ applique $\mathcal{P}_T^{[2]}$ *sur* $\mathcal{H}_{G/T}^{[2]}$; δ_1 applique donc $1 \otimes \mathcal{H}_T^{[1]}$ *sur* $\mathcal{H}_{G/T}^{[2]} \otimes 1$; or cette application s'obtient en composant l'application δ_1 de $1 \otimes \mathcal{H}_T^{[1]}$ dans $\mathcal{H}_{X/T}^{[2]} \otimes 1$ et la section de $\mathcal{H}_{X/T}$ par G/T; cette section applique donc $\mathcal{H}_{X/T}^{[2]}$ sur $\mathcal{H}_{G/T}^{[2]}$. Or $\mathcal{H}_{G/T}^{[2]}$ engendre $\mathcal{H}_{G/T}$, d'après la proposition 7.1; cette section applique donc $\mathcal{H}_{X/T}$ sur $\mathcal{H}_{G/T}$.

Preuve de b. — Le théorème 7.3*b* de [7] et *a* permettent d'identifier les espaces vectoriels $\mathcal{H}_{X/T}$ et $\mathcal{H}_{X/G} \otimes \mathcal{H}_{G/T}$ et d'affirmer que l'homomorphisme réciproque de la projection X/T ⟶ X/G est l'isomorphisme canonique de $\mathcal{H}_{X/G}$ sur $\mathcal{H}_{X/G} \otimes 1$, c'est-à-dire, vu le n° 5, sur l'ensemble des éléments de $\mathcal{H}_{X/T} = \mathcal{H}_{X/G} \otimes \mathcal{H}_{G/T}$ invariants par Φ.

En complétant un théorème de B. Eckmann [2], on prouve ceci :

Lemme 8.2. — *Si* F *est un groupe fini, alors l'homomorphisme réciproque de la projection* X ⟶ X/F *est un isomorphisme de* $\mathcal{H}_{X/F}$ *sur l'ensemble des éléments de* $\mathcal{H}_X$ *invariants par* F.

La projection X/T ⟶ X/F résulte de la composition des projections X/T ⟶ X/G et X/G ⟶ X/F = (X/G)/(F/G); F/G est un groupe fini; en appliquant les lemmes 8.1*b* et 8.2 aux homomorphismes réciproques de ces deux dernières projections on obtient ceci :

Proposition 8.1. — *L'homomorphisme réciproque de la projection* X/T ⟶ X/F *est un isomorphisme de* $\mathcal{H}_{X/F}$ *sur l'ensemble des éléments de* $\mathcal{H}_{X/T}$ *invariants par le groupe fini* M/T.

9. Comparaison des homologies de X/U et X/F quand U ⊂ F, rang U = rang F

L'homomorphisme réciproque de la projection X/T ⟶ X/F (X/T ⟶ X/U) est un isomorphisme de $\mathcal{H}_{X/F}$ (de $\mathcal{H}_{X/U}$)

dans $\mathcal{H}_{X/T}$, d'après la proposition 8.1. Cet isomorphisme de $\mathcal{H}_{X/F}$ dans $\mathcal{H}_{X/T}$ s'obtient en composant cet isomorphisme de $\mathcal{H}_{X/U}$ dans $\mathcal{H}_{X/T}$ et l'homomorphisme de $\mathcal{H}_{X/F}$ dans $\mathcal{H}_{X/U}$ réciproque de $X/U \longrightarrow X/F$; cet homomorphisme est donc un isomorphisme :

PROPOSITION 9.1. — *Si* U *est un sous-groupe de* F *ayant même rang que* F, *alors la projection* $X/U \longrightarrow X/F$ *a pour réciproque un isomorphisme de* $\mathcal{H}_{X/F}$ *dans* $\mathcal{H}_{X/U}$.

10. COMPARAISON DES HOMOLOGIES DE X/G, G/U ET X/U QUAND $U \subset G$, RANG U = RANG G

PROPOSITION 10.1. — *Soit* U *un sous-groupe de* G *ayant même rang que* G.

a) *L'homéomorphisme* $G/U \subset X/U$ *a pour réciproque un homomorphisme de* $\mathcal{H}_{X/U}$ SUR $\mathcal{H}_{G/U}$.

b) *Les espaces vectoriels* $\mathcal{H}_{X/U}$ *et* $\mathcal{H}_{X/G} \otimes \mathcal{H}_{G/U}$ *sont isomorphes.*

c) *Les algèbres* $\mathcal{H}_{X/U}$ *et* $\mathcal{H}_{X/G} \otimes \mathcal{H}_{G/U}$ *ne sont pas, en général, isomorphes.*

Preuve de a. — Soit V le normalisateur de T dans U. La section par G/T applique $\mathcal{H}_{X/T}$ *sur* $\mathcal{H}_{G/T}$ (lemme 8.1*a*), donc l'ensemble des éléments de $\mathcal{H}_{X/T}$ invariants par V/T *sur* l'ensemble des éléments de $\mathcal{H}_{G/T}$ invariants par V/T; autrement dit, la section par G/T applique l'image de $\mathcal{H}_{X/U}$ dans $\mathcal{H}_{X/T}$ *sur* l'image de $\mathcal{H}_{G/U}$ dans $\mathcal{H}_{G/T}$; $\mathcal{H}_{G/U}$ est isomorphe à cette image; on en déduit aisément que la section par G/U applique $\mathcal{H}_{X/U}$ *sur* $\mathcal{H}_{G/U}$.

Preuve de b. — On applique le théorème 7.3*b* de [7] à l'espace X/U, sa fibre G/U et sa base X/G.

Preuve de c. Montrons que l'algèbre $\mathcal{H}_{G/T}$ n'est pas isomorphe à l'algèbre $\mathcal{H}_{G/U} \otimes \mathcal{H}_{U/T}$ quand U est connexe, $U \neq G$ et que U et G sont de même rang, leurs centres étant de rang nul :

$$\mathcal{P}_U^{[2]} = \mathcal{P}_G^{[2]}; \quad \mathcal{R}_U^{[2]} = \mathcal{R}_G^{[2]} = 0$$

donc, vu la proposition 7.1, $\mathcal{H}_{U/T}^{[2]}$ et $\mathcal{H}_{G/T}^{[2]}$ ont même dimension; donc, vu *b*

$$(\mathcal{H}_{G/U} \otimes \mathcal{H}_{U/T})^{[2]} = 1 \otimes \mathcal{H}_{U/T}^{[2]};$$

or, d'après la proposition 7.1, ce sous-espace engendre la sous-algèbre $1 \otimes \mathcal{H}_{U/T}$ de $\mathcal{H}_{G/U} \otimes \mathcal{H}_{U/T}$, alors que le sous-espace $\mathcal{H}_{G/T}^{[2]}$ engendre l'algèbre $\mathcal{H}_{G/T}$.

Proposition 10.2. — *Soit* U *un sous-groupe connexe de* G, *ayant même rang que* G; *soient*

$$(G)_t = (1 + t^{2m_1-1}) \dots (1 - t^{2m_l-1});$$
$$(U)_t = (1 + t^{2n_1-1}) \dots (1 + t^{2n_l-1})$$

les polynomes de Poincaré de G *et* U; *ceux de* X/G *et* X/U *sont liés par la relation*

$$(X/U)_t = \frac{(1 - t^{2m_1}) \dots (1 - t^{2m_l})}{(1 - t^{2n_1}) \dots (1 - t^{2n_l})} (X/G)_t.$$

Preuve. — D'après la proposition 10.1*b*

$$(X/U)_t = (G/U)_t \cdot (X/G)_t;$$

remplaçons dans cette formule X, G, U par G, U, T :

$$(G/T)_t = (U/T)_t \cdot (G/U)_t;$$

d'après le lemme 6.1

$$(G/T)_t = \frac{(1 - t^{2m_1}) \dots (1 - t^{2m_l})}{(1 - t^2)_l};$$

$$(U/T)_t = \frac{(1 - t^{2n_1}) \dots (1 - t^{2n_l})}{(1 - t^2)^l}.$$

On élimine $(G/T)_t$, $(U/T)_t$ et $(G/U)_t$ entre les quatre relations précédentes.

IV. LA PREUVE DU LEMME 5.1

11. La représentation linéaire de Φ dont $\mathcal{H}_{G/T}$ est l'espace vectoriel

Le n° 12 prouvera ceci :

Lemme 11.1. — *Tous les éléments de* $\mathcal{H}_{G/T}$ *sont de degrés pairs*. Ce lemme 11.1 a la conséquence suivante, dont le *lemme 5.1* résulte immédiatement :

Proposition 11.1. — $\mathcal{H}_{G/T}$ *est l'espace vectoriel d'une représentation linéaire du groupe* Φ *équivalente à l'algèbre de ce groupe.*

Preuve. — Pour que l'homéomorphisme en lui-même de G/T projection de (5.2) possède un point fixe, il faut et il suffit que $n \in T$; chaque élément de Φ, autre que l'identité, définit donc un homéomorphisme en lui-même de G/T dont le nombre de Lefschetz est nul et par suite, vu le lemme 11.1, un automorphisme, ayant une trace nulle, de l'espace vecto riel $\mathcal{H}_{G/T}$; la trace de l'application identique de $\mathcal{H}_{G/T}$ est l[a] caractéristique d'Euler de G/T, c'est-à-dire, vu [5], l'ordr[e] de Φ. Les automorphismes de l'espace vectoriel $\mathcal{H}_{G/T}$ que défi nissent les éléments de Φ constituent donc une représentatio[n] linéaire de Φ équivalente à l'algèbre de Φ ([10], t. 2, ch. XVII § 125, p. 177 : *Spuren und Charaktere*).

12. Démonstration, d'après A. Borel, du lemme 11.1

Supposons que X soit un groupe de Lie connexe et qu[e] le lemme 11.1 soit exact quand G est un sous-groupe connex[e] de X tel que

$$\text{rang}\, G = \text{rang}\, X\ ;\ \dim. G < \dim. X :$$

les énoncés ci-dessus sont exacts. Si nous pouvons en dédui[re] que tous les éléments de $\mathcal{H}_{X/T}$ sont de degrés pairs, l[e] lemme 11.1 est prouvé par récurrence suivant dim. X.

Si X est abélien, $T = X$ et $\mathcal{H}_{X/T}$ est de degré nul; sinon l[a] proposition 10.2 donne

$$(X/T)_t = \frac{(1-t^{2m_1})\dots(1-t^{2m_l})}{(1-t^2)^l}(X/G)_t;$$

il suffit donc de trouver un sous-groupe connexe G tel que

$$\text{rang}\, G = \text{rang}\, X;\quad \dim. G < \dim. X\ ;$$
le degré des éléments de $\mathcal{H}_{X/G}$ est pair.

A. Borel montre que ces conditions sont réalisées par le plu[s] grand sous-groupe connexe G du normalisateur de $x \in X$ tel qu[e]

$$x \notin \text{Centre de } X\,,\qquad x^2 \in \text{Centre de } X :$$

X/G est un espace symétrique, dont la symétrie est homotop[e] à l'identité, ce qui exige que les éléments de degrés impairs d[e] $\mathcal{H}_{X/G}$ soient nuls.

V. ETUDE DE G/S

13. Proposition 13.1. — *L'algèbre spectrale $\mathcal{H}_r$ de la pro jection $G/S \longrightarrow G/T$ a pour deuxième élément*

$$\mathcal{H}_2 = \mathcal{H}(\mathfrak{P}_S \otimes \mathcal{H}_G)\ ;$$

la différentielle à utiliser sur $\mathfrak{P}_S \otimes \mathcal{H}_G$ est celle que définit l[a] remarque 2.1.

Preuve. — $\mathcal{H}_1 = \mathcal{H}_{G/T} \otimes \mathcal{H}_{T/S}$.

La projection $T \longrightarrow T/S$ a pour réciproque un isomorphisme de $\mathcal{H}_{T/S}$ dans $\mathcal{H}_T$; cet isomorphisme définit un isomorphisme de $\mathcal{H}_1$ dans le premier élément $\mathcal{H}_{G/T} \otimes \mathcal{H}_T$ de l'algèbre spectrale de la projection $G \longrightarrow G/T$; cet isomorphisme respecte (¹) δ_1. L'image $\mathcal{Q}$ de $\mathcal{H}_{T/S}^{[1]}$ dans $\mathcal{P}_T^{[2]}$ est l'ensemble des éléments de $\mathcal{P}_T^{[2]}$ qui s'annulent sur L_S; soit $\mathcal{R}$ le plus petit idéal de $\mathcal{P}_T$ contenant $\mathcal{Q}$; le lemme 6.4 et la proposition 7.1 donnent

$$\mathcal{H}(\mathcal{H}_{G/T} \otimes \mathcal{H}_{T/S}) = \mathcal{H}(\mathcal{P}_T/\mathcal{R}_G \otimes \mathcal{E}) = \mathcal{H}(\mathcal{P}_T/\mathcal{R} \otimes \mathcal{E}_G)$$
$$= \mathcal{H}(\mathcal{P}_T/\mathcal{R} \otimes \mathcal{H}_G).$$

$\mathcal{R}$ est l'ensemble des éléments de $\mathcal{P}_T$ nuls sur L_S ; donc

$$\mathcal{P}_T/\mathcal{R} = \mathcal{P}_S.$$

Bibliographie

[1] *Colloque de topologie algébrique,* Bruxelles, 1950.

[2] B. ECKMANN, *Bulletin of Amer. Math. Soc.*, t. 54, 1948, p. 645.

[3] W. GYSIN, *Zur Homologietheorie der Abbildungen und Faserungen von Mannigfaltigkeiten* (*Comm. math. helv.*, t. 14, 1941, pp. 61-121).

[4] H. HOPF, *Maximale Toroïde und singuläre Elemente in geschlossenen Lieschen Gruppen* (*Comm. math. helv.*, t. 15, 1942, pp. 59-70).
E. STIEFEL, *Ueber eine Beziehung zwischen geschlossenen Lieschen Gruppen und diskontinuierlichen Bewegungsgruppen* (*Comm. math. helv.*, t. 14, 1941, pp. 350-380).

[5] H. HOPF und H. SAMELSON, *Ein Satz über die Wirkungsräume geschlossener Liescher Gruppen* (*Comm. math. helv.*, t. 13, 1940, pp. 240-251).

[6] J. LERAY, *L'anneau spectral et l'anneau filtré d'homologie d'un espace localement compact et d'une application continue* (*Journal de Math.*, t. 29, 1950, pp. 1-139).

[7] J. LERAY, *L'homologie d'un espace fibré, dont la fibre est connexe* (*Journal de Math.*, t. 29, 1950, pp. 169-213).

[8] J. LERAY, *Comptes rendus Ac. Sc. Paris,* t. 223, 1946, p. 412; t. 228, 1949, p. 1902; t. 229, 1949, p. 281.

[9] J. LERAY, *Comptes rendus Ac. Sc. Paris,* t. 228, 1949, p. 1545.

[10] VAN DER WAERDEN, *Moderne Algebra,* 2ᵉ édition (Springer).

(¹) Car il est l'homomorphisme réciproque de la représentation, que définit $G \longrightarrow G/S$, de la projection $G \longrightarrow G/T$ sur la projection $G/S \longrightarrow G/T$ ([6], nº 54).

[1950d]

La théorie des points fixes et ses applications en analyse

Proceedings International Congress of Mathematicians, Cambridge 1950, pp. 202–208

À la mémoire du profond mathématicien polonais Jules Schauder, victime des massacres de 1940.

I. Introduction

1. Soit $\phi(x)$ une application continue d'un espace X en lui-même; on nomme points fixes de $\phi(x)$ les solutions de l'équation

(1) $$x = \phi(x).$$

Nous ne parlerons pas de *l'étude locale* de l'équation (1). Cette étude fut faite d'abord par E. Picard [11], à l'aide de la méthode des approximations successives; puis par E. Schmidt [15], à l'aide de développements en séries, $\phi(x)$ étant supposée holomorphe. La notion d'espace de Banach permit à T. H. Hildebrandt et L. M. Graves [3] de systématiser la méthode de E. Picard; il est aisé [9] de systématiser de même celle de E. Schmidt.

C'est de *l'étude globale* de l'équation (1) que nous nous occuperons. Cette étude fut faite d'abord par Fredholm [4], F. Riesz [12], quand $\phi(x)$ est linéaire et transforme les parties bornées de X en parties compactes; puis, quand $\phi(x)$ n'est pas linéaire, par L. E. J. Brouwer [2], Birkhoff et Kellogg [1], Lefschetz [5], Schauder [14], Leray [6], [7], Rothe [13], Tychonoff [16], Nielsen [10], et Wecken [17]; deux types d'hypothèses[1] furent utilisés et conduisirent à des théories bien différentes: certains auteurs supposèrent que X est un espace vectoriel et que $\phi(x)$ prend ses valeurs dans un compact; d'autres supposèrent que X est compact et vérifie des hypothèses appropriées. Ces hypothèses compliquent ce second point de vue, que nous n'aurons pas le temps d'analyser en détail; c'est d'ailleurs le premier point de vue qui se présente quand on applique la théorie des points fixes à celle des équations aux dérivées partielles. Exposons-le d'abord, en résumant [9], qui synthétise [2], [1], [14], [6], [16], [10], [17].

II. Les points fixes d'une application complètement continue d'un espace vectoriel à voisinages convexes

2. Définitions. Soit *X un espace vectoriel à voisinages convexes*: c'est un espace vectoriel (sur le corps des nombres réels) possédant une topologie de Hausdorff, qui puisse être définie par un système fondamental de voisinages convexes. Soit V un voisinage symétrique de 0; les points x_1 et x_2 de X sont dits *voisins d'ordre* V quand

$$x_1 - x_2 \in V.$$

[1] D'autres hypothèses furent utilisées avec succès par E. Rothe; nous ne disposons malheureusement pas de la place qu'exigerait l'exposé de ses recherches.

Soit $\phi(x)$ une application de X en lui-même *complètement continue*, c'est-à-dire qui applique continûment X dans une partie compacte de X; nous posons

$$\Phi(x) = x - \phi(x).$$

G désignera *une partie ouverte* de X, $\dot{G}$ sa *frontière* et $\bar{G} = G \cup \dot{G}$ son *adhérence*.

3. Les propriétés de $\Phi(x)$, du point de vue de la topologie générale. $\Phi(F)$ est *fermé*, quand F est *fermé* (autrement dit: l'application $\Phi(x)$ est fermée). $\Phi^{-1}(C)$ est *compact*, quand C est *compact*.

4. La définition du degré topologique de $\Phi(x)$. *Supposons X de dimension finie et $\phi(x)$ linéaire par morceaux*, c'est-à-dire linéaire au voisinage de tout point n'appartenant pas à la réunion d'un ensemble d'hyperplans P_λ, n'ayant pas d'élément d'accumulation. Ces hyperplans décomposent X en domaines, que nous noterons D_μ^+, D_ν^0, D_ρ^- suivant que le déterminant de $\Phi(x)$ y est >0, $=0$, <0. Soit y un point de X étranger aux $\Phi(\dot{G})$, $\Phi(P_\lambda)$, et $\Phi(D_\nu^0)$; soit p [et n] le nombre des $\Phi(G \cap D_\mu^+)$ [et des $\Phi(G \cap D_\rho^-)$] contenant y; $p - n$ est une fonction de y constante sur chacun des domaines d en lesquels $\Phi(\dot{G})$ décompose X; sa valeur est nommée *degré topologique* sur d de la restriction de Φ à G et est notée

$$d^0(\Phi, G, d);$$

on définit

$$d^0(\Phi, G, y) = d^0(\Phi, G, d) \qquad \text{si } y \in D$$

même si y appartient à $\Phi(P_\lambda)$ ou $\Phi(D_\nu^0)$.

Supposons X de dimension finie et $\phi(x)$ complètement continue; soit $y \notin \Phi(\dot{G})$; soit V_1 un voisinage convexe et symétrique de 0 tel que le voisinage d'ordre V_1 de y soit étranger à $\Phi(\dot{G})$; soit $\Phi_1(x)$ une application linéaire par morceaux telle que $\Phi(x)$ et $\Phi_1(x)$ soient voisins d'ordre V_1; $d^0(\Phi_1, G, y)$ est indépendant des choix de V_1 et Φ_1; c'est, par définition, $d^0(\Phi, G, y)$.

Cas général. Soit $y \notin \Phi(\dot{G})$; soit V_1 un voisinage convexe et symétrique de 0, tel que le voisinage d'ordre V_1 de y soit étranger à $\Phi(\dot{G})$; soit $\phi_1(x)$ une application complètement continue, voisine d'ordre V_1 de $\phi(x)$ et telle que $\phi_1(X)$ appartienne à un sous-espace X_1 de dimension finie, contenant y; $d^0(\Phi_1, G \cap X_1, y)$ est indépendant des choix de V_1, $\Phi_1(x) = x - \phi_1(x)$, X_1; c'est par définition $d^0(\Phi, G, y)$.

5. Les propriétés du degré topologique.

Propriété 5.1. *$d^0(\Phi, G, y)$ est un entier positif, nul ou négatif, défini quand $\Phi(x) - x$ est complètement continue et que $y \notin \Phi(\dot{G})$; $d^0(\Phi, G, y)$ reste constant quand Φ, G, y varient continûment, en sorte que $y \notin \Phi(\dot{G})$.*

En particulier, $d^0(\Phi, G, y)$ ne dépend que de y et de la restriction de Φ à $\dot{G}$; on peut même, ce qu'utilise le §7, définir $d^0(\Phi, G, y)$ en supposant Φ défini seulement sur $\dot{G}$.

Propriété 5.2. *Si $d^0(\Phi, G, y) \neq 0$, alors $y \in \Phi(\bar{G})$.*

Propriété 5.3. *Si les G_α sont des parties ouvertes de G, deux à deux sans point commun et telles que $\Phi(x) \neq y$ quand $x \in G$, $x \notin G_\alpha$, alors*

$$d^0(\Phi, G, y) = \sum_\alpha d^0(\Phi, G_\alpha, y).$$

Propriété 5.4. *Soit $\Psi(x) - x$ une seconde application complètement continue, définie sur $\Phi(\bar{G})$; soient d_α les domaines en lesquels $\Phi(\dot{G})$ décompose X [autrement dit: les d_α sont les composantes connexes du complémentaire de $\Phi(\dot{G})$]; si $y \notin \Psi\Phi(\dot{G})$, alors*

$$d^0(\Psi\Phi, G, y) = \sum_\alpha d^0(\Phi, G, d_\alpha)\cdot d^0(\Psi, d_\alpha, y).$$

Propriété 5.5. *Supposons X somme directe de deux espaces X_1 et X_2:*

$$X = X_1 + X_2;$$

on a

$$x = x_1 + x_2; \qquad \Phi(x) = \Phi_1(x) + \Phi_2(x), \qquad \text{où } x_\alpha \in X_\alpha, \Phi_\alpha \in X_\alpha;$$

on a $\Phi_1(x) = \Phi_1(x_1, x_2)$; supposons $\Phi_2(x) = \Phi_2(x_2)$ fonction seulement de x_2. Soit G_1 une partie ouverte de X_1 et D_2 un domaine de X_2; si $y_1 \notin \Phi_1(\dot{G}_1, D_2)$ et $y_2 \notin \Phi_2(\dot{D}_2)$, alors

$$d^0(\Phi, G_1 + D_2, y_1 + y_2) = d^0(\Phi_1, G_1, y_1)\cdot d^0(\Phi_2, D_2, y_2),$$

$d^0(\Phi_1(x_1, x_2), G_1, y_1)$ devant être calculé en supposant que x_2 est un point fixe, arbitraire de D_2.

6. L'indice des points fixes d'une application complètement continue $\phi(x)$. Soit F *un ensemble isolé de point fixes* de $\phi(x)$: F a un voisinage G ne contenant d'autres points fixes que les points de F; F est compact; $d^0(\Phi, G, 0)$ est indépendant du choix de G, est nommé *indice de* F et est noté $i(F)$. Les propriétés du degré ont pour conséquences immédiates les propriétés suivantes de l'indice:

Propriété 6.1. *Soit F l'ensemble des points fixes de $\phi(x)$ contenus dans une partie ouverte G de X; F est compact et $i(F)$ est défini, quand $\dot{G}$ ne contient aucun point fixe; $i(F)$ est un entier positif, négatif, ou nul, qui reste constant quand $\phi(x)$ et G varient continûment, sans que $\dot{G}$ ne contienne jamais de point fixe de $\phi(x)$.*

Corollaire 6.1. *$i(F)$ ne dépend que de la restriction de $\phi(x)$ à $\dot{G}$.*

Corollaire 6.2. *Si $\phi(x)$ possède au point fixe a une differentielle*[2] *complètement continue $\lambda(x - a)$, telle que $a + \lambda(x - a)$ ait pour seul point fixe a, alors a est un point fixe isolé de $\phi(x)$ ayant les mêmes indices comme point fixe de $\phi(x)$ et comme point fixe de $a + \lambda(x - a)$.*

Propriété 6.2. *F n'est pas vide, si $i(F) \neq 0$.*

Propriété 6.3. *Si F est la réunion d'un nombre fini de compacts F_α, deux à deux sans point commun, alors $i(F) = \sum_\alpha i(F_\alpha)$.*

[2] $\lambda(y)$ est linéaire homogène; il existe un voisinage V de 0 tel que, si ϵ est un nombre réel tendant vers 0, le transformé par $\epsilon^{-1}[\phi(x) - a - \lambda(x - a)]$ du voisinage de a d'ordre ϵV tende vers 0.

Propriété 6.4. *Soient deux espaces X_1 et X_2, une partie ouverte G_1 de X_1, un domaine D_2 de X_2, une application complètement continue $\phi_1(x_1, x_2)$ de $X_1 + X_2$ dans X_1 et une application complètement continue $\phi(x_2)$ de X_2 en lui-même. Supposons*

$$x_1 \neq \phi_1(x_1, x_2) \text{ pour } x_1 \in \dot{G}_1, \qquad x_2 \in D_2; \qquad x_2 \neq \phi(x_2) \text{ pour } x_2 \in \dot{D}_2;$$

soit i l'indice des points fixes $x_1 + x_2 \in G_1 + D_2$ de $\phi_1(x_1, x_2) + \phi_2(x_2)$; soit i_1 l'indice des points fixes $x_1 \in G_1$ de $\phi_1(x_1, x_2)$, quand $x_2 \in D_2$; soit i_2 l'indice des points fixes $x_2 \in D_2$ de $\phi_2(x_2)$. On a

$$i = i_1 \cdot i_2 .$$

Ces propriétés de l'indice permettent de prouver des *théorèmes d'existence* (d'après la propriété 6.2, il existe au moins un point fixe quand l'indice de l'ensemble des points fixes diffère de zéro; les propriétés 6.1 et 6.3 permettent de déterminer l'indice de l'ensemble des points fixes) et des *théorèmes d'unicité* (si l'indice de l'ensemble des points fixes est $\epsilon = \pm 1$ et si le corollaire 6.2 et la propriété 9.1 permettent de prouver que chaque point fixe est isolé et a l'indice ϵ, alors il existe un point fixe unique).

7. Le théroème de Jordan-Brouwer. *Soient F et F′ deux parties fermées de X, entre lesquelles existe un homéomorphisme $x \leftrightarrow x'$; F et F′ décomposent X en le même nombre de domaines, s'il existe un compact contenant toutes les valeurs prises par $x - x'$.* (On sait que cette hypothèse est essentielle: la sphère de Hilbert F: $x_1^2 + x_2^2 \cdots = 1$ décompose l'espace en deux domaines; on peut l'appliquer isométriquement sur F': $x_1 = 0$, $x_2^2 + x_3^2 + \cdots = 1$, dont le complémentaire constitue un seul domaine.

Preuve. Soient D_λ et D'_μ les domaines en lesquels F et F' décomposent X. Posons $\Phi(x) = x', \Psi(x') = x$; on a $\Psi\Phi(x) = x$ et $\Phi\Psi(x') = x'$; d'après la propriété 5.4 les matrices $d^0(\Phi, D_\lambda, D'_\mu)$ et $d^0(\Psi, D'_\mu, D_\lambda)$ sont inverses l'une de l'autre; elles sont donc carrées.

On prouve de même:

8. L'invariance du domaine. *L'image $\Phi(D)$ d'un domaine D par un homéomorphisme $\Phi(x)$ est un domaine si $\Phi(x) - x$ est complètement continue (hypothèse essentielle).*

9. Les équations linéaires. Soit $\lambda(x)$ une application linéaire et homogène de X en lui-même, qui soit complètement continue sur un voisinage de l'origine convenablement choisi; soit ρ un nombre réel; soit

$$\Lambda_\rho(x) = x - \rho\lambda(x).$$

L'invariance du domaine a pour conséquence immédiate l'alternative de Fredholm: ou bien $\Lambda_\rho(x)$ a d'autres zéros que $x = 0$; ou bien $\Lambda_\rho(x)$ applique X sur lui-même. Il est aisé [8], en simplifiant des raisonnements de F. Riesz [12], d'en déduire les autres théorèmes de Fredholm. D'où:

PROPRIÉTÉ 9.1. *Soit n_ρ la dimension de l'espace vectoriel constitué par les zéros de $\Lambda_\rho(x)$, $\Lambda_\rho(\Lambda_\rho(x))$, $\cdots$; soit $n = \sum_{0<\rho<1} n_\rho$; si $x = 0$ est le seul point fixe de $\lambda(x)$, son indice est $(-1)^n$. En particulier cet indice est le signe, pour $\rho = 1$, de la déterminante de Fredholm, si $\lambda(x)$ est une application du type de Fredholm: $x(s) \rightarrow \int K(s, t)x(t)\,dt$.*

10. Les classes de points fixes. Le procédé de Nielsen [10] et Wecken [17] permet de classer les points fixes de $\phi(x)$ contenus dans G: les points fixes x_1 et x_2 sont placés dans une même classe quand on peut les joindre par un chemin l tel que l et $\phi(l)$ appartiennent à G et soient homotopes dans G. Chaque classe constitue évidemment un ensemble isolé de points fixes; donc son indice est défini et reste constant quand $\phi(x)$ et G varient continûment, en sorte qu'aucun point fixe n'appartienne jamais à $\dot{G}$.

III. Les points fixes d'une application continue d'un compact

11. *Soit $\xi(x)$ une application continue en lui-même d'un espace compact C; supposons que C soit un rétracte d'une partie ouverte G d'un espace vectoriel à voisinages convexes X*: il existe une application continue $\pi(x)$ de G sur C dont la restriction à C, supposé intérieur à G, est l'identité. Il est clair que les points fixes de $\xi(x)$ sont ceux de l'application complètement continue $\phi(x) = \pi\xi(x)$: *les point fixes de $\xi(x)$ ont un indice possédant les propriétés énoncées au* §6.

Si X est l'espace de Hilbert, C est un espace LC^*; rappelons les deux définitions équivalentes de ces espaces (Lefschetz): ce sont les compacts métrisables et localement connexes pour toutes les dimensions; ce sont les rétractes absolus de voisinages.

[7] généralise et complète les résultats précédents: *l'indice de l'ensemble des points fixes de $\xi(x)$ est le nombre de Lefschetz de $\xi(x)$*; plus généralement $i(f)$ est le nombre de Lefschetz de restrictions convenables de $\xi(x)$ quand f est l'ensemble des points fixes de $\xi(x)$ contenus dans une partie ouverte g de C telle que

$$\lim_{n\rightarrow+\infty} \phi^n(\bar{g}) \subset g.$$

On connaît *le théorème de Lefschetz* [5]: $\xi(x)$ a au moins un point fixe quand son nombre de Lefschetz diffère de zéro. Ce théorème est une conséquence de la théorie précédente; mais il s'applique à certains espaces compacts auxquels cette théorie n'a pas été étendue. Le problème est ouvert de savoir si cette théorie est un cas particulier d'une théorie plus générale, applicable à tout espace compact.

IV. Les applications de la théorie des points fixes

La théorie des points fixes a des applications variées:

Équations intégrales non linéaires: [24, Chapitre I].

Problème de Dirichlet pour les équations non linéaires, du type elliptique à deux variables indépendantes: [22].

Calcul des variations: [13], [22].

Problème de Dirichlet posé par la théorie des fluides visqueux: [24, Chapitres II, III].

Équations linéaires, du type elliptique, à conditions aux limites non linéaires: [20].

Problèmes de représentation conforme du type d'Helmholtz posés par les écoulements de fluides parfaits avec jets ou sillages: [21], [23], [25].

Problèmes posés par les écoulements des fluides parfaits et compressibles: [18], [19].

Bibliographie

La théorie des points fixes:

1. G. D. Birkhoff et O. D. Kellogg, *Invariant points in function space*, Trans. Amer. Math. Soc. t. 23 (1922) pp. 96–115.

2. L. E. J. Brouwer, *Über Abbildungen von Mannigfaltigkeiten*, Math. Ann. t. 71 (1912) pp. 97–115.

——, *Beweis der Invarianz des n-dimensionalen Gebiets*, Math. Ann. t. 71 (1912) pp. 305–314.

3. T. H. Hildebrandt et L. M. Graves, *Implicit functions and their differentials in general analysis*, Trans. Amer. Math. Soc. t. 29 (1927) pp. 127–153, 514–552.

4. I. Fredholm, *Sur une classe d'équations fonctionelles*, Acta Math. t. 27 (1903) pp. 365–390.

5. S. Lefschetz, *Algebraic topology*, Amer. Math. Soc. Colloquium Publications, vol. 27, New York, 1942, Chap. VIII, §§5 et 6, pp. 318–326.

6. J. Leray et J. Schauder, *Topologie et équations fonctionnelles*, Ann. École Norm. t. 51 (1934) pp. 45–78.

J. Leray, *Topologie des espaces de Banach*, C. R. Acad. Sci. Paris t. 200 (1935) pp. 1082–1084.

7. J. Leray, *Sur les équations et les transformations*, Journal de Mathématiques t. 24 (1945) pp. 201–248.

8. ——, *Valeurs propres et vecteurs propres d'un endomorphisme complètement continu d'un espace vectoriel à voisinages convexes*, Acta Univ. Szeged. t. 12 (1950) pp. 177–186.

9. ——, *Théorie des équations dans les espaces vectoriels à voisinages convexes* (à paraître; professé au Collège de France en 1948–1949).

10. J. Nielsen, *Untersuchungen zur Topologie der geschlossenen zweiseitigen Flächen* I, Acta Math. t. 50 (1927) pp. 189–358.

11. E. Picard, *Traité d'analyse*, t. 3, Chap. V.

12. F. Riesz, *Über lineare Funktionalgleichungen*, Acta Math. t. 41 (1918) pp. 71–98.

13. E. Rothe, *Über Abbildungsklassen von Kugeln des Hilbertschen Raumes*, Compositio Math. t. 4 (1937) pp. 294–307.

——, *Zur Theorie der topologischen Ordnung und der Vektorfelder in Banachschen Räumen*, Compositio Math. t. 5 (1937) pp. 166–176.

——, *Über den Abbildungsgrad bei Abblidungen von Kugeln des Hilbertschen Raumes*, Compositio Math. t. 5 (1937) pp. 177–197.

——, *The theory of topological order in some linear topological spaces*, Iowa State College Journal of Science t. 13 (1939) pp. 373–390.

——, *Gradient mappings and extrema in Banach spaces*, Duke Math. J. t. 15 (1948) pp. 421–431.

——, *Gradient mappings in Hilbert spaces*, Ann. of Math. t. 47 (1946) pp. 580–592.

——, *Completely continuous scalar and variational methods*, Ann. of Math. t. 49 (1948) pp. 265–280.

14. J. Schauder, *Der Fixpunktsatz in Funktionalräumen*, Studia Mathematica t. 2 (1930) pp. 170–179.

———, *Über den Zusammenhang zwischen der Eindeutigkeit und Lösbarkeit partieller Differentialgleichungen zweiter Ordnung von elliptischen Typus*, Math. Ann. t. 106 (1932) pp. 667–721.

15. E. Schmidt, *Über die Auflösung der nichtlinearen Integralgleichungen und die Verzweigung ihrer Lösungen*, Math. Ann. t. 65 (1908) pp. 370–399.

16. A. Tychonoff, *Ein Fixpunktsatz*, Math. Ann. t. 111 (1935) pp. 767–776.

17. F. Wecken, *Fixpunktklassen*, Math. Ann. t. 117 (1941) pp. 659–671; t. 118 (1943) pp. 216–234, 544–577.

Les applications de la théorie des points fixes:

18. L. Bers, *An existence theorem in two-dimensional gas dynamics*, à paraître.

19. C. Jacob, *Sur l'écoulement lent d'un fluide parfait, compressible, autour d'un obstacle circulaire*, Mathematica t. 17 (1941) pp. 1–18.

———, *Sur les mouvements lents des fluides parfaits compressibles*, Portugaliae Mathematica t. 1 (1939) pp. 209–257, §13.

20. ———, Thèse (Paris), Mathematica t. 11 (1935) pp. 1–118, §§22 à 28.

21. J. Kravtchenko, Thèse (Paris), Journal de Mathématiques t. 21 (1942).

22. J. Leray, *Discussion d'un problème de Dirichlet*, Journal de Mathématiques t. 18 (1939) pp. 249–284.

23. ———, *Les problèmes de représentation conforme de Helmholtz*, Comment. Math. Helv. t. 8 (1935) pp. 149–180.

———, *Théorie des sillages et des proues*, Comment. Math. Helv. t. 8 (1935) pp. 250–263.

24. ———, Thèse, Journal de Mathématiques t. 12 (1933) pp. 1–82.

25. J. Leray et A. Weinstein, *Sur un problème de représentation conforme posé par la théorie de Helmholtz*, C. R. Acad. Sci. Paris t. 198 (1934) pp. 430–432.

Collège de France,
Paris, France.

[1959c]

Théorie des points fixes : indice total et nombre de Lefschetz

Bull Soc. Math. France 87 (1959) 221–233

Introduction.

Soit E un espace topologique; soit ξ une application d'une partie de E dans E; on nomme *points fixes de* ξ les points x de E tels que

$$x = \xi(x).$$

Nous noterons O une partie ouverte de E, $\dot{O}$ sa frontière, $\bar{O}$ son adhérence.

1. L'indice total $i(O)$ **des points fixes de** ξ **appartenant à** O a été défini par [3], puis, sous les hypothèses plus générales que voici, par [2] : on suppose

$$\xi(x) = \varphi(\tau(x)),$$

τ étant une application continue d'une partie fermée de E dans un espace convexoïde T et φ une application continue de T dans E.

Rappelons ([2], n° 76, p. 211; théorème 6, n° 21, p. 126) qu'un espace *convexoïde* est un espace connexe et compact [1], possédant un recouvrement $\mathcal{U} = (U_\alpha)_{\alpha \in A}$ ayant les propriétés suivantes :

a. Chaque U_α est une partie fermée de E, ayant même homologie qu'un point;

b. L'intersection d'un nombre fini de U_α, ou bien est vide, ou bien est un élément de $\mathcal{U}$;

c. Tout point de E possède des voisinages arbitrairement petits, dont chacun est la réunion d'un nombre fini de U_α.

---

[1] [2] dit « bicompact ».

Rappelons les propriétés de $i(O)$ ([2], théorème 22 *bis*, n° 82, p. 224) :

THÉORÈME. — $i(O)$ est un entier positif, négatif ou nul, qui est défini quand $\tau(x)$ est défini sur $\overline{O}\cap\varphi(T)$ et que $\dot{O}$ est étranger à l'ensemble des points fixes de ξ — cet ensemble est compact — ; $i(O)$ ne dépend pas des valeurs prises par $\tau(x)$ hors de $\overline{O}$ — et même hors de $\dot{O}$, si T a même homologie qu'un point. Quand on diminue T, quand on modifie continûment φ et τ sans que $i(O)$ cesse d'être défini, alors $i(O)$ reste constant. Soient O_α des parties ouvertes, deux à deux disjointes, de O; si $\overline{O}-\bigcup_\alpha O_\alpha$ ne contient pas de point fixe de ξ et si $\tau(x)$ est défini sur $\overline{O}\cap\varphi(T)$, alors

$$i(O)=\sum_\alpha i(O_\alpha).$$

2. L'indice total $i(O)$ est égal, dans certains cas, à un nombre de Lefschetz. — La fin du théorème 22 *bis* et le théorème 25 *bis* (n° 82, p. 225) de [2] le montrent. L'objet du présent article est de simplifier ces deux énoncés et d'obtenir le suivant :

THÉORÈME D. — *Remplaçons ξ par sa restriction au compact $\overline{O}\cap\varphi(T)$; notons $\overset{n}{\xi}$ les itérés de ξ; $\overset{n}{\xi}(\overline{O})$ est une suite décroissante de compacts;*

$$k=\lim_{n\to+\infty}\overset{n}{\xi}(\overline{O})=\bigcap_{n>0}\overset{n}{\xi}(\overline{O})$$

est compact et

$$\xi(k)=k.$$

Supposons $k\subset O$; alors $i(O)$ et le nombre de Lefschetz $\Lambda_\xi(k)$ sont définis et égaux :

$$i(O)=\Lambda_\xi(k);$$

et, plus généralement, si K est un compact tel que

$$k\subset\xi(K)\subset K\subset\overline{O},$$

$\Lambda_\xi(K)$ est défini et

$$i(O)=\Lambda_\xi(K).$$

En particulier, si τ est défini sur $\varphi(T)$, alors

$$i(E)=\Lambda_\xi(\varphi(T)).$$

Rappelons la définition du *nombre de Lefschetz* $\Lambda_\xi(E)$: l'homomorphisme réciproque d'une application continue ξ de E en lui-même est un endomorphisme $\overset{-1}{\xi}$ de son groupe de cohomologie [2] $\mathcal{E}$, à coefficients rationnels; soit $T(\mathcal{E}^p)$ la trace de la restriction de cet endomorphisme à $\mathcal{E}^p$, groupe de cohomologie de dimension p; si $T(\mathcal{E}^p)$ est défini quel que soit p, et nul quand p est grand, alors $\Lambda_\xi(E)$ est défini et vaut

$$\Lambda_\xi(E)=\sum_{p\geq 0}(-1)^p\,T(\mathcal{E}^p).$$

[2] emploie la définition classique de la trace : la trace d'un endomorphisme d'un espace vectoriel est définie quand la dimension de cet espace est finie et seulement dans ce cas. Le théorème D ne vaut que si *l'on emploie une définition de la trace plus générale*, quoique bien banale. Le § 1 l'énonce et l'étudie. Le § 2 l'emploie à simplifier et compléter les théorèmes 20, 25 et 25 *bis* de [2] : il les transforme en des théorèmes A, B, C, dont il déduit aisément le théorème D.

A. Deleanu [1] étend ces résultats aux rétractes d'espaces convexoïdes; c'est pour répondre à ses questions que j'ai rédigé le présent article [3].

§ 1. La trace.

3. Sommaire du § 1. — Soit $\mathcal{E}$ un espace vectoriel sur un corps $\mathcal{K}$; soit Θ un endomorphisme de $\mathcal{E}$; soient $\overset{1}{\Theta}=\Theta$, $\overset{2}{\Theta}$, $\overset{3}{\Theta}$, ..., ses itérés; $\overset{-1}{\Theta}$, $\overset{-2}{\Theta}$, ..., leurs inverses, qui sont en général multivoques.

La trace $T_\Theta(\mathcal{E})$ est définie *classiquement* quand $\dim\mathcal{E}<+\infty$: si $\mathcal{E}$ a pour base $e_1, \ldots, e_l$ et si

$$\Theta e_p=\sum_{q=1}^{l}k_p^q e_q \qquad (k_p^q\in\mathcal{K}),$$

alors

$$T_\Theta(\mathcal{E})=\sum_{p=1}^{l}k_p^p.$$

Définition. — Notons $\mathcal{N}_\Theta(\mathcal{E})$ le plus petit sous-espace vectoriel $\mathcal{E}'$ de $\mathcal{E}$ tel que

$$\overset{-1}{\Theta}(\mathcal{E}')=\mathcal{E}';$$

évidemment

$$\mathcal{N}_\Theta(\mathcal{E})=\bigcup_{p\geq 1}\overset{-p}{\Theta}(0)=\lim_{p\to+\infty}\overset{-p}{\Theta}(0).$$

---

(2) [2] dit « homologie » au lieu de cohomologie; $\overset{-1}{\xi}$ est généralement noté ξ^*.

(3) Cet article précise la remarque qui suit le théorème 20 de [2] (n° 55, p. 179).

Quand
$$\dim[\mathcal{E}/\mathcal{N}_\Theta(\mathcal{E})] < +\infty,$$
nous définissons la trace $T_\Theta(\mathcal{E})$ par la relation

$$(1) \qquad T_\Theta(\mathcal{E}) = T_\Theta[\mathcal{E}/\mathcal{N}_\Theta(\mathcal{E})],$$

où le second membre a le sens classique.

La justification de cette définition est donnée par le nº 4 : il prouve que (1) a lieu quand $\dim \mathcal{E} < +\infty$.

Les propriétés de la trace que nous venons de définir sont les suivantes :

Proposition *a*. — Soit $\mathcal{E}'$ un sous-espace vectoriel de $\mathcal{E}$, stable par Θ : $\Theta\mathcal{E}' \subset \mathcal{E}'$; Θ opère donc sur $\mathcal{E}'' = \mathcal{E}/\mathcal{E}'$. Supposons :

— ou bien $T_\Theta(\mathcal{E})$ défini;
— ou bien $T_\Theta(\mathcal{E}')$ et $T_\Theta(\mathcal{E}'')$ définis.

Alors les trois traces $T_\Theta(\mathcal{E})$, $T_\Theta(\mathcal{E}')$ et $T_\Theta(\mathcal{E}'')$ sont définies; elles sont liées par la relation

$$(2) \qquad T_\Theta(\mathcal{E}) = T_\Theta(\mathcal{E}') + T_\Theta(\mathcal{E}'').$$

Preuve. — *Voir* le nº 5.

Note. — Cette proposition *a* s'applique à la trace classique.

Proposition *b*. — Soit $\mathcal{E}'' = \mathcal{E}/\mathcal{E}'$, $\mathcal{E}'$ étant un sous-espace de $\mathcal{E}$, stable par Θ. Supposons qu'à tout élément e de $\mathcal{E}$ corresponde un entier $p \geqq 0$, fonction de e, tel que
$$\overset{p}{\Theta} e = 0.$$
Alors les trois traces $T_\Theta(\mathcal{E})$, $T_\Theta(\mathcal{E}')$, $T_\Theta(\mathcal{E}'')$ sont définies et nulles :

$$(3) \qquad T_\Theta(\mathcal{E}) = T_\Theta(\mathcal{E}') = T_\Theta(\mathcal{E}'') = 0.$$

Preuve. — Le nº 6 prouvera cette proposition, presque évidente.

Note. — La trace classique vérifie seulement cette proposition *b*, alourdie de l'hypothèse :
$$T_\Theta(\mathcal{E}) \text{ est défini}; \quad \text{c'est-à-dire} \quad \dim \mathcal{E} < +\infty.$$

Proposition *c*. — Soit $\mathcal{F}$ un second espace vectoriel sur $\mathcal{K}$; soient deux homomorphismes
$$\mu : \ \mathcal{E} \to \mathcal{F}; \qquad \nu : \ \mathcal{F} \to \mathcal{E}.$$
Si $T_{\nu\mu}(\mathcal{E})$ est défini, alors $T_{\mu\nu}(\mathcal{F})$ est défini et

$$(4) \qquad T_{\nu\mu}(\mathcal{E}) = T_{\mu\nu}(\mathcal{F}).$$

Preuve. — *Voir* le n° 7.

Note. — La trace classique vérifie seulement cette proposition alourdie de l'hypothèse :

$$T_{\mu\nu}(\mathcal{F}) \text{ est défini}; \qquad \text{c'est-à-dire} \quad \dim \mathcal{F} < +\infty.$$

4. Justification de la définition (1). — Notations. — On emploie la définition classique de la trace; on suppose

$$\dim \mathcal{E} < +\infty.$$

Il s'agit de prouver que (1) a lieu. Or la proposition a vaut. Il s'agit donc de prouver que

$$T_\Theta[\mathcal{N}_\Theta(\mathcal{E})] = 0.$$

En d'autres termes, il s'agit de prouver le

Lemme. — Si $\mathcal{N}_\Theta(\mathcal{E}) = \mathcal{E}$, alors $T_\Theta(\mathcal{E}) = 0$.

Preuve. — Par hypothèse,

$$\lim_{p \to +\infty} \overset{-p}{\Theta}(0) = \mathcal{E}, \qquad \dim \mathcal{E} < +\infty;$$

donc, à condition de choisir p assez grand,

$$\overset{-p}{\Theta}(0) = \mathcal{E}, \qquad \text{c'est-à-dire} \quad \overset{p}{\Theta}\mathcal{E} = 0;$$

donc, vu la proposition a,

$$(4.1) \quad T_\Theta(\mathcal{E}) = T_\Theta(\mathcal{E}/\Theta\mathcal{E}) + T_\Theta(\Theta\mathcal{E}/\overset{2}{\Theta}\mathcal{E}) + \ldots + T_\Theta(\overset{p-1}{\Theta}\mathcal{E}/\overset{p}{\Theta}\mathcal{E}).$$

Mais $\Theta = 0$ sur $\mathcal{E}/\Theta\mathcal{E}$, $\Theta\mathcal{E}/\overset{2}{\Theta}\mathcal{E}$, ..., $\overset{p-1}{\Theta}\mathcal{E}/\overset{p}{\Theta}\mathcal{E}$; or $T_\Theta = 0$ quand $\Theta = 0$; donc

$$T_\Theta(\mathcal{E}/\Theta\mathcal{E}) = T_\Theta(\Theta\mathcal{E}/\overset{2}{\Theta}\mathcal{E}) = \ldots = T_\Theta(\overset{p-1}{\Theta}\mathcal{E}/\overset{p}{\Theta}\mathcal{E}) = 0.$$

Donc (4.1) se réduit à

$$T_\Theta(\mathcal{E}) = 0.$$

5. Preuve de la proposition a. — Notations. — Notons

$$\mathcal{N} = \mathcal{N}_\Theta(\mathcal{E}), \qquad \mathcal{N}' = \mathcal{N}_\Theta(\mathcal{E}'), \qquad \mathcal{N}'' = \mathcal{N}_\Theta(\mathcal{E}''),$$

$$\mathcal{N}^* = \bigcup_{p=1}^{+\infty} \overset{-p}{\Theta}(\mathcal{E}').$$

$\mathcal{N} + \mathcal{E}'$ désigne le plus petit sous-espace vectoriel de $\mathcal{E}$ contenant $\mathcal{N}$ et $\mathcal{E}'$.

PROPRIÉTÉS DE $\mathcal{N}$, $\mathcal{N}'$, $\mathcal{N}''$, $\mathcal{N}^*$. — Soit $e \in \mathcal{E}$; pour que $e \in \mathcal{N}$, il faut et suffit que $\overset{p}{\Theta} e = 0$ quand p est supérieur à un nombre fonction de e. Donc

$$(5.1) \qquad \overset{-p}{\Theta}\, \mathcal{N} \subset \mathcal{N},$$
$$(5.2) \qquad \mathcal{N}' = \mathcal{N} \cap \mathcal{E}'.$$

De (5.2) résulte l'isomorphisme

$$(5.3) \qquad \mathcal{E}'/\mathcal{N}' \simeq (\mathcal{N} + \mathcal{E}')/\mathcal{N}.$$

Évidemment,

$$(5.4) \qquad \mathcal{N} + \mathcal{E}' \subset \mathcal{N}^*,$$
$$(5.5) \qquad \mathcal{N}'' = \mathcal{N}^*/\mathcal{E}'.$$

De (5.5) résulte l'isomorphisme

$$(5.6) \qquad \mathcal{E}''/\mathcal{N}'' \simeq \mathcal{E}/\mathcal{N}^*.$$

LEMME 5.1. — Si $\dim \mathcal{E}/\mathcal{N}' < +\infty$, alors

$$\dim \mathcal{E}'/\mathcal{N}' < +\infty \qquad \text{et} \qquad \dim \mathcal{E}''/\mathcal{N}'' < +\infty.$$

PREUVE QUE $\dim \mathcal{E}'/\mathcal{N}' < +\infty$. — Vu (5.3),

$$\mathcal{E}'/\mathcal{N}' \simeq (\mathcal{N} + \mathcal{E}')/\mathcal{N} \subset \mathcal{E}/\mathcal{N};$$

donc

$$\dim \mathcal{E}'/\mathcal{N}' \leqq \dim \mathcal{E}/\mathcal{N} < +\infty.$$

PREUVE QUE $\dim \mathcal{E}''/\mathcal{N}'' < +\infty$. — (5.4) et (5.6) donnent un homomorphisme de $\mathcal{E}/(\mathcal{N} + \mathcal{E}')$ *sur* $\mathcal{E}''/\mathcal{N}''$; il existe un homomorphisme naturel de $\mathcal{E}/\mathcal{N}$ *sur* $\mathcal{E}/(\mathcal{N} + \mathcal{E}')$; en composant ces deux homomorphismes, on obtient un homomorphisme de $\mathcal{E}/\mathcal{N}$ *sur* $\mathcal{E}''/\mathcal{N}''$; donc

$$\dim \mathcal{E}''/\mathcal{N}'' \leqq \dim \mathcal{E}/\mathcal{N} < +\infty.$$

LEMME 5.2. — Si $\dim \mathcal{E}'/\mathcal{N}' < +\infty$, alors

$$(5.7) \qquad \mathcal{N} + \mathcal{E}' = \mathcal{N}^*.$$

PREUVE. — Vu (5.3),

$$\dim (\mathcal{N} + \mathcal{E}')/\mathcal{N} < +\infty;$$

il existe donc un entier $q \geqq 0$ tel que $\Theta^p[(\mathcal{N} + \mathcal{E}')/\mathcal{N}]$ est indépendant de p, si $p \geqq q$; c'est-à-dire

$$(5.8) \qquad \mathcal{N} + \overset{p}{\Theta} \mathcal{E}' = \mathcal{N} + \overset{q}{\Theta} \mathcal{E}' \qquad \text{si } p \geqq q.$$

Soit $e \in \mathcal{N}^*$: il existe un entier $n \geqq 0$, fonction de e, tel que

$$\overset{n}{\Theta}\, e \in \mathcal{E}' ;$$

d'où, vu (5.8),

$$\overset{n+q}{\Theta}\, e \in \overset{q}{\Theta}\mathcal{E}' \subset \mathcal{N} + \overset{n+q}{\Theta}\, \mathcal{E}' ;$$

il existe donc $e' \in \mathcal{E}'$ tel que

$$\overset{n+q}{\Theta}\,(e - e') \in \mathcal{N} ;$$

d'où, vu (5.1),

$$e - e' \in \mathcal{N} ; \qquad \text{c'est-à-dire} \quad e \in \mathcal{N} + \mathcal{E}'.$$

Donc

$$\mathcal{N}^* \subset \mathcal{N} + \mathcal{E}',$$

ce qui, joint à (5.4), prouve (5.7).

Lemme 5.3. — Supposons $\dim \mathcal{E}'/\mathcal{N}' < +\infty$ et $\dim \mathcal{E}''/\mathcal{N}'' < +\infty$; alors $\dim \mathcal{E}/\mathcal{N} < +\infty$ et

$$(2) \qquad T_\Theta(\mathcal{E}) = T_\Theta(\mathcal{E}') + T_\Theta(\mathcal{E}'').$$

Preuve. — Vu (5.3), on a

$$(5.9) \qquad \dim(\mathcal{N} + \mathcal{E}')/\mathcal{N} < +\infty$$

et, vu la définition (1),

$$(5.10) \qquad T_\Theta(\mathcal{E}') = T_\Theta[(\mathcal{N} + \mathcal{E}')/\mathcal{N}].$$

Vu (5.6) et (5.7) on a

$$\mathcal{E}''/\mathcal{N}'' \simeq \mathcal{E}/(\mathcal{N} + \mathcal{E}') ;$$

d'où

$$(5.11) \qquad \dim \mathcal{E}/(\mathcal{N} + \mathcal{E}') < +\infty$$

et, vu la définition (1),

$$(5.12) \qquad T_\Theta(\mathcal{E}'') = T_\Theta[\mathcal{E}/(\mathcal{N} + \mathcal{E}')].$$

De (5.9) et (5.11) résulte

$$\dim \mathcal{E}/\mathcal{N} < +\infty ;$$

donc, vu la définition (1), $T_\Theta(\mathcal{E})$ est défini et vaut

$$T_\Theta(\mathcal{E}) = T_\Theta[\mathcal{E}/\mathcal{N}] ;$$

d'où (2), vu (5.10), (5.12) et la validité de la proposition *a* quand $\dim \mathcal{E} < +\infty$.

Les lemmes 5.1 et 5.3 prouvent la proposition *a*.

6. **Preuve de la proposition** *b*. — Par hypothèse, à tout $e \in \mathcal{E}$ correspond un entier $p > 0$ tel que

$$\overset{p}{\Theta} e = 0.$$

Cela signifie que

$$\mathcal{N} = \mathcal{E}.$$

Donc, vu (5.2),

$$\mathcal{N}' = \mathcal{E}'.$$

Donc, vu la définition (1), $T_\Theta(\mathcal{E})$ et $T_\Theta(\mathcal{E}')$ sont définis et nuls

$$T_\Theta(\mathcal{E}) = T_\Theta(\mathcal{E}') = 0.$$

Donc, vu la proposition *a*, $T_\Theta(\mathcal{E}'')$ est défini et nul

$$T_\Theta(\mathcal{E}'') = 0.$$

7. **Preuve de la proposition** *c*. — Notations. — Notons

$$\mathcal{M} = \mathcal{N}_{\nu\mu}(\mathcal{E}) \subset \mathcal{E}, \qquad \mathcal{N} = \mathcal{N}_{\nu\mu}(\mathcal{F}) \subset \mathcal{F}.$$

Commençons par ne pas supposer $T_{\nu\mu}(\mathcal{E})$ défini :

Lemme 7.1. — On a $\mathcal{M} = \overset{-1}{\mu} \mathcal{N}$.

Preuve. — Soit $e \in \mathcal{M}$: il existe un entier $p \geqq 0$ tel que

$$(\nu\mu)^p e = 0,$$

d'où

$$\mu(\nu\mu)^p e = 0,$$

c'est-à-dire

$$(\mu\nu)^p \mu e = 0, \qquad \mu e \in \mathcal{N}, \qquad e \in \overset{-1}{\mu} \mathcal{N},$$

donc

$$\mathcal{M} \subset \overset{-1}{\mu} \mathcal{N}. \tag{7.1}$$

Soit maintenant $e \in \overset{-1}{\mu} \mathcal{N}$; on a

$$\mu e \in \mathcal{N},$$

il existe donc un entier $p \geqq 0$ tel que

$$(\nu\mu)^p \mu e = 0,$$

d'où

$$\nu(\mu\nu)^p \mu e = 0,$$

c'est-à-dire

$$(\nu\mu)^{p+1} e = 0, \qquad e \in \mathcal{M};$$

donc

(7.2) $$\overset{-1}{\mu}\,\mathcal{N} \subset \mathcal{M}.$$

(7.1) et (7.2) prouvent le lemme.

Ce lemme 7.1 entraîne évidemment la relation

(7.3) $$\mu\,\mathcal{M} \subset \mathcal{N}$$

et le lemme suivant :

Lemme 7.2. — μ induit un *isomorphisme* de $\mathcal{E}/\mathcal{M}$ *dans* $\mathcal{F}/\mathcal{N}$ (c'est-à-dire sur un sous-espace de $\mathcal{F}/\mathcal{N}$).

De ce lemme résulte que

$$\dim \mathcal{E}/\mathcal{M} \leqq \dim \mathcal{F}/\mathcal{N},$$

d'où, en permutant les rôles de $\mathcal{E}$ et $\mathcal{F}$, $\mathcal{M}$ et $\mathcal{N}$:

Lemme 7.3. — $\dim \mathcal{E}/\mathcal{M} = \dim \mathcal{F}/\mathcal{N}$.

Preuve de la proposition *c*. — Supposons $T_{\nu\mu}(\mathcal{E})$ défini, c'est-à-dire $\dim \mathcal{E}/\mathcal{M} < +\infty$; donc, vu le lemme précédent, $\dim \mathcal{F}/\mathcal{N} < +\infty$: $T_{\nu\mu}(\mathcal{F})$ est défini. D'après la définition (1),

$$T_{\nu\mu}(\mathcal{E}) = T_{\nu\mu}(\mathcal{E}/\mathcal{M}), \qquad T_{\mu\nu}(\mathcal{F}) = T_{\mu\nu}(\mathcal{F}/\mathcal{N}),$$

Or la proposition *c* est classique pour les homomorphismes

$$\mu : \quad \mathcal{E}/\mathcal{M} \to \mathcal{F}/\mathcal{N}; \qquad \nu : \quad \mathcal{F}/\mathcal{N} \to \mathcal{E}/\mathcal{M}.$$

d'espaces vectoriels de dimensions finies; elle donne

$$T_{\nu\mu}(\mathcal{E}/\mathcal{M}) = T_{\nu\mu}(\mathcal{E}/\mathcal{N}).$$

D'où (4).

§ 2. Le nombre de Lefschetz.

Exposons maintenant les simplifications qu'apporte à [2] la définition de la trace qui précède.

8. Comparaison des nombres de Lefschetz de E et F. — Reprenons le n° 55 de [2], p. 177. On y considère : un espace topologique normal E; une partie fermée F de E; son complémentaire $O = E - F$; les groupes de cohomologie à supports fermés et coefficients rationnels, de dimension p : $\mathcal{E}^p$, $\mathcal{F}^p$, $\mathcal{O}^p$ de E, F, O; enfin la suite exacte, aujourd'hui classique

$$\to \mathcal{E}^p \to \mathcal{F}^p \to \mathcal{O}^{p+1} \to \mathcal{E}^{p+1} \to$$

c'est-à-dire les trois isomorphismes ([2], n° 45, p. 171)

(8.1) $$\mathcal{E}^p/\mathcal{E}^p_0 \simeq \mathcal{F}^p_E, \qquad \mathcal{F}^p/\mathcal{F}^p_E \simeq \mathcal{G}^{p+1}, \qquad \mathcal{O}^p/\mathcal{G}^p \simeq \mathcal{E}^p_0.$$

On considère une application continue ξ de E en lui-même, telle que $\xi(F)\subset F$ et les endomorphismes réciproques $\overset{-1}{\xi}$ de

$$\mathcal{E}^p,\quad \mathcal{F}^p,\quad \mathcal{O}^p,\quad \mathcal{E}_0^p,\quad \mathcal{F}_E^p,\quad \mathcal{G}^p;$$

on note leurs itérés $\overset{-n}{\xi}$ et leurs traces, si elles existent :

$$T(\mathcal{E}^p),\quad T(\mathcal{F}^p),\quad T(\mathcal{O}^p),\quad T(\mathcal{E}_0^p),\quad T(\mathcal{F}_E^p),\quad T(\mathcal{G}^p).$$

Si $T(\mathcal{E}^p)$ et $T(\mathcal{F}^p)$ existent quel que soit p, alors, vu (8.1) et la proposition a, toutes ces traces existent et vérifient les relations

$$T(\mathcal{E}^p)=T(\mathcal{E}_0^p)+T(\mathcal{F}_E^p),\qquad T(\mathcal{F}^p)=T(\mathcal{F}_E^p)+T(\mathcal{G}^{p+1})$$
$$T(\mathcal{O}^p)=T(\mathcal{G}^p)+T(\mathcal{E}_0^p).$$

Supposons E compact, notons

$$f=\bigcap_n \overset{n}{\xi}(E)=\lim_{n\to+\infty}\overset{n}{\xi}(F)$$

et supposons $f\subset F$. Alors on voit, comme dans [2], n° 55, p. 178, qu'à tout cocycle à support compact [4] Z^p de O correspond un entier $n\geqq 0$ tel que $\overset{-n}{\xi}(Z^p)\sim 0$. Donc, vu (8.1) et la proposition b,

$$T(\mathcal{O}^p)=T(\mathcal{G}^p)=T(\mathcal{E}_0^p)=0\quad \text{quel que soit } p\geqq 0.$$

D'où vu (8.1) et la proposition a,

$$T(\mathcal{E}^p)=T(\mathcal{F}_E^p)=T(\mathcal{F}^p)$$

sous *la seule* hypothèse que $T(\mathcal{E}^p)$ *ou* $T(\mathcal{F}^p)$ existe : l'hypothèse du théorème 20 de [2] que les anneaux d'homologie de *E et F* aient *tous deux* des bases finies devient donc superflue; ce théorème 20 de [2] devient le

Théorème A. — *Soit un espace compact E; soit $\xi(x)$ une application de E en lui-même; soit*

$$f=\bigcap_{n\geqq 0}\overset{n}{\xi}(E)=\lim_{n\to+\infty}\overset{n}{\xi}(E);$$

f est compact et [5] $\xi(f)=f$. *Soit F une partie compacte de E telle que*

$$f\subset\xi(F)\subset F\qquad (\text{par exemple} : F=f).$$

Soient $T(\mathcal{E}^p)$ et $T(\mathcal{F}^p)$ les traces des endomorphismes de $\mathcal{E}^p$ et de $\mathcal{F}^p$

(4) [2] dit « cycle ».

(5) [2] affirme à tort que $\overset{-1}{\xi}(f)=f$.

réciproques de ξ; si L'UNE *de ces traces est définie, l'autre est définie et lui est égale :*

$$T(\mathcal{E}^p) = T(\mathcal{F}^p).$$

Soient $\Lambda_\xi(E)$ et $\Lambda_\xi(F)$ les nombres de Lefschetz de ξ et de sa restriction à F; si L'UN *de ces nombres de Lefschetz est défini, l'autre est défini et lui est égal:*

$$\Lambda_\xi(E) = \Lambda_\xi(F).$$

9. Points fixes d'une application en lui-même d'un espace convexoïde. — Le théorème 20 sert à prouver le théorème 25 de [2] (nº 78, p. 216). Remplaçons le théorème 20 par le théorème A : l'hypothèse suivante du théorème 25 devient superflue :

(14) L'anneau d'homologie de F a une base finie.

Ce théorème 25 devient le cas particulier suivant du théorème D :

THÉORÈME B. — *Soit O une partie ouverte d'un espace convexoïde E. Soit ξ une application de $\overline{O}$ dans E. Soit $i(O)$ l'indice total des points fixes de ξ intérieurs à O. Soit*

$$f = \bigcap_{n>0} \overset{n}{\xi}(\overline{O}) = \lim_{n \to +\infty} \overset{n}{\xi}(\overline{O});$$

f est compact et $\xi(f) = f$. Supposons $f \subset O$; alors $i(O)$ et $\Lambda_\xi(f)$ sont définis et égaux :

$$i(O) = \Lambda_\xi(f);$$

et, plus généralement, si E est un compact tel que

$$f \subset \xi(F) \subset F \subset \overline{O},$$

alors $\Lambda_\xi(F)$ est défini et

$$i(O) = \Lambda_\xi(F).$$

10. Points fixes d'une application. — $\xi(x) = \varphi(\tau(x))$. — Le théorème 25 sert à prouver le théorème 25 *bis* de [2] (nº 82, p. 225). Remplaçons le théorème 25 par le théorème B; l'hypothèse suivante du théorème 25 *bis* devient superflue :

F a une base d'homologie finie.

Ce théorème peut alors s'énoncer comme suit :

THÉORÈME C. — *Soient un espace topologique E, une partie ouverte O de E, un espace convexoïde T, une application continue φ de T dans E et une application continue τ de $\overline{O}$ dans T. Soit $i(O)$ l'indice total des points* *fixes de* $\xi(x)=\varphi(\tau(x))$ *intérieurs à O. Après avoir remplacé* τ *par sa restriction à* $\overline{O}\cap\varphi(T)$, *définissons*

$$f=\lim \tau\varphi\tau\ldots\varphi\tau(\overline{O});$$

f *est compact et* $\tau(\varphi(f))=f$. *Supposons* $f\subset\overset{-1}{\varphi}(O)$, *alors* $i(O)$ *et* $\Lambda_{\tau\varphi}(f)$ *sont définis et*

$$i(O)=\Lambda_{\tau\varphi}(f);$$

et, plus généralement, si F est une partie compacte de T telle que

$$f\subset\tau(\varphi(F))\subset F\subset\overset{-1}{\varphi}(\overline{O}),$$

alors $\Lambda_{\tau\varphi}(F)$ *est défini et*

$$i(O)=\Lambda_{\tau\varphi}(f).$$

Ce théorème C affirme que, dans certains cas, l'indice total des points fixes de $\xi=\varphi\tau$ est un nombre de Lefschetz de $\tau\varphi$. La proposition *c* permet d'en déduire aisément le théorème D, qui affirme que cet indice est alors un nombre de Lefschetz de ξ elle-même.

Preuve du théorème D. — Conservons les hypothèses du théorème C; définissons

$$k=\varphi(f);$$

évidemment

$$f=\tau(k).$$

Appliquons la proposition *c* aux homomorphismes $\overset{-1}{\varphi}$ et $\overset{-1}{\tau}$, des groupes de cohomologie de f et k, réciproques des applications φ et τ; nous voyons que, puisque $\Lambda_{\tau\varphi}(f)$ est défini, $\Lambda_{\varphi\tau}(k)$, c'est-à-dire $\Lambda_{\xi}(k)$, est défini et lui est égal

$$\Lambda_{\xi}(k)=\Lambda_{\tau\varphi}(f).$$

D'où, d'après le théorème C,

$$i(O)=\Lambda_{\xi}(k).$$

Plus généralement, vu le théorème A, $\Lambda_{\xi}(K)$ est donc défini et

$$i(O)=\Lambda_{\xi}(K)$$

quand K vérifie les hypothèses qu'énonce le théorème D.

BIBLIOGRAPHIE.

[1] Deleanu (Aristide). — *Théorie des points fixes sur les rétractes de voisinage des espaces convexoïdes* (*Bull. Soc. math. Fr.*, t. 87, 1959, p. 235-243).

[2] Leray (Jean). — *Sur la position d'un ensemble fermé de points d'un espace topologique* (*J. Math. pures et appl.*, 9e série, t. 24, 1945, p. 169-199); *Sur les équations et les transformations* (*J. Math. pures et appl.*, 9e série, t. 24, 1945, p. 201-248).

[3] Leray (J.) et Schauder (J.). — *Topologie et équations fonctionnelles* (*Ann. scient. Éc. Norm. Sup.*, 3e série, t. 51, 1934, p. 45-78).

(Manuscrit reçu le 16 août 1959.)

Jean Leray, 12 rue Pierre Curie, Sceaux (Seine).

[1972c]

Fixed point index and Lefschetz number

Symp. Infinite-Dimensional Topology, Louisiana State Univ. Baton Rouge, Ann. Math. Stud., Princeton Univ. 69 (1972) 219–234

Let E be a topological space, 0 an open subset of E, $\overline{0}$ its closure and ξ a continuous mapping: $\overline{0} \to E$; its fixed points are the points $x \in \overline{0}$ such that $x = \xi(x)$.

Twenty years ago I gave in [6] a new definition of their index $i_{\xi}(0)$; it has the following features: it does not assume E linear; it is independent of the notion of topological degree [1]; it has close relations with Lefschetz number (see No. 8, below). Few years later I improved and developed in [7] some of the tools used by the preceding definition: fine covertures (i.e., simple and full gratings), spectral sequence and filtrated cohomology. This second paper made possible an important simplification of that new definition of the fixed-point index. Recently, this simplification was explicitly exposed by D. G. Bourgin in his excellent *Modern Algebraic Topology* [1]; he made some change of notation and terminology (his gratings are my complexes; his simple gratings my covertures; his full gratings my fine complexes).

The last chapter of [6] (Ch. VII) gives an extension of the notion of fixed-point index which deserves a similar simplification; the present report paves the way for it by describing as shortly as possible the main features of the fixed-point theory itself: it sums up [6], [7], [8], [3]; it has relations with the reports by A. Granas [4], R. Knill [5] and also with F. E. Browder's paper [2].

---

1 Whereas in [10] J. Schauder and myself assumed E linear and defined that index as the topological degree of mapping: $x \to x - \xi(x)$.

My purpose being to make accessible the part of [6] which is not presented by D. G. Bourgin [1], I must keep my terminology, but I shall quote his own.

§1. COHOMOLOGY OF COMPACT SPACES

The following definition of the cohomology of a compact[2] space is an extension of de Rham's definition [11] of the cohomology of differentiable manifolds as the cohomology of the algebra of their exterior differential forms (E. Cartan suggested that definition in 1928 after he succeeded in understanding a sentence written by H. Poincaré in 1899).

1. COMPLEX (Grating in [1]). Let E be a compact space.

Definition. A complex (or grating) C of E is a graded differential ring with a unity U and supports S(...), contained in E.

Let us explain the meaning of these terms:

"Graded" means that

$$C = \underset{p}{\otimes} C^p \quad (p: \text{ integer } \geq 0)$$

is the direct sum of additive groups C^p without torsion[3]; the elements $X^{p,\alpha}$ of C^p are said to be homogeneous of degree p; the degree of a product is the sum of the degrees of its factors:

$$X^{p,\alpha} \cdot X^{q,\beta} \in C^{p+q} \quad (\text{obviously } U \in C^0).$$

"Differential" means that a linear mapping is given

$$d: C^p \to C^{p+1}, \ \forall p$$

such that

$$d^2 = 0, \ d(X^{p,\alpha} \cdot X^{q,\beta}) = (dX^{p,\alpha}) \cdot X^{q,\beta} + (-1)^p X^{p,\alpha} \cdot dX^{q,\beta}$$

(obviously $dU = 0$ since $U = U^2$ and $U \in C^0$); the mapping d is called the differential of C.

2 It can be adapted to locally compact spaces.

3 i.e.: If $X \in C$ and if $m = \text{integer} \neq 0$, then $mX = 0$ implies $X = 0$.

"With supports" means that to each $X \in C$ is associated a closed subset $S(X)$ of E such that:

$$S(X) = \emptyset \text{ if and only if } X = 0; \quad S(mX) = S(X) \text{ for } m = \text{integer} \neq 0;$$

$$S(\Sigma_p X^p) = \cup_p S(X^p) \text{ if } X = \Sigma_p X^p, \; X^p \in C^p;$$

$$S(X^{p,\alpha} + X^{q,\beta}) \subseteq S(X^{p,\alpha}) \cup S(X^{q,\beta}); \; S(X^{p,\alpha} \cdot X^{q,\beta}) \subseteq S(X^{p,\alpha}) \cap S(X^{q,\beta});$$

$$S(dX) \subseteq S(X).$$

Definition. C is *basic* if the additive group C has a finite base[4] $\{X^{p,\alpha}\}$, such that

$$S(\Sigma_{p,\alpha} c_{p,\alpha} X^{p,\alpha}) = \cup_{p,\alpha} S(X^{p,\alpha}) \quad (c_{p,\alpha}\text{: integers} \neq 0).$$

C is *fine* (full in [1]) when the unity U of C has partitions with arbitrarily small supports; i.e.: an open cover of E being given, there exists a partition of U:

$$U = \sum_\alpha X^{0,\alpha},$$

such that each $S(X^{0,\alpha})$ belongs to some element of that cover.

Of course a fine complex cannot be basic (except if E is a finite set of points). The definition of the cohomology uses fine complexes; instead of them basic complexes can be used, under convenient assumptions, which play a fundamental role in fixed-point theory.

The definition of the cohomology uses also the following operations:

Operations on a complex. Let ξ be a continuous mapping:

$$\xi\colon E' \to E \quad (E' \text{ and } E\text{: compact spaces});$$

[4] Each $X \in C$ has a unique expression $X = \Sigma_{p,\alpha} c_{p,\alpha} X^{p,\alpha}$, where $c_{p,\alpha}$ are integers $\gtrless 0$.

denote by C' the differential ring isomorphic to C, with supports $\xi^{-1}S(X)$; its elements with empty supports constitute an ideal I' of C'; the quotient ring C'/I' is obviously a complex of E'; it is denoted by $\xi^*(C)$; $\xi^*(X)$ denotes the image of $X \in C$.

That complex is denoted by $C \cdot E'$ and called the section of C by E' when $E' \subset E$, ξ being the inclusion mapping: $E' \to E$; $\xi^*(X)$ is denoted by $X \cdot E'$; thus

$$S(X \cdot E') = S(X) \cap E', \quad \forall X \in C.$$

Let C and C' be two complexes of E; their tensorial product $C \otimes C'$ is obviously a graded differential ring; we identify $C \otimes C'$ with $C' \otimes C$ by identifying $X^{p,\alpha} \otimes X'^{q,\beta}$ with $(-1)^{pq} X'^{q,\beta} \otimes X^{p,\alpha}$; define as follows supports of its elements:

$$x \in S\Big(\sum_\alpha X^{p,\alpha} \otimes X'^{q,\alpha}\Big) \text{ if and only if } \sum_\alpha (X^{p,\alpha} \cdot x) \otimes (X'^{q,\alpha} \cdot x) \neq 0$$

in $(C \cdot x) \otimes (C' \cdot x)$; $(p = p(\alpha),\ q = q(\alpha))$; obviously the elements with empty support constitute an ideal I of $C \otimes C'$; the quotient $(C \otimes C')/I$ is a complex of E denoted by $C \circ C'$; $C \circ C'$ is called the intersection of C and C'. The image of $\Sigma_\alpha X^{p,\alpha} \otimes X'^{q,\alpha}$ in $C \circ C'$ is denoted by $\Sigma_\alpha X^{p,\alpha} \circ X'^{q,\alpha}$; the operation $\circ$ is commutative, associative and distributive for the addition.

Example. If C and C' have bases, $\{X^{p,\alpha}\}$ and $\{X'^{q,\beta}\}$, then $C \circ C'$ has the base $\{X^{p,\alpha} \circ X'^{q,\beta}\}$, where $X^{p,\alpha}$ and $X'^{q,\beta}$ are such that:

$$S(X^{p,\alpha} \circ X'^{q,\beta}) = S(X^{p,\alpha}) \cap S(X'^{q,\beta}) \neq \emptyset .$$

Example. If C is fine, then $C \circ C'$ is fine, but in general $\xi^*(C)$ is not fine.

2. THE COHOMOLOGY OF E.

The cohomology of a complex C. The elements X of C such that $dX = 0$ are called cocycles of C; they constitute a subring $Z(C)$ of C. For instance, the unity U of C is a cocycle. The image dC of C by d is an ideal dC of $Z(C)$; any X belonging to dC is said to be cohomologous to zero, which is written:

$$X \sim 0.$$

The quotient ring

$$H(C) = Z(C)/dC$$

is called the cohomology of C; its elements are the classes of cohomologous cocycles.

H(C) is *graded* and has a *unity*: the class of U.

H(C) is said to be *trivial* when it has a base reduced to its unity.

Define a *coverture* (i.e.: a simple grating in [1]) of E as a complex K of E such that $H(K \cdot x)$ is trivial $\forall x \in E$. (Hence: $K \cdot x$ has elements $\neq 0$, $\forall x \in E$).

The *Čech-cohomology of a compact space* E can be defined as follows (without nerves of covers nor limits): each compact space E has fine covertures; if K and K′ are two of them, then there is a natural isomorphism

$$(1) \qquad H(K) \Longleftrightarrow H(K')$$

which enables us to identify H(K) with H(K′) and to define as follows the cohomology H(E) of E:

$$H(E) = H(K) \; .$$

The proof of (1) proceeds as follows: the product of K by the unity of K′ defines obviously a natural monomorphism

$$K \subset K \circ K'$$

which induces a natural morphism

$$H(K) \to H(K \circ K') \; .$$

We assert: "that morphism is an isomorphism"; in other words: "each element X of $K \circ K'$ such that $dX \in K$ satisfies[5] $X \sim K$". Indeed, define the filtration $f(X)$ of $X \in K \circ K'$ as follows: $-f(X)$ is the maximal degree of the elements $X'^{q,\alpha}$ of K' appearing in the expression

$$X = \sum_{\alpha} X^{p,\alpha} \circ X'^{q,\alpha}, \quad \text{where } p = p(\alpha), \ q = q(\alpha) \ ,$$

that expression being chosen such that this maximal degree is as small as possible; m being given, the elements of $K \circ K'$ whose filtrations are $> m$ constitute a subgroup of $K \circ K'$.

Our assumptions

$$f(dX) = 0, \ K \text{ is fine}, \ H(K' \cdot x) \text{ is trivial } \forall x \in E$$

imply that:

$X \sim 0$ mod the subgroup of filtration $> f(X)$, if $f(X) < 0$;

$X \in K$ if $f(X) = 0$.

By induction on $f(X)$, our assertion is proved.

The preceding proof belongs to a technique called "filtrated cohomology" and "spectral sequence," the present case being the simple one: the case where the spectral sequence is trivial.

Example. Let K be a (fine or not) coverture of E; then the product of K by the unity of a fine coverture K' of E induces a natural monomorphism

$$K \subset K \circ K'$$

which induces, since $K \circ K'$ is a fine coverture of E, a natural morphism

$$H(K) \to H(E) \ ;$$

thus each cocycle of K has a natural image in $H(E)$: its cohomology class. A cocycle (or an element) of a coverture of E is called cocycle (or cochain) of E.

5 $X \sim K$ means: there is a $Y \in K \circ K'$ such that $X - dY \in K$.

Example. H(E) is trivial when E is retractible by deformation into a point (for instance: is a cone; is convex).

Example. $H^0(E)$ (i.e.: the subgroup of H of degree 0) is trivial if and only if E is connected.

3. THE COHOMOLOGY OF $E \circ C$.

More generally the proof of (1) gives the following result: Let C be a complex of E, K and K′ be two fine covertures of E; then there is a natural isomorphism

$$H(K \circ C) \Longleftrightarrow H(K' \circ C) \tag{2}$$

which enables us to identity $H(K \circ C)$ with $H(K' \circ C)$ and to define $H(E \circ C)$ by

$$H(E \circ C) = H(K \circ C) .$$

The product of C by the unity of K induces a natural morphism

$$H(C) \to H(E \circ C) .$$

This morphism is an isomorphism, identifying H(C) with $H(E \circ C)$, in the following case:

if C is *basic* and if the supports $S(X^{p,\alpha})$ of its base elements have a *trivial cohomology*, then

$$H(C) = H(E \circ C) . \tag{3}$$

Of course, if C is a coverture of E, then

$$H(E \circ C) = H(E) . \tag{4}$$

Example. If C is a basic coverture of E and if the supports of its base elements have a trivial cohomology, then

$$H(C) = H(E) ;$$

therefore H(E) has a finite base; thus E is a very special space.

The fixed points theory uses still more special spaces.

§2. Fixed Points Theory

4. Adequate covertures.

Notation. Let K be a basic complex; define a local order in its base such that $X^{q+1,\gamma} < X^{q,\beta}$ if and only if $X^{q+1,\gamma}$ appears in $dX^{q,\beta}$; $X^{p,\alpha} < X^{q,\beta}$ if and only if there is an ordered sequence $X^{r,\gamma(r)}$ $(r = p, p-1, \ldots, q+1, q)$ from $X^{p,\alpha}$ to $X^{q,\beta}$. Denote by $\underline{X}^{p,\alpha}$ the subcomplex of K generated by the $X^{q,\beta}$ such that $X^{p,\alpha} < X^{q,\beta}$; define

$$S(\underline{X}^{p,\alpha}) = \bigcup_{q,\beta} S(X^{q,\beta}) \text{ for } X^{p,\alpha} < X^{q,\beta} .$$

Definition. An *adequate coverture* K is a basic coverture with the following property:

if $X^{p,\alpha}$ is a base element, then the subset $S(X^{p,\alpha})$ of E and the subcomplex $\underline{X}^{p,\alpha}$ of K have both trivial cohomology.

The preceding example shows:

If K *is an adequate coverture of* E, *then:*

(5) $$H(E) = H(K);$$

(6) $S(\underline{X}^{p,\alpha})$ has trivial homology, $\forall X^{p,\alpha}$ base element of K.

Definition. The dual k of a base complex K of E is a basic complex of E; its base elements $x_{p,\alpha}$ correspond one-to-one to the base elements $X^{p,\alpha}$ of K; p is called dimension of $x_{p,\alpha}$; the differential of k, (which decreases the dimension by 1, is called boundary and is denoted by ∂), is defined by the condition that

(7) $$\sum_{p,\alpha} X^{p,\alpha} \otimes x_{p,\alpha} \text{ is a } cocycle \text{ of } K \otimes k;$$

the cohomology H(k) of k is called the homology of k; its dual is obviously H(K); the supports of the elements of k are defined as follows:

$$S(x_{p,\alpha}) = S(\underline{X}^{p,\alpha});$$

no product is defined in k.

Properties of the dual k *of an adequate coverture* K. In view of (3) and (6):

(8) $$H(E \circ k) = H(k) .$$

Assume E *connected;* then $H^0(E)$ is trivial (no. 2); therefore all the 0-dimensional base elements $x^{0,\alpha}$ of k belong to the same homology class $u \in H(k)$; u is the base of the 0-dimensional homology of k. Thus the homology class of any "0-dimensional" cocycle of $E \circ k$, i.e., of any cocycle

$$\sum_{\alpha} L^{p,\alpha} \circ x_{p.\alpha} \quad (L^{p,\alpha}\text{: cochains of } E \text{ of degree } p = p(\alpha)) ,$$

is

$$u \cdot \text{K. I.} \left(\sum_{\alpha} L^{p,\alpha} \circ x_{p,\alpha}\right)$$

where K. I.(...) is an integer, which depends linearly on that cycle: it is its Kronecker index.

For instance (7) implies the existence of cocycles $Z^{q,\beta}$ of K and cycles $z_{q,\beta}$ of k such that

(9) $$\sum_{p,\alpha} X^{p,\alpha} \otimes x_{p,\alpha} \sim \sum_{q,\beta} Z^{q,\beta} \otimes z_{q,\beta} \text{ in } K \otimes k ;$$

their images, in the quotients of the additive groups H(K) and H(k) by their torsion subgroups, are the elements of bases of those quotients; now the Kronecker index defines a duality between those quotients and those bases:

(10) $$\text{K. I.}(Z^{q,\beta} \circ z_{r,\gamma}) = (-1)^q \text{ if } q = r, \ \beta = \gamma; = 0 \text{ otherwise.}$$

5. CONVEXOID SPACE.

Definition. A convexoid space is a space with the following properties:

E is compact and connected;

for any open cover $\cup_\beta 0_\beta = E$ of E, there is a closed and finite cover

$\cup_\gamma F_\gamma = E$ of E such that

1) it is a finer cover (i.e.: each F_γ belongs to some 0_β);
2) any non-empty intersection $F_{\gamma^\circ} \cap \cdots \cap F_{\gamma_p}$ of its elements has a trivial cohomology.

Examples. Any polyhedron is convexoid. Any compact and convex subset of a locally convex vector space is obviously convexoid. Any sufficiently smooth[6] manifold is convexoid.

Property. A convexoid space E has arbitrarily fine adequate covertures (i.e.: an open cover $\cup_\beta 0_\beta = E$ of E being given, there is an adequate coverture K of E such that the support of any base element of K belongs to some 0_β).

6. LEFSCHETZ NUMBER.

Let E be a convexoid space; let ξ be a mapping:

$$\xi: E \to E .$$

Let K be an adequate coverture of E, k its dual, (7), (9) and (10) show that the integer

$$K.I.\left(\sum_{p,\alpha} \xi^*(X^{p,\alpha}) \circ x_{p,\alpha}\right) = K.I.\left(\sum_{q,\beta} \xi^*(Z^{q,\beta}) \circ z_{q,\beta}\right)$$

is the trace[7] of the morphism

$$\xi^*: H(E) \to H(E), \tag{11}$$

after division of H(E) by its torsion subgroup; it is denoted by $\Lambda_\xi(E)$ and called the *Lefschetz number*[8] of ξ; thus

---

6 It should be sufficient to assume the manifold finite-dimensional and twice differentiable.

7 Obviously: $\xi^*: H^p(E) \to H^p(E)$; by definition

$$\mathrm{Trace}\,[\xi^*: H(E) \to H(E)] = \Sigma_p (-1)^p\ \mathrm{Trace}\,[\xi^*: H^p(E) \to H^p(E)].$$

8 It is a very classical notion, which has been recently renewed by Atiyah and Bott.

(12) $$\Lambda_\xi(E) = \text{K. I.}\left(\sum_{p,\alpha} \xi^*(X^{p,\alpha}) \circ x_{p,\alpha}\right) = \text{Trace}[\xi\colon H(E) \to H(E)]\,.$$

It is obviously a topological invariant of ξ; it is more precisely an *invariant of the homotopy class of* ξ.

We have

(13) $$\Lambda_\xi(E) = 0 \text{ if } \xi \text{ } \textit{has no fixed point};$$

indeed we can then choose K so fine that

$$S(\xi^*(X^{p,\alpha})) \cap S(x_{p,\alpha}) = \emptyset\,, \qquad \forall\, p, \alpha\,,$$

which implies

$$\sum_{p,\alpha} \xi^*(X^{p,\alpha}) \circ x_{p,\alpha} = 0\,.$$

7. INDEX OF FIXED POINTS

Definition. Let E be a convexoid space, 0 an open subset of E, $\dot{0}$ its boundary, $\bar{0} = 0 \cup \dot{0}$ its closure and ξ a mapping:

$$\xi\colon \bar{0} \to E\,.$$

Denote by L° a cochain of E (i.e.: an element of a coverture C of E) such that:

L° is homogeneous of degree 0; $S(L^\circ) = \bar{0}$; $S(dL^\circ) = \dot{0}$;

$L^\circ \cdot x$ is the unity of $C \cdot x$ for any $x \in 0$.

Such a cochain exists.

Let K be an adequate coverture of E, k its dual, $\{X^{p,\alpha}\}$ and $\{x_{p,\alpha}\}$ the bases of K and k; consider the element of $C \circ \xi^*(K) \circ k$:

(14) $$\sum_{p,\alpha} L^\circ \circ \xi^*(X^{p,\alpha}) \circ x_{p,\alpha}\,;$$

its differential is

$$\sum_{p,\alpha} (dL^\circ) \circ \xi^*(X^{p,\alpha}) \circ x_{p,\alpha}$$

since $\Sigma_{p,\alpha} X^{p,\alpha} \otimes x_{p,\alpha}$ is a cocycle; assume that ξ has no fixed point on $\dot{0}$; then

$$S(dL^\circ) \cap S(\xi^* X^{p,\alpha}) \cap S(x_{p,\alpha}) = \emptyset ; \qquad \forall\, p, \alpha ,$$

when K is chosen fine enough; then (14) is a cocycle of $E \circ k$; its Kronecker index is defined; it can be shown that it does not depend on the choices of K and C, provided that K is fine enough. That Kronecker index is called *the index of the fixed points of* ξ *belonging to* 0; it is denoted by

$$\text{(15)} \qquad i_\xi(0) = i_\xi\{x = \xi(x) \in 0\} = \text{K. I.}\left(\sum_{p,\alpha} L^\circ \circ \xi^* X^{p,\alpha} \circ x_{p,\alpha} \right)$$

Properties of the index. $i_\xi(0)$ is defined when ξ has no fixed point on $\dot{0}$. When 0 and ξ are deformed continuously, then $i_\xi(0)$ remains constant as long as it is defined throughout the deformation.

$i_\xi(0) = 1$, when ξ maps $\overline{0}$ into a point of 0.

$i_\xi(0) = 0$, when ξ has no fixed point (in particular when 0 is empty).

$i_\xi(0) = \Sigma_\alpha i_\xi(0_\alpha)$ if the 0_α are pairwise disjoint open subsets of 0 and if $\overline{0} - \cup_\alpha 0_\alpha$ contains no fixed points of ξ.

If E' is a convexoid subspace of E and if

$$\xi(\overline{0}) \subset E'$$

then $i_\xi(0)$ does not change when the pair E, 0 is replaced by E', $0' = 0 \cap E'$. If E has trivial cohomology, then $i_\xi(0)$ depends only on the restriction of ξ to $\dot{0}$.

Assume that $E = E' \times E''$; hence $x = (x', x'')$, where $x \in E$, $x' \in E'$, $x'' \in E''$; $\xi(x)$ has the components $\xi'(x) \in E'$, $\xi''(x) \in E''$.

1) $i_\xi(0)$ does not change when ξ'' is replaced by any other mapping $\overline{0} \to E''$ having the same values on the subset of $\overline{0}$ where $x' = \xi'(x)$;

2) Assume: ξ'' independent of x'; $0 = 0' \times D''$ where D'' is a domain (i.e.: is open and connected);

$$x' \neq \xi'(x) \text{ on } \dot{0}' \times \overline{D}''; \quad x'' \neq \xi''(x'') \text{ on } \dot{D}''.$$

Thus the following indices are defined:

$i_\xi(0) = i\{x = \xi(x) \in 0\}$;

$i_{\xi'}(0') = i\{x' = \xi'(x', x'') \in 0'\}$, which is independent of $x'' \in D''$;

$i_{\xi''}(0'') = i\{x'' = \xi''(x'') \in D''\}$.

Now we have:

(16) $$i_\xi(0) = i_{\xi'}(0') \cdot i_{\xi''}(0'').$$

8. RELATION BETWEEN INDEX AND LEFSCHETZ NUMBER.

We have

(17) $$i_\xi(E) = \Lambda_\xi(E),$$

since, L° being the unity of a coverture of E when $0 = E$, (12) and (15) are then identical.

This obvious result can be easily extended as follows. Define $\xi^n(\overline{0})$ $(n = 2, 3, \ldots)$ as the image by ξ of $\overline{0} \cap \xi^{n-1}(\overline{0})$; $\xi^n(\overline{0})$ is a decreasing sequence of compact subsets of E; thus

(18) $$f = \lim_{n \to \infty} \xi^n(\overline{G}) = \bigcap_n \xi^n(\overline{G})$$

is compact (it can be empty);

$$\xi(f) = f.$$

Assume $f \subset 0$; then $i_\xi(0)$ is defined and

(19) $$i_\xi(0) = \Lambda_\xi(f);$$

more generally we have then

$$i_{\xi}(0) = \Lambda_{\xi}(F) \tag{20}$$

for any compact F such that

$$f \subseteq \xi(F) \subseteq F \subseteq \bar{0} \ . \tag{21}$$

If F is convexoid, then the Lefschetz number $\Lambda_{\xi}(F)$ is by definition the trace of the morphism

$$\xi^{*}: \ H(F) \to H(F) , \tag{22}$$

where H(F) is replaced by its quotient by its torsion subgroup; that trace is defined since H(F) has then a finite base.

This definition of $\Lambda_{\xi}(F)$ is equivalent to the following definition, which has to be used when H(F) has not a finite base; $\Lambda_{\xi}(F)$ is the trace of the morphism (22), where H(F) is replaced by its quotient by the subgroup of all its elements which are mapped into zero by some $m(\xi^{*})^{p}$ (m, p: integers > 0); that quotient has always a finite base under the assumption (21).

9. THE FIXED POINTS OF THE MAPPINGS OF AN ABSOLUTE NEIGHBORHOOD RETRACT (ANR) INTO ITSELF has been studied upon application of the preceding theory: they are obviously fixed points of mappings of convexoid neighborhood of the retract into the retract itself.

10. APPLICATIONS OF THE FIXED POINT THEORY TO NON-LINEAR ELLIPTIC PROBLEM OF VISIK TYPE ARE MADE EASY BY THE MINTY-BROWDER USE OF MONOTONY.

Such problems are reduced to the following one:

There are given a reflexive Banach space V, its dual V′, a mapping

$$A: \ V \times V \to V'$$

and a compact mapping

$$C: \ V \to V.$$

The equation to be studied is:

$$A(u, C(u)) = v'$$

where $u \in V$ is unknown and $v' \in V'$ is given.

Under convenient assumptions (strong monotony and coercivity of $A(u, v)$ relative to u and convenient continuity assumptions) the study of that equation can be reduced to the study of the fixed points of a mapping itself of a compact and convex subset of V.

BIBLIOGRAPHY

[1] D. G. Bourgin, *Modern Algebraic Topology,* New York, Maxmillan (1963).

[2] F. E. Browder, "On the fixed point index for continuous mappings of locally connected spaces," *Summa Brasiliensis Math., 4* (1960), p. 253-293.

[3] A. Deleanu, "Théorie des points fixes: sur les rétractes de voisinage des espaces convexoides," *Bull. Soc. Math. France, 87* (1959) p. 235-243.

[4] A. Granas, "Generalizing the Hopf-Lefschetz fixed-point theorem for non-compact ANR-s" (This Symposium p.

[5] R. Knill, "Some comments on the relationship of the Lefschetz global index and the Leray local index," (this symposium p.).

[6] J. Leray, "Sur la forme des espaces topologiques et sur les points fixes des représentations. Sur les équations et les transformations," *Journ. de Math., 24* (1945) p. 95-248.

[7] ______, "L'anneau spectral et l'anneau filtré d'homologie d'un espace localement compact et d'une application continue," *Journ. de Math., 29* (1950) p. 1-139.

[8] J. Leray, "Théorie des points fixes: indice total et nombre de Lefschetz," *Bull. Soc. Math. France, 87* (1959) p. 221-233.

[9] J. Leray and J. L. Lions, "Quelques résultats de Visik sur les problèmes elliptiques non linéaires par les méthodes de Minty-Browder," *Bull. Soc. Math. France,* 93 (1965) p. 97-107.

[10] J. Leray and J. Schauder, "Topologie et équations fonctionnelles," *Ann. Ecole Norm. Sup., 51* (1934) p. 45-78.

[11] J. G. De Rham, *Variétés Différentiables*, Hermann, 1955.

Note: The assertion of §1 above (Cohomology of compact spaces) are proved in [7], Ch. I, Ch. II (§1-5) and Ch. III ([7] contains more results); analogous but less handy results were established before in [6].

The assertions of §2 above (no. 4-8) (Fixed-point theory) are proved in [6], Ch. II and VI, which have to be simplified as indicated above[8]. An extension of that result is due to R. Knill [5]. The present paper does not quote the wider theory contained in Ch. VII of [6], which has also to be simplified in the same way.

The no. 8 of §2 above (Relation between index and Lefschetz number) gives the results of [8], which have been completed by Browder, Eells and Granas: see [4].

As for no. 9 of §2 above (Fixed points on ANR) see [3].

Finally, for the understanding of no. 10 of §10 above (Elliptic non-linear problems), see, for instance, [9].

[9] Let us point out that the present paper slightly extends the meaning of "convexoid," which requires the remark b of no. 74, Ch. VI of [6] to be completed (as suggested by D. G. Bourgin).

Complete Bibliography

[1931a] Sur le système d'équations aux dérivées partielles qui régit l'écoulement permanent des fluides visqueux. C. R. Acad. Sci., Paris, Sér. I **192**, 1180–1182.

[1931b] Mouvement d'un fluide visqueux à deux dimensions limité par des parois fixes. C. R. Acad. Sci., Paris, Sér. I **193**, 1165–1167.

[1932a] Sur certaines classes d'équations intégrales non linéaires. C. R. Acad. Sci., Paris, Sér. I **194**, 1627–1629.

[1932b] Sur les mouvements de liquides illimités. C. R. Acad. Sci., Paris, Sér. I **194**, 1892–1894.

[1933a] Sur le mouvement d'un liquide visqueux emplissant l'espace. C. R. Acad. Sci., Paris, Sér. I **196**, 527–529.

[1933b] (avec J. Schauder) Topologie et équations fonctionnelles. C. R. Acad. Sci., Paris, Sér. I **197**, 115–117.

[1933c] Etude de diverses équations intégrales non linéaires et de quelques problèmes que pose l'hydrodynamique. J. Math. Pures Appl. **12**, 1–82. II, 18

[1934a] Essai sur les mouvements plans d'un fluide visqueux que limite des parois. J. Math. Pures Appl. **13**, 331–418. II, 159

[1934b] Sur le mouvement d'un fluide visqueux remplissant l'espace. Acta Math. **63**, 193–248. II, 100

[1934c] (avec J. Schauder) Topologie et équations fonctionnelles. Ann. Éc. Norm. Sup. **51**, 45–78. I, 23

[1934d] (avec A. Weinstein) Sur un problème de représentation conforme posé par la théorie de Helmholtz. C. R. Acad. Sci., Paris, Sér. I **198**, 430–432. II, 247

[1934e] Les problèmes de représentation conforme de Helmholtz; théorie des sillages et des proues. C. R. Acad. Sci., Paris, Sér. I, 1282–1284.

[1935a] Topologie des espaces abstraits de M. Banach. C. R. Acad. Sci., Paris, Sér. I **200**, 1082–1084. I, 57

[1935b] Les problèmes de la représentation conforme de Helmholtz; théorie des sillages et des proues. C. R. Acad. Sci., Paris, Sér. I **200**, 2007–2009.

[1935c] Sur la validité des solutions du problème de la proue. In: Livre jubilaire de M. Marcel Brillouin. Gauthier-Villars, Paris 1935, pp. 1–12.

[1936a] Les problèmes de représentation conforme de Helmholtz; théorie des sillages et des proues. Comm. Math. Helv. **8**, 149–180 and 250–263. II, 250

[1936b] Les problèmes non linéaires. Enseign. Math. **35**, 139-151. II, 296

[1937a] (avec L. Robin) Compléments à l'étude des mouvements d'un liquide visqueux illimité. C. R. Acad. Sci., Paris, Sér. I **205**, 18–20. II, 156

[1937b] Discussion du problème de Dirichlet. C. R. Acad. Sci., Paris, Sér. I **205**, 269–271.

[1937c] Sur la résolution du problème de Dirichlet. C. R. Acad. Sci., Paris, Sér. I **205**, 785–787.

[1938] Majoration des dérivées secondes des solutions d'un problème de Dirichlet. J. Math. Pures Appl. **17**, 89–104.

[1939] Discussion d'un problème de Dirichlet. J. Math. Pures Appl. **18**, 249–284. II, 309

[1942a] Les composantes d'un espace topologique. C. R. Acad. Sci., Paris, Sér. I **214**, 781–783.

[1942b] Homologie d'un espace topologique. C. R. Acad. Sci., Paris, Sér. I **214**, 839–841.

[1942c] Les équations dans les espaces topologiques. C. R. Acad. Sci., Paris, Sér. I **214**, 897–899.

[1942d] Transformations et homéomorphismes. C. R. Acad. Sci., Paris, Sér. I **214**, 938–940.

[1945a] Sur la forme des espaces topologiques et sur les points fixes des représentations. J. Math. Pures Appl. **24**, 95–167. I, 60

[1945b] Sur la position d'un ensemble fermé de points d'un espace topologique. J. Math. Pures Appl. **24**, 169–199. I, 133

[1945c] Sur les équations et les transformations. J. Math. Pures Appl. **24**, 201–248. I, 164

[1946a] L'anneau d'homologie d'une représentation. C. R. Acad. Sci., Paris, Sér. I **222**, 1366–1368. I, 212

[1946b] Structure de l'anneau d'homologie d'une représentation. C. R. Acad. Sci., Paris, Sér. I **222**, 1419–1421. I, 215

[1946c] Propriétés de l'anneau d'homologie de la projection d'un espace fibré sur sa base. C. R. Acad. Sci., Paris, Sér. I **223**, 395–397. I, 218

[1946d] Sur l'anneau d'homologie de l'espace homogène quotient d'un groupe clos par un sous-groupe abélien, connexe, maximum. C. R. Acad. Sci., Paris, Sér. I **223**, 412–415. I, 221

[1946e] Extension de la théorie de Prandtl à une aile de grand allongement, mais de forme quelquonque. C. R. Acad. Sci., Paris, Sér. I **223**, 603–609.

[1946f] Mécanique des fluides compressibles, les écoulements continus sans frottements. Cours au Centre d'études supérieures de mécanique, 1946, 113 pages.

[1947] Une définition géométrique de l'anneau de cohomologie d'une multiplicité. Comm. Math. Helv. **20**, 177–179.

[1949a] L'homologie filtrée. In: Colloques internationaux du C.N.R.S. **12**, 61–82. I, 224

[1949b] (avec H. Cartan) Relations entre anneaux d'homologie et groupes de Poincaré. In: Colloques internationaux du C.N.R.S. **12**, 83–85. I, 257

[1949c] Espace où opère un groupe de Lie compact et connexe. C. R. Acad. Sci., Paris, Sér. I **228**, 1545–1547. I, 246

[1949d] Application continue commutant avec les éléments d'un groupe de Lie compact. C. R. Acad. Sci., Paris, Sér. I **228**, 1749–1751. I, 249

[1949e] Détermination, dans les cas non exceptionnels, de l'anneau de cohomologie de l'espace homogène quotient d'un groupe de Lie compact par un sous-groupe de même rang. C. R. Acad. Sci., Paris, Sér. I **228**, 1902–1904. I, 252

[1949f] Sur l'anneau de cohomologie des espaces homogènes. C. R. Acad. Sci., Paris, Sér. I **229**, 281–283. I, 255

[1949g] Fluides compressibles: Application à l'aile portante d'envergure infinie de la méthode approchée de Tchapliguine. J. Math. Pures Appl. **28**, 181–191.

[1950a] L'anneau spectral et l'anneau filtré d'homologie d'un espace localement compact et d'une application continue. J. Math. Pures Appl. **29**, 1–139. I, 261

[1950b] L'homologie d'un espace fibré dont la fibre est connexe. J. Math. Pures Appl. **29**, 169–213. I, 402

[1950c] Sur l'homologie des groupes de Lie, des espaces homogènes et des espaces fibrés principaux. Colloque de Topologie du C.B.R.M., Bruxelles. Masson, Paris 1950, pp. 101–115. I, 447

[1950d] La théorie des points fixes et ses applications en analyse. Proceedings International Congress of Mathematicians, Cambridge 1950. American Mathematical Society, pp. 202–208. I, 462

[1950e] Valeurs propres et vecteurs propres d'un endomorphisme complètement continu d'un espace vectoriel à voisinages convexes. Acta Szeged **12**, 177–186.

[1951] La résolution des problèmes de Cauchy et de Dirichlet au moyen du calcul symbolique et des projections orthogonales et obliques. Séminaire Bourbaki, 10 pages.

[1952] Les solutions élémentaires d'une équation aux dérivées partielles à coefficients constants. C. R. Acad. Sci., Paris, Sér. I **234**, 1112–1114. III, 47

[1953a] Hyperbolic differential equations. The Institute for Advanced Study (Mimeographed Notes), 1953, 240 pages (Russian translation: Nauka, Moscow 1984, 208 pages).

[1953b] Notice sur les travaux scientifiques. Gauthier-Villars, Paris, 21 pages.

[1954a] On linear hyperbolic differential equation with variable coefficients on a vector space. Ann. Math. Studies, Princeton University **33**, 201–210. II, 345

[1954b] Intégrales abéliennes et solutions élémentaires des équations hyperboliques. Colloque C.B.R.M., Bruxelles. Thorne and Gauthier-Villars, pp. 37–43.

[1956a] La théorie de Gårding des équations hyperboliques linéaires. Roma, Istituto dell' Università, 38 pages.

[1956b] Le problème de Cauchy pour une équation linéaire à coefficients polynomiaux. C. R. Acad. Sci., Paris, Sér. I **242**, 953–957. III, 50

[1956c] La théorie des points fixes et ses applications en analyse. Univ. e Polit. Torini Rend. Sem. Math. **15**, 65–74.

[1956d] Fonctions de variable complexe représentées comme somme de puissances négatives de formes linéaires. Atti Accad. Naz. Lincei **8**, pp. 589–590.

[1957a] Uniformisation de la solution du problème linéaire analytique de Cauchy près de la variété qui porte les données de Cauchy. C. R. Acad. Sci., Paris, Sér. I **245**, 1483–1487.

[1957b] Uniformisation de la solution du problème linéaire analytique de Cauchy près de la variété qui porte les données de Cauchy. Bull. Soc. Math. France **85**, 389–429. III, 57

[1957c] La solution unitaire d'un opérateur différentiel linéaire et analytique. C. R. Acad. Sci., Paris, Sér. I **245**, 2146–2152.

[1958a] La solution unitaire d'un opérateur différentiel linéaire. Bull. Soc. Math. France **86**, 75–96. III, 98

[1958b] La théorie des résidus sur une variété analytique complexe. C. R. Acad. Sci., Paris, Sér. I **247**, 2253–2257.

[1959a] Le calcul différentiel et intégral sur une variété analytique complexe. C. R. Acad. Sci., Paris, Sér. I **248**, 1–7.

[1959b] Le calcul différentiel et intégral sur une variété analytique complexe. Bull. Soc. Math. France **87**, 81–180 (Translated into Russian in 1961). III, 120

[1959c] Théorie des points fixes: indice total et nombres de Lefschetz. Bull. Soc. Math. France **87**, 221–233. I, 469

[1961a] Particules et singularités des ondes. Cahiers de Physique **15**, 373–381.

[1961b] Continuations of Laplace transforms, their applications to differential equations. Collection PDE and Continuum Mech. University of Madison, Wisc., pp. 137–157. Math. Rev. **23A**, 1148.

[1961c] Complément à l'exposé de Waelbroeck, Etude spectrale des *b*-algèbres: Atti della 20 Riunione del Groupement de mathématiciens d'expression latine, Firenze, pp. 105–110.

[1962a] Prolongement de la transformation de Laplace. Proceedings International Congress of Mathematicians, Stockholm 1962. Institute Mittag-Leffler, pp. 360–367. III, 220

[1962b] Un prolongement de la transformation de Laplace qui transforme la solution unitaire d'un opérateur hyperbolique en sa solution élémentaire. Bull. Soc. Math. France **90**, 39–156 (Translated into Russian: Mir, 1969, 158 pages). III, 228

[1962c] Cauchy's problem. In: Rice University semicentennial publications. Man, Science Learning and Education, pp. 231–239.

[1963a] Fonction de Green *M*-harmonique; flexion de la bande élastique, homogène, isotrope à bords libres: Proc. Tbilisi, Nauka, Moscow, pp. 217–225 (Reproduced in: Annales des Ponts et Chaussées **135** (1965) 3–10).

[1963b] The functional transformations required by the theory of partial differential equations. SIAM Review **5**, 321–334. III, 33

[1964a] (en collaboration avec L. Gårding et T. Kotake) Uniformisation et développement asymptotique de la solution du problème de Cauchy linéaire à données holomorphes; analogie avec la théorie des ondes asymptotiques et approchées. Bull. Soc. Math. France **92**, 263–361. III, 346

[1964b] (en collaboration avec Y. Ohya) Systèmes hyperboliques non stricts. CIME, Varenna, pp. 45–93.

[1964c] Calcul par réflexions des fonctions M-harmoniques dans une bande plane, vérifiant au bord M conditions différentielles à coefficients constants. Archiwum Mechaniki Stosowanej **16**, 1041–1088. II, 419

[1965a] Flexion de la bande homogène isotrope à bords libres et du rectangle à deux bords parallèles appuyés. Archiwum Mechaniki Stosowanej **17**, 3–14. II, 467

[1965b] (en collaboration avec J. L. Lions) Quelques résultats de Visik sur les problèmes elliptiques non linéaires par les méthodes de Minty-Browder. Bull. Soc. Math. France **93**, 97–107. II, 355

[1965c] (en collaboration avec Ohya) Systèmes linéaires hyperboliques non stricts. Colloque CBRM de Liège d'Analyse fonctionnelle. Thorne and Gauthier-Villars, pp. 105–144.

[1965d] (en collaboration avec L.Waelbroeck) Norme formelle d'une fonction composée. Colloque CBRM de Liège d'Analyse fonctionnelle. Thorne and Gauthier-Villars, pp. 145–153. II, 571

[1966a] Equations hyperboliques non-strictes, contre-exemples, du type De Giorgi, aux théorèmes d'existence et d'unicité. Math. Ann. **162**, 228–236. II, 366

[1966b] L'initiation aux mathématiques. Enseignement mathématique **12**, 235–241.

[1967a] Un complément au théorème de N. Nilsson sur les intégrales de formes différentielles à support singulier algébrique. Bull. Soc. Math. France **95**, 313–374. III, 445

[1967b] (en collaboration avec Y. Ohya) Equations et systèmes non-linéaires, hyperboliques non-stricts. Math. Ann. **170**, 167–205. II, 375

[1967c] L'invention en mathématiques. In: Encyclopédie de la Pléiade, logique et connaissance scientifique, pp. 465–473.

[1968] Sur le calcul des transformées de Laplace par lesquelles s'exprime la flexion de la bande élastique, homogène, à bords libres. Archiwum Mechaniki Stosowanej **20**, 113–122.

[1970a] Systèmes hyperboliques non stricts. In: Colloques internationaux du C.N.R.S., no. 184, Lille 1969. La magnétohydrodynamique classique et relativiste, pp. 83–92.

[1970b] On Feynman's integrals. Hyperbolic equations and waves, Battelle Seattle 1968 Rencontres, Springer, pp. 1323–1324.

[1971a] (en collaboration avec S. Delache) Calcul de la solution élémentaire de l'opérateur d'Euler-Poisson-Darboux et de l'opérateur de Tricomi-Clairaut hyperbolique d'ordre 2. Bull. Soc. Math. France, **99**, 313–336. II, 478

[1971b] Les propriétés de la solution élémentaire d'un opérateur hyperbolique et holomorphe. Istituto Nazionale di Alta Matematica, vol. VII. Academic Press, pp. 29–41.

[1972a] La mathématique et ses applications. In: Accademia Nazionale dei Lincei, Adunanze Staordinarie per il Conferimento dei Premi A. Feltrinelli, pp. 191–197. II, 11

[1972b] (en collaboration avec Y. Choquet-Bruhat) Sur le problème de Dirichlet quasilinéaire, d'ordre 2. C. R. Acad. Sci., Paris, Sér. I **274**, 81–85. II, 414

[1972c] Fixed point index and Lefschetz number. Symp. Infinite-Dimensional Topology, Louisiana State Univ. Baton Rouge. Ann. Math. Stud., Princeton Univ. **69**, 219–234. I, 482

[1973] Opérateurs partiellement hyperboliques. C. R. Acad. Sci., Paris, Sér. I **276**, 1685–1687.

[1974a] Solutions asymtotiques et physique mathématique. In: Colloques internationaux du C.N.R.S. no. 237. Géométrie symplectique et physique mathématique, pp.253–275.

[1974b] Complément à la théorie d'Arnold de l'indice de Maslov. Istituto di Alta Matematica, Symposia Mathematica, vol. XIV. Academic Press, pp. 33–51.

[1974c] Le problème de Cauchy linéaire, analytique, à données singulières, d'après Y. Hamada et Wagschal. In memory of I. G. Petrowski (Russian). Usp. Mat. Nauk **XXIX**, 207–215.

[1974d] Caractère non Fredholmien du problème de Goursat. J. Math. Pures Appl. **53**, 133–136.

[1974e] (en collaboration avec C. Pisot) Une fonction de la théorie des nombres. J. Math. Pures Appl. **53**, 137–145.

[1975a] Solutions asymptotiques et groupe symplectique. Colloque de Nice sur Opérateurs intégraux de Fourier et équations aux dérivées partielles. Lecture Notes in Mathematics, vol. 459, Springer, pp. 73–97.

[1975b] Solutions asymptotiques des équations aux dérivées partielles, une adaptation du traité de V. P. Maslov. Atti Accademia Nazionale dei Lincei **217**, 355–375.

[1976a] (en collaboration avec Y. Hamada et C.Wagschal) Systèmes d'équations aux dérivées partielles à caractéristiques multiples: probléme de Cauchy ramifié; hyperbolicité partielle. J. Math. Pures Appl. **55**, 297–352. II, 515

[1976b] Solutions asymptotiques de l'équation de Dirac. Conference at the University of Lecce, edited by G. Fichera, Mathematics, vol. 2. Pitman, pp. 233–248.

[1977] Enseignement et recherche: Premier Congrès Pan-Africain des Mathématiciens, Rabat 1976. Gazette de la Soc. Math. France **8**, 19–47.

[1978] L'œuvre de Jules Schauder. In: Œuvres de Juliusz Pawel Schauder, sous la direction de J. Kisyński, W. Orlicz et M. Stark. PWN-Editions Scientifiques, Varsovie, pp. 10–16.

[1979] My friend Juliusz Schauder. In: Numerical solutions of highly non linear problems. Symposium on Fixed Point Algorithms, Univ. Southampton, pp. 427–439. Math. Rev. 82.401049

[1980a] Analyse lagrangienne et mécanique quantique. Proc. Conf. Novosibirsk 1978, Nauk Sibirski, pp. 175–180.

[1980b] Comprendre la relativité. Gazette des Sciences mathématiques du Québec **IV**, no. 4, 31–61.

[1981] Lagrangian analysis and quantum mechanics; a mathematical structure related to asymptotics expansion and Maslov index. MIT Press, Cambridge, 271 pages (Translated into Russian 1981).

[1982a] (en collaboration avec Y. Hamada et A.Takeuchi) Sur le domaine d'existence de la solution de certains problèmes de Cauchy. C. R. Acad. Sci., Paris, Sér. I **294**, 27–30.

[1982b] Application à l'équation de Schrödinger atomique d'une extension du Théorème de Fuchs. Actes du 6ème Congrès du groupement des mathématiciens d'expression latine. Actualités Mathématiques. Gauthier-Villars, pp. 169–187.

[1982c] Prolongements du théorème de Cauchy-Kowalevski. Rend. Seminario Mat. e Fisico di Milano **52**, 35–48.

[1983a] La fonction de Green de la sphère et l'application effective à l'équation de Schrödinger atomique du théorème de Fuchs. Proc. Int. Meeting on Functional Analysis and Elliptic Equations Dedicated to the Memory of Carlo Miranda, Liguori, pp. 165–177.

[1983b] The meaning of Maslov's asymptotics method, the need of Planck's constant in mathematics. Proc. Sympos. in Pure Math., AMS, vol. 39, part 2: The Poincaré Legacy. Bull. Am. Math. Soc. **5**, 15–27. II, 502

[1983c] Sur les solutions de l'équation de Schrödinger atomique et le cas particulier de deux électrons. 5th Congress of the International Society for the Interaction of Mechanics and Mathematics, Ecole Polytechnique. Lecture Notes in Physics, vol. 195, Springer, pp. 235–247.

[1983d] Application to the Schrödinger atomic equation of an extension of the Fuchs Theorem. Collect. Bifurcation Mechanics and Physics. Reidel, Dordrecht Boston, pp. 99–108.

[1983e] The meaning of W. H. Shih's result. Bifurcation Mechanics and Physics. Reidel, Dordrecht Boston, pp. 139–140.

[1984] Nouveaux prolongements analytiques de la solution du problème de Cauchy linéaire. Riv. Mat. Univ. Parma **10**, 15–22.

[1985a] (en collaboration avec Y. Hamada et A.Takeuchi) Prolongements analytiques de la solution du problème de Cauchy linéaire. J. Math. Pures Appl. **64**, 257–319. III, 507

[1985b] Technique of analytic continuations for the Cauchy linear problem, as improved by Y. Hamada and A.Takeuchi: Atti del Convegno celebrativo del I^0 centenario del Circolo matematico di Palermo. Rend. Circ. Palermo, serie II **8**, 19–27.

[1985c] Divers prolongements analytiques de la solution du problème de Cauchy linéaire. Colloquium Ennio Giorgi, Paris 1983. Res. Notes in Math., vol. 125. Pitman, pp. 74–82.

[1988a] La transformation de Laplace-d'Alembert. In: Analyse Mathématique et Applications, dédié à J. L. Lions. Gauthier-Villars, pp. 263–293.

[1988b] Solutions positivement homogènes de l'équation des ondes planes. In: Colloque en l'honneur de A. Lichnerowicz. Travaux en cours 30. Hermann, pp. 81–104.

[1990a] La vie et l'œuvre de Serguei Sobolev. C. R. Acad. Sci., Paris, Sér. gén., La Vie des Sciences, pp. 467–471.

[1990b] Le demi-plan élastique et la théorie des distributions, Travaux math. Institut Steklov. Acad. Sci. URSS **192**, 114–122.

[1991a] Adaptation de la transformation de Laplace-d'Alembert à l'étude du demi-plan élastique. J. Math. Pures Appl. **70**, 455–487.

[1991b] Expression explicite de la solution fondamentale pour le demi-plan élastique. Frontiers in Pure and Applied Mathematics, North-Holland, Amsterdam, pp. 185–192.

[1991c] (en collaboration avec A. Pecker) Calcul explicite du déplacement ou de la tension du demi-plan élastique, isotrope et homogène, soumis à un choc en son bord. J. Math. Pures Appl. **70**, 489–511.

[1992] Prolongements analytiques de la solution d'un système différentiel holomorphe non linéaire. Convegno Internazionale in memoria di Vito Volterra, Accademia Nazionale dei Lincei, pp. 79–93. III, 570

[1993] Précisions sur le problème linéaire de Cauchy à opérateurs holomorphes et à données ramifiées. Current Problems in Mathematical Analysis, Taormina 1992, Univ. Roma–La Sapienza **19**, 145–154.

[1994] The Cauchy problem with holomorphic operator and ramified data. Analyse algébrique des fonctions, Marseille Luminy 1991, Travaux en cours. Hermann, Paris, pp. 19–30.

Acknowledgements

Springer-Verlag and the Société Mathématique de France would like to thank the original publishers of Jean Leray's papers for granting permission to reprint them here.

The sources of those publications not already in the public domain are as follows:

- Acta Mathematica. © Mittag-Leffler Institute, Djursholm: [1934b]
- Adunanze Staordinarie per il Conferimento dei Premi A. Feltrinelli. © Accademia Nazionale dei Lincei, Rome: [1972a]
- Ann. Éc. Norm. Sup. © École normale supérieure, Paris: [1934c]
- Ann. Math. Stud. © Princeton University Press, Princeton: [1954a, 1972c]
- Archiwum Mechaniki Stosowanej. © Polska Akademia Nauk, Warszawa: [1964c, 1965a, 1968]
- Atti Accademia Nazionale dei Lincei. © Accademia Nazionale dei Lincei, Rome: [1956d, 1975b]
- Bull. AMS. © American Mathematical Society, Providence: [1983b]
- Bull. Soc. Math. France. © Société Mathématique de France, Paris: [1957b, 1958a, 1959b, 1959c, 1962b, 1964a, 1965b, 1967a, 1971a]
- Colloques Internationaux du CNRS. © CNRS Éditions, Paris: [1949a, 1949b]
- Colloque de Liège d'Analyse fonctionnelle. © Éditions Gauthier-Villars, Paris: [1965d]
- Colloque de Topologie du C. B. R. M., Bruxelles. © Masson, Paris: [1950c]
- Comment. Math. Helv. © Birkhäuser-Verlag AG, Basel: [1936a]
- C. R. Acad. Sciences, Paris. © Gauthier-Villars and Académie des Sciences, Paris: [1935a, 1937a, 1946a, 1946b, 1949c, 1949d, 1949e, 1949f, 1952, 1956b, 1964c, 1964d, 1972b, 1982a]
- Convegno Internazionale in memoria di Vito Volterra. © Accademia Nazionale dei Lincei, Rome: [1992]
- Enseignement Mathématique. © Fondation "L'Enseignement Mathématique": [1936b]
- Hommes de Science. © Hermann, Éditeur des Sciences et des Arts, Paris: Frontispiece, vol. III
- J. Math. Pures et Appl. © Éditions Gauthier-Villars, Paris: [1950a, 1950b, 1976a, 1985a]
- Mathematische Annalen. © Springer, Berlin Heidelberg: [1966a, 1967b]
- Proc. Int. Congr. of Mathematicians in Cambridge, 1950. © American Mathematical Society, Providence: [1950d]
- Proc. Int. Congr. of Mathematicians in Stockholm, 1962. © Mittag-Leffler Institute, Djursholm: [1962a]
- SIAM Review. © Society for Industrial and Applied Mathematics, Philadelphia: [1963b]